FASHION
THE WHOLE STORY

General Editor
Marnie Fogg

Foreword by
Valerie Steele

Second Edition

时尚通史

（第 2 版）

[英] 玛尼·弗格◎主编

陈 磊◎译

中国画报出版社·北京

卷首图片：穿白色连衣裙、头戴帽子的模特儿，欧文·布鲁门菲尔德摄影
扉前图片："老佛爷"卡尔·拉格斐与法国名模伊娜丝·德·拉·弗拉桑热

图书在版编目（CIP）数据

时尚通史 /（英）玛尼·弗格主编；陈磊译 . -- 北
京：中国画报出版社，2020.6（2021.7 重印）
ISBN 978-7-5146-1810-5

Ⅰ . ①时… Ⅱ . ①玛… ②陈… Ⅲ . ①服饰—历史—
世界 Ⅳ . ① TS941-091

中国版本图书馆 CIP 数据核字（2019）第 274073 号

著作权合同登记号：图字 01-2020-1371

时尚通史

[英] 玛尼·弗格（Marnie Fogg） 主编

陈磊 译

出 版 人：于九涛
责任编辑：李 媛
责任印制：焦 洋
出版发行 中国画报出版社
　　　　　（中国北京市海淀区车公庄西路 33 号 邮编：100048）
开　　本：16 开（787mm×1092mm）
印　　张：36
字　　数：1000 千字　　　　　插　图：1385
版　　次：2020 年 6 月第 1 版　　2021 年 7 月第 4 次印刷
印　　刷：上海利丰雅高印刷有限公司
书　　号：ISBN 978-7-5146-1810-5
定　　价：228.00 元

总编室兼传真：010-88417359　　版权部：010-88417359
发　行　部：010-68469781　　010-68414683(传真)

目录

序

讲述时尚的整个历史，这能做到吗？时尚，是一个如此复杂的概念。一切事物都有时尚，不仅仅是服装，就连思想，甚至人们的名字都有。确实如此，时尚似乎是一种通用机制，它适用于现代生活的许多方面，尤其涉及品位的方面。我们几乎不会跟父母以及祖父母穿着同样的服装，也不会聆听同样的音乐。

时尚也是个动词，记住这一点很有用。让某物"时尚"起来，也就是说，要按照某种特定的方式来制作。我们要让外表看起来时尚，不仅要挑选服装，还要搭配特定的发型、身体语言和行为举止。我们制作物品（例如服装）方式的变化，明显与更大层面上的社会经济变化相关，其余影响因素还包括制衣行业的发展和个人的选择。

即便我们把"时尚"这个词的范围界定得狭窄一些，比如仅界定为服装的流行式样，变了主语（再如变为"时装"），要讲述其整个历史仍然不可能做到，因为这个词涵盖的信息量如此之大（并且还在不断地扩大），它涉及新出头的设计师、新的流行趋势、新的作品以及新的理念。更有甚者，学者们无法达成一致，时装到底起源于何时，如何将它与其他形式的服装和装饰区分开来，等等。

时装的起源可以追溯到古希腊和古罗马（约公元前5世纪）时期的服装风格，同样也可以从古代中国、埃及以及印度开始。世界不同地区的人民创造了不同风格的服装和装饰，并且在漫长的历史时期中维持了相对的稳定性。14世纪欧洲资本主义兴起，促使缝纫重视变化的规律。这通常被视作时装的"开端"。然而，近年来，学者们也强调在许多非欧洲国家中也存在着类似时装的产物。比如，中国早在7世纪的唐朝时期就已经有了生产复杂的丝绸织物的工厂。这些织物被制作成各种款式精美的服装，随着时间的更迭而变化显著，并且与之前或后世的朝代风格迥异。

时尚的一个主要特征就是随时间而变化。但不能确定的是，服装流行的变化得有多么迅速、规律和广泛，我们才能将这种现象称为时尚。时尚或许只存在于18世纪，当时风格定期变化（"时尚"）的服装不再是少数精英阶层的特权物，而开始为西欧绝大多数城市居民所接受。随着欧洲资本主义、帝国主义以及殖民主义的发展，西欧的时尚逐渐被推广到全球。同时，时尚也有其他一些发展方向，而且当今时尚系统已经成为一个全球化的现象。

时尚触及生活的方方面面，包括艺术、商业、消费、技术、人体、身份、现代性、全球化、社会变化、政治和环境。时尚的审美性极为重要，现代的时尚都聚焦在时装设计师身上。无论时尚能否被视作艺术，设计师们通常都被认为是时尚的最初创造者。然而，设计师们只是提出新的款式，最终决定它"入时"还是"过时"的是消费者。

　　因为衣服穿在我们的身体上，而服装又能表现出我们在特定的文化背景中所形成的个人品位，所以时尚在个人身份感上发挥着尤其重要的作用。它就像是"第二层皮肤"，向他人传达着我们是谁，或者我们想成为谁的信息。

　　时尚还是一个价值几十亿美元的全球性产业，雇用了各国无数的劳动力。事实上，我们最好将其视为一个产业网，因为时尚系统涉及方面面，包括生产原材料、加工、分销、营销，从高级晚礼服到牛仔裤的各种潮流服饰。而且，时尚并非只作为物品存在，还拥有影像和意义。除了时装设计师，还有许多其他人（例如时装摄影师、记者，甚至是博物馆馆长们）创作影像，宣传理念，由此来告诉我们那些特定的服装可能意味着什么。有一种说法：与其说时尚系统是售卖服装，不如说是售卖生活方式和梦想。

　　时尚经常被视为微不足道、无聊的话题，不值得被认真对待。这种说法大大贬低了时尚的价值。时尚远非无意义的循环变迁，而是现代社会和文化至关重要的组成部分。

瓦莱丽·斯蒂尔（Valerie Steele），纽约服装学院博物馆馆长及首席策展人，策划过"伦敦时尚""舞蹈与时装""哥特：暗黑魅力""鞋履迷恋"等许多有影响力的展览。她拥有耶鲁大学的博士学位，著有大量时尚类图书作品，包括《紧身胸衣文化史》《巴黎时尚》《时尚与色情》《恋物：时尚、性和权力》《服装与时尚百科全书》《时装设计师词典》等。她还是期刊《时尚理论》的创办人和主编。

引言

Fashion（时尚）一词源于拉丁语"facito"，字面意思为"制作"，用来表示各种各样的价值观，包含了诸如一致性和社会联系、反叛和古怪、社会愿望和地位、诱惑和欺骗这些差异巨大的概念。盛装打扮的欲望突破了历史、文化以及地理的限制，尽管形式和内容可能会有所不同，但动机都是一致的：装扮人体，表现身份。

大约1.1万年以前，人类脱离了渔猎采集的生活方式，开始了更为静态的生活，诸如住、吃和穿的基本需求也就转变为具有文化和艺术意义的形式。由长长的布匹制成的衣物就需要有固定的住所来存放，诸如麻和棉等原材料也需要温和的气候来种植。冰河时代穿着的由兽皮制成的衣物也必须经过鞣制过程软化皮革，将兽皮塑造成适合人体穿着的形状。随后发明的有眼针，标志着裁剪的开端。时装现象的出现源自两个不同的因素：用加工过的兽皮裁剪出的款式，用矩形编织物裁剪出的服装。

早期亚述、古埃及、古希腊和古罗马文明中，服装都是靠简单的方法将编织物覆盖和包裹在身体上（左图），在适当的位置用扣针扣住。编织一开始是一种簇绒方法，这种技巧一旦运用到编织物的领域，就可能制作出披巾样式的服饰。这种服饰最开始为亚述男女所穿着。在男性穿着时，这种服饰被替换为带袖子的长袍，上面装饰着华丽的图案、刺绣和珠宝，穿着时还要搭配极富特色的弗里吉亚帽。在亚述帝国，除了羊毛和亚麻之外，还运用丝织物，而古埃及人则认为羊毛不洁，因此只允许使用亚麻织物。这时分阶层着装已经出现：奴隶都赤身裸体，只有上层社会的人才能穿着衣物，其中又只有国王和权贵才能穿着硬挺和经褶皱处理过的亚麻织物。公元前1500年以前的古王国时期，古埃及人的主要服饰是腰衣，即裹于腰间、以腰带系结的一段布。到了新王国时期的公元前1500—前332年间，演变出一种被称作卡拉西里斯的半透明的、加缀流苏装饰的长袍，穿于腰衣之外。女性着装刚刚达到胸部以下位置，以肩带系结。这种风格的服饰流行了约3000年的时间。

本书将从古希腊人和古罗马人的卷盖、裹身和绑束式的服饰（见18页）开始，对服饰和时装两者加以明确区分。古典服饰虽然因阶级而有所区分，但这并不属于时尚的变化，只不过是用矩形编织物制作出的一种服饰形式，从一定程度上缝制成简单的袍服而已。然而，纵观整个服饰史，受古典风格影响的服饰却被称作时尚。在19世纪，新古典主义复苏成了时尚。20世纪30年代，巴黎女装设计师格蕾夫人（见250页）的古典风格的柱状垂吊晚礼服则再次证明了这一点。同样，英国农民装——一种用原色亚麻布制成的粗陋的长罩衫——并不被视作时尚，直至20世纪初期，伦敦的精品百货店利伯蒂，试图寻回幻想中世外桃源般的家庭纺织乐趣和美德而将其引进。

▼ 约40—60年，古罗马依据古希腊大理石雕复刻的葡萄丰收之神狄俄尼索斯雕像。这座雕像据说发现于意大利坎帕尼亚的波西利波。与当代绝大多数雕像中轻盈的青年形象不同，这尊雕像中的狄俄尼索斯神披着沉重的衣物，戴着一顶常春藤头冠，还留着风格古老的长长的胡须。

时装这个概念通常被视作西方社会所特有，起源于14世纪的宫廷，当时正历经由农民装扮转向法国风格的强调轮廓、裁剪以及制作的缝纫技巧（上图）。很多服饰风格和织物因为禁奢法的限制无法为绝大多数民众所穿用，这就反映了阶级社会的特征。着装规定跨越了时代和地域，界定和分配出了社会地位的区别，例如日本德川幕府时代（1603—1868）对丝绸穿着的规定，1574年伊丽莎白一世和她的枢密院颁布了服装律令，禁止除公爵夫人、侯爵夫人及伯爵夫人之外的人等穿着包括黑貂皮在内的特定材质衣袍。

许多历史学家认为，19世纪中期的工业化转变标志着时装的起点。正是在这个时期，时尚风格开始呈现在许多女裁缝师或时装设计师的作品中。美国女装设计师伊丽莎白·豪斯（见249页）在著作《时尚就是菠菜》（1938）中将这一观点描述为"法兰西传奇"，称"所有漂亮的衣服都是在法国女裁缝的屋子里缝制的，女人们无一不想得到"。然而，当代一些理论家也承认，时尚周期也出现在非西方国家的服饰中，在民族服饰和地区服饰中也存在。这一观点贯穿于本书中。书中有许多篇章都研究多元文化，包括美洲西南部、非洲以及亚洲古老文明的服饰。其他一些国家的服饰，比如中国和日本（见下页图）则受到影响，与当代西方时尚一起发展。在称为"和服"之前，日本的服装被称为"着物"，意指"穿着之物"。"和

▲ 这幅挂毯《心之献祭》（约1400—1410）描绘了一位身穿红袍的年轻骑士的形象。他的上衣用胭脂虫卵染成，这种深红色被视为最尊贵的色彩，象征着封建特权。他倾注热情的对象身着蓝色衣物，这种颜色则与忠诚联系在一起。

服"最早被使用是在日本开始现代化的明治时代（1868—1912）。日本经历了一段时期的强制闭关锁国之后，在与西方文化的接触中，"和服"的概念和西方人对日本服饰的认识得到了加强。

　　本书同时也发现了服饰的变化与历史进程之间的联系。在维多利亚时代的英国，男士们肃穆的黑色礼帽是为了摆阔——预示着这个新兴的工业化国家决心追逐金钱。同样，14世纪意大利华美的宫廷服饰体现了对奢华的丝绸装饰的渴望，而威尼斯和佛罗伦萨的富饶正是建立在此基础之上。裙摆如此阔大以至于门廊都不得不拓宽的鲸骨裙起源于17世纪的西班牙，然后蔓延到法国和欧洲其他地区。它能炫耀物质上的富裕，也因此而局限为贵族所有。此外，科学的进步也引发了某些时尚潮流：16世纪60年代浆粉的发现使得文艺复兴时期巨大的轮状皱领成为可能；同样还有钢裙衬的发明。钢裙衬最初于1856年在英国获得专利权，它导致维多利亚时代的女性身影（下图）都变了形；如果不是传教士威廉·李在1589年发明手摇织袜机，那么，沃尔特·雷利爵士的小腿就不可能变得那么匀称；而20世纪60年代紧身裤袜的发明则将超短裙推至前所未有的高度。

　　19世纪创造力和工业生产的共同作用带来了西方时装的发展，而时装信息的传播以及画报杂志的广泛销售则推动了人们"改变"的欲望。服装生产和销售不断进步，随着交通运输的改善，新的专卖店越来越触手可及，这些因素带动了消费的增长。在很长一段历史时期内，时装是女性通往权力中心的唯一路径，正如路易十五时期凡尔赛宫廷中所见的情景，国王受到香闺便装的诱惑，权力也通过这种关联被授予相应的情妇。随着第一次世界大战的爆发，为了响应法国女设计师可可·香奈儿设计的实用性强、方便穿着的服饰，如简洁的开衫套装，以及让·巴杜（见下页图）受运动装影响所设计的服饰，保罗·波烈设计的紧筒裙和束缚身形的"S"形紧身胸衣都被淘汰了。

◀ 和服一般被视作日本的民族服饰，呈简单的T字形，由矩形长布匹裁剪而成，再缝制出方形袖子，袖口缝合，只留出手部活动的少量缝隙。和服衣领处衬有衣缘，用宽腰带环绕身体束紧（约1900）。

▼ 笼形裙衬的周长在19世纪60年代达到了顶峰，此时钢裙衬代替了早前为将裙摆充分展开而穿着的层层叠叠的沉重的衬裙。宽阔的裙摆使女性显得无助而又孤独，因为她们的行动受到了极大的限制。

▶ 时尚运动装出现于第一次世界大战之后，女性们庆祝着在这越来越悠闲的消费主义社会中新获得的自由。这款出现于1928年左右的两件套条纹泳衣由巴黎女装设计师让·巴杜设计，以针织羊毛衫为材质，其中长齐臀部位置的束腰上装采用了当时时兴的几何流线型装饰图案。

而艾尔莎·夏帕瑞丽（见265页）受超现实主义启发的作品转移了人们的视线，20世纪30年代大萧条时期的好莱坞制片厂明星们穿着白绸缎和狐皮的魅力，以及马琳·黛德丽（见268页）所散发的中性魅力则体现出逃避主义色彩。

时尚非常善于"借用"，它既借鉴不同的文化，也会从不同的历史时代中汲取灵感。要想用平面的面料裁剪出立体的服装，就得参考那些非常古老的织物裁剪和塑形方式来处理材料。要在女式紧身胸衣上缝上袖子或裙子，或是利用缝合分出两条裤腿，其方法可能有所不同，但却并不是毫无相似之处。20世纪中期是服装设计的黄金时代，巴黎女装设计师克里斯托巴尔·巴伦西亚加（见307页）完善了蝙蝠袖的制作技艺。这种袖子既能与服装上衣连缀起来，又能自由活动，其出处是匈牙利的短上衣，起源于土耳其长袍。莎拉·伯顿为亚历山大·麦昆设计的冰雪皇后礼服（2011，见522页）令人回想起马库斯·吉雷阿特斯二世所绘的伊丽莎白一世肖像（约1592）。莎拉的设计在轮廓、织物的处理以及装饰上和画像都极为相似。画像中女王的脸庞以从铅中提取的有毒脂粉威尼斯铅白涂白，而展示服装的当代模特儿则将眉毛漂白以达到同样的效果。

无论制作上是复杂还是简单，只要置于社会、政治和经济文化背景下，服装就有可能成为时装，从而体现出当时的审美趣味。20世纪中期，欧洲和美国的年轻人发起了一场文化运动，拒绝遵循父辈的潮流，而是自定义出自己的样貌。美国黑人穿着的阻特装，20世纪50年代反叛者穿着的皮夹克和牛仔裤，嬉皮士和学院风，这些都表现出年轻人与众不同的潮流。虽然有过性别差异几乎消除的年代和情景，例如在20世纪60年代和70年代初反传统文化的自由年代中，男性和女性都穿牛仔裤，蓄着长头发，但是这种想要使男女通用服装正式化的严肃尝试失败了。我们在鲁迪·吉恩莱希（见379页）于20世纪60年代设计的"中性"服装中所看到的正是如此。不过，对另一性别服饰的利用继续为设计师们提供着灵感，即便超越了着装规范也不再引来中伤。20世纪70年代，随着女权主义新浪潮的涌起，那些具有魅惑力的传统女子物件——文胸和紧身胸衣被让·保罗·高缇耶和维维安·韦斯特伍德颠覆（见460页），成了赋予女性以权力的物件。然而，到了20世纪70年代，地位稳固的美国成衣产业却避开了这种性别上的因素（见398页）。包括罗伊·侯司顿·弗罗威克（见下图）、唐纳·卡兰和卡尔文·克莱恩（见427页）在内的新一代美国设计师们沿袭美国现代前辈设计师克莱尔·麦卡德尔的风格推出了极简主义，而拉夫·劳伦（见415页）则在哀挽过去黄金年代的图像中建立起了自己的帝国。

20世纪80年代，消费主义日趋明显，其标志就是消费者对包括时装在内的"设计"兴趣日趋浓烈，其代表就是诸如古驰和路易·威登（见453页）等时尚奢侈品牌的全球化发展。只有当先锋派风格得到普及，三宅一生（见505页）、川久保玲（见405页）和第一次登上巴黎T台的山本耀司（见541页）这些激进设计师出现之后，这种情况才得到了制衡。

今天，人们仍然受到根据外貌所做出的评判——他们的地位、性征以及品位全都要接受敏锐的目光。意大利设计师缪西娅·普拉达

▼ 美国设计师侯司顿奠定了低调奢华的典范。这条简洁的齐膝长的A字形连衣裙（1980）缀着下垂的盖袖，通身一种颜色，体现出设计师拒绝花哨的审美品位和对服装功能性、易穿性的重视。侯司顿运用了一种被称作"超麂皮"或"液体平纹布"的新型人造纤维，借以达到一种流体般的造型。

▶ 加里·哈维（见488页）设计的高级成衣将可持续发展服饰带至具有高度审美意义的层面，将材料转变成了奢侈品。图中左边这套服装的裙子是由18件回收的博柏利风衣精心制作成现代衬裙的形状，而右边的这套紧身礼服则是由42条李维斯501牛仔裤制作而成。

（见480页）的缪缪系列风格被公认为古怪却仍不失优雅（第15页图），正如她所宣称的："时尚是一个危险的领域，因为它讲述的是你自身，而且非常私密；它展现身体，表露智慧；它呈现肉体，流露心理；它包含了人类如此之多的信息。"时尚一直都具有其文化意义、影响以及关联，凭借自身的机制，它的流行魅力以前所未有的方式融入21世纪。英国历史学家艾瑞克·霍布斯鲍姆在《极端的年代：1914—1991》（1994）中对时装设计师预见人类未来的能力做出了这样的评论："为什么杰出的时装设计师们，这一众所周知不善于解析的族群，有时却能比专业的预言家们更准确地预测出事情的发展面貌呢？这可谓历史上最难以理解的问题之一；而对于文化史学家来说，这可说是最重要的问题。对于任何想要理解剧变年代对于高雅文化、精英艺术，尤其是先锋派的影响的人来说，这也绝对是一个关键问题。"

时尚也常常被认为是一次性的，反复无常，转瞬即逝。对时尚的预测建立在变化需求的基础之上，产业要求它兴旺，消费者也渴望它。其新奇性和新鲜度经过细心调整，使得现存的审美倾向变得过时，使其态度赢得越来越多的关注。相应地，21世纪的时装现在渴望兼具可持续性和制衣技艺（上图），同时又承认自身对复杂的营销策略的需求。

本书展示了从最初聚拢矩形面料到当下重视高级时装，直至当代时尚前沿的全球时尚通史。时装必须适应各种体型，同时又要从我们置身于这个世界的方式中捕捉到某些令人满意的地方。它为人体创造出了附加技能。人们对时尚有诸多要求——体现思想，定义族群特征，表达个性，具有迷惑性，符合各种仪式，还要能创造出紧随时代的审美品位。

▶ 缪西娅·普拉达2010年春夏时装展纯真中融合了挑衅，用完全肉色的网丝面料搭配上诸如镶着珠宝的衬衫领等端庄的细节处理。这条雪纺的裙子上装饰着立体的亮片，这些亮片拼成滴落的髋线，汇成一条单独的线条一直伸展到镶着花边的文胸上衣上。

第一章
17世纪前

古希腊和古罗马服饰

据雕塑艺术以及零星的文字记载，我们知道古希腊和古罗马服饰在形式上都是由原材料与布匹织造方法所决定的。这一时期所穿着的绝大多数服装都由密集劳动所加工生产出的编织布匹制成。成品布匹受到高度推崇，通常被视作极端珍贵的物品，就连裁剪缝纫以使其合身的行为都被视为浪费。因此，古希腊人（图3）和古罗马人（图1）一般都穿着自然垂坠、卷裹式的服装。这类服装都是通过折叠、卷裹、别针连接、收拢制成，少数情况下才会缝合面料围拢在身体上。

那些摆脱了面料的矩形而塑造成形的部分起初都是在织布机上纺织出来的，其经丝会根据所需面料宽度的不同而发生改变。在古希腊古罗马时代早期，编织是能让妻子或仆人受人赞叹的一项技能。然而，到了1世纪晚期，随着贸易活动在整个罗马帝国内展开，城市人口越来越多，纺织就成了一项贸易行为，家庭编织的衣物也因为被视为粗糙，成了低下阶层的象征。

古希腊服饰和古罗马服饰有许多相似之处，比如说，两者都有大量的褶皱和折叠。古罗马服饰有两种基本组合：男性是丘尼卡和托

重要事件

公元前610—前560年	公元前550—前530年	公元前480—前404年	公元前447—前438年	公元前220—前167年	约公元前200年
早期阿提卡黑彩陶器逐步产生，陶器上描绘着许多身着长短希顿袍的画像，袍面上有带状几何图案。	画家阿玛西斯在一只油罐上描绘了女性生产织物的场景。画中的女性们身着带图案的希顿式服装。	雅典城的黄金年代，古希腊城邦经济繁荣，政权稳定，文化昌盛。	雅典兴建了帕特农神庙。其雕塑和装饰细节中都描绘了古代服饰的样貌。	古罗马人将他们已知的几乎全部有人居住的地区都纳入了统治范围。历史学家波里比阿将其成就记述在著作《历史：罗马帝国的崛起》中。	罗马共和国在借用古希腊模式的基础上逐渐形成了自己的公民、行政和军事文化。

加，女性是丘尼卡和帕拉。丘尼卡就是长袍，是贴身穿着的衣物，按照穿着人物身份加以分类。这种基本长袍款式众多，依据穿者社会阶层、职业或是性别而有所不同，而且根据穿者的地位还有各种不同的材质。男性穿着时称作希顿装（见20页），后来长度演变到齐膝盖位置。女性穿着时长度则更长，有时被称作潘普洛斯。这两种样式的丘尼卡长袍都由一块长形布匹制成，布匹在身体上对折起来，在某些位置用钩子收紧。简单一些的多利亚式希顿装一般用羊绒制成，而爱奥尼亚式希顿装则由更精良的材料，比如软麻布甚至是丝织物制成。柔软的面料意味着可以利用褶皱取得更大的装饰性，包括一些半永久性的褶皱花纹，这些可以通过上浆制成以及利用阳光的热量压成。

奴隶和出身低下的男性所穿着的最简单的希顿装是用两块矩形面料缝合而成，顶上和底部留有供头、胳膊和腿活动的洞。地位较高一些的男性穿着的长袍则会用垂直条纹加以装饰，但禁奢法对于允许这样穿着的对象做出了严格的规定。女性的长袍较宽松，但在一两处位置，胸部之下、腰部位置或是臀部周围会有饰带系结。不管系结在哪个位置，饰带都能圈起长袍，使得衣料蓬松开来隐没住饰带，从而赋予衣物宽松度和形状。形制更为复杂的长袍则会有袖子，即用布制成硬带围在手腕上，或是用一颗或几颗别针或扣子在适当的位置收紧，手臂的大部分则露在外面。

不管是男性，还是女性，在长袍之上都可以再穿着一件服装——这么做是为了得体，而非出于天气原因考虑。这件服装在古希腊被称作希玛申，在古罗马则被称作帕留姆或是帕拉。这种覆盖式服装属于卷裹类服饰。作为户外穿着的外衣，男女皆可穿用，但有时候男性会单穿，下面不再穿着长袍。这种服装在穿着时无论男女都需要用一只手臂来固定（图2），因此只有那些不用做体力活的阶层才可以穿着。克拉米斯是为男性所穿着的一种短外衣，这种短外衣的大部分穿着者是士兵和旅者。

托加的原型（古罗马男性公民服饰）来自伊斯拉斯坎文明，而非古希腊服饰。这一观点的依据在于，晚期古罗马男性托加和女性帕拉与伊斯拉斯坎的装饰服装特百纳（一种长罩袍）相类似。这种相似性引出这样的推测，托加和特百纳相似，都被裁成瘦长的半椭圆形，其直轴长度可达约5.5米。从这一显而易见的稀有性上来说，托加不仅象征着财富，还代表着至高的权力，因此只能为富裕阶层和权贵人士所穿用。装饰富丽的绣金紫色托加，由帝王独享。**EA**

1 神秘别墅的壁画（局部）（约公元前1年），庞贝，意大利。

2 塑有一对古罗马贵族夫妇的石碑，斯卡萨托神庙，意大利（约2世纪）。

3 阿提卡红彩陶杯内部（公元前5世纪），画家布里塞伊斯。

公元前149—前146年	公元前47—前43年	公元前27—公元14年	66年	79年	114年
随着马其顿人、阿哈伊亚同盟和迦太基人的战败，古罗马将古希腊和非洲吞并为自己的行省。	杰出的政治家、作家和雄辩家西塞罗一直将古罗马服饰的隐喻和习语用作强有力的修辞武器。	罗马帝国第一位皇帝奥古斯都宣布，只有那些只穿托加不系斗篷的人才能进入罗马广场。	在为皇帝尼禄担任了"奢华生活品位的绝对权威人物"之后，佩特洛尼乌斯自杀身亡。	维苏威火山喷发，埋没了庞贝和赫库兰尼姆，留下了罗马城邦生活的面貌，供人们去了解。	图拉真纪念柱的兴建是为了纪念图拉真皇帝远征达契亚得胜。纪念柱上延续不绝的环绕式带状浮雕让我们对古罗马军队服饰有了大致的印象。

希顿古装 公元前5世纪
古希腊服饰

《德尔斐的驾车人》，公元前470年。

这尊被称作"驾车人"的真人尺寸的青铜雕像于1896年发现于德尔斐的阿波罗神庙。这尊雕像是一组战马、战车与侍从大型雕像的一部分，其余部件只有部分残存了下来。皮西安竞技赛获胜车马的主人，杰拉城的暴君城主波利塞留斯将其在德尔斐组装完整，作为夺冠庆典的组成部分。雕像被作为贡品进献给太阳神阿波罗，每4年举行一次的皮西安竞技赛就是为了纪念阿波罗。

雕像表现的是一位健壮的驾车者的形象。他在胜利的最后，面对一致赞赏的人群而神态平静。马匹和战车都静止了：因为精巧呈现的缰绳并没有被拉紧，衣袍也很自然，人物姿势也很宁静。雕像的细节设计方面也很清晰。希顿长袍做运动装束时被称为"西斯提斯"，其垂褶样貌非常真实。肩胛周围散乱的褶皱被一根用作套索系领的细带绕过脖颈和肩胛骨所抑制，变得线条更加流畅。穗带或革制的头带上有蜿蜒的图案，点缀着银饰，简单地在脑后系结，以保持线条的简洁。这尊青铜浇铸而成的雕像，其风格有时也被称作"简练式"，它标志着从古老的程式化风格向理想主义古典风格的转变。**EA**

◉ 细节解说

1 发式

雕像的短发和刚冒出的胡须的青春痕迹渲染出一种理想化的样式，这样的形式不仅能充分现出年轻驾车人的自然活力，同时也十分具有装饰性。

3 密集的褶皱

这件西斯提斯的肩部可以看见宽阔的织物聚集在一起的样子。可能织工只是简单地拉出三四条纬线来缩紧织物的宽度，从而产生了这些形态自然的小褶皱。

2 套索系领

环绕双肩的"牛角袖"般的线条是将细带从悬垂在腋下的宽松的衣料表面拉紧系结形成扭曲的数字8的形状而实现的，其交会点在脖颈之后。

4 长齐脚踝的织物

一条宽腰带将织物过长的部分束缚在腰部以上的位置，这就使得织物能够垂坠在赤裸的双足之上，从而带来活动的自由。这尊雕像的脚部因真逼真而闻名。

美国西南部早期原住民的纺织品

考古学遗迹证明，美国西南部在几千年前就已经有纺织品了。该地区气候干燥，再加上早期人类在干燥的山洞和凹处居住，因此保留了大量16世纪第一批欧洲移民到来之前的纺织品。西南部可以准确追溯到年代最早的纺织物是1万年前的丝兰便鞋：有一些织成稀疏的捻线，还有一些织成经面平纹。这种式样的便鞋一直流行了几个世纪。

随着越来越多的玉米种植，这些西南部的渔猎者和采集者开始尝试更广泛的植物和动物纤维，利用手指编织技术和矿物颜料来制作衣物。在西南地区的北部，公元前500年至公元500年之间的考古遗址中，已经有了用兔毛、狗毛或人发编织的衣带，女性用的丝兰材质的围裙，镶着鹿皮边的丝兰编织的精致便鞋，自带花纹或是印花的丝兰捻线包，以及丝兰线缝制的袍服。搓线织锦中集合了野生禽鸟皮、兔皮和家养火鸡羽毛各种材质，有时候一条毯子中就含有上述所有材料。公元500年至750年，衣物开始变得更加复杂华丽。在西南地区北部的某些区域，人们穿着的丝兰便鞋非常精致，不仅鞋子的表面有五彩的几何图案，就连鞋底也有花纹，这反映出其中投入的劳动和技艺已经远远超出了日常鞋类的要求。

重要事件

公元前500年	100年	600年	650年	700年	725年
西南地区的北部开始制作丝兰围裙、包以及编织便鞋。	手指编织织品开始变得更加复杂化和多样化。编织式样也更加本地化。	西南地区北部的四角地区开始制作极富装饰性的丝兰便鞋、女性围裙和包袱带。	棉花被从墨西哥引进，在西南地区南部的主要河谷地区广泛种植。	西南地区的南部生产出带综线的织机，采用的是背带式织机的形式。	织机纺出的棉织物占据主导地位的地区集中在西南地区的南部。

公元100年到500年，随着棉花从中美洲引入，西南部地区的编织经历了一次重大的改变。到公元700年的时候，棉花已经开始在西南地区南部河谷中种植。公元1000年的时候，棉花在北部灌溉条件良好的地区也已经有了广泛的种植。历史上，在西南部的许多部落中，棉花象征性地与云和雨联系在一起，还成了大多数仪式服装和上层阶级服装选择的纤维材料。公元700年之前的某个时间，真正的织机——带综线（用于分开纱线的一组平行的线）的织机——从墨西哥引入。西南地区南部的织工使用背带式织机和水平下降式织机，而北部则使用背带式织机和直立织机。男性被认为是这一时期的主要织工。

11世纪之后的西南地区服饰有大量的编织技巧和服饰风格方面的例证。非织机织物形式，如编结和连系，用来制作饰带和衫服。织机织物中最常见的是平纹织物和斜纹织物。平衡平纹织物用来制作毯子、腰衣和半身裙，经面平纹织物用来制作腰带和布带。斜纹和菱形斜纹织物用于制作毯子和其他物件。由挂毯演变而来的一种斜纹毯用来装饰男性的腰衣，或是用作大型织物上单独的图案和镶边图案。经纬线网眼纺织、纱布和补充纬线纺织——一种从墨西哥北部引进的织机纺织技术，最初用于装饰西南地区南部的大量织物。

未接触时代（即与欧洲人接触之前）晚期，男性主要服饰为棉布衫、腰衣和半身裙，女性为裹身式织锦裙，织锦和腰带则男女皆可穿用。男性还会穿着裹腿和便鞋，女性可能也会穿着。腰带通过编织、经面平纹或经向跳花纺织而成；裹腿则是连圈缝合而成。在西南地区的北部，精美一些的织锦、裙子、衫服和腰衣上会有斜纹织锦、绘画或是扎染装饰（见24页）；后来还会织满宗教图案。在西南地区的南部，最精致的服饰会有补充纬线和网眼图案，如经纬线网眼、薄纱和连系图案（图2）。

在普韦布洛被称作基瓦会堂的礼堂墙壁上，绘于1350年到1620年的壁画中就描绘了男男女女举行仪式活动的场景。他们所穿着的服装就包括网眼状的白色编织布带、衫服、半身裙、印染及扎染装饰的织锦、衫服、袍服和裙子（图1）。今天，西南地区的普韦布洛在举行仪式时仍然会穿着这些式样的礼仪服装。虽然许多装饰技术已经发生了改变——例如，连圈缝合和网眼被针和钩织技术所取代，刺绣成了在织物上描绘宗教图像的最常用的方式，但是未接触时代的绝大多数服饰式样都得以在仪式中保存了下来。在今天的仪式活动中，普韦布洛仍然如同过去一样，和传统仪式及纺织物紧密相连。**LW**

1 这幅亚利桑那州普韦布洛阿瓦托维的基瓦会堂中的17世纪壁画上，人物穿着扎染的织锦裹肩、裹身裙，装饰着花边的半身裙以及有流苏的白色饰带。

2 这件来自亚利桑那州的棉质无袖衫（约1300—1450）是用非织机技巧生产的连系织物制成的。上面连续的三角图案和连接在一起的回纹图案在彩陶上也曾发现过。

1050年	1100年	1150年	1400年	1540年	1600年
棉花开始在西南地区北部灌溉条件良好的地区广泛种植。	西南地区北部有了真正的织机，采用的是宽直立式织机和背带式织机的形式。	织机生产的棉织物在整个西南地区都被用于日常和仪式穿着。	基瓦会堂中的壁画记录了西南地区北部仪式服饰的多样性。	与欧洲人的接触引发了西南地区织物生产、使用和贸易的重大变化。	纳瓦霍人开始从普韦布洛人那里学习织机纺织的技巧。

扎染棉毯 约1250年
裹肩毯

这条拥有800年历史的扎染棉毯于1891—1892年发掘于犹他州东南部峡谷湖的一处凹室中。在接触到欧洲人之前，扎染是安第斯山脉、玛雅地区、墨西哥高地和美国西南部常见的面料装饰方法。扎染的发明有可能是为了在仪式所用面料上做出重要的菱形中带圆点的图案。瓦里帝国（约600—1000）上等阶层的人们衣物上装饰的圆形和菱形图案是通过套染技术实现的。在中美洲地区，这个符号除了象征玉米芯，还象征着鳄鱼、乌龟和蛇类的鳞片。玉米神、羽蛇神以及其他许多神明的衣物上都装饰着这种代表着力量的玉米和两栖动物图像。渐渐地，扎染技术以及与之相连的带圆点的菱形图案传至美国西南部。许多扎染织物实证，包括这件完整的织锦，都在该地区干燥的凹室内保存了下来。从亚利桑那州北部到新墨西哥州，扎染被运用在织锦上，出现在壁画中举行仪式的人物所穿着的服装上，证明这种普韦布洛仪式服装装饰技艺，一直到与欧洲人接触后的早期仍相当完好地保存了下来。**LW**

👁 细节解说

1 菱形图案
这种网格般的图案由5行5列菱形组成。为了扎染出每个菱形，制作者要用细绳将织物的一小部分紧紧地盖住。将毯子浸入染料中，之后拿掉绳子就能露出白毯原色形成的图案。

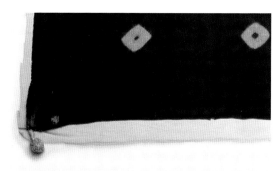

2 加固的边角
这条毯子的4条完整的边上都经过了搓绳加固，搓绳在四角被系在一起。这条毯子是用单股的手纺棉纱织成的平衡平纹织物，是采用立式织机以一条综线和一条连续的经线织成的。

▲ 这幅亚利桑那州阿瓦托维的基瓦会堂壁画描绘了一个穿着装饰有中间带圆点的方形图案长袍的人物形象。现代普韦布洛人用这个图形象征他们的生命之源——玉米。

哥伦布发现美洲大陆之前的美洲纺织品

1 这件袍子（7—9世纪）充满了生动的色彩，在瓦里帝国的织物中经常能发现高超的扎染技术和连绵不断的经纬组织。

2 这件莫希陶瓷瓶（2—7世纪）塑造成一个跪立的战士形象，他身着一件带螺旋图案的袍子和一条带红点的腰衣。

南美洲视觉遗产的生动性在欧洲人到达之前的织物中得到了充分展现。古代安第斯山脉文明的遗产超越了技术和审美限制，扩展到了根本信仰的层面。那些保存至今的服装、配饰和壁挂只是当时生产的一小部分。虽然整个安第斯地区都有织物生产，但只有干燥的太平洋海岸才拥有最佳保存条件，因此绝大部分保存下来的织物都出自沿海的秘鲁、智利和玻利维亚西部。在学会制陶之前，安第斯山脉的人们就开始运用现成的自然材料，尤其是羊驼毛和棉花制作织物。织机纺织品最早出现于2000年前，而打结、连圈缝合及搓线技术从公元前3000年起就开始使用了。在秘鲁的胡亚卡普拉纳遗址中，考古学家发现了约公元前2500年生产的带有诸如秃鹰的捻线图案的棉织物。棉花的地位仍然非常重要，但是羊驼和其他骆驼毛更适合染色。

这些服饰的线条一般都很简洁，未经裁剪的卷裹类服饰延续了几个世纪。有些织机是框架式的，可以生产特定形状的织物；另一些则是直立式或背带式织机，生产特定尺寸的矩形织物。面料纺织完成之后很少会裁剪。手纺细支纱面料和图案精致的面料上耀眼的色彩成了哥伦布发现美洲大陆前美洲本土艺术风格的标志。除了纬面锦之外，经面图案也很典型，尤其是两面完全一样的双面织物和有镜像图案的织物别具特色。陶器、金属和石头物品上通常会描绘穿着衣物的人像

重要事件

约公元前500—前300年	约公元前400—公元200年	约100—500年	约400—550年	约500—800年	约1100—1450年
统治秘鲁中北部的查文王国的工匠们生产了绘图棉织物，更加偏南的地区也发掘出了许多这样的织物。	活跃于秘鲁南部海滨地区的帕拉卡斯王国的织工制作出哥伦布发现美洲大陆前最精致的刺绣品。	秘鲁北部的莫希人制作的艺术品有精细织物、绘制着不同人物的陶器和复杂的珠宝。	在玻利维亚蒂瓦纳科的喀喀湖附近，有着满是精致雕刻的石块；几百英里（1英里≈1.609千米）以外地方的织物上也有着类似的图案。	发源于秘鲁中部的瓦里帝国从高地蒂瓦纳科的纺织技术中学习了很多，可能还学习了他们的宗教信仰。	奇穆王国形成了先进的棉纺、编织和羽织技术。昌昌遗址的砖墙上也出现了和这些织物上同样的图案。

（图2）。绝大部分的服饰都是从贵族墓葬中发现的，都是精美的卷裹类服饰。秘鲁帕拉卡斯地区的人们制作了大量绣满彩色复杂图案的服饰，这些服饰在2000年后被从墓井中发掘出来时仍保存完好。

可用于装饰的材料包括金、镀金铜、银珠和瓷片。热带鸟类的羽毛也被用在了编织之中，还出现了羽毛和鸟类的图案。猫科动物以及它们的特征——尤其是斑点、利牙和爪子——常常可以见到。鬼神的形象中可能融合了翅膀和其他动物的特征。描绘的植物图案包括玉米、土豆、南瓜和古柯，植物还用于染色。同样用于染色的还有矿石和昆虫。这些织物艺术家都是用色大师，他们精通扎染成品布，以及在纺织之前进行间隔染色，或是对纱线进行绑定防染。

在秘鲁中北部的查文王国，织物通常都是平纹棉布，上面绘有复杂的图案，通常是综合了大量动物特征，尤其是吓人的毒牙的复杂图形。秘鲁南部的帕拉卡斯地区也是在平纹织物上进行刺绣。在该地区，大量地位甚高的艺术家和工匠专司布匹生产，他们制作了大量刺绣、机织物和编织织物。

娴熟的染色和织锦编织技艺在秘鲁的瓦里文化和玻利维亚的蒂瓦纳科文化中产生了融合。他们的细织锦虽然在材质、纺织技术和编织组织上有许多不同，但仍拥有极大的相似之处。两者的艺术风格都借用高度抽象化的图形表示：或是人和动物特征的扭曲变形，或是极度的夸张。极其生动的复杂色彩和精细的色彩渐变展示了染制者技艺的高超。蓝色、靛蓝色的底料通常备受珍视，红色和紫色也同样受到重视，从胭脂虫中获取的那些尤其珍贵。最生动的色彩出现在奇穆王国，它们大多数都呈现出大红色。奇穆王国也将未经染色的织物用到了极致。运用当地棉花（海岛棉）自然的浅棕色、粉红色和淡紫色色彩，奇穆王国的织工制作出了惊人的图案。他们大胆地运用未经染色的纯白棉花制作出优雅的薄织物和薄纱，效果也很完美。

从高地秘鲁的库斯科开始，印加人通过侵占将他们的领域范围扩展到超过了其他所有安第斯山脉文明。印加织物虽然与某些早期作品极度相似，但也很容易辨认。无袖织锦袍是瓦里帝国男性的标准服装（图1）。印加人所特有的图案是混合了一小部分保留图案的极度抽象性的图案，几乎辨认不出形象。特别有趣的是一种复杂的矩形图案（称作托卡普），其意义尚未解出（见28页）。印加织物虽是距离哥伦布发现美洲大陆时间最近的织物，但保存下来的很少。印加人对他们的织物和祖先非常崇敬。西班牙侵略者将印加人无数放满织物的仓库和精心装扮的祖先木乃伊都烧毁了。虽然损失惨重，但安第斯山脉的人们从没有停止他们的纺织生产。**BF**

约1400—1450年	约1450—1500年	约1450—1500年	约1500年	约16世纪20—30年代	1532年
都城位于库斯科的印加王国建立起独特的石雕风格，他们的织物中也出现了棱角分明的抽象几何图形。	印加王国效仿了其他民族，诸如钱凯王国的政体，还学习了其服饰风格，形成了混合其他地区风格的印加风格。	印加人制作出托卡普，其织物就是一整块织锦。	印加王国领土扩张到极致，从今天的哥伦比亚南部一直达到智利和阿根廷北部。	欧洲探险家，其中就包括西班牙人弗朗西斯科·皮萨罗，开始进入安第斯山脉中部地区。	印加王国皇帝阿塔瓦尔帕会见西班牙探险家。这些探险者将其抓获，作为索要赎金的人质，之后将其处死。

印加织锦袍 约1450—1540年
男性服饰

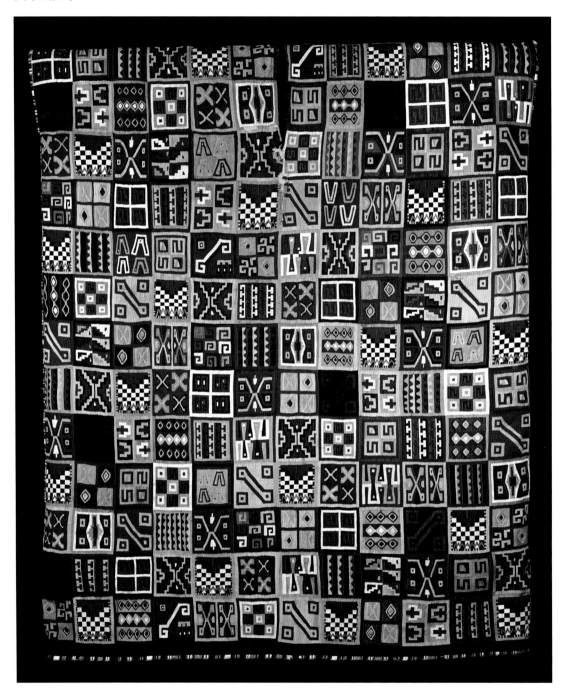

印加的整块托卡普，霍莱孙时代晚期（1450—1540）。

从图案、纺织技术和结构上来看，这件袍子属于印加服饰。但该袍子主人的身份、设计者和纺织者信息都不为人知。袍子精良的制造技术、出色的制作工艺和鲜亮的色彩表明，其主人地位高贵，可能就是印加皇帝本人。袍子是标准男性服饰的基本组成部分。在袍子之下，男性还会穿着腰衣，外面再穿一件矩形的大型覆盖服装。袍子的尺寸和比例区别很大，但一般都是矩形，其差异和精致程度就体现在纤维成分和装饰上。这件壮观的织锦袍几乎全部的图案都是编织图案，只在缝合处和边缘有少量的绣花装饰。袍子上的小矩形图案被称作托卡普，虽然很多人试着去解读，但是对托卡普图案的意义仍然无法达成共识。这件袍子非常独特，无论是正面还是反面，全部布满了托卡普图案，只有在底部留下一条黑色边带。这件织物是一整块完整的织锦，穿着时在肩部折叠，将两边缝合起来，就连供脖颈活动的缝隙也是织好而不是后期裁剪出来的。这些托卡普图案分布并不规律，虽然主题不多，但却极少重复。这件设计和纺织的杰作被切分成一个个小部分，显得生动活泼。**BF**

👁 细节解说

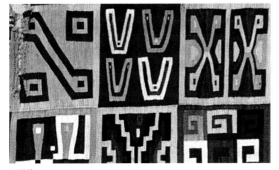

1 网格

几乎每一个托卡普图块周围都包裹着一条细细的边界。这种进一步的细分突出了其强烈的直线性，从而在网格的内部又创造出网格图案。白色的边界与图案中的白色交替出现，从而为图案营造出一种深度。袍子上至少有10种不重复的图案。

3 印加回纹图案

这里的托卡普图块中最常用的图案外号叫"印加回纹"，因为看起来和"希腊回纹"有相似之处。其特点是由一个斜角带状图案和弯折的末端构成，两端还各有一个小方块，有时这种图案会布满整件袍子。

2 棋盘图案

顶部有红色轭状V形区域的棋盘图案是印加袍的标准图案。军人们会穿着棋盘图案的袍子，但是精良的织锦袍只在举行仪式时为官员和贵族所穿着。袍子底部彩色的边缘与上面的刺绣边带形成了对照。

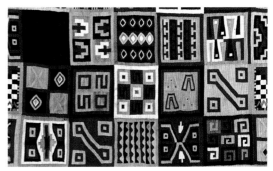

4 暖色块

袍面上主要是暖色，有少量的蓝、绿和紫。一组相反和互补的色彩以有限的组合形式出现。红与黄、绿与深蓝（印加回纹仅有的色彩组合形式）的组合同时出现在波浪条纹图案中（见中间和底部行中）。

中国唐朝服饰

1 《虢国夫人游春图》，张萱，约750年。画中女性已不再佩戴遮面的幂篱。

2 这尊塑像的发式、鞋子与袍子式样和上面的花纹体现了7世纪唐朝宫廷舞姬最流行的装束。

在7世纪，中国也许是世界上服饰最精美的国家。此时的中国已有几百年养蚕的经验，缫丝和纺丝技术也已相当先进。此时使用的提花织机已能够织造出相当复杂的彩色图案。考古学证据表明，在7世纪初，提花织机就能够在一个图案中合并多达3680根纬线。到9世纪时，中国织工已能够轻松织造大型图案了。有些团花图案直径达50厘米，织物的在机宽度可至123厘米。都城长安（今西安）开设官办纺织厂，每座纺织厂各司其职。其中有6座专司染色，4座专司纺纱，10座织造，5座生产绳带。

整个唐朝（618—907），中国女性的自由度达到了前所未有的高度。这一点不仅体现在她们所穿着的服饰中，也可从允许她们从事的活动上得见究竟。她们可以跳舞、骑马（图1）、击鞠。此时，缠足的习俗也尚未出现。中国历史上第一位也是唯一一位女皇帝出现在这个朝代，也就不是巧合了。684年至705年，女皇武则天亲自掌权，遭遇到男性贵族和国家官员的反对很少。

唐代女性精神的自由也体现在她们所穿着的服饰和发饰中。在618年之前，女性外出时需要佩戴一种被称作幂篱的长长的面纱，部分原因是为了在防尘的同时也遮挡住自己的面容。650年左右，这种长幂篱被帷帽所取代，即只在宽檐的四周垂挂一层薄绢来防范路人

重要事件

约620年	约630年	641年	约684年	691年	约700年
双综线提花织机投入使用。第一根综线用于底面编织，第二根则用于织造花纹。	皇家宝库中储藏着带有成对野鸡、相抵的羊群、飞翔的凤凰和游鱼图案的织锦。	太宗皇帝接见吐蕃使节时穿着日常的圆领袍衫，头戴黑色幞头，而没有身着正式礼服。	女性普遍穿着低领服装。外出时，女性会头戴宽檐帷帽，面容并无遮挡。	女皇武则天在宴会中赐大臣们一种很高的冠，这一物品还迅速流行起来。	织工们开始使用纬线在织物上织造花纹。这种织造图案的方法更为简单，并逐渐代替了传统的经面纺织。

窥视妇人容貌。到713年，帷帽消失不用。据《旧唐书》记载，妇人"靓妆露面，无复障蔽"（见34页）。

在女皇武则天统治期间，妇人间开始流行穿着低领服饰。在这种低领服饰广为流行之前，妇人的标准服饰是长袖上襦、长裙和帔子。上襦有窄袖，没有衣扣，是将衣领交叠，右衽在外系紧。下裙在胸部位置用饰带系紧，将上襦下面的部分卷盖在裙下。帔子由一块细长的纱或薄丝制成，约两米长。7世纪晚期，一种全新式样的大胆装束——紧身半臂上衣被引入进来。这种上衣在胸前敞开用细带系结，或是有着敞开的宽大衣领套头穿着。服装领口裁得很低，将穿着者大部分的胸部袒露出来。不过这种半臂上装之内仍然要穿着襦，在这种情况下，上襦只有两条袖子露出可见。

唐朝最鼎盛时期，还创造出一种舞姬穿着的迷人服饰。此时舞蹈并不是全部由专门舞姬表演。以丰腴著称的杨贵妃就舞艺精湛，她的身材很丰满。舞姬穿着的上襦同当时流行的一样，领口很低，其肩部位置向外展开如同小小的翅膀。最引人注目的是其双层衣袖，外面一层袖子会随着舞蹈韵律而流动或旋转。在衣袖上部额外加一层袖子是为了突出动感，而长裙下半部分伸展出来的飘带也是出自同一目的。这套装束脚下是"云头履"——如此称呼也是因为鞋子前面向上翻起的头部很大。在唐代宫廷，这种装束在舞姬之间非常流行（图2）。

体型丰满并不会令人生厌。在大美女杨贵妃的影响之下，女性服饰从8世纪开始变得愈加宽大。裙褶增多，袖子也越变越宽。追逐流行的女性竞相攀比，放宽衣袖的尺寸，827—840年在位的文宗皇帝只得下令规定衣袖不得宽于1尺3寸——约40厘米。但法令招致众多不满，并且可能未能施行，因为参照历史记录，在8世纪和9世纪的诗歌与绘画中经常可见对穿着广袖服饰妇人的描绘。

随着服饰越来越宽大，女性发式也相应变得愈加高大。唐朝女性对于发型非常苛求。她们将头发梳成各种形状和大小的发髻，盘在头顶（图4）。义髻也被用来制造想要的发型样式。这些发式还被赋予了各种奇思妙想的名字。有些名字重在描述，比如"云髻""螺髻""卷荷叶髻""双环望仙髻"等都暗示了这些发髻与众不同的形状。发髻中还会装饰象牙或贝母梳子，金银制成的步摇随着佩戴者的走动而摇曳。宫廷贵妇还会在发髻中装饰真假花卉。

唐代女性很重视容貌，特别注意化妆修饰面庞，她们的化妆过

约700年	约713年	约750年	756年	约800年	约827年
纬面纺织促使缂丝技术产生，但因其织造过程需要耗费大量的劳动，缂丝服饰在几个世纪之后才出现。	胡服（即外族胡人服饰）开始在女性之中流行起来。其他时兴的还有花钿（一种额饰）和义髻。	人民每年要交纳740万匹丝。一匹约12米。	杨贵妃作霓裳羽衣舞。	轻容纱成为今安徽省亳州的特产。两大家族对其织造方法严格保密，从而垄断了轻容纱的生产。	文宗皇帝下令规定将服饰衣袖宽度限制在约40厘米以内，但收效甚微。

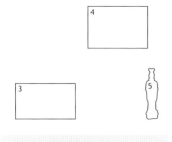

3 641年，太宗皇帝身着由圆领袍衫和黑色幞头组成的常服接见吐蕃使节。

4 《唐人宫乐图》局部，佚名，10世纪。

5 这件8世纪的陶俑反映的是一名身着广袖绿袍、腰系腰带的唐朝官员形象。

程非常漫长。为了美化面庞，唐朝女性首先要在脸上敷粉，一般是铅粉。胭脂的成分取自红色植物的汁液。画眉也是女子面部装饰的一个重要部分。传说于712年至756年在位的玄宗皇帝鼓励宫中贵妇开创新的眉形。他还曾命宫中的画师绘制出他最喜欢的10种眉形，其中包括"小山眉""垂珠眉""却月眉"等。画眉时使用一种被称作"黛"的深绿色矿物。

唐代女性还会在额头上贴花钿装饰。花钿是用小片金箔或银箔剪成的梅花或其他花朵图案。其他材料，比如翠鸟羽毛等制作的花钿在史料中也有提及。花钿用一点点鱼胶贴在女性额头上的两眉之间。要完成化妆过程，唐代女性还要画唇，在唇角画上两个小红点，然后还要在两边太阳穴位置画上两条红色曲线。最后两种装饰在907年以后被舍弃了。

唐代诗人对女性的时尚装束尤其关注，以至于他们很少描写男性的服饰。一般来说，受过教育的男子均着袍，而劳动阶层的男子则穿着短打和裤装。这种区别主要是出于实际因素考虑，因为裤装能为田地劳作的男性提供更大的便利性。唐代统治者认为不必用服饰来区分不同的社会阶级，人们在很大程度上是根据生产方式来选择着装的。

在宫廷集会中，官员们穿着不同颜色的袍衫来区分官衔等级：最高等级的官员着紫，往下依次着绯、绿和青。史料记述皇帝应穿着正规礼服，但是并没有精确规定袍衫和皇冠的搭配。唐代皇帝着装十分自由，627—649年在位的太宗皇帝于641年接见吐蕃使节时只是穿着日常的圆领袍衫，头戴黑色幞头（图3），式样和廷臣一样。中国后世朝代象征帝王的龙的图案（见84页）此时还没有获得其重要地位。

整个唐代，男性袍衫的裁剪差异很小。男性袍衫为圆领窄袖，或是立领广袖（图5）。这两种形制的袍衫为官员和文人等穿着。如果穿用的是武官，还需要在袍上加穿简化形制的盔甲，由以两条肩带连接、以腰带在腰部系结的胸甲和背甲组成。男性鞋子也有很大的翻上

来的鞋头，与女性穿着的式样非常相似。如果要征战，那么这种相当不方便的鞋子就会被替换成靴子，冠帽也会换成头盔。

　　传统上，中国男性过去一直蓄长发，并在头顶系成小髻。与女性不同的是，男子习惯上将发髻用黑色布巾遮盖起来。但因为用布巾缠裹发髻太过缓慢，用藤条或硬挺织物制成的硬冠就被引用过来作为省时的替代物。根据穿戴者的喜好，冠有各种不同形状和高度。

　　有一种男女之间都很流行的服装叫胡服，字面意思就是"外族人服装"。居住在都城长安的外国人大部分都是来中国从事贸易活动的波斯人。波斯传统服装由齐臀外衣、用皮腰带系紧的裤子和靴子组成。这种服装充满"外族"风情的元素就是其翻领——一种汉族服饰所缺少的特征。比起宽松的汉族袍衫，穿短外衣和裤装骑马更加舒适。唐代中国女性的生活方式和男性一样活跃，因此她们以极大的热情接受了胡服，并将其转变成了一种在男女之间都很流行的时尚。相比同时期男性服装沉重的色彩，追求时尚的唐朝贵妇们穿着的花纹丝质胡服有各种色彩。**MW**

丝质襦裙和罩衫 8世纪
宫廷仕女装

《簪花仕女图》（8世纪晚期），周昉。

⚙ 细节导航

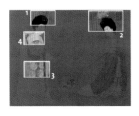

中国唐朝服装能幸存至今而不受损坏的数量极少，但是周昉的这幅画卷却为我们研究中国妇女服饰提供了宝贵的资料。美术史学家普遍认为画卷描绘的是御花园中的图景。画中的两名贵妇均身着无袖襦裙，在胸部位置以饰带系结，襦裙之外又穿着宽松广袖的薄纱罩衫，罩衫前襟敞开，并在膝盖位置系结。在她们的上臂之上还围着绘有图案的丝质帔子。左边的这位贵妇脸庞圆润，体态也相当丰腴。她所穿着的透明罩衫上还绘着淡雅的菱形图案。这些衣服的袖子据测量至少有0.9米宽，但并不会感觉沉重，因为纱是一种轻盈的材质。中国男人喜欢看到女人们穿着纱质衣服，他们满怀热情地写下身着纱质服装"真若烟雾"。这些宽广的袖子需要相当数量的面料来缝制，因此也证明了国库的消耗。当时，一匹丝大约12米长，才刚好足够缝制一件广袖罩衫。因为对丝的使用太过奢侈，也促使唐文宗下令禁止缝制广袖，但这道禁令没能制止这种习气。丝质材料既可以纺织图案，也可以刺绣花纹。到了8世纪，中国的西方邻国发明了纬面斜纹纺织，这种技术使得面料上可以出现更多色彩。技能娴熟的刺绣工能够在织物上完美地绣出不重样的图案，例如左边这位贵妇身着的褐色帔子上的云凤纹样。**MW**

1 花卉头饰
左边贵妇头上的花卉头饰主要有金和朱红两种颜色。其中的朱红色是用树脂制成的漆涂在金属箔片或金属丝上而得到的，与朱砂混合在一起，就制造出这种明亮的红色色彩。金色的头饰和发簪在这位贵妇的乌发中闪闪发光。

4 透明罩衫
画卷中的罩衫由透明的纱制成，对于遮盖穿者袒露的脖颈和肩部所起的作用很小。古罗马作家塞内加据说就曾反对丝质衣衫，他称"没有一个女人敢老实发誓，自己不是光着身子的"。然而，中国人对这种几乎感受不到重量的材质却充满赞赏。

2 华丽的发髻
右边这位贵妇的发髻高耸华丽，除了她原本的头发，也运用了义髻。大朵粉色的牡丹花也使得发髻更显巍峨。此外，她的发髻上还装点着小片蓝色的翠鸟羽毛。她的黛眉描画成"桂叶眉"的形状。

杨贵妃

右图这尊塑像就是仿照杨贵妃而塑。她实在太过美艳，以至于连她丰腴的腰围也被视为魅力的一部分。她俘获了比她年长34岁的玄宗皇帝的心。唐朝著名的大诗人白居易曾以诗句生动地描绘了玄宗皇帝对杨贵妃的迷恋：

后宫佳丽三千人，
三千宠爱在一身。
金屋妆成娇侍夜，
玉楼宴罢醉和春。
姊妹弟兄皆列土，
可怜光彩生门户。
遂令天下父母心，
不重生男重生女。

许多诗人都曾在诗中描写过杨贵妃，一定程度上是因为她悲剧的人生结局。公元755年，节度使安禄山发动叛乱。杨贵妃因素来与安禄山交好而被责为招致灾难的祸水。为了平息军中的众怒，玄宗皇帝被迫下令赐杨贵妃自缢。

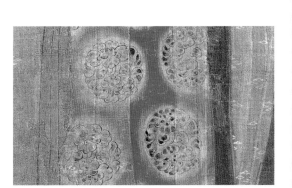

3 团花图案
团花图案并不是指某种特定的植物种类，而是由小花瓣和叶片组合成的复合图形。左边这位贵妇的襦裙就以朱红色为底色，上面装饰着粉红、绿、浅褐和乳白色组合的团花花纹。在唐代的装饰纹样中，花卉组成的团花图案尤为盛行。

日本平安时代服饰

平安时代始于794年，桓武天皇（781—806年在位）将日本首都从奈良迁至平安京（今日本京都）。这一时代并没有已知纺织实物留存下来。我们对于平安时代服饰的认识因此几乎只能来源于该时代的艺术和文学作品，尤其是11世纪早期的日本古典文学作品。其中包括世界最早的长篇小说之一，紫式部（图2）所著的《源氏物语》（约1000），以及紫式部的竞争者、女官清少纳言所著的《枕草子》。这些文学作品表明，服饰是令都城平安京贵族女官们着迷和烦恼之物，其关注重点在于挑选衣物的颜色搭配组合形成复杂的层层叠叠的色彩层次（见40页）。以下节选自《紫式部日记》中的段落就是一个例证。这个段落表明中世纪日本平安京宫廷中对服饰细节的关注达到了近乎神经质和迷信崇拜的程度："那一天所有的女官都极力装饰，碰巧，在挑选袖口颜色搭配时，有两人显得缺乏品位，等侍奉膳食之时，她们就完全置于高官贵族们的注视之下。后来，大概是税所

重要事件

794年	794年	约800年	895年	约1000年	约1000年
日本都城从奈良迁至平安京。	束带装被采纳为天皇、大臣和贵族们正式场合的礼服。束带装由蓬松的白绫和黄色外袍组成。	佛教开始传遍日本，其传播主要是通过两大密宗宗派——天台宗和真言宗完成的。	富裕的平安人民源源不断地从中国进口高质量的织物，这种行为即使在两国官方中断往来后也没有停止。	清少纳言作《枕草子》。书中记述了她在平安朝皇宫做女官时的见闻。	紫式部作《源氏物语》。其中对衣彩的详细描绘，表达出她对流行的热情。

女官和其他一些人受了辱；但她们并没有犯下太大的过错——不过是颜色搭配实在令人提不起兴致而已。"

在平安时代，来自中国道教和其他方面的影响达到最盛的程度。到9世纪初期，佛教也开始传遍整个日本。平安时代的宫廷服饰最初是照搬中国唐朝形制（见30页），织物面料也都是从中国引进而来。894年，随着与中国官方交流的暂时停止，更具日本特色的风格开始在贵族中形成。被称作小袖的窄袖便服（今和服的前身）开始成为这个时代男女通用的主要服装。平安时代的宫廷服饰开始脱离中国袍衫花纹丰富的风格，轮廓开始变得越来越宽大，具有雕塑风格。

随着与天皇家族通婚的藤原氏一族权力的增大和影响的提高，日本历史上出现了一个空前富足和稳定的时代。这时就产生了一个新的悠闲阶级，他们对于奢华的服饰有更大的需求。随着平安时代宫廷文化的发展，丝织物生产和染色工艺兴盛起来，丝绸成了极其重要的日常用品。10世纪早期，整个日本的36个地区都要向皇室进贡丝绸，平安时代也成为都城丝绸染制的黄金时代。

这个时代，女性要敷粉将面庞涂白，而且无论男女都要将牙龈和牙齿染黑。这种习俗被称作染黑齿，在后世只为女性所施行。女性们还要将整个眉毛剃掉或拔净，以便在额头更高的位置上重新画眉。她们还要用红色重新塑造唇形，使得嘴巴看起来比实际的形状要小（图1）。男性要蓄细长的胡须和山羊胡，头发整洁地绾成顶髻；女性们则渴望拥有长长的黑亮的直发，倾泻在衣袍之上一直拖到身后的地板上。

女性的身体被吞没在宽大厚重的服饰中直至被人遗忘。那些宽大厚重的服饰能够让一切个人身体特征都不再相关，隐没不见。在这个时代的古典文学作品漫长细致的描述中，很少展现人们的身体特征：重要的是人们的服饰。对于层叠色彩服饰中的一件件衣袍，人们会重点根据层次之间形成的色彩搭配而精心安排穿着的顺序。每一件外层衣袍都要露出里面一件的局部，这对这种服饰系统来说至关重要。要做到这一点，不仅要依靠织物的透光性，还需要将衣袍边缘裁成不同的长度，衣袍的边缘和衣袖口要一层比一层依次做短。女性将心思集中在视线最容易看见的巨大袖子的边缘，这样她们就能够将衣袖伸过四周环绕的屏风和帘子下端的空隙，从而取悦男性追求者（图3）。贵族女性的时间不仅要花在多层宽大的衣袍上，还要花在建筑内部层层

1 这幅六叠屏风画的局部展示的是《源氏物语》一书里宫中春色的场景。宫妇们穿着与春色相宜的彩色衣袍，其中半通透的白纱参考的是樱花的颜色（约1650）。

2 在这幅肖像画中，《源氏物语》的作者、女官紫式部被衣袍簇拥着坐在写字桌旁，从桌下可以看见穿在袍下的红绔。

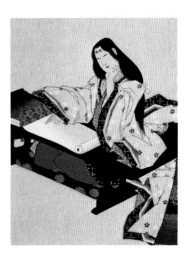

1068年	1074年	约1142年	1172年	1185年	12世纪晚期
藤原氏一族被后三条天皇推翻。	禁令将宫妇的衣袍限制在5层之内。在此之前所穿着的十二单衣重达15千克。	藤原皇后的侍臣源间佐助写下《女官服色》，其中汇集了各种时令的服色搭配。	最初穿在宫廷服饰之下做里衣的小袖开始被平安贵族作为外衣穿用。	源氏一族掌权，建立了镰仓幕府，日本都城从平安京迁至镰仓。	平安时代末期，各武士家族崛起，武士掌握了政权，日本进入封建社会。

叠叠的帘子、折叠的蒲草纸屏风、竹拉门、芦苇帘和格子隔扇上。这些复杂的空间遮蔽物可以遮挡住她们不被外界的视线窥看，也屏蔽了她们看向外面的目光。贵族的住宅被抬离地面之上（图4），以便于通风。女性们就坐在地板上，这样她们的衣袍伸出外面的部分就能达到周围花园里男性目光的高度。外面的光线被一层层分隔物过滤，光线昏暗的屋内有时会燃起一盏小小的油灯。这种界线消融的暧昧环境反而能刺激感官：日本古典文学作品中对于色彩、感触、气味和声音的感知都极其敏锐。

　　贵族女性在公众面前唯一被允许的行动方式就是乘坐无窗的牛车。对于衣袍的选择组合被认为代表了女性的学识水平和敏感程度，因此女性们发现，可以将多层袖口伸过车厢门底部的缝隙露出在外，从这些昏暗封闭的空间内向公众展示自己。如果有潜在的追求者见到，并认为衣袍的颜色组合相当雅致，他可能会去求见女子的家人（根据车盖信息），并开始长期通信，请求与这名女子建立爱情关系，而信笺纸颜色的挑选也要经过高度严格的审美检阅。为了从层叠服饰和隔开贵族女性的建筑空间外部接近她，男性追求者可能会从缝中窥看，这就是从遮挡的围墙、屏风或帘子"缝中窥看"的秘密求爱习俗。许多绘画和文学作品中都有对这种习俗的描述。"缝中窥看"见证了这种偷窥的禁忌行为被吸收为审美仪式的过程，其中层叠的衣袖色彩具有很浓的情色意味。

　　这种要求宫廷女性隐藏起来的规定很明显引起了紫式部的焦虑。她在某晚的日记中写道："月亮如此明亮，我羞愧得不知该往何处躲。"就连中宫皇后也无法免除露面的烦恼，正如清少纳言在《枕草子》中所回忆的那样："到走散的时候，格子窗还没有放下，灯台却已拿了出来，当时门也没有关，屋子里边就整个儿可以看见，也可看出中宫的姿态：直抱着琵琶，穿着红的上袿，说不尽的好看，里面又衬着许多件经过砧打的或是板贴的衣服。黑色很有光泽的琵琶，遮在袖子底下拿着的情形，非常美妙；又从琵琶的边里，现出雪白的前

3 这幅绘卷，或称之为手卷，展示的是源氏公子下围棋的场景。宫妇们坐在帘子背后的地板之上，长长的乌发坠在拖地长袍上。

4 这幅绘卷描绘的是几名贵妇坐在垂帘之后窥视的情景。她们的面庞是用典型的引目钩鼻画法（即字面意思"画横做眼睛，钩做鼻子"）所描绘的。

额，看得见一点儿，真是无可比方的艳美。"这段文字引发了日本长久以来的忽隐忽现的审美情趣——指瞬间之内，某物若隐若现。

平安宫廷中围绕着女性的巨大的遮蔽网一直被视作男权压迫的工具，它使得女性不能活动且沉默无声，无法为人所见，也不能看见外界。虽然使得女性无法获得实际体验，无法接近学问和权力，但也创造出一种含蓄的隔绝空间，女性们在其中培养出非凡的审美情趣。这些静坐不动而又时间充裕的女性有着很强的好胜心，又大都极其失意，于是便得以接触艺术活动，尤其是文学创作——这个黄金时代的文学天才都是女性。

平安京不仅服饰和文学艺术特别值得关注，其他许多领域的艺术成就也很显著，比如用于训练培养感官的制香术和茶道。似乎这个时代宫廷日常生活中的所有活动都上升到了艺术的层面，不仅是宫廷服饰，就连一些基本活动，比如吃饭和交流也是如此：发言具有高度的风格化和程式化，日常对话中都要求暗含或引用诗句。人们关注的重点始终在美丽得体之上：一个人有没有华丽的衣袍，能不能背诵少见的诗句并不重要，从已经发表的诗句或是可选的各色衣袍中进行慎重的选择才能赢得赞誉。需要遵循的规矩和严格的限定成千上万，但其细微的差别中却总是存在着虽小却至关重要的竞技场，人们可以在此展示自己的审美品位，以期在情场上或是政坛上获得进步。

平安时代宫廷服饰的奢华风格最终并没有延续下来，其后的镰仓时代贵族服饰就远远没有那么铺张奢靡。尽管如此，平安时代的传统仍然有着强大的影响力，日本皇室至今在加冕仪式和婚礼中穿着的仍是平安时代风格的服饰。日本当代的时装设计师也经常从丰富的美学遗产中借鉴。20世纪八九十年代的先锋时尚（见402页）特点仍然是多层重叠，无视身材轮廓，而是展现这种服饰系统中里面衣物的局部。**AmG**

十二单衣 10世纪
贵族女装

紫式部女士身着十二单衣的画像
（10世纪）。

✿ 细节导航

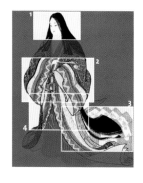

平安时代宫廷中女性所穿着的"十二单"按其字面意思理解是指"12层衣物"，但其实际上由10至25件单独的丝质服饰组成。虽然有时候这套服饰最外层的唐衣上会有织锦或刺绣花纹，但其重点仍然在于挑选衣物的颜色搭配组合形成层层叠叠的色彩层次。

将这些颜色不同的单色丝质衣物一层层叠穿，通常最外面一件的颜色最浅，然后色调逐渐加深直至最里面的小袖。其中每一层衣物都由被称作"薄物"的半通透薄绢纱缝制而成，其颜色则要根据季节、气候和场合的不同精心选择。十二单衣的穿着也有严格的社会等级限制，根据穿着者的年纪、地位和贵族等级不同，其颜色搭配也有详细的规定。这种层层叠叠的服饰系统构成了细腻的色彩搭配，里层衣服的色彩透出来又形成了新的色调，用来代表转瞬即逝的自然景物。例如，红色丝绢透过半通透的白色映照出来就形成了"红梅"，而淡紫色着于白色之下则形成"樱"。**AmG**

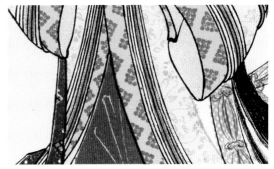

1 面部妆容

遵照平安时代美的标准，贵族妇女的面部要完全涂白。牙齿要染黑，以免在白皙肌肤的映照下泛黄。当时偏好窄鼻、细眼和朱红色点出的小嘴，乌发越长越好。

4 服饰的多层次

十二单衣穿着在最里面的是白色小袖，其上系红袴，红袴就是又长又宽松的裙裤。这之外再穿着多达25层独立的宽松丝质衣袍，这些衣袍按次序穿着，以突出多层服饰所构成的色彩组合。

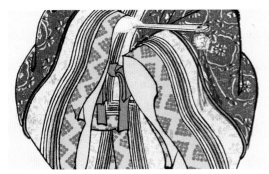

2 长度逐次递减的袖子

为了展露出服饰的色彩，十二单衣的袖子长度并不一样，每一层长度都依次渐短。服饰的审美重点聚焦在袖缘上，女性们可以将袖缘伸出屏风和帘幕底部的空隙，从而取悦男性追求者。

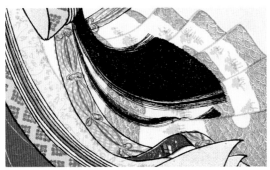

3 褶裙

这种被称作"裳"的褶裙是正式场合穿的下裳，一般由浅色的绫或纱制成，围在精心搭配的不同色调的十二单衣之外，其长长的裙褶在身后呈扇形展开。这个时期认为直直的乌发从头顶披散下来，散落在裙褶的线条之间最美。

▲ 身着十二单衣的香淳皇后（1926）。平安时代宫廷服饰的奢华风格没能延续下来，之后镰仓时代的服饰风格要简朴得多。

中世纪服饰

1 这幅图稿（13—15世纪）描绘了一位头戴皇冠的人物形象，他周围环绕的宫廷乐师们都穿着简单的T形紧身外衣。

2 古尔东·德热努亚所著的《本世纪巴黎流行服饰》（1480）中这幅插图描绘了一位装扮时尚的年轻男子形象，他所穿着的这种有过长鞋尖的鞋子被称作"尖头鞋"。

3 缠头巾帽是由长尾兜帽演变而来的。在这幅图稿（15世纪）中，卡斯蒂利亚国君、勃艮第公爵腓力一世就戴着这种帽子。

根据一些服饰史学家的看法，当今时尚体系源自14世纪中期。中世纪服饰在这一时期发生了重大的变化，演变出一种新的穿衣方式，其特点就在于由简单、乡村风格的服饰——主要呈T形的紧身外衣（图1）——转向吸收法国式样，突出身材和裁剪。与此同时，新出现的商人阶级打破了封建庄园制的社会等级制度，即国王赐封地以回报地主的军事支持，地主阶层的地位、财富和贵族头衔都来源于其获取的封地。此时，城镇成了贸易中心，包括布商、女装裁缝、鞋匠、袜商、制帽商、男装经销商、男装裁缝在内的时装业组织都参与到商业活动中来。很快，来自社会各阶层的更大范围的人们都能够得到想要的服饰了。

纺织业在中世纪经济中占有重要地位。整个中世纪，羊毛都是服

重要事件

1327年	1348—1349年	14世纪50年代	1365年	1405—1433年	1419年
爱德华二世创建了圆桌社，骑士时代由此开始。	黑死病导致了封建农奴制的结束，农奴迁至村镇和城市。	用以连系衣物的"尖包头系带"出现。系带从孔眼中穿过，上面一般还有金属装饰。	禁奢令禁止马夫、仆人和工匠使用羊毛衣料，一码羊绒衣料花费要超过1先令1便士。	中国郑和的船队穿越印度洋到达印度、阿拉伯和非洲东海岸以扩大中国的影响力，宣示其主权。	在其父无畏者约翰的葬礼上，勃艮第公爵好人菲利普开创了葬礼上着黑色的传统。

饰的主要面料。英国农民将羊毛出口到毛织品的生产中心佛兰德斯，直至英国政府将纺纱织布工人都吸引到了英国。纺织业的机械化发展促使染工、漂洗工和剪切工专业行会产生。之前，织工们使用的是立经式织机，利用经线，将织物的右侧朝向自己，从而纺织出这一时期具有代表性的菱形和V形图案。到了11世纪，随着卧式织机的出现，织工们可以纺织出长约30米、宽约2米的织物。面料的增长使得衣物可以裁剪出形状。在法国宫廷的影响下，服装开始贴合身体，男女服饰之间的区别也加大了。

时装被视为男性的保留特权，这一时期绝大多数的图像实例——雕塑、建筑图像、镶板绘画、织锦、壁画——记录的都是男性服饰，也反映了当时的社会等级制度。一般来说，男性会穿着一件在胸前有纽扣的紧身棉布外衣（即吉庞服），用腰带在臀部较低位置束紧，外面再穿着一件低领袍（即紧身对襟长袍），这种长袍也十分紧身。紧身对襟长袍的特点是边缘有饰边，即将面料剪切成条穗以做装饰；后来，长袍有了衣领，长度逐渐变短，袖子逐渐变松。衣扣的地位开始变得越来越重要，这些扣子通常用与外衣同样材质的面料掩盖起来。贵重金属做成的衣扣非常时兴，上面还会雕刻上文字或动植物图案。14世纪中期，在英国宫廷中，男性间还流行一种用一组对比色的面料做成的对色袍。1360年，出现了一种前开式的宽松长袍，其长度垂至地面，被称作胡普兰袍（见46页）。14世纪末期，女性中也开始流行穿着套头式的胡普兰袍。一直到1420年，胡普兰袍外加帕托克袍（一种长至臀部，带有圆形棉上衣的袍服）仍是男性流行的装束。

到了15世纪初期，男服逐渐推崇放宽肩部，用尖头鞋或靴子以突出修长的大腿（图2）。紧身上衣和紧身裤成为男性衣橱中的主要服饰。宽松的V形领可以展露出里面的衣衫，而领口通常还要用丝绸饰边加以装饰。在13世纪，紧身裤一开始是斜裁的，后来随着紧身上衣越来越短，紧身裤就需要用尖包头系带或是单独的饰带系在巴斯克衫上。15世纪70年代，服饰又开始朝着早期的简单式样转变。衣服不再追求宽大，色泽和质地也变得低调。在男性服饰中，衣袍的肩部或前襟部位并不缝合，这就使得内衣从接合处透露出来。

帽子和头饰在中世纪服饰中具有重要的意义。一直到1380年，人们仍会佩戴带长尾的兜帽，这种帽子后来演变为缠绕在头上的缠头巾帽（图3）。

15世纪20年代	1434年	1453年	15世纪80年代	1485年	1498年
黑色毛皮，比如紫貂皮、麝猫皮和海狸皮开始流行，尤其是俄国黑羔羊皮最受欢迎。	画家扬·凡·艾克创作了《阿尔诺芬尼夫妇像》，画作最著名的地方在于其中出现了男女通用的胡普兰袍（见46页）。	君士坦丁堡的陷落标志着拜占庭帝国统治的终结，奥斯曼帝国开始壮大。	男士尖头鞋上的尖角长度达到了不切实际的程度，并是遭到了禁奢令的限制。	亨利·都铎建立了一个全新的君主王朝，政局稳定，重视国内安泰，而非强调兵役。	探险家达·伽马率领无敌舰队从葡萄牙出发抵达印度。

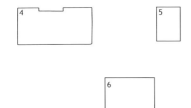

4 《哲学女神向波伊提乌展现七件人文作品》（约1460—1470），奎蒂维岛主人。画作的著名之处就在于呈现了各种款式的曳地长裙，其中就有胡普兰袍和外衣。

5 从雨果·凡·德·胡斯所作的波尔蒂纳里三联画（1480—1483）中选取的这一部分描绘的就是玛丽亚·波尔蒂纳里戴着尖塔式的埃宁帽的情景。

6 这幅画描绘的是女作家克里斯蒂娜·德·皮桑向法兰西女王、巴伐利亚的伊莎贝拉呈现自己著作的情景。画作中描绘了两种发饰：通过别针从脸上撩起的头纱，角状发饰。

之后出现了褶皱头巾——将织物裁剪成装饰形状加以折叠，系附在圆形垫圈上，这种饰巾有时也穿着在肩膀上。后来，饰巾变小，上面还加上了家徽或纹章。皮毛的穿用这时也是出于装饰目的，而非保暖。皮毛被装饰在服饰的衣缘和线条上，成为财富和权力的标志，其中黑斑白貂皮更是为皇家所独享。

到了1485年，男子紧身上衣有了高高的立领，因为长度变得很短，所以需要搭配下体盖片。下体盖片起初是为了文雅地遮盖住下体部分，但后来逐渐演变成一种夸张的装饰物。它是由紧身裤或马裤前裆位置的三角形布片组成的，三角形布片下端的尖角缝合进衣物的内缝线中，上部的两个角则用衣扣或饰带系附在髋部，这些衣扣或饰带被称作"下体盖片系带"。对襟长袍也被越来越紧身的短上衣或无袖短上衣所取代，这些上衣有垫肩，袖子也是可拆卸的活袖。这一时期流行鲜亮的色彩，这些色彩通常是从植物染料中提取的。有一种织纹顺滑的鲜红色毛毡布，其颜色是用从地中海胭脂虫中提取的红色染料染制而成的。这是当时最为昂贵的染料，它取代了以前欧洲南部用于染制骨螺紫的贝类染料，并流行起来。更为常见的颜色是通过桂竹香的远亲植物滴灌出的靛蓝色染料染制的一种深蓝色，许多地区都出产这种染料。用核桃壳可以染制出棕色和黑色，而要漂白织物则可以用白脱牛奶浸泡或在阳光下曝晒。亚麻织物是富人的专利，丝绸更是为太珍贵稀有而只用于宗教仪式中。意大利丝绸贸易中心佛罗伦萨、威尼斯和热那亚生产出花丝绒和缎子供出口，但也只有贵族才能穿用。

在14世纪，男女服饰之间的差别越来越大。男子服饰流行的风尚是要突出肩膀的宽阔，而女子服饰则肩部窄小，更强调裙摆的宽度。女性们会穿着腰部收紧、裙摆阔开的长袍或裙子。衣袖会在手腕或肘部位置放宽，以拖垂下来形成装饰。裁剪衣袖剩余的面料被用在手臂之下以促进摆动，或是用来增加裙摆的宽度。突出身材也可以通过局部斜裁来实现，或是整幅衣料斜裁，或是借助于衣料的直行纹理。从1380年开始，女性服饰的裁剪开始更加贴合身体，身前下部紧束的衣带就形成了早期的束腹。紧贴的衣袖延伸盖过双手。外面再穿着紧身对襟长袍，其最突出的特点就是有长长的袖裾垂摆，一直拖垂到地面。对襟长袍之外还要穿着两边开口的外衣。身前形成了硬挺的胸衣，突显出紧束的衣带的效果。为了追随露肩领的潮流，端庄被弃之不顾，紧身胸衣的上部被裁掉，以便展露出胸部（图4）。这种款式在意大利迅速风靡开来，而在欧洲北部受到的嫌恶声却更多。一直到15世纪中叶，长裙总是在增长变宽，多余的衣料要用一根腰带在胸部之下系起来。简单的头纱则被精致的角状或盒状头冠所取代。这种头冠由精良的锻铁制成，在英国为贵族妇女所佩戴。带有填料心形的则流行于佛兰德斯和法国。已婚妇人还会佩戴硬挺的白色亚麻头圈，用宽幅布带从下颌下绕过。

在13世纪时曾流行一种既可单独佩戴又可搭配两颊垂直褶边佩戴的头饰，这种头饰此时也被大量精致的发饰所取代。14世纪下半叶，头纱又重新出现了，还搭配着衬托在脸庞周围的半圈形头饰。这时，束发带的形状也发生了变化，演变成两个装饰性的空心柱状物，头发就从中间穿过束在两边。还有一种垫形头饰，在发网上再戴上一个垫圈，于是头发能够在两边耳朵上卷成律师发型一般的小卷。之后又出现了角状发饰（图6）。其中还包括一个铁丝网，头纱就从上面垂下来。1450年，发饰的结构开始向上，而不是向两侧伸展，形状也变得更细，佩戴时向后倾斜。尖塔式的埃宁帽（图5）在法国尤为流行，帽中有尖顶或平顶的锥状物。

整个中世纪，时装越来越多地用来区分贵族、商人阶层、匠人和农人。欧洲各国都颁布了不同的禁奢令，尤其是在意大利，这些法令被用来限制某些服饰的穿用，或是减少无度的奢靡。**MF**

胡普兰袍 1360年
男女通用袍服

《阿尔诺芬尼夫妇像》（1434），扬·凡·艾克。

1360年，男女通用的胡普兰袍出现，它取代了紧身外衣、女外衣和斗篷等其他有袖外衣。男式胡普兰袍穿着在紧身上衣和紧身裤之外，长度达到大腿中间或小腿位置。宽大的袖子在肩上缝合，其长度有时一直垂至地面，并露出里层紧身上衣的袖子。14世纪晚期，女性服饰也吸收了胡普兰袍元素，其裙子前身下部仍会收拢，长度也会及地，通常还会延长形成曳地裙裾。褶皱的衣料会在胸部之下高腰位置束紧，衣袖也极其宽大。裙裾和袖缘都有饰边，或呈扇形，或用对比的颜色镶饰。这种款式的服饰因极其耗费衣料，招致道德伦理学家的嘲讽。乔叟在论述14世纪90年代生活道德的《牧师的故事》一书中，有这样的描述："要用凿子敲那么多下才能开出裂口，要用剪子剪那么多次才能剪出褶皱花边。上述这种袍服富余的长度一直拖到粪坑里，拖进泥沼中，拖在马背上，勉强拖在男人的脚上，也拖在女人的脚上。"

15世纪上半叶，"胡普兰袍"这个名字被废弃不用，改称"长袍"或"礼服"，裁剪也不再那么夸张，其装饰也只采用带纹样或图案的衣料。从1490年开始，这种袍服成为博士和法官穿用的标准学位服，只在袖子款式和内衬上有所不同；其身后连缀的帽子是出于装饰，而非实用目的。**MF**

👁 细节解说

1 男帽

为了平衡胡普兰袍阔大的宽度，穿着者会佩戴一种完全遮盖住头发的宽檐帽。这种帽子颜色肃穆，超大的尺寸伸展开去，在头顶形成更加宽大的圆形。这一时期流行的其他款式还包括平顶帽、窄檐帽，以及土耳其式样的帽子。图中这顶帽子的款式在当时显得极为简单。该地位的男子更常佩戴的是一种由连帽斗篷演变而来的复杂的褶皱头巾。

2 袖子装饰

女式胡普兰袍的袖口处会镶上一圈细细的皮毛边，然后延伸至地面，镶上装饰性极强的同色镶边。衣袖开口很大，露出里层不同颜色且花纹富丽的紧身衣袖。这件袍服上的皮毛和里层长袍齐平脚踝的长度都表明这是一件冬装袍。其不具实用价值的厚重衣袖也提醒着这名女性属于生活悠闲的阶层。

3 衣料的复杂褶皱

这名女性衣袍奢华的曳地衣边，以及毛皮镶边都表明这是一对阔绰的商人夫妇。里层长袍所使用的进口自意大利的宝蓝色丝绸也证明了他们的地位。在同时期的服饰中，通常只有结婚礼服才有可能制作得更为复杂精致。绿色是一种尤为流行的颜色，因为它象征着生育能力。

4 不束带的胡普兰袍

男士胡普兰袍在下身的中央用隐藏的钩子和扣眼束紧，从宽阔的肩部自然垂落至下摆。胸部位置的挺拔是经由未经压制的褶皱达到的。这件衣袍镶有黑色的貂皮或貂鼠皮毛边，这也是出于装饰目的，为了彰显财力和权势，而非为了保暖。内衣的紫色以前可能更深，但年久日深，画面的颜色逐渐褪落了。

文艺复兴时期的服饰

1 这幅作品由小汉斯·荷尔拜因创作于约1520年，奢华的装饰、大量的珠宝以及衣料的铺张运用都显示出亨利八世是欧洲文艺复兴时期最有权势、最有光彩的国王。

2 在这幅1548年的肖像作品中，蒂罗尔的斐迪南大公所穿着的下体盖片非常显眼。这件下体盖片采用的是和他的切口短裤同样的面料。上衣有着这一时期典型的方形宽肩。

文艺复兴于中世纪末期发源于佛罗伦萨，是以复兴古希腊古罗马经典文化为名的一场文化运动。这一时期，文学、科学、艺术、宗教和政治都得到了繁荣发展，同时也发展出一种更为正式的穿衣时尚。严格正式的穿衣风格取代了中世纪欧洲服装加固身体的裁剪风格。1483年至1498年在位的法王查理八世于1494年入侵意大利，文艺复兴式服饰风格从此渗透到欧洲其余地区。

到了16世纪，服饰越来越注重轮廓结构，因此能够掩饰穿者体型的服饰就成了社会地位的象征。1509年至1547年在位的英王亨利八世在衣袍上缀满珍稀宝石（图1），借以巩固自己文艺复兴时期欧洲最

重要事件

1501年	1509年	1520年	1536年	1555年	1556年
阿拉贡的凯瑟琳于亨利七世时代嫁给亚瑟王子。她的陪嫁人员将撑裙传到了英国。	亨利七世去世之后，其子亨利八世继承了王位。	亨利八世和法国国王弗兰西斯一世在一场名为金布战役的宴会中相见。两位国王竞相炫耀自己宫廷的富丽程度。	意大利丝织工迁入里昂，里昂成了法国养蚕业的中心。	俄国公司建立。它一直垄断英俄贸易直到1698年。	腓力二世继承了西班牙哈布斯堡王朝的王位，成为这个世界帝国和许多美洲殖民地的统治者。

体面君主的地位，也开创了奢侈消费的风潮。修道院解体之后，他重新分配了教会的土地，从而造就了许多富有的新贵族。这些阶层野心勃勃地想要证明自己的贵族地位，渴切地接纳了贵族中时兴的服饰风格，包括一些装饰奢华、镶缀珠宝的袍服。服饰费用占了家庭支出的很大一部分，一些富裕的资产阶级也想要使用奢华的纺织品，比如从意大利的热那亚、卢卡、威尼斯和佛罗伦萨织造厂进口的彩色绸缎、提花天鹅绒和织锦。这段时间，意大利垄断了金丝面料和细天鹅绒的生产。这种形势持续了几个世纪之久。直到1600年，丝绸生产仍然对意大利经济起着至关重要的作用。

　　这个时期，男性服饰缺乏活力的北方哥特风格被一种强调水平线的风格所取代，这种能够反映出平拱的风格在建筑中非常流行。这时裁缝业的裁剪和缝纫技术也已准备到位。男性主要服饰为紧身衣，即一种用天鹅绒、缎子或是金丝面料缝制的紧身系扣外衣。这种紧身衣袖子很宽，一般用杂色面料拼接或是采取切口方式（见52页）制成，肘部会有弯曲裁剪以方便活动，这样也使得穿者在站立时可以将手搭在髋部位置。在都铎王朝时期的许多肖像中都可以见到这种站姿。用切口裁剪拉出衣服内衬或是内层衬衫，在紧身衣和紧身裤中都有所运用，这种风格在德国服饰中被发挥到了极致。

　　紧身衣外面还要穿着一件短上衣或是短无袖上衣，用饰带或衣扣在前襟下端系结。再外面是一件宽松的袍子，长度从肩部折叠垂落至地面。下身衣物是由马裤和长袜缝合在一起制成的，裤子上端用一根饰带穿过衣袍上的孔眼系成蝴蝶结加固，饰带末端还有金属箍。紧身衣穿着时会敞开以露出下体盖片（图2）。下体盖片原本是一块简单的三角形布片，后来演变成一种有形状的垫料小袋，用以突出生殖器部位，彰显生殖能力。"下体盖片"这个词来自当时的术语"阴囊"，它的尺寸不断增大，一直持续到16世纪中叶，通常还会镶嵌珠宝或是绣花装饰，也当作钱袋用。后来其尺寸逐渐减小，到该世纪末就完全消失了。

　　此时男子一般穿着平跟方头鞋，脚尖呈鸭嘴形状，鞋跟用皮革或是软木塞制成。帽子在室内也要佩戴，象征着佩戴者的地位、年纪和财力。贵族一般戴的是黑丝绒软帽，这种黑色染制起来既昂贵又耗时。社会地位比他们低一些的人则佩戴一种样式类似的帽子，但其材质却是由毛皮和羊毛制成的毡。帽身上装饰有金线饰带，或在某些位

1558年	1564年	1574年	1581年	1583年	1589年
伊丽莎白一世成为英国女王。在伊丽莎白的王宫中，服饰是重要的身份象征。	浆粉最初是由伦敦的主妇丁根·范·德普拉斯发明来给轮状皱领上浆用的。	伊丽莎白颁布了服装令，禁止"除公爵夫人、侯爵夫人和伯爵夫人之外的人穿着金布、薄纱和黑貂皮"。	让-雅各·布瓦萨尔的著作《各国服饰》激发了人们对中东服饰的兴趣。	英国檄文作者菲利普·斯塔布斯发表了《人体的滥用》，猛烈地抨击了这一时代时装的荒淫风格。	威廉·李发明了针织机。针织丝或棉质的长袜开始流行，精细的长袜上还有绣花的边花装饰。

文艺复兴时期的服饰 49

置别上徽章和金属箍，有时也有彩色羽毛。对于非贵族阶层和匠人来说，帽子也是必须佩戴的服饰配件。16世纪末，人们还会佩戴一种海狸皮、皮革或是羊毛毡质地的有着很高锥形顶的帽子。

特定色彩和织物的使用限制使得宫廷服饰和商人阶级的服饰区分开来。伊丽莎白时代对于自然世界的亲近以及对田园生活的欣赏导致服饰上出现了丰富的植物和动物图案，几乎服饰上所有能见的地方都绣满了鸟类、昆虫和花卉的图案。尽管面料能设计成各种款式，但是这些图案却必不可少。只有刺绣能够带来这个时代所推崇的花卉和叶子之类的现实主义元素。出身高贵的女性都忙于黑线绣。这种刺绣被广泛应用于白色亚麻布面料上，以强化诸如衣襟、领口和袖口面料的硬度。白线绣通常用于内衣和轮状皱领上。其中包含的刺绣技巧有抽线刺绣、雕绣和抽纱绣（一种将绣线系在一起形成一束的刺绣方法）。复杂的刺绣会转交给专业绣工完成。这些绣工一般是男性，涉及的材料有珍珠、翡翠、红宝石以及金银绣线。

16世纪中叶，西班牙成为日益壮大的世界大国，明亮的色调和织物，以及奢华的风格开始转变为肃穆的色调，一般是黑色。装饰也变得较低调，因为1556年掌权的腓力二世（图5）推崇这样的风格。财富和地位不再通过过多的装饰来表现，庄严的款式和简洁的裁剪取而代之。1554年，玛丽·都铎嫁给了西班牙王储腓力。此举巩固了简朴的风潮，也反映了西班牙宫廷的规范。1570年，紧身上衣的式样出现了变化，服装中出现了填料，模仿当时的板甲，构成一种盾状的外形。紧身上衣里面填进了絮料——棉布、马鬃和棉束的混合物——以形成一种凸出的"豆荚"腹，这种式样延续了30年。菲利普·斯塔布斯曾在《人体的滥用》（1583）中抱怨那些穿着豆荚紧身衣的人因为"填料塞得太满，连蹲下来都很难"。

马裤这时取代了之前的宽松短罩裤，其中最流行的款式是西班牙铜鼓式（图3）。这种填料款式长度达到大腿中部，流行于16世纪50年代至70年代。这之后流行的是袋状马裤，长度达到了膝盖以下（在膝下束紧），其中还有一种极度蓬松的灯笼马裤。针织面料出现以后就取代了斜纹剪裁，使得紧身裤非常合身。亮色的紧身裤开始流行起来，膝盖以下用彩带束紧，1560年以后还出现了一种简单的十字吊带。男式紧身上衣之外出现了一种短斗篷，室内和室外均可穿着。这种斗篷带有很多装饰，还有一个小小的立领。还有一种被称作水手上衣的纯粹装饰性服饰，长度齐臀，无袖，穿着时从一边肩膀上垂下来。皮革服饰则包括绣花流苏长手套和齐膝翻口靴，这些服饰都是西班牙科尔多瓦城皮革加工技艺发展的结果。

紧身上衣无论男女都是方形低领，以露出衬衫上部（图4）。低领女袍通常还要搭配一件盖住脖子和肩膀的小衫。如果这件小衫是用袍子的紧身上衣富余的面料制作，就使得袍子呈现出高领袍的样子。通透或不通透的亚麻小衫都穿在衬衫之外。到了1550年，小衫会用穗绳系结。碎褶和小褶边逐渐扩展形成了轮状皱领（见56页），这种褶皱（用铁器制作出来）亚麻领由针绣挖花蕾丝制成。这种精细的雕绣后来在17世纪演变成了针绣。

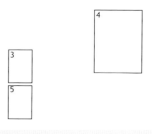

严整的款式在女性服饰中表现得也很明显。女性的标准服饰是"长裙"，这种服饰最初是一件连身长裙。从1545年开始，这种长裙分成了配裙和紧身上衣两部分，配裙仍然保留了"长裙"的名称。上面还用彩带或金属箍系着一块对比强烈、板型僵直、带有装饰的三角形面料。"紧身胸衣"一词意为"两副身体"，最早出现于16世纪下半叶。这种服饰是用鲸骨或干苇草插进中间絮有软物的僵直衣料中制成的，能起到束紧腰身、收缩胸部的作用。要突出这种效果，还要加上一件三角胸衣，这样就构成了紧身上衣的前身部分。用硬衬布或纸板使其挺直，再用木质衬骨使其固定，这样就有效地缩小了两件服饰前面的空隙。紧身上衣由两部分组成，两边肩膀上分别缝上同样面料的袖子。外面的袖子是宽阔的漏斗状，袖边通常会镶上皮毛，翻卷到肘部，以便露出里层袖子的装饰。

16世纪80年代，紧身上衣越来越紧，越来越长。其形状是通过弧形前缝线、斜边接缝和弧形背缝构成的，而不是通过暗褶。这种对立的三角形状被一系列的环形所取代，比如衬托着头部的浆硬的亚麻轮状皱领和圆形的撑裙（见54页）。这时的发型是头发从中间分开，完全梳到两边；到1570年，头发通过一个丝网撑梳到脑后。**MF**

3 这幅1560年的作品描绘的是一位身着铜鼓式马裤的意大利官员。这种马裤装有厚厚的填料，以带有里衬的条纹绣花布制成，穿在大腿之上就像是两片洋葱。

4 在这幅1545年的肖像作品中，埃莉诺·德·托莱多身着一件锦缎服饰，上面有大量的黑色藤蔓和石榴图案。其金色的晶格小衫是用珍珠串成的。方领内袍上的黑线绣纹饰只在领口位置得见。

5 朴素的服饰和暗色调在16世纪晚期非常常见。这幅作品中，西班牙腓力二世所佩戴的小型轮状皱领缓和了其服饰的阴沉感。

切口服饰 16世纪初
男服

《夏尔·德·索列尔肖像》（1534—1535），小汉斯·荷尔拜因。

画家小荷尔拜因的这幅肖像画创作于1534年法国大使夏尔·德·索列尔在伦敦逗留期间。画面中坐着的大使穿的正是带切口袖的紧身上衣。切口这种装饰风格被认为始于1476年，瑞士近卫队在格兰森战役中战胜了勃艮第公爵、勇士查尔斯，胜利的军士们用战败军队残留的华丽衣料来缝补自己被扯烂的制服。瑞士近卫队的做法被德国雇佣兵学了过去，他们精美醒目的服饰并没有受到禁奢法的限制。他们的做法又被法国宫廷照搬过去，这可能是受到拥有一半德国血统的吉斯家族的影响。亨利八世的妹妹玛丽嫁给法王路易十二之后，这种切口服饰风尚又传到了英国。精美的切口服饰很受欢迎，尤其在德国兴起了一种风尚，人们用对比明显的不同带状织物拼制成服饰。切口装饰也曾出现在女子服饰中，但并没有这么普遍。切口装饰有时也把上层衣料切开的边缘剪出形状，横纹裁剪可以防止面料磨损。这种方法通常会裁剪出具体的形状，常见的是菱形，拉出里层对比明显的衣料就能形成凸起的表面。**MF**

◉ 细节解说

1 软帽
这种黑丝绒软帽在室内室外都可佩戴，戴的时候要向一边稍微倾斜。帽檐有时还会像"草皮"一样翻起一小部分。帽檐上的徽章表示从属于某个家族或个人。

3 毛皮和亚麻
这件外衣镶了一圈深色的毛皮边（紫貂皮、狼皮或旱獭皮）以搭配紧身上衣阴沉的色调。袖子肘部以下的部分被切开以显露出内层的亚麻衣料，外层切开的衣料用饰带穿过孔眼系起来绑在饰片上。

2 紧身上衣
这件填料紧身上衣一直抵到下颌位置，突显人物肩膀和胸膛的宽阔。这件深色紧身上衣色彩和装饰都相对压抑，但其中使用的金属衣扣或许是金质的，为其增添了活力。这些衣扣可以拆下用于其他服饰。

4 切口衣袖
外层衣袖刚好从肘部位置切开，而里层所穿着的白色亚麻衣料则被拉出来形成蓬松的装饰。衣料上长长的平行切口被称作"格"。

西班牙撑裙 16世纪初
女式撑裙

《宫娥》（1656），迭戈·委拉斯开兹。

撑裙在英国第一次大范围出现是在1501年，当时西班牙阿拉贡的凯瑟琳公主嫁给亨利七世的长子亚瑟王子，随从中出现了这种款式的服饰。1554年，女王玛丽一世嫁给西班牙国王储腓力，这种流行款式的地位得到了进一步的巩固。这幅《宫娥》中的撑裙还带有一条由线圈、木头圈或是灯芯草圈（鲸骨从16世纪80年代起也开始使用）撑开的衬裙。玛格丽特公主的撑裙向边缘展开，展开的角度使得穿者可以把手放在其平台般的表面上。小公主周围簇拥着宫女，待在父亲西班牙国王腓力四世在马德里的宫殿阿卡扎城堡里。这里的服饰礼仪与法国宫廷形成了鲜明的对比。其中一个宫女跪在公主的脚下，另一个宫女伊莎贝拉·德贝拉斯科站在公主身后。伊莎贝拉穿着的是轮状撑裙，一直到其他地区都消失了很久之后，西班牙人仍在穿着这种裙子。她的长裙的紧身上衣勒平了胸部，垂到裙子上面形成圆形的褶边，向四周伸展，这样就缓和了轮状裙子边缘的僵直线条。蓬松衣袖开领很低，上部围有遮盖纱巾。**MF**

👁 细节解说

1 紧身上衣
小公主穿着的服饰就是成人服饰的缩小版。这幅画中，小公主身着的紧身上衣拉长了身体，让身体变得挺直。她宽阔的领口开口很高，双层袖子与侍女伊莎贝拉·德贝拉斯科的式样相同。

2 倾斜的边缘
里层结构支撑着撑裙从腰部以正确的角度展开，而不会从最外缘垂直地落到地面。裙子在腰部有所倾斜，所以裙边是前低后高。

裙撑的种类

　　裙撑的出现早于箍筋和裙衬，是第一种用来扩展女式裙子宽度的装置。在西班牙，最早穿着撑裙的是葡萄牙的琼公主。西班牙最早的撑裙画像中还会展示出外裙上的箍印，后来就只描绘外裙的形状了。法国的鼓形裙和轮状裙（如下图中的安妮·瓦瓦苏，约1615年）出现于其后的1580年，形状都是圆柱形的。一直到1620年以前，主要都是宫廷人士穿着。在宫廷之外，最流行的是圆形撑裙，把布袋填成香肠的形状放在髋部位置以扩展裙宽。

裙和层叠轮状皱领 1620年
宫廷女装

《法国伊莎贝尔公主》（约1620），罗德里戈·德·维兰德兰多。

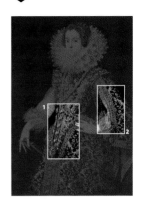

伊莎贝尔是法王亨利四世和玛丽·德·美第奇的女儿，她于1615年嫁给了西班牙国王腓力四世，当时他还没有登基。在这幅由宫廷画家罗德里戈·德·维兰德兰多创作的肖像画中，这位西班牙王后的穿着体现了西班牙宫廷贵族服饰的风格：形式克制、奢华高雅。画面中很少有黄金和宝石装饰，只有宽大的袖缘和紧身上衣的线条上可以明显看见一些。虽然轮状皱领在英国到1613年就因被垂领所取代而消失了，但在西班牙流行时间更长。当别的地区都消失后，在荷兰还流行了很久。这里闭合的轮状皱领是附在细长的紧身上衣高领口上固定的布带上的。层叠轮状皱领的花边边缘精心构成数字8形状的褶皱，与深深的袖口中露出的里层紧身长袖相互搭配。皱领和袖口的褶皱最初是用未经加热的手托，在上浆很重的潮湿皱领晾干的同时往上面打褶制成的。浆粉在欧洲从16世纪60年代起有了商业生产，大约在1570年，开始使用与拨火棍很像的可加热平褶棍。伊莎贝尔所穿着的撑裙还无法达到宫廷画家迭戈·委拉斯开兹创作的《宫娥》（1656）中所描绘的那么大的宽度。**MF**

细节解说

1 硬挺的紧身上衣

僵直的高领紧身上衣将女性身体从下巴部分一直包裹到自然腰部以下，形成延长的V字形。这件紧身上衣有三角区域，束缚住穿者自然的体型。这件衣袍中裙子上密集的图案形成整齐重复的双曲线形——一种有两条S形曲线的图案——编织在富丽的黑色和金色织物中。

2 双层袖子

画中半包围的外层衣袖从肘部位置切开，露出里层袖子的装饰。袖子在肩部位置覆有一层衣料，形成延展出来的加筋板的形状，也突出了紧身上衣的三角区域。手腕上的褶皱与精致的花边皱领相呼应。和皱领一样，袖口的褶皱也是独立的装饰，可以卸下来清洗，或是搭配其他的服饰。

轮状皱领的历史

轮状皱领是在16世纪40年代由衬衫领口处的穗绳制造出的小褶皱演变而来的。皱领经常会有黑线刺绣或白线刺绣装饰（下图）。皱领起初是一种很实用的服饰，用来避免男式紧身上衣或女式紧身胸衣沾到灰尘或油污。后来它逐渐变成了一种独立的服饰，形状和尺寸都扩展了。直到16世纪90年代，它发展成一种硬挺的竖领环绕在头部周围，有时甚至和穿者肩部同宽。这些轮状皱领需要线框制成，好让领子维持在流行的角度上。16世纪60年代，浆粉被发现，这使得轮状皱领可以更宽而不失去形状。皱领在上浆的过程中还可以染色。最极致的时候，轮状皱领的直径可以达到约30.5厘米，甚至更宽。

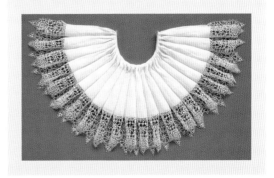

奥斯曼宫廷服饰

1 这幅苏莱曼一世的绘画出自1589年9月创作的奥斯曼帝国苏丹肖像摹本，原作的作者是赛义德·洛克曼（1579）。画面中的苏丹身着3层色彩富丽的卡弗坦长袍。

2 这件深红色丝绒面料上饰有金线图案（16世纪），是织工用拉花机织造出来的，还有吊线工帮助织造复杂的花纹。

到16世纪初期，奥斯曼帝国的疆域已经扩展到中东的大部分地区。奥斯曼帝国通过强有力的军队和海上战役赢得了欧洲和北非的领土。在几位苏丹的领导之下，帝国经济也进入了繁荣发展时期。这一时期，奥斯曼帝国统治者投入大量精力对丝织业进行管理和征税。从15世纪开始就已成为丝织业中心城市的布尔萨此时继续担任为宫廷生产丝绸和丝绒的任务（图2），君士坦丁堡（现在的伊斯坦布尔）也新建了一些工厂。奥斯曼帝国定都君士坦丁堡。1520年，苏丹苏莱曼一世继承了苏丹塞利姆一世的王位，将这座城市转变成了与帝国辽阔疆域相匹配的都城。在都城内，托普卡宫是维护

重要事件

1513年	1517年	1520年	1526年	1534年	1536年
奥斯曼帝国海军上将、著名的地图绘制者皮里·雷斯在埃及为苏丹苏莱曼一世绘制完成了世界地图。	苏丹塞利姆一世攻占了大马士革和开罗，使得奥斯曼帝国成为阿拉伯世界最大的帝国，以及伊斯兰教的捍卫者。	在苏丹苏莱曼一世统治时期，经济繁荣，建筑、绘画和纺织业都很兴盛。	在苏莱曼一世发起的莫哈奇之战中，匈牙利军队惨败，奥斯曼帝国占领了布达城。	苏莱曼一世迎娶了拥有乌克兰血统的宫女许雷姆为妻。作为苏丹的合法妻子，许雷姆拥有无上的权力和财富。	苏莱曼一世与法国国王弗兰西斯一世签署了一项条约，其中包括贸易协定，这标志着奥斯曼帝国正式进入了欧洲政治舞台。

帝国秩序的中心，一切权力和势力都要从这里发散出去。

托普卡宫始建于苏丹穆罕默德二世时期的1463年。在苏莱曼一世统治时期，这座皇家宫殿变得坚不可摧，实质上成了君士坦丁堡的一座城内之城。大约有5000人在这里工作和生活：苏丹、苏丹家族和随从人员、卫队、民事和军队官员、专司侍从和技能娴熟的匠人，所有人根据严格的法案规定形成了等级森严的社会。在奥斯曼帝国复杂的权力体系中，服饰成了彰显君主高贵地位和法令的主要视觉手段。奥斯曼人深谙服饰艺术，他们相信除了满足基本的保暖、蔽体和遮羞需求之外，服饰还有着更为重要的功用。通过服饰的款式、材质和装饰，可以区分穿者的官衔、职业、财富和个人地位。

奥斯曼帝国的服饰给所有见过的人都留下了深刻印象，尤其是哈布斯堡王朝于1554年至1562年派驻君士坦丁堡的大使奥吉尔·德比斯贝克。这位大使和许多欧洲人一样，曾在书信、回忆录和绘画作品中记录下自己的想法："现在随我来吧，将你们的目光投向汹涌的人潮，人们头上缠着头巾，身上穿着最洁白的丝绸制成的有数不清的褶纹的衣衫，有各种款式和色调，随处可见金银材质、紫色服饰和绸缎的光辉。"其中最重要的信息是伊斯坦布尔托普卡皇宫博物馆里收藏的独一无二的苏丹家族服饰。藏品大约有2500件，主要是卡弗坦长袍，也有裤子、衫服、帽子、饰带和头巾。苏丹去世之后，他的服饰都会被包好储存起来，上面会缝上穿者的姓名以及其他信息。理论上来讲，这样就可以提供自15世纪起奥斯曼君主服饰的精确名录，但盘点库存时，标签可能会丢失或弄错。虽然某些衣袍可以追溯到具体的某位苏丹，但是对于款式和面料来说，最重要的证据却是整体服饰的集合。

除了这些服饰和档案信息之外，从许多苏丹画像中也能看出正式着装规范，主要是男性着装，因为女性不管有多大的影响力，仍然不具有公众地位。这套规范既古典又多样化，主要服饰是形制剪裁都很简洁的长袍，衣服的层次很多，由此展现出奢华面料在华丽的宫廷仪式中所占有的重要地位。这幅苏丹苏莱曼的肖像（图1）出自宫廷年代史编者赛义德·洛克曼所编著的一本插图奥斯曼帝国苏丹历史（16世纪中期以后出现过许多不同的版本）。画像中正值中年的苏丹表情严肃，蓄着络腮胡子，身上所穿着的色彩华丽的服饰也突出了君主的威严。画像中，苏丹身着3层款式、面料、色彩均截然不同的卡弗坦

1538年	1557年	1558年	1566年	1571年	1581年
希南被任命为帝国首席建筑师。他负责设计建造了君士坦丁堡和奥斯曼帝国各行省的主要建筑。	历经10年的建设之后，希南设计的苏莱曼尼耶清真寺竣工，这是君士坦丁堡最宏大的建筑群。	一套记述奥斯曼王朝成就的5卷本编年史书编撰完成，书中含有大量插图。	苏莱曼一世在对匈牙利的一次战役中逝世，后来他被埋葬在苏莱曼尼耶清真寺的一处宏伟陵墓中，葬在妻子许雷姆旁边。	奥地利的丹·约翰在科林斯湾的勒班陀战役中击败了奥斯曼海军。	英国女王伊丽莎白一世和苏丹穆拉德三世进行了外交协商。黎凡特公司成立。

3 在这幅绘画作品中，苏丹苏莱曼二世身着由最奢华的面料缝制的富丽服饰，正拉弓瞄准宫廷放鹰师所执的目标（16世纪）。

4 这件由彩条纹纹锦制作的卡弗坦袍（16世纪中后期）可能是苏丹苏莱曼二世的服饰。

正装长袍。在绿色缎纹织物卡弗坦长袍之外，他又穿了一件带有宽松的长齐肘部的袖子的安塔利长袍。这件长袍由华丽的蓝色丝绸织锦和用金线织成的如意珠（两条丝带和中国式祥云）图案组成。第三件宽松卡弗坦长袍由橙色丝绸织锦制成，边缘镶有貂皮，其袖子直垂至地板，肩部开衩。赛义德·洛克曼的这本历史著作的其他同时期宫廷肖像，尤其是苏丹苏莱曼及其子塞利姆二世和艾哈迈德一世（见62页）的系列肖像也表明了服饰的穿着规范。托普卡宫的档案记录证明，帝国强大的官僚机构保存了服饰，登记了匠人名录，分配了工资、薪水和津贴，还颁布了织物法令，对于维持奥斯曼帝国的服饰体系来说必不可少。

奥斯曼帝国宫廷的主要服饰卡弗坦长袍，是一种垂直裁剪的敞开式长齐脚踝的袍服。在宫廷日常活动和管理机构中，人们穿着缎纹织物制作的素面卡弗坦长袍，一般有红色、绿色和蓝色，苏丹本人和官员都可以穿着。长袍在腰部和前身中间位置会变宽，这样的形状是通过增添从腰部延伸至底部的三角形面料实现的。娴熟的裁缝会被要求增加的衣料要确保织物图案的平顺，但缝纫的标准也相应有所不同。当时的一篇笔记中曾提出过严厉批评："你缝出的卡弗坦长袍怎么这么糟糕？人怎么能穿这样的衣服呢？这个世界上有什么人会穿这些黑裤子啊？你难道从来没有听说过有鲜红色和白色的缎纹面料吗？"

16世纪中期，为了努力满足宫廷对服饰面料的要求，君士坦丁堡的纺织厂得到了繁荣发展。这些纺织厂与其他专司工厂一起，坐落在托普卡宫的第一庭院，有些也建在城里，这样就能够承接私人业务。3种重要的丝织物——缎纹织物、丝绸织锦和卡迪菲丝绒被生产出来制作长袍，其长度可以根据要求进行裁剪设计。其中用得最多的是缎纹织物，就是一种缎纹平绢，有白、红、绿、蓝、黑和紫等颜色。花纹丝绸织锦统称为柯玛，其织造技艺复杂，图案华丽，常用来制作正装袍服。卡迪菲丝绒是一种深红色或深绿色的华丽丝绒，有时也有黑色，通常用来制作卡特玛服。这种面料是通过切丝，然后在切丝的位置插入金线织成。托普卡宫的服饰中也有用意大利丝绒制成的实例，因奥斯曼人喜欢那些面料，且本土产品无法满足宫廷需求。最终，意大利丝绒极大地影响了土耳其的丝绒面料，两者难以区分。

一种名为萨莱塞的金线和银线编织出的有大块大胆图案的奢华织锦也被用来制作卡弗坦长袍，尤其是那种有着曳地衣袖的长袍，有时也用来搭配裤装。与喜欢简洁服饰的父亲相比，苏丹苏莱曼二世更推崇艳丽的服饰，他曾穿着金色的卡弗坦长袍以及有华丽图案的丝绸安塔利长袍。长袍上带有重复的圆形图案，还有用红色、蓝色、黄色和白色丝线编织出的草茎和郁金香以及其他花卉交织的图案（图3），衣缘上还镶有上等灰松鼠毛，与托普卡宫收藏的一件16世纪中期的卡弗坦长袍花纹相似（图4）。这件长袍可能就归苏莱曼二世所有。奥斯曼官员服饰中至关重要的就是缠头巾帽，苏丹本人和高级官员在所有公共场合都会佩戴这种帽子。缠头巾帽是用很长的白色棉布或亚麻布盘绕着填料丝绸织锦帽制成的塔状高帽。

仪式场合有专门的服饰。苏丹葬礼上的服饰风格非常肃穆，继位者和送葬者行走在葬礼队伍中时会穿着黑色、深蓝色、紫色和绿色的丝绒或缎纹卡弗坦长袍。皇陵中覆满服饰和织物，装饰有缠头巾帽、珠宝和其他物品。关于其他一些葬礼服饰，比如女性和小孩服饰，在穆拉德三世和艾哈迈德一世的陵寝中就有许多丝绒和织锦制成的小卡弗坦长袍。为了宣告新君主的合法地位，苏丹在举行过登基仪式之后还要参加一系列的公众仪式和游行。在这些场合，他的穿着就需要展现出奥斯曼帝国的国力。这样的场合主要有：每周五苏丹的队伍都要到君士坦丁堡最大的一所清真寺瞻仰午时经仪式；儿子们的割礼庆典；正式接见使臣；战役凯旋典礼。虽然从17世纪开始，奥斯曼帝国开始衰落，但其穿衣规范仍然完好保存至19世纪，直至马哈茂德二世以欧洲双排扣礼服和裤装取代，这些欧洲服饰在当时是现代化和进步的象征。**JS**

多层服饰 17世纪
宫廷男装

《艾哈迈德一世肖像》（17世纪），赛义德·洛克曼。

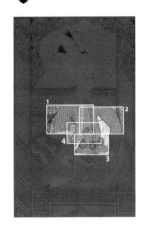
在16世纪晚期，奥斯曼帝国开始记述苏丹的传记，同时还绘制肖像，虽然有所美化，但是每一位统治者都有一定程度的相似性。此外，从17世纪早期开始，还流行一种身穿时兴服饰的年轻男女的单人肖像。1603年登基的苏丹艾哈迈德一世这幅绘于30岁的肖像，就体现了这种相对不那么正式的潮流。

这幅肖像作品是用不透明的水粉颜料在精细抛光的纸张上精心绘制的，画面中所描绘出的苏丹是一位身着精美服饰、英俊体面而又文雅的年轻人形象。画中的艾哈迈德一世坐在一座摆着华丽家具的凉亭中，穿的是两件颜色和款式迥异的长齐脚踝的丝绸卡弗坦长袍。里面的绿袍带有紧身的袖子，从领口开始到腰间以一排打褶金线织成的衣扣密集系结。橙色的外袍上镶有貂皮边，还饰有镶嵌着金色饰扣的衣带。这件外袍时兴的穿着方式是只把右手伸进衣袖，这样两层衣袍都能得到充分展现。这套宫廷服饰还包括一项包缠平滑的高头巾帽、珠宝以及黄色皮革鞋子。**JS**

👁 细节解说

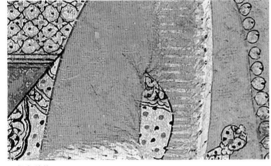

1 橙色外袍

这件橙色外袍上描画有精细的金色水平线条，借以模仿单色缎纹绸表面的光泽。这种面料被广泛用于制作袍服、衬里和饰带。艾哈迈德一世的这件袍子上还额外镶了貂皮边。

3 连系的金衣带

这条衣带是用黄金和镶有珠宝的瓷片镶嵌在皮革上制成的。这种衣带穿戴在卡弗坦长袍上，是一种时兴的高雅配饰。但是，奥斯曼宫廷的珠宝相对来说较朴素，因为衣袍的面料都有着富丽的花纹。

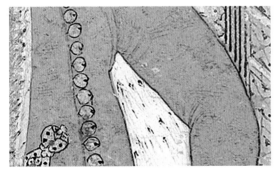

2 绿色内袍

这件绿色内袍上描画着重复的藤蔓织物叶片。叶片中填满了金色的水平线条，还有连绵不断的灰色卷须，以体现出这种塞伦克织锦丝绸的柔软性。

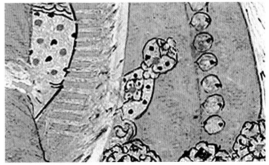

4 镶有珠宝的匕首

匕首是一种优雅的宫廷服饰配饰，其锋利的钢刃上会雕刻或镶嵌上金色的植物图案。刀柄可能是用玉、水晶等半宝石材质雕刻而成的，上面还雕刻有奥斯曼帝国的诗句。

印度莫卧儿帝国时代服饰

1 这幅约创作于1650年的绘画描绘的是头戴饰有羽毛的缠头巾帽的莫卧儿帝国第二任皇帝胡马雍。这种款式的缠头巾帽据说就是由他发明的。

2 阿克巴皇帝喜欢扁平的拉其普特缠头巾帽，这幅出自16世纪《阿克巴之书》的绘画表现的就是他戴着这种帽子的场景。

3 这幅17世纪的绘画作品是莫卧儿帝国第一位皇帝巴布尔身着中亚风格服饰的肖像。

在莫卧儿帝国统治时期（1526—1858），整个印度次大陆流行的服饰都反映出居住在此的穆斯林和印度教民风格的混合。莫卧儿人起源于中亚，是蒙古统治者成吉思汗的后代，信奉伊斯兰教。莫卧儿人的服饰最初保留有浓郁的中亚服饰风格，但是在阿克巴大帝（统治时间为1556—1605年）和其后代的统治之下，从16世纪晚期开始，其服饰也吸收了印度拉其普特服饰特征。18世纪以后，随着印度的西方人越来越多，欧洲风格开始渗透进莫卧儿服饰之中。

印度次大陆的服饰一直以来都包括两种不同但有时也互相交织的基本风格：缠裹类服饰——纱丽（见70页）、腰布、披巾和包头巾；裁剪缝制服饰，如裤装、裹身外衣和短外衣（见68页）。这两种截然不同的服饰风格的形成是因为和入侵者、贸易商以及其他来访者的不

重要事件

1526年	1530年	1556年	1600年	1605年	1615年
巴布尔在帕尼帕特战役中战胜了易卜拉欣·洛迪，在印度建立了莫卧儿帝国。	巴布尔之子胡马雍成为莫卧儿帝国的第二任皇帝。	阿克巴继位。他鼓励艺术、文化和宗教宽容，创造了许多新的服饰款式。	根据皇家宪章，英国建立了东印度公司，开始与印度进行贸易。	阿克巴之子贾汗季继位。在他统治时期，莫卧儿画派达到了巅峰水平。	莫卧儿王朝赋予英国贸易和开设工厂的权力，以寻求英国海军帮助抵抗葡萄牙人。

断接触。相较于本土印度人的缠裹服饰，所有这些外来者，包括穆斯林莫卧儿人和英国人，都喜欢合身的外衣和裤装。次大陆东部和南部地区因为较少有外来者而保留了传统的简单缠裹服饰风格，北部和西部地区因为靠近中亚和穆斯林外来者而成为他们所建立的帝国中心区域。在这些中心地区，包括莫卧儿帝国首都德里、阿格拉和拉合尔，裁剪衣物比如衫服（无领长袖衬衫和长束腰宽松外衣）和裤装（宽松裤和灯笼裤），和今天一样占据着主导地位。在这一裁剪服饰和缠裹服饰的宽泛分界之内，财富、宗教、职业以及当地风格与面料，也一直对地区服饰产生着影响。

12世纪，穆斯林苏丹国德里建立之后，裁剪服饰开始对印度次大陆服饰产生影响。伊斯兰教对女性服饰的规定对北印度社会产生了强烈的影响。该地区不仅引入了在公众面前遮脸的面纱，还开始将房屋分隔出男性和女性各自的生活区域。这种规定被穆斯林和印度教民所广泛接受。在莫卧儿帝国时期，裁剪缝制服饰仍然占据着主导地位，莫卧儿帝国统治了印度大部分地区很长一段时间，印度由此发展成为世界上最大的帝国之一。莫卧儿帝国的统治一直持续到1858年，至少名义上如此。

莫卧儿帝国的第一位君主巴布尔于1526年至1530年在位，他在绘画中总是穿着中亚风格的服饰（图3），这反映出他的出生地（今天的乌兹别克斯坦和阿富汗）的服饰风格。这种风格包括一顶圆形缠头巾帽，一件宽松的花纹长袍，有时候是一件短袖服饰穿着于细长袍之外。在正式场合，他经常穿着中国式样的"云肩"——一种覆于肩膀之上的装饰有织纹或绣花图案的四角织物。巴布尔之子胡马雍于1530年至1540年在位，他也喜欢中亚服饰风格，虽然他将缠头巾帽改成了一种不同形式的被称作"荣耀之冠"的头饰。这种头饰是用一条头巾缠在高帽的几个点上，然后再用一条细头巾缠绕制成（图1）。这种风格起源于他流亡于伊朗宫廷期间。胡马雍统治结束之后，莫卧儿帝国就不再使用这种头饰。

胡马雍之子阿克巴被公认是莫卧儿帝国最伟大的君主。在他统治期间，莫卧儿帝国独特的服饰风格开始形成。阿克巴通过联姻与强大的印度拉其普特部族联合起来，在16世纪末最终将其征服。他吸收了一些拉其普特服饰特点，比如扁平的拉其普特缠头巾帽（图2），这种帽子与穆斯林祖先所喜爱的更加圆滑的伊朗风格有所不同。

1615年	1628年	1632年	1757年	1857年	1858年
詹姆斯一世派托马斯·罗作为英国出使莫卧儿宫廷的第一位大使。	沙贾汗登基。他统治的时期是莫卧儿王朝建筑发展的黄金时代。	沙贾汗开始兴建泰姬陵以纪念自己的第三位妻子玛穆泰姬·玛哈尔。	普拉西战役标志着英国东印度公司统治印度的开始。	印度第一次独立战争爆发。	莫卧儿王朝被英国殖民统治所取代，王朝的最后一位皇帝巴哈杜尔·沙二世被流放到缅甸。

4 在这幅17世纪莫卧儿时代的画作中，这位女性穆斯林通透的长袍下穿有裤装，此外头顶还戴着宽大的头巾。穆斯林女性无论是宫廷贵族还是普通民众都很流行穿裤装。

5 这件缠头巾帽饰物是将翡翠、红宝石和水晶连上玉柄制成的。玫瑰花饰之后应该还有一支羽毛头饰。在莫卧儿时代，缠头巾帽上佩戴羽毛是尊贵地位的象征。

6 这幅17世纪的绘画作品描绘的是印度拉其普特部落梅瓦尔王国王子的形象。画中的王子穿着一件在左胸系结的开衩袍。他所穿着的透明衣袍的边缘经过了处理，所以能呈尖角垂落。

在一些绘画中，阿克巴甚至还穿着印度风格的服饰——袒露着胸膛，只在肩膀上围着一条轻薄的棉纱，臀部和下体部分裹着一条围裙式样的腰布。大多数情况下，阿克巴和当时的人都穿着一种在胸侧系结的袍服。它可能是由莫卧儿之前印度的"angarkha"（意为"身体保护物"）演变而来，但是与这种袍服一同穿着的紧腿裤装则是对穆斯林服饰的改良。

阿克巴对流行风尚很感兴趣，对于服饰也有诸多想法。他被认为是许多莫卧儿服饰的发明者，比如开衩袍。这种服饰在衣缘处有几处不同的尖角（图6），还有两件克什米尔披肩，通常是两件颜色不同的披肩一起穿。他还制定了一项规矩，穆斯林的衣袍要系在右胸上，而印度教民系在左边。虽然这项规定似乎并没有被严格执行，但通常也是辨别这一时期绘画作品中侍臣身份的有力向导。阿克巴和他的侍臣们，还有继承人们经常穿着白色素面棉布袍，这种服装极有可能是用1576年孟加拉国被征服之后向莫卧儿帝国进献的上等棉布制成的。

莫卧儿帝国的鼎盛时期跨越了阿克巴统治时期、继任的贾汗季统治的1605年至1627年，以及沙贾汗统治的1628年至1658年。这段时间的服饰维持了阿克巴统治时期的风格，由精细面料裁剪的外衣和裤装构成了男女通用的主要服饰。这一时期注重衣料的精细程度，而非奢华的装饰。比如说，在宫廷服饰中，精细、通透的棉布比厚重的丝绒更受重视。这种偏好明显是源于印度炎热的气候，轻薄的面料比厚重的更受喜爱，这种风尚也促使了本地织物生产的繁荣。上等的孟加拉棉布在印度和国外都很有名。在宫廷服饰中，还用古吉拉特丝绸镶金来打造奢华的效果。

虽然精美的莫卧儿猎装在17世纪早期仍然存在（见68页），但是到了19世纪早期，几乎所有的莫卧儿帝国服饰都消失了。然而，这一时期华美精细的微型画和绘画手稿却展示了大量莫卧儿宫廷服饰和配饰的信息。这些绘画展示出，莫卧儿宫廷男装和女装的基本元素是如此相似，上衣多用透明的棉纱织物制成，因为这样就能展现出裤装上的彩色花纹。在女装中，上衣通常被紧身胸衣所取代。服饰还包括一大块不同颜色的轻薄的矩形织物，用来包裹住整个上身，必要时还可以遮住脸庞。拉其普特女性习惯穿着缩褶裙和紧身胸衣，然后用一大块矩形纱巾遮挡住整个上身，但会露出裤装（图4），穆斯林女性则喜欢穿着裁剪服饰。这些印度风格也出现在莫卧儿帝国的绘画中，为我们辨别印度侍臣的身份提供了另一种手段。男性会佩戴一顶装饰有珠宝或其他装饰品的缠头巾帽（图5），还会搭配镶着珍珠的绳穗，以及边缘有花纹、装饰华丽的饰带。不管是男性还是女性，其鞋子都以布或软皮革为材质，拖鞋的款式方便在进屋时脱卸。鞋子会绣上精美的花纹，或是以红色丝绒缝制。

莫卧儿宫廷推崇缝制服饰，但在这一时期，传统的缠裹服饰仍然在许多地区占据着主导地位，尤其是在广阔的南部和东部地区。缠裹服饰中最重要的就是纱丽。纱丽是女性最重要的缠裹服饰，腰衣则是男式纱丽。纱丽的长度从2米至9米不等。最短的仅能遮盖身体，主要为村妇所穿用；最长的则做成精致的褶皱，主要为贵族富裕阶层所穿用。材质也从粗棉布到婚礼和正式场合使用的奢华的绣金丝绸，应有尽有。虽然纱丽的风格已经变得越来越统一，但传统的纱丽其实根据地区不同有几十种款式之多。其中有一些喜欢将镶边从穿者的背部垂下，有些地区的女性又把镶边留在身前。乡村女性需要从事大量活动，她们的纱丽要把边卷起来，而不能松散垂落。为了解决这个问题，马哈拉施特拉乡村和海滨的女性习惯于将纱丽的底部从腿间卷到背上去，这就很像男性的腰衣，既分开了两腿又遮盖了身体。

印度本土的纱丽和腰衣纺织、印花和绣花技艺得到了广泛传播。其中有一些，比如精细棉布或金线纺织也被莫卧儿人和当地宫廷认为适合使用，其余技艺在当地也都继续盛行。例如，印度北部的奥里萨邦就习惯于手工纺织一种叫伊卡特的纱线扎染织物。这种织物在当地从古至今都极为流行，但没能受到宫廷的喜爱。相反，拉贾斯坦邦扎染的斑点和锯齿花纹在贾汗季时期就极为流行，因为贾汗季喜欢扎染的缠头巾帽和衣带，或许是为了纪念他母亲和妻子的拉其普特出身。

RC

莫卧儿猎装 1620—1650年
宫廷男装

这件精美的绣花外衣是莫卧儿宫廷服饰留存下来的唯一实例。外衣由白色绸缎制成，以丝绸链式绣法绣上花卉和孔雀、狮子和鹿等动物图案。脖子周围的区域留白应该是为了附加可拆卸的毛领。类似的短外衣在17世纪莫卧儿时代的微型绘画中经常可见。其刺绣技艺的精湛表明这件服饰是为君王所制作的，其所有者可能是贾汗季或其子沙贾汗。贾汗季在回忆录《贾汗季传》中记述道，他曾限制某些服饰和面料仅有他自己或是那些他赏赐做礼物的人才能穿着。这些服饰中包括一种他称为"nadiri"（意为"罕有"）的外衣。他描述这是一种长齐大腿的无袖外衣，就像这一款。他还提及，这样的外衣在伊朗被称作库尔德袍。沙贾汗回忆录的插图中也有这种带毛领的无袖绣花外衣。插图本《沙贾汗生平编年史》的精美手稿为我们提供了莫卧儿宫廷生活的极其精准的画面，其中包括奢华的服饰和配饰。这件外衣上绣制的花卉和动物等自然元素图案可能是受到了同时期英国刺绣的影响。这里精美的链式刺绣是印度西部古吉拉特邦专业男性绣工的作品。绣工对皮革面料刺绣技艺进行了改进，发展了这种技艺。**RC**

👁 细节解说

1 自然元素图案

这件外衣上的花卉图案可能是源自16世纪以后西方贸易商、传教士和外交官带到莫卧儿宫廷的欧洲书籍和印刷品。这种水边动物的图案也出现在同时期的英国刺绣中。贾汗季的回忆录中曾有明确记述，他很赞赏英国大使托马斯·罗在宫廷中向他展示的英国刺绣。

2 链式刺绣

印度刺绣根据其起源地区不同而呈现出不同的风格。这件外衣上精美的链式刺绣是典型的西部城邦古吉拉特的作品。链式刺绣最早是一种装饰皮革制品的技艺，要用到一种被称作阿里钩针的钩形工具。古吉拉特刺绣价值极高，从17世纪开始，它不仅用于莫卧儿宫廷，还被出口到英国市场。

▲ 这幅绘于17世纪早期的作品描绘了莫卧儿的沙贾汗皇帝骑着灰白色大马穿行于山水之间的场景。皇帝穿着的就是绣花的无袖猎装。

《理发师及其妻子》（约1770）。

虽然穆斯林女性喜欢裁剪衫服和裤装，西部的某些部族惯于穿着裙子和短衫，但是纱丽几百年来一直是印度次大陆上女性的传统服饰。在这幅来自泰米尔纳德邦坦贾武尔市的绘画作品中，可以看见理发师妻子身着的正式缠裹服饰纱丽，而她的丈夫理发师本人则穿着纱丽的男性版本——腰衣。理发师妻子在纱丽之下穿着一件紧身胸衣，有说法称紧身胸衣是由穆斯林或西方人引入的，但其实裁剪的紧身胸衣在印度出现的时间要更早。纱丽本质上就是缠裹在身体上的长匹面料，不同纱丽的长度和宽度都有极大的区别。村妇所穿着的简单纱丽宽约45厘米，长约180厘米，而中部地区奢华的"9码长纱丽"据测量则宽约110厘米，长约9米。使用大片面料缠裹身体表明了穿着者的财力，而仅够遮盖住身体的纱丽则表明穿着者没有财力支付多余的衣料。纱丽的材质也各不相同，在瓦拉纳西和甘吉布勒姆，奢华的丝绸和金线织物都可用来制作纱丽；乡村地区，则多是家纺的棉布材质。纱丽的缠裹方式也数之不尽，每个地区都有自己的穿着传统。**RC**

👁 细节解说

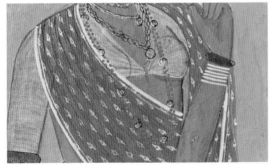

1 缠裹方式

这件纱丽的缠裹方式明显是南印度风格，其下身部分缠裹在腰部，其余部分则自然垂落，这样，服饰既能被拉至前身，也可以从背后垂落。

2 花纹

这件织物上有重复的简单叶子的图案，织物的两边还分别有单色窄边。红色是很流行的纱丽颜色，尤其是在南印度，红色被认为是吉色。

▲ 色织真丝金线纱丽（局部）（约1850）。这件华丽服饰的花边上有一排相同的被称作布达斯的花卉图案，其来源是克什米尔披巾上的杂色图案。

第二章
17和18世纪

日本江户时代服饰

日本江户时代（1603—1867）是日本前所未有的政局稳定、经济繁荣的时代，城市面积也不断扩大。京都此时仍然是贵族文化和奢华制品的中心，而江户（今日本东京）则发展成为世界上最大的城市之一，大量的人口和财富带来了时装文化的繁荣。最早的服饰消费者是武士，这个阶层大约占总人口的10%。然而，商人阶层和匠人阶层因为从繁荣稳定中受益最大，对已有的法令发起源源不断的挑战。德川幕府建立了森严的等级制度，财富无法被用来直接提高身份地位。因此，这些阶层就采取了消费和炫耀等其他多种途径，这也刺激了纺织业的繁荣（图1）。

因为服饰成了提高影响力的主要手段，审美能力被用来挑战社会秩序，所以幕府颁布了禁奢令以对不同阶层可使用的服饰面料、制作技艺和色彩进行管理。禁奢令没能一直坚持执行，这就导致了服饰风格在奢华和克制之间转换，也确实产生了许多差别微妙的风格规范。在内衣和衬里中使用被禁止使用的色彩和面料非常流行，这样的做法能够低调地展示出财力和个人风格。从外层相对朴素和粗糙的和服边缘稍微得以一瞥里层服饰的衣料，这一点构成了日本服饰审美的主要内容。

重要事件

1603年	1633年	1635年	1639年	1641年	1657年
天皇任命德川家康为将军，德川家康将自己的执政政府迁至江户，建立起将军统治的德川幕府时代。	德川家光禁止国民到外国游历和阅读外国书籍。	德川家光针对封建大名以及他们在江户的家庭，正式颁布了强制轮换执政的参觐交代制度。	锁国令完成。除荷兰人以外的所有西方人都被禁止进入日本。	德川家光禁止除中国人和荷兰人之外的所有外国人进入日本。	明历大火烧毁了江户的绝大部分地区，导致了超过10万人丧生。火灾的起因据说是一件和服受到诅咒而着火。

江户时代维持繁荣稳定的一个重要原因就在于参觐交代政策（即轮换执行政务），此项政策于1635年至1862年实施。虽然这项政策的具体内容在德川幕府统治的260年间有所变动，但大体要求所有的大名都要定期在自己的领土和江户城之间轮换执行政务。维持两处奢华居所以及两地往返所必需的开支阻止了领土纷争，同时也带来了大量的经济和文化活动。日本这一时期开始的城市化就是官员必须留在江户执政的结果，这也极大地推动了信息和时尚由城市向周边区域流动。

统治阶级的集中为时装以及财富的文化竞争创造了理想的条件。然而，与法国路易十四的凡尔赛宫中的情形不同的是，日本的价值观不允许太过堕落。造成这种差异的原因之一就在于，日本的财富从来都没有达到像法国那样高度集中，因为德川幕府时期的贸易政策还是相当自由的（虽然日本对国外资本实行闭关锁国的政策）。整个江户时代，财富的分配系统不断发展，工业生产取代了家庭作坊，产业分工也取得了进步。货币稳定，银行业和保险业相对成熟，对贸易活动征收高额税收就成了保证财富流通的重要手段。从稍早时代开始，商人阶层的经济实力就非常雄厚，而武士阶层在这一和平时期则走向没落。江户城能够提供消费和享乐，而资源分配也随之在各个阶层之间缓慢地流动。禁奢令限制了消费，但是违反法令的逾制时装却非常普遍，高级妓女们也经常按照最流行的风尚穿着打扮（见76页）。

从江户时代中期开始，和服产业取得了一项非常重大的发展，宫崎友禅完善了友禅染技艺（图2）。友禅染是一种服饰染制技艺，它采用模板和米糊染制出多种色彩，至今在和服高雅文化中仍然占据着中心地位。这种染制工艺能够模仿更加复杂的锦缎，在它发明之后，其余20种织物染制技巧都显得多余了。友禅染高度防水，色彩牢固，服饰质量得到了极大的提高，因此也丰富了江户时代时装的类型。除了这种被广泛运用的发明之外，政治统治维持了地区的稳定，各种款式的服饰都得以穿用，时装也从江户时代开始出现。其中影响最深远的锁国政策直至1854年仍在实施，这一政策确保了日本服饰实际上没有受到外部世界的影响。**TS**

1 喜多川歌麿的这幅三联版画作品（约1794）描绘了妇女们整理衣料和缝制衣物的场景。

2 这件绸绸衣料（约1850）是运用友禅染技艺防染剂染制而成，其印花和刺绣非常有特色。衣料上的图案描绘的是浦岛太郎的故事。

1700年	1700年	1789年	1841年	1854年	1867年
歌舞伎剧场发展到黄金时代，木版印刷浮世绘开始出现。两者的影响均可在和服的图案中得见。	宫崎友禅在京都完善了友禅染技艺。	未经许可开办妓院受到禁止，许多性工作者迁至江户的吉原区，其独自经营地位被打破，也带来了艺伎的崛起。	天保改革开始，严苛的禁奢令禁止许多奢华服饰的穿着，以期维护道德和社会秩序。	美国强迫日本签署了一项贸易协定（《神奈川条约》），日本国门在封闭两个世纪之后重新打开。	德川庆喜退任，德川幕府时代结束，明治天皇复位。首都重新确定为东京。

游女服饰 江户时代末期
女性服饰

《在大黑屋茶馆前樱花树下闲坐的艺伎们》（约1789），喜多川歌磨。

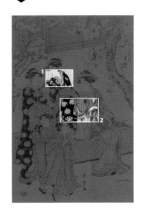
江户时代末期最著名的标志就是奢华的服饰风格和严格的禁奢令。太过别出心裁或艳丽的时装风险很大，许多高调违反法令的逾制者都被记录在案。没那么严格的地区是花柳街吉原，这不仅因为它是一个与外界隔离的世界，还因为有权贵阶层的支持。

　　高等妓女带动流行，书籍中也会描绘她们的入时穿着和美貌。妓女们能够穿着奢华的和服，并搭配昂贵精致的头饰，而不会违反等级规定，因为吉原地区没有严格的社会等级划分，只要有支付能力，普通人可以享有和武士同等的招待。这里摆脱了外部世界森严的等级制度，因此也就意味着可以看见许多不同的时装风格。著名的格子图案的和服具有大胆的男性气息——与花纹图案迥异，被认为模糊了性别特征，因此具有了情色意味。和服腰带风格也产生了巨大的变动，有时时兴大结，系结位置也在身前身后交替变化。而到了现代，腰带的尺寸和系结位置都有了严格的标准。**TS**

👁 细节解说

1 肩部

外层和服在肩部稍稍滑落的款式被认为极其迷人。颈部被视作女性身体最性感的区域，因此，把头发绾起来，和服在肩部稍稍松落，这种装扮风格就像是摄政时代的露肩领。

2 浴衣

妓女的传统服饰是蓝色素面浴衣，但她们通常都很热衷于尝试时兴款式，喜欢穿着色彩艳丽的丝绸和服。对于妓女来说，红色是一种具有情色意味的颜色，尤其是当用来与纯洁的白色进行对比之时。

▲ 这件和服的所有者是一位武士家族的女眷。其花纹是由米浆糊采用茶屋染的染制工艺得到的，这种染制工艺专门用来染制高等武士的夏季浴衣。

查理一世和共和国时期

1 安东尼·凡·戴克的这幅作品描绘的是查理一世、王后亨丽埃塔·玛丽亚和两个年长的孩子在一起的图景（1632）。

2 王后亨丽埃塔·玛丽亚身着的银色缎面紧身上衣饰有珊瑚色的丝带（1632）。

3 罗伯特·沃克的这幅作品描绘的是身着时髦服饰的奥利弗·克伦威尔（17世纪）。

查理一世时期的宫廷服饰抛弃了詹姆斯时代的奢华以及对男性美的强调，风格克制优雅，色调阴暗，因此也抛弃了轮状皱领，避免了夸张的男式紧身上衣和紧身裤，达到一种更加苍白衰弱的效果。这种服饰表面上简洁的线条掩饰了他们的浪漫主义精神，稍微活泼一些的服饰中会使用由大量丝带制成的玫瑰花结，以强调马裤、衣袖、鞋子等不同部位。虽然没有花纹，但衣料都很华丽，素朴的白色亚麻布和花边与流行的黑色形成了强烈的对比。查理一世是一位眼光敏锐的艺术赞助人，他邀请诸如安东尼·凡·戴克等名画家到伦敦的宫廷。这些画家一直创作斯图亚特宫廷的作品，描绘出该时代各种时兴的装扮，比如查理一世本人非常推崇的尖胡子和八字胡（图1）。

轮状皱领被一种宽大柔软的垂领所取代，这种衣领最初由2到3层衣料制成，边缘镶有花边，以绳索系结。这就使得头发可以生长至肩膀的长度，并卷成丝带般的发卷。1630年之后，男式紧身上衣发展

重要事件

17世纪20年代	17世纪20年代	1625年	1626年	17世纪30年代	17世纪30年代
女性服饰中开始流行一种莲藕袖，即将一条完整的袖子分成两截，肘部位置用丝带系结固定。	僵直的"威斯克"领被一种舒适的、边缘有扇形花边的垂领所取代。	查理一世在坎特伯雷大教堂迎娶了身为天主教徒的法国公主亨丽埃塔·玛丽亚，她是玛丽·德·美第奇的女儿。	查理一世在没有妻子陪同的情况下，于2月2日在威斯敏斯特教堂举行了加冕仪式。	亨丽埃塔·玛丽亚保留了设计师伊尼戈·琼斯作为自己建筑师的职位，琼斯是英国现代第一位重要建筑师。	高腰低领是这一时期女性服饰的显著特点。长齐肘部的袖子将女性手臂的下半部分暴露在外。

成一种搭配一条相当长的裙装穿着的短外衣，外衣前襟衣缘呈尖形。这种外衣在穿着时会在胸前正中位置敞开，以露出马裤上身鼓出来的衬衫。为了方便行动，背部有时会开有切口。之前时代流行的复杂的切口被衣袖前方笔直的长切口所取代，只在肘部收拢，以露出里层衬衫的衣袖。袖口处会有宽阔的卷边，有时候会用衣扣系结，还带有不同颜色的衬里。马裤有两种款式，在膝盖位置装饰一束彩带的长马裤和上下宽度相同、不束膝盖只装饰一排尖包头系扣（末端有尖包头金属系扣的丝带系成蝴蝶结形状）的马裤。长马裤要塞进桶口形或漏斗形的皮靴子里，这种靴子在室内也可穿着，边缘镶有丝绸或皮革，靴面还会装饰花边。靴子、斗篷和帽子的穿戴都很普遍。带有宽领的圆形大斗篷会在颈部以绳索系结，帽子歪在头侧，前面上翻，还饰有羽毛。

由法国出生的王后亨丽埃塔·玛丽亚带动的鲸骨裙也不再穿着，女式紧身胸衣的僵硬度和长度都减小了。女性服饰有前身系绸带、覆有胸饰的紧身上衣、衬裙和长袍，长裙前身会整个敞开并收卷以露出里层的裙子。边缘镶有花边的精致细麻领从肩膀垂落下来（图2）。像男式紧身上衣一样，女装衣袖也很宽松，被切成两部分以展示里层衣料。配合着长丝绸或小山羊皮手套，这些衣袖还带有下垂的宽阔花边或细麻袖口，长度只到肘部以下。女性穿着的圆形大斗篷和男式风格相近，或是穿有宽松衣袖的宽大长外衣。女性的头发盘绕至脑后，两鬓则会卷成发卷垂在脸颊两边。在室内会佩戴白色细麻软帽，室外则用斗篷上的兜帽遮挡头部。

随着查理一世和议会之间在意识形态上的摩擦和冲突的加剧，服饰也发展出两种不同的样式。"骑士"（cavalier，起源于拉丁语caballarius）一词被议会党人用来称呼查理一世的保皇派。议会党人反对贵族的奢侈风格，又因为受到荷兰活跃的资产阶级服饰风格的影响，使得素面亚麻布取代了花边领，丝绸面料也被羊绒织物所取代，额发被剪短，其余部位的头发也剪至下颌线位置（图3）。女性服饰也变得更朴素，紧身胸衣变得越来越细长僵直，露肩领被更宽更高的衣领取代，还要衬以纱巾。白色亚麻围裙为所有女性所穿戴，不仅局限于家仆。皮毛从新世界进口而来，如同温赛斯劳斯·霍拉所创作的《冬日》这幅版画中所描绘的一样，皮毛或布匹小暖手筒男女均可使用（见80页）。**MF**

1639年	17世纪40年代	1641年	1649年	1660年	1661年
一系列的内战——被称作三个王国的战争——在苏格兰、爱尔兰和英格兰之间爆发。	朝臣中开始佩戴一种拖着鸵鸟羽毛的大帽子。下层阶级的帽子仍然保持着朴素风格。	凡·戴克接替英国画家威廉·多布森成为宫廷画家，他创作了许多身着奢华服饰的领军骑士形象。	查理一世被处决之后，时装风格开始变得更加柔和，奥利弗·克伦威尔领导成立了共和国。	共和国覆灭，在王位复辟时期，帝制得到了恢复。	在法国时装的影响下，出现了一种镶有丝带的男式短裙裤。这种裤装非常宽松，就像是裙子。

女性服饰 17世纪40年代
带面罩和暖手筒的冬日服饰

《冬日》（1643），温赛斯劳斯·霍拉。

⚙ 细节导航

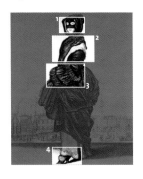

波希米亚出生的画家温赛斯劳斯·霍拉创作了4幅以四季为题材的版画，画面中的女性均身着时兴服饰。画面捕捉到了女性服饰的各种织物和皮毛面料，画家高超的表达能力得到了淋漓尽致的展现。在17世纪，新大陆盛产毛皮，英法两国想方设法从北美殖民地获取皮毛。1670年，英国探险家管理公司建立了哈得孙湾公司。

《冬日》这幅版画展现的是一位时髦的年轻女性形象。这位女性身着多层裙子，佩戴着毛领、兜帽和只遮住部分面庞的面具，还拿着一个毛皮暖手筒。16世纪70年代初，管状暖手筒和各式各样的面具在意大利开始流行起来。霍拉的系列版画为我们记录下了17世纪生活的宝贵资料。这幅版画以伦敦康希尔区为背景，画面中能见到煤烟，右边是世界最早的皇家交易所的高塔。"这并不算严酷的寒冷让她穿上了/冬日的野兽毛皮装扮/像夜里的柔滑皮肤/让她更添光辉。"作品附上的这段诗句清晰地表达出图像所精心设计的情色意味。**MF**

1 只遮住部分面庞的面具

丝绒和丝绸面具被用来遮盖除去眼睛部位的上部分面部。佩戴面具主要是为了保护面孔不受自然天气的伤害，但同时也能隐匿佩戴者的身份。在《冬日》这幅作品中，半面具让这位女士得以穿着与自身身份并不相称的服饰，还能大胆地注视外界。

3 管状暖手筒

填料毛皮暖手筒是男女通用的时髦配饰。它不仅能为双手保暖，内部还有隔袋可存放诸如手帕和钱币之类的生活必需品。暖手筒一般还会喷洒香水以阻挡街道的味道。

2 貂皮披肩

这位女士的肩上松松围着一条宽大的貂皮披肩（或围巾），表明了她富裕的出身，披肩的两端都垂在胸前中央。披肩最早出现于中世纪，当时主要是男性佩戴。到了17世纪，披肩成了女性时尚装束的一部分。

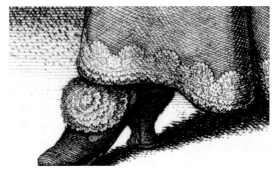

4 鞋子上的装饰

为了防止裙裾沾上污泥，画中的女士姿态迷人地撩起了厚重的裙子，因此也露出了带有花纹的衬裙和路易十五式弧形鞋跟。17世纪中期，女鞋的外观变得更加娇柔，画中的鞋子上就装饰有丝带玫瑰。

面具的历史

　　最先佩戴面具的是16世纪的名妓。这种配饰既能起到装饰作用，也有实际用处。面具在骑马或进行其他户外活动时能避免面庞受到天气的伤害，因此能够保持苍白的肤色，这种肤色在当时非常流行。但是，面具也可在室内佩戴。1663年，日记作家塞缪尔·佩皮斯写道："淑女们之间开始流行起佩戴能遮住整张脸庞的面具去戏院。"这种全面罩用僵直的黑色或白色面料做成，会留孔露出眼睛和嘴巴。这就使得佩戴者既能够享受戏院的表演，同时又能隐藏起面容，因为地位尊贵的女性此时是被禁止进戏院的。这些面具用绳带固定在头上，牙齿之间的位置还用一颗珠子或纽扣扣紧。与其构成对比的时髦半脸罩则只遮住眼睛和鼻子，这种面具多数在假面舞会或化装舞会上佩戴。有一种固定在小棍上的面具，由佩戴者举至面部。这样的面具是出于调情的目的，它为轻佻行为精巧伪装。

中国清朝初期服饰

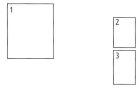

1 在这幅由不知名画师绘制的肖像作品中，雍正皇帝穿着明黄色朝服，佩戴着珍珠朝珠。

2 十二章纹饰图案只能出现在皇帝的朝服上。

3 阅兵的乾隆帝身着装饰富丽的礼服盔甲和头盔。

1644年，中国东北的一支少数民族满族攻占了北京，建立了清朝。为了巩固对全中国的统治，清世祖下令所有成年男子都要剃去前额和四周的头发，并改穿满族服装。与此同时，因为汉族人口占总人口的90％以上，所以满族统治者也热衷于学习汉民族的长处。他们虔诚地遵从了汉族流传了几千年的传统，献祭天地日月。这些仪式分别于冬、夏、春、秋四季举行，是中国皇帝重要的职责之一。在这些仪式场合，皇帝会身着有十二章纹饰的礼服。礼服中还包括朝冠、朝珠、朝带和朝靴（图1）。在正式程度稍差一些的场合，皇帝穿着吉服龙袍（见84页）。

重要事件

1644年	1645年	约1646年	1661年	1715年	1722年
中国北方的游牧民族满族攻占北京，建立了清朝，6岁的顺治登基成了皇帝。	满族统治者颁布剃发令，要求男性将前额和四周的头发剔掉。朝廷官员必须穿着马蹄袖服饰。	清政府重振了江宁（南京）、杭州和苏州的皇家织造局。	7岁的康熙继承了顺治的皇位。康熙帝在位61年，是中国统治时间最长的皇帝。	意大利画师郎世宁成为康熙皇帝的宫廷画师。他连续服务了三代皇帝。	雍正皇帝在争议声中战胜了其他皇子，成为清朝的第三位皇帝。

礼服的色彩有严格的规定。因为天空是蓝色的，所以在天坛祭天穿蓝色。在地坛祭地穿明黄色，日坛祭日穿红色，月坛祭月穿月白色。朝珠的材料也要与礼服相搭配：祀天蓝袍以青金石为饰，祀地明黄袍用蜜珀珠，朝日红袍用珊瑚珠，夕月月白袍用绿松石珠。在一些重要节日，比如农历新年，皇帝会佩戴珍珠材质的朝珠。珍珠还被用来装饰朝冠。

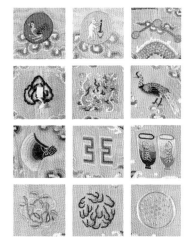

礼服上的十二章纹饰（图2）象征着至高无上的权威，只有皇帝能够穿用。根据文献记载，中国帝王从公元前1世纪就开始穿着十二章纹礼服了。纹饰中的日、月、星辰象征天，山、龙、华虫（即雉鸡）象征大地上的事物。斧头形状的黼纹，两个"弓"字相背的黻纹，祭祀用的宗彝器物纹样则象征着对祖先的忠孝。藻、火和粉米分别象征着五行中的水、火和土。五行在中国文化中象征着方位和自然要素：东（木）、南（火）、西（金）、北（水）、中（土）。服饰上穿用这些纹饰象征着皇帝受到天地庇佑。

皇帝可以拥有众多妾侍，但只有皇后才有资格代表女性到先蚕坛祭祀蚕神。皇后的礼服与皇帝类似，但层数更多。礼服之下要着朝裙，上身还有无袖朝褂。皇后所佩戴的朝珠不只一盘，而是有3盘，此外还有3副耳坠。礼服之中还包括金约、领约和彩帨。因为身体和头上穿戴了十数件服饰，所以皇后的行动变得极为缓慢，这也极大地增添了仪式的庄严感。

祭祀虽然是为了献祭神明，但仪式本来也是为了给人们留下深刻印象。清朝还长期进行军礼祭祀。在这场宏大的仪式中，大炮、火器、兵器、骑兵和步兵都会接受检阅。领衔军队的皇帝会身着华丽的戎装（图3）。戎装实际是由明黄色锦缎制成，衣袖和下裳部分会用金线加缀护甲以象征耀眼的金属盔甲，还会加缀铜钉强化效果。头盔由漆皮制成，上面还有金色的梵文，以祈求平安。头盔上的貂皮和珠宝，以及佩带的弓箭和箭袋都有严格的规定。

1735年至1796年在位的乾隆帝于1766年制定了戎装规范，希望流传后世。但他不会料到，一个世纪之后，一个来自另一宗族的女人慈禧太后却让他的宏伟计划陷入一片混乱之中。**MW**

1725年	1737年	1766年	1766年	1796年	1799年
雍正皇帝在先农坛举行亲耕礼时身着的就是明黄色龙袍。	乾隆皇帝册封富察氏为皇后。富察氏成为孝贤皇后之后，开始用花卉取代珍珠和珠宝做头饰。	在皇帝的命令下，一本详细介绍不同礼服款式的书《皇朝礼器图式》编撰完成。	乾隆皇帝为后世宫廷制定了严格的服饰规范。规范要求女性按照丈夫地位等级着装。	乾隆帝退位后，嘉庆帝继承了皇位，成为清朝统治中国的第五位皇帝。	乾隆帝驾崩。他的权力实际上一直维持到驾崩之前，退位只是为了避免执政时间超过康熙帝。

龙袍 1736—1795年
宫廷服饰

乾隆帝所穿着的织锦龙袍。

❂ 细节导航

在清朝服饰规范中，皇帝的朝服是规制最高的礼服。但对西方人来说，龙袍才最能代表中国。皇帝在一些庆典中穿着龙袍，比如皇子和公主的婚礼、除夕、中秋节以及接待外国使臣的时候。1793年，英国第一位使臣乔治·马戛尔尼勋爵到达中国觐见乾隆皇帝，后者当时身着的就是龙袍。

龙袍正中有一条垂直的接缝，两边稍稍向外展开，形成A字形。龙袍上固定有9条龙的图案，2条位于肩部，3条位于前胸，3条位于后背，1条位于衣襟的折叠部分，不为外人所见。根据中国传说，公元前2世纪，龙这种温和吉利的动物曾在大地上巡游。9是单数中最大的数字，因此9条龙就象征着至高无上的统治者。龙袍的边缘开有狭缝，皇帝在袍服之内还要穿着裤装。

人们普遍认为皇后服饰的图案应该是凤纹。然而，皇后和皇太后也穿着龙袍。女性龙袍只在两边有开口，前后并无开口。皇室以外官员所穿着的袍子被称作蟒袍，这种袍服上的动物纹样和龙非常相似。**MW**

1 马蹄袖

满族服饰的袖口呈马蹄形，象征着他们出身游牧民族，以骑猎为生。马蹄袖也是满族人军事实力的象征，清朝统治者被称为是"从马背上赢得天下"。

2 衣扣

满族人发明了扣子。1644年以前，中国汉族人的服饰是由饰片或打结固定的。清朝初期的衣扣是球形的——有些是金属制成，有些是面料制成——然后由布环系紧。纽孔直到20世纪才出现。

3 龙纹

这件龙袍上有3种龙纹：中间一条是正面龙纹，左右分别是两条侧面的飞龙，锁骨之下的深蓝色衣缘上有两条行龙。飞龙的爪间抓着一颗闪耀的珍珠。背景图案中的彩云象征的是天空。

4 水脚

龙袍下摆的彩色斜线被称为"水脚"。中国传说中，龙最初居于水中。水脚之上是翻腾的江涛，其中还有山石，字面上谐音"江山"。

皇后礼服

这幅约创作于1737年的肖像作品由意大利画家郎世宁所作。画面中描绘的是乾隆皇帝的孝贤皇后身着冬礼服的图景。礼服会根据季节不同而有所变化，冬礼服一般会加缀黑貂皮边。宽大的披领是这套服饰中最突出的特色。

法国宫廷服饰

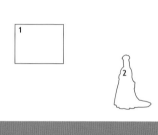

1 在这幅1667年的绘画作品中，路易十四身着丝绸绣花长外衣和及膝的马裤。他的服饰反映出王室的华丽风格以及权力和财富。就连一袭黑衣的国王财政大臣柯尔贝尔也戴着花边领巾和翻边袖。

2 这件18世纪早期的对襟丝绸长外衣展示出内裙之上是如何穿着外衣的。这里还可以见到一顶相对较低的方达姬高头饰。

17世纪，法国成了不容置疑的欧洲时尚领军者。事实上，现代时尚产业就源自17世纪70年代的巴黎。新的时装期刊、名店推动了当季款式、妆容和新颖服饰的流行，成了潮流变化的引领者。同样引领时尚潮流的还有1643年至1715年执政的法王路易十四。他的财政大臣让-巴普蒂斯特·柯尔贝尔开设了官办纺织厂，他还为国王参战，并创造财富以供国王和侍臣们穿用。柯尔贝尔本人很少穿黑色以外的服饰，他看上去就像是服饰华丽的国王的阴郁版映照（图1）。柯尔贝尔出身布商之家，深谙诸如丝绸、锦缎和蕾丝等奢侈品的诱惑力，因此决定让法国纺织品垄断市场，让法国成为奢侈品消费中心。巴黎的哥白林挂毯厂为凡尔赛宫生产路易十四的肖像挂毯，还为整个法国的城堡生产穿戴用品。奢华配饰和珠宝商被鼓励到巴黎新建的皇家广场去开办商店。1665年，阿郎松城开办了蕾丝厂。这里的产品包括蕾丝胸饰、方达姬高头巾和膝盖褶边。这些高质量的饰品成了所有宫廷服饰的必需品。丝绸是法国宫廷的顶级奢侈品，但是1685年，路易十四取消了《南特赦令》，许多技艺高超的胡格诺派教徒织工被流放到伦敦的斯皮塔佛德，此举也打破了法国在此领域的垄断地位。

重要事件

1660年	1665年	1672年	1675年	1678年	约1678年
路易十四迎娶了西班牙公主玛丽亚·特蕾莎。这桩婚姻将法国时尚与西班牙礼服时尚结合了起来。	柯尔贝尔成为首席财政大臣，他资助建立了蕾丝、香水、丝绸和织锦等奢侈品工厂。	《风流信使》期刊出版。它为大量法国外省人提供了宫廷和巴黎的时尚信息。	女裁缝师在行业中取得了地位，有了设计制作宫廷便服的资格。这就导致了时装店的产生。	穿着于裙子之上的对襟长外衣第一次出现。它缓解了贵族服饰的拘束感。	《风流信使》上第一次出现了"时装季"这种说法。

1661年至1789年，法国宫廷服饰达到了无与伦比的辉煌，法国因此成为欧洲其他王室效仿的对象。法国宫廷从理论上来讲对所有公众都开放，但进入者必须装扮得体。在诸如加冕礼、婚礼和舞会等场合，需着奢华骑装，这样的一套服饰价值可能超过一座普通的城堡。女性奢华骑装（见88页）是禁奢令下最奢侈的服饰，既体现了穿着者的地位和财富，又展示了国家的财力和状况。男性奢华骑装包括长外衣、马甲、灯笼裤（1670年以后被马裤取代），其实质就是三件套西装的原型。根据具体的场合，这些服饰上还会有绣花、花边和珠宝，骑猎时就采用较朴素的面料。奢华骑装将女性的身体挤成倒锥形，极其不适合路易宫廷的丰满女性。然而，保守而又丰满的奥尔良公爵夫人却喜爱自己的衣裙。相较于更为日常的开襟长外衣（图2），她更偏爱这种骑装。开襟长外衣出现于1678年之后，即将前开式的精致便袍变成外衣，穿着于裙子、紧身上衣和三角胸衣之外。这种外衣改变了日间服饰的款式，柔化了女性服饰的身形。

据说国王的情妇，方达姬女公爵玛丽-安杰丽卡改变了法国女性的发式。在17世纪70年代，宫廷女性们是将脑后的头发盘到前额上，用一种线框般的花边高头饰固定。这种高头饰的流行是源于一次外出中，方达姬女公爵因为头发蓬乱，而临时用缎带系住。国王深受吸引，于是第二天一种将缎带和头发系在花边高头饰上的发式就出现了。方达姬女公爵的名字也因此而被用来命名这种花边头饰。

宫廷与商业的结合带来了现代时尚产业的诞生，因为比起宫廷裁缝来说，女裁缝师们能够更快地满足女性的着装需求。1675年，女裁缝师们在行会中赢得了地位，因此能够更加有效地营销自己的产品。她们的生意也得到了1672年诞生的时装期刊《风流信使》的帮助。该期刊通过报道何人在何时何地穿着何种服饰，推动了当季的时装潮流和理念的发展。女时装商也接管了曾经由男性商人垄断的配饰行业，正是这些女性使得法国成了17世纪时装界的领军国家。她们消费法国奢侈品，装扮入时，提出新的裁剪要求并创作出供给品。**PW**

1680年	1682年	1683年	1685年	1692年	1715年
方达姬高头饰的出现使得女性的身形向垂直高度发展。	法国王宫从巴黎迁至凡尔赛，凡尔赛成为了政府所在地。	玛丽亚·特蕾莎王后逝世。路易十四秘密地娶了曼特农夫人。时尚引领地位传到了宫中年轻一代的手中。	《南特敕令》被取消，丝织工中的新教胡格诺派教徒失去了合法的保护地位。	为了纪念斯滕凯尔克战役的胜利，女性服饰中出现了一种宽松的披盖式围巾，男性也开始穿戴一种简单的领巾。	路易十四逝世。在他的侄子奥尔良公爵腓力二世摄政统治时期，王宫迁回了巴黎。

奢华骑装 17世纪60年代
宫廷女装

《身着奢华骑装的玛丽亚·特蕾莎王后与王太子》（约1665），皮埃尔·米尼亚尔。

法国王后玛丽亚·特蕾莎身着的这套奢华骑装体现出路易十四早期宫廷华丽而又克制的服饰风格。路易十四规定服饰只能由宫廷裁缝或私人女裁缝师制作，而不能由巴黎女裁缝师制作。奢华骑装由紧身胸衣、裙子和拖裙组成。紧身胸衣以鲸鱼软骨为支撑，通过挤压露出胸部，使得肩膀退后。所有这些元素似乎都证明了一句著名的俗语："要想人前美艳，必得人后受罪。"这种服饰的款型令人回想起王后的父亲，即西班牙国王腓力四世的宫廷礼服极端扁平的风格。在路易十四统治时期，衣袖穿着在肩膀以下位置，袖形蓬松，且只齐肘部位置，装饰有多层花边和饰物。裙子由鲸鱼软骨、柳条或金属杆塑形，并内衬僵直的衬裙。到了18世纪，裙撑的尺寸变大。拖裙能够体现身份，王后有权穿用长拖裙，其余贵妇则要短一些，而且还能展示更多装饰。虽然并没有颜色规定，但贵族年轻女性多穿着金色或银色，年长的则一般穿着黑色。

PW

👁 细节解说

1 面具
玛丽亚·特蕾莎王后右手中还拿着一个防日晒的面具。面具也可能是表明王后正要去欣赏宫廷歌剧或芭蕾舞。当时，每一场演出都是观众通过服饰来展示财富和地位的机会。

3 王室颜色
这套奢华骑装也表明了穿者身份为法国王后，因为红色、白色和黑色是大革命前王室的专享颜色。这些色彩也出现在王太子的服饰中，图画中还展示出小男孩也穿着"裙子"的风俗。

2 珠宝和羽毛
王后服饰上还装饰有稀有的天然珍珠。淡水珍珠当时也受到极大的追捧。鸵鸟羽毛为服饰增添了情色的意味。此时时兴的珠宝配饰还包括一种垂落至后背的项链。

4 厚重的衣料
这套奢华骑装的装饰和华丽的面料不仅反映出穿者的地位，还使得服饰极其厚重。此时的裙子都格外厚重。丝绸中往往会编织进真正的金线和银线。

王位复辟时期的服饰

1 亨德里克·丹柯尔茨的这幅作品（约1675）描绘了查理二世身着宽松外衣、有袖马甲和马裤的形像，他推动了这套装束的流行。

2 在这幅约翰·迈克尔·赖特所创作的肖像作品（约1662）中，下部蓬松的昂贵假发反映出约翰·罗宾逊爵士的身份和重要地位。

经历了共和国时期的朴素风格之后，流亡法国的查理二世（1660—1685年在位，图1）回到英国登基。他首先引进了法国宫廷服饰的一些元素。1666年，国王推动男装发生了巨大而彻底的变化。他抛弃了紧身上衣、短上衣和紧身裤，而采用一种及膝长的外衣和有袖马甲。这种服饰风格被认为是一种审慎的尝试，想要将英国贵族的服饰与法国对手路易十四的富丽风格区分开来。路易十四认为时尚就是绝对权力的象征。内战之后，商人阶级财富增加，势力增大，于是宫廷服饰和资产阶级服饰也有了一定的区别。但有袖马甲却被广泛接受，成为男性套装的源头，并为日后的男装提供了模板。

当时的日记作家塞缪尔·佩皮斯就记录了男装的这种新变化。1666年10月15日，他写道："这一天国王开始穿着有袖马甲，我还看见上下议院的几位大臣也穿上了这种服饰。这种长袍由黑布制成，里面还有白色的丝绸锯齿，裤腿上有黑色的缎带褶边，就像鸽子腿。"日记作家约翰·伊夫林在1666年10月18日的日记中描述这种图案丰富

17世纪60年代	1660年	1660年	1662年	1662年	1665年
王位复辟时期开始时兴能展露出女性的性感魅力的服饰，室内便服开始流行起来（见92页）。	共和国时期结束，查理二世重新登上王位。	塞缪尔·佩皮斯开始了他的日记写作，一直持续到1669年5月。	查理二世迎娶了葡萄牙布拉干萨王朝的凯瑟琳公主。凯瑟琳从葡萄牙带来了许多奢侈品，并开创了喝茶的风潮。	王室的一道命令禁止了外国蕾丝的进口销售。但是，维也纳花边仍然是伦敦的时尚之选。	伦敦大瘟疫在一周之内导致了7000人丧生。王室搬迁至索尔兹伯里，议会也改在牛津召开。

的有袖马甲像是"采用了波斯风格"，参考了圣詹姆斯宫中因波斯大使罗伯特·雪莱的引领而流行起来的服饰。有袖马甲穿在一件素色外衣之下，一开始长度至膝盖位置，整个前襟以纽扣系结，并绣有精美的花纹。但后来其长度变短，穿着在裙裤之上，并在膝盖位置以缎带结装饰。缎带结于1680年为纽扣所替代。随着马甲越来越短，外衣越变越长，腰身也越来越宽。衣袖发展出宽阔的翻边，之前取代了轮状皱领的垂领现在也缩小成为黑色短披肩。

1670年至1730年，出现了亚麻领巾或宽阔的花边领。领巾据说是起源于法国军队中克罗地亚人的领饰。这种领巾由一块大方形或三角形亚麻、细麻布、丝绸或棉布制成，一般会上浆使其硬挺，边缘通常会镶有花边或缀有珠穗，松松地系在下颌之下。到了17世纪80年代，领巾会垂在一条硬挺的领巾线之上。后来，领巾变窄加长，一般会打结，蕾丝面料也被棉布或麻纱取代。从1692年开始，领巾穿戴时会收紧穿过外衣的扣眼。这种时髦的风格流行了20年，斯滕凯尔克战役之中，法国官员在被传召出击突袭敌军时没有时间整理领巾；战役之后，这种时髦的风格为平民服饰所接受。帽子虽然不高但帽檐很宽，其中一处还要翻转竖起。17世纪末，帽子上有3处翻起，因此产生了"三角帽"。

与17世纪晚期男性服饰的简洁风格形成对比的是，这一时期的男性发式因为使用假发而成为时尚关注的焦点（图2）。这种风俗持续了近100年。这种假发下部很蓬松，佩戴在光头之上，极其沉重笨拙，僵硬的发卷垂在脸颊两边并垂至肩下。女性的身高被方达姬高头饰所加高。这种头饰以法国国王的情妇命名，是用一顶线框蕾丝小帽支撑起竖直的花边褶皱，佩戴在前额堆高的发卷之上。17世纪80年代中期，女性服饰中出现了一种曼托瓦长袍，长袍上长长的褶皱部分从肩膀一直垂落至地面。这种服饰逐渐演化成一种身后包裹、裙子前开以露出里面不同面料衬裙的服饰。一种僵直的三角胸衣头朝下系在紧身上衣的两边，以形成又高又宽的领线。宽大的花边领被三角形的围领所取代，长齐肘部的袖子随着层叠的轮状皱领一同消失了。**MF**

睡袍和内衣 17世纪60年代
时髦的"便服"

《朴茨茅斯公爵夫人露易丝·德·克罗亚勒》（1671—1674），彼得·莱利爵士。

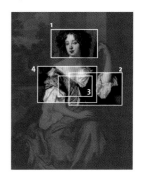

1660年，彼得·莱利爵士成为查理二世的主要画家。在他所创作的这幅画作中，露易丝·德·克罗亚勒——后来成为朴茨茅斯公爵夫人，是国王最宠爱的情妇——玩弄着自己的头发，并以慵懒的眼神注视着观者。她紧随最新潮流，穿着便服入画。画作中，她随意地穿着宽松的睡袍。这种有垂褶效果的宽松连衣裙后来成了曼托瓦长外衣的起源。睡袍之内还穿着一件宽松的白色衬服。

这种服饰一般是在私下为了舒适而穿着的。在斯图亚特宫廷中，只有极少数地位极其尊贵的人才能在公共场合穿着。睡袍的紧身上部几要从肩膀上滑落下来，在胸部的一边还斜垂下来显露出里层内袍，具有明显的情色意味。睡袍的领口将大片未加装饰的身体展露了出来，没有珠宝首饰佩戴也反映出此时宫廷中所崇尚的简洁风格。暗色绸缎睡袍上的褶皱与白皙光滑的肌肤以及蓬松的衣袖形成巨大反差。内袍衣袖从3/4的部分松松向上挽起以露出手臂的下部，上面也没有装饰任何珠宝。**MF**

👁 **细节解说**

1 卷发
画中的发式从中央向两边分开，额发被紧紧卷起塑形以增加头部的宽度。这种发型需要每晚使用卷发纸，通常还会加衬假发。发梢仍是直发，并被拉至左肩上。

3 白色内衬袍
画作中未来的公爵夫人没有穿着正式服饰中沉重束缚的鲸骨胸衣，而是穿着一件内衬袍——一种剪裁随意的棉布或细麻布服饰，通常并不展露在外。穿着"便服"的状态十分性感。

2 古典风格的缠裹织物
画作中未来的公爵夫人一边的肩上还披着一条长长的暗色缎子。这件缎子织物并不是服饰的一部分，而只是画家用来将坐着的公爵夫人描绘成古典女神形象的一个常见的道具。

4 宽松的衣袖
睡袍的衣袖松松地固定在领口和腋下位置，领口还被翻起以展露出里层的灰白内袍。这种穿法也应用在睡袍的前襟部分。

现代时尚的诞生

早在17世纪，巴黎就已经成了奢侈品的中心。但直到18世纪，随着宫廷与城镇的联系愈加密切，除了穷人以外，巴黎人的炫耀性消费得到了极大的增长，印刷物开始增多，现代时尚体系开始形成，巴黎才成为时尚的中心地。1715年，奥尔良公爵腓力二世选择以摄政王的身份执政，他和情妇德·帕哈贝夫人居住在王宫。这对夫妇奠定了这一时期的文化基调，上流阶层贵族在剧院、王宫花园，在圣奥诺雷街与和平街路口时装商（图1）、珠宝商和女帽商的名店中与风流人士肆无忌惮地混在一起。

报纸、年鉴、时装杂志，甚至连旅行期刊都称赞首都的这些名店是文化胜地。这些印刷品反映了文化迅速变化的轨迹，人们从中可以跟随社会精英一起，看到美妙的珍品收藏，获取别国的知识，还有非常重要的一点就是购买时装。事实上，这些名店为巴黎当今的时尚打下了基础。这些最昂贵的名店占据了诸如改建后的王宫和旺达姆广场等新贵族建筑的底层商业区。这些商店都由显耀人士所开办，以大臣名字命名。其最大的成就是被认定为某项王室物件的官方供应商，比如成为国王的日用品商或是王后的珠宝商。为了追随亲英热潮，商店会取诸如"英国商店"或是"伯明翰城"之类的名字，以打造一种奢华感。这样的名字一直留存到了今天。

时尚也反映出巴黎生活方式的变迁。道德约束放宽的文化氛围促使了风格随意的时装，比如华托服（见96页）的产生。此外，精致的睡袍也由室内便服变成了流行的外衣。而更常见的是，在半开式的紧身胸衣之下露出里层的宽松内袍。出于活动、舒适度和相对实用性考虑（与宫廷内所穿着的极其不舒服与不实用的奢华骑装形成对比），骑装式女外衣开始流行起来（图3）。和其前身开襟长外衣相同，这种外衣也是宫廷女性在骑猎（骑马外出）时所穿着的，后来演变成一种讲究的日间外出"套装"，还要衬以精美的丝绸领巾。18世纪40年代以后，启蒙运动的影响日渐增大，让·雅克·卢梭的"自然存在"思想在随意的服饰、自然图案以及诸如英国印花棉布、羽毛和人造花饰等饰物中表现得愈加明显。

人称萝丝的女裁缝玛丽-让娜·贝尔坦（1747—1813）充分利用了这些时尚冲动和环境的变化。她能够为每一个渴望引人注目的顾客提供讲究的设计；可以设计制作昂贵奢华的骑装，完善贵族和大资产阶级的衣橱，也可以让俄罗斯公爵夫人增添一个秘密的欣赏者。她还善于迎合日渐增长的配饰需求，比如羽毛、人造花饰、披肩、三角披肩、高发髻和俗艳饰物等。这些饰品就是路易十六统治的18世纪下半叶时尚的标志。虽然说贝尔坦是一位出色的女商人，但她之所以受到欢迎，也和一位特定的顾客有关，这位顾客就是玛丽-安托瓦内特王后，她称贝尔坦为"我的时尚大臣"。

与玛丽-安托瓦内特所喜好的奢华相反，她身边的女性却带动了一种更加休闲的服饰风格的流行。这些服饰都是由贝尔坦所设计的，她本人也是引领这种风潮的一员。新式的英国罗布（见100页）和亚麻布袍或细亚麻布袍则摒弃了帕尼埃式裙撑或鲸骨裙撑，这反映出对自然式样的欣赏。与之前的袍服相比，这时的服饰结构性没有那么强，穿着也更舒适，虽然其中仍然有紧身衣，但已不会再扭曲女性的身形。路易斯·伊丽莎白·维吉·勒布朗创作了一幅玛丽-安托瓦内特身着系有腰带的细亚麻布白裙的画像（图2）。巴黎人震惊了，都冲到贝尔坦那里想要模仿。通过时装版画，时尚潮流得到了更广泛的传播，各种面料的样品被送到了欧洲各国的首都和宫廷。**PW**

1 弗朗索瓦·布歇的这幅《女装商》（约1746）描绘的是一位女装店商人拜访顾客的场景。她宽松的衣袖不仅显示出她装扮的时髦，也是商店的绝佳宣传。

2 在这幅路易斯·伊丽莎白·维吉·勒布朗所创作的肖像作品（1783）中，玛丽-安托瓦内特王后穿着一件近乎通透的细亚麻布或真丝服饰，展示出她在消遣时偏爱穿着能展露出自然的腰线和轻薄的胸衣的服饰。

3 阿代拉伊德·拉比耶-吉亚尔的这幅肖像作品（约1787）中，法国的伊丽莎白夫人穿着一件骑装外衣，脖子上的真丝三角披巾遮住了英国式低领。

1770年	1774年	1776年	1781年	1782—1783年	1789年
萝丝·贝尔坦在圣奥诺雷郊区街开办了服装店，赢得了整个欧洲王室的支持。	贝尔坦成为玛丽-安托瓦内特王后的裁缝师，为她设计礼服和便服。	时装行业的羽毛商和花商成立了行会，管理配饰交易。	女裁缝师获得了和男性裁缝平等的地位，能够为宫廷礼服制作胸衣和裙撑。	玛丽-安托瓦内特王后在凡尔赛修建了农宫。她身着宽松袍服将这座宫殿造成了牧羊女、艺术家、设计师和诗人的宫殿。	7月14日，人民攻占了巴士底狱，法国大革命由此开端。

用彩花细锦缎面料制作的翠绿色法国式华托服（1735）。

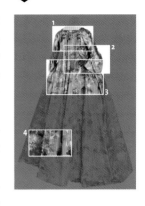

华托服最早出现是在1705年。这种服饰体现了女性服饰一种更加休闲随意的风格，与摄政时期的自由解放氛围达成了一致。这种服饰为人所知是因为画家安托万·华托，他在作品中描绘了许多身着这种服饰早期款式的女性。但在当时，这种服饰被称作宽松袍或长飘裙。华托服是由吊钟形罗布——一种巴洛克式的便服发展而来的，身前会束紧以露出胸衣的花边以及里层的衬服。衬服使得这种绸缎服饰有了紧身的部位，也隐约露出女性的身形。

这件华托服反映出路易十五统治早期色彩的丰富性以及对东方纹样的兴趣。在服饰的后领处，有一片与服饰主体一样面料的小披风式的面料向下垂落至地面。这片面料呈僵直宽大的箱形褶的样子，用鲸骨或柳条稍稍做出僵直的效果。虽然华托服在宫廷服饰中属于极其不正式的服装，但这种褶裥却成了法国式罗布的特色，后来又演变成裙裾和一种不正式的褶皱外衣。这件华托服装饰并不华丽，有些华托服会在系带上装饰丝绸玫瑰花朵，或是镶上粉红色的褶边。**PW**

👁 细节解说

1 褶皱披风
披风肩部宽大的箱形褶皱体现了成衣如何根据穿者做调整的过程，褶皱的细微调整可以勾勒出穿者的身形。这种披风是用衣扣或钩子系附在方形领上的。

3 圆形撑裙
华托服之内还会穿着稍稍呈圆形的衬裙，其宽度从来没有达到宫廷礼服那么宽。这就使得华托服相对来说更适用于日常穿着，因此被社会各个阶层的女性所接纳。

2 衣袖
华托服紧身的衣袖直裁至肘部位置，然后扩大为扁平的敞开式褶皱袖口。这种裁剪也呼应了华托服僵直的背部和圆形的裙子。袖口层叠的褶边也是用同样的衣料裁制的。

4 印花面料
这件华托服的衣料体现出穿者的财力。这种华丽的彩花细锦缎面料是法国织造的，上面还用昂贵的金线织出大片的中国牡丹的纹样。这种服饰的宽度尤其适合展示大型印花。

法国式罗布 1720年
女装

锦缎法国式罗布和衬裙（约1760—1765）。

1715 年之后，路易十四统治时期细长款式的服饰发生了变化，强调的重点转向了平面款式之上——服饰前后扁平，髋部却越来越宽，两边分别会达到好几英尺。1720年左右，那种不正式的宽松的褶皱华托服和圆形帕尼埃式裙撑或"筐形"衬裙一起创造出一种新的贵族标准服饰——法国式罗布。到了1750年，这种服饰已经取代了宫廷的奢华骑装。裙撑可以制造出圆形和立柱形裙子。1725年开始使用鲸骨之后，还能做出钟形来。浆硬的衬裙——被称作冉森派衬裙，得名于一个严格的宗教派别——也投入使用。

这件华丽的法国式罗布的对襟长外衣是由织锦丝绢制成的，织锦以金银线织成，还镶有金线梭织花边。织锦上有大片的精美花纹图案，花朵由不规则的曲线相互连接。因为裙子具有如此宽度，所以需要耗费大量的这种昂贵面料。对襟长外衣的前襟在装饰繁复的紧身胸衣之外系，紧身胸衣之外罩有三角胸衣，也展示出同样织锦面料制作的里层裙子。裙子用帕尼埃式裙撑和浆硬的衬裙支撑，突显出吊钟的形状，这种形状在1730年之后非常流行。**PW**

👁 细节解说

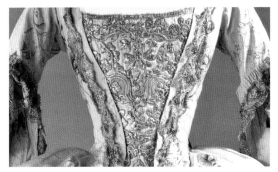

1 鲸须胸衣
这件绣有富丽花纹的三角衣被系在两边衣襟上。鲸须胸衣的方领开口很低，也绣有花纹。胸衣将身体束成倒锥形，突出了纤细的腰肢和夸张的髋线。

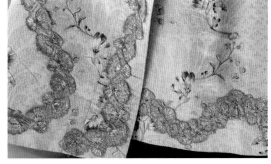

3 华丽的装饰
服饰上华丽的装饰体现出穿者的富有程度，金线梭织花边被用在外裙和衣边上，形成蜿蜒的曲线。袖子的每一层边缘上都镶有花边。袖边上还镶有荷叶边。

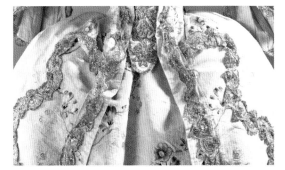

2 宽大的帕尼埃式撑裙
裙子的宽度是通过使用帕尼埃式裙撑达到的，裙撑由3至5层鲸须或柳条制成，穿着时用衣带系在腰上。后来，裙撑变成两个独立的装置，是支撑无实用价值的裙子宽度的必需品。

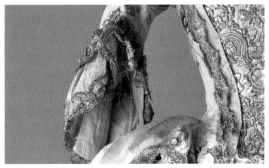

4 喇叭袖
服饰的衣袖到肘部都很修身，然后在袖口部分扩展开成喇叭状，就像宝塔的形状。根据流行的变化，每条袖子肘部会有1至3层开口的花边或棉布褶皱，构成了服饰主要面料之外的补充。

英国罗布 18世纪80年代
女装

带有金线绣饰的棉制英国
罗布（约1784—1787）。

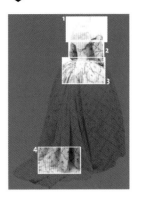
这件英国罗布反映出18世纪晚期法国的亲英热潮和贵族中普遍存在的对理想化的自然世界的兴趣。但这种服饰从来都不是正式的宫廷礼服，而是在贵族沙龙以及上流社会日常生活中穿用。相比法国式罗布，英国罗布穿着起来更为舒适，其裙子在行走时可以勾起来，为女性活动带来了更大的便利。

这种从1770年开始穿用的前身系紧的连衣裙完全改变了女性的身形。服饰只在腰线的深V形之下缝上了褶皱，增大了裙子后部的体积，使得髋部变窄。这种服饰的舒适之处还在于抛弃了夸张的鲸须裙撑，紧身的三角胸衣也被同样面料制作的两瓣式胸衣所取代。这种两瓣式胸衣比之前的紧身胸衣束缚感要小一些，用衣扣或钩子在服饰前身开口处系结，背后还可调节。这种服饰的袖子也很简洁，呈流线型，少了奢侈的装饰，肘部收紧，然后从水平缝线位置展开。袖子上有浅灰黄色的丝线花边，与领口的丝绸面料相映衬。臀部位置蓬松的造型并不是靠裙撑得到的，而是通过衬裙内穿着的柔软填充物打造的。**PW**

◉ 细节解说

1 宽大的三角形蕾丝披肩
这件服饰的圆形领口之上还系着一条宽大的三角形蕾丝披肩以使皮肤免受日晒，披肩的两端在胸前交叉。为了达到稳重效果，这条轻飘飘的披肩也遮住了服饰的低领口。

3 新款式
如果将裙子在臀部位置撑起，服饰下部强调的部分还可以得到进一步突出，同样面料的内裙也可以展露出来。这件后部呈圆形的外裙只有很短的曳地裙裾，与之前礼服的裙裾明显不同。

2 长而扁平的背部
这件服饰的裁剪拉长了背部的线条，裙子的褶皱部分就从脊椎的底部垂下，而之前服饰腰线要更高更平。这种风格参考了之前背部宽松的服饰，这种格子花纹的面料更具悬垂感。

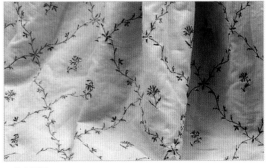

4 花卉图案
这种暖色调的印花棉布面料在18世纪70至80年代非常流行。花卉图案流行是因为它体现了当时人们对户外自然美景的兴趣。这种棉布和丝绸的混合织物上有金线刺绣，也体现出穿着者的地位很高。

苏格兰格子呢

苏格兰或高地的传统服饰是什么，其答案的演变过程到目前为止还不清楚。长期以来，有许多悬而未决的问题，比如"格子呢"这个称谓起源为何？除此之外，由于近几十年来出现的"发明传统"的理论，问题变得更加复杂。历史学家们认为，对高地人的一般印象其实大部分是19世纪浪漫主义风潮的产物。

凯尔特人的纺织技艺早在古罗马时代就已广为人知，18世纪初期到访苏格兰高地的人都对当地居民的织物质量赞誉有加。至少在17世纪，他们所生产的有独特格子花纹的羊绒织物就已被广泛称为格子呢了。花呢格纹是由两种不同颜色的纺线织造出的3种色彩组合图案。所有的图案都围绕着中间的一条"轴心"形成一系列的条纹，这样的条纹重复形成整齐的图块。一般而言，早期的格子呢因为采用自然染料，色彩相对柔和，但随着更明亮的染料的出现，鲜艳的花纹也就流行开来。

从1815年开始，所有的格子图案都要进行登记，于是许多的格子

重要事件

1727年	1745—1746年	1746年	1750年	1757年	1760年
乔治二世继承了父亲的王位，成为英国国王，詹姆斯二世的愿望破灭，汉诺威王朝得以延续。	由查理·爱德华·斯图亚特（即英俊王子查理）领导的最后一支詹姆斯二世反叛军在卡洛登战役中以战败而告终。	格子呢禁令成为法律。法令禁止除军队以外的人士穿着格子呢披风和短裙。	控诉禁令的诗歌《沉重的格子呢披风》赞颂格子呢披风优于一切英国服饰。	身着格子呢制服的高地军团在帝国建立过程中开始支持不列颠军队。	一本据闻是奥西恩所作的古典诗歌总集出版，关于盖尔族庄严文化起源的浪漫主义思想开始流行起来。

图案被设计出来，并第一次同姓氏联系在一起。在此之前，氏族格子呢可能只是一个模糊的概念。一开始它很可能只是一个地区性的图案（源于当地所出产的染料），接着在某些地区开始与氏族产生了联系，后来就专门与姓氏结合起来。同一氏族的人都应该穿着颜色相近但不限定具体图案的格子呢（见104页）。

最初，格子呢只是一大块不经裁剪的矩形织物，男性将其穿作斗篷，女性则以之为披巾。男性穿着的格子布具体于何时演变为短裙外加肩膀上独立的披风形式（图1），其年代已不可考。有记录表明，格子呢短裙被认为是18世纪新出现的一种服饰，其出现的原因可能是为了满足对方便服饰的实际需要。

几百年来，格子呢已经成为了苏格兰身份的象征，或者说至少也象征了高地地区，这已经改变了人们对格子呢的认知。在苏格兰历史上，18世纪是一个骚动的年代，高地服饰因此也经历了巨大的打击，其情形就和最初获得极大的流行一样。1707年，苏格兰和英格兰议会统一，合并为一个国家，苏格兰地区支持詹姆斯二世党人复辟斯图亚特王朝的势力逐渐增大，格子呢成为詹姆斯二世党人叛军的制服。虽然最终并没有达成所愿，但他们于1745年发动的第二次大叛乱却造成了足够大的威胁，政府开始镇压高地文化。1746年，政府颁布了法令禁止穿着格子呢披风、短裙和斗篷，但是反叛军却联合起来使得格子呢在更大范围内流行起来。禁令颁发之前，高地服饰风格就已经开始扩展到低地地区，因为它象征着对国家的忠诚。禁令颁布之后，苏格兰地区的富裕阶层更加热衷于在肖像画中穿着格子呢（图2）。

18世纪下半叶，要求保护和推动苏格兰传统和文化的呼声日益增长。除了服装禁令的影响之外，高地传统的生活方式在土地清理和其他现代化进程的影响之下发生了彻底的改变。一些文学作品，比如1760年出版的奥西恩叙事诗歌集，开始描绘早期盖尔族高尚庄严的文化传统，很好地呼应了当时日益高涨的高地士兵的声名。军队不受格子呢禁令的限制，在帝国建立战役中，高地军团获得了胜利，因此获得了极大的服饰特权。到1781年，詹姆斯二世反叛军的威胁已经成了遥远的过去，服饰禁令也被废止了。之后的几十年里，苏格兰传统文化开始复苏更新，也正是从这时起，格子呢和高地服饰开始在苏格兰以外的地区广泛流行开来。**IC**

1 1745年，查理·爱德华·斯图亚特王子在爱丁堡（19世纪），威廉·布拉塞·霍尔绘。这幅作品回顾了詹姆斯二世党人取得胜利的时刻。高地服饰的穿着经常是为了寻求政治支持。

2 这幅作品是支持詹姆斯二世的一位女士的肖像（18世纪），作者亚历山大·科斯莫也是热心的詹姆斯二世党人。画像中，这位坐着的女士身着格子呢军装样式的骑猎装，手中的白玫瑰和软帽上的玫瑰花蕾则象征着对斯图亚特王朝的支持。

1771年	1778年	1781年	1788年	1799年	1815年
诗人、小说家沃尔特·司各特爵士出生。后来，他被评价为对19世纪苏格兰浪漫主义文化产生了重大影响。	伦敦高地协会成立，这反映了人们保护（可能还有创造）苏格兰文化的意识的增长。	在伦敦高地协会的施压下，服饰禁令废止。格子呢重新成为合法服饰。	查理·爱德华·斯图亚特逝世，詹姆斯二世党人最后一丝希望也破灭了。	拿破仑战争爆发，高地军团取得胜利，他们的服饰获得了新声望，广泛流行起来。	格子呢图案开始登记，至此它和氏族姓氏第一次联系起来。

格子呢披风 18世纪晚期
苏格兰男性氏族服饰

《一位苏格兰将领》（19世纪），欧仁·德韦里亚。

欧仁·德韦里亚的这幅作品代表了19世纪人们对高地人的浪漫主义想象。过去的氏族战士，不管是穿着简陋的下层人，还是地位尊贵的战士，尤其是将领，他们的形象又重新在大众的脑海中复兴了起来。画作的主角置身于作者的家乡高地。作品追忆着过去的时代，前辈们充满自信、坚强勇敢，带领氏族的人冲锋作战，与周围美丽却严酷的环境紧密依存。这位将领的服饰模仿了高地军团战士的制服，因此也沾得了他们的荣光。

　　这位将领两手分别握着一把短剑、一柄带有篮形护手的宽剑，这两样武器都与苏格兰战士相关。他腰挎的六穗獾皮袋是93（萨瑟兰高地）步兵团军官服的一部分，红色紧身上衣连同帽子上的方格图案都令人回想起高地军服，也表明了人物与军团的联系。披风起源于高地上早期穿戴的一块不加裁剪的面料。对于高地男性来说，这件面料夜间可以当毯子使用，到了白天又可以整理成一件类似于短裙样式的服装。这块面料会折叠出褶皱，用腰带系结成短裙的款式，其余的面料则当成披风穿戴，或是直接挂在肩膀上。这种披风在高地严苛的环境中不仅实用，而且具有审美功能。**IC**

👁 细节解说

1 帽子

19世纪晚期的这种帽子是一种蓝色无边平顶扁圆帽，最早于16世纪就出现在苏格兰。这是一种羊毛毡帽，带有大大的平顶。佩戴时一般往右倾斜，后部有两根垂带固定。帽子上的家徽中插有两根鹰羽，表明画中人物可能是氏族一个分支的族长，而非氏族总族长，因为总族长会佩戴3根羽毛。

3 格子花纹

氏族成员都有自己的格子呢花纹，通常是将氏族标准的格子花纹中一块背景色变成白色。格子呢猎装又会有所改变，通常采用较柔和的色彩。从19世纪中期开始，化学染料导致现代格子呢和从前较柔的格子图案有了明显的区别。早期的格子呢也有颜色鲜亮的，高地人以善于利用当地植物制作染料而著称。

2 獾皮袋

毛皮袋类似于中世纪的腰包，弥补了短裙上没有口袋的不便。大毛皮袋于18世纪中期出现于军队中，明显象征的是男性活力。从18世纪早期开始，高地服饰似乎变得越来越男性化，而女性穿着格子呢则越来越少，高地军团服饰因此也就越来越引人注目。

4 长筒袜

长筒袜是高地服饰重要的组成部分。这幅画作中的多色菱形图案可能是利用嵌花工艺手工编织的。19世纪以前，长筒袜都是使用编织面料制作的，将斜纹加以裁剪缝制，以便让图案环绕在腿上。虽图中看不见，但右腿的长筒袜中一般还会插着一把单刃刀，只将刀柄露出在外。

优雅的洛可可风格

18世纪中期洛可可时代所坚持的服饰风格本质就是优雅。洛可可源自法语"小石头"和"贝壳"。这一时期，奢华骑装和法国式罗布仍然是礼服和宫廷服饰的典范，华托服和曼托瓦对襟长外衣则是日常穿着的主要服饰。男式三件式套装几乎保持着路易十四时期的贴身马甲、外衣和马裤的款式没有变化。变的是这些服饰的实际内容——面料的图案和色彩，镶边和装饰，以及配饰的使用。洛可可风格的服饰主要流行于欧洲大陆，但其影响也扩展至英吉利海峡和大西洋彼岸。此时的法国仍然在奢侈品贸易中占据主导地位。里昂是丝绸纺织和刺绣的中心，巴黎则是缝纫用品、配饰及新型面料的中心。定期推出的季节新款时装带动了具体色彩和印花图案的流行，而时装图样则将首都的最新流行传播至外省地区。

虽然法国织工的技艺非常杰出，但伦敦的斯皮塔佛德市场也早已成为几代技艺高超的胡格诺教派织工和英国本土织工的大本营。在18

重要事件

1735年	1745年	1753年	1756年	1759年	1761年
乾隆皇帝登基。欧洲想要控制丝织物市场，他只得与之展开谈判。	蓬巴杜夫人成为路易十五首席情妇。1764年，她的地位被杜巴丽夫人所取代。	大英博物馆建立，以供收藏世界各地的古董珍品，其中大部分是科学家汉斯·斯隆爵士的藏品。	"七年战争"开始。英法两国竞相争取对北美洲、欧洲和亚洲殖民地的控制权，这次战争可算是"第一次世界大战"。	西南伦敦的基尤建立了王室植物园，以供研究世界各地获取的新品种植物。	让-雅克·卢梭出版了《新爱洛伊丝》。这部著作后来使王后玛丽-安托瓦内特的圈子开始追求"自然"生活。

世纪的大部分时间里，英法两国不仅是商业上的竞争对手，还在世界范围内多次交战。"七年战争"之后，英国取得了印度和北美大部分地区的贸易控制权。一直到18世纪70年代，英国丝绸在美洲殖民地都更受欢迎。在纺纱和织布工业领域，英国也居于世界领先地位，因此能为新增市场提供更廉价的服饰。

在高端时装方面，法国波旁王朝宫廷服饰影响力仍然非常强大。与在路易十四宫廷占据统治地位的大胆的、经过规定的色彩风格不同的是，路易十四的曾孙路易十五统治的1715年至1774年，服饰多偏向柔和淡雅的色彩，款式上流行起不对称造型。这时引领时装潮流的并不是王后玛丽·来津斯卡，而是国王美艳的情妇，优雅的蓬巴杜夫人以及她那稍显逊色的对手杜巴丽夫人。在这幅肖像作品（图1）中，蓬巴杜夫人外衣的所有地方都镶满了花边。这套服饰的丝绸上衣缀满了粉红色的双蒂玫瑰，三角胸衣上也缀着丝带蝴蝶结，与脖子上的领饰相互呼应。衣袖的袖口位置有多层蕾丝翻袖，后端开口的路易十五式高跟便鞋上也镶着珍珠。

洛可可时代尤以印花刺绣丝绸和棉布而著称。英法两国的设计师们引入了不规则的旋涡图案。这本是一种不对称的贝壳形造型，里面可能还会包括其他自然或是建筑图案。装饰中会出现背靠的C形图案，1740年左右还流行蜿蜒的花蔓或是扎束花束的彩带图案。与法国风格中多出现的装饰性图案相反，英国纺织和印染的面料中更多见自然纹样，这反映出植物学的流行，也是很多国外新品种植物来到英国所带来的影响。事实上，英国的《绅士杂志》还曾对法国风格的华美图案提出过批评："他们在绘画学院还没有完全学成，还不能展示出真实的比例。"1740年至1760年，杰出的图案设计师安娜·玛丽亚·高斯维特（1690—1763）曾为斯皮塔佛德顶级的织工提供过许多纹样设计。安娜每年能设计出80种图案，她注重"线条之美"，擅长在蜿蜒的曲线上绘制出精确的花卉图案（图2）。

受到欧洲贸易公司在远东和印度活动的影响，这一时期对中国艺术风格的热情复燃起来。法国丝绸上经常出现想象中的东方风景，英国织工也会在图案中融入"本地化"的东方元素。英国橡树、龙、宝塔和西番莲花会出现在同一图案中。图案设计师们还拥有异国鸟类和动物纹样书籍，虽然他们也并不确定这些图案的精确性。这样就不可避免地导致了图案的程式化和同一感，例如，图案中的孔雀经常会垂着尾羽。

1 这幅由弗朗索瓦·布歇所绘制的蓬巴杜夫人的肖像（约1756）展示了洛可可风格对于花边和饰物的偏爱。

2 这里展示的是1744年英国最优秀的丝绸面料纹样设计师安娜·玛丽亚·高斯维特设计的一幅不对称的自然花卉图样。

1765年	1765年	1770年	1770年	1776年	1787年
印度的克莱夫为东印度公司赢得了对孟加拉的统治权。此举加强了与印度生产者之间的贸易联系，控制了印度的纺织品市场。	理查德·阿克赖特生产出第一台水力纺纱机，棉纺织业的机械化生产开始了。	《牛津杂志》上提到了一个新现象——纨绔子弟（见112页），他们就是爱打扮的花花公子的前身。	玛丽-安托瓦内特嫁给了法国王子。两年之后，波兰第一次陷入分裂状态。	7月4日，美国发布了《独立宣言》；法国派拉斐德侯爵前去帮助殖民地居民反抗英国统治。	东南英国建造了布赖顿阁顶宫。这座王宫是按乔治王子想象中的东方皇宫的样子所建造的。

虽然英王乔治三世的宫廷非常保守，但他的儿子，也就是后来的摄政王乔治却是时尚的奴隶，他的布赖顿穹顶宫就是当时对中国艺术风格狂热追逐的反映。中国元素也出现在其衣橱中的服饰之上（见114页）。男女服饰中都出现了"中国人物"、"仕女嬉戏"以及"宝塔"的图案。在法国，王室绣工路易–雅克·巴尔扎克则用金银线将孔雀羽毛、猎犬和太阳图案绣在宫廷服饰外衣之上。

织物图案变化非常频繁，上流社会可能只会穿着一季，随后就改掉，或是卖给了相对不那么富裕的亲戚。对于不那么热衷追随流行的消费者来说，面料可能要保存上几十年才会制作成服饰。花边显得十分奢华，其中还包括假花装饰，通常是按照服饰花纹上的花朵制作，常用来作为胸花，或是镶在衣边上，做成玫瑰花结，装饰在有精致镶边的大型宽边花式帽上。帽子和发型中还喜欢佩戴鸵鸟毛。培育了100多年的珍珠被做成项链、手镯或是镶缀在礼服上。流苏花边可以增加服饰的动感，结形花边和蝴蝶结流行了整个时代，尤其是常用在精致的三角胸衣上。

乏味镶边是指主要袍服花边上蜿蜒或曲折的褶纹，或是指外裙前襟上装饰的厚双面绒布。腰垫镶边则用于在臀部额外再增添出几层荷叶边。荷叶边通常采用不同的面料，制作成玫瑰花环的样式。锯齿边此时仍然很流行。东方风格的影响主要体现在丝绸和印花棉布上会缝有盘扣和贴花绣片。镶边也被用在鞋子上，制鞋工艺在18世纪也获得了巨大的发展。鞋匠能用各种颜色的丝绸为女士们制作精致的无后帮便鞋。鞋面会采用浆硬的亚麻布，再用最软的小牛皮做衬里。这时的鞋跟多是路易十五式的木制弧形跟，外面再用面料覆盖。鞋扣一般是银质的，上面用真正的珠宝或是粘贴的珠宝加盖。地位高贵的男性所穿着的鞋子也是高跟的，装饰也极尽奢华。

洛可可后期的特点是褶皱面料的运用。波兰连衫裙（图4）是一种曼托瓦开襟长袍，穿在蓬松的裙子之外，裙子也没有法国式罗布那种巨大的裙撑。这种服饰在后腰收紧形成小皱纹，就像英国罗布一样。其外裙用丝绳或纽扣撑起来，环绕在臀部形成三个部分——象征着波兰在1772年的分裂。不伦瑞克衫是一种长至身体3/4的披肩式外

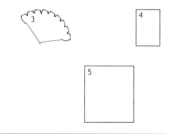

3 图中是一把1730年的镶金象牙扇，上面装饰的是一幅田园风景绘画。这种绘画在洛可可时代非常流行。

4 在这件1786年的波兰连衫印花裙中，绣花面料收拢成夸张的马勃菌形状。

5 这幅画作中的波利尼亚克公爵夫人被描绘成打扮入时的牧羊女模样，她是玛丽–安托瓦内特宫廷中最得宠的人物。

衣，会在寒冷的天气里穿用，以遮挡精致的服饰。这种服饰的特点也是背后有箱状褶皱。

洛可可时代也不缺少大量的饰物。其中有许多物品装在小袋里，这些小袋挂在裙子的腰带上或是穿在一种被称作外翘口袋的褶皱圈上。扇子则是展示精细丝绸织物的另一种方式——同时也能增加调情色彩。最昂贵的扇子是用象牙镂空雕刻做扇骨（图3），再以螺钿装饰。男性配饰，诸如手杖、眼镜、嗅盐瓶、装饰性的宝剑，也都是出于文化兴趣、性吸引力和个人偏好的考量。弗朗索瓦·布歇和让-巴蒂斯特·格勒兹画作中所表现出的对田园生活的向往在这一时期也很流行，女性们强烈要求将自己画成头戴系着丝带的平顶稻草帽、娴静娇羞的牧羊女的形象。到1780年，绘画中又出现了一种更宽大的牧羊女帽子，通常用稻草或是很薄的木片编织带做成。这种帽子一般系上长长的丝带，或是用花卉和羽毛进行装饰（图5）。

18世纪70年代，法国宫廷中开始流行一种新的巨大的夸张发型（见110页），因为这种发型使用的是自己的头发，触怒了城里的假发商，却令美发师、珠宝商和制帽商大喜。这种发型与年轻的玛丽-安托瓦内特相关，她当时还是法国的王妃，是她带动了后梳蓬松发型的流行。这种发型还要在后颈佩戴一个沉重的盒式吊坠。这种风格是美发师莱昂纳尔·奥捷为她设计的，这位发型师因为用轻纱、马鬃或羊毛垫进客人的卷发中以极大地增加发型的丰满程度而蜚声巴黎。玛丽-安托瓦内特喜欢在头发中装饰缎带和鸵鸟毛。她的发型被称作王后式，但在路易十六的姑姑们看来，这种发型就像是马缰。**PW**

奇异头饰 18世纪70年代
女子发型

*Cœffure
à l'Independance ou le
Triomphe de la liberté*

独立式，或称自由凯旋式发型，版画（1778）。

这幅版画描绘的是一名时髦的贵妇正在做最后的装扮，她可能是要去参加宫廷舞会。她的发型极其夸张，有好几层卷曲的发髻，用纱巾垫着伸展开来，后颈梳成王后式。所有的头发和隐藏的垫巾都编在金属撑框周围，头顶上的模型是"贝尔伯爵号"——这艘著名的法国战舰曾在1778年对英国海军的战役中取得了罕有的胜利。这次胜利被认为是法国加入美国独立战争的标志。

这艘战舰模型包括洛可可风格的所有配饰：羽毛、缎带、花环，船头上还有一个镶着珍珠边的纹章，极有可能是王室徽章。舷窗上垂着泪滴形的珍珠，就连索具上都串着珍珠。这名贵妇所穿着的法国式罗布装饰也极其奢华，里层衣袍的褶皱衣边只有上衫和肘部位置能看见。衣袖的肘部位置明显有两层饰边，胸线上还穿有黄色的丝带。这套服饰展示出洛可可风格的一个典型特点，那就是对色彩的偏好。服饰中包括了粉红色、黄色、绿色和灰色等色彩。这名贵妇还佩戴了项链、手镯和耳环等全套珍珠首饰。这种宽手镯上有一个卵形的圆面，上面一般会有浮雕的肖像。**PW**

◉ 细节解说

1 爱国主义的颜色
虽然这艘模型战舰的索具上有现代法国国旗的红、白、蓝三色，但在大革命前夕，这些色彩仅仅象征着国家，而非宫廷。此时，王室的代表色是黑与红，或是鸢尾花旗的蓝色和金色。图中发型上的"贝尔伯爵号"战舰因在1778年击败英国"阿瑞托萨号"巡防舰而广为人知。这次得胜后，法国也开始参与到了美国的独立战争中。

2 粉扑
画中贵妇身前桌上的粉扑是用来给面部化妆的。头发上会用喷瓶涂粉，脸上还会戴上面具以起到保护作用。这样的过程需要仆人的帮助才能完成。粉扑是发型保持蓬松和延展的关键，因为粉扑能吸掉头发中本来的油质，防止发型变形。它还能掩饰真发和加长饰物之间的色调差异。

洛可可式发型

这种特大发型和头饰的流行一开始是由玛丽-安托瓦内特王后所带动的，但将其发挥到极致的却是她的侍臣。当时的政治期刊讽刺这种怪异的发型与宫廷的腐败有关。批评者认为这样的发型很肮脏，指责其中窝藏着跳蚤。有些人会在发型中编进花朵、珍珠串和其他一些装饰物（见下图）。沙特尔公爵夫人曾将家人的小雕像戴在发型中。有一种卧犬式发型是将头发梳平构成卧在篮中的小狗的形状。发型还用来指代当时的大事记，比如蒙戈尔菲耶式发型就是用一个热气球篮子的模型顶着一顶丝绸软帽，这是为了纪念1783年凡尔赛宫的热气球飞行。

纨绔子弟 18世纪70年代
夸张的男式服饰

《呜呼哀哉！这是我儿子汤姆吗？》，模仿萨米埃·耶罗尼米斯·格里姆风格的讽刺版画（1774）。

18 世纪，英国绅士们为了完成自己的教育，都会按照传统遍游欧洲大陆进行教育旅行。回国后，这些年轻人都会被称作"纨绔子弟俱乐部"的成员。他们坚持过于精致的新型男式礼服，举止也会受到影响而沾染上纨绔习气，过于关注外表。这幅讽刺版画反映的就是缺乏活力的汤姆在伦敦面对父亲时的场景。他的父亲是位以农耕为消遣的绅士，精神矍铄，身体健壮。汤姆已经顺应了纨绔子弟的时髦装扮，而他的父亲则觉得他既柔弱又可笑。与父亲蓬乱的头发和厚重朴素的实用性服装相比，汤姆的打扮极为精致。男性三件套套装由17世纪的马裤、马甲和外衣发展而来。纨绔子弟们将其做得更加精细，以呼应女性最华丽的奢华骑装。纨绔子弟的外衣上满是装饰物和配件，汤姆的外衣和马甲上就缀着螺钿般的衣扣。父亲手中拿着干活用的鞭子，而汤姆则必须手执带象牙帽的手杖，还挥舞得如同孔雀开屏一般。此外，他还拿着一个后来由宫廷贵妇所拿的绣金大手袋，以及一把绅士用的宝剑。**PW**

👁 细节解说

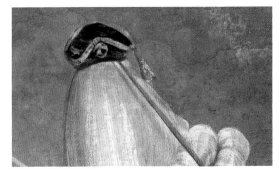

1 双角帽
汤姆的头顶上戴着一顶小双角帽。有一个常开的玩笑说，这顶帽子只能用剑尖去摘下，因此佩戴者想要脱帽行礼就变得很困难。因此，成为纨绔子弟也就意味着不遵从英国传统的礼数。

3 胸饰和领饰
汤姆身着的衬衫装饰有褶边（胸饰），其前襟从马甲开领露出在外。他的脖子上戴着一个精致的白色蕾丝领结，从而与蕾丝袖口搭配起来。纨绔子弟的领结通常会有大大的蝴蝶结系法。

2 怪异的假发
这对父子服饰上的最大区别在于头顶上。汤姆的粉扑假发高到了不切实际的程度，分成一层层的绒球，并以黑色丝带系结。这种发型和贵族女性的发型形成了呼应，却很难让父亲高兴。

4 鞋袜
这对父子的鞋袜也突显出二人服饰和举止的差异。父亲穿着厚重的靴子，汤姆则穿着一双娇柔的带金色搭扣的窄鞋。花花公子们通常还会穿着图案华美的长筒袜。

宽长袍 18世纪70年代
印度式男便袍

摄政王的宽长袍（约1775）。

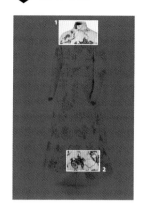

宽长袍在古吉拉特语中指印度商人。这种服饰的原型是有着宽大衣袖的男式便袍，能够完美地展示出18世纪衣料装饰的奢华风格。与贴身的礼服不同的是，宽长袍原本是一种在一侧系结的宽松袍服，其灵感来自由荷兰东印度公司进口到欧洲的日本和服。这种服饰反映了18世纪对于东方风情的推崇，尤其是对进口的东方丝绸和印度绣花布的频繁使用。这件带花纹的棉布宽长袍是为乔治王子，也就是后来的摄政王所做的。印花棉布来自印度的卡利卡特，面料是18世纪70年代的典型风格，上面使用了红色、紫色和蓝色的染料。宽长袍一般穿着时并不系扣，而这里的这件因为里面带有马甲，所以乔治王子在穿着时可以敞开翻向两边，以制造出外衣和马甲套装的感觉。这件宽长袍的裁剪比其他长袍要紧身许多，还带有整齐的丝绸饰扣。服饰和摄政王的住宅布赖顿穹顶宫内部的装饰一样，都可以看出中国和印度风格的影响。穹顶宫外形是穹顶结构，内部陈设则是带有精准的东方花卉纹样的中国式样。**PW**

👁 细节解说

1 衣领与系扣
服饰上中国满族风格的衣领是用盘扣系结的。这种T形的前开式袍服约出现于1700年，18世纪发展出了立领和前襟系扣。独特的盘扣赋予了服饰一种东方风情。

2 中国式花纹
这件服饰上的印花是典型的英国改良式中国花纹，图案的稀疏表明是用铜板印染出来的。这种技术被应用于大面积织物上，设计师们因此可以设计出蔓生的枝干和不对称的植物图案。

地位象征

丝绸或印度印花棉布质地的宽长袍是地位的象征。这种服饰出现在18世纪男性肖像中，比如约翰·罗比森为爱丁堡大学教授亨利·雷伯恩爵士所绘的肖像（约1798，下图）。宽长袍在家待客时穿着也很得体。作为一种为舒适休闲而设计的服饰，宽长袍只有富裕阶层人士才会穿着，因为他们有时间休闲。另外，宽长袍还带有一种"显而易见的知性风采"，因为它显然是将奢侈的面料和学者类型的服饰组合了起来。宽长袍是绅士们在家中图书室休息时的理想服饰。

英国绅士

1 这幅由詹姆斯·米勒所绘的乡绅莫兰与猎枪和狗的肖像（18世纪）描绘了一位身着便于乡间活动的服饰的英国绅士的形象。

2 大约到1830年的时候，英国贵族服饰风格新流行起一种专业剪裁下的阳刚气质。

18世纪末期，一种英国风格的服饰开始流行于整个欧洲。这种服饰受到讽刺漫画家约翰·阿巴思诺特笔下以英国人为原型的卡通人物、乡绅和地主约翰·布尔形象的影响。伦敦裁缝师迈耶、韦斯顿、舒尔茨等都更强调服饰的裁剪和贴身性，而非法国宫廷服饰那样强调奢华的装饰。他们使用羊绒布来衬托和塑造男性的体型。

乡绅的传统生活方式都围绕着狩猎和射击等活动，因此需要服饰具有实用性和耐穿性（图1）。他们抛弃了丝绸和锦缎面料、蕾丝轮状皱领、丝袜和粉扑假发，而代之以羊绒和精纺面料来适应乡村生活方式。带铜扣的羊绒外衣、马甲、可塞进靴子里的浅黄色马裤、窄边高顶帽，组合起来就成了乡绅们的制服。

这种风格的服饰经由伦敦裁缝师的高超技巧，被改造成高雅版本

重要事件

18世纪60年代	1764—1767年	1770年	1778年	1785—1792年	1795年
以英国地主为原型的漫画人物约翰·布尔出现。他穿着的服饰是一种双排扣长礼服。	詹姆斯·哈格里夫斯发明了珍妮纺纱机，这种纺纱机能够同时纺织16根或更多的丝线。	花花公子派的前身纨绔子弟派通过炫耀性地模仿大陆服饰的假发和精致皱领的风格，赢得了人们的关注。	著名的贵族花花公子乔治·布莱恩·博布鲁梅尔出生于伦敦。	埃德蒙·卡特赖特发明了动力织布机和两架梳理羊毛的机器。这些发明先是用来纺织棉布，后来用于纺织羊绒织物。	政府开始对发扑粉征税。只有年老的人士、军官和一些保守人士继续佩戴假发，用发扑粉。

介绍到城里。羊绒不像丝绸，可以进行拉展和蒸汽熨烫以使贴身。这一时期最具特色的男性服饰就是一件独立的强调阳刚气质的外衣（图2）。本土出产的羊毛，编织过程日益机械化，这就意味着这些原材料可以在裁缝师技能娴熟的双手中得到充分利用。花花公子博·布鲁梅尔的服饰（见118页）就是裁缝师技巧的例证。布鲁梅尔对服饰品位很高，他推崇朴素风格，展示出一种新式的阳刚气质。宽阔的肩膀、挺拔的身姿以及颀长的双腿，这些特点都源自古希腊雕塑。

布鲁梅尔还让人们都开始关注个人卫生问题，他每天都刷牙、剃须和洗澡。据说，他也是第一位给领饰上浆的人。19世纪早期的领饰有两种形式：一种是褶皱领巾，绕在脖子上，然后在胸前系成各种款式；一种是被称作斯托克的上浆宽面料，紧紧围在脖子上，然后在后颈固定。1810年至1820年，领饰开始变得更加复杂，还带有描述性的名称，诸如"东方式""数学式""宴会厅式""马项圈式"。这些领饰要搭配高齐眼睛的衬衫领，衣领的尖角被称作"护目镜"。这种风格要求织物具有极高的坚挺性，不易变形。布鲁梅尔还经常穿着海军蓝颜色的外衣，于是这种色彩代替了马甲和裤装的不同颜色。

到了晚间，靴子换成了单鞋，配上丝绸长筒袜或是马裤。受到军装的影响，斜裁或针织面料的紧身马裤开始流行。这些服饰会在腿下或腿后用衣带系紧制造出贴身的效果。服饰本来的浅黄色或奶油色让下体看上去像裸露着，因此也强调出男性雕塑般的体型。**MF**

1810年	1811年	1811年	1811—1816年	1818年	1819年
一系列更加复杂的领饰开始出现。耗费时间的上浆和折叠过程开始成为日常生活的一部分。	英国开始了摄政时代，乔治三世被认为不能胜任，威尔士王子接替了王位。	伦敦嘉登行宫举办了一系列奢华的晚会，以摄政王登基庆典为最。	勒德运动捣毁了英国纺织中心中东部地区、兰开夏郡和约克郡的纺织机器。	博·布鲁梅尔为了躲避债主而逃到了欧洲大陆，后来他因欠债而入狱，最后在一家救济院里因中毒去世。	曼彻斯特发生了彼得卢大屠杀，骑兵镇压了大量聚集在一起要求改革议会代表制度的人群。

英国花花公子服饰 1815年
男装

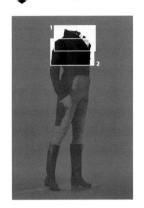

摄政王时代（1811—1820）花花公子服饰的典型风格摒弃了之前的荷叶边和俗艳装饰，开始追寻古希腊雕塑中的完美体形，推崇专业裁剪所带来的贴身款式，为贵族男性服饰带来了一种新的范式。这件双排扣外衣由羊绒面料制成，肩部剪裁贴身，高腰设计让焦点不仅集中在整个身形上，也落在腿部顺滑紧身的马裤上。马裤和长裤裤腿之间的交叉区域就成了这种服饰的焦点。这种高裆裤腰部有背带，脚下有踩脚箍，从而突显出叉开的腿形。这种服饰因为模仿了骑兵服饰风格，所以很适合骑马，而且马裤只能"从侧边穿着"。服饰中的白色上浆领饰被围绕在外衣的高翻领中。这种领饰至少有30厘米宽，因此必须折叠成合适的褶皱才能贴合颈部。其折叠过程非常耗时，可能需要耗费数小时的时间，还可能失败很多次。外衣上装饰有饰扣，上部开口以露出衬衫的褶皱领饰，下端的水平裁剪是为了露出里层类似裁剪的马甲。**MF**

👁 细节解说

1 复杂的领饰

上浆处理不仅能防止亚麻面料被弄脏，还能使其挺括。这种方形的亚麻领饰先要折叠成带状，然后绕在脖子上，在胸前系结。搭配着衬衫极高的衣领，这种领饰更显挺拔。

2 裁剪新工艺

衬里和外层面料之间因为加絮了垫料，从而增大了胸围。缩小的袖圈向身后伸展，穿者的肩膀只能向后收缩，因此也塑造出军装的款式。

▲ 在这幅由罗伯特·戴顿所绘的肖像画（1805）中，博·布鲁梅尔梳着古典雕像中的布鲁特斯发型。这种发型不加粉扑，贴在脸庞周围。

新古典主义风格

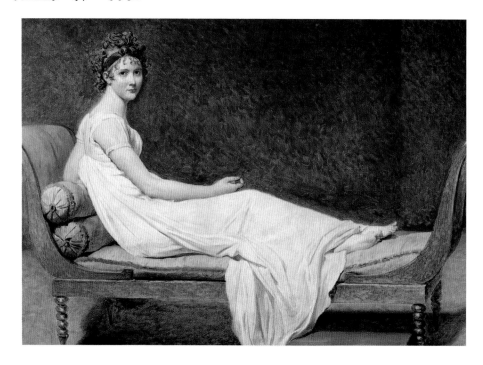

法国大革命是欧洲社会和政治历史的转折点。同时，时装在18世纪末期也发生了根本性的改变。过去洛可可时代（见106页）的紧身衣、厚重的彩色衣料、奢华的装饰被摒弃了。法国仍然占据着欧洲时尚的引领地位，也迎来了一个模仿古希腊贵族服饰风格的新时代。基于这种时代思想，再加上庞贝古城考古发现的影响，这个时期的服饰风格被称作新古典主义风格。新古典主义风格扩散到欧洲各国，同时也从被法国军队征服的各国服饰中汲取了灵感。保守的英国人复制了这种时装风格，但其军装和绅士服饰却继续保持流行，因为直至拿破仑于1815年最终战败之前，整个欧洲都处于战争之中。浪漫主义艺术运动也对新风格产生了重大影响。这种运动起源于法国艺术家让－奥诺雷·弗拉戈纳尔和哲学家让－雅克·卢梭的田园生活式的感伤主义思想。

1780年至1820年新古典主义风格的代表服饰主要是一种无腰身的宽松无袖女装（图1）。这种很轻的白色细棉布或棉布服饰最早于18世纪80年代在法国出现，由凡尔赛宫的贵妇们引致流行。画家路易

重要事件

1789年	1789年	1792年	1793年	1794年	1795年
7月14日，巴黎人民攻占巴士底狱，法国大革命由此开端。	在大革命期间，玛丽－安托瓦内特的裁缝师萝丝·贝尔坦将服装店迁至伦敦。	9月22日，法兰西共和国宣布成立，帝制被废除了。	路易十六和玛丽－安托瓦内特王后被处死。恐怖统治时期开始，其间数以千计的"共和国敌人"被处死。	独立出版商尼古拉斯·冯·海德洛夫罢工，他的杂志《时装画报》记录了许多时尚优雅的服饰风格。	"不可思议的年轻男子和难以置信的年轻女子"（见124页）离谱的服饰和堕落的生活方式引起了巴黎市民的震惊。

丝·伊丽莎白·维热·勒布兰创作的大量肖像作品都记录了这种简便而舒适的服饰的迅速流行，也反映出穿着者对这种服饰所带来的乌托邦式田园生活的向往。服饰胸部摒除了沉重的胸衣，只采用一些支撑面料，女性的身体获得了解放，只露出奶白色的圆形的胸脯部分。但是，这种无袖上衣却不适合正式的宫廷场合。在那些场合中，法国式罗布仍被继续穿用。

大革命之后，这种宽松上衣开始占据了时装的主导地位。高腰服饰让经由英国进口到法国的印度轻薄细棉布面料流行了起来。法国还曾试着生产这种面料。在拿破仑战争期间，印度面料甚至遭到禁止。然而，追求时髦的顾客们却无视这道法令，从仍在进口印度织物的西属尼德兰订购。宽松服饰的领口呈交叉形或圆形，但腰线总是很高。服饰的胸部之下镶有缎带或是绣有古希腊回纹。1806年拿破仑战胜普鲁士之后，毛皮镶边迅速流行开来。晚礼服衣袖很短，但会配上白色的长手套，而日间穿着时则流行由厚重面料制成的、有着实用长衣袖的款式。正式场合穿着时会搭配上印度羊绒披巾。为了保暖，还会穿着一种带有军装式衣扣的开襟短上衣。

之前时代的曼托瓦开襟长外衣的褶皱中会缝有隐蔽的口袋，但这种高腰裙却无法实现。取而代之的是，穿着者会拿上拉绳小钱包和手袋（图2）。这种手提袋又被称作巴兰特袋，以面料、丝网或针织纱制成，就是现代手提包的前身。许多手袋从裁剪设计上仍然能看出对异国风情的热捧，这种风格因为出身加勒比海的皇后约瑟芬的推动而愈加流行。低跟圆头单鞋和角斗士式的便鞋取代了路易十五式高跟鞋，发型也模仿古希腊式风格，固定成发髻，周围有时还环绕着小小的发卷。模仿古罗马妇女风格的珠宝和粘贴头饰取代了大革命前夕夸张的羽毛和花卉头饰。

在整个拿破仑时代，巴黎仍然是欧洲时尚的中心，引领流行的是女装裁缝师路易·伊波利特·勒鲁瓦。他本是一位出身上层社会的理发师和女帽制造商，后来学会了缝纫，带动了粉红色的流行。他发明了泡泡袖，收短了紧身衣，以赋予宫廷低领服饰丰满的胸型。在一年的时间里，路易就曾为约瑟芬皇后制作过985双手套、556条披肩、520双轻便舞鞋和136套服饰。时装期刊报纸，比如皮埃尔·拉莫萨奇于1797年创办的《女性时装报》就会刊载新设计款式的版画，将巴黎的时装风格传播到法国外省各地。在英国，曾在巴黎学习过雕刻的尼古拉斯·冯·海德洛夫也发现了市场的需求，于是开始出版《时装画报》（见126页）。这份高质量的插画评论报刊有少量贵族订阅。**PW**

1 这幅由雅克-路易·大卫创作的《雷卡米耶夫人像》（约1800）描绘了这位夫人身穿白色宽松服饰、梳着古希腊式发型靠在长椅上的场景。画作的空白背景也是大革命时期开始出现的。

2 这个丝绸手包上有丝线绣制的花纹，还带有流苏和拉带（1790—1800）。

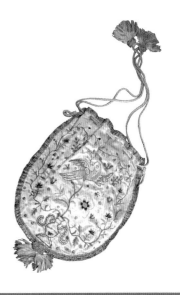

1795年	1796年	1798年	1798年	1798年	1799年
督政府统治时期开始。查理·佩西耶和皮埃尔-弗朗索瓦·莱昂纳尔·方丹开创了室内装潢的督政府时期风格。	拿破仑·波拿巴迎娶了约瑟芬·德·博阿尔内。她是一位加勒比种植园主的女儿，贵族丈夫被送上断头台处死。	雅克-路易·大卫创作了《雷蒙德·德维尼纳克夫人》，画中的雷蒙德夫人身着新古典主义风格的服饰。	对埃及的入侵激起了法国国内对考古发现和当地图案的极大兴趣。	征战埃及之后，缠头巾帽开始在法国流行起来。简单款式的软帽取代了18世纪初期的阔边花式帽。	雾月政变之后，拿破仑任命自己为第一执政，督政府统治时期结束了。

细棉布宽松高腰短袖服饰 18世纪90年代
女装

法国细棉布宽松高腰短袖服饰和披巾（约1805—1810）。

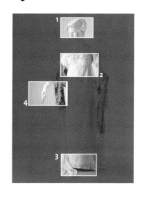

这件法国细棉布高腰短袖服饰代表了新古典主义服饰风格的特点。这件高腰圆柱形服饰是由几层通透的细棉布制成，服饰边缘还镶有亚麻边。这样服饰就获得了塑造简洁的垂坠感所必需的重量，同时也为轻薄的衣料增添了保暖性。与那些"难以置信"的年轻女子所穿着的大胆的高腰服饰相比，这件服饰风格要低调得多，但款式其实是相同的，服饰的低领边缘还镶有精致的蕾丝花边。这样焦点就集中到了轻盈的文胸内衣部分，这种时装相对而言让女性的身体获得了一定的解放。短袖设计也使得大面积的手臂裸露在外。

与之前时代宫廷服饰的僵硬感相比，这种时装的淡雅色调、精细面料和简洁的线条体现出19世纪早期服饰的休闲感。然而，这件晚装又比许多日间服饰精致许多，其前身和裙摆上有棉线绣出的花边带。服饰中那条附加的裙裾仿照的是约瑟芬皇后加冕仪式时所穿着的风格，体现了穿着者的地位。其中古典风格的披巾由丝绸和羊绒制成，上面有旋涡状花纹和流苏边，与头顶的软帽形成了对应。帽子下面是整齐梳成古希腊式发髻的柔软发卷。**PW**

👁 细节解说

1 软帽和发型
这种新型服饰一般会搭配悠闲的松软发型。这幅图中的头发松松地梳成古希腊式发卷的样子。头顶上的紧致镶边软帽既能起到装饰作用，又能保护发型。有时也会佩戴羽毛和珠宝头饰。

3 花边
服饰上的花边带是用棉布刺绣出来的。花边中是自然风格的橡树叶和葡萄藤蔓图案。相比更为流行的希腊回纹图案，这种设计很少见，但它反映了18世纪末期向往田园生活的思潮。

2 软化风格
这件高腰服饰的主要特点就是朴素。虽然服饰之内可能还穿着轻薄的胸衣，但看不见紧身胸衣的存在。相反，胸型是靠浮系在穿着者身体上的丝带塑造出来的。

4 手套和扇子
这件晚装中的配饰都是有实际用途的。白色手套不仅能遮挡灰尘、保护皮肤，还能确保穿着者不会和舞伴有越界的身体接触。扇子则具有某种性暗示。

不可思议的年轻男子和难以置信的年轻女子 1795年

怪异颓废的服饰风格

Le Bon Genre, N° 2.

E. 63/4 (A) B. 03.

Déposé à la Biblioth. Nat.

Rue Montmartre, N° 132.

裙摆的窘境，出自《优雅的仪态》2号作品（1801）。

不可思议的年轻男子指以督政府成员德巴拉斯子爵为代表的保王党花花公子，他们的女伴则被称作难以置信的年轻女子。整个督政府统治时期，这两种人都学着做作的贵族做派，炫耀他们怪异夸张的服饰。其中有些人模仿恐怖统治时期即将被送上断头台的犯人的发型，将头发剪成后部剃短的死刑犯式。还有人将前部的头发蓄长，或是留成西班牙猎犬耷拉的耳朵的样式。

《优雅的仪态》中这幅讽刺画描绘了两位难以置信的年轻女子被两名不可思议的年轻男子追求的情景。画中的服饰不论男女都很夸张，充满嘲讽意味，使得人物马上就能被识别出。两名男子穿着的剪裁怪异的外衣扭曲了身形，精致的短手杖更加剧了畸形感。他们的下巴隐藏在过高的薄绢围巾中，围巾完全遮住了脖子，象征着断头台上的死刑。两人应该都带着折叠式望远镜，以供他们做作地窥视某物。精心设计的扑粉假发也遵循着大革命前的风格。两名女士所穿的低领垂坠的高腰服饰是仿照古希腊风格，用纯白丝绸制作的，但其裙摆加长到不切实际的地步，很容易被男性的手杖拖住。事实上，这两名女子似乎是有意在邀请两名不可思议的年轻男子发起"攻击"。她们的服饰都是短袖款式，手臂上戴着长齐3/4位置的长筒手套，还戴着全套奢华的配饰，包括手提袋、扇子和遮阳伞，脚上穿的是平跟便鞋。**PW**

✤ 细节导航

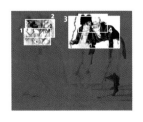

👁 细节解说

1 暴露在外的身体

"难以置信的年轻女子"被称为是社会风化的破坏者,这一点从画中右边女子身上得到了明显的体现,她的衣领开口极低,以至于胸部几乎要浮出突出式紧身衣,整个暴露在外。这两位女士的贞洁明显值得怀疑,因为她们竟然公开和男性调情。

4 男子假发

到1795年,许多男性都抛弃了扑粉和假发,追随大革命之后"新"世界的自然发型。而画中的夸张假发则是故意模仿大革命之前时代的贵族风格。留这种发型的人是故意想要讽刺过去和将来的政体以及审美观。

2 女子发型

左边这名女子的头发梳成古希腊式发髻,而她的同伴则戴着一顶有着长面纱的软帽,其风格是模仿古罗马的维斯塔贞女。其夸张的尺寸反映出许多"难以置信的年轻女子"都爱炫耀、性格奔放。

3 扭曲的身形

画中两名男子的身形是洛可可风格的不雅版本。他们的站姿也和手杖一样扭曲,手杖还特意截短,以制造出扭曲造作的步伐。两人都穿着极其不合身的双排扣外衣,围着过宽的围巾,穿着毫无修饰的高腰裤以及膨大的靴子。

▲画中"不可思议的年轻男子"身着的服饰是对英国贵族风格的诙谐夸张处理,而"难以置信的年轻女子"的服饰则是模仿古希腊女神的风格,她穿着的高腰宽松短袖衣裙也称丘尼卡长袍。

日礼服 19世纪初
女子时装

Pub. as the Act directs, Feb.'t.1802, by N. Heideloff at his Office N.° 7 Bath Place, New Road, Fitzroy Sq.''

时装图样，尼古拉斯·冯·海德洛夫，出自《时装画报》（1802年2月号）。

《时装画报》中的每一幅图样都会搭配详细的文字解说，模特儿们通常也都是在进行一些高雅的淑女活动：在城里乘车，和孩子们玩耍，唱歌或是演奏竖琴。图样同时也会推荐相应的配饰搭配。在这幅图中，模特儿们都穿着冬季的日礼服。左边模特儿的服饰设计类似于英国罗布风格，垂坠的高腰服饰在腰部以上位置用细褶收紧，下裙蓬松开来。收腰设计还通过前开式贴身短上衣得到了强调，这种服饰也突出了上身的体形。

右边这位模特儿穿着一件高腰服饰，外搭一件长齐身体3/4位置的曼托瓦马甲外衣，厚长筒袜、棉撑裙和靴子都隐藏在裙子里层。模特儿里层还穿着一件厚重的内袍，和外衣一样也是高腰裁剪。与通透的细棉布材质相比，这件服饰的衣料有一定程度的挺括感。马甲外衣类似于对襟长外衣，其功能既相当于紧身上衣，又能为下身保暖。其胸部的敞口设计能够展露出里层不同款式的服饰。**PW**

👁 细节解说

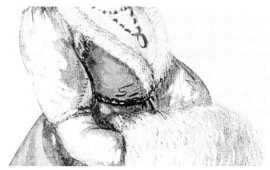

1 古罗马式发型
左边模特儿的头发仿照古罗马风格结成辫盘成精致的发圈。衣领上镶有文艺复兴式样的貂皮边，还饰有小型蕾丝轮状皱领。另一名模特儿的发型则是古希腊式发髻，这种发型一般会搭配羽饰丝绒帽。

2 配饰
右边模特儿戴着一条简洁的垂坠项链，与马甲外衣的V形领口相搭配。衣领和边缘部分都镶着白貂皮边，手里还拿着一个大雪球般的暖手筒。V形领口使用领针和腰带在里层服饰上固定。

时装期刊

1793年至1815年，英法两国一直断断续续处于战争之中。但所幸有了时装期刊，英吉利海峡两岸的时装得以交流共通。于1778年开始在法国刊行的《女性时装报》上载有彩色版画（右图），将最新时装介绍给读者。这份刊物一直出版到1787年。出生于斯图加特的雕刻师和微型肖像画家尼古拉斯·冯·海德洛夫曾在巴黎接受学习。为了躲避大革命，他逃至伦敦，并很快发现英国市场上还没有相应的出版物。1794年4月，冯·海德洛夫发行了月刊《时装画报》，每一期中都会刊载两幅金属雕版手工着色的版画。这份刊物一直发行到1803年3月。《时装画报》是一份非常重要的历史资料，但因为质优价高，在英国发行量很小。它发行量最大的时候，约有英国订阅者350名，海外订阅者60名；其中有不少订阅者都是贵族，其第一本的读者就包括乔治三世的女儿们，还有他的次子约克公爵。

第三章
19世纪

浪漫主义时期的服饰

1 约翰·内波穆克·恩德的肖像作品《大公夫人索菲》中所描绘的宽大的领口和蓬松的袖子是浪漫主义时期服饰的典型风格。带有金带扣的腰带和珠宝袖口突出了腰肢和手腕的纤细。

2 图中的小手提袋（1810—1815）是用绸缎面料制成的，袋面上绣有装满花卉的花篮图案，四周还缀着流苏。

1815 年法国帝制的复辟推动了欧洲保守主义风潮的复兴。这一时期的时装潮流不仅反映了政治上的复古，也与浪漫主义艺术运动热潮有着直接的联系。沃尔特·司各特爵士的小说《威弗利》（1814—1831）引发了人们对神秘的苏格兰高地的兴趣。他还创办了凯尔特节，这些尤其能给时装设计带来灵感。

浪漫主义时期（约1770—1840）男女服饰的差异达到极点，男性华丽的服饰受到了军装的影响，而女性的服饰则主要强调纤弱的腰肢和丰满的胸部。上下形状一致的高腰裙逐渐被A字形服饰所取代，后者最早出现于19世纪20年代，其三角的形状使得身形稍显丰满。到了19世纪30年代，裙子变得更为宽大。浪漫主义时代晚期，格子裙下还会穿着多层衬裙，以塑造出吊钟的形状。裙子下面还有小裙撑。这一

重要事件

19世纪初	1803年	1820年	19世纪20年代	1822年	1829年
鞋带开始出现。女性们开始穿着雅致的系带靴，以突出自己的脚踝。	法国大革命结束后，第一次拿破仑战争爆发。	乔治四世成为摄政王。沃尔特·司各特爵士在爱丁堡创办了凯尔特节。	A字裙出现，裙长刚好能露出脚踝。	查尔斯·麦金托什发明了能够防水的外衣。	大卫·韦尔奇创作了乔治四世于1822年到访爱丁堡时的情景的画作。画中的摄政王穿着全套的高地服饰。

时期的裙边装饰尤为特别，裙裾长度徘徊在脚和地板之间。

1825年至1830年，裙子的高腰设计回到了自然的腰线位置。因此，浪漫主义时期的紧身胸衣也只得加长。最初，这样的胸衣都是轻型的骨制或线制的，在后背位置用绳带系结，前身下端带有牢固的象牙条或木条。后来，蜂腰越来越受欢迎，令身体遭罪的紧身衣又回归了。19世纪40年代，三角胸衣身前的尖角部位用鲸骨加固，以制造出"巴斯克衫前襟般的"腰线。这些内衣物就成了女性服饰必不可少的基础组成部分，也是用来衡量女性打扮是否得体的标准。和高腰裙一样的是，浪漫主义时期的服饰通常也是连身的形制：胸衣连在裙子上，服饰在身后系结。这一时期流行的服饰面料有透明硬纱、丝绸和格子呢。后者尤其适合制作乘车服饰，也就是一种供户外活动穿用的日间服饰。

服饰的领口通常是圆形、V形或一字形，但总是穿着在肩膀之下，晚装搭配短袖（见132页），日装则搭配长袖。事实上，从1830年起，时装的肩膀就变得越来越宽，因为这样就显得腰肢越加细瘦（图1）。日装领口有时会加缀荷叶边，如果是一字领，就加缀轮状皱边，以进一步加宽肩膀的轮廓。宽肩和细腰之间的对比通过蓬松的衣袖表现得更加明显。搭配高腰裙的中世纪玛丽袖到1830年已经完全被羊腿袖所取代了。后者在手肘之下的手腕处收紧，上臂面料因此而显得非常蓬松，里面用一个连在肩部的小袖撑加以支撑。衣袖通常还会开口以露出里层不同的面料，服饰的色彩也很富丽。

肩部裸露在外的部分会以宽大的蕾丝或亚麻衣领遮盖，这种衣领被称作细长披肩领或是柏莎宽领。蕾丝或羊绒披肩能够保暖，苏格兰的佩斯利成为纺织流行的印度式样披巾的中心地。斗篷、宽外衣和小斗篷长度各不相同，但都是斗篷式外衣，通常采用与主体服饰同样的材质制作，还会搭配上毛皮围巾和暖手筒等配饰。其余的配饰还包括带有宽带扣的腰带，材质与服饰相同，又强调了细瘦的腰围。有些带扣上有珐琅涂层，有些则饰有雕刻，或是用螺钿穿孔制作。腰带也用来悬挂小手提袋（图2）、长柄望远镜和链条金怀表。这样女性就可以解放双手来撑花边遮阳伞。阔边帽紧贴在头上，在下巴之下系结，帽边前端高高撑起。这样的帽形是为了适应1830年左右十分流行的中国式发髻。这种发型在头顶盘髻，再留出发卷垂在脸侧。头发一般中分，脸部周围垂下发卷，然后再在脑后盘成发髻。**PW**

晚礼服 19世纪30年代
女性时装

由平纹丝绸（透明硬纱）和绸缎面料制作的英国晚礼服（约1830）。

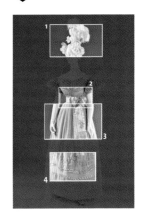

这种款式的英国晚礼服在19世纪30年代的富裕阶层中非常流行，还受到《尊贵女性》等时装杂志的推荐。拿破仑时代的上下等宽的服饰形式被这种更能突显女性身形的圆形风格所取代。这件晚礼服由玫瑰红的平纹硬纱丝绸面料制作，裙子下部的仿玻璃珍珠装饰体现了这一时期流行的装饰风格。服饰在后背系结，领口很低，蓬松的泡泡短袖独具特色，褶皱衣袖在袖口用衣带收紧。这反映出同时期的礼服中常见的羊腿袖的蓬松奢华。衣袖的蓬松感和形状是通过连在服饰肩膀位置的短袖撑打造的。服饰的紧身上衣有叠缝的饰边，米灰色的弧形软饰边与丝绸面料的玫瑰红形成了对比，饰边在胸前中间的垂线上交会。服饰的前胸部分被这条线分成两个部分，里层加撑有轻型紧身衣。服饰没有采用高腰设计，腰线设计在自然位置，以一根系成蝴蝶结的宽腰带系结。裙子部分稍稍膨大形成圆形，其蓬松感是由里层僵硬的裙撑塑造出来的。这种晚礼服通常会搭配白色长筒袜和绸缎便鞋，便鞋一般会像苏格兰"吉利鞋"一样用鞋带交叉系结。**PW**

👁 细节解说

1 发型

这里的发型采用的是中国式发髻。这种发髻从额头中间分开，以呼应服饰上的对称细节。前端两边梳成小发卷，后部则抬高紧束成发髻，或是编成发辫加固在一起。发髻中插着的大胆的羽毛头饰更增加了发髻的高度。

3 手套

搭配晚礼服佩戴的是一双长齐肘部的纯白色紧贴的手套。手套所采用的面料很厚重，款式也很保守。手套的佩戴使得女性保持了一定的矜持感，只留下短袖之下的半截手臂裸露在外。

2 协调的饰边

这件玫瑰红的晚礼服也体现了当时协调饰边的流行。服饰中可以看见一根米色的带流苏的宽腰带，胸前也饰有不同色彩的饰边，裙子下部还有缝成植物叶子图案的水晶珍珠。这种图案也出现在头饰和水晶耳坠上。

4 珠饰

裙子下摆上的装饰是用仿造的玻璃珍珠做出来的。这些珠子组成重复的麦穗图案，下面还有一条连续的底线。这种图案标志着之前时代几何图案的风潮过去之后，自然元素图案又重新开始流行。

西非肯特织物

肯特织物是西非最著名的手工编织织物。这些织物出自18和19世纪的黄金和奴隶海岸（也就是今天的加纳和多哥），传统上来说是由男性编织和缝制的。肯特织物中的狭窄条纹在缝制时经常会采取边对边的方式，会反映出裁剪、组合与色彩样式的变化。这些织物是在不同的区域生产出来的，比如在18和19世纪强大的阿桑特联邦中心地区库马西附近，在阿哥提莫、诺次、佩吉以及讲埃维语区域的海滨地区。直到17世纪，树皮布仍是日常穿着的主要材质，手纺纱和染色纱制成的棉织物仍是奢侈品，只有经济和政治地位高的人，比如国王（图1）才能使用。但是随着时间的推移，棉织物也成了日用物品。在族群、庆典和宗教活动中，穿着全新裁剪的昂贵肯特面料明显是权力、财富和地位的象征。

　　流行式样对肯特织物的发展作用重大。虽然文字和图画记录很少，但是织物的大量交易、外国进口的高要求，以及留存下来的织

1 这幅图中展示的是19世纪70年代加纳国东克罗博国王萨基特穿着肯特织物缠裹服饰的情景。图中的项链和剑是维多利亚女王赠送的。

2 这件肯特丝织物是由19世纪的阿桑特族织工手工编织的。其主要图案是交替出现的黄色、绿色、红色和蓝色的经向条带，条带上又有纬向方块和几何图案。

3 这件手工编织的肯特棉织物体现了最古老的经纬线编织方法。其中使用的合股线表明，这是埃维族织工的作品。

重要事件

19世纪早期	1817年	1820年	1840年	1840—1847年	19世纪60年代
阿哥提莫织工开始在一块面料中使用4根综线，这种技术迅速传到了其他纺织中心。	英国大使托马斯·鲍迪奇出使阿桑特地区的库马西。他为非洲织工绘制了第一幅肯特像。	此时，欧洲许多国家都废除了奴隶贸易，但贩奴仍然在许多国家存在，直至19世纪60年代。布匹是重要的贸易物品。	国王阿克罗彭将最古老的肯特织物赠给了瑞士巴塞尔来的传教士安德烈亚斯·里斯。	丹麦官员和巴塞尔的传教士离开时收集了很多古老的肯特织物。	传教士霍恩伯格在埃维语地区为肯特织物和织工拍摄了第一幅照片。

物和19世纪照片中的各种不同图案都表明，肯特织物的流行式样一直在变化。即便是在17世纪，欧洲布商就在抱怨其流行款式每年都在变化。相对而言，只有面料在身体上的优雅的缠裹方式一直保持了同样的款式。男性使用一大块面料缠裹住身体和左肩，女性则需要两块面料——一块围在臀部，一块缠裹上身。

18世纪，除了阿哥提莫之外，所有纺织中心最常见的织物就是带经向条纹的经面织物。织物表面可能会重复同一种经向条纹图案，或者是两种或更多的条纹依次出现。在阿哥提莫，织工们使用一种不同的综片编织出纬面织物，使得棋盘之类的纬向条纹图案成为可能。随着纺织技巧越来越复杂——比如用一根特殊纬线或经线编织图案，用金子和奴隶交换而来的欧洲红棉布和丝绸投入使用，新的图案的出现成为可能（图2，并见136页），织物也变得越来越精致。

在富庶的阿桑特宫廷之中，织工受贵族们的支配，还有关于何种场合该穿着什么样的衣物的限制规定。从北方进口而来的蚕丝和野蚕丝、非具象的浮纬线图案是地位最高的人才能穿用的。讲埃维语的区域却不存在这样的限制令，这些地区——与其他相关的纺织中心，以及出口到西非其他地区的大型织物一起——证明了几百年来这些地区纺织的织物形式多样。在讲埃维语的地区，肯特织物的色彩显得更加阴沉，浮纬线图案也更加丰富（见136页）。

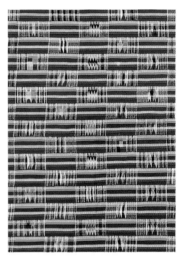

18世纪末19世纪初，大部分肯特织物的主要特征——在一片长形织物上轮换使用纬线和经线——在阿哥提莫形成，这里已经开始在纺织过程中使用4根综线。这种技术发展很快传到了与其有直接交流的阿桑特织工中，两地有大量的织物贸易，织工的纺织技巧也在仿制织物中得到了共享。19世纪，机器纺织的棉布引入，丝线也有了人造纤维替代品，这就导致了阿桑特和阿哥提莫织工纺织的纬线条环绕浮纬线式的图案增多。阿桑特织工发明出一种用6根综线纺织的新织物，同时也继续用越来越鲜艳的色彩创作非具象的图案。到了18世纪，讲埃维语的织工们掌握了4根经纱的编织技法，同时还开始使用两种或更多色彩的合股纱来创造更多的图案（图3）。海滨地区的织工们还发明出一种平铺经纱，用经线和纬线联合编织任何想要的色调的复杂技术。18和19世纪对于新式面料、图案和色彩组合的向往到了20和21世纪才得到了发展。肯特织物至今仍是一种不断更新的流行产物。

MK

1869年	约1871年	1874年	19世纪70—90年代	1888年	20世纪20年代
阿桑特战争爆发，克雷比以及埃维语大部分地区的许多人被囚禁起来送到了阿桑特。	维多利亚女王赠给东克罗博国王萨基特一条项链和一把剑。	阿桑特战争结束，英国对黄金海岸，德国对埃维语地区的殖民统治正式开始。	进口的机纺棉线开始使用，丝线也被人造纤维替代了，许多新图案由此产生。	两个织工并排坐在埃维织机和阿桑特织机上的场景被拍摄下来，这是现存最古老的反映两地直接交流的照片。	在英国殖民政府工作期间，总督拉特雷收集了许多肯特织物样品（见137页）。

肯特织物 约1847年
西非缠裹织物

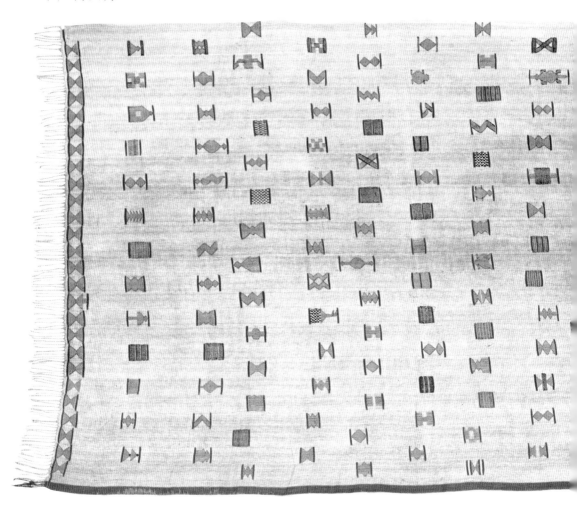

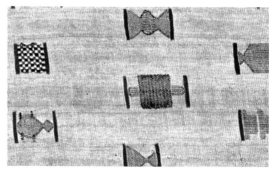

1 鳄鱼图案

这里的鳄鱼图案可以和一句俗语联系起来："一个树桩在水里即使泡上100年也不可能变成鳄鱼。"在加纳，与俗语有关的图案非常受重视。根据背景不同，图案可以有很多种解读方式。

2 色域

这块肯特织物上用了红色、白色和蓝色。红与白占据主导地位，蓝色很少。红色的大量运用强调了织物的昂贵，也能够反映穿者的地位和财富。

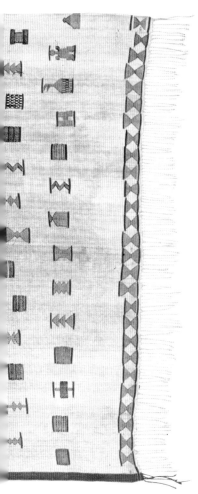

手织机编织的带有丰富浮纬线图案的肯特织物，加纳国和多哥国讲埃维语的地区（19世纪早期到中期）。

这块面料是现存最古老的肯特织物。其质地是手织机编织的棉布，织物上包括28条纹带，其中27条有图案，总计148个。在这148个图案中，20多个是具象化图案，包括鳄鱼、蛇、青蛙、梳子、鼓和剑。这种浮纬线具象图案织物是埃维织工的特色作品，这件织物是19世纪最优秀的肯特织物作品。织物极有可能是受委托生产的，那些带有最复杂图案的质量最优、价格最昂贵的织物直至今天大部分都是委托生产的。与此相反的是，19世纪，埃维地区卖给前来肯特的贸易者的都是价值较低的"贸易织物"。贸易者们大批量购进织物，然后卖到整个西非地区。然而，阿桑特织物一般只供当地穿用。

这件肯特织物的整体图案都经过了精心考量，那些平纹编织的图案无论是纵向还是横向都是交替出现。最后一条上没有图案，但是一半红色一半白色的设计却让织物的边缘显得非常清晰。无论是铺展开来，还是作为缠裹服饰穿在身上，这件织物令人眼花缭乱的图案背后所体现的编织技术水平和创造性一定给当时的观者留下了深刻的印象。

这件织物编织于1847年以前。在黄金海岸被丹麦人转卖给英国之前，它成了丹麦最后一任总督爱德华·卡斯滕森的藏品。爱德华收集了12块肯特织物，并将其献给了哥本哈根新建的丹麦国家博物馆，这是世界上最早的民族志学博物馆。**MK**

肯特织物样本

加纳和多哥的织工们经常会编织一小片肯特织物作为样本保存下来，以供新顾客预览。这种习俗可以追溯到20世纪早期，还有可能更早。有些织工会将样本缝在一起做成小册子，或是缝成一长串；有些则会放进相册。这些样本（右图）是从总督拉特雷的藏品中选取的一部分。拉特雷是一位人类学家，20世纪20年代曾在英属殖民地政府工作。

拉丁美洲服饰

18世纪末期至19世纪初期，拉丁美洲的独立对时装消费产生了深刻的影响。以城市为中心的革命者接受了巴黎时尚风格，以将自己和法国大革命所提出的"自由、平等和友爱"的思想联系起来。在拉美殖民地，欧洲克里奥尔人社会地位低下，但独立之后，许多人开始支持以功过论定社会阶层，而非以继承特权划分。服饰让这些新独立的国家远离西班牙的殖民政策，转而形成自己独特的文化和民族特征。1810年，阿根廷革命之后，知识分子以时尚写作为掩护，宣传自己的政治思想，以避免引起官方的注意。本土的时装杂志，诸如受法国《时尚》激励而产生的阿根廷《时尚》和乌拉圭的《发起者》，都开始支持法国和美国革命的民主思想。在阿根廷和乌拉圭的普拉特河流域，虽然英国重商主义的流行以及英国之前的入侵早就导致了爱国主义情绪的高涨，但独立之后，外交上的示好态度却延续了整个19世纪。在胡安·曼努埃尔·德·罗萨斯的独裁统治（1835—1852）之下，所有的公民都必须佩戴深红色的徽章，以支持联邦党的统治。男性的帽子上会佩戴红色的丝带（图1），女性的扇子上也会描绘政治

重要事件

19世纪30年代	1832年	1835年	1837年	1838年	19世纪40年代
后殖民地时代普拉特河流域的女性会在头发中装饰大玳瑁梳，以在公共场合维持自己的形象。	阿根廷胡安·曼努埃尔·德·罗萨斯统治的地区采用了一种深红色的徽章，禁止对比色蓝色和紫色的运用。	委内瑞拉人曼努埃尔·安东尼奥·卡雷尼奥·穆尼奥斯开始分期写作《礼貌和风俗手册》。	受法国杂志《时尚》的启发，布宜诺斯艾利斯的知识分子创办了《时尚》。第一期的内容和政治的联系很少，因此避免了审查。	《时尚》杂志的撰稿者们遭到流放。乌拉圭的《发起者》继续利用时尚写作来批评政治。	被称为潘乔·菲耶罗的秘鲁非洲裔画家弗朗西斯科·菲耶罗拍摄了家乡利马的日常生活图景。

领袖的肖像。到1825年，许多地区都已经脱离了西班牙和葡萄牙的殖民统治，但古巴和波多黎各直至1898年美西战争之后才取得独立。此前，当地一直会通过严谨的着装规范来体现穿着者的身份。

正如19世纪杂志上所记载的那样，克里奥尔人对欧洲服饰做出了极大的改变，以适应实际和象征意义的需要。时尚写作成了检视和批评后殖民社会的工具。乌拉圭《发起者》的编辑主张称，新兴的民族习俗是"人民性格和道德环境的体现"。他们认为，探讨服饰和风俗将有利于促使缺陷社会变得完美。"我们的时装……就是要改变欧洲的风格。"《时尚》杂志一位无名作者撰文解释道："然而，这种修正需要知识分子通过艺术手段来执行。"在阿根廷独立之后的政治压迫时代，对法国和美国时尚的模仿，也体现在政治方面。正如米格尔·卡内在《发起者》中所写："我们的时代就是一位裁缝师，因为它带来了运动、新奇事物和进步。"

欧洲人穿惯了招摇的宫廷服饰，惊讶于美洲妇女服饰的多样性。19世纪40年代，被称作卡尔德龙·德·拉·巴尔卡侯爵夫人的弗朗西斯·"范妮"·厄斯金·英格利斯描绘西班牙和当地女性穿着纺织精细的窄形长披肩、宽松花边女衫，有时会搭配带亮片的裙子。1836年，德国画家卡尔·内贝尔描绘了这种被称作普埃布拉中国女装的服饰（图2）。这种服饰在19世纪渴望大胆穿着的女性中间流行起来。

1 卡洛斯·莫雷尔的这幅画作（1839）描绘的是酒馆中的高乔人。他们身着的服饰十分适合骑马——宽松的袋状裤子，一条毯状织物松松裹住两腿、系在腰上。

2 这幅画作描绘的是1836年墨西哥普埃布拉女性穿着传统的普埃布拉中国服饰的情景。这种服饰的名称起初是指普埃布拉女仆的服饰，其起源据传是由于17世纪一位被带到墨西哥做奴隶的传奇的亚洲女性。

1851年	1853年	19世纪60年代	1872年	19世纪80年代	1898年
为了减少对进口的依赖，卡洛斯·安东尼奥·洛佩斯总统下令巴拉圭政府种植棉花以供制作军装。	曼努埃尔·安东尼奥·卡雷尼奥·穆尼奥斯出版了《礼貌和风俗手册》，该书立即成为当时的最畅销图书。	脚踏板缝纫机以及时装杂志印刷能力的增强推动了拉丁美洲家庭制衣技术的进步。	大西洋对岸开始编辑一份时装报纸《黄金塔》，这份报纸在塞维利亚和布宜诺斯艾利斯都设有办公室。	因为农产品出口以及大量的移民，布宜诺斯艾利斯开始被称作"拉丁美洲的巴黎"。	美西战争之后，古巴和波多黎各取得了独立。

起源于西班牙的玳瑁梳子（图3），尺寸随着阿根廷渴望独立的情绪高涨而增加。独立之后，女性未被赋予公民地位，人们发现公共场所被寻求自身独立的妇女所堵住。这些妇女都佩戴着大大的玳瑁梳子。

在秘鲁利马，佩戴面纱的女性被称作塔帕达斯利马女士，其源头是安达卢西亚的科比加达人，后来传到秘鲁总督区。她们用一只眼睛从一条通常为黑色的柔软的长纱巾后窥看（图4）。这种款式的服饰包括一件外裙和面纱，从秘鲁独立之后一直传到19世纪中叶。塔帕达斯利马女士可以去城市里一般限制女性出入的场所，能够隐藏穿者的身份，从而营造出神秘感。

然而，在其他殖民地，比如古巴和波多黎各的岛屿，服饰风格仍然保持着西班牙特色。古巴独立战争中，士兵穿着的是瓜亚贝拉衬衫——一种带大口袋的男式褶皱棉衫。这种服饰仍然是古巴民族身份的象征，在加勒比海地区仍被广泛穿着。在波多黎各，女性服饰和其他美洲国家很像，刺绣和配饰仍然体现出西班牙风格的影响。1898年独立之后，波多黎各女性就抛弃了花边头巾，但其服饰边缘仍留有孔眼，并且仍会使用折扇。这一时期所穿着服饰的风格在外国观察者的信件和日记、时尚杂志、版画、绘画和其他历史记录中都有所描绘。例如，在《贝格尔号航行日记》中，自然主义者查尔斯·达尔文就曾描绘过阿根廷独裁者领导人胡安·曼努埃尔·德·罗萨斯所穿着的高乔风格服饰。在智利，有旅行者素描作品中描绘的男人们戴着简洁的帽子，穿着斗牛短上衣，女人们则穿着荷叶边的裙子，显示出安达卢西亚风格的传承。描绘乌拉圭蒙得维的亚商店前场景的画作中则展示了各式各样的斗篷。

船运单据表明，该地区欧洲货物泛滥，难以避免地改变了拉丁美洲服饰的风格，甚至还出现了曼彻斯特或伯明翰生产的安第斯山脉风格的斗篷（见144页）。"质量上乘的英国式帽子""黑色和浅黄色的童装手套"，阿根廷的一份单据表明，到1834年，英国骑马装已经为布宜诺斯艾利斯妇女所广泛接受。同样可见的还有男子双排扣长

3 这把精致的梳子可追溯到1840年。梳子由玳瑁制成，带有布宜诺斯艾利斯市长胡安·曼努埃尔·德·罗萨斯的侧影。

4 这张相片选自19世纪的一张明信片。其中独特的服饰风格被认为起源于摩尔人。

5 这幅图画描绘的是1834年哥伦比亚骑骡者在商店外打量的情景。画中人均穿着典型的乡村式样的卷裹式长袍和斗篷，戴着宽边帽。

礼服，黑色背心和上等面料裤子成衣制品。在哥伦比亚，人们偏爱英法时尚，只有乡村地区居民仍然保留着传统的服饰形式，比如本土的斗篷或是宽卷边帽，一种可弯曲的编织藤条帽，起源于则努部落（图5）。时尚杂志的穿着建议类栏目是引导欧洲流行的重要工具，里面会详细描述具体的款式，还会搭配版画强调。

19世纪下半叶，女性开始为时装杂志撰稿。胡安娜·曼努埃拉·德·戈里蒂和克洛琳达·马托·德·特纳在布宜诺斯艾利斯创办了时尚杂志，哀悼紧身胸衣和欧洲层叠的服饰对女性的束缚。委内瑞拉服饰改革要求抛弃西班牙服饰的影响，带有宗教色彩的头巾也被抛弃了。渐渐地，缝纫机使得女性能够选择家庭缝制，不再局限于商店购买或裁缝师定做服饰。

日常服饰中仍然带有社会和种族的不平等色彩，通常会反映出非洲裔和原住民社会地位的低下。狂欢节和庆典时刻，该地区的人们会穿上最好的衣服，如围裙、头巾和领带等，其色彩也会颠覆传统。在危地马拉，女性们保留了纺织传统，仍会使用自然染料染成彩虹色调的织物。本土服饰仍然保留着浓郁的民族文化和精神色彩，仍会极大地体现穿着者的社会地位。

20世纪初期，外国资本和英国专卖店进入拉丁美洲，比如巴西的卡萨麦品、阿根廷的哈罗兹百货，购买外国商品有了新渠道。随着民族国家政权的稳固，本地区欧洲移民增加，新来者，比如城市职员的穿衣风格成功取代了传统款式。虽然有越来越多的图像反映出"民族"特色与乡村文化风情，比如阿根廷的高乔人服饰风格、委内瑞拉草原居民服饰风格、墨西哥骑手服饰风格（见142页），但大部分地区都开始接受西方风格。**RR**

骑手套装 19世纪
男式骑装

墨西哥骑手（约1890）。

墨西哥骑手最初来自中西部的哈利斯科州、米却肯州和瓜纳华托州。骑手套装一开始虽然受西班牙风格影响，但到19世纪中期开始具有了墨西哥本土特色。这种黑色套装传统上会精心装饰精致的刺绣，用金银丝线缝制。其波列罗式样的短上衣领口开至领巾位置，上衣也会绣花。上衣袖子和裤腿缝线处缝合复杂，还带有皮革装饰。镀金或镀银的扣子一般会带有西班牙或墨西哥民族标志。套装上会手绣或用机器刺绣上马蹄、马刺、花朵和老鹰的图案。有些套装上衣背部还有刺绣徽章，例如，老鹰站在开花的仙人掌上，嘴里还叼着大蛇的图案就象征着阿兹特克人在特诺奇提特兰（现在的墨西哥城）建立了首都。套装还包括墨西哥宽边帽和骑马靴。骑手的形象很受欢迎，在墨西哥文化活动中就能看到吸收了其夸张审美特色的流浪乐队服饰。在好莱坞电影，例如《萨巴达万岁！》（1952）中也可以看见。今天，骑手服饰大概是全世界都很熟悉的墨西哥服饰。**RR**

👁 细节解说

1 宽边帽
宽边帽起源于墨西哥，帽顶很高，帽檐很宽，足以遮挡佩戴者头部和肩膀。宽边帽上通常也有绣花。

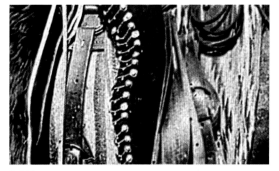

3 裤子
贴身裁剪的裤子两侧装饰着两排闪耀的金属扣，可能也是由山羊皮所串联的。这种扣子多用一种被称作德国银的银镍合金制作，有时也用金银制作。

2 绣花上衣
这件黑色羊绒短上衣上装饰着白色的刺绣或山羊皮贴布绣。这种装饰传统上是由某些地区的工匠所刺绣的，他们专司缝制套装的部件和配饰。

▲ 图中的墨西哥街头乐团穿戴的就是传统的黑色刺绣套装和宽边帽，肩膀上还搭着毛毯披肩。

南美披风 19世纪
本土服饰

两个穿着传统条纹披风的高乔人（约1890）。

在服饰史上，安第斯山民的披风令人联想起其半游牧民族的起源以及边境文化，这种服饰的款式和设计在当今的时装中仍能找到共鸣。19世纪，非洲高乔人、原住民以及西班牙人后裔在普拉特河流域流浪。这种服饰不仅能当床、枕头、牌桌，同时还能阻挡恶劣的自然天气。事实上，披风当时有可能是一个人仅有的财产。

英国商人迅速意识到这种服饰对当地人以及旅行者的重要性和实用意义。他们将手织机编织和绣花图案挪用过来，开始从曼彻斯特和伯明翰进口预制的披风。1836年，外交家伍德拜因·帕里什爵士回忆道，潘帕斯草原的高乔人几乎只穿英国产的披风。这种服饰大小一般为1.8米×1.4米，根据不同的气候穿用小羊驼毛、丝绸、亚麻等不同的面料。披风非常实用，一般搭配塞进靴子里的宽松裤子，以及被称作钱伯格斯的毡质花帽。也有证据表明，当地人穿着披风时会搭配腰带。**RR**

👁 细节解说

1 领口
中间的开口使得披风很容易从头部套上。服饰舒适地搭在肩部，松松地垂挂下来。富余的面料既能遮盖身体和手臂，又不束缚活动。

2 面料
高乔披风有各种图案和色彩。这里的披风都是条纹纹样，几何图案和其他图案，比如凤凰也有出现。这种服饰穿着在衬衫、背心、贴身短上衣之外。

◀玻利维亚条纹披风，20世纪初期。

维多利亚时代的服饰

1 1860年的笼形裙衬。衣裙需在长杆和女仆的帮助下穿在笼形裙衬之外。

2 这件日装的年代可追溯至1840年，其塌肩款式是英法哥特风格复兴时期的典型特色。

19世纪中期的裙衬就是维多利亚时代（1837—1901）女性服饰极度夸张风格的体现。其尺寸不断增大，于1859年达到了顶点，到1868年开始收缩。专心于家务，只局限在家庭世界内活动的女性特质受到尊敬。考文垂·帕特莫尔曾在诗中描绘了维多利亚时代理想化的女性形象（1854）：女性就是"家庭的天使"，她们的主要任务就是维持家庭，应牢牢坚守在私人领域内。女性生活的限制性与当时技术的进步、工业的拓展以及不列颠帝国的扩张形成了对比。

封建制的社会关系和旧有阶层等级被资产阶级社会所取代。权力来自商业贸易和企业生产，而非土地所有权和宫廷官衔。现代资本主义的诞生导致了人们对男女举止行为接受态度的转变，男女两性在日常生活中会避免身体接触。男性多穿着剪裁精良的暗色系服装，女性几乎都穿着巨大的装饰华丽的服饰。美国经济学家凡勃伦在著作《有闲阶级论》（1899）中解读说，华丽的服饰是维多利亚时代女性被迫

重要事件

1830年	1837年	1840年	1846年	1848年	1849年
美国杂志《戈迪女士手册》出版了第一期，介绍最新时尚。	维多利亚女王继承英国王位。她直到1901年才退位。	美国第一家丝绸厂（只生产丝线）在新泽西帕特森开办。	美国发明家伊莱亚斯·豪发明了锁缝机。	年轻的维多利亚女王热爱苏格兰高地，并买下了巴尔莫勒尔堡，格子呢开始大为流行。	亨利·爱德华·哈罗德在伦敦开办了哈罗兹百货商店。店员包括两名售货员和一名跑腿仆人。

取得悠闲的标志，女性就是炫耀性消费及丈夫财富的活生生的体现。

19世纪40年代，复兴的哥特风格在英法艺术界占据主导地位，极大影响了维多利亚时代的服饰风格。这就促成了塌肩服饰的出现（图2），肩线下垂、紧身长袖和厚重的面料突出了其效果。服饰中有瘦长的三角胸衣，通常用扣子扣到底，下裙通过"水平褶裥"缝制在胸衣上。裙子的蓬松度通过浆硬的硬衬布衬裙支撑而得。1856年，第一件笼形裙衬（图1）问世，省却了笨重的衬裙的麻烦。随后在1856年，英国的阿梅特获取了钢丝裙衬的专利权。这种面料包衬的弹性钢箍有时是独立服饰，用衣带系在腰上，有时会缝在衬裙中。服饰因此形成了两个三角形，更突出了自然的腰线。服饰宽大的衣袖从肩部垂落至腰部，形成宝塔的形状；里层白棉布袖子上会绣花或装饰花边，通常会露出在外。钟形的下裙尺寸逐渐增大，用多层花饰、扇形边、褶皱和荷叶边加以突出。古希腊回纹非常流行。维多利亚女王热爱苏格兰风格，因此也推动了鲜艳的格子呢和格子图案的流行（见152页）。

维多利亚时代的女性一天要换很多次衣服。日装包括化妆衣（一种不正式的晨衣）、毛皮披风（上午在室内穿着）、骑装式外衣（下午散步穿着）和装饰华丽的圆形服饰（下午娱乐穿着）。流行的面料有绒面呢、美利奴呢绒、薄棉纱和塔勒丹薄纱（一种透明棉纱）。晚装变化更大，与日装的端庄不同的是，晚礼服装饰极其华丽，多采用奢华面料，比如天鹅绒、丝绸或塔夫绸以及波纹织物。领口有滑肩式，或是裁成心形，一般还要加缀宽大的蕾丝花边披肩式皱领，用以遮盖手臂和胸部上端。

维多利亚时代的外衣有长齐臀部的披巾，一般带有涡纹图案（见150页）；搭在裙子之上的斗篷，形成了三角形，完全遮盖住腰线。当时流行苍白的肤色，头发中分，发辫在耳朵之上盘成圈，还要佩戴帽边朝前撑起的阔边帽阻挡旁人窥看。后来阔边帽被戴在脑袋前部位置的小帽所取代。

随着裙衬尺寸的增大，裙子上也加了褶皱来适应裙边的宽度，腰部仍然是贴身的。一种强调紧身胸衣形状、不带腰围缝合线的裙子出现了，这种款式被称作"公主线"（见178页）。这种款式有许多种类的变化，其中有一种带罩裙

1851年	1851年	1852年	1856年	19世纪50年代末	1872年
美国发明家义萨克·梅里特·辛格发明了改进版的缝纫机。	世博会在水晶宫举办，这座建筑由约瑟夫·帕克斯顿设计，建筑材料为玻璃和钢，其屋顶呈现出裙衬状。	巴黎开办了乐蓬马歇百货公司，随后纽约也开办了洛德泰勒百货公司。	英国化学家威廉·珀金发明了苯胺染料，大众市场上的色彩变得更加丰富。	美国的莫雷斯特夫人，即艾伦·柯蒂斯·莫雷斯特和丈夫威廉发明了纸模。	英国丝绸生产商托马斯·沃德尔成功地为印度野蚕丝染上了不褪的颜色，并将其引进欧洲市场。

3 这幅1864年《戈迪女士手册》中的插图描绘
了日装和晚装的多褶撑裙。

4 詹姆斯·蒂索的这幅《太早》（1873）描绘
了裙衬形状的变化。画家以其对身着华服的
女士的精准描绘而闻名。

的波兰连衫裙借鉴了17世纪的流行风格。有的服饰仍然包括胸衣和裙
子独立的两部分（1874），紧身长胸衣之外还会穿着一种不同面料的
胸饰。

19世纪70年代末，裙形变化剧烈，裁制裙子所需耗费的面料数量
也发生改变。先是裙子的蓬松部位下降到了膝盖之后，就连日装也缀
上了长长的裙裾。腰围缩得更小，并通过V形紧身胸衣和横向伸展的
裙摆得到强调。19世纪80年代中期，裙撑再次提高，从后腰部位横向
突出，用编线固定。裙子前部变得更加扁平，形成半撑裙状，臀部之
后的缩褶形成裙裾。到1868年，裙撑不再流行，巨大的有箍衬裙变为
背后带裙撑的罩裙（图4）。

维多利亚时代，蒸汽纺织业成功发明出第一台平纹织布机，从
而可生产出包括塔夫绸在内的大量织物。日本养蚕业为其提供了原材
料，法国是丝绸和提花丝绒最大的生产国。19世纪中期，服饰花纹太
过华丽，要求裁缝师有高超的技艺，因此难以大批量生产。然而，机
械却可以用来裁剪和生产不要求贴身的外衣。批量生产促使新的生产
和消费系统出现。1846年，缝纫机的发明使得时装开始更为大众化。
缝纫机可以按周租赁。1850年之后，除了穷人之外，所有人都可以享
受到时装产品了。1863年，埃比尼泽·巴特里克最先开始出售纸模，
再加上杂志上刊登的缝纫观点，女性消费者得以跟上最新潮流。1860
年，畅销杂志《戈迪女士手册》（图3）在美国发行量达到15万册，
其中的时装图样和设计可供在家里裁剪服饰。

女性有了更大的社交自由，运输效率也提高了，这就使得购物成
为一项休闲活动。大城市的百货商店数量激增，里面陈列的货品令人
眼花缭乱，这些百货商店为无长者陪伴的少女提供了安全浏览与购买
的场所。这里的"成衣"，比如斗篷、披巾、宽松的短外衣和名牌时
装都无须修改。缝纫商店里会出售奢华的饰物和金银饰带，以便渴切
的消费者能够按照查尔斯·弗雷德里克·沃斯（1825—1895）等裁缝

师的最新设计来改变服饰细节。1856年，化学家威廉·珀金发明了苯胺染料，这是一种从煤中提取的人造染料，以前很难获得的昂贵色彩由此也进入了大众市场。其中的第一种被称作苯胺紫，这种紫色之前只能从软体动物中提取；之后是弗朗索瓦-伊曼纽尔·沃格因发明了洋红色。其他合成染料还有蓝紫色和甲基绿（1872）。1878年，出现了一种可与胭脂红竞争的深红色。

　　19世纪末，维多利亚统治末期，臀部非常顺滑的斜裁裙形取代了横向伸展的裙形。高袖口和窄袖拖长了身体的线条，并通过袖头高高的褶皱加以强调。这些褶皱向外伸展，到1894年，还要加装填料增大尺寸，但手腕处仍然收紧。在奢华的时装之外，裁缝定制的套装也是女性的实用之选。两件式套裙最初是由克里德屋等店铺的裁缝用防水粗花呢制作，用于贵族妇女运动穿着，后来逐渐采用较软的面料，作为城市女性外出服装。这种潮流反映了女性解放要求的日益增长。女性第一次为选举权所采取的行动标志着维多利亚时代的结束。**MF**

佩斯利涡纹花呢披肩 约1850年
外衣

《范妮·霍尔曼·亨特的肖像》（1866—1868），威廉·霍尔曼·亨特。

从1780年左右至19世纪70年代将近100年的时间内，涡纹花呢披肩一直是外衣不可或缺的组成部分。这种披肩采用帕什米纳山羊绒织成，其高度符号化的涡状花纹的具体起源至今还不清楚。印度西北部的克什米尔地区从11世纪起就开始生产涡纹花呢披肩。17世纪末，经由英国东印度公司进口到英国。因为供不应求，1792年和1805年，诺威奇和苏格兰的佩斯利都开始用手织机仿制。当时的佩斯利是繁荣的丝绸纺织城市，与伦敦著名的斯皮塔佛德市场竞争激烈。这种编织花纹的披肩太过昂贵，只有上层社会富裕人士才能消费得起，于是相对较便宜的刻版印染羊绒披肩得到大量生产。19世纪70年代，撑裙取代了有箍衬裙之后，这种披肩也被短上衣和斗篷所取代了。此时，绝大多数的披肩都是佩斯利城生产的，因此这种披肩就被称作"佩斯利"涡纹花呢披肩。佩斯利披肩过时之后，这种图案仍然很流行，并成了"涡状花纹"的总称。图中服饰颈部的贝壳胸针配饰在维多利亚时代非常流行，上面还有古典图像。贝壳胸针上一般还要镶上一圈大大的仿金铜框。**MF**

👁 细节解说

1 披裹方式

这种方形披肩穿着时一般披裹在双肩之上。将两端翻卷，在背后形成一个尖角。佩斯利披肩有方形和矩形两种形状，两端不封口。矩形大披肩会对折成两半，然后从脖子上自然披裹垂在衣服两侧，用紧身胸衣上的胸针收拢。佩斯利涡纹花呢披肩作为必不可少的配饰流行了近一个世纪。

2 图案

这条披肩上独具特色的泪滴形图案由红色、橙色暖色调搭配蓝色和绿色构成，有时也被认为是将手掌握拳制作出来的。其印染方法是将小拇指按在织物上。逗点状的圆锥图案是佩斯利松果，也有说是豆荚。这种图案象征着生命和生育能力。佩斯利涡纹有时也被认为是"威尔士梨"。

▲ 这幅19世纪的图案是乔治·查尔斯·海特（1855—1924）专为花呢披肩设计的。其中精致的花卉图案与传统的佩斯利涡纹搭配在一起。

格子花纹日装 1857年
女装

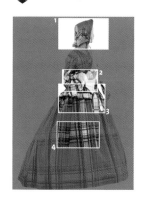

这件塔夫绸格子日装里的钟形裙内衬有弹性钢箍裙衬，由衣带系在腰上。裙衬并非正圆形，而是背后更加丰满，裙形也根据钢箍形状做出了调整。服饰的内部结构还包括鲸骨胸衣，由此塑造出这一时代典型的三角形身形。紧身短上衣非常贴身，在自然腰线位置制造出大量的褶皱，胸部之下的花纹的几何线条收缩形成更小的格子花纹。肩缝延伸至袖头位置，以形成垂坠的袖窿，衣袖由此向外放宽；整条袖子都裁出切口，再用与面料相同的丝带系在一起。维多利亚时代的日装非常高雅，高领线上加缝的花边窄领采用梭织花边、蕾丝或钩织花边制成，与内层衣袖长长的褶皱袖口相互映衬。维多利亚女王热爱家乡苏格兰巴尔莫勒尔，因此推动了格子呢和格纹在欧洲与美国的流行。条纹呢子衬裙会按照苏格兰华丽风格装饰，色彩浓烈，带有许多格子图案。这套服饰采用色织塔夫绸制作，这种面料轻巧顺滑，能赋予裙子蓬松硬挺的外形。**MF**

细节解说

1 软帽
软帽的尺寸贴合头型，前段帽檐会稍稍翻起，用又宽又长的装饰饰带在下巴之下系结。阔边遮阳帽一般会在后部缝上幕帘，但这顶软帽的款式只是为了保护佩戴者的脖颈。

3 腰部的装饰短裙
这件紧身短胸衣出现了一种新款式，即臀部位置有同样面料制作的向外伸展的装饰短裙。这种短裙缝合在腰部形成褶皱状。装饰短裙镶有外工字褶花边，最后打成蝴蝶结飘带。

2 袖子
外衣袖子在手腕处变宽，形成宝塔的形状，露出里层的袖口。里层袖子用白棉布或亚麻布制作，袖口加缝花边。

4 面料
这种面料采用不同颜色的丝线交替以经纬线互相垂直的方式编织。在不同色彩交汇处，原本的丝线色彩就混合形成了新的颜色。

英国剪裁工艺

1910年5月6日，爱德华七世逝世，德国总理冯·比洛评论："在那个绅士着装毫无疑问最优雅的国度，他是着装最优雅的绅士。"爱德华受封威尔士亲王59年，他体型圆胖——1902年加冕时，他身高只有约165厘米，胸围约122厘米，腰围约122厘米，但他在服饰上的影响力却极大。少年时期，他就游历过许多国家，眼界开阔。而作为一个花花公子，他对男性着装也有着极大的影响力。他经常上镜，是萨维尔街制衣业的领军典范，帮助这条街成为全球闻名的制衣中心。

这条街原本叫作萨维尔巷，位于伦敦市中心，18世纪30年代由第三代伯灵顿男爵理查德·博伊尔所建，并以妻子家族的姓氏命名。这里以及邻近的街区迅速成为时髦人士流行的居住地。这里最早的居民是医生。通俗的说法是，裁缝们选择时髦客户住址附近开设店铺，于

重要事件

19世纪30年代	1840年	1846年	1858年	1861年	19世纪60年代
双排扣长礼服与拿破仑战争时期的军装风格相似，成为标准服饰。	这时的大部分裤装会在前裆用纽扣衬布扣系。	著名的伦敦裁缝师亨利·普尔将店铺后门作为商铺的主要入口。店铺地址为萨维尔街36—39号。	亨利·普尔被法国皇帝拿破仑三世任命为御用裁缝，拿破仑三世从1846年起就成了他的客户。	艾伯特亲王逝世，维多利亚女王退位以表示哀悼，长子爱德华过着花花公子的浪荡生活。	到19世纪60年代初，威尔士亲王让我们今天所谓的普通套装成了为大众所接受的日装。

是医生们就迁走了。第一个裁缝进驻现在的萨维尔街是在1806年。到了19世纪中叶，萨维尔街及其附近街巷，例如科克街、克利福德街、老伯灵顿街、马多克斯街、康杜伊特街以及萨克维尔街都成了远近闻名的剪裁中心。据估计，在1834年，伦敦工会约有9000至13000名熟练裁缝。

18世纪末的工业革命带来了更多廉价的面料。羊绒和精纺毛织物能用蒸汽和烙铁熨平或塑形。到19世纪中叶，英国裁缝因为能够制作出形状整洁挺括的服饰而蜚声国际。他们还很善于利用卷尺测量，这种工具直到18世纪晚期才出现。对于客户身体的精确测量使得剪裁师能够根据体型的几何特征来制作式样。

19世纪早期流行的服饰——日间穿着的晨间套装以及晚间穿着的燕尾服（图1）——就源自英国贵族对马术运动的沉迷。与对手法国不同的是，18世纪的英国贵族不会一直待在宫廷，他们更喜欢抽些时间到庄园去，主要的消遣就是骑马打猎。这项运动促使当时流行的长外衣发生了改良。衣服前襟被裁掉了，由此形成了燕尾服。另一种变化就是外衣前襟改成斜面，由此产生了晨礼服。

19世纪男式服饰经历了许多变化。维多利亚时代的礼服和标准工作服转变成了双排扣长礼服（图2）。这种服饰的起源与拿破仑一世时期的欧洲军装有关。这是一种轻便型的大衣，里面只用穿马甲和衬衫，无须再穿短上衣。19世纪初期，裤子取代了马裤，与上衣面料相同或是对比图案的裤装非常流行。19世纪40年代开始，绝大多数的裤子中间都有了纽扣贴布，它取代了之前马裤前裆的盖片。单排扣或双排扣（后者更加正式）长礼服尤其强调腰线，长度也加长至膝盖附近，一般会有水平的腰围缝合线。双排扣长礼服一般也是法国宽外套的极佳替代品，宽外套没有定形，只是从袖子处垂直垂下来。事实上，萨维尔街的专业裁缝师们都认为，宽外套毫无裁剪缝纫技术可言。

1850年至1860年左右，普通套装（见158页）开始流行。年轻的威尔士亲王总是乐于追求实用性的优雅，他就是这种套装的早期拥护者之一，这种套装一般是三件套。虽然亲王对着装细节要求严格，但他却很想简化当时流行的复杂着装。例如，当时男性一天要更衣4次，一开始是晨礼服，骑马时要穿着猎装，下午改换晨礼服，晚宴时要穿着正式礼服。他在诺福克的桑德林汉

1 不同款式的绅士服装。从左边起，分别为双排扣长礼服、晚礼服和晨礼服。这些图画均出自期刊《裁缝师与剪裁师：贸易日志与时装索引》。

2 这件19世纪30年代的男式双排扣长礼服是典型的收腰设计，下摆非常蓬松，垂在胸前。这件外衣的特色在于胸部的外口袋。

1866年	19世纪70年代	1871年	1876年	1886年	1901年
制衣期刊《裁缝师与剪裁师》在伦敦出版，以支持定制服装业。这本期刊一直出版到1972年。	威尔士亲王在一次定期欧洲旅行中带回一顶洪堡小礼帽。这种帽子很快流行起来，其名称来源于温泉胜地巴特洪堡。	亨利·普尔为日本第一位驻欧洲大使制作了西装。"背広"于是成为日语中"西装"的名称。	亨利·普尔逝世，表亲塞缪尔·康迪接管了公司，开始偿还其大额欠款。	威尔士亲王在美国穿着普尔为其制作的晚宴外衣，这种服饰于是被称为燕尾服。	维多利亚女王逝世，其子继位称爱德华七世。他于1902年的加冕仪式是英国第一次拍摄的加冕仪式。

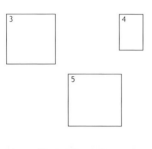

3 诺福克装最初是一种猎装，从19世纪70年代以后被用于多种户外活动，穿着时经常搭配灯笼裤。

4 摄影师亚历山大·巴萨诺的这幅肖像摄影（约1871）作品中，威尔士亲王爱德华穿着的是浅色裤子和晨礼服。

5 1860年，短款晚宴礼服（左）成为晚礼服。1886年以后，它在美国被称为无尾礼服。

姆庄园颁布法令称无须遵守这样的规定。亲王允许同伴们只需换衣两次，白天穿粗花呢猎装，晚宴穿晚礼服。打猎时所穿着的系腰带单排扣外衣被称作诺福克装（图3）。这种服饰很宽松，前身有两条垂直的箱形褶，背部中央有一条。在亲王的支持下，这种款式立即在全世界范围内流行开来。

1860年，威尔士亲王在萨维尔街最著名的裁缝师亨利·普尔的帮助下，决定改变晚礼服的款式。亲王要求普尔裁掉晚礼服的后摆，制成一种更加舒适的抽烟外套，以供非正式聚会时穿着，由此就产生了第一件现代晚礼服。资料显示，1886年，美国百万富翁詹姆斯·布朗到访桑德林汉姆庄园之后仿造了亲王的上衣款式，并在纽约塔克西多公园（Tuxedo Park）俱乐部穿着。这种流行的晚礼服由此在美国被称为无尾礼服（tuxedo，图5）。作为伦敦最著名的裁缝师，亨利·普尔及其公司（成立于1806年）不仅为威尔士亲王制衣，还受到了维多利亚女王的认证制作制服。

维多利亚时代的既定理念是，新教伦理观深重的严肃人士着装风格都很严肃，但有些过于简单化。1830年，乔治四世逝世，他于1811年至1820年担任摄政王，以此为分水岭，摄政时代制衣业的衰落终结了。然而，在维多利亚时代，对男式服装影响最大的，与其说是保守主义，不如说是高尚品位和对粗俗着装的避免。艾伯特亲王在给侍奉儿子爱德华的朝臣的信中写道："（威尔士亲王）对待着装态度一丝不苟，他崇尚整洁，品位高尚，永远也不会向当下流行的宽松粗俗的款式屈服。他不会借鉴马夫和猎场看守人的着装风格，避免浮夸以及愚蠢时髦的爱慕虚荣，他会注意保持服饰质量最优、裁剪最佳、最符合自己的等级和地位……凡此种种细节，威尔士亲王必定会投入最佳的精力。多注意他的举止，多批评他的穿着。"艾伯特的评论体现了所有英国人对服饰的态度。然而，他们所能穿着的服饰种类却很多。1866年，服饰定制行业还出版了期刊《裁缝师与剪裁师：贸易日志与时装索引》以响应男式服饰领域日益增长的热情。

威尔士亲王对服饰的沉迷——他通常每天要换6套衣服——为时髦人士开了个头，后来还扩大到中产阶级。他在时装方面的革新不只是诺福克装和短尾晚礼服，还包括洪堡小礼帽（见158页）——他从德国带回，在裤子侧面折缝而非前面（图4），给裤腿卷边（以保护裤腿不被泥泞弄脏），以及在赛马会穿着粗花呢服饰。作为狂热的游艇爱好者，他还带动了海军蓝上衣搭配浅色裤子的流行。

如果说爱德华是着装最优雅的人，那么萨维尔街就是吸引全世界着装最优雅男士光顾的场所。而亨利·普尔更是无可匹敌的世界级的裁缝师。1871年，普尔为日本皇太子们制作了套装。自此以后，日语中就用"背広"来指"西装"，其读音sebiro就近似于萨维尔街（Savile Row）。**EM**

西装便服和洪堡小礼帽 约1890年
男装

威尔士亲王爱德华（约1890）。

拍摄这幅照片时，威尔士亲王爱德华约49岁。他已过了30多年的花花公子的生活，还要再等10年才能继承母亲维多利亚女王的王位。这套便服很有可能是他的度假服装，用于去德国温泉，比如巴特洪堡，或是去法国南部度假胜地时穿着。虽然这种白底条纹面料在伦敦不可能用于日装穿着，但这种便服的款式却是亲王从19世纪60年代就开始支持的。图中便服上衣肩线自然，裤腿虽然逐渐收紧，但搭在高跟鞋上的裤脚仍然很宽松舒适。上衣的细条纹拉长了亲王矮胖的身形，单排扣——4颗扣子全部扣上——夸大了垂直长度。上衣开领很高，衣领很小，但下巴之下仍然留出了足够的空间露出整齐的可拆卸衣领和衬衫，以及漂亮的领带。西装便服被人所接受之时，现代款式的领带也开始流行开来，取代了领巾和领圈。制作领带的丝绸很可能是在英国主要领饰交易中心，比如东伦敦的斯皮塔佛德、柴郡的麦克莱斯菲尔德或萨福克的萨德伯里其中一处纺织的。为了贴合当时绅士的习俗，爱德华还拿着一支结实的手杖，纽孔里还别着一枝花，这还是翻领会在胸膛上部交叉时的传统。这套优雅的便服还包括一顶灰色的洪堡小礼帽，其特点是帽顶有凹痕，帽檐稍稍翻起。这时的款式比现代的洪堡帽要高，帽顶也更细。虽然已经是相当正式的头饰了，但这种德国帽子大部分是由毛毡制成，仍然显露出其运动服饰的出身。**EM**

1 洪堡小礼帽

爱德华推动了洪堡小礼帽的流行，当时不管是平顶软帽还是大礼帽，几乎所有的男士都要佩戴帽子。这种帽子最初是一种休闲帽，但后来采用深沉的颜色成了正式服饰。虽然爱德华的洪堡小礼帽边缘未固定，但这种帽子的帽檐一般是固定的。

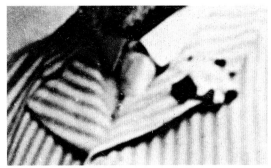

3 丝绸领带

19世纪60年代，西装便服领口扣得很高，领巾因为没有足够的空间，于是显得越来越多余。亲王的领带是整齐的四手结，恰好填满了狭小的空间，今天看来也没有不当。虽然照片中看不见，但领带别针通常是另一个展示个性的饰物。

2 "自然的"肩线

这件夏季上衣肩部没有加絮垫料。袖孔款式完美地贴合了爱德华粗壮的手臂。做工精良的西装颈部和肩部必须贴身，因为其余所有的部位都是从这里"垂下"的。亲王有一个流传下来的遗产，那就是要让男式正装也变得更加舒适。

4 有跟鞋

爱德华这双鞋可能带有松紧布，以便穿着更舒适。与19世纪末期的流行款式一样，这里的鞋跟有四五厘米高，让亲王身高增加了。鞋底很轻，按英国传统式样贴了边，鞋子中部收缩明显。

 细节导航

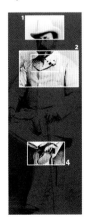

亲王的穿衣风格

　　虽然威尔士亲王爱德华推崇舒适和实用性的优雅，但他也坚持得体的着装。他不喜欢美国时装鲜艳的领带和奢侈的马甲，排斥葡萄牙贵族，说他们像是"二流餐厅中的服务生"。他对狩猎很狂热，不管是在旅途中，还是在诺福克或苏格兰的皇家庄园。这时他喜欢穿着奢华的防护服，例如外罩圆领披风的宽松长大衣（右图），单排扣外衣之外还要罩上一件相同面料的防护性披肩。这样一套粗花呢服饰该有多重啊，设想一下应该也是很有意思的事情。

非洲蜡染和花式印花布

1 这幅相片拍摄于1900年左右的加纳，相片中右边第二和第三两位年轻女性穿着的正是非洲印染服饰，与图中其他人形成了对比。

2 这件加纳当代蜡染织物色彩活泼，其特色在于上面交错的珍珠鸡图案。

非洲印花布是非洲、欧洲和中国工厂为西非主要市场生产的印花织物总称，在非洲非常常见。从19世纪起，这些印花布大部分先在非洲大陆以外的其他地区设计生产，然后再出口到非洲。尼日利亚艺术家伊卡·索尼巴尔用这些织物来指出真实艺术以及真实的非洲艺术的总体思想一直都很模糊。对非洲印花布多元文化和复杂历史认识的增长激起了当下对这种织物文化属性的探讨。

这些被称为非洲印花布（图1）的织物有许多名字，比如正宗荷兰蜡染、超级蜡染和蜡块印染。其中最负盛名的是正宗荷兰蜡染，由荷兰海尔蒙德市威利斯克（Vlisco）公司生产，在当代非洲时装中占据着显著地位。非洲印花布有两种主要形式：蜡染（图2，并见162页），即在面料的两面都印上图案；花式印染，即只在织物的一面印染。这两种类型都起源于19世纪初，当时欧洲生产商发现了更廉价的复制印度尼西亚蜡染印花法。这些早期的模仿品通常被称作爪哇印花布，大部分供应至印尼和欧洲成品市场，不过也有一些销至西非。这些印花布如何进入西非市场还不清楚，有些史学家认为是因为欧洲商人在前往亚洲途中曾在西非海岸停靠，也有人认为欧洲制造商会根据不同的市场生产不同的产品。很明显，西非在很久以前就进口织物用

重要事件

19世纪30年代	1846年	1852年	1854年	19世纪60年代	1861—1865年
荷兰贸易公司在荷兰哈勒姆建起3座棉纺厂。	范·弗利辛根纺织公司（现在的威利斯克）在荷兰海尔蒙德市建立。这家公司为印度尼西亚市场生产爪哇印花布仿品。	范·弗利辛根的账簿上第一次出现了专为西非生产的爪哇印花布仿品的明细参考。	普莱维奈尔开始生产"爪哇人"——一种爪哇蜡染印花布仿品。	印度尼西亚蜡染印花布仿品市场萎缩。	由于美国内战的影响，进口到欧洲的棉花数量急剧减少。

作贵族服饰了。

19世纪60年代，随着印度尼西亚仿蜡染品市场逐渐缩小，英国、瑞士和荷兰的公司转而更加重视欧洲市场。然而，因为拥有贸易保护特权，荷兰得以继续在印度尼西亚销售。总部设在哈勒姆市的普莱维奈尔公司专为印度尼西亚市场生产非常接近真正的爪哇印花布的蜡染品。19世纪50年代中期，J.B.T.普莱维奈尔发明了"爪哇人"印花布，但这种产品很快就被一种用双辊机生产的以热树脂而非蜡块双面印染的产品所取代了。染色前，面料要先经过机器处理以达到皱裂效果。去掉树脂之后，再手工染上其他颜色，不同色彩的连续运用营造出一种富于变化的效果。普莱维奈尔甚至还想模拟出爪哇印花布独特的味道。

印度尼西亚人觉得这些仿制品过于昂贵，但它们在西非却流行了起来，成为财富与地位的象征，并流传到中非。19世纪90年代，普莱维奈尔公司更名为哈勒姆棉纺公司（HKM）。1893年，苏格兰商人埃比尼泽·布朗·弗莱明开始把蜡染品引进西非，他成了哈勒姆棉纺公司在该地区的独家代理。代理商通过收集流行的本地和进口织物样本的方式将顾客需求反馈给生产商。20世纪早期的实例表明，荷兰设计师将印度尼西亚视觉资源、西非谚语和荷兰乡村风景全部融合在了印尼蜡染布风格的织物中。

西非的审美和主顾们引领着未来织物的发展。女性贸易商到欧洲直接向工厂订货，她们影响了设计过程，使得印花布的名称体现出非洲生活经验和民众智慧。反过来，欧洲设计者们也开始探索非洲不同地区的审美特色。欧洲公司开始生产花式印花布，先是用刻辊，后来采用花筒绢网，部分原因也是想生产出更便宜的蜡染仿品。1928年，总部设于曼彻斯特的亚瑟·布鲁奇维尔公司（现在的ABC蜡染）最先生产出具有纪念意义的花式印花布。第二次世界大战之后，殖民地自治化，非洲开办起更多的纺织厂，这些织物具有了重大的意义。

非洲印花布的产地仍然来自全球各地，但其贸易却由非洲顾客决定。ABC蜡染已经将生产转移至加纳，曼彻斯特只保留了一间小设计室；威利斯克现在是唯一一家总部设在欧洲的生产商。中国生产的仿蜡染品正在占据越来越多的非洲市场。非洲印花布是风靡整个非洲大陆的精致时装体系的组成部分，其真实性取决于穿着者是否看重，因为穿着者才是非洲印花布发展的终极引导。**MK**

1874年	1893年	约1894年	1894年	1895年	1908年
英国殖民地黄金海岸建立，整个黄金海岸（现在的加纳）直至1901年才摆脱殖民统治。	富于魄力的苏格兰商人埃比尼泽·布朗·弗莱明开始将蜡染织物引入西非。	普莱维奈尔公司更名为哈勒姆棉纺公司。它成功地将蜡染印花布引入了黄金海岸。	埃比尼泽·布朗·弗莱明成为哈勒姆棉纺公司独家代理。不久后，他成立了自己的公司。	可追溯到的最早的蜡染印花布是由哈勒姆棉纺公司生产的。上面有"手和手指"的图案。	亚瑟·布鲁奇维尔纺织公司（ABC蜡染）在英国曼彻斯特附近成立。这是一家瑞士公司。

"王者之剑" 图案 1904年

非洲蜡染印花布

蜡染棉织物，荷兰尤利乌斯·霍兰·BV生产（2005—2006）。

王者之剑，是一款经典非洲蜡染图案，其历史超过了一个世纪。从历史上来说，非洲蜡染图案的名称一般与民众智慧和流行谚语有关，或者涉及社会关系以及权力资源。这些织物很有名望，其高度的社会价值来源于其非洲穿着者。这里展示的是最早的织物样本之一，上面的主要图案来自一件真实的非洲器物。图案将阿桑特人的仪仗剑——加纳阿桑特人权势和力量的强大象征——融入印度尼西亚风格的蜡染图案之中。原本的锻铁和木剑（右页下图）现在藏于伦敦的大英博物馆。这件藏品是博物馆从威廉·欧文·沃尔斯利手中购得的。威廉是1896年赴黄金海岸（今天的加纳）阿桑特考察团的成员，阿桑特国王普伦佩一世败于英国后，徽章和许多其他器物都被取走了。

这种图案最早的记录见于1904年哈勒姆棉纺公司的一份订购单（现在存于荷兰威利斯克公司档案馆）中，订单中这种图案被描述为"王者之剑"。这种织物图案历史的有趣之处就在于，它将西非和欧洲政治经济历史联系了起来。多年来，欧洲、非洲和亚洲蜡染和花式印花布厂商仍在用不同的色彩组合以及细微的变化构造这种图案。这种织物的名称也随着时间流逝而有了小小的变化，并根据产地的位置有不同的名称。**MK**

✿ 细节导航

细节解说

1 花卉图案

织物的金色蜡染图案中有蓝色和橙色的树叶图形。这种连续的花卉图案来自印度尼西亚蜡染图案，自从第一次出现在非洲以来就成为印花布的常见图案。它有时也被称作"生命之树"。

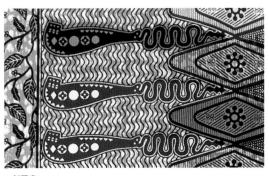

2 剑图案

主题图案——剑明显在织物上重复了多次。它在加纳被称作"王者之剑"，在尼日利亚被称作"螺丝锥"。荷兰厂商威利斯克现在的营销中称之为"酋长之剑"。

◀剑右端呈乌龟图形，然后演变为弯曲的蛇身连接剑刃。

中国清朝晚期服饰

清朝（1644—1911）统治中国的前200年间，宫廷服饰有严格的规范。这最初遭到中国汉族士大夫的强烈抵抗，他们拒绝臣服清朝，不肯剃发。然而，1662年至1722年在位的开明君主康熙帝很快就铲除了异己，从此满族长袍就成了全国标准服饰。皇室的头几位帝王都很严明，各地官员都不敢违抗服饰令。

1861年，咸丰帝驾崩，独子同治帝继位。但实际上，国家处于慈禧太后的统治之下。这位女性非常大胆，无视历代帝王立下的服饰令。在此之前，宫廷服饰规范十分严格——按等级穿衣，很少允许出现个人色彩，便装除外。因此，时装在平民中发展更为便利。除却政

重要事件

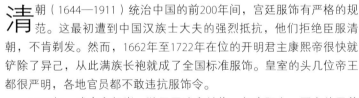

1839—1842年	1850年	1861年	1864年	约1870年	约1875年
为了打开中国市场，英国对中国发动了侵略战争，史称第一次鸦片战争。	马褂为女装所接受（见166页）。	咸丰帝驾崩，其子同治帝继位。同治帝之母慈禧太后影响了宫廷时尚。	为表彰对镇压太平天国起义军做出的贡献，清廷赐英国官员查理·戈登一件马褂。	欧洲公司所生产的镀金黄铜平扣为皇室内务府织造用于便服裁制。	光绪年间，袍服长度变短，女装衣袖逐渐放宽。

治影响，汉族女子也不受法令限制，不用穿着满族服饰。富有的商家妻女穿用织锦、花缎及丝绒，图案和色彩均极尽奢华之能事。技艺精湛的绣工还会绣上迷人的图案作为织造图案的替换选择，汉族女装因此引起紫禁城内宫廷女子的羡慕。

在垂帘听政期间，慈禧在会见大臣商讨国事之时都着便装。这种行为本身就是空前之举，因为在此之前，女性根本不能参与国家事宜。这件慈禧太后的青纱便袍（图1）就是19世纪70年代流行风尚的样本。主要图案是金线绣成的"寿"字团花和深浅不一的粉线绣成的梅枝。衣袖分3层，手腕处逐次收窄，边缘均镶有饰边和宽窄不一的镶边。除了纯黑和淡蓝的镶边之外，还有3条绣边，一条是绣花鸟纹，一条是"寿"字团花和梅枝与衣身映衬，一条绣莲花仙鹤。类似的丝带镶边是用专门的窄织机织造的，比如绣有蝴蝶花卉的黄丝带、几何纹样的金边。有时候，一件服饰的镶边多达18道。

中国缠足的习俗极大地影响了鞋子设计。与汉族不同的是，满族妇女不缠足，因此她们可以穿着高底鞋。旧照片中的慈禧多穿着极其流行的"花盆底"鞋（图2）。其形状近似中国的花盆，高度可达约16厘米。女性们认为，穿着这种鞋子行走起来会别有一番风致。

19世纪最后的几十年间，显贵男子偏爱毛皮外衣和翡翠扳指之类的奢华物件。扳指最初是弓箭手便于拉弓所使用的配件，但后来演变为珠宝奢侈品。男性还有一件相对不那么奢华的配饰，即瓜皮帽（图3）。其形状类似半个瓜，一般会有彩线刺绣、小珍珠粒和珊瑚珠。帽顶会有红丝绳结，悬以红色长流苏。这种便帽甚至为帝王所穿用。1860年10月，英军侵入颐和园时，在咸丰皇帝的床上就找到了一顶。

MW

1 慈禧太后的这件便袍以刺绣闻名，其精致程度不输龙袍，价值也不相上下（1862—1874）。

2 高鞋底极大地限制了穿者的行动，但宫廷女性很少长距离行走。

3 清朝晚期，年轻男子佩戴彩色瓜皮帽，年长男性佩戴的则是黑缎子所做。

约1880年	1900年	约1904年	1908年	1911年	1912年
全自动织布机从西方引入。生产的产品被称作"西洋"缎或"西洋"纱，被引为新奇。	慈禧太后支持义和团运动，欲驱除所有外国侵略者。	军队开始采纳西式军装，包括短上衣、窄腿裤和尖顶帽。	光绪帝驾崩后，两岁的溥仪被慈禧太后选为继承人。溥仪在位期间，衣袖内流行假袖口。	中国帝制统治时期结束。皇室服饰被抛弃，新政府成员选用欧洲套装形制。	中华民国立法禁止妇女缠足，但这一习俗仍在继续。

马褂 约1875年
女装

1 衣领

马褂的立领领口交叠成L形，称作"琵琶领"，类似于同名丝弦乐器的形状。这种款式在19世纪末非常流行，直到民国政府以后仍在穿用。

2 昂贵面料

服饰面料采用苹果绿的牡丹和叶片纹样的厚花缎。衣边有3条——皮毛、织缎和蕾丝丝带。皮毛边上的"寿"字团花由米黄色貂皮在棕色底子上缝制。皮毛只有富人才能享用。

琵琶领马褂，故宫博物院，北京。

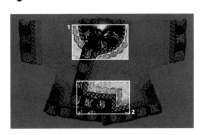

马褂体现了满族游牧民族的出身。入关之前，他们以骑猎为生。就连迁居北京紫禁城之后，清朝皇帝们还定期骑猎，巡访行省。每当在这些场合，皇帝就会穿着特制的巡游袍服，外层就是马褂。

马褂后来从宫廷流传到了民间。19世纪50年代，女性也开始穿着，即便她们多数时间是步行。于是，大量不同款式的马褂出现了：无领与立领，前开与交叠，有袖与无袖。马褂长度一般到腰部以下，但骑马时会收短至马鞍处。女性马褂与男性剪裁完全相同，不过尺寸一般较小，面料色彩也更多。

明黄一般只为皇帝及皇室成员所用，不过马褂是个例外。皇帝的贴身侍从可穿着明黄色马褂。朝廷官员无论官衔高低，只要取悦于皇帝，都会被赐予象征着君王赞许的黄马褂。英国官员查理·戈登一开始在第二次鸦片战争（1856—1860）中是中国的敌人，后来被清政府任命镇压太平天国运动。1864年，起义军终于被消灭，他也被赐予黄马褂和其他一些皇室赏赐。黄马褂迅速成为权势的象征，为跻身上层社会的人士所渴求，也就不足为奇了。**MW**

男性马褂

这件花锻毛皮马褂（右图）可两面穿着。龙形团花图案多为皇室成员所用。这件马褂的颜色为"金黄"，位列明黄和杏黄之后，为第三等，是皇子们的服色。皮毛镶边可在冬季巡游时起到保暖作用。然而，因为其价格昂贵，气候温和的南方也会穿着皮毛服饰以彰显财富。皮毛衣料供不应求，需要从西伯利亚和北美进口，西伯利亚的黑貂皮和北美的海獭皮价值最高。

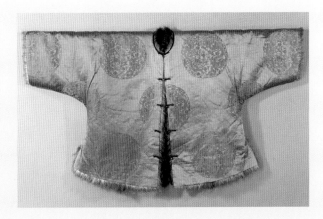

缅甸服饰

1 在这幅绘于1854年的画作中，缅甸国王的大臣身着文官朝服，包括一件金色长袍，其下是色织帕索棉服，头戴金色圆顶丝绒高帽。

2 这套19世纪80年代的缅甸女套装由一条裹身裙、一条裁制短上衣和胸衣组成，采用轮塔亚阿切克织锦技术织造。

在19世纪的缅甸，服饰是重要的社会表达形式，它定义和展示了个人的社会地位。人们的着装受到控制，禁奢令严格规定了各个社会阶层该穿用何种织物、装饰和珠宝，违背者将受到严厉的惩罚。1853年，曼桐王篡夺兄长蒲甘王的王位，随后登基为王。他对英国的激进政策，导致1852年爆发第二次英缅战争。其统治时期的宫廷服饰能从绘画作品中得见，作品由宫廷画家于1854年作为缅甸王使臣造访加尔各答时所作。这些水彩画描绘了两国宫廷朝臣（图1）以及军队服饰。1878年，曼桐王逝世，锡袍王因政治阴谋而登上王位。宫廷在其统治之下逐渐趋于保守，服饰仍与之前时代近似。不过，这一时期的服饰也体现出缅甸人善于在现有服饰中融合外国风格，以制作出精致的套服。

重要事件

1852年	1853年	1854—1855年	1857年	1859年	19世纪60年代
第二次英缅战争爆发，8个月后才结束。英国吞并了勃固区，并将其命名为下缅甸。	曼桐王领导宫廷政变颠覆了兄长蒲甘王的王权，继位为缅甸王。	曼桐王派使臣阿信·纳姆达·帕雅温·敏伊出使加尔各答以示友好。	曼桐王将王宫从伊洛瓦底江迁至几英里以北专门营造的曼德勒城。	锡袍王诞生，他将是贡榜王朝最后一位国王。	前开式紧身笼基上衣是贡榜王朝的流行元素。

缅甸人的主要服饰基本相同。男性穿着由约4米长、1.5米宽的长棉布制作的帕索袍。这种袍服在腰部缠裹，多余衣料在身前折叠或是搭在肩膀上。有时衣料拉过两腿绑成裤子形式。在帕索袍之上，男性还要穿着一种被称作笼基的长袖紧身短上衣，一般是前开式。衣服用条带和腰带系紧。女性服饰与男性类似，包括一条被称作特门的纱笼形式卷裹裙（图2）。女性上身还要穿着胸衣和笼基短上衣。

宫廷服饰形式也相同，不过会采用精致的装饰及进口面料和昂贵材质——从印度和中国进口的丝绒、丝绸、金布、锦缎和绸缎。服饰通常会采用大量金色锦缎、包金或包银纱线和其他贵金属的刺绣装饰。缅甸人也有自产的高质量织物，尤其是轮塔亚阿切克（luntaya acheik）织锦。这种面料在大臣们的帕索袍和女装裙子上都很突出。这种著名的织物是采用双螺纹织锦技术编织的，其技艺可能传自曼尼普尔人，他们曾于18世纪60年代迁居至中缅甸地区。该技艺与中国织锦技艺也有一定的相似之处。织锦上复杂的图案包括垂直和起伏的之字形、波浪形、双螺纹形和藤蔓植物图案，由100至200根梭子和超过1000根经线编织而成。织工一天只能编织几英寸。

每逢宫廷典礼，国王和王后会在丝绸帕索和特门外穿着长上衣。他们还会穿着精致的皱领，上面连有由金属丝布制作，镶有雕花玻璃、珍珠、亮片和金银刺绣的翼状装饰。整套服饰非常沉重。将军和一些大臣穿着宫廷军装（见170页）。首饰佩戴也受到禁奢令的制约，只有贵族才能佩戴钻石、绿宝石和红宝石。用来界定等级的还有挂在肩膀上穿过胸前的金银链。只有国王能够佩戴24根金银链。

1853年至1885年，缅甸宫廷服饰借鉴了历史先例来决定不同场合的礼仪着装。从19世纪下半叶，以及17和18世纪壁画的描绘中可以看出，宫廷袍服款式以及头饰仍有相当的延续性。18世纪晚期的轮塔亚阿切克花样以及泰国风格的头饰表明，缅甸善于接受新思想和外国设计。到19世纪中叶，缅甸沉重的皱领和翼状装饰的复杂程度又有了相当程度的增加，远远超出了泰国的式样。**AGr**

1872年	1875年	1878年	1878年	19世纪80年代	1885年
曼桐王的兄弟、首席部长金温敏伊历至欧洲，并向维多利亚女王进献了珠宝，向威尔士亲王进献了金银链。	曼桐王力争实现王国的现代化，避免了成为英国殖民地。	曼桐王逝世，锡袍王经历重大的政治阴谋、血染王室外戚之后登上王位。	索帕亚特王后带动了女性在发间戴茉莉花的流行。	苯胺（化学）染料引进缅甸，纺织业因此有了更多的色彩选择。	第三次英缅战争以缅甸彻底战败而宣告结束，锡袍王流亡印度。

宫廷军装 1878—1885年
男装

这件宫廷军装是1885年英国接管缅甸政府时从曼德勒王宫获取的。服饰可能是为曼桐王（1853—1878）或锡袍王（1878—1885）统治时期的将军或高层军官入朝穿着而缝制的。整套服饰由一条栗色丝绒和丝绸长袍、一件窄长袖外衣组成。上身有白色衬里，覆以无袖丝绒丝绸短外衣，前开的衣襟和侧身开衩均向外展开。外衣靠颈巾和腰带束紧。服饰穿着时还要搭配头盔，以镀金棕榈叶或金属制成，中央有尖峰。禁奢令规定了缅甸各社会阶层的服饰和配饰，所有标准在19世纪均有详细的手绘图。有宫廷大臣管理王室服饰，确保服饰令的施行。宫廷军装用于仪式场合，比如一年一度的神灵节，这一天王子、邦族首领、大臣、各地官员以及其他贵族成员均要全副仪式盛装到王宫表达自己对国王的效忠。**AGr**

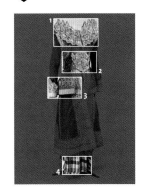

👁 细节解说

1 云状领
由4层领饰构成，其中3层呈扇形依次排列；上面的3层缝合在一起，第四层则贴在下面。这种衣领由硬挺的金属丝布覆以黄金制成。在其他宫廷服饰中也有其他形状。

3 外衣
外衣由丝绒和丝绸制成，包括大面积的金色锦缎、金色花卉图案、流苏、亮片、衣领、衣边和前身，还有金线刺绣。颈部、肩膀和腋下的材质相同。

2 腰带
腰带装饰展示出服饰的精湛技艺。服饰的许多细节，如黄金、织物质量、色彩都表明了穿者的身份。在这里，这位将军的地位一定很高，国王才会允许使用这些细节装饰。

4 帕索袍
外衣和长袍之下还有帕索袍，这种裹身的服饰用来遮盖下体。服饰由丝绸制成，装饰纹样采用适宜男性的方格、锯齿形、双螺纹形，以轮塔亚阿切克织锦技艺织就。

高级定制时装的诞生

1 法国欧仁妮皇后是查尔斯·弗雷德里克·沃斯的主要客户。在这幅由弗朗兹·克萨韦尔·温特哈尔特绘于1855年的画作中，皇后身着一袭带有淡紫色蝴蝶结的白裙，手捧花卉，侍女们环绕周围。

2 这两套1887年左右的晚礼服为美国著名的社交名流卡罗琳·韦伯斯特·舍默霍恩·阿斯特所有。沃斯设计的品质受到全世界社交名媛的热烈追捧。

19世纪中叶，财富不再只依赖土地所有制，而是转而开始以贸易、银行业和工业带来的"新的"财富所取代。其结果就是，时装不再局限于上层贵族圈。随后，消费主义迅速增长，零售业扩张，这就带来了对时装体系的需求。而此前，时装多依靠裁缝师的手艺。英国设计师查尔斯·弗雷德里克·沃斯（1825—1895）将卑微的缝纫技术提升到"高级定制时装"——这个词最早是用来形容高质量的缝纫技术——的高度。通过沃斯的自我推销天赋和灵敏的商业触觉，这个词开始用来指代定制缝纫技术和高端时装。沃斯就成了第一家时装店店主，并成为将这一原本的民间技术转变成国际产业的主要推动力量。

沃斯于1825年出生于林肯郡一个中产律师之家。从外省法律行业出身成为时装店老板，沃斯这一看似不可能实现的职业生涯始于1838年。当时，他在皮卡迪利广场斯万与埃德加百货商店做学徒。除售卖布匹和饰物外，这家商店还推荐最新款式和时尚。之后他又在维多利亚女王的丝绸供应商刘易斯和艾伦比待过一段时间。1845年，他迁至自17世纪晚期开始就与奢华丝绸联系在一起的城市巴黎。为了学习法

重要事件

1858年	1860年	1865年	1868年	1870年	1870年
查尔斯·弗雷德里克·沃斯成立了自己的制衣公司。	沃斯被法国皇后欧仁妮指定为宫廷裁缝师。	德国画家弗朗兹·克萨韦尔·温特哈尔特完成了奥地利的伊丽莎白皇后身着沃斯设计的精美衬裙。	最早的高级时装协会成立，这个行业受到严格管理。	法兰西第二帝国覆灭后，沃斯的沙龙关闭了一年。	法国立法机关建立了第三共和国。它存续至德国1940年入侵（比大革命以来历届政府存在时间都要长）。

语，沃斯最早在一家干货店工作，后来到黎塞留街的加吉林−奥比吉纺织公司做布商助理。十多年后，他升任为裁切长。他有许多创新之举，比如用棉布制作样品成衣，顾客可就此选择款式，然后搭配店里所出售的面料。沃斯在加吉林认识了女店员玛丽·韦尔内（1825—1898）。玛丽帮他做服装展示模特儿，两人于1851年结婚。沃斯在几次国际设计展览中荣获金牌，因此获得了国际声誉，也招来一些国外订单。1858年，他在和平街开办了自己的制衣店，瑞典合伙人奥托·保贝尔格任业务经理，两人的合作关系一直持续至1871年。

　　沃斯通过自己担任高雅品位决定者的角色，将制衣——之前几乎完全是只为女性所接受的一项工艺——从相对较低下的一门技艺转变为生意。他将自己定义为艺术家，有权对成衣进行完全的控制。经由顾客梅特涅公主，即奥地利驻巴黎大使之妻，沃斯的设计受到法国宫廷的瞩目。拿破仑三世之妻欧仁妮皇后想要推动法国纺织业的发展，于是愉快地拨款调度沃斯设计所需要的奢华面料（图1）。到1864年，他负责了皇后许多正式场合的着装，同时也为她设计了频繁的社交聚会所需要的晚礼服。他不仅为欧洲上流社会设计时装，也负责满足北美新富豪显贵的需要，诸如范德比尔特和阿斯特家族都乐意经历漫长的航海旅程到巴黎来定做服饰。穿着沃斯设计的服饰能为这些工业大亨的妻女提供社会地位和典雅仪态。美国地产商继承人小威廉·巴克豪斯·阿斯特妻子的这套丝绸和金属丝线晚礼服（图2）就是沃斯设计服饰的品质的体现。

　　随着在欧洲皇室享有一定的声誉，沃斯有了自己的地位。相比女客户在自己家里描述服饰要求，沃斯希望客户光顾裁缝店。那里是一个隐秘奢侈的舞台，可以看到最新设计，有真人模特儿展示，还有女销售员照看。顾客接下来可以从多种设计款式中挑选，之后再做调整，并要求搭配成完整的一套。沃斯倾向排他经营，只接受背景合适的第三人带来的客户的定制。裁缝师此时已不再被视作娴熟的工匠，他们用签名标签（图5）来标记自己设计的服饰，常常因此声名远扬。这种革新始于19世纪60年代中期。这些签名印染或编织在螺纹带上，缝在服饰的腰

1871年	1890年	1895年	1895年	1900年	1901年
沃斯的公司雇用了1200名员工，包括裁缝师、绣工、模特儿、裁切师和女售货员。	美好年代开始，这一时期在美国被称为"黄金年代"。	美国的"富有公爵夫人"康斯罗·范德比尔特嫁给第九代马尔堡公爵，沃斯为其设计了结婚礼服。	3月10日，沃斯去世。《时代》报称："这个出身林肯郡的男孩让法国人在自己的领土上甘愿称臣。"	沃斯公司参展巴黎世界博览会，展出了一组宫廷服饰作品。	加斯顿−卢西恩·沃斯雇用了保罗·波烈，想要创作出更多富有现代设计的作品，保罗为其工作了两年。

3 英国女演员和社交名媛莉莉·兰特里经常穿着查尔斯·沃斯设计的服装，这里的照片拍摄于1885年左右。

4 沃斯的很多服饰都大量使用里昂产的丝绸。在这件19世纪晚期的晚礼服中，沃斯使用大量酒红色的绸缎天鹅绒以使丰满的下裙垂褶，并在身后形成高高的突起。

5 1900年沃斯公司的标签。沃斯是第一个将标签缝在自己制作的服饰上的设计师。

部。这些元素为高级时装系统的创造提供了蓝本，并延续至今。

在沃斯的推动下，妇人和女童服装工会于1868年成立，该组织负责关于服饰管理和生产的工作。1910年，它发展为法国时装工会，专门处理时装生产问题，针对行业成员施行严格详细的管理规则。这就保证了行业品质和声誉得到延续，同时也管理设计产品和复制品的销售。

1860年，沃斯时装的精华发展到了顶峰，他设计出了华美的衬裙。这种服饰由两部分组成：裙身前后一样突出的宽大撑裙，袖孔很低以形成圆形肩线的紧身胸衣。腰线位置通常用V形尖角加以强调。19世纪60年代中期，沃斯先后尝试过前身扁平的衬裙和多褶裙，并继续采用大量的面料，由此也促进了法国纺织业的发展，尤其是曾一度濒临淘汰的里昂丝绸（图4）的发展。19世纪70年代开始，时装设计师越来越多地采用更加昂贵的面料，通常是国内生产的面料，比如那些与包括塔西纳里与查特尔和巴什拉公司在内的生产商联合设计的大花卉图案和饰边（流苏、穗带和边带）面料。另一个特点就是将织物饰边的使用也纳入设计。使用单一花纹织物时，图案也要在缝合处相搭配以制造更深的印象。家传的蕾丝花边或首饰也经常融合进服饰设计之中。

19世纪70年代早期，沃斯设计出了著名的"公主线"（见178页），其名称来自梅特涅公主。这种连衣裙放弃了水平的腰部缝合线，而是采用两条平行的缝合线从胸部收至衣边，从而创造出一种更长更苗条的A形线条。沃斯在许多宴会和活动场合用模特儿来展示所有这些新型的款式，这些就是现代时装展的先驱。随着摄影技术的发明，以及杂志期刊越发流行，上层社会的精致时装散播到中产阶级，而沃斯公司的礼服样品也在《时尚集市》《女王》《时尚公报》《时尚》上得到了宣传。除了意大利、西班牙和俄国的贵族家庭之外，沃斯的顾客中还包括一些著名的女演员，比如爱德华七世的情妇莉莉·兰特里（图3）。他将自己的个人关注与客户人性化的定制要求融入标准化的范式之中，并采用可替换的图案，这就成为新兴成衣产业的特点。服饰定做可以无须试穿，而只需客户提供合身衣着作为测量标准。沃斯还是更换裙装和胸衣搭配这一理念的先驱。

沃斯引领时装潮流期间也有其他优秀设计师的竞争，比如捷克·杜塞（1853—1929）也于1874年成立了自己的时装公司；不过，杜塞的客户大多是巴黎的风流人士，她们受到其服饰中萎靡的审美特色的吸引。直至1891年沃斯暮年之际，帕康服装公司成立，他的引领地位才受到正式挑战。帕康夫人（1869—1936）是时装领域第一位取得国际声誉的女设计师。她和丈夫伊西多尔·勒内·雅各布·迪特·帕康提供全套的服饰定制，包括套装和日装。帕康以色彩的巧妙运用和多种面料结合而闻名，她从18世纪画家让–安东尼·华托所绘的背部为箱形褶的服饰或法国罗布中受到启发。这些精致的服饰装饰有大量的饰边，形式复杂，设计精美，又融入了更适合新世纪潮流的轻盈感。

1895年，沃斯逝世，公司由加斯顿–卢西恩（1853—1924）和让–菲利普（1856—1926）两个儿子继承。他们从成年起就和父亲一起在公司工作。让–菲利普担任设计师，加斯顿则出任商务经理。他们吸取了爱德华时代款式和色调简洁化的风格，但也继续采用奢华的面料，从而保留住许多保守的客户。第一次世界大战之后，皇室客户不再，又逢欧洲货币贬值，公司经历了一段时期的整顿。20世纪20年代，时装从爱德华时期追逐时髦、注重虚饰的风格转为注重朴素和现代的款式。此时，让–菲利普和加斯顿退休。**MF**

舞会礼服 19世纪60年代
查尔斯·弗雷德里克·沃斯

《奥地利皇后》（1865），弗朗兹·克萨韦尔·温特哈尔特。

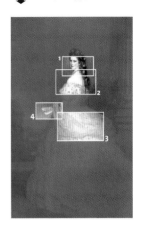
查尔斯·弗雷德里克·沃斯在时髦富裕贵族中的国际声誉从这幅宫廷绘画中可一窥究竟。画中描绘的是奥地利弗兰茨·约瑟夫一世之妻伊丽莎白，她同时身为奥地利皇后和匈牙利女王。作品创作于第二帝国时期——1852年至1870年拿破仑三世独裁统治期间。

伊丽莎白是著名的美女，这里紧身饰边的运用突出了她修长的体态。温特哈尔特绘制这幅肖像时，伊丽莎白的腰围只有45.5—48厘米，裙身的宽大由此也更加凸显。这一时期，撑裙宽度也达到了极点。时装史学家詹姆斯·洛维将撑裙的宽度与第二帝国进行对比，这一时期物质富足、风格奢侈、道德暧昧。这一时期的紧身胸衣在前身上部以钩子和孔眼系紧，但伊丽莎白在巴黎定做的皮毛胸衣胸前却更加硬挺立体。这种款式随后在追求时髦的高级妓女中流行开来。伊丽莎白从不穿着撑裙，因为会增加宽度，而是将其缝进服饰之中以突显自己腰肢的纤细。**MF**

👁 细节解说

1 麻花辫
伊丽莎白亮泽的头发从中间分开，然后编结成辫子从头顶环绕垂落至脑后。发辫中编结着镶钻的星形珠宝，从而营造出一种不正式的冕状头饰的感觉。

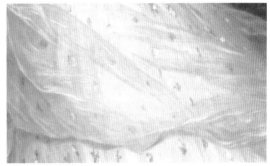

3 透明面料
一层透明的薄纱，或者细丝网覆在紧身胸衣和蓬松的裙皱裙上，裙身上绣有星星图案以搭配发饰。腰部覆盖的薄纱更长。

2 露肩领
这件白纱服饰开领很低，短而蓬松的袖子边缘是薄纱褶边。皇后祖露着肩膀，头部扭向观众，姿态呈现出一种情色意味。

4 扇子
扇子不仅仅是舞会中的纳凉工具，还是一种富有挑逗色彩的装饰性配饰。17世纪从东亚传入后，折扇在欧洲流行开来，随后扇子的装饰性色彩越来越强。

公主线 19世纪70年代
查尔斯·弗雷德里克·沃斯

带蕾丝短上衣的丝绒日礼服（1889），查尔斯·弗雷德里克·沃斯。

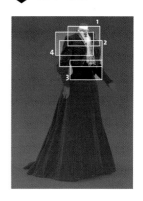
查尔斯·弗雷德里克·沃斯一直在尝试利用平面的样板来改变立体身材的比例和轮廓。他的"公主线"对纸样裁剪工艺影响深远，这一贡献得名于奥地利驻巴黎大使之妻梅特涅公主。这种新式线条于19世纪70年代引入设计师作品。它与流行技术——服饰的紧身胸衣在腰部位置与裙子相缝合——不同，方便穿着蓬松的撑裙。到1868年，撑裙不再流行，裙子都裁成多褶裙的样式，三角形的布片竖直缝合在一起以制造出宽阔的裙摆，而在臀部位置仍然保持顺滑。这种三角形的款式自然而然地扩展开来，在肩部使用成形的布片，加上胸部的暗褶，收缩腰部，从而创造出一种更加修长纤细的线条。面料从内部收紧，紧贴大腿。随后紧身胸衣也被塑造得更加贴合身体的线条，其效果类似于紧身的护胸胸衣，其长度越放越长，至1878年达到大腿位置。这两种方法结合起来，服饰整体从肩部至裙边就形成了公主线款式。这种新款式淘汰了诸如裙撑之类的裙子支撑物。**MF**

👁 细节解说

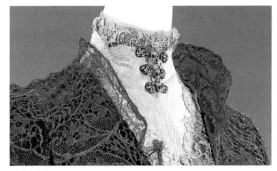

1 花边领饰
服饰领口缀有花边领饰。领饰最初是指男性衬衫上的褶边，19世纪末，领饰演变为女衬衫领线或衣领上悬吊或缝着的装饰性花边。

3 奢华面料
沃斯与法国里昂的纺织和花边生产商合作密切，因此他的设计中会运用大量的奢华面料。这件服饰由暖鼠皮色的丝绒制作，蕾丝短上衣也是同样的色调。

2 前开式短上衣
这件前开式短上衣长度只达胸部以下，显露出紧身的腰肢，还与裙子连为一体，只在胸前分开，可以自由垂落，其特色在于有凹口的包边翻领。

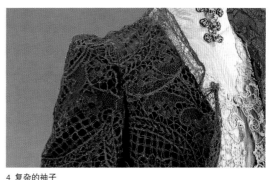

4 复杂的袖子
服饰的袖头位置稍稍向腋下袖孔收紧，从而形成了边缘轮廓的加高。其宽度可从肘部看出。这样的褶皱方便了手臂的活动，然后开始收缩直至手腕部位，最后在手部收紧。

日本明治时代服饰

1853年，美国战舰抵达日本。在美国的坚持下，日本开放通商，这标志着日本二百多年的锁国政策结束。新开放的日本政治局面复杂，政令不能有效传达，很快就面临被美国或欧洲势力殖民化的威胁。要想保持政治上的独立，国家必须实现现代化转型，但是到底怎样才能实现现代化转型却并不明了。早期的外国游历以及世界贸易使得日本人认识到，时装是现代世界的一个关键元素。日本随后就开始由精英领导，自觉地进行服饰改革。

要想保持独立，就必须马上进行军事改革，现代战争也需要操练军队，因此军装就显得至关重要。在明治时代（1868—1912），随着普遍征兵制的引入，军装成了改变时装文化的关键。其主要特征是服装分离成衬衫和裤子两部分，采用羊毛衣料。最重要的是，裁剪要贴身。以和服为基础的服饰与西方服饰之间最大的区别在于，后者追求贴合身体，而非包裹。

明治时代男性时装的重要变化在于吸收了套装。1872年，日本立法规定政府职员必须穿着西服套装。1874年，套装成了标准的商务着装。最初，套装难以适应正坐在榻榻米或低矮的凳子上的传统习俗。

重要事件

1868年	1869年	1871年	1872年	1872年	1872年
庆喜将军退位，德川幕府时代结束，明治天皇恢复统治。首都迁至江户（现日本东京）。	福泽谕吉的著作《西方事情初编》详细记录了西方服饰，掀起了西化的浪潮。	明治政府废除了封建制度，禁止私建军队。武士对丝绸服饰和色彩的垄断独享也结束了。	政府公务员在正式场合被规定必须穿着西方服饰，天皇本人也曾身着西方制服照相。	明治政府建立福冈丝绸厂，这里成为丝绸生产工业化中心。	人力车夫被要求无论什么时候都要穿衬衫。

然而，政府部门和商务场合迅速吸收了西式桌椅。但家庭室内仍然保留着传统风格，由此就导致了"双重生活"方式——在公共场合穿套装，但在家仍穿和服。剪裁得体的套装在商务场合能给人严肃的印象，甚至给人以信赖感，而由于其自身的平等性，制服款式也是现代服饰的合理规范——在这方面，日本也不例外。

日本女性却很难找到合乎现代化的服饰（见182页）。导致这种情况的部分原因是，日本人接受西方体系时，女性时装正处在最不实用的阶段，可以撑裙为例。一些有勇气的女性很早就尝试接受撑裙。正如《鹿鸣馆》（图1）这幅绘画中所见，这座娱乐场风格的舞厅于1883年建于东京，画中的日本人的西式时装、食物和舞蹈令外国人印象深刻。与中国（1894）和俄国（1904）的战争所带来的民族压力对服饰也产生了直接影响，又由于女性时装的不实用性，激进的民族主义带来了女性和服的普遍回归（图2）。直到20世纪20年代经济繁荣时代到来，女性才找到与现代男性套装相对应的时装。

虽然明治时代最明显的时装发展是对于西方服饰的接受，但还有一个更深远的变化，那就是全体社会阶层都吸收了之前只为武士阶层所有的服饰。随着百货公司、海报广告和消费者文化的发展，日本所有人都能够接触到时装了。**TS**

1 这幅1888年的版画描绘的是东京鹿鸣馆的日本男女身着维多利亚时代服饰的场景。

2 这幅照片拍摄于19世纪90年代的名古屋，其中老师和学生的穿着反映出女性和服穿着的回归。其中大部分男性穿着的还是商务套装。

1873年	1874年	1883年	1886年	1886年	1894年
日本吸收了通行的三年兵役制，所有士兵都要穿着西式的羊毛分离式制服。	西式男套装被规定成为标准商务着装，但是公共场合和私下着装并不相同。	鹿鸣馆开业。这里举办外宾招待宴会和舞蹈，日本精英人士吸收了西方服饰和舞蹈。	白木屋是第一家售卖西方服饰的传统丝绸店。这家商店逐渐转变成西式百货商店。	西装生产经销商联合会成立，拥有123名成员。	甲午战争的爆发导致了民族主义浪潮的高涨，日本女性重新开始穿着和服。

束发发型和西式服饰 19世纪80年代
女性时装

《束发美人競》（1887），木版彩印，纲岛龟吉。

东京鹿鸣馆娱乐厅开业后，政府高官和商人名流的妻女得以展示自己仿制的欧洲服饰。维多利亚时代风格的撑裙并非全民都能接触，而是只有精英阶层才能享用。日本妇女还接受了新式发型以尝试跟上现代化潮流。束发，即西式的后掠式发型开始流行。但比起服饰来说，外国发型更难模仿，很有可能是因为发质不同。通过结合日本传统发型，产生了后掠或上翻的发式，这种发型被称作夜会卷（即字面意思，晚会发髻），既不完全是日本传统发型，也非外国样式，而是一种"混血"产物。纲岛龟吉以其描绘传统和现代女性时装的精致画作而闻名，这幅版画描绘的是不同的服饰和发型。这一时期走红的木版画画家在推动明治政府的服饰发型现代化政策落实方面发挥了重大的作用。

自从江户时代（1603—1868）起，日本就出现了许多美发用的发油和香料。资生堂和宝娜等成立于明治时代自我消化式的复杂文化背景下的公司，满足了日本社会现代转型的需求，从而发展为行业巨头。从这时开始，女性不再剃掉眉毛，也不再染黑齿。男性发型也受到西方影响，明治天皇于1872年剪掉了传统的发髻，引得许多男子追随。西式发型、领须和小胡子迅速成了标准。

TS

✥ 细节导航

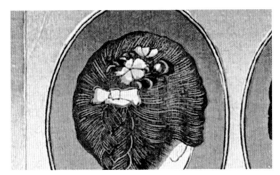

1 花饰

随着日本向世界重新打开大门，发饰中开始出现许多新品种花卉。新式颜料也开始引入，许多服饰和色彩只能为特定阶层所用的禁奢令也被废除了。这就带来了明治时代色彩的爆发。

4 西式服装和帽子

日本的西式服装在对当时欧洲风格的模仿上相当精确。随着维多利亚风格时装的流行，男女都开始第一次戴起了帽子，图中最左边的妇女就戴着一顶装饰着鸟和红色花卉的帽子。

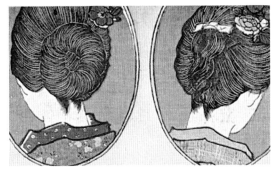

2 裸露的颈部

在日本，女性裸露后颈被视为富于性感意味之举。这些发型所带来的震撼回应就类似于20世纪20年代西方的波波头。它们标志着对成熟性感的渴求，以及准备好迎接新的现代生活。

3 撑裙

撑裙被介绍到日本的时间与其在巴黎最流行的时间（1887—1889）相同，同时引入的还有扭曲的紧身胸衣和身后巴黎式巨大裙裾。这些时装是出于政治考量而非审美情趣和实用原因，因此不受日本审美品位、生活风格或身形的影响。

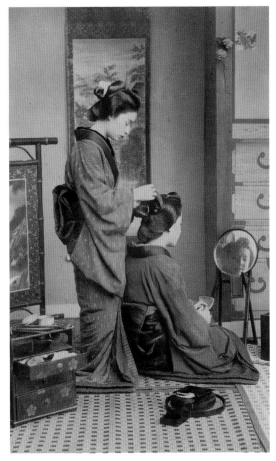

▲ 这张相片约拍摄于1885年，其中的年轻女子正在梳妆。虽然绝大多数少女接触不到外国服饰，但西方发式却是可以尝试的新潮流。

艺术类和唯美主义服饰

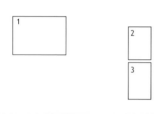

1 爱德华·伯恩-琼斯在这幅《礼赞维纳斯》（1873—1875）中描绘了一袭毫无外界装饰的火红的袍子。

2 紧随唯美主义运动潮流，希尔瓦工作室的亚瑟·希尔瓦为利伯蒂百货生产了这种孔雀翎毛印花织物（1887）。

3 詹姆斯·阿博特·麦克尼尔·惠斯勒在这幅《瓷器公主》（1863—1865）中所描绘的服饰、织物和室内设计受到日本艺术的影响。

19 世纪中叶，不断膨胀的裙子和紧身胸衣所带来的无助柔弱的女性形象遭到了另一种被称作"艺术风格"服饰支持者的挑战。这种风格尤其与19世纪60年代拉斐尔前派画家的模特儿和情人所穿着的宽松而又自然垂坠的服饰有关。拉斐尔前派兄弟会由英国诗人、插画家和画家但丁·加百利·罗塞蒂创立，其灵感来源于拉斐尔之前的中世纪画家，认为中世纪的哥特艺术和建筑是文明巅峰，以工艺美术为产品理念所造就的社会才是道德与审美上完美社会的典范。拉斐尔前派提倡别样的女性美，即蓬松垂散的披发、苍白的肤色、倦怠或深思的面容。他们的模特儿和缪斯，包括简·莫里斯（见186页）和莉齐·西德尔，都按照中世纪艺术家的标准穿着合身却不勒紧的胸衣和长袍，简洁的低领，袖子垂坠拖至地板，裙子系在高腰带上，裙褶垂至脚边（图1）。

19世纪70年代，这种风格的服饰不再那么流行，只有文人艺术圈继续穿着。但到了19世纪80年代，随着艺术和工艺运动的发展，又以唯美主义风格服饰重新出现。这次工艺、建筑和社会改革于19世纪90年代贯穿整个欧洲大陆，其领导者是英国的威廉·莫里斯。他没有采

重要事件

19世纪70年代	1874年	1877年	1881年	1881年	1884年
利伯蒂百货进口了詹姆斯·阿博特·麦克尼尔·惠斯勒和乔治·弗雷德里克·沃茨画作中常见的艺术风格的面料。	威廉·莫里斯受利伯蒂委派开始设计面料。他复兴了植物染料的运用，这些色彩在销售中被叫作利伯蒂艺术色。	英国作家伊丽莎·霍伊斯发表了《美的艺术》，文章谴责了当代时尚，劝说女性重拾历史服饰。	理性穿衣协会成立，领导人为哈伯顿子爵夫人。协会倡导不会使身体变形的宽松穿衣风格。	吉尔伯特和苏利文创作的喜歌剧《耐心，或班索恩的新娘》在伦敦首演。	古斯塔夫·耶格博士在伦敦国际卫生展览上展出。他的学说引发了耶格服装品牌的创立。

用当时流行的大批量生产理念，转而支持中世纪生产工艺。他放弃了过于华丽的维多利亚风格的织物和廉价的滚轴印花布，重新引入手织机和木版印花。装饰也仅限于传统手工刺绣图案，比如被誉为唯美主义象征的向日葵、百合花和孔雀翎毛（图2）。

唯美主义的追随者们只穿着淡雅的中性色，如奶油色、芥末黄、黄褐色、金黄色、淡红和淡蓝。灰绿色在这场运动中具有独特的辨识度，一般被称作"柳芽色"（见188页）。受到1853年日本打开国门的推动和1862年伦敦国际展览会中日本实用艺术展览的影响，唯美主义运动也融入了东方风格。这就引发了人们对于东方和异国风情产品，尤其是纺织品和花纹，以及画家詹姆斯·阿博特·麦克尼尔·惠斯勒画作中和服风格的日本长袍（图3）的兴趣。当时还是伦敦摄政街农夫与罗杰斯披巾百货商店雇员的年轻人亚瑟·莱森比·利伯蒂（1843—1917）说服雇主开办了东方用品商店。1875年，他开办了自己的东方用品百货公司，最早在设计中采用日本艺术风格。

当时的唯美主义时装遭到流行出版物的嘲讽，并为讽刺作家和剧作家W.S.吉尔伯特和亚瑟·苏利文提供了写作素材。他们在喜歌剧《耐心，或班索恩的新娘》中对唯美主义运动大加讽刺，该剧1881年在伦敦首演后立即引起轰动。出生于爱尔兰的作家和大才子奥斯卡·王尔德受邀到美国演讲宣传这部歌剧。据称，在1882年那趟持续了一年之久的成功巡回演讲中，王尔德穿着极为夸张的唯美主义风格的男性服饰。他用镶着淡紫色绸缎边的紫色匈牙利抽烟外套代替了传统的罩袍，下身穿着及膝长的绸缎马裤和黑色丝绸长袜。在男性唯美主义支持者中流行垂坠的围巾而不是领巾，以及多为美国西部牛仔佩戴的感觉"很精神"的宽檐帽。

"对美的崇拜"渗入唯美主义者生活的方方面面，随着非主流服饰和先锋风格被吸纳进入日常服饰，普罗大众也开始接受了这种曾经是非主流品位的风格。随着主流时装吸收唯美主义服饰元素，许多历史风格就此产生，其中包括伊丽莎白风格宽大的羊腿袖，以及18世纪的宽身袍，其特点在于后肩位置有巨大的褶皱面料垂坠，可参见画家让–安东尼·华托的作品。简·莫里斯把这种服饰与中世纪早期圆柱形的服饰交替穿着。这就是非正式场合穿着的下午茶礼服的先驱。**MF**

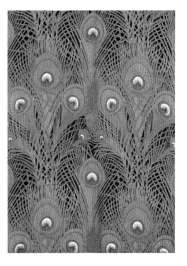

拉斐尔前派服饰 19世纪60年代
女装

《简·莫里斯肖像》，出自约翰·罗伯特·帕森斯拍摄的摄影集（1865）。

这幅威廉·莫里斯之妻简·莫里斯的肖像摄影是约翰·罗伯特·帕森斯在都铎宫花园，即但丁·加百利·罗塞蒂在切尔西住所中拍摄的18幅肖像作品系列之一。简是罗塞蒂的情人和缪斯，其肖像也出现在拉斐尔前派兄弟会成员的许多作品之中。这幅肖像是罗塞蒂委托帕森斯拍摄的，但人物姿势却是他自己设计的。

照片中的简情绪沉郁、姿势柔弱，非常典型。她穿着早期艺术风格的服饰。服饰放弃了紧身胸衣，未经束缚的衣褶从凹形领口垂坠，只在腰部用配套的腰带收紧。传统上裁剪更精细的正式礼服中，厚重绸缎制作的紧身胸衣会在腰部收缩形成V形。简这套服饰的形式也部分坚持了这个特点。翻卷的袖口有一道很明显的狭窄的花边卷边，可能是出于方便清洗的目的。此时正值撑裙最流行的时代，相片中的裙子虽然很宽大，但除了面料自身的重量之外没有使用任何支撑物。**MF**

👁 细节解说

1 无装饰的发型
浓密层叠而有光泽的头发在拘谨的维多利亚时代传达出一种性感的意味。发型对拉斐尔前派的女性意义也很重要，简的头发没有任何装饰，只在后颈处松松绾成髻。

2 宽松的衣袖
服饰衣袖手工缝在垂坠的肩部缝线上，因此打造出深深的袖孔使得衣袖又宽又大。宽松的衣袖方便手臂活动，在手腕处才开始收紧。

▲ 在这幅《白日梦》（1880）中，但丁·加百利·罗塞蒂描绘了他最爱的缪斯和情人简·莫里斯。画中的简穿着宽大松散的艺术风格服饰。

丝绒礼服 1894年
利伯蒂百货（Liberty，生产商）

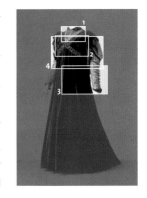

这件深绿色的丝绒礼服体现了这个时期人们对15世纪时装的痴迷，其色彩也是唯美主义支持者偏爱的"柳芽色"。礼服设计中没有使用紧身胸衣，而是让面料从倒V形上衣自然垂坠。服饰后领也是倒V形，大量的褶皱形成稍稍拖地的裙裾。受新古典主义风格启发的褶皱从肩头垂坠，还有穗带镶边，受军装启发的肩饰夸大了肩部的尺寸。礼服内衬有绿色丝绸和骨质胸衣，以钩子和钩孔系附在前胸。裙子后腰内用腰带收紧。

这件礼服是为下午茶场合穿用的，而且仅限室内穿着，风格近似健康与艺术服饰联合会会刊《光之女神》中沃尔特·克兰所设计的唯美主义服饰。其生产者是利伯蒂百货的艺术和历史服饰工坊，设计师E.W.戈德温自1884年起开始管理公司的服饰商店。作为唯美主义运动的坚定拥护者，他从古典、中世纪和文艺复兴时期的服饰中寻找灵感，为女性制作服饰。**MF**

👁 细节解说

1 紧贴的领口
服饰内衣在紧贴的衣领处收拢成整齐的小褶皱，并在前方正中开口。深绿色的小翻领有窄窄的一部分站立起来。

3 褶裥衣袖
水平的褶裥衣袖从未填料的羊腿袖上垂落。手腕处有小小的深绿色丝绒镶边，以同服饰整体搭配。

2 胸部的强调
服饰胸部加缀了宽宽的穗带线条，灰绿色的绸缎上镶有闪光的小珠。穗带在胸部上方将丝绒礼服轻松收拢。

4 内衣
从丝绒袍下可见内衣的主要部分，是由上好的黄绿色利伯提"霍普和里彭"锦缎制成，领口处有垂坠部分，衣袖上有褶裥。

美国风格原型

吉布森女孩体现了美国女装裁缝的独立。她是第一个得到全球认可的美国美女，通过绘画、插图和摄影的方式传播至大众读者面前。其形象由艺术家、插画家和社会评论家查理·达纳·吉布森创作于1890年至1910年的系列插画中，代表了自由、主动的美国年轻女性的形象，成为当时文化界关注的焦点。她被描绘成美国小说家伊迪丝·华顿和亨利·詹姆斯作品的女主人公，也出现在艺术家约翰·辛格·萨金特的画作中。她简洁的时装和品位巩固了人们对"美国"风格的印象。

吉布森女孩代表了美与独立，同时也具有个人成就感。她在插画中显得泰然自若而又充满自信，从事着种种现代活动：上大学，与男人平等地开着幽默的玩笑，探索自己的个人兴趣和天赋。画家用钢笔和墨水，采用黑白素描的形式（图1）描绘了这个个子高挑、腰肢纤细的理想女性，将她塑造成一个多面的榜样角色。吉布森女孩认真地从事健身运动以及种种户外锻炼，比如骑自行车、骑马、网球、门球、海水浴，体现了美国与男性接受同等程度教育和参加工作的女性人数的增长。

吉布森女孩的第一位角色原型来自于画家的妻子艾琳。艾琳出身于弗吉尼亚州的兰霍恩家族，姐妹四人，原本生活富裕但因内战而家

重要事件

1886年	1886年	1887—1888年	1895年	1895年	1898年
出生于马萨诸塞州的查理·达纳·吉布森将他的第一幅钢笔墨水素描卖给了约翰·埃姆斯·米切尔的《生活》杂志。	美国小说家亨利·詹姆斯出版了《波士顿人》，其中对女权运动的高涨持反对态度。	约翰·辛格尔·萨金特到访纽约和波士顿，完成了20多幅肖像画作品，其中包括1888年为艾丽斯·范德比尔特绘制的肖像。	吉布森娶了艾琳·兰霍恩，她是英国下议院第一位女议员南希·阿斯特的妹妹。	19世纪30年代出现的极度宽大的羊腿袖重新流行起来。	吉布森为安东尼·霍普理想王国的爱情故事《曾达的囚徒》续集《鲁珀特》创作了插图。

道中落。著名的伊夫琳·内斯比特是吉布森女孩最早的绘画模特儿，但其形象来自多个而非单一的人物肖像。不过，其最著名的模特儿则是比利时女演员卡米尔·克利福德。她是画家赞助的寻找"理想女性"化身的杂志比赛的胜出者。她的身材和独特发型为吉布森女孩风格奠定了基础。

　　吉布森女孩的身材一般呈沙漏形，通常由独立的胸衣或衬衫和裙子而非连衣裙（图3）组成。其中包括一条细腰、喇叭形张开、贴合臀部的插片裙，以及一件衣袖肩膀处很蓬松的衬衫。到1895年，袖子尺寸变得极其大，需要填料来塑形，这种袖子被称作羊腿袖。袖子后来演变成"主教袖"，其手臂部分很蓬松，然后在手腕处形成收紧的袖口。胸衣上装饰着一排排褶皱丝带和蕾丝花边，一直扩展到袖子位置，吸引目光向外扩展，蕾丝还被用来装饰高高的立领。外衣之下的时装胸衣前身硬挺，使得上半身向前倾斜形成鸽胸般球形的形状，臀部向后挺，由此塑造出这个时代典型的S形身形（图2）。胸衣只在腰线之上的位置有碎褶，更增加了袋状的效果。更简洁的是仿男式女衬衫和裙子的结合（见194页）。虽然仍呈S形，却减少了装饰。这样的服饰更适合参加运动和工作，特别是使用轻型耐洗面料，比如雪纺绸和轻型棉织物制作时，薄织麻布和巴里纱这些面料开始流行起来。

　　随着女性体育活动的增加，就要求更多的实用性服装，比如裙裤（见192页），鞋子也要求比之前穿着的细高跟便鞋结实。流行的鞋子有半高跟鞋或高跟鞋，以及前面带系带的靴子。头发梳成精致的尖锥形，松松堆成发髻，多余的头发则在周围垫高。相较装饰着花卉和鸵鸟毛的巨大的宽檐帽，吉布森女孩选择了硬草帽戴在发髻的前部。

　　虽然美国对于少女风格的迷恋随着第一次世界大战的爆发而结束，但吉布森女孩的运动特点在美国时装审美中保留了下来。作为美国风格的代表，她将19世纪严肃的服饰与20世纪更加活跃的服饰衔接起来，因此成为现代进步女性的完美代表。**MF**

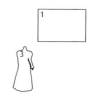

1　正如查理·达纳·吉布森为《生活》杂志创作的绘画作品中展示的那样，吉布森女孩（1906）体现了一种新的女性形象。

2　卡米尔·克利福德（1900）展示了一种不同的S形款式，如果由这一时期轻盈的面料制作效果将会更好。

3　这套散步着装（约1893）由羊绒和丝绸制成，其设计突出了穿着者腰肢的纤细。

1900年	1900年	1900年	1901年	1901年	1905年
名媛丽塔·黎逊戈获得了200万美元的离婚安置费。她的衣橱是大都会艺术博物馆服饰部的重要组成部分。	女演员卡米尔·克利福德成为吉布森女孩插画最知名的模特儿。	吉布森女孩的形象出现在自由贸易市场的许多商品中，诸如瓷器摆件、床上用品、屏风、扇子，甚至墙纸。	由查理·达纳·吉布森、N.C.韦思、马克斯菲尔德·帕里什等艺术家组织的插画家协会在纽约成立。	按扣引入美国，用来将衬衫或胸衣与裙子连系在一起。	美国歌唱团女演员兼艺术家模特儿伊夫琳·内斯比特为查理·达纳·吉布森的《女性：永恒的问题》担当模特儿。

裙裤 19世纪90年代
运动装

伦敦圣詹姆斯公园一位穿裙裤的年轻女性（约1897）。

1851年，在阿梅莉亚·詹克斯·布卢默的努力下，裙裤开始为女性穿着，满足了女性对社会和政治解放的需求。她设计的宽松土耳其式长裤或称灯笼裤，在脚踝位置用绳带收紧，外面再穿着齐小腿长的裙子，免去了女性对裙撑的需求。许多人担心这种服饰的发明会抹去性别差异，穿着这类服饰的女性最先面对的是人们的敌意。19世纪80至90年代对于服饰改革的探讨重新引入了裙裤的概念，"灯笼裤"这个词有时也被错误地用来形容现代女性在从事体育运动时所穿着的那种分开的裙装。在骑自行车时，这种灯笼裤般的裤子外面还要穿着一件长度各异的裙子，以消除社会对于女性"穿裤子"的污名。很快，更多款式的裙裤，比如裤裙和灯笼裤开始流行起来。

　　这位骑自行车的女士的姿态体现了在开阔大路上运动的解放感。她穿着一件长齐小腿中部的七分裙裤、定做的相同面料的裙子和按照男装线条裁剪的夹克上衣。仿男式女衬衫高高的硬领子露在夹克之外，系紧的夹克突显了腰部线条。**MF**

细节解说

1 爵士帽风格的帽子
这顶小爵士帽是软呢帽的款式，但是帽顶稍矮一些，佩戴时前端较低，后部稍稍卷起。帽子佩戴在头部一边，头发未加装饰，只是束在脑后。

3 极宽的衣袖
这件夹克用大量花呢裁成，袖子是流行的宽大的羊腿袖款式。面料在肩部位置打褶、折叠并装有填料，以创造出宽大的形式，然后收缩成窄袖口。

2 翻领
夹克宽大的领子被翻折过来，并以一排假扣和绣花扣眼固定，与裙裤口袋上装饰的扣子配套。

4 防水绑腿
在裙裤膝盖以下穿着的是防水帆布系扣绑腿，一般是军队制服配件，这种裹腿一般用来保护小腿。其下是低跟皮靴。

仿男式女衬衫 19世纪90年代
成衣

《高尔夫四人组》（约1900），沃尔特·格兰维尔–史密斯。

19世纪末期，妇女着装开始简化，这就带来了仿男式女衬衫和裙装组合的流行。到1890年，这类服装已有大量成衣可供出售。"Waist"这个词是指连衫裙中的紧身上衣，或是男衬衫样式的女式衬衫，有翻领，前襟中央用纽扣扣系到底。羊腿袖不似一些更加时尚的时装中的袖子那么紧，袖口处还有实用的双层折边袖口。贴身夹克、简洁的深色裙子以及衬衫的搭配成了职业女性流行的制服。这种女式衬衫既可以单件出售，也可以搭配在套装中整套出售。而大量生产使得所有人都可以买到，该衬衫从此在美国的成衣市场占据了优势的基础地位。

女衬衫使得女性能够自由活动，参加高尔夫球这类新兴的休闲活动。画中的衬衫没有搭配夹克，下端束进多褶裙中。活动的自由度也可以从结实的系带靴和硬草帽中体现出来，草帽下的发型装扮也十分自然。到20世纪初，女式衬衫增加了蕾丝花边和褶边的装饰，其实用性也因此而削弱了。**MF**

细节解说

1 男式风格
女衬衫整洁的领结设计和便于洗涤的棉布质地明显类似男装。男衬衫领口通常也缝制成竖立样式，这样就支撑了衣领，增添了衣领高度。

美国纺织工业

20世纪初期，女衬衫大部分在费城和纽约生产，然后被售往全国。仅在曼哈顿区，就有超过450家纺织厂（下图）。这些工厂雇用了约4万名工人，其中许多是移民。1911年，这里发生了一场毁灭性的火灾，立法机关因此下令提高工厂安全标准。三角女衫厂火灾导致146名服装工人丧生，其原因是出于管理需要锁闭了楼梯间和出口的大门。当时，这是一项常见的用于防止盗窃和私自停工休息的措施。最后，人们的强烈抗议也激励了国际妇女服装工人联合会的发展。

2 喇叭形状的多褶裙
画中的裙子是由没有花纹的亚麻布或哔叽布制成的，裙面上也没有进一步的装饰。裙子用腰带稍加束紧，因为里面还穿有紧身胸衣，所以腰带前端稍低。

法国美好年代的时装

1 朱尔斯-亚历山大·格林的这幅《晚宴结束》（1913）描绘的是美好年代一次典型的时尚聚会的场景。

2 一位女性正在系紧身胸衣的带子，以使胸部和臀部更加突出（约1890—1900）。

3 这本《剧院》（1906）的封面上，法国喜剧女演员布兰奇·道坦佩戴着装饰有丝绒镶边和丝绸玫瑰的帽子。

被称为"美好年代"（约1890—1914）的这一时期的服饰风格大致与新艺术运动的俏皮情色风格相同。爱德华七世统治期间，社会价值观由维多利亚时代古老帝国的僵硬向颓废放纵转变。离婚变得更容易，周末的乡村别墅度假也使得已婚人士享有了性自由。法国的上流社会（图1）和风流人士仍然纠缠在一起，富有的男士们竞相赢取名妓的芳心。这些高级妓女都穿着定制时装、镶满珠宝的紧身胸衣，佩戴令人艳羡的卡地亚等全套名牌首饰。而随着女性新获得的权利，展示性感也成为正常的行为。

这段时间欧洲政局平稳，经济增长，科技进步。英法协约（1904）使得英法两国消费者得以进入捷克·杜塞（1853—1929）、简·帕昆（见200页）、保罗·波烈（1879—1944）、达夫-戈登女士（1863—1935）等设计师的新沙龙。英法两国的精英活动，如在隆尚行宫竞赛，多维尔海港赌场赌博，苏格兰打猎，启发了新式休闲装和奢华晚礼服的设计，令中下层消费者垂涎不已。火车、汽车和公共汽车使得全民均有了外出的机会，新式时装也为工作之外的场合所接受了。男士中流行的是牛津和剑桥大学体育俱乐部的条纹运动衫和稻草

重要事件

1889年	1893年	1895年	1895年	1895年	1898年
埃菲尔铁塔于世博会揭幕，将所有的目光都集中到了巴黎。	亨利·德图卢兹-洛特雷克为红磨坊的康康舞者绘制了宣传海报。这家夜店很受英法两国精英人士欢迎。	卢米埃尔兄弟在巴黎放映了第一部电影。电影内容展示的是里昂工人下班离开工厂。	宽大的羊腿袖成为最流行的时尚，越宽大越好。	高级时装的先驱查尔斯·弗雷德里克·沃斯逝世。他的设计影响了美好年代的时装风格。	奥布里·比亚兹莱逝世。他为奥斯卡·王尔德的《莎乐美》和亚历山大·蒲柏的《夺发记》绘制的插图反映了当时对洛可可风格的兴趣。

帽。

　　新艺术风格的图案多是植物茎秆而非花瓣。时装模仿艺术作品，美好年代的时装特点就是拉长女性的身形。服饰从胸部到臀部之间贴身而又复杂，因此需要新式的内衣。袖子出现了许多款式，比如约1890年出现的羊腿袖和日礼服的手帕形状袖子。其他款式的袖子则多呈流线型，或搭配洁白的长手套。日装的衣领一般会达到下巴位置，更显身材修长，腰线则保留自然位置或是提升至胸部之下，裙子直接垂下臀部，呈A形轻柔地垂坠至地上。蓬松的发髻上戴着宽大的低檐飞鸟帽或是风流寡妇式大量装饰丝绸花朵（图3）或羽毛的帽子。蛋白色蕾丝制成的花边帽则是有闲富人的专享。1910年左右，女士们开始佩戴玛丽女王式竖直的缠头巾帽或称无边帽，以搭配塑造圆柱状的身形，帽子上面带有精美的钻石羽毛装饰。

　　维多利亚时代流行撑裙和细腰，美好年代则崇尚新的S形、直身或称健康紧身衣（图2）。维多利亚风格的紧身衣（1860—1880）追求紧束腰肢，引发了人们对女性健康的诸多担心。那种服饰对肚子的束缚极大，被认为是导致器官移位、消化不良、便秘和阵发性眩晕的元凶。女性如果再"束紧衣带"会被谴责为自负。这时的时装开始注重实用性。

　　作为回应，一位曾学过医的内衣商伊内斯·加什-萨罗特（生于1853年）发明了一种新式的穿在"腹部"的胸衣。这种S形的胸衣身前为直身，里面插入长木条，从而减少了并发症的发生。胸衣的长度一直延伸到臀部，以打造出更修长的身形，而非沙漏形。最昂贵的那些会装饰珠宝，采用金制吊带夹。胸衣穿着在胸部以下，因此将胸部塑造成丰满的鸽胸状。女士们模仿着爱德华七世情妇那庄严的样子，垫高胸部或者服用丰胸药。衬衫用白色棉布制成，也就可以用刺绣、蕾丝和丝带装饰。但是，这种胸衣让臀部移位后翘以使下体更显突出，而胸部又向前凸，肌肉骨骼被扭曲。女性身体问题非但没有缓解，反而加剧了。S形胸衣流行时间相对较短，因为女性仍然渴望拥有纤细的腰肢。

　　20世纪早期，妇女参政运动也开始质疑骨制内衣对女性的束缚，简洁的文胸、轻型裙撑、吊袜带和宽松的灯笼裤取代了拘束的胸衣。1908年左右，时尚潮流又改换了方向，从高腰线服饰汲取灵感的更直更窄的裙子变得越来越流行。这种裙子强调腿部和臀部的修长，因此

1901年	1903年	1903年	1909年	1910年	1913年
爱德华七世登基。他的妻子——丹麦的亚历山德拉王后热爱时尚，她的宽领和高领服饰受到热捧。	皮埃尔·居里和玛丽·居里发现了元素镭而同获诺贝尔奖。女性此时也开始从事科学工作。	保罗·波烈离开沃斯公司，在巴黎的奥贝尔街开办了自己的时装店。	捷克·杜塞购买了抽象派画家巴勃罗·毕加索的画作《亚威农少女》。	可可·香奈儿在巴黎开办了自己的第一家女帽店。	简·帕昆成为时尚界第一位获得荣誉军团勋章的女性。

4 这幅照片出自达夫−戈登在《家政》杂志上的专栏《她的衣橱》（1912）。相片中的女性均身着日礼服。

5 这件由杜塞时装店制作的丝绸、亚麻和皮毛晚礼服（约1910）体现了款式的变化。胸部仍然很丰满，但S形塑形胸衣所强调的肚子极度平直的身形已被圆柱形所取代。

6 这幅1913年的画作描绘了一位身着紧筒裙和束腰外衣，戴着有大羽毛的宽檐帽的巴黎女性的形象。

紧身衣尺寸变得更长。虽然采用弹性面料，但这种窄身裙（图6）限制了穿者的活动，大步行走更是不可能。达夫−戈登和波烈等设计师则设计出一些紧身衣较小的服饰和开衩裙。

　　那些曾普及了S形、皇后式样和新内阁款式时装的设计师在设计中将时尚和艺术融合在一起。虽然伦敦也是重要的时装沙龙中心，但巴黎才是捷克·杜塞、简·帕昆和保罗·波烈等优秀设计师的大本营。杜塞继承了母亲在时尚的和平街上的著名女帽店和蕾丝商店，并将其改造为针对风流人士而非贵族和富豪的杜塞时装店。一些上了年纪的名媛，如女演员莎拉·贝恩哈特、双性恋舞者利亚纳·德普吉及其对手臭名昭著的法籍西班牙高级妓女奥特罗都很喜欢杜塞。

　　纵观其一生，杜塞拥有女装设计师、艺术家、赞助人和藏书家多个身份。他的设计灵感直接来源于印象派艺术、他私人收藏的玻璃古董和精美内衣。他运用柔和的色彩和透明的面料，并仿照波烈，在一些晚礼服中还运用了高腰款、蕾丝花边层叠垂坠（图5）。这种服饰中，臀部用长款胸衣稍稍束平，裙子相对较窄，丝绸腰带削弱了之前对腰部的强调。杜塞的设计会搭配胸花、丝带和蛛网般复杂的刺绣晚装披风。他还很喜欢加入客人的家族蕾丝，因此服饰经常会包含超过200年历史的组合元素。

　　杜塞同时期的达夫−戈登女士主要活跃于英国上层社会，但其身世却极富争议，据说她和第二任丈夫科斯莫·达夫−戈登爵士在1912年的"泰坦尼克号"船难中靠贿赂救生艇船员而幸存下来。但原因不仅如此。为了养活自己以及第一次婚姻留下的孩子，她20岁出头就开始从事缝纫的活计。1894年，她在伦敦贵族居住地旧柏林顿街开办了露塞尔精品店，并于1896年搬至汉诺威广场。露塞尔精品店在伦敦、巴黎、芝加哥和纽约都有交易，但达夫-戈登尤其偏爱美国客户。她曾于1916年解释称："'美元公主们'在时装上的直觉实在是精准，一眼就能明白我的设计。"依靠自身的秘诀以及成功的营销，她的生意遍及许多行业。客户购买露塞尔精品店的礼服，其实是在购买设计者性格中戏剧性的一面。他们希望"穿上某件服饰，会使他们对异性来说更具吸引力"。达夫-戈登宣称应该"穿出灵魂个性，而不仅仅只是套个衣服壳子"，但同时也想要"诱惑女性超支购买"。令人高兴的是，她也相信自己的服饰能让所有女人都更美。她的"个性范围"包括为每个客户提供整套服装，再根据个人身材和气质量身定做配饰。她甚至还将业务扩展到丝绸内衣、香水和化妆品领域，她在巴黎的玫瑰屋就用来出售这些商品。

此外，达夫-戈登还被认为是时装展示的发明者，最早的模特儿秀就是由她在汉诺威广场举办的。她的时装秀，以及沙龙中举办的性质更私人、更具戏剧色彩的"下午茶"展演吸引了包括玛丽女王等贵族、社交名媛玛塔·哈里、爱德华七世的情妇莉莉·兰特里等在内的许多客户。因为受到女演员玛丽·璧克馥和爱伦·特里的喜爱，达夫-戈登还成了伦敦西区剧院以及纽约百老汇的戏服供应商，其中最著名的是1907年为《风流寡妇》担任服装设计。当她那些线条流畅的服装登上西尔斯·罗巴克商品目录，以及在《时尚芭莎》和《好管家》上开设时尚专栏以后，她的影响力也扩展到大众市场。露塞尔精品店在20世纪20年代改建失败后结束了营业，但作为露塞尔公司一直存续到了今日。

和杜塞一样，达夫-戈登的设计也多放弃使用紧身胸衣，18世纪田园幻想风格对她的影响很大。她的礼服不用骨制支撑物，轻松贴合身体，着重强调流线型的垂坠感，采用象牙黄、桃红和蓝绿色的精致色彩组合。她设计的内衣舒适、浪漫，层叠的花边、鹳毛和玫瑰花朵的装饰极富特色。许多设计中都会采用牧羊女款式的蝴蝶结、荷叶边和褶边。她所设计的白色蕾丝日礼服〔图4〕搭配着金属光泽的丝绸衣带或是古希腊回纹图案，令人想起督政府时代。和波烈一样，达夫-戈登的礼服设计中也采纳了大量的东方元素，将《天方夜谭》中的情色意味融入其中。羽毛缠头巾帽搭配富有光泽的丝绸公主线裙装；镶着俄国皮毛的曼托瓦敞开式外衣之下穿着精致的长袍，或是丝绸裙子之外再搭配一条缀着珠子的薄纱外裙；透过裙摆能看见东方风情的华丽的便鞋，珍珠和金属串成的长项链装点在丰满的胸部，或者点缀在头发上，垂在礼服上。

杜塞涉足时尚的姿态像是审美专家，而达夫-戈登则是在上流社会和贸易界间穿梭的具有改革精神的商务女性。达夫-戈登本人就是一个设计师，同时也能够在设计中透射客户的个性。最重要的是，她为日后诸如香奈儿和迪奥等时尚帝国创立了模型。**PW**

日间套装 20世纪初
简·帕昆（Jeanne Paquin，1869—1936）

丝绸和蕾丝日礼服（约1906），简·帕昆。

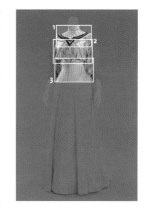
这件贴有金色和青铜色帕昆标签的日礼服由鹅蛋青色的丝绸制成，搭配有几种不同的蕾丝、花缎刺绣、贴花和绿松石纽扣装饰。礼服的七分袖有褶边装饰，还带有袖边。宽大的衣领镶有宝蓝色的镶边，前端呈V形。这处系结体现了当时的上层社会休闲时流行穿水手装的潮流。这件礼服运用对比明显的面料、装饰和颜色，是帕昆的典型风格。宝蓝色被纽扣装饰的金色镶边和闪烁的蕾丝削弱，达到了平衡。

　　服饰体现了美好年代对18世纪灿烂风格的追求，其裁剪令人想起英国罗布（见100页）的褶皱和裙撑，以及箱形褶服饰的后背细节。服饰的款型是帕昆中期的风格，腰线在胸部之下，其渊源可追溯至保罗·波烈于1908年左右在设计中重新引入的高腰线风格。这里也提前出现了一种新式内衣，即厚重的胸衣。不过，这种胸衣的裁剪相对而言还未清晰界定，只靠填料垫出鸽胸的形状。虽然领口设计较低调，但透过蕾丝面料能隐约可见内衣。**PW**

◉ 细节解说

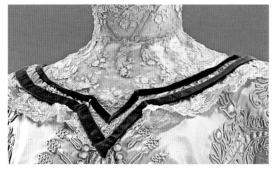

1 紧胸内衣
服饰的领口没有露肩，而是覆以紧胸内衣或遮胸背心，其奶油色的蕾丝面料上花纹丰富。内衣和高领是连裁，虽然设计功能是遮盖胸部上方，但也隐约可见内衣。

3 身形
服饰的身形被沉重的骨制S形衣胸塑造成鸽胸的轮廓。胸衣前身是平的，裙子从臀部以下才增大尺寸。裙子身后收腰，形成半斗篷形状。

2 不同的面料
丝面料上点缀着凸起的军装风格的纺锤形纽扣。紫罗兰花瓣形状的贴花和绿松石纽扣则与领口透明的布鲁塞尔针织凸花花边和袖子上闪闪发光的纱状蕾丝搭配使用。

⏱ 设计师生平

1869—1895年
简·帕昆为现代服装业树立了典范。学徒生涯结束后，她于1891年在巴黎高级时装中心的和平街上开办了一家精品店。与杜塞和达夫–戈登一样，她也从18世纪风尚中汲取灵感，为自己设计的丝绸衣袍配备皮毛和蕾丝装饰。帕昆是一位精明的女商人，清楚该如何推销自己的设计。她让模特儿们穿着精美的服饰进入巴黎歌剧院或赛马会，这样就能在上流社会人士面前将其展示得淋漓尽致。

1896—1936年
帕昆通过在伦敦、纽约、马德里和布宜诺斯艾利斯开办商店而获得了国际声誉。她的设计体现出女性对于活动更方便、可穿性更强的服饰的渴求。她同时也为剧院演出设计服装，是第一位获得荣誉军团勋章的女设计师。

第四章
1900年至1945年

实用着装

20世纪初期，欧美许多女性都试着接受更为理性的服饰风格，开始穿着简洁的裙子和仿男式女衬衫。这些服饰与19世纪60年代出现的宽松式定制服饰（配套的外衣和裙子）一起，成了现代女性不向巴黎时装店里奢华铺张服饰妥协而注重实用性的缩影。英国的雷德芬父子沙龙在女性运动装中融入男性化裁剪风格，设计出的定制服更加匀称美观。这些配套的外衣和裙子使用格子呢或人字粗呢等结实面料。不过，随着20世纪定制服饰的城市化发展，服饰开始要求轻型面料，比如冬装使用哔叽呢，夏装选择亚麻织物。

女性有越来越多的机会可以利用自己从操持家务中积累的组织协调经验，开始从事秘书和管理员工作。定制的裙子长齐脚踝，缩短的长度和更蓬松的裙身使得行动更加自由，裙子成了这些新兴职业的实用制服。女性有了薪水工钱，自主性提高，走在城市的街道上也更加显眼。她们往返于家庭和工作场合之间，享受体育锻炼，还有了新的乐趣，可以去逛逛百货商店。虽然许多商店在维多利亚时代就开办

重要事件

1901年	1903年	1907年	1908年	1909年	1909年
维多利亚时代结束。女性时装进入新阶段，更强调舒适性和实用性。	潘克赫斯特在曼彻斯特家中创立了妇女社会和政治联盟。联盟支持采用激进的行动赢得选举权。	裙边被提高到系带短靴之上，这种靴子一般都是中跟。	新世纪的女性渴望参与体育运动。在伦敦奥运会中，她们参与了击剑和网球等项目。	为回应保罗·波烈设计的窄身裙，美国裁缝协会展示了女参政员套装。	美国人哈里·戈登·塞尔弗里奇在伦敦当时远离时尚的牛津街西端开办了一家百货公司。

了，但只有在女性取得了更大的社会自由，运输效率提高之后，购物才成为一项休闲活动。

20世纪初期，工业进步和新发明带来了制造业和商品零售业的发展，欧美经济体系被改变。随着大众工业的发展，新的消费方式开始出现。哈里·戈登·塞尔弗里奇等先行者将购物打造成一种愉快的体验，以此来满足女性的新需求。他将时装展和演奏会引入了芝加哥。1909年，他在伦敦开办了自己的商店，其中设置了图书馆和写作室，还为法国、德国和美国的消费者提供专门接待室。店内餐厅和盥洗室的引入使得女性可以享受更长时间的购物之旅。

汽车的发明也为现代女性的衣橱增添了新款式。防尘外套是一种宽松的长外衣，夏季是亚麻面料，冬季则采用花呢，通常还会镶上毛皮边。其功能在于保护里层服饰不被路上的尘土污染，配套的汽车帽用透明丝绸面纱包裹，在下颌下系结（图1）。第一次世界大战期间，英美两国女性为志愿组织驾驶汽车，为战争做出了巨大的贡献。她们的制服受到实用性定做服饰的影响（见206页）。

社会自由度提高了，于是身体也要求更大的自由度。1908年左右，S形的紧身胸衣被怀旧的高腰款式所取代。这种胸衣质地更软，身形也更直（图2）。胸衣变得更短更柔软，穿着时搭配"连衫裤"。背心和衬裤的组合最早在19世纪70年代就出现了，但随着针织品行业的繁盛，采用了平纹针织面料后才成型。这些制造商也开始尝试生产针织外衣、针织外套和短上衣，它们有时还会取代定制短上衣的位置。1901年，苏格兰生产商普林格尔将背心、连衫裤和针织短上衣等内衣物品中引入蕾丝边，其目的最初是为了保暖。这时，装饰有蕾丝的短上衣则被接受为外衣穿着，成了V领女衬衫的前身。大胆的肉色长筒袜取代了惯常的黑色莱尔袜，腿部看上去像是裸露在外一样。这些发展革新体现了新世纪服饰注重实用性的重大变化，其自由性和功能性从某种程度上也预示着女性终将得到解放，而第一次世界大战对此也起到了一定的作用。**MF**

1 随着汽车越来越流行，女性服饰中引入了实用性款式（防护性外衣和汽车帽）（1908）。

2 这幅出自《少女杂志》的插画表明现代女性成功地将优雅与实用性结合起来了（1915）。

1910年	1910年	1912年	1913年	1914—1918年	1918年
埃德蒙·韦德·费尔柴尔德在美国创办了行业期刊《女装日报》，将其作为《每日交易记录》的增刊。	苏格兰针织品生产商普林格尔建立了一座针织外套专门店。	妇女参政论者击碎了伦敦西区主要商店的橱窗，以吸引人们对妇女解放斗争的关注。	美国人玛丽·贾尔普斯·雅各布发明了第一件无骨胸衣，并将专利权卖给了内衣生产商华纳公司。	自由工作的女性为抗战贡献了力量。	在英国，30岁以上的女性取得了选举权。

机动队制服 1914—1918年
女军装

第一次世界大战将所有列强都席卷其中，美国也于1917年参战。大规模的战争救援活动使得女性有机会展现并提高自身的技能。战时出现了一个新的志愿组织，即美国女子机动队。汽车发明之后，驾驶成了女性参与战事的一个渠道。机动队制服模仿美国陆军制服，那些受过高等教育的中上流社会志愿者则会定做制服。这里展示的这套就是在1902年建立的纽约富兰克林·西蒙高档商品百货公司定做的。

　　这套两件式制服按照当时流行的定制服装线条裁剪，只不过采用的是军绿色毛华达呢而非花呢，扣子采用了军装金属扣而非骨扣或皮扣。制服内的橄榄绿棉衬衫是立领样式，胸前还有带扣口袋。棕绿色的筒状针织领带完全照搬自男军装。上衣的4个宽大贴布口袋与裙子上的两个口袋互为映衬，裙子从上到下有一排纽扣贯穿，裙形稍稍向外展开，长度齐小腿。宽宽的皮质武装带突显了定制服的庄严。**MF**

👁 细节解说

1 帽子
帽子的顶很高，可以适应发型的变化。头发可以隐藏在帽子中，也可以披垂至后颈。僵硬的帽舌很窄，呈圆形。帽子上还有一圈蓝丝带，上面别着机动队徽章。

3 萨姆·布朗武装带
制服的宽皮带由右肩斜拉过来的同材质皮带支持，上面还有用于系结功能的D形带扣。其名字来自于19世纪在印度服役的一位英国军官。

2 大口袋
上衣的上部和裙子上的"箱型"口袋很有特色，其款式在军装制服中很常见。口袋缝在服饰之外，上面有很大的褶。

4 防护鞋罩
短靴外要穿着棕褐色的皮革鞋罩。鞋罩模仿自常见的布绑腿（改良自印度裹腿），用细长的布条以螺旋形紧紧缠在腿上，起到支撑保护作用。

时尚插画艺术

时尚插画最早被列为一种艺术形式是在1908年，当时法国女装设计师保罗·波烈委托年轻的版画复制师保罗·艾里布为他的前卫时装设计作品绘制一本小宣传册《保罗·波烈的礼服》（图1）。在此之前，插图仅仅用于展示服装，画中静止的模特儿在新古典主义圆柱或假植物的虚假背景中摆着种种不真实的姿势。这样的图画刊登在许多女性杂志上，以描绘出当下的时尚流行，有时还附带免费的服饰图样。但波烈的这本限量版却与诸如《女性时装报》和《妇人杂志》等19世纪法英杂志上传统的浪漫现实主义风格不同。艾里布为波烈的礼服绘制的画作轮廓简洁，线条流畅，着色大胆，重新定义了20世纪的时尚插图。

此举避免了对这种新的现代主义服饰的详细描写展示，其图像

重要事件

1908年	1911年	1911年	1912年	1912年	1913年
保罗·艾里布受设计师保罗·波烈的委托，为他的时装设计作品绘制插图。	埃德娜·伍尔曼·蔡斯被任命为美国版《时尚》的总编。她将《时尚》转变为时尚杂志界无可争辩的领军刊物。	设计师简·帕昆雇用艾里布、乔治·勒帕普和乔治·巴比亚为自己的设计创作合集《帕昆的扇子和皮草作品》。	《时尚公报》出版，这是一本由设计师、艺术家和出版人合作的独一无二的杂志。	著名封面画家乔治·沃尔夫·普兰克与海伦·德赖登加入了美国版《时尚》团队。	孔戴·纳斯特买下男性时装杂志《服饰》，并将其打造成名为"名利场"的社会杂志，于次年重新推出。

大胆、风格强烈，预示了一个新时代的开始。此时，时尚插画不仅要传达当下潮流信息，还要体现艺术风格的变化，同时又要展现流行的女性美的典型。这一时期对插画影响最大的是戏剧而非绘画。1909年，谢尔盖·佳吉列夫的俄罗斯芭蕾舞团在巴黎亮相，莱昂·巴克斯特（1866—1924）设计的舞台布景和服饰奢华而又奇异。芭蕾舞的东方风格影响了时装和室内设计的方方面面，波烈设计中的异域风情色彩就是证明。1911年，他出版了第二本设计作品集《保罗·波烈作品》，插图由乔治·勒帕普创作。勒帕普作品人物形象受到亨利·马蒂斯早期青铜雕塑以及阿梅代奥·莫迪利尼亚作品的影响，风格夸张，身材手势都很修长。20世纪20年代，他又继续为《时尚》和《名利场》（图2）杂志创作了许多封面。勒帕普使用大胆简洁的轮廓和扁平的形式描绘出"飞女郎"（见239页）这一新兴人群瘦长的体态。

随着生产速度提高，产品精致度上升，销售速度加快，时装流行速度也加快，时装杂志成为向越来越多读者传递时尚的基础媒介。现代时尚杂志的先驱《时尚公报》于1912年由法国出版家卢西恩·沃热尔与连襟米歇尔·德布吕诺夫合作出版，米歇尔后来成了法国版《时尚》的编辑。沃热尔职业生涯初期曾为多家出版物担任艺术总监，后来有了灵感，创办了一本杂志。其中不仅为各种天才艺术家提供了展示平台，还为波烈、杜塞、帕昆、夏瑞蒂、雷德芬、杜耶和沃斯7家高级时装店提供时装插图、杂志，与这些时装店都签订了独家合同。

《时尚公报》的画家作者群包括保罗·艾里布、简·贝斯纳德、贝尔纳·布泰·德蒙韦尔、皮埃尔·布里索、A.E.马蒂、乔治·巴比尔、查理·马丁和乔治·勒帕普，这8位艺术家都曾在巴黎国立美术学院学习，被讽刺为"花花公子布鲁梅尔"或"手镯骑士"。他们的作品用现实主义的视角观察有闲阶层的活动。例如杜耶有幅名为"花园里的第一朵花"的作品，其中描绘的是一个小孩举起一朵花递给母亲的情景。

《时尚公报》每一期都有几幅设计草图（被称作速写），10页采用昂贵手工纸印刷的全彩整页插图。这些手工模板印刷以日本技术为基础，经过法国制版师让·索德改进，通过将多层水粉色彩组合而成。《时尚公报》于1912年至1914年发行，1920年重新刊行，至1925年结束出版。美国出版家孔戴·蒙特罗斯·纳斯特的名字最早出现在美国版《时尚》的发行人栏是在1909年6月，他于第一次世界大战初

VOGUE

Early November 1920   CONDE NAST & CO. Ltd. LONDON   *One Shilling & Six Pence Net*

3 这本美国版《时尚》圣诞节号（1920）的封面由海伦·德赖登所绘。画面中的毛皮无边女帽和宽大外套款式简洁，也映衬出感伤的主题。

4 爱德华多·贝尼托的这幅冬靴广告画（1929）定义明确，简洁的画面表达出爵士时代的速度与急切感，画风受立体派影响。

5 这是卡尔·"埃里克"·埃里克森为《时尚》杂志绘制的第一个封面（1930），线条感更柔和流畅，形式仍然延续这一时期的时髦优雅。

期就买下了杂志的控股权。

上流社会年代史编者孔戴·纳斯特最早提出了限量版杂志的概念。这种杂志只针对富有读者，杂志本身也是吸引人的商品。他的杂志提供了独一无二的文化语境，推动了先锋艺术、摄影、文学和时尚的发展。美国版《时尚》于1892年首次出版，曾委托美国著名插画家进行创作，比如海伦·德赖登就为杂志创作过许多独特的插图作品（图3）。她的风格中有童书插画家凯特·格林纳威天真浪漫主义的影子，也受到了插画家埃德蒙·杜拉克、亚瑟·拉克姆和阿方斯·穆哈风格影响所形成的画派代表人物乔治·沃尔夫·普兰克作品的影响。

1920年，法国版《时尚》问世，诸如立体主义、表现主义、未来主义和抽象派等第一次世界大战前就已就位的现代派绘画流派开始出现在时尚杂志中。到20世纪20年代中期，美国插画家德赖登和普兰克的奇思妙想作品开始被勒帕普和西班牙画家爱德华多·加西亚·贝尼托等"法国派"画家作品所取代。后者笔下的人物轮廓简洁（图4），生动地体现了爵士时代的精神。其作品中雕塑般的轮廓、高高挑起的眉毛、杏仁形的眼睛、小玫瑰花苞般的嘴巴和拥绕在头上的扁平的发式，无一不体现出罗马尼亚雕塑家康斯坦丁·布朗库西作品诸如《沉睡的缪斯》（1910）以及巴勃罗·毕加索早期作品《亚威农少女》（1907）的影响。勒帕普和贝尼托都很着迷于美国好莱坞的风格。他们的封面作品描绘出曼哈顿的天际线、数不清的豪华轿车，以及典型装饰艺术风格的简洁流畅的露背礼服。这些成了1925年在巴黎举行的世界博览会与国际现代化工业装饰艺术展览会的先驱。

20世纪30年代初，出现了一种新的现实主义，代表是美国插画家卡尔·埃里克森的观察法作品，埃里克森自称"埃里克"。1930年，他为《时尚》设计了第一个封面（图5）。埃里克的主要身份是艺术家，他的作品描绘了时尚观念的变迁，比如极具风格的飞女郎、现实主义的女性优雅，线条流畅简约。他的风格更接近于线条自然流淌的埃德加·德加的作品，而非描绘着贝尼托式大胆陈旧图像的几何式线条的立体派画作。他的劲敌是法国出生的勒内·布埃-威廉姆斯。两人一起改变了《时尚》杂志封面的风格。此前，封面都是服务于杂志内容，而非独立的艺术品。

《时尚》的竞争对手《时尚集市》（1929年更名为"时尚芭莎"）由哈珀兄弟出版公司出版，并于1912年被美国报业大亨威廉·兰道夫·赫斯特收购。1915年，该杂志与俄国时尚插画家埃特（见213页）签署了独家供稿合同。他们的合作一直持续至1938年。埃特是唯一一位为自己的设计绘制插画的设计师（见212页），他于1915年为杂志绘制了第一个封面，风格体现了当时流行的异国情调。然而，20世纪20年代中期，现代主义兴起，埃特的作品不再适应当时时装流行的新式简洁风格和中性风格。

1922年，赫斯特从《时尚》挖走了先锋时尚摄影师阿道夫·德迈尔，此举加剧了《时尚》与《时尚芭莎》两本主要时尚杂志之间的竞争。《时尚芭莎》刊物中开始重点使用摄影作品。接下来，1932年，他们又任命另一位《时尚》团队的天才卡梅尔·斯诺为杂志总编。此时，之前德迈尔利用逆光和薄纱遮盖镜头营造出的缥缈的摄影棚风格逐渐不再流行，他逐渐被活跃在法国的俄国美术设计天才阿列克谢·布鲁多维奇所取代，后者于1934年被斯诺任命为杂志美术总监。在《时尚芭莎》工作期间，布鲁多维奇革新了杂志设计理念，开创性地运用白色页面以及电影化的构图，经常将自己的签名剪辑技巧用在人物身上，而非展示出服饰全貌。他利用文字的形状来体现照片或插图的形状。

20世纪30年代，虽然三大时尚之都纽约、巴黎和伦敦的顶级期刊对插画家需求很大，但插画业还是受到爱德华·史泰钦、霍斯特·霍斯特、乔治·霍伊宁根-许纳、塞西尔·比顿和曼·雷这些摄影家的摄影作品的挑战。杂志的编辑内容和广告内容出现分歧，广告商靠插画来销售商品，而时尚刊物，尤其是封面上则采用摄影图像。1932年，爱德华·史泰钦为《时尚》杂志拍摄了第一个彩色摄影封面。到1936年，出版商总结出摄影封面的杂志比插画封面的销量更高。从这时起，画家和摄影师作品开始共同运用在杂志的编辑内文中。不过从1950年起，重点发生了变化，摄影作品成了主体。**MF**

CANDEE
SNOW-BOOTS CAUTCHOUCS

VOGUE

SMART FASHIONS
FOR
LIMITED INCOMES
NOV. 10, 1930
PRICE 35 CENTS

《时尚芭莎》的时尚插图 1919年
埃特（Erté，1892—1990）

《七大洋的新桥梁》，埃特为《时尚芭莎》（1919）设计。

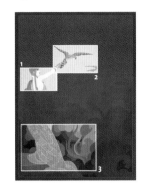

设计师兼插画家埃特是第一次世界大战和20世纪20年代下半叶之间奢华戏服和梦幻时装的代表人物。1915年，他为美国时尚杂志《时尚芭莎》绘制了第一个封面，他对画面主题拥有完全的自主权。因此，埃特充分发挥想象力，创造出迷人女性、天真少女、亚述公主和埃及艳后等类型的女性形象。他是当时唯一自己从事设计的插画家。他的设计风格独特，具有感性的异国情调，拥有大量配饰，如条纹、流苏、高耸的头饰、金属刺绣，甚至还有整个由珍珠或黑玉珠串成的服饰。

埃特在设计杂志封面时只有一个限制条件，即要提供4份与产品相关的作品：一个春季封面、一个秋季封面、两个皮草和化妆品封面。1919年3月号杂志封面名为"七大洋的新桥梁"。虽然他与《时尚芭莎》的合同延续至1938年，但1926年现代主义时代来临，时装简洁与中性化的特色使得埃特的设计不再流行。他的封面设计不再体现自己的理念，而是反映出立体主义和装饰艺术的影响。**MF**

👁 细节解说

1 连为一体的胸衣和帽子
这幅插画主题是未来主义风格，这一点在不同的服饰配件中表现得非常明显。披盖服饰下的长袍胸衣设计成男工匠款式，上面连着一顶飞行头盔式样的紧身帽子。

3 披盖服饰
画中人物臀部缠裹着一条花纹华丽的织物。这件服饰从一边肩膀上层层叠叠垂到地面，蓬松丰富的褶皱与人物身前的云朵相互映衬。

2 未来派风格的鸟
画面中用鸟儿代表飞机。埃特形容飞机是"伟大的进步工具"；人物被包裹在金色光芒之中，"面朝新时代的朝阳"，这些更强化了插画的未来主义风格。

🕐 设计师生平

1892—1922年
插画家埃特（来自名字首字母RT在法文中的发音）原名罗曼·德蒂托夫，出生于1892年，1912年搬至法国追寻设计师的职业梦想。1913年至1914年，他在设计师保罗·波烈名下当学徒，后来与美国杂志《时尚芭莎》签订了独家供稿合同，为其创作了200多幅封面作品。

1923—1990年
埃特的剧院设计包括1923年为齐格菲歌舞团设计的戏服、舞台布景。1925年，他受路易斯·迈尔之邀前往好莱坞，在那里为电影《宾虚》（1925）、明星琼·克劳馥和瑙玛·希拉设计过服饰。1967年，埃特的作品重新得到认可，他本人也推动了当时装饰艺术的复兴。

东方风情的唯美颓废派服饰

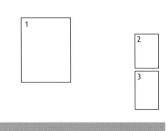

1 塔玛拉·卡尔萨文娜出演由伊戈尔·斯特拉文斯基作曲、米哈伊尔·福金编舞的俄罗斯芭蕾舞团作品《火鸟》。剧中的服饰由莱昂·巴斯特和亚历山大·格洛文设计（1911）。

2 这幅水彩画是莱昂·巴斯特早期为《莎乐美》设计的服饰草图，其中描绘的是演员飞行的场景（1908）。

3 这幅时装插画描绘的是狄俄涅的形象，画中的服饰由莱昂·巴斯特设计，简·帕昆制作（1913）。

20世纪初的10年间，西方时装将目光投向东方，开始借鉴极富东方主义风格的视觉语言，并将其从舞蹈服饰运用至普通女性的日常穿着。时装和织物长期受到西亚、非洲部分地区、中国、日本、密克罗尼西亚以及印度次大陆审美风格的影响。服饰成为西欧帝国主义扩张和贸易关系最明显的体现。与此同时，那些与时装世界联系密切的艺术家开始接纳世界各地的审美和设计传统，接着设计师也接受了。其结果在从中档百货商店至前卫剧院舞团的各种文化场所都表现得非常明显。

对于将所谓的"东方情调"引入时装界影响最大的人物是莱

重要事件

1909年	1910年	1911年	1911年	1912年	1912年
俄国芭蕾舞团在巴黎首次登台演出，作品编舞为谢尔盖·佳吉列夫。	俄国芭蕾舞团演出了根据《天方夜谭》改编的舞剧《谢赫拉莎德》，服饰设计为莱昂·巴斯特。	保罗·波烈在自己的新"苏丹风格"中引入了灯笼裤。	波烈举办了1002夜晚会，300多名宾客均穿着波斯风格的服饰。	美国版《时尚》发表了一篇题为"巴黎人改良的东方时装"的文章介绍"灯笼裤"。	莱昂·巴斯特与设计师简·帕昆合作，从俄国芭蕾舞团东方主题作品中汲取灵感进行设计。

昂·巴斯特（1866—1924），他在由谢尔盖·佳吉列夫创建的俄国芭蕾舞团担任服饰和舞台设计。舞团总部最初设于圣彼得堡，成员由俄国艺术家构成，他们一起为这个艺术团体工作了多年。舞团使得俄国天才艺术家为西方观众所认识，也推动了西方实验画家在俄国的流行。巴斯特在这个艺术家团体中如鱼得水，他热衷于扩大艺术的界限、挑战美术和工艺的传统区别。佳吉列夫虽然没有受过舞蹈训练，但却成了舞团的编舞。他明白这个舞团是一个代表全新审美思想的重要团体，艺术世界就是一个统一的单独艺术形式。

俄国芭蕾舞团于1909年5月在巴黎举行首演。它一登台就受到热烈欢迎——同时也引起极大争议。舞团之所以背负恶名，其原因包括采用实验性质的无调音乐、声色化以及经常富于情色意味的主题、打破传统的舞蹈风格、饱和的视觉风格（图1），这一点在作品的服饰和舞台设计等方面都表现得非常明显。服装和舞台设计等方面的原因就是拜巴斯特所赐，他于1910年由佳吉列夫引入舞团。巴斯特兼任舞台和服饰设计，因此创造出一种整体效果。他的服饰设计草图经常捕捉到舞者舞动的状态（图2），更增添了其设计的活力和热情。其设计的活力还体现在大面积大胆的印花面料，他从俄国、巴尔干半岛和"东方"的图案元素中汲取灵感，这些成了他的标志。他使用巨大的布幅和线状服饰结构来展示花纹。他还结合新艺术派的风格，运用饱和色调以及总体的富余感，这些特色也很著名。

巴斯特设计的大量服饰也与舞台作品主题有着直接的联系。从早年起，俄国芭蕾舞团就开始探索东方主题，创作东方主题的芭蕾舞剧，作品包括《埃及艳后》（1909），改写自《天方夜谭》的《谢赫拉莎德》（1910），《蓝神》（1912，取材自印度神话）。巴斯特设计有一个非凡的贡献——他将不同主题统一在一起，并不是单独运用或单纯展现东方元素，而是将西亚、北非、印度服饰与俄国花纹、古希腊线条和当代先锋视觉潮流统和在一起，创造出一种颓废的戏剧风格。

巴斯特和俄国芭蕾舞团对艺术的影响不仅仅局限在舞蹈服饰领域。巴斯特的设计风格借鉴了高级时装的一些重要特色，他本人就为简·帕昆设计过服饰（图3）。20世纪初期，他还曾为一家名为"三夸脱"的小时装店进行过设计。他设计的这些作品和舞台服饰一样，都体现出吸收东方元素所带来的颓废风格。另外一些西方设计师也尝试着类似的融合，比如西班牙设计师马里亚诺·福图尼就对外国纺织品和裁剪技术进行了广泛研究，以设计出卡弗坦袍风格以及古希腊风

1913年	1919年	1920年	1920年	1922年	1923年
波烈为雅克·里什潘的话剧《宣礼塔》设计服饰，包括他那件"灯罩式"的罩袍。	布鲁克林的亚伯拉罕和施特劳斯百货公司举办了"女衬衫周"，以促销东方风格的女衬衫。	斯图尔特·库林担任《女装日报》特约编辑，凭借他对东方时尚的了解决定刊物的内容。	杰西·富兰克林·特纳最早设计出莫卧儿花鸟装，其中吸收了历史上著名的花鸟纹。	影响力极大的殖民地展在法国举行，展览中有来自法国所有殖民地的花纹和服饰。	身兼女演员和制作人身份的艾拉·那兹莫娃据奥斯卡·王尔德作品《莎乐美》改编的电影上映。影片视觉效果丰富，具有东方主义风格。

格的服饰（图4，并见220页）。事实上，知名设计师经常从具有异国情调和迷人魅力的古希腊服饰和想象中的"东方"服饰中汲取灵感。他们的设计风格同芭蕾舞团中去掉紧身胸衣而赋予舞者们所需要的活动自由的服饰之间有着很大的共同点。

20世纪初的几十年间，被同辈称作"时尚之王"的法国设计师保罗·波烈是投身东方风格设计的最高调的设计师。1906年，他设计出督政府风格的服饰，其灵感来源于法国大革命时期模仿古希腊风格的不带紧身胸衣的圆柱形服饰。巴斯特为俄国芭蕾舞团设计的作品普及了东方风格，波烈也紧随其后，其设计彻底向东方化发展，而受古希腊影响的那些服饰就是这种变化的预示，也为其提供了背景。波烈回应了由巴斯特引发的法国时尚融合东方主义的新潮流，他于1911年推出了"灯笼裤"，1913年推出了他所谓的"灯罩式长袍"。这些服饰的设计元素明显都借鉴了西亚和北非风格，用色也更加生动。1913年，波烈为雅克·里什潘的话剧《宣礼塔》设计了服饰，其风格就是俄国芭蕾舞团的东方样式。和许多类似的尝试一样，波烈迅速涉足这样的风格是因为深受幻想元素的影响，也体现出他长久存在的一种思想。人们在幻想中一直把梦幻的"东方"当成是西方社会结构的对比。他的另一项著名设计就是把缠头巾帽（图6）作为女性服饰配饰重新引入了时装。作为一种通用头饰，缠头巾帽可以缠绕成无数款式，还能进一步采用珠宝或羽毛装饰以搭配晚礼服穿着。

1911年，波烈举办了臭名昭著的1002夜晚会，这就是用想象中的东方式颓废来展示西方欲望的最好例证。波烈举办这次奢华的盛事是为了推销自己的新设计（图5），也为了建立起自己的时装店在作为晚会主题风格的丰富、奢华和幻想方面的权威，设计中丰富的装饰和

4

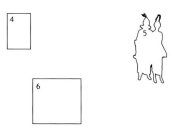

6

4 法国女演员及舞者雷吉娜·弗洛里诺身穿马里亚诺·福图尼设计的褶皱丝绸礼服（约1910），其灵感来源于古希腊垂褶服饰。

5 这些服饰装饰着人造珍珠、黑色皮毛、白鹭羽毛和金色刺绣，是保罗·波烈为1911年举行的著名的东方主题晚会所设计的。

6 在这幅时装草图中，埃特描绘的模特儿身着宽大的灯笼裤，还搭配着镶有珠宝的缠头巾帽和高耸的羽毛。

原创性引人注目。他严格控制整个场合，甚至给每位宾客都派发了详细的要求，说明他们具体应该穿着什么样的服饰。有几百位艺术家、设计师、舞者和巴黎贵族参加了晚会，全部身着能够体现伊斯兰黄金时代审美风格的服饰。这可能是东方风格的服饰和时尚整体呈现的最好例子。波烈不仅提供服装，还打造了家具和室内装饰，设计了晚会的方方面面。在这场上流社会的晚会中，东方时尚成了更为广泛的生活观念的一部分。

尝试东方时尚的不仅是高级时装和前卫艺术家圈子。20世纪10年代末20年代初，受学术研究启发，美国对全球各种时尚产生了浓烈的兴趣，并将其转化为商业。纽约布鲁克林博物馆时任馆长斯图亚特·库林是一位经常旅行的人类学家，他对纺织品文化相当感兴趣。在旅途中，他从世界各地搜集了大量的服饰和面料，并最终以此建立了布鲁克林博物馆服饰部。他和莫里斯·德坎普·克劳福德（《女装日报》编辑、《时装世界》作者）合作过一段时间，推动这些服饰的图案、裁剪和不同风格元素的传播。他们以自己的方式影响了许多美国设计师的设计，使得他们在可接受范围内做出了改变。这样，东方风格的服饰在美国也流行起来。

杰西·富兰克林·特纳于1916年至1922年为纽约本维特·泰勒百货公司提供设计，之后以自己的名义从事设计直至20世纪40年代。她的设计以融合西亚和南亚服饰图案和款式而闻名（见218页）。事实上，正是本维特·特纳及其他百货公司领导了东方风格的传播。1919年，布鲁克林中档百货商店亚伯拉罕和施特劳斯公司举办了"女衬衫周"。活动期间，商场橱窗内展示了布鲁克林博物馆收藏的过去的上装和长袍，同时也出售公司受博物馆藏品和当季流行风格影响而设计的产品。这些商务公司的举措保证了东方时尚的流行，也使东方图案和技术焕发了新的活力。

愈演愈烈的东方化并不局限在时装领域。在整个创造艺术领域，许多艺术家都在探寻试验各种文化资源。20世纪10年代，电影这种新生媒介开始开发类似题材，时装的探索则更加广泛明显。服饰与礼服——从可负担商品到奢侈品——保证了东方式颓废风格转变扩展到更广泛的社会阶层，也助推了东方主义风格从视觉语言转变为一场可接触到的易于辨认的审美运动。**IP**

茶会礼服 约1925年

杰西·富兰克林·特纳（Jessie Franklin Turner，1881—1956）

杰 西·富兰克林·特纳于20世纪第一个10年中期至第二次世界大战期间所设计的服饰在当时关注度极高。两次大战期间，她被誉为少数能够影响主流时尚潮流的美国设计师之一。这件亮橙色茶会礼服就是世界服装元素与美国当代风格融合的上佳代表。特纳与纽约布鲁克林博物馆的斯图亚特·库林和《女装日报》的莫里斯·德坎普·克劳福德在工作上有合作，后两人都是多国服饰与时尚的专家以及热心的收藏家。他们帮助特纳接触到不同的服饰传统，也影响了她的设计达几十年之久，特别是20世纪20年代东方风情极度流行之时。

特纳是一位专注的研究者，她将相当多的时间投入在图书馆和布鲁克林博物馆早期服饰藏品中。在那里，她第一次发现了一件带有花鸟图案元素的乌兹别克斯坦衫服，于是将其融入上装以及其他设计中。布鲁克林博物馆中藏有3件带这种花鸟图案的服饰（现藏于纽约大都会艺术博物馆）。特纳的设计不仅表现在图案上，她使用的面料也是特意生产的。**IP**

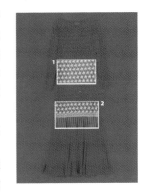

👁 细节解说

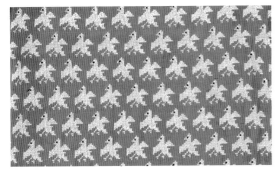

1 花鸟纹
这里的花鸟纹直接采用自布鲁克林博物馆的一件黑白布哈拉（位于乌兹别克斯坦）服饰。特纳在许多服饰上运用过同样的纹样，有的花鸟纹比这里的更为密集。

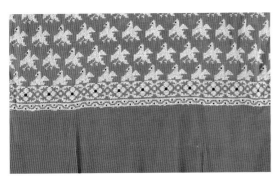

2 面料对比
服饰中素面部分和花纹部分之间的线条类似于20世纪20年代末期服饰中所见的低腰款式。这时，时装的腰线开始放低，也变得更加曲折。

🕐 设计师生平

1881—1921年
杰西·富兰克林·特纳对美国时尚影响重大，但人们对她本人的生平却知之甚少。她成长于美国中西部地区，先是受雇于一家小型百货公司。特纳最早专攻内衣领域。1916年，她转至更具影响力的本维特·泰勒百货公司，和布鲁克林博物馆密切合作的时候仍供职于此。本维特·泰勒百货公司当时可谓融合全球风格的时装展台。

1922—1956年
在为本维特·泰勒工作的同时，特纳也开始以自己的名义进行设计。1922年，她开办了自己的时装店，主要产品就是东方风格的时装。1922年起，特纳开始在《时尚》等杂志上刊登展销广告，其营销主要强调精湛的技艺以及她自己生产的面料。设计师伊丽莎白·豪斯曾称赞特纳从不模仿巴黎时尚。1942年，特纳退出时尚界。

▲ 这张照片中的英国舞蹈女演员简·巴里身穿一件白色绉绸茶会礼服斜倚在躺椅上，服饰腰部有葡萄和叶子花纹装饰，是杰西·富兰克林·特纳1931年左右的设计作品。

丝绸卡弗坦袍 约1930年

马里亚诺·福图尼（Mariano Fortuny，1871—1949）

这件丝绸卡弗坦袍体现了设计师马里亚诺·福图尼对世界各地的面料、款式和裁剪习俗的强烈兴趣和精通程度。他在设计生涯中一直在探索不同文化中卡弗坦式样的长袍服饰。这里的这款卡弗坦袍就是融合的产物，其设计元素来自包括北非、中国和日本在内的不同国家和地区。服饰是作为晚礼服外衣设计的，与福图尼设计的礼服非常搭配。礼服的柔和线条、圆柱形裁剪和饱和的色调都与卡弗坦袍非常相称。巨大的衣袖以及面料的大幅运用使得服饰拥有了一份古怪和超越感，因此福图尼的设计最早受到的是先锋艺术家的欢迎。

福图尼是一位优秀的研究者和匠人，他将自己广博的服饰文化学识转用在了设计中。与其他尝试东方风格的设计师一样，他也曾借鉴过古希腊服饰风格，并据此设计出最著名的"特尔斐"长袍裙，其特色就在于他拥有专利权的褶裥技术。福图尼拥有20多项专利技术，都是对世界古老服饰和面料元素的复制和再现，褶裥技术只是其中的一项。他还利用手工印染技术开发出织物印染体系，使得闪光和其他迷人效果的制造成为可能。**IP**

细节解说

1 衣袖
这件卡弗坦袍的袖子上有许多裂口，开口处还使用木扣加固突出。福图尼的设计借鉴了东亚和服的元素以及北非具有整体感的长袍风格，由此体现出他对世界各地风格的了解，以及天衣无缝地结合各种元素创造出全新审美风格的能力。垂坠的衣袖为服饰增添了戏剧感。

2 图案
服饰中的金色花纹令人回想起奥斯曼服饰风格对北非服饰的影响。奥斯曼帝国对北非的统治从16世纪持续到18世纪，他们服饰的许多设计元素也出现在北非富人和统治阶级的服饰中。饰金的服饰体现了穿着者的高贵地位。这里的几何植物花纹显然是模仿自丝绸卡弗坦袍上的刺绣和印花风格。

设计师生平

1871—1900年
马里亚诺·福图尼·马德拉索出生于西班牙格拉纳达的一个艺术之家。很小的时候，他家就搬到了巴黎，接着在1890年又搬到了威尼斯。他在那里开办了自己的设计坊。他曾在大学学习过化学和物理方面的知识，这些知识为他后来的染色、褶裥和其他技术打下了坚实的基础，使得他获得了22项发明专利。

1901—1949年
福图尼对时尚的贡献就在于他的夸张设计。他对艺术史的了解以及在威尼斯接触到的意大利大师为他的设计提供了灵感，因此他创造出来的作品融合了各种传统，历久弥新，引人注目。福图尼会在一幅织物上运用多种技巧，其作品不似其他设计师，很少随着时间流逝而产生变化。他这件代表性的茶会礼服是为居家穿着而设计的，突出了身体的自然线条。

▲ 相片中是福图尼于20世纪30至40年代设计的绉绸"特尔斐"长袍裙。这些服饰受古希腊垂褶服饰启发，从1915年左右出现各种不同风格，穿着时不需要紧身胸衣。

大众服饰

可可·香奈儿为现代自由女性所设计的服饰就像是掀起了一场时尚革命。她作品中的方便穿着、简约的审美品位完美地贴合了积极投身新世纪潮流的女性的欲望和需求。尤其是她所首创的三件套针织衫套装（图1）成了所有女性衣柜中的主要配备。套装包括一件贴袋开襟毛衫、一条裙子和一件"套头"衫，面料使用法国纺织生产商罗迪尔公司开发的圆形针织机纺织的单面斜纹针织布。1916年，香奈儿对这种便宜织物裁剪的服装做出了改变，设计出的服饰既保证了活动的自由，又保留了身体的线条，抛弃了美好年代塑造胸型的紧身胸衣，以支持当时女性崇尚的流线型的运动风格。随着批量生产效率的提高，三件套针织开衫套装生产变得更容易，其简洁的线条也很容易仿制，因此成为最早的大众流行服饰。这种方便穿着的服饰穿着时

重要事件

1910年	1913年	1916年	1919年	1919年	1921年
香奈儿在巴黎康朋街21号设计并出售了许多独具特色的帽子。	香奈儿在法国多维尔开办了一家精品店，1915年在比亚里茨开办了第二家，以满足富裕阶层客户需求。	美国《时尚芭莎》杂志社上刊登了一幅香奈儿比亚里茨店里无腰身宽松女服的插画，这是香奈儿设计的第一次刊印。	卢西恩·勒隆在巴黎开办了勒隆时装店。	香奈儿注册成为设计师，并在巴黎康朋街31号开办了自己的时装店。	香奈儿5号香水问世。这款香水以茉莉花味为底，由欧内斯特·博瓦调配，是第一款以设计师名字命名的香水。

不再需要女仆的协助，同样，这一时期的波波头或新式墙面板式短发发型也使得女性可以免去美发师长时间的美发过程（见226页）。

香奈儿对简洁服饰以及实用性面料的偏爱可能与她成长环境的贫寒有关。她的母亲是位未婚妈妈，香奈儿在一家女修道院孤儿所长大，18岁找到工作成为一名裁缝师。23岁的时候，香奈儿成为纺织富商之子艾提安·巴勒松的情人。巴勒松帮她开起了女帽店。1908年，她与巴勒松的一位朋友亚瑟·爱德华·"博伊"·卡普尔上校恋爱，并在其帮助下于法国上流社会游乐地的海滨城市多维尔开办了服装店。在此，香奈儿开始为习惯于购买服饰的贵族客户提供独具特色的具有实用性、简洁优雅的服饰。

1923年，香奈儿因为西敏公爵而被介绍到英国贵族圈。这些贵族服饰的风格激发了设计师的灵感，她将男性运动服饰的风格运用到女性优雅的日间服饰设计中，同时也引入了色调柔和的苏格兰花呢、羊绒等英国面料。她还从方形短夹克、白衬衫和布列塔尼条纹水手衫等下层男性服饰中汲取了灵感。20世纪20年代，香奈儿进一步简化了服饰裁剪，设计出无腰身的宽松款型。这种低腰直筒服饰从肩头垂挂下来。1926年，她设计出具有标志意义的黑色小礼服（见224页），其简洁和实用的风格挑战了阶级和财富差异，成为大众服饰。她还推动了珠宝首饰的流行，精品店中还有印着其商标的珠宝手镯（图2）出售。她标志性的金色链条串起的多圈人造珍珠项链为大众市场生产商所模仿，并致使佩戴真正的珠宝成了过时之举。

强调舒适性的休闲服饰在美国市场也很受欢迎。20世纪20年代，商场名店里销售的大部分都是进口和仿制的巴黎最新流行服饰，此外就是香奈儿的针织套装和米色丝光绒服饰。随着法国设计师开始设计适应大众理念的简洁服饰，美国的消费者们对这些欧洲大陆的设计师也越来越熟悉。这一时期成功引入美国的时装有艾尔莎·夏帕瑞丽的错视毛衣（见264页），让·巴杜（1887—1936）和卢西恩·勒隆（1889—1958）的运动风格服饰，后者还用"动能"这一术语来描述自己的简洁设计贴合身体的能力（图3）。随着法国法郎地位的衰落，设计的服饰越来越简洁，同时也因为自我推销的手法越来越高明，法国设计师们作为美国时尚决定者的地位又继续保持了10年。**MF**

黑色小礼服 1926年

可可 · 香奈儿（Coco Chanel，1883—1971）

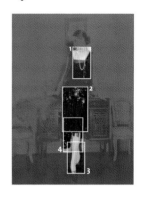

巴黎设计师可可·香奈儿被认为是永恒经典"黑色小礼服"的发明者,她设计的这种标志性的经典服饰是大众化优雅的典范。香奈儿早在1913年就已经设计出了黑色礼服。20世纪20年代,她开始在这种裁剪精良的无腰身宽松礼服上使用当时席卷了整个时代的装饰艺术中生动的几何图形。1926年10月号的美国版《时尚》杂志称黑色小礼服是"香奈儿设计的'福特'轿车,全世界都穿这种连衣裙",因为它对大众的吸引力足可与福特T型车相媲美。黑色小礼服成为时尚词典中不会失败的产品,不管经济状况如何,所有的女性都可以穿着。

这件黑色小礼服沿袭了无腰身宽松女服的平行线条和低腰设计,有别于其他面料奢侈、装饰华丽的日装。裙子所使用的黑色中国绉纱只齐膝盖的位置,装饰的珠串形成长短不一的裙摆线。上衣水平直切的领口被长齐臀部的短上衣镶有珠饰的柔和衣边柔化。黑色最初只能在葬礼场合穿用,但香奈儿让它成了新流行的傍晚"鸡尾酒时间"的明智之选。所谓的鸡尾酒时间是指下午6点至8点举行的私人社交聚会,享乐其中的"飞女郎"就是著名的崇尚享乐主义生活方式的自由奔放的年轻女性。**MF**

👁 细节解说

1 平整的胸型

无腰身宽松款式的女服是20世纪20年代假小子风格服饰的缩影,它将穿者从沙漏形的紧身胸衣的束缚中解放出来。虽然不再强调腰部线条,但黑色小礼服窄长的线条却要求胸部使用束胸或狭边乳罩来塑形。平整的胸型也使得当时流行的多圈长项链能够从胸前直垂而下。

2 装饰

这种无腰身宽松女服简洁的款型为精致的装饰物提供了完美的展现舞台。这些饰物映射着光芒,赋予服饰以运动感。这里复杂的珠饰应该是店内工人("小手")手工串起的。20世纪20年代,小手工人的数量数以千计,他们都是为巴杜、卡洛姐妹、爱德华·莫里诺等当时著名的时装店工作。

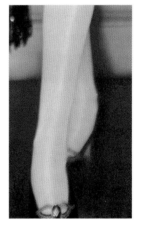

3 "裸"腿

20世纪20年代裙摆线上提,裙子变短带来了对现代式样的透明长袜的需求。此前,长袜都是采用圆形织机纺织,然后缝纫成形的,但这就意味着穿着时膝盖和脚踝位置会松弛下垂。20世纪20年代,长袜全面流行。长袜采用两片米黄色针织物或肉色丝绸缝制而成,这样腿部看上去就像裸露在外一样,只在大腿上端后部有缝线。

4 不规则裙摆

为了缓和早期的短裙到20世纪30年代常见的长齐小腿中部的裙子的转变,设计师采用了许多不同的装饰。其中包括手帕尖角形状的裙摆,即采用三角形的面料来打破裙摆线;膝盖以下露出透明的衬裙;另外还有和香奈儿在这件服饰中设计的一样的添加长短不一的黑色珠串。

波波头 1926年
飞女郎发型

美国舞者兼女演员露易丝·布鲁克斯（1929）。

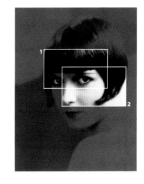

舞者兼默片明星露易丝·布鲁克斯的这头黑色贴头式短发很有特色，她代表了20世纪20年代以及"飞女郎"时代自由精神的解放。这种发型的典型体现是她在乔治·威廉·巴布斯特导演的关于现代性道德的影片《潘多拉的魔盒》（1929）中扮演的露露一角。考虑到长发代表女性气质在人们观念中的长久性与彻底性，短发的流行起初激起了强烈的争议——这说明社会对现代女性持惧怕态度。

20世纪初期，波波头在儿童中非常流行；随着第一次世界大战爆发，20世纪20年代流线型线条开始流行，这之后女性们才抛弃了战前岁月中精致而又耗时的发型。对于那些有勇气剪墙面板式短发发型，或伊顿式男式短发——一种要求后颈剃光，头发剪至耳部以上的发型——的女性来说，去理发店就成了必要之举。很快，女性们就有了波浪式、墙面板式、带刘海式发型。露易丝·布鲁克斯的这款全刘海式短发修剪得非常简洁，从中间整齐地分开，短发由此进入主流时尚圈，并且和"黑色小礼服"一样成了延续至今的时尚经典。**MF**

细节解说

1 刘海
为了突出眼睛，露易丝的刘海修剪得整整齐齐搭在额头上，并露出眉毛。刘海两边与耳朵高度齐平，长度足够形成"前额卷发"的形状。头发的弧度则在脸颊上按压平整。

2 精准的修剪
短发需要专业的理发技术，而非只靠钳子和别针塑形，并且还要定期打理。发型在后颈处逐渐变尖形成V形。

钟形帽

假小子款式服装下的纤细身材，要求有整洁的发型来搭配新流行的钟形帽（见下图，1924年的《她剪了头发》乐谱封面）。这种帽子由女帽设计师卡洛琳·勒布于1908年设计，整个20年代都非常流行，通常以羊毛毡为面料，模仿头型设计，很适合添加装饰。

中国现代服饰

1 在这张照片中，袁世凯身着配有绶带和肩章、奖章的欧式制服，头戴华丽礼帽。

2 月份牌也受到西方宣传画的影响。这张月份牌来自1926年，上面有杜邦染料的广告。

3 这张20世纪30年代的宣传海报非常具有代表性，画面以美女为中心。

1912年，对于所有的中国人来说，穿什么是一个大问题。人们指责是清政府的统治导致了国家的贫困，因此许多人认为要抛弃满族服饰和发辫。人们认为西方国家值得学习，但同时他们也是侵略者，暗地里正图谋不轨。1912年，原本是医生的孙中山就任中华民国临时大总统，他就职时穿着短上衣和裤装（后来被称为"中山装"，见230页）。然而，在1911年，并不是所有人都支持革命，因为对于许多人来说，革命者的思想似乎太过激进。有些人仍然支持退位的满族皇室。因此，一段时间内，出现了传统长袍、马褂（见166页）与中山装并存的局面。

对于汉族男子来说，剪掉辫子相对来说较容易接受，一些满族男子则保留辫子以示抵抗。当时，对许多人来说，西方国家具有强大的

重要事件

1912年	1912年	1915年	1919年	约1920年	约1925年
孙中山在就任中华民国临时大总统时选择了中山装。	"中华民国"禁止妇女缠足，由此将女性从社会和政治压迫下解放了出来。	袁世凯称帝，但遭到普遍反对，仅过了83天就取消了帝制。	"五四运动"中的学生穿着表明了时尚的变化。许多人剪掉了辫子，但仍穿着传统的长袍。	年轻女性中流行的时装是袖长齐肘部的短褂配百褶裙或长齐小腿的裤子。	旗袍出现。这种服饰最初非常宽松，两边也没有开衩。

吸引力，因为西方象征着品质和现代化。大街上的男人可能毫不关注国家的领导人到底是总统还是皇帝，但绝对不想被人认为"落伍"，只要戴了西式的太阳镜或是穿了系带皮鞋，他就属于"现代"阵营。但是，中国服饰传统深厚，不可能一夜之间全部废弃，因此20世纪20至30年代，男性传统长袍搭配进口软毡帽的情况很常见。这种新奇的东西方混搭产生了奇异的效果。北洋军阀统帅袁世凯热爱欧洲款式的军服（图1）。1915年12月，他于北京天坛举行仪式登基称帝。官员们身着团龙纹的伪礼服，头戴类似学位帽的独特帽子；士兵们身着的制服看起来则像是模仿自英国冷溪近卫步兵团。袁世凯想要兼具"中国化"和"现代性"，但却遭遇惨败。

中山装对应的女装是旗袍，在香港则被称为长衫。1850年之前，贵族家庭的女性都穿着长袍，因为两边有开缝，因此袍内还要穿着裤装遮盖腿部。旗袍则可无须裤装单独穿着。在这幅1926年的月份牌海报（图2）中，少女穿着的是早期立领款式的旗袍，袖子长齐肘部、非常宽大，腰身相当宽松，两边也没有开衩。画中的服饰并不是特别大胆，但鞋子、黑色长筒袜、腕表和刘海都非常"现代化"。作为家庭休闲活动的编织——见藤桌上的毛线团和编织针——说明，旗袍这种新型时装最初是社会地位很高的女性穿着的服饰。

高开衩紧身旗袍的发明者是谁，并没有明确答案。然而，西式的广告则立即开始利用身着这种诱人服饰的美女画像来促销香烟一类的新产品。20世纪30年代，英国烟草公司哈德门香烟的这幅海报（图3）就是一个例子。画中女性化着浓妆，头发很短而且烫过，姿态婀娜。香烟旁写着广告口号"终究他最好"。广告劝说女性大胆尝试新事物——香烟或男人。

这一时期中国女演员在黑白影像中穿着的也是类似的紧身旗袍，不过20世纪30至40年代上海的电影业并不发达。《上海快车》（1932）等好莱坞影片上映后，旗袍开始成为"东方式颓废"风格的象征——至少在西方是这样。虽然经过现代改良以后，这种服饰已经和原来的款式有了巨大的变化，但旗袍仍是中国的特色服饰。**MW**

1927年	1927年	1930年	约1935年	1949年	1950年
民国政府首脑蒋介石与宋美龄成婚。婚礼上，宋美龄穿着的是西式白色婚纱。	文胸进入中国。	中国时尚之都上海举办了第一届上海小姐比赛。赛事吸引了许多背景显赫的参赛者。	紧身款式的旗袍因成为不雅职业女性的最爱服饰而声明受污。	10月1日，中华人民共和国成立，毛泽东主席在向全国人民致辞时身着的是中山装。	中国大陆很少与西方资本主义世界交流。在世界舞台上，中国女性穿着旗袍来表明自己的民族身份。

中山装 20世纪20年代
男装

中国男性时装的面貌在1912年相当混乱。虽然刚刚成立了民国政府,然而大部分男性仍将头发编成满族的辫子。龙袍已成为历史,但新政府成员还不想抛弃马褂。完全接纳西方服饰对中国来说是不合适的,因此临时大总统孙中山选择了短上衣和裤子的组合。这种套装后来被称作"中山装"。不过,这种套装出现之后也并没有成为男性的主要时装,甚至连孙中山本人有时也会穿着传统的长衫。中山装在学生中尤其流行,逐渐成为革命精神、新思想与进步的象征。

后来,毛泽东主席让中山装成了中国的标志。很快,在1949年之后,任何与资本主义国家相关的服饰风格都不被接受,毛主席总是身着中山装。20世纪六七十年代,中山装成为大众首选的服饰,不仅为男性穿着,对女性来说也是如此。**MW**

细节解说

1 系扣上衣

中山装的上衣采用可翻折的高领,前身从脖子扣系到底。这是中国服饰中第一次使用扣眼。中山装上衣长齐臀部,因此比传统马褂稍长。腰身也更紧身,裁剪更贴合身体。上衣之内要穿着白衬衫,出于领口的原因,领带也不需要了。

2 褶形口袋

带襟翼的褶皱口袋是一种新颖特色,毫无疑问也是受西方服饰影响的结果。1900年之前,中国服饰中是没有口袋的。无论男女都需要携带包袱来装小物品。大些的物品,男性会使用口袋,一般用布做成,斜挎在肩上。

▲ 这张照片是孙中山1912年穿着中山装照的标准像。其裁剪和缝纫都是西方风格。

俄国构成主义设计

1 照片里晚会表演中的这些简洁服饰是由瓦尔瓦拉·斯捷潘诺娃所设计的（1924）。

2 在这幅几何面料设计草图中，柳博芙·波波娃避开了传统的花卉图案，创作出一种全新形式的不完全分割的几何图形，色彩也只使用有限的几种，使得平面面料具有了空间深度（1923—1924）。

战后的西方大众时尚中，装饰艺术和现代主义风格占据主导地位（见238页），而1917年革命改变了俄国与欧洲视觉风格之间的关系。俄国布尔什维克要求视觉文化应该具有本国特色，要有清晰的宣传价值，能够为正在建设的新社会所用。结构主义运动就诞生于这种形势之下，它将欧洲机械时代的未来主义和共产主义的无产阶级运动结合起来，成为无产阶级的普遍文化。构成主义宣言称，艺术家不应该再脱离社会而孤立创作。柳博芙·波波娃（1889—1924）、瓦尔瓦拉·斯捷潘诺娃及其丈夫亚历山大·罗琴科（1891—1956）宣告发起"画框上的战争"，要接受技术。他们寻求与工业、共产党的合作，要将建筑、家具、雕塑、图像和时尚艺术带给人民大众（图1），这个承诺得到了国家的支持。革命初期，莫斯科建立了艺术文

重要事件

1917年	1917—1918年	1920年	1921年	1922年	1922年
尼古拉一世于3月退位。布尔什维克党人推翻了临时政府，列宁成为俄国共产党领导人。	俄国与德国签署和平协定。尼古拉一世及其家人被处死，内战爆发。	瓦尔瓦拉·斯捷潘诺娃成为莫斯科艺术文化学院研究秘书。	"5×5=25"是第一次构成主义作品展览。	苏联建立。斯大林任共产党中央总书记。构成主义宣言发表。	柳博芙·波波娃为费尔南德·克罗梅兰克的《宽宏大量的丈夫》设计了舞台服装。

化学院等设计学院，构成主义艺术家被任命为委员会成员。

20世纪20年代，随着激进的新经济政策的实施（允许小商人和农民私自出售特定的商品，以增加资本在国内的流动），要在整个工业领域内实施构成主义的思想被证实为不切实际。然而，纺织和服装设计却是个例外，成了国家和构成主义艺术家合作最成功的领域。这种艺术和工业的统一在苏维埃俄国仅此一例。瓦尔瓦拉·斯捷潘诺娃和柳博芙·波波娃是苏维埃俄国重振该产业的重要人物，此产业之前一直要依赖法国的织物样品和纱线。1923年，斯捷潘诺娃和波波娃被委任领导莫斯科的第一纺织印染厂来生产具有俄国属性、适合全社会成员的织物。波波娃曾游历过多国，是一位著名的立体未来主义者，支持"绘画建筑学"；斯捷潘诺娃农民出身，曾学习过平面艺术，这次任命则出于对这些条件的综合考虑。

在第一纺织印染厂建立初期，波波娃和斯捷潘诺娃面临许多困难。历经多年战争之后，俄国工业和物质资源急剧减少，有经验的劳动力也只剩一小部分。两位女艺术家只得设计符合国家命令的图案，所有的图像都必须清晰、容易理解，能够反映她们自己的构成主义思想，技术上也要能够生产（图2）。两人此前都没正式学习过纺织，因此只能在生产过程中自学，以将艺术和批量生产结合起来。苏联艺术评论家D.M.阿罗诺维奇称，他们遭到织工和技术人员的反对，因为后者憎恶这种强加的"新型"审美，认为她们的设计不实用。两人希望通过参与生产过程（纺织和染色）、投票招聘以及习得设计来打破此类挑战。她们还改善了工厂条件，改进了自己在零售和印染方面的工作方式。

相较同时代其他设计师所设计的不成熟的构成主义织物，波波娃和斯捷潘诺娃的方法更具想象力。两人都热心于织物设计，都觉得纺织就是编排"生命的物质元素"的方式，能将织物和构成主义完美结合起来。波波娃曾写道："看到农民和工人购买我的面料所带来的深刻的满足感是任何艺术品都无法给我的。"虽然波波娃和斯捷潘诺娃的设计取得了成功，两人的技术也变得熟练，但他们也明白，全棉印花适合的是多方向的少图层、小图案。

波波娃的设计风格与其早期至上主义运动作品有关。至上主义运动坚持抽象世界能够用基本的几何图形来进行艺术化的表达。她将试验转至建筑拼贴画上，将农民的设计和传统蕾丝都运用在为瓦尔波夫

卡工匠合作所设计的草图中。1917年左右，她抛弃了这些思想，转而接受构成主义的"实用性"理念。她的面料设计在政治正确的框架内继续融入交叉的空间平面图形。1923年，她所设计的"锤子和镰刀"将这一富有政治象征的图形转化为精致的图案。

与之相反，斯捷潘诺娃则通过有限的圆圈、三角形和四角形来使图案具有"机械化"色彩。她运用蓝、黑、白等少量色彩进行出其不意的组合，每幅面料都呈现出一种复杂的几何运动的观感。和波波娃一样，斯捷潘诺娃在面料设计中也严格遵守这些准则，拒绝"自由、非具象、至上主义或立体派未来主义的元素"；她所设计的150种图案中有120种实现了生产。

波波娃和斯捷潘诺娃也是构成主义时装设计运动以及成衣和专门服饰之争的参与者。斯捷潘诺娃争辩称："没有单独存在的服装款式，所谓专门服饰都是出于特定目的而生产的。"构成主义要求服装应当适合穿者的职业和活动；挑战在于，如何节约使用合适的生产材料，促进批量生产，拒绝西方资产阶级奢侈品（商品崇拜），以及创作出平等而又鼓舞人心的设计。提议包括，抛弃纸质服饰，即生产便于穿着的卫生衣的革命思想。另一些人则将农民传统的无袖短上衣改进成适合大众穿着的长袖衬衫。但这些都被证实不具备真正的使用功能。女装设计师娜杰日娃·拉马诺娃（1861—1941）根据客户的需要直接进行裁剪而不使用纸样。此举带来了真正的改变，引发了人们争论"在服饰行业，艺术家必须采取主动，运用异常简单的材料生产式样简单而又讨人喜欢的服饰，应该适合我们工作生活的新结构"。然而，苏联资产阶级的主要成员却对接受纯粹的构成主义思想显得不那么乐意，他们会运用奢华的珍珠和皮毛来装饰几何风格的服饰。

弗拉基米尔·塔特林（1885—1953）是一位多才多艺的艺术家，

3 这些服饰是波波娃1923年至1924年的设计作品，包括一件黄色套裙、一件白色和粉红色的裙子、一件蓝色带手帕边袖子的低腰"飞女郎"裙子。3件服饰都很符合构成主义思想，构造都很"通透"（易于制作和理解）。

4 弗拉基米尔·塔特林为米哈伊尔·格林卡的歌剧《为沙皇献身》设计的服饰草图（1913）。

5 这件运动服为瓦尔瓦拉·斯捷潘诺娃所设计，上面的红星图案是基于宣传目的而设计的（1923）。

他试图将工程技术运用到雕塑中，设计出的通用男性套装既暖和、方便行动又式样简单、节约面料，因此成为标准的构成主义服饰。在设计服饰时，塔特林会将民间图案和抽象形式结合在一起（图4）。斯捷潘诺娃和波波娃也曾从事过服饰和舞台设计，那种大胆与富于说教的风格也影响了她们的服饰设计。波波娃为费尔南德·克罗梅兰克的《宽宏大量的丈夫》设计的舞台就是一个不停移动的标准白色木板装置，移动的速度就是感情强烈程度的体现。演员们都穿着粗糙的几何图案服饰，由此表现出他们所代表的事物。1922年，斯捷潘诺娃为话剧《泰瑞金之死》（见236页）设计了服饰，其中运用的是单色面料和基础几何图形。

斯捷潘诺娃和波波娃都曾写过时尚论述的文章，她们以构成主义艺术期刊《列夫》为平台阐述宣传自己的设计。她们坚持自己的设计对象是"图拉（莫斯科郊区的工业城镇）的农民妇女"，但评论家却指责波波娃的设计存在精英主义思想，其实是为"库兹涅斯基·莫斯特街（莫斯科高级时装店所在地）的夫人们"所设计的。

波波娃的时装设计因其生产型的思想而别具活力，俄国构成主义艺术学者娜塔莉亚·沃迪亚诺娃称其具有"无产阶级大众风格"。她的服饰并不太针对工农业生产者，而是为波希米亚风格的更加悠闲的白领工人所设计的。波波娃认为服饰就是一种构成主义雕塑：裙子或短上衣营造出"空间"，面料是为了起到加固作用。相较装饰艺术或线性几何的幼稚，她的设计更强调女性的曲线——收紧的腰线和夸张的臀线，假想女性的身材就是一个按照设计师的意愿"容纳和支撑服饰"的建筑框架。她试图达到款式和面料的最优结合，会运用印花面料来制作素面织物的领子、腰带和袖口（图3）。

与此相反，斯捷潘诺娃留存下来的设计都是中性化、原始的几何图形，色彩与素面几何图形相结合。她于1923年设计的红白蓝运动外衣上的图案只是简单的矩形、圆弧、分段锥形的结合。对女性来说，这样就设计出一种宽松大袖的上衣、窄身裙或宽松短裤；她的几何运动装中还有一个简单的红星（图5）。波波娃和斯捷潘诺娃还一同设计出一种车间通用服装，只是面料和颜色有所差别。

构成主义时装是集体大项目中罕有的成功案例，不过1924年波波娃因猩红热去世后，这种风格就开始衰落了。斯捷潘诺娃于1924年被任命为莫斯科高等技术艺术工作室教授，继续讲授织物设计。随着苏联国内市场限制越发严格，构成主义设计和面料的销售更加困难。新经济政策使得一些奸商获得了一定的财富，这些潜在的消费者于是想要获得被没收的旧贵族的财产。20世纪20年代末期，列昂·托洛茨基被驱逐出境。虽然构成主义者在政治上是革命派，但也被划为托洛茨基的同党。构成主义者虽然仍旧为共产党宣传，但他们的艺术日趋边缘化，并被定为资产阶级风格。**PW**

构成主义服饰 1922年
瓦尔瓦拉·斯捷潘诺娃（Varvara Stepanova，1894—1958）

1922年瓦尔瓦拉·斯捷潘诺娃为《泰瑞金之死》中的玛夫鲁莎设计的服饰草图。

这 件服饰是瓦尔瓦拉·斯捷潘诺娃于1922年以服饰和舞台设计师身份为弗谢沃洛德·梅耶荷德的作品《泰瑞金之死》设计的。玛夫鲁莎一角在剧中是泰瑞金的侍女，是少有的女性主角。与其他服饰一样，斯捷潘诺娃的设计符合构成主义的思想：使用黑白两色，没有指明具体的面料，剪裁也很节约。服饰有严格的几何形状，斯捷潘诺娃运用了具有个人特色的矩形、三角形和正方形结构。线条或"衣褶"构建出空间深度，由此也展现了艺术家的技艺。垂直的线条反映出舞台的结构。这出剧作的舞台采用活动装置，选用简单、垂直的木板家具做成。在这种舞台布景下，女仆的平面身形几乎难以看见，也表明角色属于舞台的一部分。服饰也符合构成主义中的专门服饰思想，符合角色的功能性。服饰没有任何装饰，其简单的形式表明，女性属于苏联社会生产的一部分。虽然从草图上看，服饰的几何形状很明显，但穿着起来就会形成宽松的袍服风格，传达出角色的仆人身份属性。**PW**

👁 细节解说

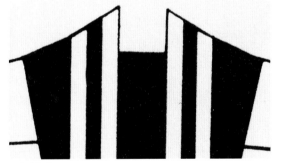

1 传统基础
这件袍服以农民的传统无袖短上衣风格为基础，肩部缝线呈垂落状；表面装饰衬托出身体的轮廓。这种不具时代风格的服饰男女皆可穿着，使得普遍的性别观念在剧院中受到了检视。

2 几何形状
这件平面设计图中采用了矩形和三角形，其中暗含的独特的褶皱传达出聪明又狡猾的特点，反映出仆人淳朴的性格中老谋深算的一面。

俄国剧院和设计

《泰瑞金之死》由俄国贵族亚历山大·苏赫夫-可比林作于1869年。该作品是三部曲中的一部，描写沙皇本人卷入诉讼案件，及其统治末期的腐败。作品主题令剧院导演弗谢沃洛德·梅耶荷德非常着迷，这部具有高度象征意义的作品为欧洲戏剧带来了一种新的形式。该作品既批判过去，又洞见新时代，届时人与机器将共同运转，个人身份将从属于国家。斯捷潘诺娃为《泰瑞金之死》设计的活动舞台（下图）表明了设计师对机械化社会的观点。剧中工人的服饰都很实用，但主要男性角色的服饰却很刻板，头重脚轻的风格很不实用、难以维持，就像沙皇俄国本身。斯捷潘诺娃之后继续从事织物设计，职业生涯晚期，她专攻图形设计和宣传艺术。

现代派风格

装饰艺术起源于巴黎，它在那里被称作"现代式"，并于1925年在国际现代化工业装饰艺术展览会上进行了展出。这种风格统治了装饰设计领域20年，20世纪20年代在欧洲达到流行的巅峰，整个20世纪30年代又在美国继续流行。装饰艺术是对新艺术派细长的有机形式的一种回应，但它也继续对立体主义和超现实主义抽象概念所引发的自然观念提出了疑问。其装饰元素吸收自非洲艺术、简洁的日本木版画以及古埃及图坦卡蒙法老陵墓出土的器物，从而形成了梯形、之字形、几何形状的特色风格，还大胆运用了台阶形和太阳光芒图案。随着装饰艺术的发展，1925年举办的展览会展出的现代主义风格的设计作品，其实就是对机械时代的一种极其功用性的想象。因其赞

重要事件

1918年	1919年	1919年	20世纪20年代	1921年	1921年
第一次世界大战结束，古老的欧洲帝国瓦解，美国经济占据统治地位。	南希·阿斯特成为英国第一位女性国会议员。30岁以上的英国女性被赋予选举权，1928年放宽至21岁以上。	可可·香奈儿在巴黎康朋街31号开办了自己的服装店。	浪凡时装店在巴黎正式成立，主要为名人制作时装。	好莱坞默片影星鲁道夫·瓦伦蒂诺参演了《沙漠情酋》。他在女粉丝中引发骚动，并带动了异国风情的流行。	王储爱德华八世穿着费尔岛无袖上衣在公众面前露面，引发了传统针织服饰的流行。

美艺术、美与工业之间的关系，受到苏联等国家的欢迎，瑞士出生的勒·柯布西耶等建筑师的建筑设计作品中也明显可见其影响力。

装饰艺术时代之前发生了世界大战，加快了欧洲社会、艺术和政治形式的转变。大量男性青年战死，人口结构失衡。日间，女性取代男性成为劳动力；夜里，舞厅里因为缺乏男舞伴，大多数都是女性互相搭配。到1920年，英国年满30岁以上的女性和美国女性首次取得了选举权。这些新取得选举权的女性也接过了之前只有男性才有的习惯：抽烟、开快车，甚至驾驶飞机。这个速度的年代要求流线型的身形，因此女性体型就变成了平胸中性化的"飞女郎"式。这在时装历史上还是第一次——女性希望变瘦。

此外，在20世纪20年代，积极的生活方式要求女性穿着能够自由活动的服饰。一种掠过身体轮廓、背心式圆筒状宽松的无腰身服饰重新定义了女性衣橱中的服饰风格（图1）。其日装版本使用针织面料或人造纤维制作，晚装则采用大量柱形珠子、贴花、金银线、钩花装饰，或是用层层蕾丝覆盖。无腰身宽松女服带来了服饰设计的迅速变化，比如1920年左右出现的将自然腰线下延至臀部位置，在臀线位置用腰带或横带加以强调。宽松的上衣搭配简单的圆领或V形领。裙子直接垂落至小腿中部位置，20世纪20年代大部分时间里都保持在膝盖以下。款式变化出褶皱裙和开衩裙，更方便活动。简单款式的服饰一小时之内就能做完，家庭缝纫开始蓬勃发展。

1925年至1928年，裙摆线第一次提到了膝盖以上，如果是裁成手帕角、弧形或采用多层透明材料制作时还会变得更短，只采用串珠加长长度。宽松裁剪的短上衣会用腰带虚饰出女性的身形，服饰都是平胸窄臀裁剪。法语中将这种年轻女性主导的风格称作假小子式，类似于年轻的工作女性或没有年长女性陪伴的派对贵族女孩被称作飞女郎——因不系鞋带任靴子随意拍打得名。她们成了爵士年代女性身份变化的象征。这些女孩拒绝标准的淑女做派，体现了战后世界的变化。流苏裙摆翻飞，她们跳的是由巴黎《黑色月刊》的约瑟芬·贝克带动流行的火鸡舞，以及1923年在齐格菲歌舞团首演的查尔斯登舞。大胆的时装裸露出胳膊和双腿，服饰后部会露出后背直至腰部（图2），以展露晒成棕褐色的四肢。日光浴成了新兴的消遣活动。飞女郎会抽烟，她们不仅化妆，在公共场合还会涂上时尚的葡萄酒红色亚光唇膏。

1 相片中的女性都戴着钟形帽，脚穿带搭扣的玛丽珍低跟鞋。无腰身宽松服饰既凸显女性气质，又兼具实用性，是20世纪20年代在阿斯科特赛马场完美的日装选择。

2 情色意味的新兴趣点在于裸背，正如在乔治·巴比亚这幅《巴黎的判断》中所见的一样（1920）。

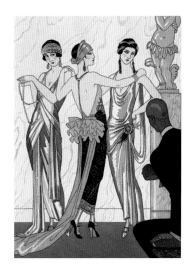

1922年	1923年	1924年	1925年	1925年	1928年
霍华德·卡特领导发掘了图坦卡蒙法老陵墓，激起了对古代埃及装饰风格的狂热。	《时代》杂志创办，记录美国社会和政治变迁。	人造丝被作为丝绸的人造替代品推广上市。	出生于美国的法国舞者、歌手兼演员约瑟芬·贝克因穿着香蕉裙大跳"异国情调"的舞蹈而成名。	F.司各特·菲茨杰拉德的《了不起的盖茨比》出版。这本小说是爵士时代的缩影。	美国著名的航空先驱艾米莉亚·埃尔哈特成为第一位飞跃大西洋的女性飞机驾驶员。

口红装在梵克雅宝、卡地亚等首饰商制作的镶嵌珠宝的小化妆盒里，质地有金银、珐琅、珠母、玉和青金，也有塑料镶彩色玻璃珠质地的便宜款。化妆盒一般会有装口红的小容器，悬在长流苏上，或是固定在塑料手镯中戴在手腕上。因为要在舞池中摇摆，所以飞女郎的手袋要轻便易携。探戈手提包得名于流行的同名南美洲舞蹈。这种手包安有指环或长绳，可以缠在小臂上。男性服饰越来越休闲，飞女郎的男舞伴们白天会穿着裤腿很粗的牛津布袋裤，搭配的是修身上衣和硬草帽（见242页）。单排扣便服成为都市日常服饰。晚间服饰则有无尾礼服，丝绸面的大翻领或是黑色、深蓝色的凹口翻领很有特色。20世纪20年代末期，宽腰封取代了马甲。

女性装饰艺术风格的晚礼服吸收了经典的简洁款式，垂至地板的长裙很有特色。脚踝裸露在外，宽松的裁剪、平直拉下的领线展露出后背性感带。深V形的后背和前身款式与立体几何派有直接的联系。圆柱形的服饰加上了拖地裙裾和裙撑，长幅面料从肩膀悬垂而下，臀部的玫瑰花结装饰拉长了服饰的款型。服饰采用绸缎面料，一件服饰中经常会同时使用无光泽的部分与亮泽面以形成对比。圆柱形款式发展出"巴斯克"裙，或称时尚连衣裙（见244页），用于日间小型活动或是晚间非正式场合穿着。这种服饰将圆筒状紧身胸衣与自然的腰线结合起来，宽松的钟形裙源自18世纪的撑裙。

衣边或臀部会装饰流行的希腊回纹之类的几何花边。金属色的缎子、丝绸、雪纺、塔夫绸面料装饰上沉沉的珠饰（图3），看上去穿着者仿佛在闪烁的柱状物中移动一样。身体如此之多的部分裸露在外，其余部位也只有轻轻遮盖，因此毛皮短外衣就很受富人们的欢迎。一种厚毛领的侧腰系结的外衣被用作遮挡性服饰穿着，用单扣或珠宝别针在腰部一侧固定。

日装和晚装款式的变化导致内衣款式的需求也发生了变化。1920年至1928年，传统的紧身胸衣销售额下降了66%。紧身胸衣被一种名为连裤紧身内衣的背心短裤轻型组合所取代。赛明顿侧系带式胸衣可以带来巨大的变化。这种紧身胸罩带有侧系带，那些坚定的中性风格拥护者可借此将胸部勒平。很快，健康和美容俱乐部数量激增，能帮助女性通过饮食、治疗和户外运动达到男孩般的身形。而且，年轻女性也不再需要美发师或女仆，这样就使得家政女工数量剧减。

女性时尚史上第一次流行起了短发（见226页）。早在战前，欧洲先锋人士就剪起了齐耳短发和荷兰男孩式短发，但这种发型流行开来却是在战后。更惊人的还是1926年至1927年有些女孩选择的伊顿式短发，她们将后颈头发剪短，两边头发侧分，看上去带一种危险的沙弗气质。这两种发型推动了钟形帽的流行（图4），如果头发太多，这种紧型的帽子就无法拉至眉毛位置营造出必需的冶艳感。而传统主义者中流行的还是装饰有花朵的花园聚会般的大帽子。晚装穿着中，前额围绕的头带能起到固定波波头刘海的作用，头带上会装饰白鹭冠毛或玫瑰花结。

简洁的款式使得服饰可以采用大量的配饰。可可·香奈儿带动了

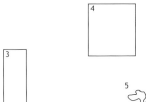

夸张首饰的流行，这些首饰不再使用珍贵宝石。裸露的手臂上佩戴着层叠的亮彩可塑树脂或有机玻璃手镯，服饰上装饰着几何立体派风格的莱茵石胸针、回形针和项链。长长的白珍珠、黑玉或串珠项链直垂至腰部，这一年代后期还佩戴模仿建筑阶梯"垂花雕饰"式样的短珠项链。受1922年图坦卡蒙陵墓发掘及好莱坞《圣经》史诗片的影响，圣甲虫、蛇、狮身人面像、金字塔和棕榈树尽数出现在首饰设计中。裸露的肩头垂着羽毛围巾或毛皮披肩，还会携带大量装饰的扇子。成功跨越了大西洋的航空先驱艾米莉亚·埃尔哈特推动了飞行员式配饰的流行，比如飞行夹克、皮帽子和缠在脖子上的长围巾。

随着裙摆的提升，鞋子开始从裙摆下露出来。因为机器产量的提高，鞋价也开始下降。尖形封闭鞋头的玛丽珍鞋在这个年代一直很流行，它通常采用黑色皮革制作，鞋跟是小高跟样式，能支付得起鞋跟装饰珠宝或饰纽（图5）的富裕消费者可以有各种颜色选择。这种鞋子脚背上通常会穿有带子，或在一边系扣。1922年起，T形搭扣开始流行起来。高跟的牛津粗革皮鞋是更加实用的时装选择，1930年起，半高跟开始流行，鞋头也变成了圆形或开放式。这时出现了一种更加女性化的腰身款式，服饰越来越重视线条和裁剪，然而1929年美国股票市场崩溃，时装也突然变得严肃和保守起来。**PW**

牛津布袋裤 约1925年

男裤装

这张风格随意的照片拍摄于1925年前后。画面中的年轻男子穿着的是英美两国都非常流行的最新款男装，即一种名为布袋裤的裤腿极其宽大的裤装。这种裤子体现了男装时尚中更加休闲的新潮流，拒绝了之前的一些习俗，比如一日换装多次等。在英国，这种服饰与牛津大学学生联系在一起；而在美国，它是一种纯粹的运动风格。牛津布袋裤一般采用平滑的法兰绒面料制作，裤边处周长据测量可达约100厘米，使得体力劳动极为不便，但却有利于展现优雅身姿。

这里的这条牛津布袋裤为灰色调，裤脚有卷边，裤腿很粗，展开来能使得穿者腰围显得很细。与肥大的裤子相比，上身服饰款型简洁，且呈现出一种大学校园风：海军蓝外套、显眼的袢扣领衬衫、平顶硬草帽，擦得锃亮的粗革皮鞋掩盖在牛津布袋裤下。整洁、干净、富于年轻活力，相片中的男子打扮得非常潇洒。**PW**

细节解说

1 轻盈色调
与暗色系上衣相比，布袋裤采用浅色系的灰色或米色，表明是休闲穿着，不适合劳作。在美国，这种浅色系服饰在约翰·沃纳梅克的西尔斯百货有售，是1925年至1926年男装最流行的色调。

2 法兰绒
这条布袋裤使用法兰绒面料制作，其重量适合服饰的款型并具有"垂坠"感。法兰绒也用于休闲穿着，能够突出服饰的休闲随意感。

布袋裤的起源

与许多极端的男性青年时装一样，牛津布袋裤在老一辈眼中也被视作矫揉、信仰与道德堕落的象征。然而，这种服饰其实是一代人形成自己风格的象征，尤其是在20世纪20年代的新文化氛围中。英国学者哈罗德·阿克顿据说是其发明者，这种裤腿粗大的裤装是其复兴维多利亚时代服饰的一部分，他在牛津基督教会学院就学时经常穿着。另一种说法是，大学领导反对学生上课时穿着灯笼裤（下图），并因此废止了正式套装。学生们为了躲避禁令，于是在灯笼裤外穿着肥大的"布袋裤"。布袋裤也有可能只是美国人对英国风格的一种夸张处理，只不过在名字中加入一个"牛津"以显示其高贵的出身。

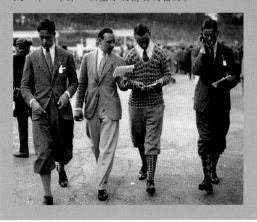

时尚连衣裙 1926年
让娜·浪凡（Jeanne Lanvin，1867—1946）

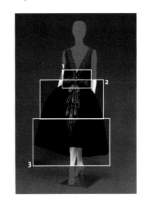

这件黑丝绸面料的时尚连衣裙上镶有水钻和珍珠，是古老的凸显女性柔弱气质的裁缝技艺与新式简化装饰艺术审美交融的体现。这件时尚连衣裙在款式上与20世纪20年代其他服饰相比显得独具特色，当时时装要求女性拥有瘦削、中性化的身形。这件服饰的款型更加丰满，同时又不失时尚。它与装饰艺术设计元素不同之处在于它吸收了18世纪的裙撑。尤其是上面的华丽装饰令人回想起法国大革命之前的风格。因此，该服饰吸引了许多喜爱传统女性化服装设计风格的人士。

在款式上，这件服饰融合了20世纪20年代流行的前后都采用V领的风格，但里面采用了肉色丝绸活动挡布。腰线相对较低，但是自然腰线位置的珠饰以及贴合身形、塑造钟形裙式样的塑形褶皱却给人以曲线感。珠饰、抽象的图案以及金属色泽都是装饰艺术年代的典型特色，也体现出对东方异国情调和埃及珍宝的兴趣的延续。最后，裙子上还采用珠子和珍珠组成的羽毛图案直贯下来将裙身对称分隔开来。**PW**

细节解说

1 珠饰
紧身胸衣的衣边处采用层叠的抽象孔雀羽毛图案镶边，图案由半柱状的银珠和簇拥的水钻组成，并以柱状珠和珍珠镶边。这种缝纫系结令人回想起法国大革命之前宫廷服饰的风格。

3 花瓣形状的裙摆
裙摆裁剪到小腿中部的长度，最高处可达膝盖。前身中间的压痕反映出长度的缩短，上面有类似裙撑造成的褶痕。

2 钟形裙
裙子的钟形形状由内部的箍子、骨制裙撑或僵硬衬裙营造而出。这种款式与20世纪20年代流行的"直上直下"的风格形成了鲜明的对比，也保存了一些在飞女郎装束中消失的细节设计。

设计师生平

1867—1925年
让娜·浪凡曾在巴黎和巴塞罗那学习过女帽和服装设计。1889年，她嫁给意大利伯爵店。1896年，她嫁给意大利伯爵埃米利奥·迪·皮特罗，并生下了缪斯和继承人女儿玛格丽特。1908年，浪凡开始设计童装；1909年，她加入服装工会。20世纪20年代早期，她在巴黎开办了浪凡时装店。

1926—1946年
浪凡研究了18世纪的奢华装饰风格。她的作品以精致的绣花、镶边和柔美的花卉色彩而闻名。她的印染厂生产出了颇受欢迎的深色"浪凡蓝"。浪凡也是一位机敏的商业女性，将生意扩大至生活用品领域。1927年，她为女儿设计了"永恒之音"香水。

裁剪和结构试验

1 这里的绉绸睡衣和流动的围巾是马德琳·维奥内飘逸风格的代表作。照片由乔治·霍伊宁根–许纳拍摄（约1931）。

2 在这两套金属丝线晚礼服（1938）中，维奥内采用褶皱技术和裹身面料避开了对紧身衣的需求。

时尚从20世纪20年代圆柱状的无腰身宽松款式向30年代突显身材的礼服款式的转变突然而又剧烈。巴黎女装设计师马德琳·维奥内（1876—1975）的设计是这种变化的缩影，她在服饰裁剪和结构方面的试验于面料和款式之间创造出一种新的活力。之前，服饰只是设计师作坊里的匿名缝纫作品，这时却成了设计师个性的表达。而维奥内和保罗·波烈一起，都是这种转变的开创者。

维奥内12岁时就开始学习裁缝，精通上等内衣缝纫中传承下来的精细手艺。她曾师从一位伦敦的宫廷裁缝师提高缝纫技巧，1901年返回巴黎为卡洛姐妹时装店工作。传统的服饰结构技巧都是将与织布机等宽的面料进行裁剪，维奥内将这些技术与非西方国家的裁剪技术相结合，比如将和服袖子引入西方服饰，由此创造出更宽的袖孔，更便

重要事件

1919年	1922年	1922年	1925年	1925年	1932年
塔亚特（欧内斯托·米歇尔）开始与维奥内合作，并为梅森·维奥内设计了商标。	维奥内开办了自己的维奥内公司。她是一名开明的雇主，允许员工休婚假和病假。	维奥内将时装店搬至巴黎，内部采用古希腊女神以及当代女性主题的壁画装饰。	维奥内一直很有创新精神，她将缝线隐藏起来，并以花朵和星星图案装饰。	马德琳·维奥内公司在纽约第五大道开业，出售成衣。	伊丽莎白·豪斯在纽约洛德与泰勒百货公司举办的时装展上走红。她的设计被评为美国时尚的代表。

于活动。她放弃了传统裁剪技术，即将身体形状的布片缝合在一起，转而直接运用铰接的半尺寸人体模型，利用模型来进行裁剪、定位和切割。

1907年，维奥内转至捷克·杜塞（1853—1929）时装店工作。受鼓励女性抛弃沉重服饰的乌托邦式服饰改革思想的影响，维奥内设计出一系列要求模特儿放弃紧身胸衣的服饰。她还受到现代舞蹈创始人之一的伊莎多拉·邓肯倡导的古希腊经典艺术（图1）自然风格和自由运动的影响。1912年，维奥内在巴黎开办了自己的时装店，但第一次世界大战爆发后很快就闭店搬至罗马。在那里，她对古典文物的兴趣更加浓厚，并试验制作古希腊希顿古装，即采用单一面料裁剪的齐脚踝长的一种服饰（见20页）。

维奥内被公认为"斜裁法"——横穿织物的纹理进行裁剪，而非顺着纹理——的发明者，这一剪裁方法正对着纹理对织物进行直裁（织物有经纱和纬纱，垂直的经线和水平的纬线以直角交叉形成直角纹理），然后将花纹面料翻转，这样就会营造出斜垂的效果。装饰效果也统一于服饰结构设计中，维奥内极大地利用了自己在内衣织造上的专业知识。用斜裁的条带和布片来包裹身体，这样就避免了像过去那样在胸部、腰部和臀部使用缝褶、系扣、拉链或其他系结工具，从而营造出一种合身但却自然流畅的款式（图2）。套索系领和宽松的垂褶领更加强了这种印象。

和维奥内一样，美国设计师伊丽莎白·豪斯也支持统一结构技术，其最为著名的马蹄形服饰（见248页）巧妙地将多块面料汇聚在一起，营造出一种流畅贴身的感觉。法国出生的格蕾夫人也从古代文物中汲取灵感，探索用垂褶服饰营造出雕塑感的可能性（见250页），设计出多种服帖款式的服饰。这种风格又继续发展了一段时间，后来加入了一种僵硬的紧身底衣，即一种质量很轻的有骨胸衣——以固定精细的针织面料。格蕾夫人不仅试验了裁剪和结构，还进行了面料尝试，如圆形编织的羊绒针织物。**MF**

1933年	1938年	1938年	1939年	1942年	1944年
时装设计师吉尔伯特·阿德里安为珍·哈露设计了斜裁露背装，从而将巴黎时装引入了美国大众市场。	伊丽莎白·豪斯出版了《时尚就是菠菜》，其中披露了时尚产业中不合意的那些方面。	克莱尔·麦卡德尔设计了大胆的"僧侣"裙，这种斜裁的服饰在腰部用绳索系结。	第二次世界大战爆发，维奥内关闭了时装店，开始退休后的生活。	阿历克斯·格蕾（被称为格蕾夫人）以格蕾为名在巴黎开办了时装店。	在德国占领法国期间，作为激进的爱国者，格蕾夫人设计了一整系列的红白蓝服饰。

马蹄裙 1936年
伊丽莎白·豪斯（Elizabeth Hawes，1903—1971）

细节导航

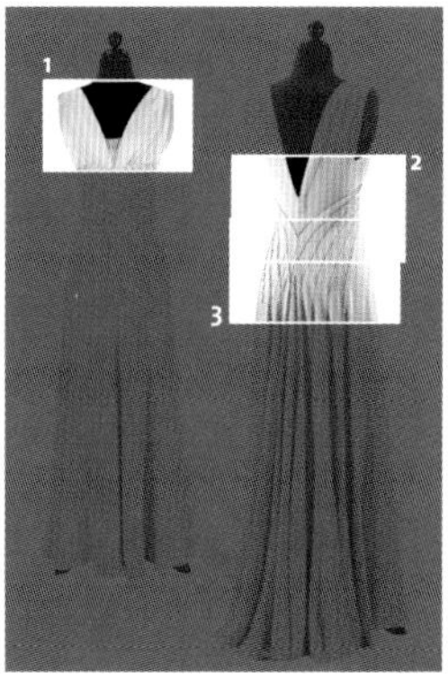

纽约女装设计师伊丽莎白·豪斯的钻石马蹄裙是其利用服饰结构营造图案，而非运用额外装饰的技术的缩影。与马德琳·维奥内一样，豪斯也先在半尺寸的木制人体模型上覆盖裁剪设计，然后再制作全尺寸的样品。

这件晚礼服优雅的服帖款型和面料的运用体现了这一时代流行的风格，手臂裸露在外，后背展露至腰部，以展示出在新近流行的日光浴中晒出的棕褐色皮肤。这件具有雕塑感的独特服饰采用10条斜裁的奢华象牙色绉绸和雪纺细带制作，镶有多排金色线条。构成图案的布片从前身高腰线下精准地等距辐射开来，从而营造出一种倒三角形，拉长了躯干长度。缝线继续呈斜线形式伸展掠过臀部，环绕贴身的躯干部分，勾勒出臀形。后背开口很深的窄V领将注意力吸引至复杂的缝线上，那里是服饰的焦点部分。**MF**

细节解说

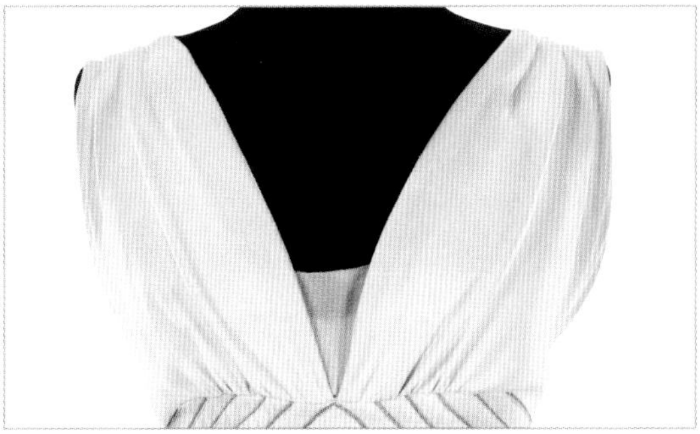

1 精妙的胸衣设计
服饰的胸衣用单片面料制作，在高腰线位置稍稍收拢，在肩部缩成褶皱，营造出一种宽松感。面料继续延伸至后背，缝合在腋下纵向缝线中。

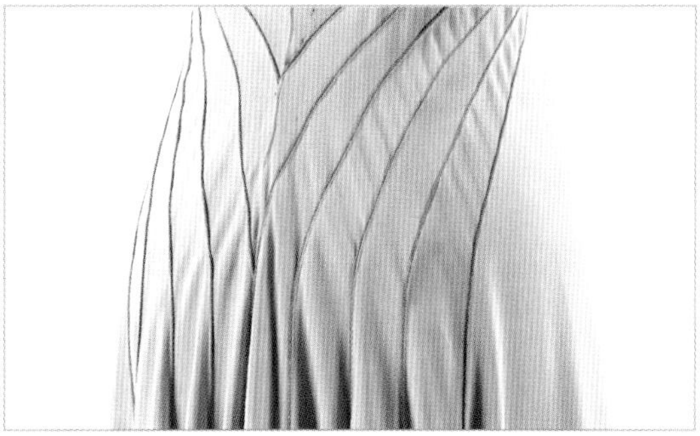

3 美妙的臀线
三角形的布片逐渐增加宽度从服饰背后臀部位置垂落，回旋的褶皱散落至地面形成稍稍加长的鱼尾形裙裾。鱼尾形裙裾是通过褶皱而非三角形布片营造的。

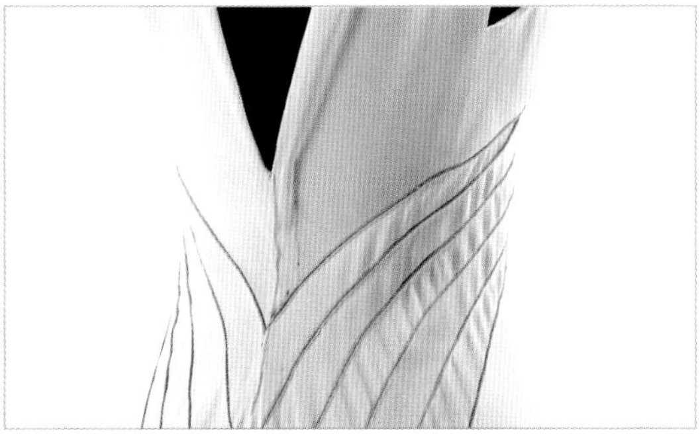

2 面料的几何纹样
斜裁的象牙色绉绸带沿身体的曲线聚成完美的队列图形。队列在腰部中心形成尖角，与开口很低的后背V形领以及腋下开口形式相同。

设计师生平

1903—1937年

伊丽莎白·豪斯成长于美国新泽西的一个中产阶级家庭。1928年，她在纽约同搭档罗斯玛丽·哈登一起创建了豪斯-哈登时装店。次年，哈登离开公司。1932年，豪斯被纽约洛德与泰勒百货公司挑选为橱窗时装设计师美国团队成员。豪斯是一位自我提升型的天才设计师，她曾带着25套服装到巴黎展览，以推动美国设计在法国的流行。

1938—1971年

1938年，豪斯出版了《时尚就是菠菜》，披露她对时尚产业的体会。1943年，她退出时尚世界，1948年至1949年只开着一家商店。在麦卡锡时代（约1950—1956），豪斯公开批评美国政府，因此被列入黑名单。

晚礼服 1937年
格蕾夫人（Madame Grès，1903—1993）

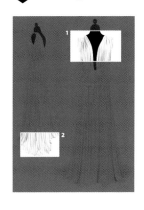

这件"女神礼服"冷静的古典风格中融入了感官魅惑力,是20世纪30年代巴黎女装设计师格蕾夫人雕塑风格时装中的典型代表。这件圆柱状的裙子是由设计师在模型上设计而非依靠草图,其中大量运用复杂的褶皱、打裥和裁剪技术。其风格令人联想起古罗马和古希腊雕塑中的褶皱服饰,尤其是古希腊男女通用的希顿古装,可参见雕塑《德尔斐的驾车人》(约公元前470年,见20页)。

　　这件晚礼服采用拼接制作,而非裁剪缝纫,以双幅无光丝绸针织物为面料,将两条长幅面料边缘缝合,衣料从前身裙角连至肩头再到身后裙角。腰部周围的装饰短裙是将面料自身折叠缝合在裙腰做出的。这种设计源自古希腊的佩普洛斯,即一种缝合在裙子、衫服或上衣腰部的短裙。装饰短裙边缘用手工制作出褶边,加强了服饰内衣风格的审美观感。侧缝位置增加了布片以增大裙摆的丰满程度,集中垂在地板上形成郁金香的形状。胸衣的前身开口非常低,胸部覆盖在肩头缝线制作出的丰满褶皱中。**MF**

👁 细节解说

1　褶皱胸衣
胸衣后肩部位延展覆盖在肩头前身,形成斜线褶皱。这种款式模仿自希顿古装上类似形式的小小的覆盖式袖子。

2　起伏的裙摆
服饰的雕塑感通过长度的增加和裙子的丰满度得到了强化,裙摆形成雕塑般的褶皱垂落。这种效果因为不加装饰且采用石头颜色的面料而得到了加强。

▲ 在这件1955年的设计作品中,格蕾将雪纺绸集中成精致的褶皱制作出胸罩形式的胸衣,织物在胸前正中扭曲,用延展至肩头的细带加固。

运动服饰设计

1 网球运动员苏珊·朗格伦穿着无袖网球连衣裙，褶皱裙子方便活动；头上佩戴着她标志性的束发带（约1920）。

2 这幅照片由乔治·霍伊宁根－许纳拍摄于1929年，其中的模特儿穿着的是勒隆设计的针织泳装。

在经历了第一次世界大战的恐怖和摧毁之后，世界处于和平的喜悦之中，由此引发了运动的流行以及一段时间内消费主义的加速发展。这两个原因导致了人们对诸如马球、帆船、赛马和网球等耗费体力的休闲活动的沉迷，而所有这些活动都需要配套的装备。所有人都可以参与运动，上流社会热衷滑雪，而女性健美联合会则推动了体育健身的流行，促进了保健操和健美操在社会上的广泛推广。运动能促进健康的作用受到重视，这一时代出现了许多致力于推广大众运动，比如骑自行车的社会团体。这些活动使得女性有机会穿着裤装、粗布工作服或短裤，搭配男衬衫、短袜和系带鞋。

专门设计的运动装出现于20世纪20年代，主要设计师为法国的让·巴杜。他将女性从沉重的多层运动装束中解放出来，并引入大众"便服"的概念——即露出腿部的无袖连衣短裙。巴杜与可可·香奈儿一起，曾是假小子装束的领军人物。然后他做出了一个小小的转变，将低腰宽松服饰变为强调臀部的舒适网球连衣裙。巴杜曾接受任务，为运动女将苏珊·朗格伦设计及膝长的褶皱裙以及无袖开襟针织衫。苏珊是理想女性的新标准，不仅是因为她在网球场上的超凡能力，也因为她开放的穿衣理念。她将发型剪短，并在应该戴帽子的位置戴上很宽的彩色束发带（图1），这种风格随后即被许多充满抱负的网球女运动员借鉴。巴杜后来在自己的时装店中成立了名为运动角的运动服饰区。

　　女性网球时装有带对比色棱纹贴边的针织无袖套头衫，这就是经典的条纹V领网球和板球衫的前身。在高尔夫球场，由于高尔夫狂热爱好者温莎公爵，即前威尔士亲王的影响，"爵士"套头衫和多色毛衫在男女间都很流行。针织面料由于自身的弹性，有利于自由活动，因此成为最适合户外运动的面料。这种粗纺毛纱面料能够锁住空气，因此轻盈又保暖，并能保证皮肤呼吸。20世纪20年代，柔软的针织面料用来制作经典的马球衫。这种服饰最早由勒内·拉科斯特（1904—1996，见254页）在网球比赛中穿着。

　　20世纪30年代，泳装（图2）扮演了重要的角色，它将曾被视为有伤风化的不妥服饰推入了运动服饰的领域。泳装穿用于日光浴、游泳和水上运动中，它使得当时的摄影师能够以合法的手段展示几近裸体的图像。艾尔莎·夏帕瑞丽将针织服饰设计扩展到泳衣领域。她的设计紧贴身体，通常还会运用水平或竖直条带加以强调。后领很低的游泳衣也为其他运动领域的服饰的解放打下了基础：1931年，网球冠军费恩利–惠延斯托尔夫人未着短袜上场；次年，艾丽斯·马布尔穿着白色短裤替代惯常的裙子。其余裤装服饰还有裤腿很粗的海滩裙裤（见256页）、连身裤和裙裤。这些裤装采用柔软的针织或棉麻面料，按照当时流行的流线型服帖连衣裙线条裁剪，带有斜裁的布片，重视扣子、饰片和V领领带等装饰。套索系领和露背装使得肩膀露出在外，形成新的关注区域。

　　20世纪30年代，滑雪越来越受欢迎，这就引发了滑雪装的更新：20年代强化臀线的瘦长款式被挪威风格的翻口裤所取代。这种裤子采用防水面料搭配方便运动的松紧带，穿着时扎进滑雪靴子里。上身穿着四四方方的宽肩短外套，内搭厚重的花纹毛衫。意识到中产阶级运动用品市场的潜力，善于把握机会的生产商开发出专用的运动服配饰。1913年创建的意大利鞋子品牌苏佩加在1925年生产出硫化橡胶鞋底的白色网球鞋。这种款式被称作经典2750款，成为最畅销款式，直至今天仍在销售。**MF**

网球衫 20世纪20年代
法国鳄鱼

勒内·拉科斯特穿着自己设计的
鳄鱼衫（20世纪20年代）。

20 世纪20年代，法国网球大满贯冠军勒内·拉科斯特觉得，在网球比赛中穿着传统僵硬的经编长袖衫不利于发挥出最佳状态。于是，他设计出一种宽松的小凸纹针织棉布（一种透气面料）短袖衫，衣服后摆比前身要长。今天，这种风格被称作"网球后摆"。拉科斯特在1926年美国网球公开赛上穿的就是这种服饰。

"马球衫"这个术语一开始只用来指马球比赛中穿着的传统的扣系到底的长袖衬衫，这时也成了拉科斯特发明的网球衫的通用名称。不过，最早的马球衫是由阿根廷裔爱尔兰男服商和马球运动员李维斯·莱西所设计的，上面还绣有马球运动员的商标。这个图案源自布宜诺斯艾利斯赫灵汉姆马球俱乐部。勒内·拉科斯特的网球衫胸前刺绣的标志性鳄鱼图案最早出现在他于赛场上穿着的上衣口袋上，是由他的朋友罗伯特·乔治所绣。在美国的新闻中，该图案被用来向其进取和坚强的网球精神致敬。拉科斯特后来将鳄鱼图案绣在了网球衫的左胸上。**MF**

👁 细节解说

1 翻领
这种不上浆的平直翻领领尖呈方形，领幅很宽。穿着时后颈通常会立起以保护运动员不被日晒，这种习惯被称为"竖领子"。

2 领口翻边
3颗扣的领口经常不扣齐。领口使用多层面料制作，以便起到支撑作用，加固开口。领口两边底部互相交叠，使用缝线加固。

鳄鱼绣纹

鳄鱼商标（下图）是最早在服饰外表可见的商标。因为大获成功，勒内·拉科斯特在1933年与针织面料生产商安德烈·吉利耶合作创办了服装公司。从1953年起直至20世纪60年代末，这种服饰一直经由布鲁克斯兄弟服装公司引进美国售卖。这种绣"鳄鱼"的汗衫因为电影明星、名流和运动员的穿着而开始流行，并成为学生衣橱中必不可少的装束，甚至连莉萨·比恩巴赫在《权威预科生手册》（1980）中也有提及。很快，该公司也开始生产其他商品，比如太阳镜和皮革制品，一般都会带上缩小的鳄鱼商标。

海滩裙裤 20世纪30年代
休闲装

英国西萨塞克斯郡穿着海滩裙裤的一日往返游者。

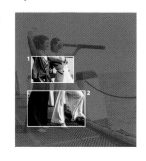
20 世纪20年代专为运动设计的时装，逐渐渗透到主流时尚，在20年代末也开始用于多种休闲活动中。新近流行的晒日光浴和游泳等休闲活动需要不同款式的服饰，比如海边休闲装或海滩裙裤。这种潮流由可可·香奈儿及其借用的水手喇叭裤所带动。随着越来越多的女性开始投入节食和健身活动，她们也开始接受更加宽松的款式。日装采用实用的平纹针织等垂感好的面料，晚间休闲睡衣则采用中国绉绸。

这张相片中的两套单面针织素面面料色彩相反：暗色底带浅色条纹以及浅色底带暗色条纹。连体衣单独穿着更为常见，这里却搭配了内衣。左边女士上身是男装样式裁剪的白色衬衫，右边是上等针织衫。方形剪裁的宽松开襟针织衫的剪裁缝纫线条非常轻柔，不是全成形款式，而是用小翻领连接的深V领下方的两颗扣子扣系。前身衣襟两边各有一个贴袋。头发不再剪成墙面板式的短发，而是紧贴在头上。鞋子是平跟样式，或带有小小的半高跟，鞋头稍尖。**MF**

👁 细节解说

1 装饰艺术风格的点缀
受当时流行的装饰艺术风格的影响，相片中上衣的条纹带在前身缝线中间裁成V形，低臀线位置的贴袋也有同样的装饰。

2 宽腿裤
平纹针织裤剪裁很宽松，从腰部开始伸展开去直至脚踝位置。裤子缝合在高腰线套索系领胸衣上，但看上去像是独立裁剪一般，并且还用了一条同面料的细腰带分隔。

蔚蓝海岸的日光和日光浴

右图描绘的是时髦的欧洲人穿着各种海滩裙裤沿着法国朱安雷宾海岸线漫步（约1930）的情景。画面左边的人物穿着一件裤腿很宽松、上身胸前有两条系带交叉系结的连体衣，波波头上戴着的宽檐太阳帽拉得很低。中间人物穿着的果绿色海滩裙裤腰线很高，以棕褐色皮带系结，无袖衬衫采用深V领，无腰身的宽松款式从肩头松松垂下。

针织服饰
设计

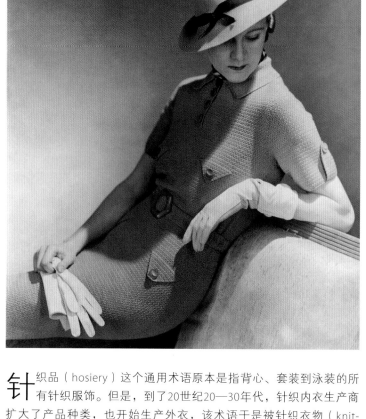

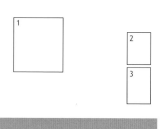

1 这件贴身的钩编针织裙子是梅尔·穆恩1935年的设计作品，她将优雅与女性气质引入了针织服饰。

2 经典的菱形图案毛衫在两次世界大战期间很受高尔夫运动员的欢迎（1925）。

3 这是苏格兰生产商为其生产的简洁的针织两件套制作的宣传广告（20世纪30年代）。

针织品（hosiery）这个通用术语原本是指背心、套装到泳装的所有针织服饰。但是，到了20世纪20—30年代，针织内衣生产商扩大了产品种类，也开始生产外衣，该术语于是被针织衣物（knit-wear）所取代。通过将纱线圈相互缠结纺织的针织面料完美地满足了"形式服务于内容"这一流行的现代主义精神理念，制作出的服饰既贴身又有伸缩性，使得穿着者能够自由活动，从而将人们从维护要求很高的服饰束缚中解放出来。其次，通过变化针数，服饰可以放宽或收窄以适应不同的体型，很适宜为新兴的中产阶级批量生产。此外，1925年左右橡胶松紧线发明，针织面料经过弹性处理能够更好地保持形状。很快，詹特森等泳衣厂商开始在泳衣产品中使用橡胶松紧线（见260页）。

随着针织面料生产商开始将业务扩大到外衣生产，服饰的款式也

重要事件

20世纪20年代	1922年	1927年	1927年	20世纪30年代	1930年
约翰·斯密莱设计出"伊西斯"衬衫，领口带有拥有专利权的V形饰布。这种服饰是马球衫的前身。	艾尔莎·夏帕瑞丽开始针织服饰设计。	苏格兰的普林格尔开始生产一种名为普林西塔的丝绸短袜。	哈里·斯通在克利夫兰建立俄亥俄针织厂，为彭德尔顿等高端品牌生产针织服饰。	英国公司贾格尔生产出一种提花针织运动衫。	苏格兰的普林格尔宣称是最早使用羊绒面料做外衣的英国公司。

不再局限于编织机的编织技巧，而开始有了专门的设计。对于四季皆可穿着的经典运动衫裤两件套（图3）来说更是如此。前身系扣的开襟针织衫内搭圆领短袖套头衫的组合与英国两家针织厂商约翰·斯密莱和苏格兰普林格尔有关，套装最初被归为运动服种类。随着越发流行，款式出现了变化：V领取代了圆领，开襟针织衫加上了小领，有时还会采用不同的花纹和针织方法。但不管怎么变，基本前提仍保持原样：两件服饰采用相同颜色、纹理和纱线制作。配上珍珠项链和花呢裙，这种套装就成了一种支持中产阶级价值观的生活方式的象征，同时也代表良好的品位。

两次世界大战之间，苏格兰生产商因为其生产的产品和采用的纱线的高质量而享誉欧美。但是，其他欧洲生产商，尤其是意大利厂商，明白针织服饰作为外衣也要遵循与其他时装同样的要求。这样的原因促使苏格兰普林格尔雇用了澳大利亚出生的设计师奥托·薇兹（英国第一家雇用设计师的公司）。普林格尔还将菱形花纹引入针织服饰。这种图案成为男性休闲装的主要装饰（图2），在高尔夫赛场上尤其流行。

这一时期的高端时装设计师所发明的图案裁剪技艺也渗透进针织服饰设计。生产商们开始开发"裁剪缝纫"服饰而非塑形织物片，还运用与纺织面料相同的图案编织和生产技艺来织造针织面料。采用优质美利奴羊毛制作的收腰毛衫将缝褶和缝线巧妙地统和进宽领口和胸衣的褶皱中。臀线采用塑形缝线勾勒，腰线也变得非常重要。流行的装饰艺术风格提供了彩色条纹和锯齿花纹。主流时装沉迷于细节和装饰（图1），尤其是扣子和皮带扣。这些扣子采用人造树胶等新型材料浇铸塑形，经常还会雕刻上诸如扇子或阳光等装饰艺术图案。领口延长做成蝴蝶结或长领带款式，这一时期还将袖头收拢至胸衣中以做出蓬松的肩部形状。

1929年，华尔街爆发股灾，随后经济大萧条时期到来，手工编织开始流行。经历了之前对机械化生产的崇拜之后，手工编织复兴起来，从泛滥的个性化编织服饰中就可以看出。钩针编织的花朵、法国线结、缎纹刺绣、雏菊绣，再加上流苏、绒绣和毛皮镶边，这些不仅成为针织衫的装饰，还装点着针织帽和手袋。20世纪30年代流行的日装实用性风格并没有扩展到晚礼服中，礼服深受好莱坞式魅力影响（见270页）。蕾丝编织机和拉歇尔经编织机的使用带来了更加轻盈的针织面料，这些面料非常适用于制作晚礼服。**MF**

1931年	1934年	20世纪40年代	20世纪40年代	1941年	1947年
苏格兰的普林格尔为一款"修身"内衣申请了专利，这款螺纹背心使用了橡胶松紧线。	奥托·薇兹被苏格兰的普林格尔任命为针织服饰行业第一位专业设计师。	英国针织业领军生产商哈德利生产出羊绒和驼绒针织衫。	泳衣厂商卡塔琳娜赞助了美国小姐选美比赛。竞赛者都身着卡塔琳娜泳衣。	泳衣厂商詹特森公司扩大规模开始生产针织衫和运动衫。	英国公司苏格兰的普林格尔成为美国最畅销品牌。

撑压加工的弹性泳衣 20世纪30年代

詹特森（Jantzen，品牌）

詹特森广告（20世纪30年代）。
其商标是由弗兰克和弗洛伦
兹·克拉克设计的。

⚽ 细节导航

美国三大泳衣制造公司詹特森、卡塔琳娜和科尔原本都是针织公司。事实上，美国有许多生产商都开始迅速开发机织泳装市场，并逐渐转向多元化生产，踊跃生产运动服饰，从而带来了西海岸时装业的繁荣。两次世界大战之间，欧美男女均越来越热衷于健康和运动。詹特森巧妙地将健身热潮融入时装潮流，将自己的产品打造为成功生活方式之选。这家针织品生产商将自身的时装设计技术运用到生产贴身泳衣中，但缺点在于泳装浸水后会变形。不成功的尝试还有在针织过程中使用松紧带，直到一种新型的纱线，即橡胶松紧线——美国橡胶公司发明的一种亚光弹性丝绸纺织面料——问世后才取得成功。这种面料质地更紧实防水，能够支持和塑造体形。设计也根据当时流行的变化而做出改变，20世纪40年代变成了无肩带款式。**MF**

1 男式泳裤

男式高腰泳裤模仿了当时裤装的款型，裁剪类似外穿服饰，裤环中还穿有连为一体的腰带，由此也与内衣区分开来。大腿上部的裤脚是平角裁剪。

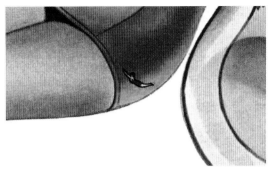

4 商标

詹特森的商标是最早的时装商标之一，最早于20世纪20年代就出现在该公司的广告上，1923年开始，这种潜水女孩的图标开始刺绣或缝纫在泳衣上。"这款泳衣让洗澡变成了游泳"的宣传口号也于同年出现。

2 女式泳衣

女式泳衣裁剪类似紧身胸衣的样式。平行的缝线形成公主线的样式连接至肩带，肩带缝合在深V形后领的腰部。泳装平直的衣角下遮盖的是里层连体扎口短裤。

詹特森历史

　　波特兰针织公司于1910年由C.罗伊、约翰·曾特鲍尔和卡尔·詹特森创立于俄勒冈州的波特兰。公司位于一家小商店楼上，有几座针织机，主要生产内衣和汗衫。1915年，詹特森设计出公司的第一款商品泳衣，由长款短裤缝合在带装饰短裙的无袖上装上构成，色彩鲜艳，还带有条纹。1918年，公司更名为詹特森针织厂，1940年更名为詹特森股份有限公司。1938年，詹特森将男女装部分开，1965年至1980年设计的男性毛衫获得了6项针织羊毛服饰奖项（下图）。1997年，公司停止运动服饰生产，现在主要生产泳装。

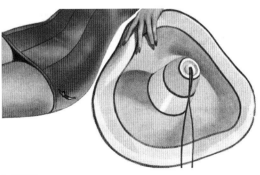

3 宽边帽

这种太阳帽帽檐很宽，帽顶呈高圆锥形，是典型的墨西哥松布雷罗宽边帽风格。松布雷罗这个名称源自西班牙语sombra，意为"阴影"。帽子采用双色麦秆与不同颜色的镶边制成，是海滩上流行的功能性配饰。

时尚和超现实主义

1 这件标志性的丝质薄纱"龙虾"礼服由艾尔莎·夏帕瑞丽设计，上面手绘的龙虾和欧芹叶图案是由萨尔瓦多·达利所设计的。照片摄影为安德烈·达斯特（1937）。

2 这件20世纪40年代的黑色山羊皮电话形手袋由法国的安妮·玛丽所设计，上面装饰有金边，还带有扣扳式扣件。

超现实主义运动由法国诗人、作家安德烈·布勒东发起。该运动试图取代和颠覆日常，将其置于令人不安的新背景之中。20世纪20年代末期，先锋时尚与荒谬的超现实主义相融合，从而为现代主义运动价值功能主义找到了迫切需要的出路。其代表人物为意大利设计师艾尔莎·夏帕瑞丽，她因为在针织服饰中使用错视画而闻名。夏帕瑞丽坚称，对于她来说，时装设计不是一份职业，而只是一种不同的艺术表达形式。她不缝纫，也很少设计草图。巴黎女装男设计师克里斯汀·迪奥指责她设计的时装只是为了迎合画家和诗人的喜好。巴黎是当时先锋艺术家的中心聚集地，因此时尚和视觉艺术两个领域不可避免要发生碰撞。

　　1929年，夏帕瑞丽在巴黎和平街自己的时装店中推出了首批时装设计作品。其中有手工编织的毛衫、外衣、裙子、泳衣和钩编的贝雷

重要事件

1924年	1926年	1929年	1929年	1930年	1935年
安德烈·布勒东写下第一份超现实主义宣言。他在其中将运动定义为纯粹的精神无意识行为。	新的超现实主义艺术家群在布鲁塞尔形成，其中包括勒内·马格利特，他们后来于1927年搬至巴黎。	超现实主义画家乔治·德基里科为俄国芭蕾舞团的作品《舞厅》设计服饰，其中使用了经典建筑片断作为图案主题。	萨尔瓦多·达利组织了多场重要的专业展出，并正式加入巴黎蒙帕纳斯区超现实主义团体。	艾尔莎·夏帕瑞丽在巴黎康朋街的26间工作室中雇用了2000多名员工。	为了昵称为夏帕商店的新时装店开幕，夏帕瑞丽设计了印有自己的新闻剪报的丝绸和棉织物。

帽。有些毛衫采用新型的弹性羊绒卡莎细呢，贴身款型非常具有挑逗意味；其他一些则采用两个在巴黎工作的亚美尼亚难民生产的特殊双层缝纫面料。错视画效果包括各种不同的图像，比如假蝴蝶结（见264页）、围巾、领带和腰带、水手文身、黑底色上的白色骨架。由于超现实主义源于达达主义，因此夏帕瑞丽曾与达达主义最著名的代表人物萨尔瓦多·达利进行过合作。画家达利敏锐地描绘了入睡前的梦境、沙漠中融化的钟等梦境场景。两人合作的作品有裙子上装饰着达利绘制的龙虾图案印花的白色晚礼服（图1）、口袋模拟抽屉形状的西服裙套装。夏帕瑞丽还设计配饰，制作过钢琴、电话等日常物品形状的手袋。在1938年的异教徒系列中，她设计了一条昆虫项链，看上去像是虫子围绕在佩戴者的脖子上。

夏帕瑞丽也是少有的能充分利用自身的艺术圈资源之人，她的朋友包括马歇尔·杜尚、弗朗西斯·毕卡比亚、阿尔弗雷德·斯蒂格利茨和曼·雷，这使得她在当时的设计师中显得极为独特。那些未受她影响的设计师则满足于细节装饰：1936年，罗莎时装店设计出微型的枝状烛台、水晶枝形吊灯、散落出珍珠戒指和项链的小首饰盒形状的皮带扣。配饰设计师则更加大胆。1938年，巴黎女帽设计师路易丝·波旁设计出一顶形似翻卷的莴苣的沙拉贝雷帽。设计师尝试不同的形状、款式和面料来为知识分子精英设计智慧又诙谐的物品，款式新颖的包袋开始流行。其中的主要人物为法国设计师安妮·玛丽，她设计的手袋将刺激颠覆性的设计与创新的扣系方式融为一体，比如摆置在装饰有歌剧舞台的盒子里的曼陀铃形状的包，以及黑色山羊皮的电话形状的包（图2）。20世纪初到30年代末，批量生产的超现实主义风格的手袋数量激增，尤其是那些钟表盘形状的款式，这些几乎可以肯定是受了达利作品的影响。

1935年，夏帕瑞丽开办了第一家运动时装精品店，出售针织服饰和运动衫睡衣。其中一种针织小便帽在世界范围内取得了商业上的巨大成功。这种流行的便帽可以拉成各种形状，就像胸前有蝴蝶结图案的毛衫一样销售了几千件。夏帕瑞丽惯于打破旧习惯，她与法国面料商查理·科勒科姆贝特合作尝试新的面料纹理。她把扣子做成手镜或蜡烛台的奇异形状，帽子上采用葡萄串和俯冲鸟群的装饰。1937年，达利为夏帕瑞丽秋冬作品中一顶鞋形帽子绘制了图案。那顶帽子形似女性的高跟鞋，鞋跟直立，鞋尖则翘在佩戴者的额头上。**MF**

1936年	1936年	1936年	1936年	1936年	1938年
超现实主义艺术家艾琳·阿加佩戴着"鲶鱼汤礼帽"扭头的画面很著名，礼帽由树皮、珊瑚、一条大鱼骨和锯子片组成。	《时尚芭莎》总编辑卡梅尔·斯诺（曾为《时尚》编辑）任命戴安娜·弗里兰为时尚编辑。	美国版《时尚》发表了一篇名为"超现实主义或紫色奶牛"的文章，插画采用的塞西尔·比顿为萨尔瓦多·达利绘制的肖像。	达利为纽约博维特·泰勒商场设计了橱窗，里面悬挂着他的作品《催情的晚餐夹克》和薄荷甜酒小酒杯。	达利创作了3幅画作，画面中描绘的人物穿着撕裂的紧身衣，流着眼泪，皮肤肉绽，其中一幅归夏帕瑞丽所有。	夏帕瑞丽和达利合作设计了一款"点亮手袋"。手袋中有两个串联的灯泡照着一面镜子，还有一个小隔袋放口红。

错视画毛衣 1927年
艾尔莎·夏帕瑞丽（Elsa Schiaparelli，1890—1973）

细节导航

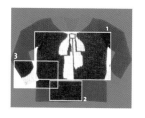

艾尔莎·夏帕瑞丽第一次涉猎商业设计就立即取得了成功。她在自传《令人震惊的生活》（1954）中写道，第一次穿着标志性的错视画蝴蝶结毛衣去巴黎丽兹饭店用午餐时，她"引起了轩然大波……很快，所有的女人都想要"。这件毛衣的灵感源自朋友的一件手工编织毛衣。夏帕瑞丽发现，毛衣的紧实是因为采用了三针技术进行防拉伸编织，由此制造出一种花呢般的效果。这种技术的发明者是亚美尼亚移民阿鲁西亚格及其兄长，他们为法国批发贸易商生产了许多针织品。夏帕瑞丽本人不会编织，但她为这对兄妹绘制了一份粗略的草图。毛衣形状四四方方，领口有一个大蝴蝶结，并加上了配套的错视感领口和翻袖。夏帕瑞丽的毛衣越卖越多，巴黎其他熟悉这种技术的亚美尼亚妇女也被召集来提高生产效率。正是因为这些编织工，这种编织技术现在被称作"亚美尼亚式"。

第一张订单的40套毛衣及配套裙子两周内就完成了，《时尚》杂志的时装编辑形容这种毛衣是"杰作"。紧随而来的是美国运动装批发商威廉·达维多之子公司的订单。到1928年，这种设计开始泛滥，美国畅销杂志《妇女之家》未注释出处就刊登了编织指南。**MF**

👁 细节解说

1 假蝴蝶结
假蝴蝶结是夏帕瑞丽最常用的图案。手工编织图案的容量是由织物的线迹密度所决定的。夏帕瑞丽设计的线迹粗糙度完美地达到了装饰艺术般的分层效果。

2 背景的白斑
单色背景上的白斑营造出一种花呢般的效果。其制作方法是将白纱置于黑纱之后，编织时每三四针就拉一次。夏帕瑞丽试验了好几个版本才得到想要的效果。

3 错觉翻袖
错觉的翻袖袖口运用了错视画的效果。错视画这个术语按字面就是"欺骗眼睛"的意思，它形成于巴洛克年代，用于在画作中描绘透视错觉，例如1703年安德里亚·波佐在维也纳耶稣会教堂穹顶上绘制的作品。

▲ 夏帕瑞丽还拓展了新的针织技术来制作泳衣。这件1927年设计的泳衣编织有鱼形图案，穿着时会搭配合身的法兰绒泳裤。

🕐 设计师生平

1890—1922年
艾尔莎·夏帕瑞丽出生于罗马科西尼宫的一个贵族知识分子家庭。母亲玛丽亚–路易莎是一位那不勒斯贵族，父亲塞莱斯蒂诺·夏帕瑞丽是著名学者兼中世纪手稿管理者。1919年至1922年，夏帕瑞丽以剧作家和翻译的身份生活在纽约，在那里她遇见了艺术家马歇尔·杜尚和曼·雷。

1923—1944年
返回巴黎后，夏帕瑞丽于1929年在和平街的时装店中发布了第一批设计作品。1937年，她推出了香水"震惊"。这是一款时装店标志性浅莲红色的香水，瓶子设计模仿好莱坞电影明星梅·维斯特令人羡慕的身材。之后她又推出了香水睡眠（1938）、男用香水灯花（1939）、太阳王（1948）、得了（1948）、大获成功的傻子（1953）、硅（1957）和S（1961）。1940年，她因在时尚领域的卓著表现而获得内曼·马科斯奖。第二次世界大战期间，夏帕瑞丽离开了巴黎，1941年至1944年生活于纽约。

1945—1973年
1945年，夏帕瑞丽在巴黎的时装店重新开业。未来的设计师于贝尔·德·纪梵希与皮尔·卡丹以她的助手身份学习设计。1954年，夏帕瑞丽关闭了法国时装店返回纽约，专门从事服饰首饰设计。

男装的借用

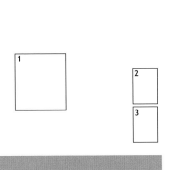

1 玛琳·黛德丽在这幅照片中大玩中性风，量身定做的无尾礼服和大礼帽诱惑十足（约1935）。

2 定做的宽松便裤搭配高翻领麂皮绒外套显得优雅而又闲适（1946）。

3 《百万富翁》的排演现场，凯瑟琳·赫本穿着标志性的宽松便裤和粗革鞋（1952）。

19 世纪末，理性着装的支持者阿梅莉亚·布卢默就开始为女式裤子寻求社会认同；不过，直到20世纪20年代，设计师可可·香奈儿设计出海滩裙裤（见256页），裤装才开始得到广泛接受。宽松的裤子也可穿用于晚间非正式场合。这种休闲服饰采用的面料柔软而垂感好，能够贴合在身体上，从而强调出女性的曲线。影星玛琳·黛德丽在20世纪30年代穿着的那些服饰在意图和效果上都远远摆脱了男式套装的影响。

在当时的观点中，便裤套装显然是一种性别特征模糊的服饰。其代表人物女演员黛德丽因敢于穿着个性风格服饰而闻名，其中包括单片眼镜——男性阳刚魅力的有力象征。她与丈夫鲁道夫·任伯都是

重要事件

20世纪20年代	1924年	1924年	1930年	1930年	1932年
玛琳·黛德丽继续在柏林和维也纳的舞台与电影中演出，她个性化的风格引人注目。	防水短上衣越来越流行，博柏利设计出标志性的带格子衬里的款式。	特拉维斯·班通成为派拉蒙总设计师。他与约瑟夫·冯·斯坦伯格合作设计出一种名为"好莱坞式巴洛克"的视觉风格。	约瑟夫·冯·斯坦伯格在德国和英国执导了广受好评的电影《蓝色天使》。	黛德丽与派拉蒙影业公司签约，后者希望将她打造为可与米高梅的瑞典影星葛泰丽·嘉宝相抗衡的女星。	黛德丽与加里·格兰特联袂出演了《金发维纳斯》。其中一首歌曲的表演中，她穿着白色无尾礼服。

魏玛共和国柏林"神性衰落"的成员。那里闻名的不仅是先锋艺术，还有多元的地下性感世界。参演过数部电影之后，黛德丽于1929年为导演约瑟夫·冯·斯坦伯格注意到。受其魅力的吸引，斯坦伯格邀请她在《蓝色天使》（1930）中扮演颐指气使的无情夜店歌手罗拉·罗拉。在电影中，黛德丽头戴大礼帽，身穿定做的尖领无尾礼服和黑色长裤（图1），运用魅惑的手段获取了原本属于男性的权力。之后她又在多部电影中重复了罗拉·罗拉的形象，并且将视异装癖为可接受行为的魏玛性别模糊的文化带至了好莱坞。在男性服装之下，黛德丽的行为也坚持了声明的主张，她超脱地调和了明显的女性特征，与柔顺金发的典型女性化风格形成了对立。

　　女演员借用的男性服饰（见268页）中还包括配件，比如帽子、领带、粗革鞋以及象征男子气概的经典电影道具——香烟。当时的情形是，黛德丽穿过的那些男性服装，如无尾礼服西裤套装、军用防水短上衣、扁平的粗革皮鞋、呢帽，都成了经典时装，虽然有些是几十年后才流行起来的。20世纪60年代，伊夫·圣·洛朗的"吸烟装"（见384页）将无尾礼服引入主流时尚，之后防水短上衣流行开来。这种短上衣曾几次成为最流行的时尚，并在21世纪经由克里斯托弗·贝利之手达到流行顶峰。黛德丽不仅在银幕上穿着裤装，在公共场合露面或在私下里也会穿，因此带动了女士"便裤"的流行，不过仍然仅限于休闲穿着。作为一种户外活动穿着的实用性服饰，便裤采用轻型花呢、斜纹棉布和灯芯绒等结实面料，裁剪成柔和的宽松卷边样式（图2）。提高的裤腰位置有腰带和裤袢。中间裤链的两侧都有未熨平的裤褶，缝合在边缝里的宽大竖口袋能容纳手部各式各样的活动。休闲时会搭配软棉布衬衫或简洁的毛衣，便裤成了现代女性服装的固定款式。第二次世界大战爆发，实用性服饰成为优先选择，这一点更得到了确认。

　　影星凯瑟琳·赫本（图3）也是裤装和扁平粗革鞋的支持者。巴尔曼时装店女董事吉内特·斯潘尼尔回忆，这位女演员在扮演完伦敦西区话剧《百万富翁》（1952）中的角色后，"直接换下我们美丽的刺绣礼服，穿上便裤照了相"。虽然赫本以反抗父权而闻名，但她在生活和电影中所选择的服饰显然都更运动风而非违禁。她带领着其他具有相同思想的女性一起，用男性服饰调和了女性风格。**MF**

1933年	1933年	1936年	1938年	1939年	1941年
凯瑟琳·赫本在雷电华电影公司出品的《克里斯托弗·斯特朗》中扮演一位意志坚定的女飞行员。	黛德丽在巴黎拍摄了一张穿着男式套装的照片。	斯皮克曼教授发明了第一款冷烫发型，以达到黛德丽所支持的蓬松柔软的卷发效果。	杜邦公司开始生产尼龙商品，1939年生产出了针织袜，后来这种商品被命名为"尼龙长袜"。	《时尚》杂志上一篇文章称："如果没有几条定做的1939年款的优质便裤，你的衣柜就不齐全。"	黛德丽在电影《劳动力》中穿上了防水短上衣。这种上衣一般为荒野狩猎所穿，黛德丽版的系带款式流行开来。

身穿男式套装的玛琳·黛德丽 1933年
跨性别服饰

照 片中的影星玛琳·黛德丽身穿的定做套装完全模仿自男式风格，体现出跨性别服饰的美丽。不过，黛德丽穿着的版本和传统的男式定做套装还是有些细微的差别，其巧妙的裁剪发掘出服饰之下隐藏的女性气质。

与传统男式套装宽肩窄臀所塑造出的倒三角体型不同，这件上衣仅在腰部位置精准地设计了一颗扣子，髋部扣子去掉，胸部呈敞开式。这就赋予服饰近乎沙漏形的款型，领口的上尖式翻领更突出了这一点。宽松的高腰裤整齐地贴在夹克扣子位置，并带有暗门襟和卷边。其中男性化的配饰有硬挺的白衬衫、领带和清爽的白手帕。简单的贝雷帽更保证了服饰的庄重性，帽子遮盖了头发，歪戴在脑袋一侧。1933年到访巴黎时，黛德丽也穿着类似的服饰，外搭一件男式的长齐脚踝的厚重大衣。据说到达后她曾受到警方的警告，称她可能会被起诉，因为根据1800年起施行的一项条例，女性跨性别穿着男性服饰是被明令禁止的。**MF**

◉ 细节解说

1 贝雷帽
贝雷帽最初是反叛的象征，被称为自由帽或大革命红帽子。其前身是圆锥形的弗里吉亚无边便帽。与法国大革命时期的无裤党近似，贝雷帽成了巴黎放浪不羁的叛逆者的象征。

3 胸袋巾
黛德丽的套装口袋里放着一条白色亚麻手帕，这是当时流行的风格。男式套装左胸会有胸袋，专门用来放手帕或"方巾"。这个物品是为了装饰而非出于实用性考虑。

2 领带
作为领巾的衍生物，领带被认为是男性生殖器的象征，因为男性佩戴领带时将会把目光吸引至裤裆位置。黛德丽的领带系成温莎结，这种对称的宽领结是以温莎公爵的名字命名的。

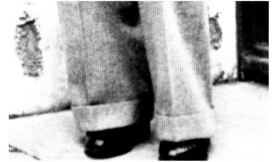

4 卷边
定制男装腰部加褶裥，裤脚加卷边或翻边的习俗更加强了套装跨性别的风格。卷边增加了宽松裤腿的重量，防止面料受损。

好莱坞的魅力

1 珍·哈露在电影《晚宴》（1933）中身着的这件由阿德里安设计的长裙，将"女神礼服"引入了美国市场。

2 梅·维斯特所穿着的这件由艾尔莎·夏帕瑞丽为电影《每一天都是假期》（1937）设计的奢华服饰散发出强烈的好莱坞式魅力。

3 演员克拉克·盖博于1932年身着单排扣三件套瘦长男套装的情景。上衣和裤子裁剪都更加宽松舒适。

好莱坞性感迷人的影像经常会影响女性时装，尤其是在20世纪30年代的黄金年代，遭遇大萧条打击的美国人逃往电影院寻求安慰。最早的金发尤物卡洛儿·隆巴德和梅·维斯特等影星成为时尚领军人物。她们穿着闪亮的白色绸缎礼服，坐在装饰艺术风格闪闪发光的镜面般的背景前。虽然法国时装是这种性感风格的幕后推手，但好莱坞服饰供应商吉尔伯特·阿德里安却重新融合了玛德琳·维奥内设计师克制明晰的经典理念，使之为更广大的观众所接受。

身为米高梅电影公司的服饰总监，阿德里安在《晚宴》（1933）等电影中推动了维奥内斜裁风格的流行。珍·哈露在那部电影中身穿斜裁露背长裙，搭配白色鸵鸟毛披肩和钻石（图1）。早前，巴黎就已经设计出这种高端时装；不过，在将法国时装引入大众市场并影响大众品位方面，此时的好莱坞也发挥了一定的作用。阿德里安还为琼·克劳馥在电影《名媛杀人案》（1932，见272页）中设计了一套白色拖地晚礼服，这件服饰在欧美均取得了巨大的商业成功。

电影为了保持连贯性而经常从服饰的细节处剪辑。阿德里安等服饰设计师在进行设计时总会考虑到电影的宣传因素，这些都可以在不断增加的电影杂志如《电影》和《现代电影》中得见。此外，《时尚》杂志中的时装摄影也开始模仿电影剧照，采用梦幻的道具和复杂的照明，从而将服饰宣传至更广泛的读者。美国成衣业迅速做出回应，电影带动服饰的大批量生产成为可能。广告商伯纳德·瓦尔德曼通过现代销售集团和电影时装连锁店来出售明星喜爱的时装，后者连锁店数量在1937年已达到400家。许多女演员穿过的服饰照片或设计图在电影上映前就已从摄影棚送至时装集团。然后就开始生产，同时向零售商宣传。银幕上的服饰会更夸张，模仿生产的商品则较收敛，也不会采用和原件同样的奢华面料。例如，那件斜裁的晚礼服在复制生产时采用的是之前仅用于内衣和睡衣的新人造丝面料，这种面料被认为具有和丝绸类似的特性，足够替代。

阿德里安很崇拜巴黎时装，于是说服了米高梅制片厂总裁塞缪尔·戈德温，以100万美元的报酬邀请可可·香奈儿到好莱坞为其签约明星设计服装。不过，香奈儿独特的个人风格和精妙的裁剪转化到大银幕上并不成功，合作于1931年终止。好莱坞与艾尔莎·夏帕瑞丽的合作更加成功，夏帕瑞丽天生的剧场感为她带来了30多部好莱坞电影的合作。香奈儿为玛琳·黛德丽和梅·维斯特（图2）在电影《每一天都是假期》（1937）中设计了服饰，甚至还以维斯特丰满的身形设计了"震惊"的香水瓶。黛德丽也曾穿过米高梅对手制片厂派拉蒙影业首席设计师特拉维斯·班通（1894—1958）所设计的服装。班通被认为是20世纪30年代好莱坞最重要的服饰设计师之一，他与导演约瑟夫·冯·斯坦伯格合作，设计了以异国为背景的服饰作品。班通曾学习过时装设计，他为黛德丽设计的服饰呈现出夸张的戏剧化效果，比如巨大的毛皮领和面纱、奢华的纹理、蕾丝长袜和羽毛。

加里·库珀和克拉克·盖博（图3）等银幕偶像是好莱坞男星魅力的代表人物。美国式的瘦长男套装（见274页）带来了健壮的V形理想男性身材：宽肩窄臀。套装胸围丰满，腰部则裁剪变细，然后再稍稍展开。这种新型款式一直风靡了接下来的20年。**MF**

1934年	1935年	1936年	1937年	1938年	1941年
克劳德特·科尔伯特参演塞西尔·德米尔执导的《埃及艳后》，服饰由特拉维斯·班通设计。它推动了埃及风格时装的流行。	阿德里安为珍·哈露在电影《中国海》中设计了服饰。	派拉蒙影业首席服装设计师特拉维斯·班通为卡洛尔·隆巴德在电影《我的高德弗里》中的角色设计了一款斜裁珠饰晚礼服。	艾尔莎·夏帕瑞丽推出第一款香水"震惊"，瓶子是按照梅·维斯特的身形设计的。	杜邦公司设计出采用木纤维制造的新型人造丝面料以代替丝绸。这只是许多新型面料中的一种。	阿德里安离开米高梅之后在洛杉矶开办了一家红火的时装店，为美国大众市场生产定做服饰和成衣。

莱蒂·林顿式的连衣裙 1932年
吉尔伯特·阿德里安（Gilbert Adrian，1903—1959）

琼·克劳馥扮演的纽约名媛莱蒂·林顿（1932）。

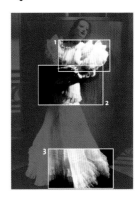
琼·克劳馥在克拉伦斯·布朗的惊险剧《名媛杀人案》（1932）中所穿着的白色褶边晚礼服引得大众市场竞相模仿，这件连衣裙被称作"蝴蝶袖"长裙。这种现象也是好莱坞优势逐渐战胜巴黎时装的证据。这件长裙由米高梅首席服装设计师吉尔伯特·阿德里安所设计，在整个20世纪30年代为各种电影和设计师所模仿。长裙采用多层真丝薄绸制作，齐脚踝的长度非常流行，也影响了欧洲的时尚——这种礼服在巴黎的大肆流行不仅存在于长裙在电影中出现之后，而且持续至服饰在纽约大量售卖之后。

服饰腰身相对克制纤细，窄臀宽肩是这个时代的典型风格，其腰部、裙角和袖子位置大量采用了细褶。裙子没有强调胸部突显性感，胸衣保持了简洁的风格，未加装饰，使得双肩的荷叶褶边得以完全舒展开。高领线突出了服饰的纯真气质，整洁的彼得潘小圆翻领也镶着褶边，并用小胸针系紧。**MF**

👁 细节解说

1 多层袖子
构成夸张袖子的太阳裙上还镶着小环饰边。袖子从肩膀伸展至肘部，成了服饰的焦点，并引发了众多日装与晚礼服的模仿。

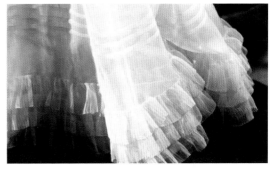

3 裙角褶边
3层精细的褶皱使长齐脚踝的拼褶裙显得格外蓬松。这些细褶装点在3圈横丝带镶边之下的裙角上，与装饰短裙上的细褶相互映衬。

2 腰部的强调
裙子的臀部位置有一圈通透的装饰短裙，形成夸曲的弧线向上环绕至腰部。环绕的短裙裙角镶有细褶，在同面料的腰带中央位置形成一朵玫瑰花结。

🕐 设计师生平

1903—1929年
人称阿德里安的美国设计师阿德里安·阿道夫·格林伯格曾就读于纽约美术与应用美术学院。后来，他成为塞西尔·德米尔独立制片厂的首席服装设计师，并于1928年同他一起转至米高梅公司。他在那里为超过200部电影设计了服装。

1930—1959年
20世纪30至40年代，阿德里安曾与葛丽泰·嘉宝、玛玛·希拉、珍·哈露以及凯瑟琳·赫本等著名影星合作，与琼·克劳馥的合作最为持久。阿德里安是克劳馥标志性大垫肩服饰的设计者，这种服饰后来引发了流行。1941年，阿德里安离开米高梅，开办了自己的独立时装店，不过仍与好莱坞明星保持着密切的合作关系。

美国式瘦长男套装 20世纪30年代
男式套装

小道格拉斯·费尔班克斯身着格伦花格呢瘦长套装。

瘦长套装将休闲贴身的款型引入男性服饰，从而取代了军装对男性服饰设计残留的影响。影星小道格拉斯·费尔班克斯在这里穿着的这套美国式套装的独特之处在于上衣前身从袖口到腋下的那道垂直的褶痕，或称缝口。它创造出一道显而易见的优雅褶皱。服饰由伦敦的萨维尔街裁缝师安德森和夏帕德为影星量身定做，采用的是格伦花格呢，接缝处都衔接得一丝不苟。

袖子的上部能保证手臂大幅度活动，但腋下裁得又高又紧，从而保持住上衣的款型，避免了穿者抬起手臂时衣领跟着离开脖子。上衣扣子设计很低，由此突显出腰部的收细以及胸部和肩膀的夸大，增大的上斜式翻领的效果也是一样。丝绸衬衫的衣领设计成圆形，因此薄软绸领带可以系成温莎结。三角手帕斜折置于上衣胸袋里。裤子剪裁十分宽松，裤脚收细，通常采用双折线和暗门襟。弗雷德·阿斯泰尔、罗伯特·米彻姆和克拉克·盖博等影星在职业生涯巅峰时都曾穿着这种服饰，因此美国瘦长套装也常被称作好莱坞瘦长套装。**MF**

♠ 细节导航

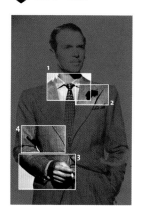

👁 细节解说

1 双温莎结
由于衣领分得很开，因此双温莎结——左右都十分均衡，形成宽三角形结——赋予领带工整的对称性。佩斯利涡旋纹图案的薄软绸如果打成半温莎结的话会显得气质更加冷淡。

3 外科医生制服式袖口
带外科医生制服袖口的袖子上有4颗扣子和一条裂口。作为瘦长套装袖子的一大特色，这种形式的袖边是定做服饰的传统标志，而非帮助袖口卷边的实用性细节设计。

2 纽孔
纽孔别花出现于19世纪中期。这里的尖形宽翻领上装饰有经典的丁香红色的康乃馨。花朵插进纽孔中以使这富于自然色彩的装饰位置固定。

4 面料
格伦花格呢于19世纪40年代由斯菲尔德伯爵设计来作为自己的家族花格呢。当被登基前的爱德华七世采用之后，这种花纹被昵称作威尔士亲王格子。最早的格伦花格呢是黑白的。

美国成衣

1 克莱尔·麦卡德尔设计的这些灰色套装明显带有其标志性的蓬蓬裙风格，其中的红色、黄色和泥褐色配饰使之显得很正式（约1943）。

2 这件亚麻蓬蓬裙原物是克莱尔·麦卡德尔1942年的设计作品，是为了那些战争时期不得不自己做家务的现代时髦女性而设计的。

时装成衣的概念于20世纪20年代末至30年代初最早在美国出现。之前的情况一直是时髦女性惠顾那些巴黎时装设计师，设计师们则为这些富裕的客户提供量身定做的服务。美国奥尔巴克和波道夫·古德曼等百货公司也有时装出售，他们通过合法方式从设计师手中购买下服饰的复制权和棉布样品服，然后一针一线地复制出时装展台上的服饰。那些抽不出时间进行大量试穿，或是没有钱来支付这种等级的时装的女性会委托当地裁缝师设计服饰，或者自己亲手做。

这时，一种更多人负担得起的时装开始以成衣的形式出现。坐落在纽约第七大道附近的时装制造商提升了技术水平并降低了售价，以加强其平价时装的吸引力。他们之中的企业家哈蒂·卡内基是全身零售试验的先锋，她开始意识到低价时髦服饰的潜在市场，并于1928年生产了第一件成衣。大萧条期间，除了奢侈品牌之外，她还建立起更多人负担得起的观众运动牌成衣生产线。这个品牌取得了极大的成

重要事件

1928年	1929年	1934年	1937年	1937年	1939年
远见卓识的企业家兼零售商哈蒂·卡内基推出第一条成衣生产线，目标指向高端市场。	华尔街股市暴跌标志着10年大萧条的开端，西方所有工业国家都受到影响。	鉴于大萧条的影响，哈蒂·卡内基在定制服饰之外，又建立了观众运动牌成衣生产线。	克莱尔·麦卡德尔因"僧侣"裙而闻名。这种草服类的服饰没有缝褶，只靠腰部系腰带固定。	邦妮·卡辛成为纽约外衣与套装生产商阿德勒与阿德勒公司的首席设计师。	巴黎时装影响式微，艾尔莎·夏帕瑞丽搬至纽约，玛德琳·维奥内退休，香奈儿时装店关闭。

功，连衣裙和套装等成衣可以通过电话或邮政下订单。她标志性的卡内基套装（见280页）是运用比例衬托女性身形的典范，避开了战争年代欧洲裁剪的刻板风格。

随着第二次世界大战的爆发，1940年纳粹德国占领了巴黎，美国时装生产商，尤其是国际女服工人工会开始想要将纽约打造成世界服饰之都。这个组织由本土富于创造力的天才设计师所支持，其中有广为人知的美国设计师克莱尔·波特（1903—1999）。波特曾在贝丽尔·威廉斯的作品《时尚就是我们的事业》（1948）中评价道："我感觉巴黎过去的影响太过彻底。所有人都被影响了，大家翻开衣服都是他们的标签。我认为不能让那样的情况继续发生。美国设计师了解美国女性想要穿什么样的服装，他们也能制作。"与迪奥1947年的新风貌服装的内嵌紧身胸衣、结构严格的填料服装不同的是，美国的设计师，比如波特、乔·科普兰（1900—1982）和克莱尔·麦卡德尔（1905—1958）等设计的服饰都尊重身体的自然线条，适合现代女性的生活，她们除了操持家务之外也越来越多地投身到工作之中。

与美国成衣关系最密切的设计师克莱尔·麦卡德尔通过将休闲装（在美国被称作运动衫）的功能引入高端时装之中，重新定义了现代服饰的风貌。克莱尔的职业生涯始于为美国大众市场绘制巴黎时装草图，但渐渐地，她将这些款式转化成美国风格，"把它们变得多一点休闲，少一点忸怩作态，多一点美国风格"。她的设计的决定性特征是解决问题：她设计了背心裙和太阳装，用一长幅面料制作的连体"尿布式（花纹织物）"套装，将舒适性发挥到最大的轻便装；战争时期（供暖花费很高），她精心制作了羊绒长袖晚礼服，并为舞者设计了针织紧身连衣裤（方便活动）。1942年，应《时尚芭莎》的要求，麦卡德尔创作出自己最流行的作品："蓬蓬"裙（图2），其中的烤炉抗热手套是为"缺少仆人的家庭"所设计的。这件裹身式实用性服装采用亚麻或斜纹粗棉布制作，目的是为了保护内层衣物，清洗也很方便。这种服饰的不同版本出现在麦卡德尔之后的所有作品中，或是采用各种不同面料，或是做成全套，用于更加正式的场合（图1）。

1942年，美国战时生产董事会对特定织物进行了限制，丝绸和羊绒等奢侈面料因为战争影响而停止进口。麦卡德尔于是将"低等"面料诸如平纹针织布、普通棉布、条纹棉布、钱布雷布和斜纹粗棉布，条纹、格子等图案推举至高级时尚的地位。受男装服饰舒适休闲风

1941年	1941年	1941年	1942年	1950年	1951年
麦卡德尔、卡辛与薇拉·马克斯韦尔受纽约市长拉瓜迪亚邀请为女民兵设计制服。	服饰提供商吉尔伯特·阿德里安利用其为米高梅设计的服饰的影响开办了一家时装店，生产了大量的成衣。	泳装制造商詹特森公司将针织衫和休闲服饰纳入基本生产线。	克莱尔·麦卡德尔设计了"蓬蓬"裙。这种服饰由唐尼·伏洛克斯生产，被归为"实用性服饰"，卖出了几千件。	邦妮·卡辛赢得了内曼·马科斯奖和科迪美国时装评论奖，获得了前所未有的荣誉。	卡辛建立了邦妮·卡辛设计公司。她与多家生产商一起设计了不同价位的产品。

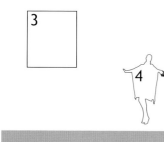

3 这种宽肩窄腰的惊人风格被称作V型款，由
吉尔伯特·阿德里安于1944年设计。

4 邦妮·卡辛于1943年设计的花格呢披风和矮
鞋罩是为旅行所准备的，其风格令人想起男
装晚礼服。

格的吸引，麦卡德尔将宽大的口袋融入设计之中，这就使得手袋失去
了作用。她还借用斜落的衬衫肩线、柔软的裤裙和蓝牛仔裤中的多排
外缝线，后者在此时只作为工作服穿用。"服饰单品"的概念——根
据天气和场合将小衣柜里的实用性单件服装进行不同的组合搭配——
诞生，而且仿男式女衬衫连衣裙，定做的女衬衫，有衬衣、紧身背心
和腰褶彩裙的阿尔卑斯村姑裙，毛衣套装，方便穿裹的裹身裙和高腰
裤全都成了经典美国时装。麦卡德尔的成衣设计都采用简单的几何形
状，腰身通过系绑、缠裹和褶皱，或是平纹针织面料的弹性来塑造，
而非通过需要耗费几个小时调整的成形的单件服装款式。

　　这种以麦卡德尔的创新设计为代表、具有十分明确的美国特质
的风格马上就势头十足，并得到了美国运动装领军代表邦妮·卡辛
（1907—2000）的巩固，她创作了现代简单的设计作品。卡辛对功能
与款式之间的关系十分沉迷，她越过西方裁剪，对长袍式束腰外衣、
和服和南美披风（图4）等非西方服饰的形式加以利用。她把服饰当
作一种工业设计形式，偏爱诸如皮革、小山羊皮、马海毛、平纹羊绒
针织织物和羊绒等可以塑造成形的奢华、有机面料，同时也喜欢"不
流行"的家具装饰织物等面料。

　　卡辛最早是好莱坞的服饰设计师，后来受到具有很强影响力的
《时尚芭莎》杂志时装编辑卡梅尔·斯诺的鼓励，将自己的技能应用
于成衣设计。1937年，她接受了纽约著名外衣和套装生产商阿德勒与
阿德勒公司的设计师职位。不过，受战争期间服饰设计的限制，卡辛

返回加利福尼亚并与20世纪福克斯电影公司签署了为期6年的合同。在那里，她为超过60部电影中的女性角色设计了服装。利用制片厂服饰部门的资源，卡辛为《劳拉》（1944）、《布鲁克林有棵树》（1945）和《安娜与暹罗王》（1946）等电影设计了服饰，也尝试了电影之外的服饰设计，并为许多主要女演员量身设计过服饰。1949年，她返回纽约的阿德勒与阿德勒公司。1950年，她在那里设计的成衣作品获得了大奖。然而，她很快就感受到生产商想要对她创造力的控制，这令她窒息，于是她在1951年开办了自己的邦妮·卡辛设计公司。她创新的多层穿衣理念——灵活小衣柜里的协调服饰既可搭配穿着又可单独穿着——流行了整个20世纪50年代。她的服饰均采用平纹针织布、自然纤维面料、花格呢、羊绒、普通棉布、斜纹粗棉布或钱布雷布这些易于护理的面料制作。

纽约成衣业在成长过程中一直面临来自美国其他地区的竞争。1941年，加利福尼亚举办了自己的时装秀"时装未来"。这次时装秀由洛杉矶和旧金山时装协会运营，展出了75名设计师的设计作品，其中包括艾琳·伦茨（1900—1962）和吉尔伯特·阿德里安，两位都曾在好莱坞电影公司工作过。阿德里安因为给琼·克劳馥和芭芭拉·斯坦威克等好莱坞女明星设计过带有斜接条纹图案的服饰而闻名。这些服饰采用面料设计师博拉·司道特独出心裁的条纹面料制作。阿德里安的作品包括惊人风格的套装，这款服饰对时尚产业产生了巨大的影响。1941年离开米高梅公司首席设计师职位后，他在洛杉矶开办了以自己名字命名的成衣批发商店。他在那里售卖成衣的同时也接受定制，作品包括V型套装（图3）等首创设计。加利福尼亚另外还有泳装和针织服饰公司詹特森和柯莱特，他们生产的休闲服提供了阿德里安尖端定制服以外的选择。柯莱特总部位于旧金山，其生产的可"混合搭配"单件成衣吸引了许多青少年新顾客。这些可替换的休闲服饰有卡布里七分裤、露出上腹部的上衣、连体轻便装以及用马德拉斯棉布、印花棉布和平纹针织布制作的有衬衣和腰褶彩裙的阿尔卑斯村姑裙。

第二次世界大战结束之后，《生活》杂志的萨莉·科克兰德带领振兴法国和意大利的时装产业。她被誉为当时时装业最具影响力的女性。欧洲消费者受到克里斯汀·迪奥、克里斯托巴尔·巴伦西亚加和于贝尔·德·纪梵希等设计师作品的控制。但在美国市场，本土成长的奢华成衣开始取代高级时装的地位。以克制简洁风格闻名的诺曼·罗威尔，在巴黎出生、活跃于美国的公主裁剪承办商波林·特里吉，这些行业杰出人物为适合各种体型消费者穿着的成衣服饰质量树立了标准。这些早期的先驱人物所设计的独特的美国风格被新一代设计师詹姆斯·加纳诺斯和罗伊·侯司顿·弗罗威克（1932—1990）所继承。侯司顿设计的易穿睡裤、卡弗坦袍和套索系领斜裁晚礼服坚决摒弃装饰，明显使他成为麦卡德尔休闲时髦审美风格的传承者，还为未来的美国风格代表人物唐纳·卡兰（1948—　　　）和卡尔文·克莱恩等架设了桥梁。**MF**

卡内基套装 1943年

哈蒂·卡内基（Hattie Carnegie，1886—1956）

卡内基套装通常采用奢华面料加以精心裁剪，是为职业女性进行的一次复杂的都市裁剪风格的尝试，一般作为设计师季节时装秀的开场。贝丽尔·威廉斯在《时尚就是我们的事业》中写道："（卡内基）喜欢套装，日日夜夜每时每刻都在制作。她喜欢把服饰当作管弦乐，认为装扮精心的女性应该像和谐的乐曲一样完美协调。"

这套套装臻于完美，体现出战时款型风格——方形垫肩和拉长的腰身，却又没有流行的英国裁剪中常见的素朴。设计师标志性的"卡内基蓝"搭配栗色，袖口卷边与上衣纽扣以及内层V领系扣位置很高的马甲颜色相映衬。单排扣的马甲令人回想起男性三件式套装，因此强化了商业化裁剪的理念。因为颜色与袖口翻边相搭配，从而使得马甲看似袖子很长。上衣的两颗扣子集中在腰部，腰线还通过缝线加以强调。翻边在手腕位置，因此可以佩戴长手套，手套形成褶裥边以调整长度。棕褐色挎包增添了实用性气息。**MF**

👁 细节解说

1 帽子
朝着肩线延伸的上翻领设计与优雅的栗色毡帽上旋的线条构成完美的平行，毡帽上附有精致的点线纱网。

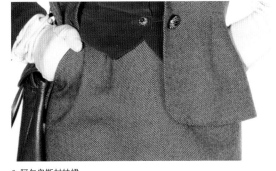

3 阿尔卑斯村姑裙
单排扣上衣搭配的裙子在臀部位置外展开来以调节这种阿尔卑斯村姑裙柔和的线条。裙腰上设计有竖插式口袋，遮盖口袋的是外部两道未经压制而制作出的褶皱，使得行动更为舒适。

2 服饰珠宝
服饰珠宝在迷人的职业女性衣橱中占有重要地位。这里的项链采用名为俄国镀金的铳金质地，占满了马甲的领口部分，佩戴时还有配套的扣形耳环。

🕐 设计师生平

1886—1933年
哈蒂·卡内基（出生于维也纳，原名亨丽埃塔·卡内基）从1909年开办小女帽店开始，建立了一个服饰帝国，成为家喻户晓的人物。1918年，她开办了一家缝纫沙龙，开始出售自己品牌的服饰。1928年，她增加了成衣生产线，雇用了诺曼·罗威尔和克莱尔·麦卡德尔等设计师。

1934—1956年
卡内基是最早意识到中档成衣重要性的时装商。1934年起，她开始生产这类服饰。在她的沙龙里，客户的日装和晚装都可以找到与之相搭配的毛皮、帽子和手袋，并能试用她的化妆品和品尝巧克力。卡内基于1948年被授予科迪美国时装评论奖。1956年卡内基逝世后，她的公司一直持续运作到1976年。

战争年代的时装设计

1 诺曼·哈特奈尔于1943年设计的这3套实用性服饰均遭从了英国政府的服饰裁剪和装饰限制令。

2 警报套装是一种在遭遇炸弹袭击时穿在睡衣之外的实用性服饰。这种连体套装前襟有拉链，还带有宽大的口袋（1939）。

3 美国设计师穆里尔·金设计了在工厂穿着的实用性时装（1942）。

第二次世界大战对时尚产业以及随后的分销理念和生产模式产生了深远的影响。巴黎因为德国的入侵而与外界隔绝，不再处于引领时尚潮流的地位。一些时装店关上了大门，但仍有浪凡、巴黎世家等超过90家商店继续发布少量产品；这些服饰延续了战前具有女性气质的丰满裙形潮流，而不考虑节约的必要性。英美两国此时都仰赖本土设计师的天赋。在英国，本土风格得到普及，并被称为传统英国风格，比如伦敦设计师诺曼·哈特奈尔（1901—1979）和查尔斯·克里德（1909—1966）的裁剪精细的定制套装和经典针织服饰。在美国，战争使得业已繁荣的成衣业有机会正式发展，他们将精英设计师克莱尔·麦卡德尔、克莱尔·波特和穆里尔·金（1900—1977）所设计的运动装投入了生产。

重要事件

1935年	1940年	1940年	1941年	1941年	1941年
华莱士·卡罗瑟斯在杜邦研究室中首次制作出尼龙。	德国军队侵入巴黎，时装店在战争期间都关闭了。	卢西恩·勒隆说服了纳粹不把巴黎时尚产业搬至柏林。	日本切断了对美国的丝绸供应。	英国实施定量供应系统，其中包括服饰。	英国国家服务法案（2号）实施，征召20岁至30岁的未婚女性入伍。

"二战"时期物资紧缺，时装创新的欲望被对实用性服饰的需求所取代。欧美绝大多数适婚女性都被征召参与到战事中，军装制服成为街头常见的风景。就连平民的日常穿着也模仿了军队服装朴素的裁剪风格和实用性功能。1942年，英国贸易部发布了一项平民服饰令以节约物资和劳力，提高产量。当时伦敦最重要的设计师，比如诺曼·哈特奈尔、赫迪·雅曼（见305页）、爱德华·莫林诺克斯（1891—1974）和迪格比·莫顿（见285页）等都将自己的专业技能投入项目中来，并为外衣、套装、裙子（图1）和女衬衫4种基本服饰提供设计建议，基本服饰中又选出了32条单独生产线进行生产。有超过100家英国生产商都对花纹和款型提出要求，这就带来了生产率和产品标准的提高，同时也兼顾了大众化生产的设计精良。在美国，战时生产委员会也下发了限制令以管理服饰生产的不同层面，虽然不及英国那样严格。

　　战时套装，或者按普遍叫法称服饰，包括一件裁剪简洁、腰部贴身的单排扣上衣，长度刚刚齐平臀部，领口很高。裙形稍稍展开，长度垂至膝盖之下，适合骑自行车，宽度不能超过203厘米，身后有褶以方便行动。饰边、间线或褶纹一律禁止，皮瓣口袋取代了贴袋，上衣扣子不得超过3颗。欧美的金属拉链生产均受到了严格的限制，因此只能采用扣子固定。织物染色也受到战事冲击，平民服饰都采用空军蓝和陆军褐等暗沉的颜色。除了正式的定制套装之外，还引入了其他实用性服装，比如功能性警报套装（图2）。此外，女性在日常生活中穿着男式宽松便裤也第一次被接受，这有助于女性的活动，摆脱了对长筒袜的需求。

　　随着物资越来越紧缺，女性心灵手巧的程度也提高了。有海报提醒美国女性"记住珍珠港事件，加油编织"，鼓励她们为军队生产针织袜和毯子。为了响应英国政府于1943年发布的公告"凑合、缝补"，杂志广告和影院宣传片都开始推广循环使用面料的理念。大西洋两岸的设计师都重新开始使用普通面料以应对挑战。鞋子设计师利用酒椰叶纤维编织物和软木制作最新流行的木屐式坡跟和坡跟露趾鞋，不过这样的鞋子在工厂禁止穿着。头发白天要用缠头巾束缚（图3），但下班后，朴素的服饰要用精致的发型来弥补，其中会使用斑点丝网、面纱和羽毛，脑后还有发网扎束头发。**MF**

1942年	1942年	1943年	1943年	1944年	1949年
伦敦时装设计师联合会成立，宗旨在于提高和保证伦敦时装设计师的利益。	美国战时生产委员会下发L85法规，管理服饰生产的各个层面。	穆里尔·金为波音以及其他西海岸飞机制造厂的女工设计了名为空中堡垒的时装。	吉尔伯特·阿德里安影响了胜利套装的设计，这是英国功能性套装的美国版。	法国举办了战争爆发以来的第一次时装展，美国军人应邀出席。	英国的服饰定量供给政策结束。

战争时代的时装设计 20世纪40年代
迪格比·莫顿（Digby Morton，1906—1983）

《时尚不可摧毁》（1941），塞西尔·比顿。

在这张相片中，摄影师塞西尔·比顿将时尚牢牢锁定在被战事摧毁的伦敦都市风景中，从而捕捉到身着优雅服饰的女性与冲突时刻的截然对立。第二次世界大战期间，比顿为信息部记录下国内前线的影像。他以摄影师身份接受英国版《时尚》杂志的任命，将模特儿置于伦敦市区被炸弹摧毁的中殿废墟之中。

相片中模特儿直立的身姿代表着人类在面对死亡和毁灭时所具有的不屈不挠的精神，她将脸朝向废墟而没有凝视镜头。模特儿身着迪格比·莫顿设计的套装，在这个英国政府下令强调功能性和实用性的时刻呈现出一种商务时装感。莫顿将他在之前时代赖以打响名气的标志性花格呢套装转变为这里的流行服饰，其中缝线精心设计，减少了多余的细节设计，也不加装饰。这种审美风格出自战争的限制和对严肃性的需求。在灾难面前身着得体服饰被认为是有利于鼓舞士气，几乎也算是一项公民职责。发梢向内蜷曲的齐肩发型上戴上了前倾的帽子，还搭配了配套的手套和平跟鞋。**MF**

◈ 细节导航

👁 细节解说

1 方肩
照片中的模特儿定身凝视被炸毁的建筑时扭过了肩膀，这种姿态模仿的是男式的倒三角体型。这种效果还通过上衣肩头垂落的稍加垫料的衣袖加以强调。

3 收腰
套装瘦削的款型因为精致的褶皱和缝线塑造出的收腰而具有了娇柔风格。与臀部紧绷的上衣相比，这种设计便于背部活动。

2 功能性配饰
模特儿胳膊下夹着一个不经装饰的商务型折叠包，这样在手部获得自由的同时也足以携带日常工作所需的重要文件。根据法律规定，她还应该戴上防毒面罩。

🕐 设计师生平

1906—1932年
设计师亨利·迪格比·莫顿出生于都柏林，曾在大都会艺术建筑学院就读，后于1928年搬至伦敦，在杰伊时装店担任设计图画家，后来创办了拉切萨制衣公司。

1933—1983年
1933年，迪格比·莫顿开办了以自己名字命名的时装店，从而巩固了自己的裁缝师名声。1942年，莫顿与英国其他许多设计师一起成立了伦敦时装设计师协会。1947年，他建立了迪格比·莫顿出口分店，将自己的服装销售到美国。1957年，时装店关闭。1958年至1973年，莫顿为经典运动衫生产商雷尔丹-迪格比·莫顿公司工作。

美国高级定制时装

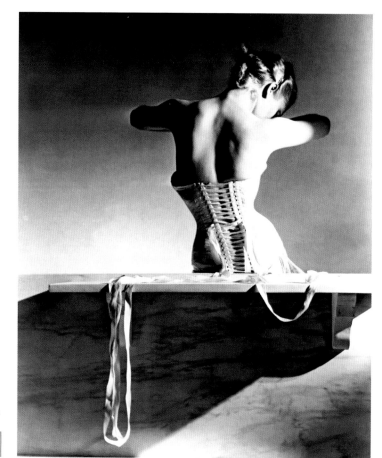

1 霍斯特·霍斯特这幅标志性摄影作品是为1939年9月号《时尚》拍摄的，其中的背部系带紧身胸衣是迪托尔为曼波彻设计的。

2 查尔斯·詹姆斯设计的这款蓬松的四叶草舞会礼服（1953）采用绸缎、丝绸花边和红棕色山东绸制作，重量约5.5千克。

在美国女设计师正为女性日益扩大的社会活动设计合用的成衣服饰、强调功能性和多用性的同时，美国的男性设计师，如曼波彻（见289页）、查尔斯·詹姆斯（1906—1978）和詹姆斯·加拉诺斯（见291页）则专注于奢华精美的高级时装设计。曼波彻和詹姆斯的晚礼服中都引入了硬挺的内衣，紧身胸衣塑造出的腰线和胸部形状与这一时代更加休闲和运动风格的服饰形成了巨大的反差。他们的设计为纽约名媛所接受，比如影响力强大的时尚代表人物贝比·佩里和C.Z.盖斯特。

重要事件

1937年	1939年	1940年	1941—1945年	1943年	1946年
查尔斯·詹姆斯在巴黎举办了第一次时装展，其中包括装饰有科尔科姆贝特公司生产的古董丝绸缎带的服饰。	曼波彻最后的巴黎风格设计作品中的紧身胸衣因为霍斯特·霍斯特最著名的一幅摄影作品而获得了永生。	詹姆斯搬至纽约并在纽约东57街64号开办了查尔斯·詹姆斯公司。	在著名评论家、《名利场》前总编弗兰克·克劳宁希尔德任总编期间，《时尚》的订阅数量达到了"二战"期间最高值。	第一届美国时装评论奖由化妆品和香水公司科迪宣布，目的是推动美国时尚发展以及庆祝取得的成绩。	巴黎顶尖时尚设计师所设计的微型时装模特儿巡回展"时尚剧院"到访纽约。

曼波彻于1929年开办了自己的时装店。整个20世纪30年代，他将自己打造成了女装裁缝师；1937年，他接受委托，为沃利斯·辛普森嫁给前爱德华八世国王设计婚礼礼服（见288页）。他在1939年最后的巴黎风格作品中推出了曼波彻紧身胸衣（图1）之后，就开始与华纳兄弟胸衣公司合作。这种蜂腰形的腰身是19世纪裙撑回归的先兆。第二次世界大战之后，克里斯汀·迪奥和他设计的新风貌服饰推动了这种服饰的再现。1940年，曼波彻离开沦陷的巴黎搬回美国，在纽约开办了被认为是最著名和最昂贵的高级定制时装店。整个战争期间，他以低调奢华的风格巩固了自己的名声，将奢华面料散用于休闲服饰之中。他的设计作品内在的夸张风格为他招来了许多百老汇表演的设计委托，比如《欢乐的精灵》（1941）和《风流贵妇》（1950）。

查尔斯·詹姆斯在英国出生，他的时装设计也有类似的夸张风格。他并没有接受过正式的设计培训，他的职业生涯始于设计和制作帽子。詹姆斯的第一间时装店开办于20世纪30年代的伦敦；在那里，他形成了贯穿其整个职业生涯的标志性设计元素，制作的重要作品包括胸衣或仙女晚礼服（1937）、裙身前部打褶的贴身人鱼晚礼服（1939）、前身蓬松凸起的长裙。1940年，詹姆斯搬至纽约。1943年至1945年，他为化妆品界名人伊丽莎白·艾登设计了许多服饰，并于1945年在麦迪逊大道699号开办了自己的工作室。詹姆斯运用以数学理念为基础的非正统方法跨越了传统时装的界限，1947年至1954年制作的精美的晚礼服使他备受赞美。他的审美观念融合了硬挺的内衣，通常模仿维多利亚时代的典型风格，采用重菲尔绸和天鹅绒等厚重的面料和有光泽的纹理。

詹姆斯最为人所熟知的作品是四叶草礼服（图2），最早制作于1953年。服饰中的胸衣采用象牙色的丝硬缎制作，里面有硬棉布、马毛和包裹着金属丝的硬挺内衣，其目的是支撑巨大的外裙。服饰的裙子巧妙地倚靠在臀髋部，这样也极大地分担了其重量。20世纪50年代，詹姆斯建立了成衣生产线，但发现自己难以在批量生产的限制中施展才华。他的解决方法是将设计样品卖给洛德与泰勒公司和萨克斯第五大道公司，然后由他们去创作模本进行批量生产。

MF

1948年	1950年	1951年	1951年	1952年	1953年
美孚石油公司女继承人来利森特·赫德尔斯顿·罗杰斯在布鲁克林博物馆组织了查尔斯·詹姆斯作品展览。	查尔斯·詹姆斯以其"异常神秘的色彩运用和艺术化的裁剪"第一次赢得了科迪奖（共两次获奖）。	查尔斯·詹姆斯与人体模特儿制造商卡瓦诺模型公司合作，制造出纸模裙装。	詹姆斯·加拉诺斯发布了自己的商标。一年后，他在纽约举办了处女秀。	查尔斯·詹姆斯为第七大道的生产商塞缪尔·温斯顿设计了单品服饰，服饰由洛德与泰勒公司零售。	查尔斯·詹姆斯为奥斯汀·赫斯特设计了参加艾森豪威尔总统就职晚会的四叶草礼服。但因为没能及时完工，她到伊丽莎白女王的舞会上才穿着。

温莎公爵夫人的结婚礼服 1937年
曼波彻（Mainbocher，1891—1976）

温莎公爵与公爵夫人结婚照（1937），塞西尔·比顿。

沃利斯·沃菲尔德·辛普森结过两次婚。她因锋芒毕露的雅致装扮、从不改变的乌鸦翅膀般的发型以及座右铭"钱越多越好，人越瘦越美"而闻名。在与前爱德华八世国王订婚——这对夫妇后来被称作温莎公爵和公爵夫人——之时，她选择曼波彻为她设计服饰。曼波彻出生于美国，婚礼之时他主要活跃于巴黎，专门设计简洁、保守、优雅和极其昂贵的时装。他设计的这款礼服端庄而又简洁。

这款呈圆柱形的服饰由斜裁的裙子和配套收腰上衣组成。丰满的胸衣凸显了沃利斯苗条的身形，并稍稍收拢在高领口之中。狭窄的装袖稍稍垫高，收拢到肩线中。但美国版《时尚》杂志编辑埃德娜·乌尔曼·蔡斯在自传《永葆时尚》（1954）中写道："坦白讲，公爵夫人拥有如此之多的精致礼服，但在嫁给英国前国王的婚礼上，我想她和曼波彻本可以做得更好。这件礼服完全呈竖直状，长达足跟，浅蓝色绉绸面料也用得很吝啬……还搭配一件平凡的紧身小上衣，看上去太沉闷了。"曼波彻还为沃利斯设计了嫁妆。**MF**

👁 细节解说

1 立领
服饰的衣领裁剪成两弯新月的形状，朝前身中间和肩线两边变窄。胸衣的两边都朝衣领缩褶，因此几乎创造出一种套索系领的款式。

3 定制首饰
沃利斯手上戴着一个钻石手镯，上面饰有9个十字架，每一个上面都铭刻着夫妇人生中的大事记。她不喜欢自己的手，因此还戴了一双专为搭配结婚戒指而制作的配套手套。

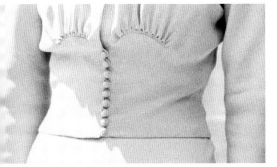

2 上衣装饰
新娘上衣上腹部的心形区域用一排垂直的紧挨着的扣子和纽孔圈扣系在前身正中。上衣底部整齐地位于腰线之下。上衣长度刚刚齐平腰线。

🕐 设计师生平

1891—1939年
梅因·罗素·波烈（曼波彻）出生于芝加哥，早年在美国度过，1918年从美国军队复员后留在了巴黎。他先是在《时尚芭莎》杂志担任绘图员，1923年加入了法国版《时尚》杂志，1927年被任命为总编，但他决定从事设计而非挑选时装的工作。1929年，他在巴黎的乔治五世大街开办了时装沙龙。

1940—1976年
1940年，曼波彻搬至纽约，并在东57街6号开办了沙龙。在那里，他制作了第一批美国高级时装。1961年，他搬至第五大道的KLM大厦一直工作到1971年。在他81岁时，他关闭了时装店，5年后在慕尼黑逝世。

条纹晚礼服 1955年
詹姆斯·加拉诺斯（James Galanos，1924—2016）

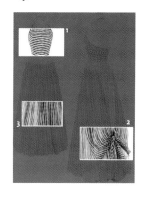

在战前美国设计师如曼波彻、诺曼·罗威尔和之后现代主义设计师罗伊·侯司顿·弗罗威克与杰弗里·比尼声名鹊起之时，詹姆斯·加拉诺斯一直没什么动静。20世纪50年代，他才建立起自己的职业生涯并持续了几十年。在法国时装占据主导地位的年代，作为结构和装饰风格晚礼服的支持者，加拉诺斯以其加利福尼亚南部工作室的一丝不苟的精湛技艺和手工技巧而闻名，其水平可媲美法国设计师的工作室。他最早为人所知是其对雪纺绸的精妙运用，在这件红白条纹晚礼服中就可看出。

不规则起伏的条纹，令人想起泳衣的露背式套索系领，还有裙角的打结，这些都使得服饰充满了海边休闲感，虽然其中也坚持了当时非常流行的沙漏式的腰身。上衣从肩胛骨之下裁剪，细绳环绕至胸前形成狭窄的套索系领固定在后颈上，呈直线延伸至后背中央拉链处。雪纺绸收紧缝进自然腰线位置的缝线中，蓬松的褶皱垂落至裙角，并形成几码长的手工卷制的裙边。裙子表面叠置的是一件外裙，外裙止于边缝和后身中央位置之间。**MF**

👁 细节解说

1 胸衣
服饰的胸衣采用横条纹绉绸制成，边缝呈整齐的直线。因为缝出了胸褶，所以条纹线条向一个角度扭曲。

3 印染条纹
外裙面料印成与绉绸胸衣一样的等距起伏条纹图案。轻飘通透的雪纺绸面料透出里层条纹，由此创造出一种微妙的交错效果。

2 海滩主题
雪纺绸外裙裙角拢在小腿中部并系成结，仿佛是复制的水手领（middy）放错了位置。"Middy"这个术语来自"midshipman"，意指海军学校学员，也用来指水手领。

🕐 设计师生平

1924—1950年
詹姆斯·加拉诺斯出生于费城，1942年至1943年曾在纽约特拉费根时装学院学习。他的职业生涯始于1944年至1945年，其间在纽约为哈蒂·卡内基担任助理，以及很短一段时间内在好莱坞哥伦比亚电影公司为珍·路易丝担任草图画家。1946年搬至巴黎后，他在罗伯特·皮盖的时装店做设计师学徒，1948年返回纽约。

1951—2016年
加拉诺斯于1951年推出了加拉诺斯原创商标，并于次年在纽约进行展示。他所设计的精美的雪纺绸裙尤为著名。加拉诺斯荣获过许多奖项，比如1954年和1956年的科迪美国时装评论奖、1959年的科迪美国荣誉殿堂奖。20世纪90年代，他退出了时尚界。

美国黑人时装

回首美国近代史，有一点很明确，那就是20世纪40年代对于少数族裔和被剥夺了公民权利的人来说是很重要的年代。第二次世界大战对美国黑人居民的生活造成了前所未有的冲击，也为其种族的统一以及民权运动铺平了道路。总的看来，他们开始更进一步考虑美国的公民权及其真正的意义。许多期望发生的改变就要实现。其表现就是，音乐、街头时装、时尚和态度产生碰撞，从而为现在的都市文化创造出一种模本。

随着20世纪的推进，美国人口开始迁移，许多南方乡村州市的黑人迁移至北方工业城镇。这次人口流动预示着一场文化革命的到来，南方黑人生活中产生的音乐形式——主要是爵士和蓝调——成为大乐队和摇摆舞的基础风格，统治了20世纪40年代的美国流行乐坛。集中居住是美国社会的特性，这就意味着城市社区经常都是以种族和民族

重要事件

1940年	1941年	1942年	1943年	1943年	1943年
奴隶制被废除75年之后，哈蒂·麦克丹尼尔因为电影《飘》而成为美国第一位获得奥斯卡奖的黑人。	爵士歌手比利·霍利迪的《上帝保佑孩子》在英国年度热门歌曲榜排名第三。	兰斯顿·休斯的诗作《黑人谈河流》被谱成歌曲。其收益用来资助出版美国黑人作曲家的音乐。	美国报纸向白人和拉美人报道了"佐特套服暴乱"，虽然其他少数民族也涉及其中。	爵士号手迪兹·吉莱斯皮加入厄尔·海恩斯乐团，该乐团被誉为发明了比博普爵士乐。	美国爵士歌手卡布·卡罗维在20世纪大热音乐片《暴风雨天》中穿着佐特套服，提高了该服饰的地位。

为基础而组织起来的。一些主要黑人区，比如纽约的哈勒姆区涌动着黑人音乐、舞蹈和时装。不过，唯一能代表20世纪40年代美国黑人城市生活的物件还是佐特套服（见294页）。"佐特（zoot）"一词是"套装（suit）"一词的重复，其词源来自于20世纪早年哈勒姆区生活中的一句特色押韵俚语。当时"佐特"一词被用来形容所有"很酷"的东西。

就像20世纪后期的"嘻哈"一词一样，吉特巴成了一个含义甚广的词语，用来形容没有编排舞步而是和着一种具体的样子、形式和动作移动的舞蹈。它成了早期黑人都市文化的标志。同样诞生于摇摆舞时代的林迪舞则将刺激的气氛带到了全美国的舞厅，哈勒姆区综合性的萨沃伊舞厅里的表演者们把包括白人在内的观众都看得很兴奋，观众们看着技巧娴熟的林迪舞者跳着杂技般的舞步满心敬畏。在战时定量供给的时期，女林迪舞者可选的服饰是用少量人造丝或人造针织面料制作的流线型修长服饰（图1）；人造丝流行是因为这种面料不会起皱，而且其丝绸般的质地使得用来制作日装和晚装都很适合。前胸敞开的短外套或贴身短外套也是所有摇摆舞者的流行服饰，它能创造出多种风格。

战后女性时装不再延续"凑合，缝补"的态度，开始看向巴黎，尤其是从迪奥所设计的新风貌来寻找设计灵感（图2）。时装设计师安妮·科尔·洛维（1898—1981）特别欣赏这种新式审美风格，她成为时尚产业的第一位黑人设计师。其出售的时装价格是一般巴黎时装的一小部分，洛维因此闻名。她的名人客户中包括范德比尔特家族和罗斯福家族在内。洛维出生于阿拉巴马州，她在奢华晚礼服中长大，因为母亲和祖母是为南方美女制作晚礼服的。洛维想到纽约时装学院上学，曾遭到院长的嘲讽，然而，洛维坚持了下来。杰奎琳·布维尔在与约翰·F.肯尼迪的婚礼上选择的就是她的设计。

这一时期另一位谱写了时尚史的黑人设计师是泽尔达·永利·瓦尔德斯（1905—2001）。她不仅是第一个开办自己商店的黑人设计师，也是第一个在百老汇大街做生意的黑人店主。瓦尔德斯来自宾夕法尼亚州，她对时尚的热爱来源于向祖母学习做裁缝师以及为叔叔的裁缝店工作。她因为曾为约瑟芬·贝克、艾拉·菲茨杰拉德和梅·维斯特等黑人和白人影星设计的令人惊艳的贴身礼服而广为人知。瓦尔德斯也曾为花花公子兔女郎设计过原创服饰，曾被任命为哈勒姆舞剧院首席服饰设计师。**RA/WH**

佐特套服 20世纪40年代
男性套装

两个穿着佐特套服的青少年（1943）。

佐特套服是迷人的亚文化元素，它预示着都市街头文化的兴起和其所具有的强大影响力。虽然在裁剪装饰上有所不同，但其基本款式一直固定不变，款式极其宽松，腰部和裤脚收细。服饰明显需要大量的制作面料。套服使得穿着者在挑战多数族群的傲慢人士时表现出自豪感和风度感，而后者则认为这种服饰反社会，具有明显的反叛性，与违法犯罪有关。美国参战后，服饰定量供给令下发，更刺激了公众对佐特套服的反对。穿着套服会被批评为不爱国。此外，身着艳丽套服的年轻黑人也会引起憎恶。20世纪40年代的美国社会族群分界严格，社会希望黑人温驯、卑屈、尊敬白人。这就引发了1943年新闻报纸称为"佐特套服暴乱"的暴力事件，"佐特族"被白人义务治安维持员帮派抓获并遭到毒打。不仅如此，他们的套服还经常被撕碎，血肉模糊地留在街上。马尔科姆·利特尔就是一个年轻的"佐特族"，他一直称自己是政治激进分子马尔科姆·埃克斯。早年他曾是小犯罪分子和街头骗子，是人们将套服与从不干好事联系起来的典型代表。**RA/WH**

⚽ 细节导航

👁 细节解说

1 长上衣
套服的宽肩上衣在下部收紧，长度直至大腿中间。上衣采用单排3颗扣的款式，肩部有垫肩。佐特套服经常采用夸张的细条纹或大格子面料。

3 牛津粗革皮鞋
这里所穿着的牛津粗革皮鞋在鞋尖上带有装饰孔眼，颜色也采用流行的黑白两色对比色调。套装的配饰，如钥匙链经常以炫耀般的姿态显露在外，是构成整体风格的重要特色。

2 宽檐帽
这种黑色宽檐礼帽顶朝后佩戴，是一种明确的宣言，宣告佩戴者的风度。其款式参考自禁酒时代的流氓风格。

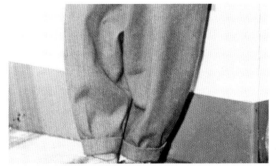

4 宽大的裤子
套服的裤子腰线极高，裤腿过分宽大膨胀。裤子采用背带固定，上部非常宽松，身前有裤褶，裤脚收紧。

高级定制时装的黄金年代

1 这张照片刊登于《时代》杂志，其中的时装模特儿穿着克里斯汀·迪奥1957年春夏时装。摄影是卢米斯·迪恩。

2 威利·梅沃德这幅摄影中的酒吧裙和上衣是迪奥花冠系列中卖得最好的设计品（1947）。

3 克里斯托巴尔·巴伦西亚加设计的这套雕塑般立体的套装上采用其标志性的七分袖（1952）。

高级定制时装是时尚的典范。1858年，英国出生的裁缝师查尔斯·弗雷德里克·沃斯（1825—1895）将其与巴黎联系在了一起。第二次世界大战爆发之时，这个城市仍是无可争辩的时尚领军之地，直至德军占领对其生存构成威胁。不过，随着时尚和纺织产业的重生，欧洲的城市废墟也得以重新开始繁荣。1947年，克里斯汀·迪奥推出"新风貌"系列作品（见302页），体现出这一时期的乐观主义精神。作品超出了精英高级定制时装的范围，也进入了普通民众之中，成为美好未来的象征。

迪奥的审美风格受到19世纪时装的影响（图1），采用结构性强的面料，比如丝硬缎、提花羊绒等，同时也偏好紧身胸衣塑造出的女

重要事件

1946年	1947年	1948年	1948年	1949年	1951年
克里斯汀·迪奥在巴黎开办自己的时装店，次年展出了自己的首批作品。	因为对时尚产业的卓越贡献，迪奥成为首位赢得内曼·马科斯奖的法国人。	杰奎斯·菲斯在妻子的陪同下到美国进行促销活动，之后他在巴黎沙龙的销量翻了4倍。	伦敦皇家艺术学院开办时装学院，院长为马奇·加兰德。	伦敦战时服饰定量供给令取消。	英国政府资助举办设计、艺术产业优秀作品庆典。

性形体。他曾写道："我为花朵般的女性设计服装，圆润的肩膀，尽显女性魅力的胸形，盈盈可握的腰肢，蓬松的裙子。只有精湛的技艺才能设计出优雅的风貌。"这样的技艺都在设计师的工作室里完成，那里划分为习惯由女性承担的制作部和男性承担的裁剪部两个部分。此外工作室还有其他一些匠人：绣工、羽毛工、毛皮工，以及专门负责装饰花边和皮革加工的工匠。

时装要么采用草图设计，要么在模特儿或人体模型上立体裁剪。设计师可以雇用其他设计师来帮忙，但不允许从工作室以外购买设计作品。然后，设计师从面料生产商提供的各种样品中选择面料和带扣、扣子之类的装饰，选中的样品于是为他们所独享。设计交给控制着整个工作室的制作小组中围坐在小桌周围工作的女裁缝师，根据设计图制作出样品，并由工作室模特儿进行试穿，再用挑选的材料制作。经营沙龙的女售货员则与客户建立联系，商定试穿日程。

高级定制时装工会（衡量一家时装店是否够格成为名副其实的高级定制时装店的管理机构）于1945年开始实施新的成员管理措施。它要求设计师在巴黎拥有经营场所，有合适的环境每年进行两次时装展，有私人试穿空间，同时也要有足够的场所作为设计室和工作间。系列作品至少要包含75件定做原创设计，其中每一件都要进行至少三次试穿。虽然个人客户巩固了高级定制时装的威望，但占据时装秀优先权的却是商业买家，首先是北美买家，其次是欧洲买家，他们会买下样品作为复制模本，或者购买服饰去别处零售，最后才轮到个人客户选择。这样的展示会都极其隐秘，三周内不允许媒体进入。

从1946年建立自己的高级时装店至1957年突然逝世，迪奥一直是20世纪中叶高级定制时装业的领军人物。他的新风貌系列作品是最重要的精彩设计之一，并巩固了巴黎风格的影响力以及高级定制时装产业的基础。他的酒吧裙和上衣是其具有开创性意义的系列作品中最畅销的款式（图2）。长齐小腿位置的黑色羊绒裙上两个褶皱间的剑形小褶裥非常特别，穿着时搭配灰色山东绸收腰上衣。上衣肩线圆润，腰线纤细，下摆呈雕塑般的凸圆形，臀部有垫料，体现了新的女性曲线。

克里斯托巴尔·巴伦西亚加在高级时装（图3）的巅峰时期也拥有至高无上的权威。巴伦西亚加最早在西班牙圣塞巴斯蒂安开办了一家小工作室，1937年将时装店开到了巴黎。他无意于影响当时的流

行，也不想建立成衣生产线，只关注定做时装。他探索出强调袖子的新型裁剪技巧，掌握了抵肩一体化裁剪，同时又保证穿着者行动自由。巴伦西亚加与迪奥相反，迪奥的风格强调胸部和臀部曲线，而巴伦西亚加则注重肩线和髋线，呈现出彻底的现代时装特色（见306页）。巴伦西亚加的服饰风格夸张，具有严格的质量标准。他采用立领，袖子缩短至七分袖，使用厚重的面料贴合身体，从而形成优雅的线条轮廓，几乎看不见缝线。20世纪50年代，他创造出一种新的腰身款型，加宽肩部，去除一切腰部装饰，最终于1958年创作出极具影响力的无腰身服饰，或称布袋装。

与迪奥和巴伦西亚加一起，皮埃尔·巴尔曼（1914—1982）也为战后法国时装产业的复兴注入了活力。在开办自己的时装店之前，巴尔曼曾在巴黎为设计师爱德华·莫林诺克斯（1891—1974）担任了5年学徒，1939年至1944年还与迪奥一起在卢西恩·勒隆时装店工作。1945年，他开办了巴尔曼时装店。20世纪50年代，他设计出许多简洁优雅的服饰，主要是修身的连衣裙和上衣套装、印染或绣花装饰的垂褶晚礼服（图4）。这些服饰在欧洲贵族，艾娃·加德纳和凯瑟琳·赫本等好莱坞影星间非常流行。据称巴尔曼还推动了披肩在日间和晚间服饰中的流行，他所设计的日装服饰中经常会使用毛皮镶边。对战后时装复兴起到同等重要作用的还有法国出生的设计师杰奎斯·菲斯（1912—1954）。不过，逝世后他的时装店关闭，短期内对这一时期时装所产生的重大影响也逐渐削弱。他的时装店位于巴黎的博埃蒂街，第一次时装展包括20套服饰。短暂的军旅生涯之后，他于1937年将时装店搬至皮埃尔大道德赛尔斯酒店。菲斯擅长自我

宣传，是一位精明的商人。1948年，他与美国批发商约瑟夫·哈尔伯特签署了一份合约，每年设计几个作品系列到全美大百货公司销售。1953年，他在面料生产商让·普罗沃斯特的支持下，运用美国战前形成的批量生产理念，建立大学牌成衣生产线。他的设计以款式迷人而闻名，服饰贴合身体形成展开的褶皱（图5）。这种风格在其为热门电影《红菱艳》（1948）中莫伊拉·希勒所饰演的芭蕾舞演员设计的服饰上表现得尤为明显。

让·德赛斯（1904—1970）的审美风格则更具有雕塑感。他探索了古希腊服饰中的缠裹和褶皱技巧，设计的雪纺绸晚礼服（图6）中扭曲、垂饰和褶裥的定位都很精准。虽然他于20世纪20年代也曾为一些小型时装店设计过服饰，并于1937年开办了自己的时装店，但直到战争结束之后的20世纪50年代，他的设计才获得辨识度。1949年，他也建立了成衣生产线，让·德赛斯的设计获得传播。到1965年，他的高级时装生产已经停止了。

伦敦的高级时装产业建立于第一次世界大战之后，虽然当时的设计师被称作宫廷裁缝师而非女装男设计师。他们的客户都是那些需要合适的服饰来参加伦敦社交季的上流社会成员，比如在宫廷和婚礼社交场合初次露面的少女。1942年成立的伦敦时装设计师协会以巴黎高级时装体系为基础，但巴黎从17世纪起奢侈品贸易就有国家支持，这一点对英国设计师却不适用。他们的传统扎根于萨维尔街的缝纫技巧中。维克托·斯蒂贝尔、查尔斯·克里德（1906—1966）和迪格比·莫顿等设计师都以其花格呢裁剪技艺而闻名。于1946年开办自己时装店的赫迪·雅曼（见305页）和诺曼·哈特奈尔都因曾为乔治六世的王后伊丽莎白以及其女伊丽莎白二世担任过设计师而闻名。1938年，国王和王后对法国进行国事访问，诺曼·哈特奈尔的设计得以在巴黎展示。应国王的邀请，哈特奈尔从弗朗兹·克萨韦尔·温特哈尔特画作中的奥地利皇后伊丽莎白身着的闪烁的薄纱撑裙中汲取灵感，设计了一系列作品。开始访问的三周之前，王后母亲逝世，所有的礼服改用王室致哀专用的白色面料重制。这些全白的礼服采用瓦朗西纳蕾丝、丝绸、缎子、天鹅绒、塔夫绸、薄纱和雪纺绸制作，成为王后和设计师的标志特色。哈特奈尔的巅峰作品是1947年为伊丽莎白公主嫁给希腊菲利普王子所设计的婚礼礼服。六年后，他又为其设计了加冕礼服。这些服饰以及其他礼服上的富丽装饰都是在设计师的工作室中制作的，而非外购。

20世纪50年代，高级定制时装的需求开始下降。杰奎斯·菲斯于是与包括让·德赛斯和罗伯特·皮盖在内的设计师一起建立了女装男设计师协会——成衣设计的前身之一，开始直接向法国百货公司出售作品。克里斯汀·迪奥逝世之后，迪奥时装店继续营业，这是因为之前签署过的一项特许产品生产协议，以及早前所建立起的独立公司。1958年，年轻设计师伊夫·圣·洛朗接过迪奥的位置成为首席时装设计师，这标志着更具现代风格的时装时代的到来。而纪梵希和皮尔·卡丹等敢于打破传统的设计师也应运而生。**MF**

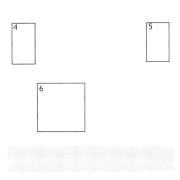

4 巴尔曼设计的这款印花丝绸鸡尾酒礼服胸衣采用平行绗缝式，裙子呈球形（1957）。

5 这幅1952年的时装插画呈现了一款带交叉褶皱胸衣的连衣裙，作品由杰奎斯·菲斯设计。

6 让·德赛斯的这款浪漫晚礼服拥有3种色调，采用流线型的褶皱和碎褶裥铰接在一起，摄影是诺曼·帕金森（1950）。

新风貌 1947年
克里斯汀·迪奥（Christian Dior，1905—1957）

勒妮，《迪奥的新风貌作品》，协和广场，巴黎，1947年8月。
摄影为理查德·阿维顿，版权为理查德·阿维顿基金会所有。

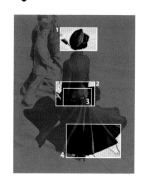
克里斯汀·迪奥设计的大胆的花冠（Corolla）裙于1947年2月揭开面纱。其名称来自植物学术语，意为打开的花瓣，这种设计预示着一个奢华的新时代的来临。作品使沙漏形的腰身回归，与受制服形式所影响的男性风格相反。这种设计很快便被美国版《时尚芭莎》杂志编辑卡梅尔·斯诺称为"新风貌"，杂志上还发表了一系列设计图详解这类服饰的剪裁。

迪奥的设计需要大量的面料——时装店有面料生产商马塞尔·布萨克资助，同时坚持美好年代的浪漫怀旧的女性气质风格，因此引发了时装出版界的狂热追捧，并使得战后的巴黎复兴为国际时尚产业的中心。摄影师理查德·阿维顿捕捉到模特儿勒妮大步流星走过巴黎协和广场的姿态，以及路人艳羡的眼神，从而使得雕塑风格的套装变得鲜活起来。三角形的裙片从臀部开始变宽直至宽阔的裙角，长度刚刚停留在带锥形跟的小山羊皮宫廷鞋之上。模特儿还携带着一个黑羔羊皮卷筒，这是当时流行的配饰，与上衣的饰边相呼应。**MF**

👁 细节解说

1 帽子
服饰的帽子风格受军队制服风格启发，面料与上衣相同，佩戴的角度则偏向脑袋侧面和后面。模特儿的发型打理得很整齐，皮毛镶边的高领口部位整理得很干净。

3 毛皮镶边
上衣的领口和衣边镶着一圈窄窄的黑羔羊皮镶边。黑羔羊皮最早来自中亚的卡拉库耳大尾绵羊，表面紧密的羊绒形成一圈圈涡旋，有微微的光泽，很有特色。黑色被认为是最适合的颜色。

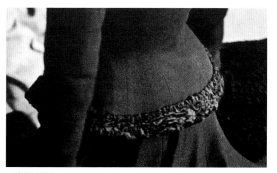

2 沙漏形腰身
服饰胸部和臀部填有垫料，灵活运用缝线和褶皱。迪奥还运用了衬布、鲸骨和铁丝来束缚腰部，重新借用了19世纪流行的撑裙款式。

4 裙角
这款宽大的裙子穿在硬挺的裙撑之外，裙角几乎垂至脚踝位置，所使用的面料多达13.5米。英国国会议员梅布尔·李迪尔曾谴责这款裙子"浪费面料太愚蠢"。

坎伯兰花格呢套装 1950年
赫迪・雅曼（Hardy Amies，1909—2003）

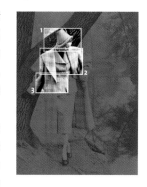

赫迪·雅曼设计的这款花格呢套装在裁剪上继承了伦敦梅菲尔区萨维尔街的传统，同时也保持了都市优雅的风格。雅曼的设计以展露曲线美而闻名，这款长齐小腿中部的修身铅笔裙遵循了当时流行的沙漏形腰身，虽然在款式上比巴黎的版本要稍微宽松一些。3颗系扣到腰部为止，形成浅V形开口，从那里开始，圆形大衣襟折叠成轻柔的弧线。贴布大口袋也做成圆形以搭配前襟中间的开口，口袋与衣襟靠得很近，双弯曲线的襟翼缝合在腰线上。

与贴身的套装相比，搭配的格子外衣肩部裁剪很宽，搭配的是斗篷式衣袖，并采用斜裁，这样就使得躯干部分的水平格子与袖子部分的斜格子互相映衬。巨大的披巾领一直延伸至腰部，与套装上衣最下一颗扣子齐平，使其成为整套服饰的关注焦点。髋线位置的斜口袋没有襟翼，与整件外衣的缠裹式简洁风格一起体现出极简主义风格。20世纪50年代流行大量的装饰，这里的套装和外衣搭配有帽子、配套黑色皮革宫廷鞋和山羊皮手套。**MF**

👁 细节解说

1 毡帽
服饰的羊绒毡帽呈倒置花盆的形状戴在头上，窄檐搭在脸颊上。帽边缎带上插着一根羽毛，明快的风格体现出服饰乡村风情的一面。

3 传统花格呢
外衣窗棂形状的格子花纹与套装光滑的表面搭配和谐。英国设计师因使用本土手工织物而享誉全球，尤其是苏格兰北部的面料。

🕐 设计师生平

1904—1944年
英国设计师赫迪·雅曼出生于伦敦。1934年，他加入拉切塞公司，从而获得了自己的第一份时装工作。他在那里为英国上流社会客户设计定制服装。在军队和特别行动处度过一段时间后，他于1941年搬至沃斯时装屋。

1945—2003年
1945年，雅曼在萨维尔街开创了自己的第一个品牌店，这里一直是英国最具国际知名度的时装店。1952年，他被任命为王后的设计师直至1990年。20世纪50年代末期，他开始与英国男装生产商赫普沃思建立起长期而成功的合作关系，并取得了世界多地的特许经营权。2001年，雅曼退出时尚界。

2 全包型衣领
服饰的披肩领也称圆领或披巾领，从腰部开始向后折叠，领子上没有缺口，从前襟开始呈平滑连续的弧线，只在后颈微微抬高。

带褶皱饰边衬裙的晚礼服 1951年

克里斯托巴尔·巴伦西亚加（Cristóbal Balenciaga，1895—1972）

巴伦西亚加所设计的这些晚礼服受到亨利·德图卢兹-劳特雷克画作的影响。

克里斯托巴尔·巴伦西亚加对织物的精湛运用令人称赞，尤为著名的是他对原本就具有雕塑般质地，特别是透明丝织物的面料的运用。这条黑丝绒裙子内粉红色皱纹衬裙采用不易变形的厚重硬挺的丝绸制作。雕塑般的服饰贴合身体的线条，长齐膝盖，波浪起伏的弧线向外延展形成钟形，长度刚好停留在小腿之上，并采用硬挺的衬裙支撑。裙身后部裁成弯曲的弧线直至脚踝位置，以背中缝结束，面料在那里横裁。这样就形成小小的鱼尾形拖尾，随着穿者的移动而翻腾。

这些晚礼服是设计师从早期作品华丽的装饰风格中进化而来的典型代表，其审美风格几近僧侣道服，转而强调形式，而早期的风格则受西班牙传统的影响。之前的礼仪规定手臂应该一直遮盖至晚上8点，但20世纪50年代鸡尾酒晚会非常流行，一般举办于晚上6点至8点之间，这就导致袖子成为多余之物，露肩服饰因此产生，但女士们多数会佩戴长过手肘的小山羊皮手套和配套的披肩。**MF**

👁 细节解说

紧身胸衣
这种服饰使肩部裸露在外，无肩带胸衣采用骨架塑形，在两边胸部分别塑造出顶点，从而形成浅V形。线条也和过肘手套上端边缘完全相同。

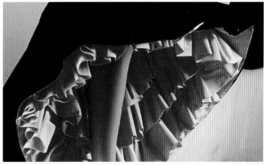

3 悬臂式裙子
巴伦西亚加运用悬臂式裙子营造出雕塑般的形状，其形式受到西班牙弗拉明戈舞蹈服饰线条和运动风格的影响。这一点从衬裙的丝质褶皱层中表现得很明显。

2 起伏的腰线
服饰腰部缝线稍稍有所起伏，背后稍低，前部稍微提高。这种曲线形式营造出一种喜人的纤细腰身。巴伦西亚加精于裁剪线条，能在比例变得不讨喜之前就将其剪掉。

🕐 设计师生平

1895—1937年
克里斯托巴尔·巴伦西亚加是20世纪最著名的创新型设计师。他出生于西班牙吉塔利亚的巴斯克村，母亲是位很有才华的裁缝师。他于1937年开办了巴伦西亚加时装店，吸引了很多专一的客户，其中包括皇室成员和好莱坞影星。

1938—1972年
巴伦西亚加的许多作品明显受到迭戈·委拉斯开兹为玛丽亚—玛格丽塔公主所绘肖像中的服饰，以及斗牛士服饰，比如披肩和短上衣上的绒球流苏的影响。到20世纪50年代中期，巴伦西亚加已经成为时尚产业的变革力量，包括克里斯汀·迪奥在内的同时期设计师都很佩服他。他于1968年退休并关闭了时装店，但他的品牌保留了下来。

大学生和学院风

第二次世界大战之后，年轻人亚文化要求拥有自己独特的个性。这在时装史上是第一次，年轻人公然提出抗议，拒绝与父母辈穿着同样的服饰。于是开始有了独立市场专门迎合不断壮大的青少年群体，他们开始寻求与众不同的形象风格。这一时期的"学院风"是一种精心构建的风格，为那些注重时尚的新一代年轻人建立起辨识度，保留了他们的年轻精神，又不同于山地摇滚或垮掉一代的反叛风格。

这种风格从美国顶尖贵族预备学校获得灵感，因此被称作"学院风"，而其基础明显源自英国最著名的公学，比如哈罗中学和切特豪斯中学。这些学校的学生佩戴的硬草帽以及制服上装饰的学院色彩很有特色。但是，"学院风"毫无疑问是典型的美国产物，当时的盎格鲁–撒克逊系的年轻白人新教徒用这种风格来作为自己国籍以及在美国社会中的地位的标志。"学院风"又称"常春藤风格"，源自东海岸常春藤大学联盟，普林斯顿、哈佛、耶鲁和达特茅斯这些学校的学生就以穿着标志社会、政治、经济地位的运动套装而闻名。

1 照片中耶鲁大学的大学生们穿着格子呢马甲、软肩运动上衣、"棱纹平布"领带和领尖钉有纽扣的衬衫组合而成的学院风格服饰（1950）。

2 照片中这位牛桥（Oxbridge，牛津和剑桥的合称——编注）大学学生穿着经典的绞花针织板球套头衫（1954）。

3 照片中的少女穿着全套学院风装扮，包括格子裙、针织毛衫和发卡（20世纪50年代）。

重要事件

20世纪40年代中后期	1946年	1947年	1951年	1952年	1953年
由及膝长的裙子和皮便鞋组成的"波比短袜派"风格在少女中非常流行（见310页）。	美国战时定量供给结束。橡胶再一次用于鞋底生产，这就带来了网球鞋生产的复兴。	常春藤联盟毕业生西德尼·温斯顿创立了普莱诗品牌，奇普成为联盟裁缝。该公司是肯尼迪总统及其同侪的服饰供应商。	J.D.塞林格的小说《麦田里的守望者》出版后畅销全美，主人公霍尔顿·考尔菲德就是预科学校反叛的代表。	法国鳄鱼将其广受欢迎的网球衫（见254页）出口到美国，服饰上刺绣的"鳄鱼"商标是声誉与地位的象征。	美国出现了彩色电视机，学院风服饰的色彩得以真实呈现在观众面前。

这样一套服装中包括一件土黄色或灰色人字呢面料、肩线自然的运动上衣（图1），一件领尖钉有纽扣的牛津布衬衫，一条斜条纹色织真丝棱纹领带（见313页），一条灰法兰绒或粗灯芯绒无褶裤。选择一双正确的鞋子对于正宗的学院风装束也很重要，平底便鞋以及黑色棕色系带皮鞋在校园中非常流行。常春藤联盟选择的是著名的传统男装公司布鲁克斯兄弟。该公司成立于1818年，高端定制服和成衣产品销售都很成功。学院风更休闲的服饰则有毛衫（图2），尤其是20世纪20年代威尔士亲王爱德华所带动流行的设特兰岛和费尔岛针织衫；其他受欢迎的服饰还有两颗扣半开襟的全棉短袖窄领马球衫、胶底帆布帆船鞋（海军官方用鞋），而终极身份之选则是优秀运动员毛衫（见312页）。学院风也被这一时期的年轻女性接纳，她们在战时就已获得了穿着舒适实用服饰的自由。随着越来越多的女性开始进入大学生活，她们的穿衣方式也相应发生了变化（图3）。"波比短袜派"风格成了礼仪服饰（见310页）。

然而，从头到脚装扮上相关服饰只是成功的学院风装扮的第一步，此外还要选择正确的品牌，采取合适的搭配、装饰才是学院风最重要的环节。真正的学院风穿着者都很精通这些着装问题。任何时候都只能穿着无裤褶的裤子，长度应该刚好能闪现小块裸露的脚踝，也就是说学院风服饰中没有袜子的立足之地。同样，上衣前襟通常有三颗扣子，袖口有两颗扣子，身后有钩形开衩。看似是小细节，却体现了学院圈子的狭小，也是那些自认为属于这个被选中的圈子里的学生辨别"自己人"的标志。

这样，学院风所代表的就不只是同一所学院学生所遵守的严格的穿衣规定这么简单了。这些服饰一旦被认真搭配起来，就成了这些年轻人巩固自己的身份感和归属感的"制服"，并将他们从意识形态上联系起来。看着镜子以及周围的同辈，他们希望建立起自己的身份感。

学院风流行的巅峰时代仅仅过去20年之后，电视上和电影中就开始怀念起这种风格，并将其浪漫化。《油脂》（1978）和《快乐时光》（1974—1984）故事脉络清晰，服装风格典型，感性地描绘了传统的家庭价值观。今天，拉夫·劳伦（见414页）和汤米·希尔费格（1951—　）的作品都表明学院风仍具有吸引力，它被认为是美国对全球时尚产业的一项重大贡献。**RA**

1953年	1954年	20世纪50年代中期	1955年	1955年	1978年
美国版《时尚》将普莱诗、奇普、剑桥的西尔斯和费恩-费恩斯坦列为常春藤最著名的4位裁缝。	服装公司布鲁克斯兄弟有了女性更衣室，表明学院风在女性和男性中同样流行。	爵士乐传奇人物和时尚偶像迈尔斯·戴维斯是副其实的学院风狂热者，他影响了这一时期其他爵士乐音乐人的风格。	学院风服饰厂商哈斯派尔发明了一种宣称不会皱的人造免烫绉条纹薄纱套装。	格里高利·派克参演的电影《穿灰色法兰绒外套的人》参考了许多学院风爱好者所喜爱的流行套装。	约翰·特拉沃尔塔和奥利维亚·纽顿-约翰参演的电影《油脂》使得学院风再度流行起来。

波比短袜派风格 20世纪40年代
裙子和毛衫套装

1 彼得·潘式小圆领

小圆领缝在系扣很高的女衬衫领口，边缘呈圆形，通常采用白色凸纹织物缝制。这种领子最早见于1905年女演员莫德·亚当斯扮演彼得·潘时所穿着的服饰中。它常见于儿童服饰之中。

2 羊毛衫

裙子一般搭配长袖或短袖毛衫穿着。虽然苏格兰进口羊绒更受欢迎，但是大学女生也会穿着美国克利夫兰大型羊绒生产商道尔顿和哈德利针织衫公司所制作的服饰。

加利福尼亚大学洛杉矶分校的学生（20世纪50年代）。

⚽ 细节导航

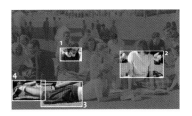

年轻人的亚文化在战后不断变化的美国获得了繁荣发展。男女青年看待自己的方式发生了改变，这一点在服饰和态度两方面都有所体现。叛逆的美国青少年们接受了大学校园的"波比短袜派"风格。这个词最早出现于1944年，意指摇摆舞音乐粉丝，他们经常都表现出精神饱满、充满活力的样子。

她们偏爱的服饰类型有浅蓝色和粉红色安哥拉山羊毛紧身短袖高领套头衫或开衫，搭配小圆领女衬衫和及膝长的同色花格呢裙子。蓬松的圆形裙子穿着在硬挺的多层衬裙之外，一般镶有锯齿形平缝带，或者装饰令青少年心跳的猫王和杰瑞·李·刘易斯的音符、吉他和唱片的剪贴画。特别流行的是法国贵宾犬的图像，有印染的，也有贴在裙子上的；一般认为，贵宾犬能赋予穿者以欧洲大陆的优雅气质。圆形裙子塑造并凸显出沙漏形的身材。

作为一种早期的叛逆服饰，针织开衫采取反穿式，搭配卷边牛仔裤和马鞍鞋。此外，少女们还避开了显露身形的毛衫，而选择"宽松的乔"款式。这种款型过大的毛衫松松地垂在周身，长度几乎达到膝盖位置，领口、底边和袖口呈圆形，通常是从父亲或男友衣橱中拿来的，穿着时还会搭配他们的格子衬衫。**MF/RA**

3 裙子
这种红色羊绒裙子按照苏格兰短裙款式裁剪，平滑宽大的裙腰缝合成剑形小褶皱的款式直至臀部，呈打开的褶皱刚好垂落至膝盖之下的位置。这一时期，圆形褶皱裙非常流行。

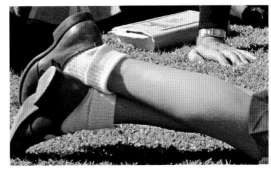

4 便士平跟船鞋最早是1934年由美国鞋商G.H.巴斯生产的，当时被称作平底便鞋，穿着时搭配齐脚踝长的短袜。预科学生往鞋上菱形裂口中塞入一便士，因此就产生了"便士平跟船鞋"这一名称。

常春藤联盟风格 20世纪40年代
大学风格

常春藤联盟校园里的学生，林田
光良摄影（20世纪60年代）。

🔅 细节导航

常春藤服饰风格为人所知和受人喜爱的地方不仅在于其简洁和重视细节，还在于其休闲而又自在的本质特点。这种自在风格又受到常春藤在运动项目上的优势所推动，这些运动员被赋予的社会地位也鼓励了他们在竞技场上和以外的地方穿着运动服饰。绝大多数的大学生几乎都来自经济学家和作家托斯丹·范伯伦所谓的"有闲阶级"——即对于高尔夫和网球等休闲活动有天然的喜好的富裕家庭。他们需要在运动和社交场合都适用的服饰。尤其能体现常春藤休闲风格的服饰为获奖文字毛衫，也被称作大学代表队或优秀运动员毛衫。这种毛衫其实是成绩和优胜的象征，因为只奖励给那些最杰出的运动员，所以在运动队里制造出等级差别，使得获奖运动员获得了小明星的地位。另一种象征着地位的大学生服饰为美军斜纹棉布裤，这种裤子最早是"二战"胜利的象征，后来从军队制服转变为平民服饰。常春藤风格的主要服饰还有广受欢迎的及腰长的轻型哈林顿夹克，格子衬衫——穿着时衣襟一般拖在身后，以及结实的平跟便鞋或网球鞋。**RA**

1 获奖字母"P"毛衫

这件黑色普林斯顿获奖字母毛衫装饰着明显的橙色字母"P",向校园中所有人宣布穿着者为最有价值的运动员。这些获奖运动员的女朋友经常会借用他们的毛衣以体验他们被赋予的巨大荣耀。

4 斜纹棉布裤

标准的美军全棉斜纹裤为米黄色或卡其色。这种裤子在想要展露休闲或冷酷风格的大学生中非常流行,和所有的学院风裤子一样,裤脚要非常精准地在1.75英寸(约4.4厘米)的位置剪掉或卷起。

2 平整的发型

这种特别的发型又叫"哈佛式""普林斯顿式",或者简单地称作"常春藤式",长度足以梳到一边,脑后和两侧同时又要非常短。这种平整的发型是"二战"时美军所用,后来流行到平民生活中。

3 平底便鞋

在东海岸任何一座校园里都能看见当时流行程度无出其右的皮质平底便鞋,该市场由巴斯的产品所垄断。这种鞋得名于挪威传统的渔民便鞋,但讽刺的是,渔民的便鞋却是起源于美国原住民的鹿皮鞋。埃尔登和温斯洛普也是流行的品牌。

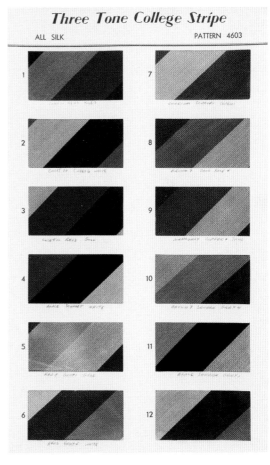

▲ 布鲁克斯兄弟公司所引发流行的"棱纹平布"领带灵感来源于英国军队的领饰,通过变换图案的条纹色彩搭配从而创造出一种完全美国化的配饰(上图是1956年左右的颜色板)。

年轻女性风格

1 伊丽莎白·泰勒在《郎心似铁》（1951）中身穿的这件薄纱甜心礼服是由伊迪斯·赫德设计的。

2 格蕾丝·凯丽曾参演阿尔弗雷德·希区柯克的惊悚片《电话情杀案》（1954）。这条裙子是由莫斯·马布里设计的。

被时尚媒体誉为"新风貌"（见302页）的花冠裙于1947年在欧洲首次露面，它继第二次世界大战中所穿着的定制套装和实用性服饰之后将细腰和裙撑重新引入了当代时装。在美国极富影响力的好莱坞服装设计师海伦·罗斯（1904—1985）改良迪奥的新风貌时装，发明了"甜心裙"——一种胸衣呈心形、腰部窄紧、裙形蓬松的服饰，从而使其成为自己的风格。这种裙子最初由伊丽莎白·泰勒在电影《岳父大人》（1950）中所穿着，表明泰勒所扮演的角色由大学学院风的格子衬衫、花呢裙和过膝裤的"波比短袜派"（见310页）向小女人的变身。次年，泰勒在《郎心似铁》（1951）中扮演一位初入社交界的少女。这部电影的服饰由罗斯的强势对手伊迪斯·赫德（1897—1981）设计。赫德设计了两套礼服，都是无肩带设计，带有骨制紧身胸衣。第一套白色缎子礼服用于宣传剧照，另一套带心形紧

重要事件

1947年	1949年	1950年	1950年	1951年	1951年
沃尔特·普伦基特与艾琳·谢拉夫成为米高梅所有音乐片的服饰指导。	奥斯卡金像奖最佳服饰设计奖设立，分设黑白和彩色两种电影类别。	伊丽莎白·泰勒在《岳父大人》中所穿着的服饰由海伦·罗斯设计。	伊丽莎白·泰勒与第一任丈夫康拉德·希尔顿结婚，婚礼礼服由海伦·罗斯设计。	伊迪斯·赫德因黑白电影《郎心似铁》而赢得了奥斯卡最佳服饰设计奖。	莫斯·马布里被任命为华纳兄弟电影公司服饰设计指导。

身胸衣、浅绿色外罩白色薄纱的礼服〔图1〕使得赫德的才华受到普通大众的关注。

在欧洲，几乎每一套迪奥作品都会采用新的腰身设计。与其不同的是，甜心裙成为美国经久不衰的时装款式。相比迪奥缺乏活力的曲线裙以及随后贴合身体的紧身裙和直筒连身裙，这种腰部束带的钟形裙更受中端市场消费者的欢迎。甜心裙控制了晚礼服市场，春季和夏季还采用轻薄的面料制成日装裙子。这种款式塑造出不具威胁力的女性娇美气质，突出了穿着者的青春活力，因此非常适合少女参加中学毕业舞会（见316页）时穿着，因为这个仪式般的时刻标志着从纯真少女向性成熟的转变。甜心裙也用来突出健康的"邻家女孩"特质。青少年偶像，比如演员兼歌手的康妮·斯蒂文斯和青春逼人的多丽丝·戴都选择毕业晚会款式的棉质日装来塑造出健康的性感气质。这种细腰的蓬松裙子使人毫无戒心，因此也被广告商作为中档服饰在大众市场促销。20世纪50年代的广告中，家庭主妇们穿着甜心裙摆出姿态，展示最新款的小器具或是拆开蛋糕粉，这与伊丽莎白·泰勒在《郎心似铁》中迷人的姿态相去甚远。

甜心裙并非一种时装，而是用来展现诸如邻家女孩或银幕女神之类电影人物般的特质。派拉蒙影业的伊迪斯·赫德是第一位女性首席设计师，她获得的奥斯卡金像奖和提名次数为好莱坞历史之最。赫德认为自己作为电影服装设计的任务就是定义角色，推动电影叙事。泰勒在《郎心似铁》中所穿着的白色薄纱礼服既突出了影星天真无邪的气质，又展露出了其逐渐萌芽的性感气息。赫德了解引领和追随时尚流行的危险性，因为一旦电影下线，服饰就面临过时的风险。不过，赫德为泰勒所设计的这套礼服却备受时尚媒体的赞誉，并将其传递给更广泛的观众群，之后又被制造商大量复制，由此证明赫德不仅是一位好莱坞服装设计师，同时也是国民审美品位的塑造者。1954年，格蕾丝·凯丽在阿尔弗雷德·希区柯克的电影《电话谋杀案》中穿着的类似甜心裙款式的白色纱裙〔图2〕是由莫斯·马布里所设计的。

这种款型优美的服饰成为20世纪50年代女性气质的缩影，也是最受欢迎的新娘礼服，比如1956年格蕾丝·凯丽在与摩纳哥王子雷尼尔的婚礼上所穿着的海伦·罗斯设计的礼服。这款礼服装饰无懈可击，再搭配上精致的配饰，比如以影星名字命名的标志性的爱马仕凯丽包。于是甜心裙与精致优雅密不可分地联系在了一起。**MF**

1952年	1953年	20世纪50年代中期	1956年	1958年	1959年
海伦·罗斯因为黑白电影《玉女奇男》获得奥斯卡最佳服饰设计奖。	好莱坞成立服饰设计协会，旨在推动服饰设计中艺术性与技术的探索。	爱马仕经典旅行包因以格蕾丝·凯丽名字命名为"凯丽"包而闻名。凯丽携带着这款包登上《生活》杂志封面。	格蕾丝·凯丽嫁给摩纳哥王子雷尼尔，身穿的蕾丝礼服由海伦·罗斯设计。	海伦·罗斯为参演《热铁皮屋顶上的猫》的伊丽莎白·泰勒设计了服饰。	出生于澳大利亚的欧利·乔治·凯利因黑白电影《热情如火》而获奥斯卡最佳服饰设计奖。

毕业舞会礼服 20世纪50年代
青少年服饰

20世纪50年代，社会经济重新开始繁荣，青少年数量急剧增长，这时学校毕业舞会才开始具有了社会影响力。因此，参加高中毕业舞会所穿着的礼服设计就显得极为重要，裙形丰满、带有心形胸衣和细腰设计的甜心裙成为备受喜爱的时装。初入社交界的少女们早已从《时尚芭莎》和《时尚》等时装杂志上熟悉了这种甜心裙，但只有通过好莱坞影星的影响，这种款式才开始进入大众市场。舞会礼服满足了郊区中产阶级家庭女孩的愿望，每一个高中女生都会花时间考虑自己的选择，以及朋友们恭维的意见。在这张照片中，三个女孩围绕在梳妆台镜子旁边，其中一个拿着系带凉鞋和服装试搭配，中间的女孩举着裙子贴在身体上衡量效果。礼服的胸衣采用暗色面料，勾勒出典型的心形领线，并采用细细的装饰性肩带。另外一些无肩带的甜心裙胸衣则可能会采用宽宽的褶皱肩带或盖袖来加以缓和。按照传统，舞伴还要给女孩一朵胸花，用来别在礼服的腰上。**MF**

◉ 细节解说

1 内卷式短发
照片中所有的女孩都留着内卷式短发，在后颈处内卷。柔顺的头发被认为是理想的女性发型。这种发型每周清洗定形一次，用发卷定形过夜，早上梳开。

2 现代撑裙
这种长齐小腿中部或芭蕾舞裙长度的蓬松裙子由多层小褶皱面料制作，下面用多层内嵌式硬挺裙撑支撑。裙撑用尼龙、塔夫绸或网子面料制成，以淀粉或糖水上浆。

毕业舞会的历史

　　毕业舞会现在被认为是一种成人仪式，但在19世纪却是初入社交界的少女们在舞会或其他正式聚会开场时露面的仪式。毕业舞会第一次出现是在1894年马萨诸塞州阿莫斯特学院一个学生的日记中，他在其中描述了自己应邀参加史密斯女子学院早场毕业晚会的情形。这种由中产阶级的父母所创立的正式舞会监护严格，他们希望能让子女变得同样优雅和沉着。舞会后来开始与大学毕业联系起来，尤其是在东海岸的贵族学校。到1900年，高中毕业舞会变得相对简单许多，学生们都穿着礼拜日最好的服装，而不再为仪式专门添置新衣。20世纪20年代起，美国的青少年们因为汽车和其他奢侈品的出现而享有了更大的自由度。毕业舞会因此变成了每年一度的盛事，高年级学生会穿着正式晚礼服出席并跳舞（下图）。

凯丽包 20世纪50年代
爱马仕（Hermès，品牌）

凯丽包的设计本质一直保持不变。图中这件是20世纪60年代的作品。

细节导航

被称作高腰带包的爱马仕经典旅行袋最早出现于1930年。不过，直到20世纪50年代，影星格蕾丝·凯丽携带黑色鳄鱼皮的爱马仕包被拍摄下来，这种包才被称作"凯丽包"以示纪念，并成为大热配饰。每一款凯丽包均是手工制作，从开始到结束共需要18个小时的制作周期。每个包由一位工匠制作，其名字和日期一起浮雕在包内。这样不仅方便了返回维修，同时也成为正品商标，可用来检验商品是否为赝品。

每个凯丽包的面料都根据客人要求选定，并采取手工剪裁。内衬选用山羊皮，为最先制作环节，之后底座才会手工缝纫到包身前后。每个包都需要缝制超过2600针，面料首先需要用一种传统的尖钻钉孔。包的尺寸和缝制由皮革的纹理和密度所决定。接下来熨烫除掉面料的皱纹。最后一步是在每个包上打上"巴黎爱马仕"的标签。**MF**

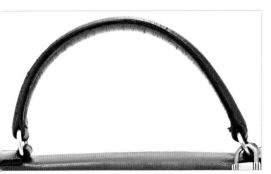

包带

这款凯丽包的包带采用5片皮革制作，工匠用一种特殊的道具使之横跨在大腿上塑形。这就意味着每个凯丽包的包带都有细微的不同。接下来皮革的斜切面会用砂纸磨平，并染上和包身同样的颜色。

4 缝制

爱马仕包采用独一无二的双骑马钉式缝纫方法。这需要用两根针将涂蜡亚麻线反向拉伸。这种技术保证了手包不会散掉，缝线也不会拆线。这些缝线位置还会用热蜡缄口，以防受潮。

2 前盖

凯丽包前盖会用细皮带插进褶边中加固，然后在中央位置用两个低调的镀金横闩固定。锁带上的矩形小扣可用小挂锁来锁定。

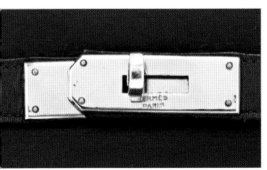

3 金属器件

凯丽包上的金属器件都很精细低调。这里的金属片采用一种被称作镶珠的耗时手法固定，要将金属品钉合在固定位置，然后将钉合的小钉打磨得像珍珠一样光滑。包底还有4颗铆钉金属脚。

▲ 这张1956年的照片拍摄的是格蕾丝·凯丽和她未来的丈夫摩纳哥王子雷尼尔在订婚宣誓仪式上的场景。她携带的就是以她的名字命名的爱马仕包。

好莱坞完美典范

1 玛丽莲·梦露在电影《绅士爱美人》（1953）中所穿的这款辐射式褶皱金线锦缎裙由威廉·特拉维拉设计。但在审查人员看来，这款服饰太过暴露，因此只能在影片中得见。

2 简·拉塞尔在电影《揭竿起义的梅米》（1956）中非常迷人。特拉维拉为电影所设计的迷人服饰突出了拉塞尔婀娜的身姿。

3 简·曼斯菲尔德是最著名的"毛衫女孩"之一。这个词用来形容大银幕上穿着尖角胸衣和紧身毛衫的性感人物。

与20世纪50年代流行的理想化的克制优雅的女性风格相去甚远，好莱坞银幕上的服饰都将沙漏形身材发挥到了极致，从而彰显出一种浓郁的性感风情（图1）。导演霍华德·休斯专门为参演《不法之徒》（1943）的简·拉塞尔设计了悬臂式露乳沟的胸罩，但简从来没有穿过，因为太不舒服；拉娜·特纳参演梅尔文·勒罗伊的电影《永志不忘》（1937）开启了好莱坞对于紧身针织衫持久的偏爱，之后整个20世纪50年代又有简·曼斯菲尔德的延续（图3）。这些服饰所塑造出的夸张丰满的身形成了战后岁月的主要风格。乳沟一般只能在银幕上的历史题材作品中出现。全裹式毛衫能在不暴露的同时凸显出胸部的形状，这种身形需要许多支撑。胸罩结构很严格，罩杯需要采用多圈圆形缝线来塑造成上端尖细的圆锥形（见322页）。1946年，退伍士兵弗雷德里克·麦林格建立了好莱坞弗雷德里克内衣

重要事件

1946年	1947年	1949年	1949年	1952年	1953年
在电影《不法之徒》（1943）中，简·拉塞尔的胸部得以突出展示，电影最终在美国得以公映。	美国版《时尚芭莎》上刊登了一款由美国运动服饰设计师卡洛琳·施努勒设计的绿白色点比基尼。	汤姆·凯利拍摄了一幅玛丽莲·梦露以红色天鹅绒为背景的裸身照片，图像被用于月历。	创新型内衣设计师弗雷德里克·麦林格在加利福尼亚好莱坞大道开办了自己的原创旗舰店。	理想远大的女演员碧姬·芭铎为法国成衣厂商勒珀郎担任时装模特儿。	奥斯卡金像奖首次在电视上播放，明星们有了机会向全国展示自己的服饰。

公司，其宣传口号是："我们不仅装扮好莱坞传奇，我们也创造传奇。"该公司第一款魔术胸罩被称作"上升之星"。大卫·基耶利尼切蒂为好莱坞服饰设计师伊迪斯·赫德所写的传记中描述道，赫德的助手希拉·奥布瑞恩这样总结做明星的条件："如果一个女孩胸部有40英寸，那她可以去雷电华电影公司当明星；如果有38英寸，可以当配角。不到36英寸——连临时演员都当不了。"

日装和晚装都很强调胸部曲线，领口剪裁和装饰变化多样，比如圆齿边、无肩带款式、套索系领或露肩设计（图2）。好莱坞的约瑟夫等首饰商的沉重华丽的项链使得胸部更加突出。服饰装饰珠宝的流行在这一时期达到顶峰，因为金属在"二战"后又重新供应了。

服饰腰部采用腹带束紧，这种服饰相当于当时的紧身胸衣。根据法国设计师马塞尔·罗莎（1902—1955）于1942年的设计理念，克里斯汀·迪奥设计了紧身带。这是塑造沙漏形身材的必备元素，它能束紧腰部，从而塑造出更加浑圆的胸型和臀部。有了橡胶松紧线和莱卡公司合作生产的双面弹性打底服饰，紧身带在塑造体形的同时又兼具舒适度。但银幕女神玛丽莲·梦露却回避这种服饰，因为她更倾向于完全不穿内衣，有时候还要求将内衣缝在服饰之中。梦露的腰臀比例被认为是女性梦寐以求的。在比利·怀尔德的疯狂喜剧《热情似火》（1959）中，梦露在演唱《我想要你爱我》时穿着一件几近赤裸的内衣般的紧身晚礼服，设计师欧利-凯利（即欧利·乔治·凯利的设计用名）凭此获得了奥斯卡奖。这位金发尤物据说在服饰胸部尖点位置缝上了两颗扣子以营造出乳头凸点般的观感。在电影《绅士爱美人》（1953）中，梦露在表演"钻石是女孩最好的朋友"时，身着一件粉红色丝硬缎的裹身式胸衣，并配上一双配套的过肘手套，成为银幕性感的典范。这套服饰由20世纪福克斯影业当时的首席服装设计威廉·杰克·特拉维拉设计，后来他在洛杉矶开办了自己的高端时装沙龙特拉维拉公司。特拉维拉与梦露在电影中共合作过8次。

这种带有凸显身材的骨制和硬挺的紧身胸衣的晚礼服和鸡尾酒会礼服也运用在连体泳衣中。这些泳装一般裁剪成灯笼裤的形状，或搭配有短裙遮挡臀部位置，这样就促使了超短服饰的产生。最早的比基尼仅仅只是把三角形的布片连在一起构成，法国女影星碧姬·芭铎参演的罗杰·瓦迪姆导演的争议性电影《上帝创造女人》推动了这种泳衣的流行。其他款式的泳衣则近似内衣的形状，采用金属丝或骨制罩杯以塑造出最丰满的胸形（见324页）。**MF**

子弹胸罩 1949年
内衣

I dreamed
I went
to work
in my
maidenform* bra

CHANSONETTE* with famous 'circular-spoke' stitching

Notice <u>two</u> patterns of stitching on the cups of this bra? Circles that uplift and support, spokes that discreetly emphasize your curves. This fine detailing shapes your figure <u>naturally</u>—keeps the bra shapely, even after machine-washing. The triangular cut-out between the cups gives you extra "breathing room" as the lower elastic insert expands. In white or black: A, B, C cups.

2.00

Other styles: Broadcloth: Cotton, "Dacron"*Polyester 2.50; Lace, 3.50; with all-elastic back, 3.00; Contour, 3.00; Full-length, 3.50.
*REG. U.S. PAT. OFF. ©1964 BY **Maidenform, Inc.,** makers of bras, girdles, swimwear, and active sportswear.

美国杂志上刊登的媚登峰牌胸罩（20世纪50年代）。

女士内衣品牌媚登峰于1922年由裁缝师艾达·罗森塔尔（1886—1973）、其丈夫威廉及商店主伊尼德·比塞特共同创建于新泽西的贝永。20世纪50年代，该品牌的一系列新颖广告使其登上了新闻头条。该系列广告将只穿着内衣的女性置于各种幻想情景中，比如在"我幻想自己穿着媚登峰胸罩被击倒"情景中，模特儿摆出拳手的姿态；在"我幻想自己被通缉了"中，模特儿的照片刊登在一幅西部风格的"悬赏"招贴海报上。这一系列具有开拓意义的"幻想"促销一直持续至1969年，后来为以麦迪逊大街广告业为舞台、2007年首播的大热电视剧集《广告狂人》所引用。这里的广告场景中，模特儿坐在一间与羊绒结子呢裙子呈同样粉红色的柔和色调的办公室中。画面中的电话作为手臂上抬与外展的支撑物，凸显了胸罩高举的线条。与露肩领所塑造出的富于挑逗性的乳沟相比，这种款式的胸罩更符合20世纪50年代高挺而独立的胸形，被用来穿着在适合办公室环境的裙子、毛衫和女衬衫下。不考虑20世纪50年代这些广告中所描绘的异国情调和其他服饰，这种胸罩总是采用洁白的颜色。**MF**

👁 细节解说

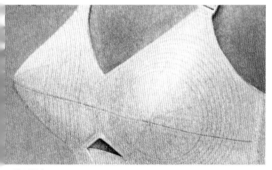

1 锥形轮廓
这种胸罩的罩杯采用多层棉布制作，从乳头开始向外伸展缝合出多个同心圆，并以水平缝一分为二。子弹胸罩可能是紧身胸衣以来结构最坚硬的内衣。

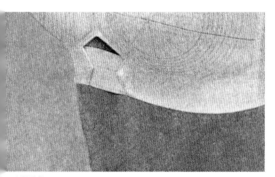

2 支撑结构
胸罩前身中间用一个弹性插入物将两个罩杯分开，使得罩杯具有了活动的自由，弹性带起到支撑作用。艾达·罗森塔尔很快就指出，胸罩的结构不仅需要好的设计，还是个建造问题。

毛衫女孩的原型

1953年，《生活》杂志摄影师阿尔弗雷德·艾森斯塔特拍下了玛丽莲·梦露在家里的肖像作品。同年，梦露参演了《尼亚加拉》《愿嫁金龟婿》《绅士爱美人》三部具有纪念意义的电影。照片中，下了班的明星成为"毛衫女孩"的重要代表，穿着黑色高领羊毛衫，袖子挽至手肘高度，休闲而又性感。这种服饰非常流行，采用装袖款式，腰部有深深的罗纹，因为贴合子弹胸罩的轮廓，也突出了梦露自然的曲线。

比基尼 1947年
海滩服饰

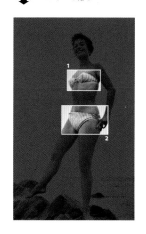
法国女装男设计师雅克·埃姆（1899—1967）和瑞士工程师路易斯·利尔德被认为是比基尼的发明者，服饰名称据说来自1946年核武器试验地所在的太平洋比基尼环礁。比基尼最早是由法国模特儿米歇琳娜·贝尔纳迪尼穿着呈现于巴黎展台上。1947年，美国版《时尚芭莎》中刊登了一款由美国运动服设计师卡洛琳·施努勒所设计的绿白圆点比基尼。之前的两件套泳装已经被作为海滩服饰而接受了，那种泳装由一件规整的套索系领上装和一件覆盖住腰部至大腿之间一半区域、只露出胸廓部分的下装所组成。但是比基尼泳装的简洁款式，尤其是将肚脐暴露在外，激起了保守人士的愤怒。直至20世纪60年代，性解放的新时代来临，这种革命性的新型泳装才得到广泛的接受。它可能是现在全世界最流行的女性海滩服饰。最早的比基尼上装由两片三角形面料组成，用肩带绑在脖子和背上，下装也由两片三角形面料构成，臀髋部用细带连接，将后背、大腿根部、肚脐等大面积性感带裸露在外。这种几近裸体的服饰激起了天主教风化联盟的愤怒。**MF**

👁 细节解说

1 绑兜式上装
无肩带款式的比基尼上装结构与内衣相同，罩杯将胸部抬高并分开，也突显出乳沟。带肩带款式比基尼的肩带与贯穿乳头位置的缝线呈一条直线。

2 低至臀部的下装
这件低腰比基尼下装裁剪至耻骨以下，因此将躯干绝大部分暴露在外。面料前后两片在髋骨上连系起来，前身中央的缝线使得条纹呈角度准确对齐。

比基尼女孩的典型

　　20世纪50年代，比基尼主要是美女图上的女孩以及碧姬·芭铎（下图）等银幕尤物穿着。1956年，芭铎参演罗杰·瓦迪姆的影片《上帝创造女人》并在影片中穿着比基尼露面之后，这种服饰更是不可避免地与她联系在了一起，成了推动她职业生涯发展的工具，并迅速将其打造成为"性感美女"。芭铎和她那头"刚刚起床"式的金发、比基尼、晒成棕色的皮肤、法国里维埃拉高雅的芬芳成了战后自由和性许可时代的象征。

日装的端庄风格

1 设计师葛丽塔·普拉特利所设计的分体式优雅羊绒服装是20世纪50年代完美家庭主妇形象的缩影（约1951）。

2 女演员多罗丝·戴身着带有装饰的针织开衫以及珍珠扣女衬衫（1952）。

3 这幅1952年的露华浓公司"火与冰"口红宣传广告将查尔斯·雷夫森关于"公园大道上的妓女"的幻想贩售给了几百万女性消费者。

20世纪50年代，政府政策、时尚产业以及广告商都开始将家庭主妇作为目标，希望她们和她们的家都能闪闪发亮、装饰一新、受人景仰。摆脱了战时定量供给的贫困状态后，主妇们的服饰开始根据严格的时尚准则彰显出女性魅力。不惜一切代价也要维持外表的完美，不戴上帽子就出门简直就像是要去造反——这些因素就像是一场彻底的风暴，使得50年代的家庭主妇对时尚崇拜不已。

第二次世界大战期间，女性开始进入劳动力市场。但是战后妇女解放运动开始停滞不前，政策也鼓励女性应该回归家务料理的角色，不要剥夺归国军人的工作机会。此时的美国最重要的信念就是，社会、道德和经济的稳定都要仰赖于男性回归到家庭之主的角色上去。女性的"工作"就是当好家庭主妇。

在此过程中，时尚也发挥了重要作用，时装产业恢复了女装传统

重要事件

1947年	1947年	1949年	1949年	1951年	1951年
克里斯汀·迪奥推出了迪奥时装店的首批作品，其丰满的裙形和装饰短裙呈现出战后新风貌。	迪奥标志性的Bar系列日间套装将丰满的裙子和斜肩紧腰上衣组合在一起，创造出一种醒目的新款式。	1941年6月1日起在英国实施的服饰定量供给令最终结束。限制服饰裁剪的严厉措施取消，选择增多。	波林·特里吉共获得了3次科迪美国时装评论奖中的第一座奖杯，其余两座奖杯分别于1951年和1959年获得。	哈里·杜鲁门总统于9月4日将电视机推广到美国大陆东西两岸，东西两岸得以连接在一起。	涤纶被作为一种神奇的免烫纤维引入美国。它很便宜，方便洗涤，而且干得快。

的娇柔风格，款式也要严格遵照不同的社会和家庭功能设计，这就使得服装市场变得复杂化。正如19世纪一样，这一时期，每天的服饰风格都必须严格遵照得体着装准则而来。女性们过去必须穿着定量供给的服饰，不穿长袜，甚至出于实用性考虑得穿上裤子，而这时也开始为战后第一波重大时尚浪潮，即迪奥时装店的新风貌（见302页）所诱惑。一季之内，迪奥就使得衣橱内所有功用性服饰都显得过时了，巴黎重新拥有了时尚统治地位。

如果没有电视和商业广告的推波助澜，女性永远也不会被推举到如此具有装饰性用途的角色中去。广告商们意识到，男性负责赚钱，花钱的是他们的妻子。化妆品公司露华浓于1952年发起的"火与冰"口红宣传（图3）被视作有史以来最有效果的广告促销。在电视里，女性们都生活在幸福满足的肥皂泡中，她们穿着入时的服装，画着完美的妆容做饭、洗衣，头发都梳理一丝不苟。20世纪50年代的这些宣传将幻想中的家庭主妇的形象（图1）贩售给几百万观众，其中好莱坞也发挥了一定的作用。一些影星，例如多罗丝·戴（图2）就成了清秀的职业女孩或衣着清爽干净的家庭主妇的代表形象，推动了诸如贴身套装和饰珠开襟针织衫（见330页）的流行。

为了满足自己的利益，许多女装裁缝师和设计师纷纷推出各种合法而利润丰厚的化妆品和香水，以强化这种要求标准，同时也让所有的女性，无论贫富，都成为时尚的奴隶。大量书籍出版，比如迪奥的《时尚小词典，为每个女人准备的着装品位指南》（1954），论述女性不用花太多钱也可以打扮优雅，因为简洁、良好的品位以及装饰是"得体穿着的三个基本条件"，而这些也不费钱。美国设计师安妮·福加蒂（1919—1980）写了《如何成为穿着入时的妻子》（1959）来阐述如何根据每一种日常情况得体打扮。她坚称"主妇穿衣"应该像军事演习一样来操持，它能极大地促进婚姻幸福。从只有半打低级棉绒布必需品的衣柜到拥有各种高级设计的衣柜，福加蒂对各种衣柜细节都很着迷。

特里吉（见333页）为参演《蒂凡尼的早餐》（1961）的帕特里夏·尼尔所设计的清爽的外衣和套装成了女演员的标志性风格。这些服装与20世纪50年代的精致风格和大量装饰密切相关，也与该电影主演奥黛丽·赫本所穿着的纪梵希设计的现代风格服饰形成了对比。60年代初，热纳维耶芙·安东尼·德阿里奥所著的《优雅指南》等出版物想要维持现状，并吸引住叛逆的青少年消费者，但实际上装饰性服饰已不再入时。**JE**

美国衬衫式连衣裙 20世纪50年代

日装

欧克斯桥·设得兰羊绒衬衫式连衣裙（约1955）。

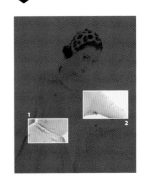
衬衫式连衣裙是20世纪50年代美国女性最基本的制服，这种服饰简洁、体面、洒脱、别致，同时用途广泛。它起源于20世纪初，衬衫和裙子组合而成的连衣裙看上去就像是两件套。这种服饰由亨利·罗森菲尔德批量生产，他在保证价格实惠的情况下选用各种不同款式和面料以满足所有的审美品位。罗森菲尔德生产的衬衫式连衣裙都由伊丽莎白·希尔特设计，她对细节的独到眼光使得她的设计总能超越其他竞争者。她的领型完美干净，每一处细节设计都与众不同，从而使得其服饰拥有了广泛的吸引力。

这里的这件淡黄色羊绒衬衫式连衣裙领口系扣很高，领子裁剪成深方形领，后颈稍稍卷起，离开脖子皮肤。前身有两条缝线从腰线伸展至胸部，营造出贴身胸衣的效果。裙子臀髋部缝出6条箱形褶，3条在前，3条在后，裙身从这里展开形成丰满的裙形。裙子两边褶皱中各插有一个竖式口袋。这种定做的衬衫式连衣裙被认为是一种半正式服饰，需要搭配配套的配饰，这里模特儿头上按照头部的形状围着一顶豹纹帽。**JE**

👁 细节解说

1 配套腰带
这套服饰搭配了一条浅黄色带扣细皮带，它遮住了腰线，并进一步强调了腰肢的纤细。腰带下面别着一个镀金徽章，这个强调性装饰物和前胸镀金玻璃扣一样。

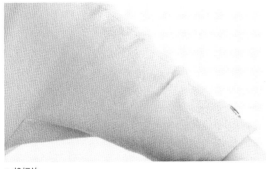

2 蝙蝠袖
服饰的胸衣与长齐肘部的袖子连体裁剪，这是当时一大流行。这就要求肩部缝线很长。两条袖子边缘各有一个饰扣，服饰中还包括两只夏装奶油色长手套。

▲ 1951年春夏时装展上，模特儿们展示亨利·罗森菲尔德的各种款式的作品。伊丽莎白·希尔特的设计是罗森菲尔德衬衫式连衣裙取得成功的关键因素。

饰珠开襟针织衫 1950年
雷吉纳针织衫

弗朗西斯·麦克劳克林–吉尔摄影，《魅力》杂志（1950年11月）。

饰珠开襟针织衫是20世纪50年代女性优雅日装的主要服饰，它传达出一种潜移默化的温柔的女性气质。左页图中这件奢华的薄荷绿羊绒开衫由雷吉纳设计，服饰的圆形领口饰有珠饰，其余的珍珠则散落在抵肩周围。精心修饰的发型，苍白的面色，勾勒醒目的暗色眼睛、眉毛，深红色的嘴唇和指甲，这些都在柔软精致的开襟毛衫的映衬下愈发明显，柔和的女性气质与一丝不苟的妆容形成对比。

在美国女装设计师曼波彻（见289页）的推动下，针织开衫也被接受为晚间穿着，曼波彻制作的贴花、珠饰或毛皮领子装饰的丝绸里料针织开衫被用来搭配紧身晚礼服或长齐脚踝的裙子穿着。在低端市场上，美国生产商进口的朴素毛衫很快也镶上了珠饰。许多毛衫，尤其是那些装饰华丽的款式，都是在香港生产的。此时的香港拥有一个相当大的针织服饰生产基地，生产的产品不仅是山羊绒衫，还包括羔羊毛和安哥拉羊毛混纺的时装。经过装饰的针织开衫吸引了各个年龄层的顾客。**JE**

◉ 细节解说

1 一次成形
针织开衫是编织而成，而非裁剪定形，其长齐肘部的袖子上还带有编织记号。山羊绒纱线是精心挑选的材料，代表着富贵与奢华；羊绒则更平易近人。

2 抵肩部位的装饰
一排排珠饰串在领线上，就像是多股珍珠项链。前身中央开襟上也采用同款珍珠扣。这件针织开衫还搭配有一套配套的珍珠首饰。

▲ 上图模特儿穿着的套装包括一件饱满的圆形裙子，一件塔夫坦绸衬衫，一件镶有珠饰的针织开衫（20世纪50年代）。这件安哥拉羊绒针织开衫采用高圆领、七分袖和紧腰设计。

海军蓝套装 1954年

波林·特里吉（Pauline Trigère，1909—2002）

波林·特里吉的设计风格总是很优雅别致，简约地体现出主要流行元素的同时，也融入一丝低调的戏剧性。这套无光泽的海军蓝羊绒外套和绉绸裙子套装就是她保守风格的典型代表。其中的外衣裁剪凸显出女性柔美的身材——窄腰、微微倾斜的肩线、外展的裙形，设计也展示出里层完全配套的低调裙子。外衣躯干部分线条很柔和，采用翻领和蝙蝠袖设计，但剪裁仍然紧身地突显出腰部和手腕，腕部有卷起的外展小翻袖。4颗用相同面料覆盖的大扣子从腰部一直扣到喉咙处。最上面那颗巨大的扣子并不是偶然间滑开的，就是设计为要敞开露出喉部的。外衣下摆腰部位置有缝褶，然后外展开去，以便在走动时可以飘摆着露出髋部和大腿。

这是一款很复杂的设计，虽然其形式简洁到近乎严苛，但仍然蕴含着令人难以平静的女性气质，以期既能展露出穿者的身材，又能随着娇美的步态而起伏飘摆。特里吉设计的这款帽子也完美地烘托出外衣的女性气质。朴素的毡帽倾斜盖在头部一侧，从而将精心梳理的发型和妆容完美的面部清晰凸显。**JE**

👁 细节解说

1 丝绸围巾
服饰中暗红色的丝绸围巾系得非常完美，还用银别针斜别住。这抹亮色虽然露出来的面积很小，但却强调出端庄的日装中装饰风格的克制。每一处细节都要严格控制，这样才能保证体面上的优雅气质。

3 扣子
使用相同面料覆盖的扣子也是这套高雅服饰的组成部分。这处特别的细节并不想引起关注，而是与服饰融为一体，体现出高雅的品位。这种体面的设计隐藏了扣子，也强化了苗条优雅形象带给人的紧张感。

2 手袋和手套
在20世纪50年代，只有不自重的女人出门才会不戴手套、不拿手袋。柔软暗淡的灰手套与奶油色拼接棕色光亮的皮革手握手袋极不协调，从而营造出一种绝对的自信和确定感。

🕐 设计师生平

1909—1945年
法国设计师波林·特里吉25岁时搬至美国，并于1942年在纽约开办了自己的时装店。据称她是第一位在裙子和外衣上使用可拆卸领子和围巾的设计师，她还以引人注目的两面用披肩和毛皮镶边而闻名。她也是第一位在晚礼服中使用羊绒的设计师。

1946—2002年
20世纪40年代，特里吉开始设计成衣生产线产品。她的设计剪裁结构极好，吸引的顾客还包括温莎公爵夫人等名人。她的生产线生产的大众外衣价格低廉，但设计质量几乎和定制服一样。1949年、1951年和1959年，她3次获得科迪美国时装评论奖，并且是第一位被推选进入名人堂的女性。

战后意大利时装

作为时尚生活的同义词，以及拥有与奢华享乐的密切联系，意大利在第二次世界大战之后成了国际时尚中心。在这段复兴的岁月里，意大利在美国马歇尔计划的援助下，进行了工业重组。这种推动战后贸易的尝试保证了拥有长期纺织历史传统的意大利北部地区纺织厂得以进入资本和原材料市场，一些原本在意大利制造业占据重要地位的家庭作坊得以继续成长。

有了政府的帮助，再加上官方对"意大利制造"的推动，意大利作为创新设计产地的地位继续得到巩固，并产生了古奇欧·古驰、萨尔瓦托·菲拉格慕和艾米里奥·璞琪等家喻户晓的名字。1951年，意大利时尚试图摆脱巴黎时尚的影响，于是乔瓦尼·巴蒂斯塔·乔治尼组织了第一场意大利设计师时装展，有许多国际出版媒体出席。展览取得了成功，1952年起搬至萨拉·比安卡的碧提宫（图1）举行。这就为接下来的十年奠定了基础，佛罗伦萨以及后来的米兰成了和巴黎、纽约、伦敦齐名的时尚之都。

第二次世界大战之后，意大利成为新一代游客的目的地之选，喷气式飞机的发明、《喷泉里的三个硬币》（1954）等歌颂欧洲浪漫历险的电影都在鼓励他们搭乘飞机去旅行。喷气式飞机使得在罗马和佛

重要事件

1947年	1947年	20世纪50年代	1950年	1951年	1952年
萨尔瓦托·菲拉格慕因为在时尚领域内做出的卓著贡献而被授予内曼·马科斯奖。	艾米里奥·璞琪在瑞士穿着自己设计的滑雪服入镜，为他带来了《时尚芭莎》的设计委托。	罗马电影城成为美国电影拍摄地，这间摄影棚与费德里科·费里尼联系最为密切。	璞琪在卡布里岛合族哥德尔马热酒店专属度假村开了时装店。	乔治尼在自己的别墅中举办了第一次意大利时装展。这次时装展紧随巴黎时装周之后，以便吸引同一批买家。	意大利男装公司布里奥尼首次在佛罗伦萨的碧提宫时装展上展出了自己的产品。

罗伦萨的时装店购物成为可能，而这里的"休闲服"的休闲优雅风格比起巴黎的正式风格更吸引人。克里斯汀·迪奥逝世之后，巴黎的影响力就一直在衰落。艾米里奥·璞琪很擅长休闲成衣设计，他的设计合身，颜色及印染生动（图2），满足了当下对于休闲服饰的需求，同时也能体现高端产品的价值。1960年，他发明了一种名为"艾米里奥布"的弹性面料。这种面料以平纹针织布和海兰卡合成织物为基础，适合弹性拉伸又不变形。20世纪60年代，他采用印有万花筒般多色迷幻图案的轻型面料制作出卡布里紧身七分裤和宽松衬衫，在杰奎琳·肯尼迪和玛丽莲·梦露等影响力巨大的时尚引领者的带动下流行开来。

对于以罗马为中心的意大利电影产业的发展来说，电影与时尚之间的关系仍然尤为重要。1949年，好莱坞影星琳达·克里斯汀与泰隆·鲍华结婚，方塔纳姐妹（佐伊，1911—1979；米柯尔，1913—2015；乔凡娜，1915—2004）由于为其设计的结婚礼服而备受关注。她们所设计的奢华晚礼服吸引了许多好莱坞影星的光顾，同时也引起了吉娜·劳洛勃丽吉达和索菲·罗兰等本土影星的关注。在为参演电影《赤足天使》（1954，见338页）的艾娃·加德纳设计服饰时，方塔纳姐妹将传统时装理念与意大利风格融合在了一起。

意大利"明星的制鞋匠"萨尔瓦托·菲拉格慕最早取得成功是在加利福尼亚，他在那里为许多好莱坞影星设计过鞋子。他曾在南加利福尼亚大学学习解剖，这使得他能将鞋类产品所有的技术和人体工学综合运用在自己的定制鞋设计中。1927年，菲拉格慕返回意大利，在意大利奢侈皮草产业中心佛罗伦萨开始制鞋。他在那里创作出许多影响力极大的鞋子款式，其中细高跟就是他发明的。细高跟这个名称来自西西里岛黑帮所拿的薄刀。这种鞋子突出了战后夸张的女性气质，既能搭配20世纪50年代沙漏形服饰和翻飞的裙子，也能搭配流线型的紧身连衣裙。在塑料鞋跟壳中插入铝制塞子既增添了鞋跟的稳固性，也使得鞋跟达到了前所未有的高度和纤细。菲拉格慕将细高跟与尖头结合起来，这种设计被称作"剔螺尖头皮鞋"——其名称来自用餐时将田螺肉从壳中挑出来的一种工具——成了战后意大利风格的代表。

男性服饰也受到意大利风格流线型裁剪和柔软腰身的影响。总部设在罗马的布里奥尼（见336页）公司的"欧洲大陆风格的裁剪"挑战了伦敦萨维尔街的裁剪传统，吸引了许多美国男士，其中包括影星加里·格兰特和克拉克·盖博，同时也启发了"摇摆伦敦"的年轻的"文学学士们"。**MF**

1 佛罗伦萨碧提宫的萨拉·比安卡展台非常壮观，装饰有涂料和笔画，是意大利知名设计师和新兴设计师高端时装的完美展台。

2 设计师艾米里奥·璞琪与模特儿，后者身着各种颜色的璞琪印花衬衫和七分裤（1959）。

20世纪60年代	1960年	1960年	1961年	1961年	1965年
剔螺尖头皮鞋极其尖细的鞋头被加在了细高跟鞋中。	由费德里科·费里尼编剧并导演的喜剧电影《甜蜜的生活》将意大利时装介绍给国际观众。	菲拉格慕逝世，他的妻子旺达接管了公司，后来由他们的6个孩子继续接管。	意大利版《时尚》第一期由康泰纳仕集团出版。	女演员吉娜·劳洛勃丽吉达与洛克·哈德森一起出演了以意大利里维埃拉为舞台的电影《金屋春宵》，并在其中尽展意大利魅力。	纽约广告代理商杰克·提克及联合公司雇用艾米里奥·璞琪为布兰尼夫国际航空公司的空中乘务人员设计新的制服。

欧洲大陆风格的套装 20世纪50年代
布里奥尼（Brioni，品牌）

布里奥尼公司的流线型日常
套装（1960）。

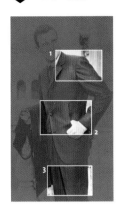

布里奥尼公司影响深远的"欧洲大陆风格"套装由专家裁缝纳萨雷诺·冯蒂科利设计，布里奥尼公司及其商标也是由他和公关专家加埃塔诺·萨维尼1945年在罗马所创立的。这种套装的裁剪与战后流行的美国式宽肩风格，或是萨维尔街的英国裁缝所推出的新爱德华亲王款式均相去甚远。

布里奥尼套装被时尚出版机构称为圆柱式，不仅吸引了欧洲贵族，也招徕了很多外国乘坐喷气式飞机到处旅行的富豪，因为这种服饰被视为适合当时快节奏的生活方式。这种流线型的紧身套装由一组专家定制，专为活跃、快乐和年轻的现代男性设计，并将色彩和图案引入了男性衣橱。布里奥尼是世界上第一家推出季节新款的男服公司，并于1952年在佛罗伦萨第一个举办了男性时装秀。之后该公司于1954年在纽约举办了时装秀，从而将意大利时尚传达给了美国消费者。**MF**

细节解说

1 自然的款式
布里奥尼套装需要历经两个月的高强度劳作以及185道独立工序，其成品套装肩部采用未加垫料的过肩线设计。上衣采用单排扣设计，并在臀部以下位置逐渐收紧，两边开衩。

3 逐渐变细的裤腿
布里奥尼套装裤子采用双宫蚕丝等奢华轻薄的面料以及小羊驼毛等珍贵面料，这样就使得裤子的修身裁剪成为可能，裤子在脚踝位置收细，裤脚周长不超过43厘米。

2 修身上衣
套装单排扣上衣门襟上有3颗扣子，两边分别有竖口袋。峰状翻领裁得很窄，以便突出修身的款型。

品牌历史

1945—1989年
意大利时装公司布里奥尼是于1945年由裁缝师纳萨雷诺·冯蒂科利及其生意合作伙伴加埃塔诺·萨维尼在罗马的巴尔贝里尼街创建。1952年，该公司在佛罗伦萨碧提宫的展台上举办了世界上第一次男装展。1954年，公司在纽约举办了时装秀，随后又去了其他8个美国城市展出。美国影星克拉克·盖博和加里·格兰特等人于20世纪50年代在罗马影城摄影棚工作时开始购买他们的套装。

1990年至今
1990年，乌姆贝托·安格鲁尼被任命为公司首席执行官并制订了扩张计划，包括决定引入女装生产线。1995年开始，由布里奥尼公司，而非萨维尔街，为詹姆斯·邦德电影的主要角色制作服装。

晚礼服 1954年
索瑞拉·方塔纳（Sorelle Fontana，品牌）

艾娃·加德纳出演《赤足天使》
（1954）。

细节导航

方塔纳姐妹（索瑞拉·方塔纳）的设计将巴黎高级时装传统与意大利审美的戏剧性和华丽风格结合在一起，从而为艾娃·加德纳、洛丽泰·杨和玛娜·罗伊等影星设计出好莱坞式的迷人服饰。她们为加德纳设计的这套性感奢华的吊带撑裙晚礼服采用天蓝色丝硬缎面料制作，以供女演员在约瑟夫·曼凯维奇导演的《赤足天使》这个灰姑娘般的故事里穿着。服饰在电影中出现的场景是加德纳扮演的西班牙性感影星玛丽亚·瓦尔加斯第一次获得成功之时。这套方塔纳晚礼服所蕴含的全部奢华戏剧性都是为了展现女主角从赤足舞者成为家喻户晓的美人和银幕偶像的历程。服饰的重点在于内部结构的硬挺，体现在贴身的胸衣上。这件胸衣长度刚好到达自然腰线之上，并在胸衣和裙子之间加了一条仿腰带。胸衣向上向外伸展形成引人注目的翅膀般的尖点，几乎伸展到肩膀位置，与手臂上紧绕的柔软的银狐披肩形成了对比。**MF**

首饰

艾娃·加德纳扮演玛丽亚·瓦尔斯加斯时佩戴配套的钻石耳环、项链和戒指。其中最具有情色意味的是项链，它将目光引向低胸领位置。20世纪50年代，宝诗龙、蒂芙尼和卡地亚等珠宝店蓬勃发展，因为在之前的战时贫困年代，服饰珠宝非常短缺。

紧身胸衣

胸衣突显的胸形由内衣的缝线勾勒出来。从腰线位置延伸出来的两条平行缝褶塑造出胸罩式上衣的罩杯结构，并通过珠片和水钻的装饰得到了进一步强调。这些装饰也与裙子上镶嵌的散落的水钻带形图案互相映衬。

裙子

服饰的裙子长度达到小腿中部，上面的褶皱依靠裙腰上颠倒的箱形褶以及丰满的摆缝塑造出，又通过垂至地面的丝绸薄纱内裙得到了进一步支撑。光滑的丝硬缎面料保证了撑裙的蓬松和硬挺。

▲《赤足天使》（1954）的一张宣传海报。艾娃·加德纳在这部电影中穿着的所有服饰都由方塔纳姐妹设计。

🕐 品牌历史

1943—1950年

方塔纳三姐妹——佐伊、米柯尔、乔凡娜来自意大利帕尔马附近的特拉维尔塞托洛。她们追随着身为熟练裁缝师的母亲阿马比尔·方塔纳的脚步走上了缝纫的道路。在米兰、罗马和巴黎的学徒生涯结束后，她们于1943年在罗马开办了一间名为索瑞拉·方塔纳的工作室。1949年，影星琳达·克里斯汀嫁给泰隆·鲍华，三姐妹为其设计了一款华丽礼服，由此打开了国际知名度。这为她们带来了大量的客户，其中包括意大利贵族成员以及外国的那些乘坐喷气式飞机到处旅游的富豪。

1951—1959年

三姐妹参加了1951年在佛罗伦萨举行的首次意大利时装展。20世纪50年代，她们为许多好莱坞最知名影星设计过服饰，包括格蕾丝·凯丽和伊丽莎白·泰勒。1958年，她们作为意大利代表应邀到华盛顿特区的白宫参加了世界时装会议。

1960—1992年

索瑞拉·方塔纳引入了时装成衣生产线，之后引入了毛皮、雨伞、围巾、服饰珠宝和餐布生产线。1992年，方塔纳商标被卖给了一个意大利财团。

战后工作服

1 詹姆斯·迪恩在乔治·史蒂文斯导演的《巨人》中扮演杰特·林克一角时穿着的是李牌牛仔裤。这个角色为他赢得了奥斯卡金像奖（1956）。

2 蓝铃公司的这幅20世纪50年代的威格牛仔裤广告展示了为男性以及全家人设计的"真正的西部"牛仔裤。

3 猫王穿着牛仔夹克和牛仔裤在电影《监狱摇滚》（1957）中表演主题曲。

作为第二次世界大战的直接后果，美国的日用消费品成了现代化的生活方式的代表；从某种程度上来说，美国商品，比如汽车、预包装食品和服装成了"元"商品。对许多人来说，美国就是自由、机会与现代的象征；因此，美国的工业产品也拥有了同样的质量。战争推动了美国消费主义思想的传播，好莱坞推动了美国商品的流行。蓝牛仔裤被大量消费者所接受，就是这种文化交流的结果。

1853年，李维·斯特劳斯（1829—1902）来到加利福尼亚开办了家族纺织品店的分店，希望靠西部迅速发展的经济而获利。在淘金热时期，他为矿工们生产了耐穿的工作服，美国牛仔服饰就以这样模糊的姿态而出现了。30年的时间里，李维的商店一直在生产这种著名的铜铆钉蓝牛仔工作裤。到了20世纪初，美国牛仔裤三巨头都已成立，分别为李维·斯特劳斯公司、H.D.李公司（李牌牛仔裤生产商，见图1）以及蓝铃工装裤公司（后来推出威格品牌，见图2）。

在这种服饰从专业工作服转变为普通休闲服的过程中，好莱坞也起到了很大的推动作用。关于荒凉西部的表演很早就已成为流行的娱乐节目，而随着美国电影产业的形成，"荒凉西部"题材更是被好莱坞

重要事件

1951年	1952年	1953年	1954年	1955年	1956年
歌手平·克劳斯贝因为穿着蓝牛仔裤而被温哥华的一家酒店拒绝入住。当时，这种服饰就等同于"粗斜纹棉布工作服"。	H.D.李公司最早发明出斜纹帕斜纹。这种新型耐磨斜纹粗棉布被用于生产工作服。	马龙·白兰度在《飞车党》影片中扮演了约翰尼·斯特拉布朗一角。该角色的服饰为20世纪后期男性服饰提供了范本。	李维斯经典腰型牛仔裤中引入了拉链门襟。H.D.李公司凭借其李休闲系列服装打入了美国休闲服市场。	詹姆斯·迪恩参演的《无因的反叛》推动了牛仔裤的流行。他在影片中穿着的李牌101裤型骑手牛仔裤，浸泡染色，以便在银幕上蓝得更具活力。	詹姆斯·迪恩参演的电影《巨人》于其逝世后公映。他在影片中穿着的李牌骑手拉链门襟牛仔裤当时非常流行。

坞吸收为经典影片类型。到20世纪30年代，许多电影公司推出了大量由热门银幕偶像参演的西部片，演员们通常都穿着牛仔裤亮相；银幕上的牛仔故事进一步提高了蓝牛仔裤对大众的吸引力。同样，到"度假牧场"去度假推动了蓝牛仔裤在中产阶级中的流行；中产家庭可以付款到农场做客，享受牛仔们的生活方式。对这样的活动来说，正确的着装就显得至关重要，越来越多的度假者接受了牛仔和牧场工人作为工作服的蓝牛仔裤。20世纪30至50年代是牧场度假最流行的时段，美国的零售机构西尔斯罗巴克公司针对郊区客户推出了大量的西部服饰。具有现代意义的大众娱乐、个人休闲和消费活动对牛仔裤的流行起到了推动作用；买上一条蓝牛仔裤就能被赋予典型的美国风格。

　　到20世纪50年代，中产阶级看似满足和成功的生活方式——以便捷、舒适和物质富足为基础——引发了人们对许多美国年轻人的担忧。这种对"美国梦"的质疑促使抽象表现主义、垮掉派诗歌和针对更多年轻电影观众的前卫电影等文化现象出现。马龙·白兰度（见342页）参演的《飞车党》，詹姆斯·迪恩参演的《无因的反叛》（1955）——在这些道德观念模棱两可的电影中，年轻的"体验派"演员们对着镜头说话含混不清、无精打采、耸着肩膀——在观众中产生了轰动效应。这些电影的主要吸引力就在于电影制作者为年轻的演员们挑选的服装：拉链式"轰炸机"短夹克（其名称来源于战时美军飞行员所穿着的夹克）、T恤衫、厚重的工作靴及蓝牛仔裤。这种粗糙耐磨的功能性组合套装风格简单，最初与工作联系在一起而非休闲，但却提供了一个模本，战后男服许多都由此发展而来。

　　蓝色粗斜纹棉布牛仔裤很容易就成了年轻、性感与反叛的标志。在公众眼中，这种原本与劳作、节俭有关的服饰现在却成了威胁到上一代人的离经叛道的象征。蓝牛仔裤与摇滚乐的结合着重突出了代际划分感，牛仔裤不仅被猫王（图3）在银幕和宣传照中穿着，还成了50年代流行歌曲的重要主题。同时，女孩穿上牛仔裤也不失女性魅力，女性身体曲线与这种厚重工作服之间形成的视觉对比更强调出穿着者的性别。蓝牛仔裤的吸引力越来越大，带来大量年轻顾客，从少女到摩托车手，从电影明星到街头混混，从体面的郊区居民到城市人群。蓝牛仔裤不仅是一种蔽体的服饰，还定义出穿着者的气质。**WH**

1957年	1957年	1957年	1959年	1961年	1962年
李牌牛仔裤针对男孩和年轻人推出了耐磨款的双膝系列。	猫王在其参演的两部电影《爱你》和《监狱摇滚》中从头到脚都穿着粗斜纹棉布服饰。	李维斯的广告中让小学生穿上牛仔裤，并在腰部写上"学校佳选"，从而引发了公众的愤怒。	美国文化、科学和技术展在莫斯科举行，以消除冷战造成的紧张情绪；其中一件展品是李维斯的501S裤型牛仔裤。	玛丽莲·梦露在亚瑟·米勒编剧的电影《乱点鸳鸯谱》中穿着蓝牛仔裤露面。	由吉米·克兰顿录制、霍华德·格林菲尔德与杰克·凯勒合唱的歌曲《穿蓝牛仔裤的维纳斯》在公告牌排行榜上攀上第七名位置。

摩托夹克和牛仔裤 1953年
骑手时装

马龙·白兰度在电影《飞车党》（1953）中。

马龙·白兰度在电影《飞车党》中饰演的角色约翰尼·斯特拉布勒成了男性着装风格的典型，他在其中所穿着的皮夹克、靴子、T恤衫和牛仔裤全是现代阳刚风格的主要服饰。白兰度所穿着的这件夹克很明显是肖特·佩费克托品牌的"轻骑兵风格"摩托车皮夹克。这个品牌是欧文·肖特1928年专门为摩托车市场所设计的（其名称来自设计师最爱的雪茄），直至现在仍在生产。早期的肖特摩托车夹克采用马皮制作，因其耐磨性而非常著名，但众所周知，它也难以磨合到令人穿着舒适。詹姆斯·迪恩露面时经常穿佩费克托摩托车夹克，这种服饰在其于1955年逝世后人气飙升。

与牛仔裤搭配穿着的厚重靴子被称作"工程靴"。20世纪40年代以来，美国有许多公司开始生产这种款式的靴子，其最早的设计用途是为了在工程和建筑活动中保护双脚。在摩托车头盔成为必须佩戴物之前，这种带遮檐的七角军帽在骑手中非常流行。公共汽车司机和警察也经常佩戴。很难确定白兰度在这里佩戴的帽子具体是什么品牌，因为这种大众款式在当时有很多公司都在生产。**WH**

👁 细节解说

1 皮夹克
白兰度的这件肖特·佩费克托摩托车夹克与肖特的一星款很相似。一星款在两边肩章上各有一颗星，令人想起军队制服款式。这件夹克上的星星是电影服饰部门加上去的，并被改在肩章中间位置。

2 牛仔裤和靴子
这条蓝牛仔裤因穿着时间长而磨皱的风格直到今天仍在流行。最重要的是裤脚卷了起来，这样就让厚重的黑皮靴完全展露了出来。靴子采用樵夫叠跟和好时年拉线鞋底。

蓝牛仔裤的历史

19世纪70年代早期，内华达裁缝雅各布·达维斯开始为矿工、农场和牧场工人客户制作一种耐穿的工装裤。他采用了一种"粗斜纹（denim）"棉布（其名称来自Serge de Nîmes斜纹棉布），并在口袋处使用铜质铆钉。接着他向李维·斯特劳斯（之前他有时会向李维购买粗斜纹棉布）寻求财政支持，于是李维·斯特劳斯公司与蓝牛仔裤就联系在了一起。这些牛仔裤由女性雇工在家中缝制，但随着需求的剧增，在旧金山开办工厂就显得很有必要了。19世纪80年代末期，李维斯公司在牛仔裤后腰加上了皮标。从19世纪80年代起，该公司开始生产大受欢迎的李维斯501裤型。

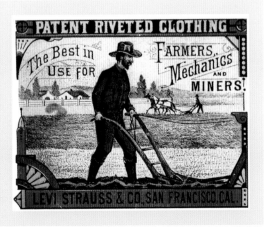

现代简洁风格

1 影星奥黛丽·赫本在《甜姐儿》（1957）中身着无肩带纪梵希礼服是初入社交界少女的代表形象。

2 杰奎琳·肯尼迪对印度进行国事访问（1962）。她标志性的珍珠项链填满了V形领的领口位置，她身着的简洁的杏黄色丝绸礼服由奥莱格·卡西尼设计，裙子腰部有一个扁平的蝴蝶结装饰。

战后的好莱坞，女性魅力被认为是来自性感而非高雅，但当1953年奥黛丽·赫本出演了第一部美国电影《罗马假日》之后，情况发生了变化。1954年，她出演了比利·怀尔德的电影《龙凤配》，她在其中穿着一系列给人留下深刻印象的服饰，帮助角色从一个粗鲁司机的女儿转变为一个高雅的女子，她本人作为持久不衰的时尚偶像的地位也得到了确认。1957年，她出演了《甜姐儿》（图1）。赫本不愿意依赖好莱坞服饰设计师伊迪斯·赫德为其打造电影服饰，于是就咨询了女装设计师纪梵希，这就是两人长期合作的开端。他们的合作在电影《蒂凡尼的早餐》（1961）中获得了极大的成功。在电影中，赫本穿上了经典的黑色小礼服。她所采纳的纪梵希的无腰身宽松款式和简洁的优雅风格（见346页）预示着20世纪60年代极简主义时代的来临。

重要事件

1951年	1952年	1952年	1953年	1953年	1957年
杰奎琳·布维尔（后来改姓肯尼迪·奥纳西斯）赢得了《时尚》杂志巴黎大奖赛初级编辑大奖。她母亲劝说她拒绝奖项。	奥莱格·卡西尼在纽约第七大道开了自己的时装店。	于贝尔·德·纪梵希在巴黎开了自己的时装店。	杰奎琳·布维尔在罗得岛州纽波特港嫁给约翰·F.肯尼迪。	罗杰·维威耶为伊丽莎白二世在伦敦威斯敏斯特大教堂举行的加冕仪式设计了鞋子。	纪梵希推出了影响深远的长齐膝盖的布袋裙或称无腰身宽松连衣裙。这种款式至今仍是标志性时装。

纪梵希的流线型套装采用大片同样的明亮颜色，用一颗扣子或面料的折叠束紧，体现出一种清秀随意的魅力。赫本将时装纳入自己的个人衣橱，并将单件款式运用在日常穿着中。她通常采用自己独创的搭配，比如系带紧身防水外衣配卡普里紧身长裤，内搭黑色高领针织衫和针织开衫，脚穿芭蕾舞鞋，头戴打结头巾。

赫本的影响力也扩散到电影观众之外。美国第一夫人杰奎琳·肯尼迪就很欣赏赫本的风格，并吸收了她超大的太阳镜、纪梵希标志性的一字型领口、贴身的腰身裁剪。1961年丈夫约翰·F.肯尼迪就任总统时，杰奎琳·肯尼迪刚刚31岁，她是美国历史上最年轻的第一夫人。她瘦削的中性化身材体现了一个年轻与活力新时代的来临，其标志性的蓬松发式也增加了她的身高。杰奎琳偏爱纪梵希无腰身的宽松设计，内层服饰裁剪得比外衣小一些以形成一种外壳式的风格。这样行走时多层服饰之间就会带起一股风，也暗示出下层服饰的款式。无袖A字裙外套上七分袖上衣，再配上白手套，时尚出版媒体很快便把这种风格称作"杰奎琳风格"。她娇小的身材通过纪梵希鲜亮的色彩得到了强调，这也衬托出她终年晒成棕色的肤色。

这种简洁的风格也扩展到了正式礼服之中。第一夫人偏爱采用带有奢华纹理的面料制成的圆柱形服饰，要么采用无肩带设计，要么是一字领，再配上小小的盖袖。杰奎琳摒弃图案、皮毛和珠宝，认为这些元素显老，她还用让·史隆伯杰等设计师设计的服饰珠宝代替了昂贵的首饰。肯尼斯·杰·莱恩为她设计的三串式珍珠项链（图2）受到诸多模仿。之前克里斯汀·迪奥和克里斯托巴尔·巴伦西亚加都曾经设计过圆盒帽，罗伊·侯司顿·弗罗威克——当时还是波道夫·古德曼百货的女帽商——对其进行了重新诠释。杰奎琳将其戴在脑后部。她还喜欢香奈儿2.55款手袋和古驰的竹柄手袋，这两款手袋后来被称作"杰奎琳手袋"。杰奎琳还抛弃了当时流行的尖头细高跟鞋，推动了清教徒式低跟舞鞋的流行。

为了扭转对其偏爱欧洲时装的批评，杰奎琳任命奥莱格·卡西尼为自己的官方设计师。她把卡西尼的工作室作为掩护，一边继续购买欧洲时装，一边就"时装侦察兵"在欧洲获得的理念与他进行协作。卡西尼之前曾做过电影服饰设计师，了解吸引观众的重要性，多采用很远就能看见的细节装饰，比如超大的扣子或者风格化的蝴蝶结。杰奎琳很满足于自己的影响力，但却拒绝谈论自己的风格，因为她知道沉默会增加她的神秘色彩。1963年丈夫遇刺时她身着的香奈儿套装至今仍作为20世纪标志性服饰而存留在公众记忆里。**MF**

1957年	1961年	1961年	1961年	1961年	1962年
斯坦利·杜南根据时装摄影师理查德·阿维顿和模特儿苏西·帕克的生活改编的电影《甜姐儿》公映。	约翰·F.肯尼迪成为美国第35任总统。	奥莱格·卡西尼被任命为第一夫人专用设计师。	总统和夫人对法国进行国事访问，杰奎琳的时尚品位在那里也受到称赞。	奥黛丽·赫本在《蒂凡尼的早餐》中扮演霍丽·格莱特利。她在影片中的服饰由纪梵希设计。	罗伊·侯司顿·弗罗威克设计了杰奎琳·肯尼迪经常佩戴的圆盒帽。

褶皱连衣裙 约1955年
于贝尔·德·纪梵希（Hubert de Givenchy，1927—2018）

奥黛丽·赫本，诺曼·帕金森拍摄（约1955）。

于 贝尔·德·纪梵希为他的缪斯——影星奥黛丽·赫本所设计的服饰与盛行的克里斯汀·迪奥式的紧身胸衣塑造出的硬挺款型完全不同。纪梵希的设计不仅是完美的时尚款式，同时也为女性美塑造了新的典范。纪梵希举办第一次作品展时年仅25岁，他为时装带来了现代化气息，避开了外部装饰，而只采用单纯的线条进行修饰——他的这种思想与其导师克里斯托巴尔·巴伦西亚加相同。这套服饰早于1957年革命性的无腰身宽松款式，用缝线凸显出自然的腰线，剪裁清晰简洁。服饰所有的焦点和蓬松度都限制在裙子背后，这里设计有一系列倒褶裥。服饰的建筑性风格由其采用的单一清亮色彩塑造，这也是纪梵希的典型风格。赫本知道自己的锁骨太瘦削，因此纪梵希设计出一种从一边肩膀垂直裁至另一边肩膀的高领型。许多年来，他在为赫本设计的服饰中一再重复使用这种设计。图中这套服饰装饰很少，只搭配了一双在手腕处用扣子系结的白色短羔皮手套，以及一只珍珠手镯。**MF**

◉ 细节解说

1 肩膀上部露出的设计
这件服饰采用高领线设计，因此就把肩膀上部露出来，而非在肩膀与手臂的结合处裁剪。腋下的前身到后部的缝线之间采用直水平线裁剪。

3 裙子
裙子腰背部设计有一系列倒箱形褶。这些倒褶裥在腰缝线处固定，从身后自由垂落，既保证了行动的自由，又使得裙摆变得丰满。

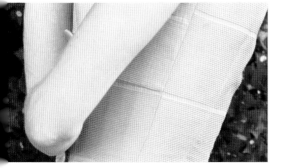

2 缝褶胸衣
服饰的胸衣采用4片等宽的水平布片片制成。增加的侧缝塑造出服饰的款型。干净挺括的丝质面料采用精致的浅粉红色，很衬服饰的款型。

🕐 设计师生平

1927—1951年
纪梵希于1927年出生于博韦，曾就学于菲利克斯·福尔高中，后来搬到巴黎入读国立高等美术学院。在为女装设计师卢西恩·勒隆、罗伯特·皮盖（1898—1953）和杰奎斯·菲斯工作一段时间之后，纪梵希开始为艾尔莎·夏帕瑞丽进行独立设计。

1952—2018年
纪梵希时装店建立于1952年，第一批作品很快取得成功。纪梵希为赫本参演的好几部电影设计过服装，比如《龙凤配》和《蒂凡尼的早餐》等。在将近40年的时间里，赫本一直是他的缪斯。1988年，公司出售给路易·威登集团。纪梵希最后一次时装展是在1995年，之后退出时装界。

清教徒式无带浅口轻便鞋 20世纪60年代

罗杰·维威耶（Roger Vivier，品牌）

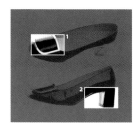

✦ 细节导航

20世纪60年代初期，服饰款型发生了彻底的改变。这就要求鞋子的风格也要做出相应的变化，越来越短的裙子要求更加扁平的鞋型来搭配。虽然鞋子设计师罗杰·维威耶独出心裁，他在为女装设计师克里斯汀·迪奥工作时就已经尝试过低跟圆头的无带浅口轻便鞋设计，但女性们一开始却不愿抛弃上个时代那种能拉长腿型、讨人喜欢的细高跟尖头鞋。一直到20世纪60年代中期，杰奎琳·肯尼迪穿着它被拍摄下来登上1966年12月的《女装日报》之后，这种新型的清教徒式无带浅口轻便低跟鞋才开始流行起来。这款鞋子的设计源自伊夫·圣·洛朗的要求，他想要搭配自己于1965年推出的蒙德里安绘画风格的宽松直筒连衣裙（见360页）。维威耶之前曾设计过坡跟以及当代路易十五式跟或称逗号跟，但清教徒式无带浅口轻便鞋才是他最具标志性的设计。浅口鞋最早由杜邦公司1962年发明的一种被称作柯芬的人造革制作，后来开始采用各种皮革，尤其是彩色漆皮，还加上了各种装饰。法国女演员凯瑟琳·德纳芙在电影《白日美人》（1967）中穿着之后，这种鞋子变得更加流行，引来无数模仿。**MF**

▲ 杰奎琳·肯尼迪身着定制双排扣豹纹外衣走出大楼，搭配服饰的是她最爱的配饰——经典的维威耶浅口便鞋以及香奈儿2.55手袋（1967）。

1 带扣
鞋子逐渐变细的方形头上饰有一个大银扣，这是对17纪清教徒移民鞋子的重新设计。浅口鞋到现在仍在生产，这种经典款式的实质其实不曾改变，仍然非常流行。这个标志性的带扣也出现在维威耶设计的现代芭蕾舞鞋和其他配饰之中。

2 鞋跟
这种方便穿着的浅口鞋有一个约3.5厘米高的坚固鞋跟。它采用一种漆皮制作，从而营造出高光效果。这种低跟很适合搭配短裙和小礼服穿着，其风格也更具运动色彩而非过于诱惑。

🕐 品牌历史

1937—1952年
维威耶的第一家商店于1937年在巴黎开办，约瑟夫·贝克是最早的顾客之一。罗杰·维威耶尝试过的鞋子款式包括坡跟，他也曾为女设计师艾尔莎·夏帕瑞丽工作过。第二次世界大战期间，他移民美国，并在纽约开办了一家鞋帽店。

1953—1963年
战后，维威耶返回欧洲。1953年，他为伊丽莎白二世的加冕礼设计了一双石榴红的鞋子。他为克里斯汀·迪奥工作了十年，后者的新风貌服饰开始重新重视鞋子搭配。维威耶设计了许多新式鞋跟，还经常被认为是现代细高跟的发明者。1954年，他用金属替代了木头重现了细高跟。

1964—1970年
20世纪60年代，维威耶为伊夫·圣·洛朗设计了许多鞋子，其中包括长齐大腿的超长筒高跟鳄鱼皮靴，但为搭配圣·洛朗的蒙德里安绘画风格服饰所设计的清教徒式浅口轻便鞋成了他最知名的作品。之后他又为伊曼纽尔·温加罗从事过设计工作，客户包括许多影星和外国贵族。

1971年至今
整个20世纪70年代，维威耶与许多著名的设计师品牌合作过，包括巴尔曼、巴伦西亚加、莲娜·丽姿以及姬·龙雪，但伊夫·圣·洛朗仍是他最重要的合作伙伴。80年代，克里斯汀·鲁布托曾在维威耶手下做学徒，后来成为著名的独立鞋子设计师。维威耶于1998年逝世，但其品牌延续至今。

尼泊尔东部的织物

1 林布族女孩穿着艳丽的编织披肩赶集（约
  1983）。她们戴着金耳环和鼻环，穿着最好
  的一套服饰，其中包括艳丽的披肩；这些织
  物是采用达卡技术编织的，表面覆满花朵。

2 这件黑色披肩采用染色丝光棉制作。上面的
  图案被称为"鞋形"，因为其中不断重复的
  主要图案形状很像鞋子。所有的图案都是手
  工编织，完全凭借织工的视觉判断。

尼泊尔男性民族服饰由长袍、马甲和裤子构成，穿着时还要佩戴一顶彩色达卡通草帽（见352页）。这种服饰已经经过了几个世纪的演变，但从维多利亚女王时代开始，情况发生了变化，这些服饰的特色面料生产商们受到了激励。1850年，首相忠格·巴哈杜尔·拉纳在出访英国和法国的旅途中穿着了传统正装之后，这种服饰开始受到大量模仿，首相在这种传统套装之外还加了一件西式定制外衣。不过，直到19世纪80年代中期，传统正装并没有被宣布为民族服饰，也不是在所有的正式场合都会穿着。在20世纪50年代中期到21世纪初期的岁月里，这种民族服饰在钞票上的皇室成员肖像身上出现又消失，反映出尼泊尔政局在专治与民主之间摇摆不定。制作通草帽所使用的达卡编织图案面料在尼泊尔有两处产地：加德满都以西的帕尔帕；喜

重要事件

20世纪50年代中期	1955年	20世纪60年代	1962年	1973年	1980年
加内什·曼·玛哈尔君到访印度，返回时带回了坚达尼织物的编织技巧。	马亨德拉国王颁布禁奢令，指定黑色巴德岗通草帽为所有政府工作人员的官方制服。	已成人的青年被要求穿着民族服饰照相以获取公民权。	在潘查雅特管理之下，所有的政府职员都必须佩戴巴德岗制作的基本款通草帽。	帕尔帕达卡织物生产达到巅峰期，有350名工人为穷人们制作通草帽。	英国资助的克溪山地区农村发展项目将企业家带回的技术推广到本地织工中。

马拉雅东部山区的特拉萨姆，帽子在这里的拉伊族和林布族中非常流行。帕尔帕达卡是企业家加内什·曼·玛哈尔君引进的一种新技术。加内什于20世纪50年代到访印度，并在那里掌握了坚达尼（一种采用纬线编织出抽象图案的手工纺织平纹细布）的纺织技巧。坚达尼因其结构错综复杂而价格昂贵，这种织物于17世纪在达卡（现为孟加拉国首都）及其附近地区最为盛行。要在精良的细薄棉布上纺织出图案需要耗费大量的劳动，图案中风格化的花朵和花瓶是采用手工特种纬线提纱法单独编织出来的。用来编织图案的底料是一种上好的未经染色的棉布。从尼泊尔返回后，加内什从20世纪50年代起开始在帕尔帕生产这些面料。这种宽型织物由两名妇女并排坐在一台踏板梭织机上编织，这样可以加快生产速度，生产出来的面料长度可以用来制作好几顶通草帽。

帕尔帕织工一年到头都受雇在工厂生产。而在特拉萨姆，达卡织工都是农民，他们要先干农活，只有当全部家务事都忙完后才能开始纺织，一般是在冬季的时候。妇女们支起方便运输与使用的织布机，一组组坐在室外阳光中开始编织。充足的光线更利于做这种细致的活计；而与此相比，帕尔帕织工却只能在窗户稀少的工厂里劳作。

特拉萨姆地区的达卡织物的发展与帕尔帕地区类似。因为靠近孟加拉国，特拉萨姆不可避免地要参与贸易。男人们到访印度的平原地区，返回时会带回礼物，纱丽就在秋天的德桑节和神牲节被当作礼物送给家里的女人们。价格昂贵的坚达尼织物也会被带回家里，技巧娴熟的织工们会模仿上面复杂的图案，并进一步发展。一直到20世纪40年代，农场里也会种植棉花；但到了20世纪中叶，土地上只能种植食物了。

特拉萨姆达卡织物经历了更多转变：引入了染色丝光棉，更多的色彩得以编织进纬线，达卡织物的编织也因此更加多样化（图2）。20世纪80年代初期，染色纱线从印度进口而来，全新的色彩、生动的棉线和丙烯纱线使得编织的选择增多。这些纱线在只有一手宽的织机上纺成很窄的布匹，用来制作一种裹腰的腰带。尾端的几英寸会采用达卡编织法装饰上一丝色彩。随着一种约61厘米长的簧片（织机上用来推送纱线的梭子）的出现，编织经线变得更长，织工编织的面料也就可以用来制作贴身的短女衬衫和艳丽的披肩（图1）。**PH**

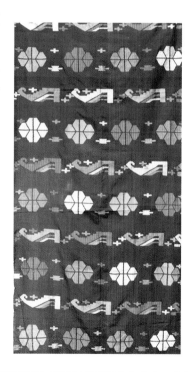

通草帽 20世纪
男帽

头戴通草帽、身穿本族特色传统正装的林布族和拉伊族山区农民（约1983）。

彩色达卡织物在特拉萨姆地区被尼泊尔的"花花公子们"穿着的历史有几十年之久，他们将其制作成通草帽。林布族和拉伊族是尼泊尔东部克溪地区喜马拉雅山中生活的仅有的民族，他们的通草帽总高度约为18厘米。因为通草帽独特的引人注目的颜色，这些男人的头和肩膀部分从"哈特集市"其他的贸易商和顾客中凸显出来。这样的集市每周五都会举行。这些男人头戴的无边土耳其毡帽形状的帽子是由妻子和母亲编织的，是德桑节和神牲节上贵重的礼物。上面手织的花纹各不相同，是每个家庭的独特设计，从母亲传至女儿，姐妹传给兄弟妻子或其他大家族女性成员。20世纪80年代，经纱颜色从白色拓展到其他颜色，但一般为白色。随着时间的流逝，也因为日常使用，通草帽上的色彩会消退。年复一年，磨旧的通草帽会一直佩戴至家里制作了新的。另一方面，政府官员从20世纪50年代开始必须佩戴黑色的巴德岗通草帽，其肃穆的颜色、整洁的矮款型象征着佩戴者的职业地位。**PH**

◉ 细节解说

竖起的形状
农民佩戴的通草帽是最高的。特拉萨姆达卡面料的通草帽采用平纹布匹尾端的花纹部分制作，纬线织得很紧，保证了结构密度，也使得通草帽可以竖起来。

大胆的配色
通草帽制作面料的颜色都很灿烂。带有齿状斜条纹的棉布底料上出现了橙色、绿色、粉红色和红色荧光腈纶纱线。花纹一直绵延过帽顶，是手工织机制作出来的。

▲ 一位妇女正在一套用竹子和硬木料制作的简单织机上纺织传统的特拉萨姆达卡面料。生产过程缓慢，需要耗费大量劳动，但能维持生计。

零售业的革命

1 伦敦切尔西区国王大道上名为"只是看看"的精品店开幕仪式上身着各种时装的模特儿们（1967）。

2 玛丽·奎恩特设计的带天鹅绒镶边口袋的花格呢外衣和配套针织迷你裙（1964）。

3 约翰·贝茨1966年为简·瓦伦品牌设计的冬季羊绒单件服饰作品。

伦敦玛丽·奎恩特、彼芭、奶奶去旅行和公交车站等精品店的开幕，以及伦敦苏豪区卡纳比街的零售业，转变了社会剧变时期的购物体验。当时，1947年战后"婴儿潮"巅峰使得1960年进入青春期的青少年数量达到了前所未有的数目。第二次世界大战之后，英国经历了一个富足时期。当时的青少年们都期待着拥有更长的青春期，财政获得独立，父母的监管放松。

1944年，被称作"巴特勒法案"的教育法案颁布，中产阶级的孩子们有了更多进入高等教育机构深造的机会。越来越多的学生入读艺术学校，学习平面设计、产品设计、建筑、纺织和时装设计等课程，并学着运用新方法解决新问题。年轻的设计师们想要在时装产业里获得工作机会，但20世纪50年代的生产以及营销都已定型，于是就引发了不满。这些年轻的设计师意识到，为了满足自己的设计潜能，有必要开办零售店来售卖设计作品。虽然精品店之前就承接了巴黎女装设计师沙龙的模式，售卖价格相对较低的服饰和饰品，但独立时装精品店从本质上来讲却是完全的英国特色，它是20世纪60年代创业者基于

重要事件

1955年	1961年	1961年	1963年	1964年	1964年
第一家时装精品店芭莎在伦敦切尔西区国王大道开业，店主是玛丽·奎恩特和亚历山大·普伦凯特·格林。	零售商马丁·莫斯委任时装企业家凡妮莎·登扎在骑士桥的乌兰兹百货公司内开了一家名为21店的精品店。	时装专业的学生玛丽昂·弗利和萨利·图弗因在伦敦苏豪区的卡纳比街找到一处可作工作室的地方，那里当时还是一条破败的背街。	设计师杰拉德·麦卡恩在伦敦梅菲尔区上格罗夫纳街拉斐尔与莱昂纳德美容店里开了一个精品店。	时装记者玛丽特·爱伦在英国版《时尚》杂志上开办了一个名为"年轻的思想"的专栏，介绍年轻的新设计师。	第一家彼芭精品店在伦敦肯辛顿地区阿宾顿街开业。随后彼芭在1968年，该店推出具有里程碑意义的邮件订购目录。

非职业思想启发的产物。这些精品店帮助年轻人发出了声音，表达出他们对时装形式的渴望，展现了他们的状态，成了自我表达的方式（图1）。

在精品店出现之前，购买服饰对大部分年轻人来说都是一件烦人的琐事，需要在市中心一家从围巾到炖锅无所不包的百货公司里挑选。精品店将购物体验永远地改变了，使其成为一项社会活动。精品店文化的一大重要特色就在于它想要消除工作与玩乐、朋友与同事、公共场所与私人空间之间的界限。精品店的经营场址一般都远离中心商业区，坐落在城市的背街上。那里租金便宜，店主不仅熟悉他们的顾客，他们自己也是此时兴起的亚文化的一员，因此也是这个巨大的新市场的组成部分。这些共同的态度、价值观和行为就是精品店文化成功发展的有益因素。

第一家获得全国知名度的精品店是伦敦国王大道马卡姆大楼的集市。集市由玛丽·奎恩特（1934—　）于1955年开办，当时英国由于战时物资匮乏所导致的禁欲主义正让位于刚刚萌芽的对色彩、生活和变化的渴望。在伦敦大学金史密斯学院师范专业学习时，玛丽遇见了未来的丈夫亚历山大·普伦凯特·格林。毕业后，她通过选配纸样开始了自己的时装生意。她在卧室兼起居室中制作当天的服饰，傍晚时分出售以获取第二天购买面料的资金。一开始，她的顾客都是与她社会背景相同的人；1960年，《时尚》杂志上的一件连胸围裙售价16.5基尼——差不多相当于当时女职员3周的工资。玛丽·奎恩特制作的服饰是典型的"切尔西风格"。这种风格便于活动，灵感来源于儿童和舞者的服饰：及膝长的袜子、连胸围裙和紧身衣，条纹棉布和法兰绒面料制作出的服饰风格与艺术生的类似，其根源却来自巴黎左岸和美国"垮掉的一代"。奎恩特借用了经典时装款式，大号的针织开衫、足球衫都成为她的作品。这样就要求有新的词汇来形容穿着奎恩特服饰的女孩的新风格。于是他们成了"年轻貌美的摩登女子"，穿着"奇形怪状的古怪服饰"（图2）。英国设计师约翰·贝茨是玛丽·奎恩特早期零售生涯的合作者，他们曾一起设计了集市的橱窗。和奎恩特一样，贝茨也是迷你裙（图3）的设计者之一。1960年，他创办了自己的简·瓦伦品牌，并在英国境内开办了24家独立精品店。他的阿拉伯宫廷花纹连衣裙（见358页）赢得了1965年年度服饰奖，这件服饰是他喜欢运用新型面料的例证。

伦敦皇家艺术学院在詹尼·艾恩塞德教授的支持下，很好地适应了年轻人对现代时装的欲望。当奎恩特的丈夫兼生意伙伴亚历山大·普伦凯特·格林去演讲自己开办芭莎的经验时，萨利·图弗因（1938—　　）和玛丽昂·弗利（1939—　　）都是该校时装课程的研究生。亚历山大的演讲激励了两个女孩到卡纳比街租下营业场所，并在其中带动了男性时装零售业的爆发式增长（见364页）。弗利和图弗因最先尝试对女裤裁剪做出变化（图4）。她们减少了褶皱和缝褶的数量，把裤腰下降到臀部位置，并开始采用亚麻和灯芯绒面料。这时的伦敦已成为年轻人改革英国文化，尤其是时装和音乐的中心，吸引了诸多国外媒体的注意。《时代》（1966）杂志将伦敦定义为"摇摆"城市："这个春天，伦敦被点亮了，这在现代史上前所未有。古老的优雅风格和全新的繁荣景况结合在一起，形成了绚丽的欧普和波普文化。这城市到处都是鸟儿和美人，遍地猫咪和电视明星，有半打血管都在涌动着各种不同的激情。"

20世纪60年代早期，精品店里的服饰感觉仍然只有到伦敦旅行的相对富裕的客户才能支付得起。彼芭是第一家进入大众流行市场的精品店，它里面各种不停变化的时装和配饰（图6）彻底改变了街上普通女孩的穿着方式。芭芭拉·胡兰尼奇（1936—　　）和丈夫一起在肯辛顿区阿宾顿路上开办的第一家斯蒂芬·菲茨–西蒙小店里，客人们可以在店内迷人的新艺术派家具和威廉·莫里斯设计的墙纸背景中购买便宜的时尚衣物。玛丽·奎恩特也打掉了马卡姆住宅的外墙，安

装了宽大的橱窗，并且还移除了铁栏杆以便客人更方便地进入芭莎精品店。彼芭店外观仍保留着过去破败的老药店的风貌不变。

20世纪60年代中期，精品店的理念传到美国，1963年《生活》杂志上的文章"仓促培养英国新设计师"的说法也传到了美国出版物上。精品店首先激起的是美国时装公司领导者的保守应对。一些影响力广大的记者，比如《魅力》杂志的编辑凯瑟琳·凯西，纽约著名百货公司亨利·本德的总裁杰拉尔丁·施图茨都发现这些前卫的、假小子式的、古怪的风格很难分类，他们坚称这样的风格应该属于"少女"。但是当1963年时装企业家保尔·杨将玛丽·奎恩特签到J.C.彭尼公司牌下，从而推动了纽约"随身用品"精品店的建立之后，情况发生了改变。在英国买家桑迪·莫斯的指引下，这家精品店将弗利与图弗因、伊曼纽尔·卡恩（1937—　　）、西尔维娅·艾顿（1937—　　）、桑德拉·罗德斯（1940—　　）、奥西·克拉克和女帽商詹姆斯·维奇（1939—　　）的设计作品售给"美丽的人"，其中就包括时尚偶像杰奎琳·肯尼迪·欧纳西斯和英国模特儿崔姬（图5）。

随身用品精品店的内部装潢由建筑师乌尔里克·弗兰岑设计，真人模特儿在一层层抬高的平台上随着音乐旋转，展现出太空时代的金属质感。精品店里没有明显的交易特征，展示的都是真人模特儿，商品陈列并不显眼。这里更为重视的是空间性；新颖的驾驶座后来曾进入纽约惠特尼美国艺术博物馆展出，是都市约会休闲的完美场所。贝齐·约翰逊（见363页）被视作能打破英国前卫风格束缚的本土天才设计师。保尔·杨在访问《名媛》杂志寻找的新天才设计师时注意到了她的作品。约翰逊的作品受彼芭精品店影响很大，她在一次伦敦之旅中曾去造访过。约翰逊的设计多利用拾来的材料，诸如塑料和纸、铝箔纸和乙烯基，从而增添了服饰的瞬变感。受贝齐·约翰逊天赋的推动，随身用品接着将分店开到了美国各地。

在20世纪60年代全盛期，精品店文化开始适应嬉皮士怀旧和极端的愿望。这种审美风格迅速被奈杰尔·韦茅斯和约翰·皮尔斯所接受，于是他们在伦敦国王大道开办了中性风格的奶奶去旅行精品店。年轻人市场中的碎片风格也导致了反映另一种反传统文化风格服饰的产生，比如在"嬉皮士旅途"上或当地"大"商店出售的牛仔裤、工作衫和民族服饰。在20世纪60年代的创业期间，精品店文化获得了繁荣发展。然而，在70年代经济衰退期的打击之下，零售店作为消闲场所价格太过昂贵，休闲随意的内部装修也导致了入店行窃的大量发生。此外，大众市场越来越贪婪，想要开发更多的青少年顾客，于是开始出现在主要街道开办廉价零售店的新思想。他们复制的不仅是当时流行的精品店模式，也包括引人注目的服饰，比如法国女装设计师伊夫·圣·洛朗设计的蒙德里安绘画风格的服饰（见360页），引得低端市场也采用次等面料大量复制。圣·洛朗很乐于看到更多消费者注意到他的作品，于是在1966年以左岸为名开办了一系列影响深远的精品店，再一次将精品店变成了高端时装的补充体系。那些仍然想要进入时尚行业的英国设计师此时也想要进入国际市场，如果想将服饰带到巴黎展出，就一定会加入繁荣的成衣行业。**MF**

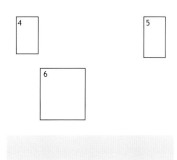

4　弗利和图弗因于1964年设计的灯芯绒裤子套装迅速成了20世纪60年代现代女性必须拥有的服饰。

5　1967年，崔姬在随身用品店展出在售的白色斜裁服饰。

6　这套1969年的镶有金属饰片的黑色与银色拖地连衣裙及其配套的头饰和面纱是彼芭品牌诱惑与颓废风格的典型代表。

阿拉伯宫廷图案的连衣裙 1965年

约翰·贝茨（John Bates，1938—　　　）

布莱恩·杜菲为《时尚》杂志拍摄的英国演员、模特儿、时尚偶像简·诗琳普顿身着阿拉伯宫廷图案的连衣裙的照片（1965年1月）。

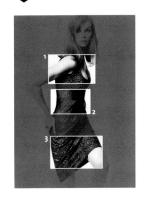

作为青春活力与自由的象征，迷你裙出现于社会由战后极度保守的氛围向即将到来的20世纪60年代现代主义的转变过程之中。关于其出处的争论非常激烈，起源于英国的玛丽·奎恩特、约翰·贝茨、彼芭的芭芭拉·胡兰尼奇以及巴黎女装设计师安德烈·库雷热等人之间。迷你裙的影响力毋庸置疑，不亚于了掀起了一场性感革命。这一时代最大胆的服饰中有一些出自英国设计师约翰·贝茨的简·瓦伦。他是第一位通过提高腰线而裸露出腹部的设计师。他强调服饰的臀线，使用挖空、网眼或塑料等透明面料做成裙子连接在服饰的胸衣部分，因而重新定义了服饰的比例，也提高了裙角位置。

这件阿拉伯宫廷花纹连衣裙被英国巴斯时装博物馆选中，作为1965年的代表服饰，其腹部面料设计是贝茨的标志性风格。连衣裙零售价为6基尼，在伦敦的乌兰兹和爱丁堡的达令百货公司都有出售。随着裙子变短，模特儿的姿势和态度也发生了变化。"年轻貌美的摩登女子们"穿着平底靴无拘无束地大步行走，连袜裤取代了长袜和吊袜带，头发也是贴合头形的发式。**MF**

👁 细节解说

1 露肩式袖子
这款宽松直筒的迷你裙胸衣袖子从肩线上裁掉，采用圆挖领设计从而形成弯曲的吊带式。肩部在20世纪60年代成了新的重要部位，经常裸露在外。

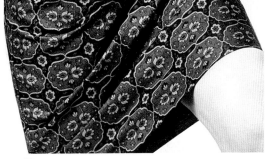

3 A形裙
这款A形裙下摆只稍稍放宽。胸衣和裙子的面料选用瓦拉赫发明的深褐色和海军蓝的合成亚麻布，上面印制的几何花纹令人想起摩尔建筑里的瓷砖。

2 裸露的腹部
这件连衣裙对腹部的强调是贝茨的典型特色。填补了胸衣和裙子之间区域的海军蓝网眼面料多用于制作男式网眼背心。这种面料很贴身，从而突出了体形。

🕐 设计师生平

1938—1964年
约翰·贝茨出生于诺森伯兰郡的庞特兰。1956年，他进入热拉尔·皮帕在伦敦斯隆大街的休伯特·西顿时装店当学徒。1960年，他开始以简·瓦伦为标牌进行设计。他的作品中最著名的是为英国女演员戴安娜·里格在20世纪60年代大热电视节目《复仇者》中扮演的艾玛·皮尔一角设计的欧普艺术风格的黑白颜色和金属感的服装。

1965年至今
贝茨的阿拉伯宫廷花纹连衣裙被时尚作家协会选为1965年的年度服饰。在20世纪70年代，他曾为玛丽特公主等王室成员、玛姬·史密斯等明星设计过服饰。2006年，英国巴斯时装博物馆举办了他的作品回顾展。

蒙德里安绘画风格的连衣裙 1965年
伊夫·圣·洛朗（Yves Saint Laurent，1936—2008）

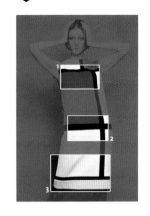
1965年，伊夫·圣·洛朗向皮特·蒙德里安在20世纪30年代创作的构图严谨的荷兰风格派绘画作品表达了敬意。他用一款及膝长的羊绒日装将画家的作品呈现在时尚精英眼前。设计师想要唤起这位荷兰画家三原色和几何图形作品般极其简约抽象的感觉。这件宽松直筒连衣裙是对20世纪50年代布袋裙的发展，绕过身体的轮廓，从肩膀直接垂落至膝盖。

在《构图C（Ⅲ）》（1935）等画作中，蒙德里安选择将构图压缩成一个正方形格式，而这件宽松直筒连衣裙强烈的视觉效果就和蒙德里安的那幅画作相似。这件服饰的重点在于其有限的垂直长度，设计师在肩部和裙角采用了高饱和色块。圣·洛朗通过在时装设计中运用蒙德里安大胆的图像元素从而架起了一座文化桥梁，使得他的客户认识到更加大众化的欧普艺术风格，以及伦敦街头和纽约精品店中出现的年轻人时装。这款蒙德里安绘画风格的连衣裙于1965年9月登上法国版《时尚》杂志的封面，之后便流行开来。之后便出现了大量便宜的仿制品。**MF**

👁 细节解说

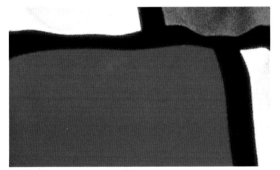

1 用色
这款连衣裙的用色仅采用三原色，然后用黑白两色将其组合起来，从而形成了强烈的对比，体现了蒙德里安绘画的风格。受到画家巴特·范德莱克的影响，蒙德里安从1916年开始发展出其独具特色的几何风格。

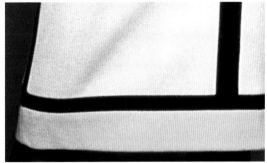

3 隐蔽的缝线
这款连衣裙展现出伊夫·圣·洛朗专业的服饰结构技艺。他将一块块彩色针织面料拼接成身体的形状，宽松直筒连衣裙最细小的塑形缝线也巧妙地隐藏在网格之后。

2 黑色粗线条
服饰的构图根据人体的直式格式及其自身的简单结构进行了重新搭配，而不是采用不正裁切。矩形色块之间的黑色轮廓是为了均衡色块而非构图。

🕐 设计师生平

1936—1965年
伊夫·圣·洛朗出生于阿尔及利亚的奥兰。1958年，他被任命为迪奥时装的首席设计师，并成功地推出了"梯形线条"风格的首批作品。1960年，他进入法军服役，很快就感觉不适，遭遇精神崩溃。

1966—2008年
圣·洛朗和实业家搭档皮埃尔·贝格靠亚特兰大富豪马克·罗宾逊的资助推出了自己的时装店。1966年，公司的第一家左岸商店在巴黎第六区开业，售卖新型成衣产品。圣·洛朗2002年退休后居住在诺曼底和摩洛哥家中。2007年，他被授予法国荣誉勋章大军官勋位，次年逝世。

欧普艺术风格印花迷你裙 1966年

贝齐·约翰逊（Betsey Johnson, 1942—　　　）

20世纪60年代早期流行的流线型迷你裙为欧普和波普艺术风格的面料图案提供了展示舞台。贝齐·约翰逊从两种风格中获得设计灵感，1966年设计的这3款几何图案迷你裙都呈现出欧普艺术风格。欧普艺术最早于1964年被《时代》杂志用来形容迷惑视线的视错觉图案绘画。1961年，英国艺术家布里吉特·莱利创作了其第一幅纯视觉作品《正方形的运动》，美国服装厂商拉里·阿德里奇看到其商业潜力。他买下莱利和美国抽象派画家理查德·安努斯科维奇的许多作品，并根据这些作品委托生产了大量面料。

波普艺术起源于20世纪50年代末期，将许多平凡图像和日常器物，诸如汤罐头、漫画书和杂志上升到高雅艺术的范畴，安迪·沃霍尔的作品就是典型。约翰逊将这些自然艺术品融入设计之中，例如在透明塑料服饰中加上沐浴帘圈和自己做的贴布绣。这3套针织印花裙不加缝褶，呈简洁的A字形，长度刚好达到膝盖之上，比英国迷你裙稍长。印花图案色调很柔和，巧克力棕配淡绿色，绿色格子呢配浅灰色，深蓝色配米黄色。**MF**

👁 细节解说

1 窄袖头
这些全长的袖子设计成小袖孔式样贴合在手臂顶端而非肩头。这样就拉长了躯干，窄袖设计也增加了这种效果。

2 几何图案
约翰逊没有选择欧普和波普艺术运动生动的图形，而是选择了一系列中等大小简单的单个印花图案——甜甜圈形、V形、菱形，这些都是现代艺术的商业化表达。

▲ 美国设计师贝齐·约翰逊（右一）喜欢非传统面料，比如金属箔。在这张照片中，她为西班牙模特儿瓦尔玛试穿的这件镜子连衣裙采用的就是这种面料（1966）。

英国男装革命

1 这张照片是设计师约翰·史蒂芬（中间）在
其伦敦卡纳比街精品店外拍摄的（1966）。

2 一位顾客在伦敦波多贝尔街"我是基钦纳
勋爵的贴身男仆"商店外试穿军装上衣
（1967）。

3 奶奶去旅行精品店创始人奈杰尔·韦茅斯身
穿自己设计的古董印花图案上衣。

1957年，格拉斯哥出生的约翰·史蒂芬（图1）在比克街开了一家只有一间铺面的精品店"他的服饰"。此举是伦敦在50年代末期成为"摇摆"都市的最早预示。店铺后来搬至卡纳比街。这条街当时只是苏豪区的一条小街，多是售卖化妆品的商店，史蒂芬就在这里建起了一个庞大的零售业帝国，内部气氛活泼生动，出售男装。他的客人大多都是摩登人士，他们周游英国各地购买服饰，从史蒂芬不断变化的"短命"时装中进行挑选。

这些摩登人士只是少数狂热的年轻人，他们穿着军队发行的派克大衣搭配意大利风格的套装，以此来表达自己对服饰的态度。这样的套装穿着时搭配系扣衬衫和针织窄领带，是塞西尔·吉1956年根据罗马的布里奥尼品牌服饰（见336页）裁剪设计的。随着英国年轻人文化的萌芽，摩登时装也变得越来越艳丽。衬衫会模仿女式服装的线条，修身设计贴紧身体，降低了活动的自由性。这些衬衫图案生动，采用长领设计，穿着时敞开领口或者搭配夸张的"奇魄"领带。低腰裤（低腰窄臀裤）裤腿张开，下着切尔西靴，后来裤腿会卷进标志性的切尔西鞋匠店里购买的高跟窄靴中。此外，摄政时期的花花公子装

1957年	1964年	1965年	1965年	1966年	1966年
约翰·史蒂芬在比克街开了第一家他的服饰店。	杰夫·西蒙斯在伦敦里士满希尔莱斯开了经营常春藤联盟服饰的常春藤店。	伦敦老牌衬衫制造商唐波艾萨雇用迈克尔·费西为设计师。	明尼阿波利斯市的戴顿公司最先在美国引入约翰·史蒂芬精品店。	迈克尔·费西在伦敦梅菲尔区克利福德街开了自己的商店费西先生，售有透明衬衫、华丽帽子和富于活力的奇魄领带。	纽约本维特·泰勒百货公司开了一家皮尔·卡丹男装精品店。

扮又被唤醒了，上衣用宝石色的天鹅绒或华丽锦缎面料做成双排扣高立领款式，领口系上缀满流苏的丝绸围巾或领巾。史蒂芬商店的成功使得大量新男装精品店汇聚到卡纳比街上来。这里不仅成了摩登人士追赶迅速更替的时尚潮流的场所，也吸引了诸多娱乐明星，比如彼得·塞勒斯，以及斯诺顿勋爵等贵族顾客。

到1967年，卡纳比街已经成为海外游客的旅行目的地，他们都想要体验一下媒体上所形容的"摇摆伦敦"。随后，潮流聚集地转移到了切尔西区的国王大道，也就是玛丽·奎恩特开设第一家精品店芭莎的地方。20世纪60年代末，迈克尔·雷尼在国王大道开办了"握住你不放"零售店，出售老式制服的同时也出售新式定制服，比如色调柔和的大翻领套装，搭配利伯蒂全棉细布或通透薄纱制作的褶皱衬衫。英国零售商鲁伯特·莱希特·格林根据人们的欲望，将卡纳比街的新型裁剪与萨维尔街传统优势面料和制作技艺结合了起来。他与裁剪师埃里克·乔伊合作，于1963年在梅菲尔区的多弗街推出了布雷兹商店，以满足贵族客户以及流行明星定制服饰的需求。出生于伦敦的道基·海沃德（1934—2008）也为许多国际流行明星定制过服饰，比如托尼·本内特、泰伦斯·斯坦普和迈克尔·凯恩。海沃德对新奇性不感兴趣，他的定制服装裁剪经典而又现代，修身套装的上衣带有高开衩，裤边宽大。托米·纳特（见369页）为流行明星和他们的女朋友们定制的服饰则更为夸张。1969年，他在萨维尔街开办了纳特斯商店。

20世纪60年代，时装设计的现代主义风格让位于节省主义。社会和性道德观念的彻底改变导致了时尚风格开始怀旧，男性时装开始对过去军装进行调皮的颠覆（图2）。这些服饰在波多贝罗街伊恩·菲斯克的"我是基钦纳勋爵的贴身男仆"（见366页）精品店和切尔西区肯辛顿古董市场里都能找到。这些服饰将摩登人士的前卫裁剪转变为了嬉皮士般梦幻的气质。过去风格的复兴也包括新艺术派旋涡流畅风格的流行。这一时期多采用鲜艳的面料制作男装上衣（图3），经过加工处理的古董衣以及颓废派服饰也在奶奶去旅行等精品店里出售，这家店由奈杰尔·韦茅斯、希拉·科恩和约翰·皮尔斯于1967年开办于切尔西区的国王大道。

约翰·史蒂芬曾尝试过在美国开办一系列的精品店。然而，美国大部分的年轻男性都难以脱离系扣衬衫搭配布鲁克斯兄弟"布袋"套装和翼纹鞋的常春藤学院风服饰（见308页）。**MF**

1966年	1967年	1967年	1967年	1967年	1968年
尹恩·菲斯克（店主）和约翰·保尔（经理）在伦敦诺丁山的波多贝罗街开了一家精品店"我是基钦纳勋爵的贴身男仆"。	马克·帕尔默爵士开办了英国男孩代理处，他们的长发模特儿重新定义了粗糙男装的典范。	披头士乐队专辑《佩珀军士的孤独之心俱乐部乐队》发行，奠定了仿军装的流行地位。	卡纳比街贸易商联盟举行了第一次七巨头会议，任命约翰·史蒂芬为秘书。	影片《邦尼和克莱德》奠定了混混风格男装的流行。这是对时装影响最深远的一部电影。	汤姆·吉尔比曾为约翰·迈克尔工作，后来在伦敦梅菲尔区的萨克维尔街开了自己的设计顾问与时装店。

米字旗上衣 1966年
我是基钦纳勋爵的贴身男仆

谁人乐队成员（顺时针方向）凯斯·穆恩、约翰·恩特维斯托、罗杰·道雷和皮特·汤森（1966）。

20世纪60年代，时装对军队制服的借用，以及将英国国旗——更流行的叫法是米字旗——吸纳为装饰元素，明显体现出对当时存在的后帝国主义价值观的质疑。音乐、艺术和时尚取代了军事力量成为新的殖民手段，伦敦牢牢占据了当代文化主要发祥地的位置。精品店"我是基钦纳勋爵的贴身男仆"帮助年轻人颠覆了英军装饰有奖章的制服的内在含义，将其作为时装出售。该店名称来自英国陆军元帅，即前驻印度军队总司令。同样地，英国国旗也成为流行文化再造的有用标志，是"摇摆伦敦"打动人心的象征，而不再是传统意义上的爱国主义象征。

这里皮特·汤森——1964年组队的英国传奇摇滚乐团"谁人"的作曲兼吉他手——穿着的这件窄身单排扣米字旗上衣拥有一切摩登人士定制服的标志。国旗图案起源于1801年的爱尔兰与大不列颠联邦，这里被小心地用在上衣上，以便有效运用其强有力的图案线条。**MF**

👁 细节解说

1 整洁的肩线
躯干的窄版裁剪被紧袖孔和单排扣前襟的高开领进一步拉长，前襟采用3颗等距排列的白纽扣系扣。这也与上衣整体的白色间线相一致。

2 国旗图案
圣乔治——英格兰守护神——红十字构成了夹克的中心，包括最宽的腰部位置，以及狭窄的翻领。红色之下叠放的是圣安德鲁——苏格兰守护神——十字，它构成了上衣的底色。

▲ 大卫·鲍伊身着的这件国旗夹克是他与亚历山大·麦昆合作设计的。这件上衣被用在《凡人》（1997）专辑封面上。

纳特套装 1969年
托米·纳特（Tommy Nutter，1943—1992）

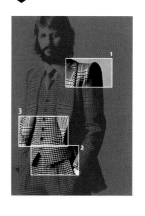

设计师裁缝是20世纪60年代的一种现象，勤勉的自我推销者托米·纳特就是其典型代表。纳特与其他定做服装设计师对手的谨慎风格不同，他继承了之前时代的奢华做派，比如弗莱德·阿斯泰尔艳丽生动的都市风格、玛琳·黛德丽的中性风格（见268页），以及佐特套装（见294页）对人体比例重新搭配的风格。

虽然纳特敢于革新定制服饰的外在视觉效果，但他仍然牢牢坚守着定制业的信条，将重点放在里衬和外部面料之间隐藏的马毛、麻帆布、缝接带、垫料和系带上。他采用传统男式三件套装的结构，将其改良为艳丽的版本，典型的就是在大翻领部分加上对比色的镶边，或者用庄园格子呢搭配犬齿状的格子面料和大胆的贴布口袋。与爱德华·塞克斯顿合作的服装裁剪风格大胆，成衣的制作、定位和调整无可挑剔，令人可忽视试验性的面料搭配。1969年，纳特为披头士乐队的三位成员设计了《艾比大街》专辑封面服装。20世纪70年代，许多摇滚歌星，比如大卫·鲍伊、埃尔顿·约翰都想找他合作。**MF**

👁 细节解说

1 方形肩线
这一时期的时尚开始回顾20世纪30年代至40年代以获得灵感。纳特使用垫肩将肩膀塑造成尖角形式，并通过突出的袖头加以强调。

3 青果领
这套三件式套装焦点在于青果式大翻领，领边镶有不同面料斜裁的镶边。翻领长度直到上衣第一颗扣之上，也正是马甲腰身最窄的位置。

2 复兴的牛津布袋裤
犬齿花纹的宽松裤子腰线很高，裤腿前面中央的裤裥与上身同是犬齿花纹的单排扣马甲上的尖角平行。宽大的竖口袋缝在侧缝里。

🕐 设计师生平

1943—1969年
托米·纳特曾就读于裁缝师和裁切师学院，为唐纳森、威廉斯与沃德这些老牌裁缝工作过。20世纪60年代，他受到流行文化变更的影响，于1969年在伦敦定制服装聚集地的萨维尔街开办了自己的店铺，名为萨维尔街纳特商店。

1970—1992年
纳特曾与爱德华·塞克斯顿合作，并得到英国歌手希拉·布莱克以及披头士乐队的苹果公司总经理的财政支持。20世纪70年代，纳特的定制服装形势有所回落，但通过奥斯丁·里德的营销，他进入成衣产业。纳特也成功打入了东亚市场，在日本开办了萨维尔街分店。1989年，他为电影《蝙蝠侠》中的小丑设计了服饰。

非洲中心主义风格的时装

1. 摄影师马里克·斯蒂贝拍摄的这幅《圣诞夜》（1963）描绘的是一对年轻舞伴跳舞的情景。他们穿着法国时装，体现出后殖民主义时装的国际化风格。

2. 加纳海岸角的高中生穿着非洲最著名纺织物肯特布制作的裙子（约1960）。

非洲大陆拥有漫长的身体装饰、织物生产和服饰制作历史。因此，20世纪60年代，这片大陆和西方世界一样接受了"当代时装"理念就显得不足为奇了。因为贸易商、侵略者和移民对本土品位的影响，非洲多元的审美品位在几百年前开始同化。巴巴里人带来了机纺织物，威尼斯人带来了玻璃珠，荷兰人带来了蜡染印花布，英国人带来了裁缝技巧。变化不足为奇，但随着欧洲对非洲殖民主义时期的结束，时装开始成为文化身份以及个人自我意识的新表达。

恩克鲁玛促请国民拒绝一切形式的西方服饰，支持民族服饰。然而，整个非洲的年轻都市中坚分子都渴望建立起自己的穿衣品位。受到费拉·库蒂和休·麦塞克勒的反抗音乐和风格的影响，再加上国外大学教育的推动，这些乘坐喷气式飞机到处旅行的非洲富豪将伊夫·圣·洛朗、皮尔·卡丹和巴伦西亚加等欧洲品牌服饰与裁缝缝制

重要事件

20世纪60年代	1960年	1962年	1966年	1967年	1967年
马里克·斯蒂贝拍摄了一系列记录马里年轻人文化的照片。	谢德·托马斯-费姆在尼日利亚的拉各斯开了第一家非洲中心主义的成衣精品店。	杰奎琳·肯尼迪穿上了奥莱格·卡西尼设计的豹纹外衣，其中闪烁的丛林色彩花纹也得到了克里斯汀·迪奥时装店的响应。	加纳摄影师詹姆斯·巴诺为尼日利亚版《鼓》杂志拍摄了年轻黑人模特儿身着最新款时装的照片。	伊夫·圣·洛朗的非洲服饰系列作品引发了国际时装界的爱慕。	克里斯·赛义杜开了一家裁缝店；这是他成为第一位国际知名的非洲设计师的第一步。

的传统服饰混搭在了一起。比如说，一件品牌设计女衬衫搭配裹身裙。每个裁缝师都有自己的个人风格，尤其在裁缝技巧娴熟的塞内加尔，但是影响力最大的还是织物贸易商——多是女性。她们周游世界收集想要的面料，然后带回国内卖给渴望的顾客。

本土出产的上等织物，比如加纳的肯特布（图2）和肯尼亚的肯加布也价格高昂。它们不仅用来制作时装，从传统上来讲也是财富、权力和地位的标志。尼日利亚的上等条纹布原本是一种白色、蓝色、棕色和红色的约鲁巴编织面料，但因为都市居民的需求，也出现了新的色彩、纱线和编织图案。如果加上刺绣花纹、装饰，将款型贴合身体，这样的服饰就使得穿着者成了非洲最时尚的人。非洲成衣理念是由设计师谢德·托马斯–费姆引入的。她曾在伦敦受训，于20世纪60年代在拉各斯开办了一系列精品店，出售现代简易版的传统尼日利亚服饰，比如白棉布上衣搭配条纹裹身裙和披巾（见374页）。

马里的后殖民主义风格时装通过一系列著名摄影师的作品而得以永久记录下来。追随着摄影棚摄影师前辈施度·基达的脚步，哈米杜·马伊加和桑加罗·马勒将人物置于彩色背景下，带着最重要的财产拍摄，比如维斯帕小型摩托车或半导体收音机——他们进步的标志，然而马里克·斯蒂贝，又称巴马科之眼，却走入夜晚去拍摄年轻人跳舞和表达自我的情景（图1）。男孩们组成俱乐部，穿着配套的套装，以展现自己对音乐和时尚的忠诚。女孩们穿着华丽的裹身裙走出父母的家，一到了晚会就脱下来露出迷你裙。他们都是非洲年轻文化的成员，渴望未来，渴望与国际时尚与音乐潮流对话。

马里也是具有开创性意义的设计师克里斯·赛义杜（1949—1994）的故乡。他曾在小城卡里学习缝纫，并于1967年在布基纳法索的瓦加杜古开办了个人第一家裁缝店。理想推动他于20世纪70年代早期到了巴黎，他在那里曾为多家时装店工作，并因为创新采用泥布而赢得喝彩。这种马里泥布由巴马那妇女制作，据说拥有仪式的力量，其棕色与白色的几何花纹也别具特色。赛义杜是第一个将其转变为时装面料，用其制作西式时装的设计师。

非洲第一本介绍黑人生活方式的杂志《鼓》于1951年在南非推出，后来成为对抗种族隔离制度的有力声音。该杂志中可以找到非洲中心主义风格时装的记录。20世纪60年代，这本杂志推广到其余以英语为母语的非洲国家，编年记录下西方风格的女性服饰——从钟形裙到短印花宽松直筒裙（图3）。

欧洲裁缝风格对刚果的影响为其留下了一份特别的遗产，那就是

时尚引领者和优雅人士协会。这群被称作萨普尔的贵族花花公子专注于高端时尚。20世纪20年代，金沙萨和布拉柴维尔也发起了运动。男性们反抗贫乏的环境，从欧洲的套装和中产阶级的配饰，比如单片眼镜、领结和手杖中发展出高雅的品位。他们按照绅士的行为和道德准则要求自己，以搭配衣橱里奢华的服饰，从而与当地名流区别开来。1960年刚果独立后，经济动荡，总统蒙博托实行独裁统治，于1971年全面禁止穿着西方时装，引得许多萨普尔蜂拥逃至巴黎。在那里，他们经常光顾咖啡馆，购买品牌时装也更容易，自称格力伏人（黑人与印第安人或黑人与穆拉托人的混血）。通过穿上从前压迫者禁止的时装，并将这种风格发挥到极致，他们表现出自己反叛的现代精神，并将服饰艺术转变成了一种宗教。萨普尔的风格一直延续至今天（见552页）。

反之，20世纪60年代，法国时装也第一次表现出非洲风格的影响，这都是因为伊夫·圣·洛朗。他出生于阿尔及利亚的奥兰城，并在那里度过了性格形成期，晚年生活在摩洛哥的马拉喀什。1967年，他推出了具有标志意义的春夏非洲风格作品系列。这些袒胸露肩的直筒连衣裙采用拉菲草和木珠制作（图5）。美国版《时尚芭莎》此时形容这些作品是"原始天才的幻想——贝壳和丛林宝石串起来遮盖住胸部和臀部，制成网格裸露出腹部"。1968年，圣·洛朗设计出现在仍具有标志意义的狩猎套装，并采用动物花纹，借鉴北非长袍、卡弗坦袍、风帽外衣和缠头巾帽，推出连续系列作品。伊夫·圣·洛朗在20世纪60年代至70年代还帮助引进非洲和黑人模特儿介绍到国际时装展台，同时也支持了许多黑人设计师时装店的开办，比如帕科·拉巴纳、皮尔·卡丹、库雷热、奥斯卡·德拉伦塔、蒂埃里·穆勒、纪梵希、侯司顿，以及美国黑人设计师史蒂芬·巴罗斯（1943—　）。非洲出生的模特儿丽贝卡·阿尤科、卡蒂嘉·亚当、卡托佳·尼安，牙买加超模格雷丝·琼斯，以及美国黑人模特儿桑迪·巴斯、

比利·布莱尔、托奇·史密斯、贝萨安·哈迪森等受到众人注目。主流杂志也追随着潮流，乌干达托罗伊丽莎白公主、美国黑人娜奥米·西姆斯和唐耶尔·露娜分别成为《时尚芭莎》（1969）、《生活》（1969）和《时尚》（1966）的第一位黑人封面女郎。然而，黑人模特儿中影响力最大的毫无疑问还是伊曼。1975年，她经由摄影师彼得·比尔德的介绍进入纽约时尚界。比尔德称，当他在撒哈拉发现伊曼时，她还是一位目不识丁的部落妇女。但伊曼实际上出生于索马里一个外交官和医生家庭，在内罗毕大学就读时遇见了比尔德。不过摄影师的计划却奏了效，伊曼第一个模特儿工作就是为《时尚》杂志拍摄的。她成了伊夫·圣·洛朗的缪斯，直至今日仍是有史以来最成功的非洲模特儿。比尔德本人也因为在非洲的外景时装拍摄任务而受到欢迎，那里成了杂志新的外景选地。作为回应，《时尚》杂志将摄影师诺曼·帕金森派至埃塞俄比亚，弗兰克·鲁巴特利也在马里拍摄了德国模特儿文洛斯卡穿着伊夫·圣·洛朗狩猎套装的作品。

20世纪60年代有色模特儿的崛起只是美国黑人民权运动（1955—1968）所引发的连锁影响之一，它驱使着黑人要有自己的民族审美自决权，高喊着"黑即是美"的战斗口号。随着底特律艺术家的加入，穆罕默德·阿里高呼"我如此之美"，马丁·路德·金、马尔科姆·埃克斯以及黑豹党人都利用了现有形势，时尚和美成为美国黑人重申自己流散海外现状的一种表达方式。奴隶制所造成的裂痕，再加上为争取政治和社会平等权利所进行的斗争，导向了这样一种政治观点，即将身体装扮为种族意识的象征物。随之而来的是，发型也变得更为重要。用化学药水拉直头发，女性的假发和男性的平直式发型都被认为是厌恶自己的象征，让位于高调自豪地展露出非洲式圆蓬发型（图4）。黑豹党人和激进学生的圆蓬发型不加打理，戴上贝雷帽，穿上高领毛衣、皮夹克和颜色花哨的西非短袖套衫或者长袍。理发师宣传这样的自然风格才是"非洲风格"。在时尚界，圆形蓬松的非洲式发型成为主流时尚，高加索人只得烫发来达到这样的效果。

讽刺的是，在非洲某些地区，圆蓬发型却被视作太过美国化。坦桑尼亚政府宣布其不合法，因为这种讨厌的进口发型已经在当地妇女中大过流行。与此同时，尼日利亚摄影师欧卡哈伊·欧杰克勒的《发型》系列作品于1968年开始记录，其中包括1000种左右复杂的辫子发型，赞美了非洲女性以美的名义而走过的令人钦佩的道路，但不包括非洲式圆蓬发型。真正的非洲发型，比如玉米辫发、辫子和细发辫在20世纪70年代被流散海外的黑人所吸收，部分是因为歌星史蒂夫·汪达、尼娜·西蒙妮和鲍勃·马里的影响。

第二次世界大战之后，英国也涌入了大量西非和加勒比海地区的移民。在这里，时尚成为一种同时发生的自我肯定和同化行为，它帮助一代又一代人定义了新的跨文化身份认同。人们将欧洲时装与非洲服饰融合起来，圆蓬式发型大量流行开来。重点在于要展现出自己最佳的一面，随时都要注意细节。比如对于帽子来说，追求拉斯特法理派教义的年轻人会佩戴苏格兰式针织便帽，女性去教堂时则会佩戴整洁的软帽。20世纪60年代至70年代是非洲中心主义风格时装活跃的年代，它反映了主流时尚，同时也对其产生了影响。这个时代经典的风格和潮流的影响一直持续至今日。**HJ**

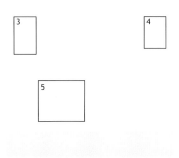

3 詹姆斯·巴诺为《鼓》杂志拍摄的这张照片体现了20世纪60年代西方款式和花纹对非洲服饰的影响。

4 罗阿纳·内斯比特为《生活》杂志展示非洲圆蓬式发型，她搭配了头饰和配套的珍珠项链。

5 伊夫·圣·洛朗标志性的非洲风格作品中出现了镶有贝壳的复杂珠饰网格结构（1967）。

裹身裙全套服装 20世纪60年代
谢德·托马斯–费姆（Shade Thomas-Fahm，1933—　　　）

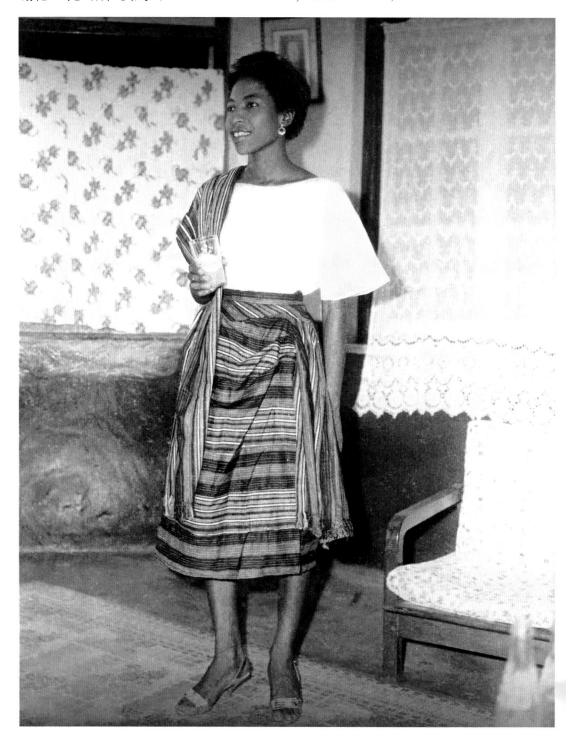

弗兰西斯卡·伊曼纽尔夫人在谢德·托马斯–费姆的家中（1960）。

尼日利亚设计师谢德·托马斯-费姆最著名的一件时装是以约鲁巴人经典裹身裙和上衣为基础，穿着时再搭上配套披巾。她将其称作裹身裙套装，或改良裹身裙。费姆使用各种款式的女衬衫和可爱的本土织物组合来使其呈现现代风格。这张照片是1960年由当地备受赞誉的摄影师阿吉达巴在费恩的一次社交聚会中拍摄的。展示服装的是设计师在拉各斯众多富裕客户之一的弗兰西斯卡·伊曼纽尔夫人，她是尼日利亚联邦共和国第一位女性常任秘书。套装的上衣采用别致的白纱制作，裹身裙和披巾则采用设计师最爱的一种面料 "ase oke" 制作。Ase oke在英语中意为 "上等面料"，是尼日利亚西南地区约鲁巴男性用窄带织机手工制成。这种面料采用丝绸和棉纱制作，将窄带缝合在一起以达到服饰需要的宽度。费姆这一时期卖得最好的其他新型设计还有预结头巾，由男性袋状礼服改制成的女士绣花贴身连衣裙、褶皱裙泳装和连衫裤。**HJ**

👁 细节解说

1 披巾
弗兰西斯卡·伊曼纽尔夫人一个肩头披盖着披巾，但完整的裹身裙套装还应该佩戴一条配套的预结头巾。这种款式既吸收了传统服饰特点，看上去又完全呈现出现代风格。

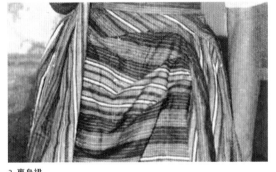

3 裹身裙
裹身裙即缠裹在下体之上的单件织物。费姆使用一条内藏拉链将裹身裙变成了一条很容易穿用的裙子。虽然外表一样，但这种款式穿脱都更方便。

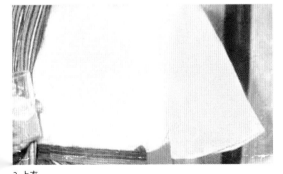

2 上衣
上衣时装传入西非是因为欧洲基督教传教士，他们坚持女性应该将自己端庄地遮盖起来。费姆保留了上衣原本的宽领线，但设计出多款袖子，包括外展式、褶边式、缩褶式和蓬松式。

🕐 设计师生平

1933—1960年
谢德·托马斯-费姆出生于拉各斯。她搬去伦敦受训做护士，但最终进入圣马丁中央艺术设计大学学习时装。她也曾做过模特儿，在毛皮店工作过。1960年，她返回拉各斯开办了谢德精品店，这也是当时第一家非洲时装店。她将这家店与梅森·谢德制衣厂一起扩张成了连锁店。

1961年至今
费姆时装的流行源自其先锋的款式，这种款式将传统风格改造成了易穿的时装版本。费姆将推动尼日利亚纺织业发展当作自己的任务，她设计的服装中的领口和裙边的精美刺绣大获赞扬。她的设计曾在世界各地展出售卖，她还帮助创建了尼日利亚时装设计师联合会。

未来主义时装

1 皮尔·卡丹设计的未来主义时装搭配有过肘手套、宽腰带和银质硬饰（1968）。

2 帕科·拉巴纳设计的这件亮片连衣裙利用金属切割器、钳子和焊枪制作，而非采用缝纫机和纱线（约1966）。

太空时代的到来推动了产品设计，室内装潢和时装界出现了一种全新的未来主义风格。1961年，苏联宇航员尤里·加加林成为第一个登上太空的人，而同年法国女装设计师安德烈·库雷热则推出了迷你裙。面料俭省的流线型设计预示着一个性、社会和时尚解放的新时代的来临。

皮尔·卡丹、库雷热和帕科·拉巴纳（1934—　　　）等巴黎设计师利用最新科技合成面料制作的太空时代时装来激励法国日渐衰落的时装产业。库雷热1964年推出的月球女孩系列呈现出全白和银色的现代主义风格，长裤、配套长袍和长齐大腿位置的迷你裙都绕过身体的曲线，裁剪精准。库雷热采用密实的面料制作成布壳，这些硬挺的结构自己就能立起来。"宇航员"头盔——不贴合头部轮廓的软帽，巨大的白色太阳镜和白色扁平的玩具进一步强化了服饰宇宙战士般的风格。还有小山羊皮的月球靴，长度至小腿中部，鞋头开口，因此也预

重要事件

1961年	1961年	1962年	1962年	1964年	1964年
安德烈·库雷热离开巴伦西亚加在巴黎开了自己的时装店。	苏联飞行员兼宇航员尤里·加加林于第一次载人航天飞行中进入地球轨道。	卡丹在巴黎博沃广场推出了修身男装作品。其中的尼赫鲁夹克是根据他旅行中受到的启发设计的。	鲁迪·吉恩莱希设计的单比基尼式女式游泳衣（见378页）最早的原型出现。	安德烈·库雷热推出了影响力巨大的太空时代作品系列。	伊曼纽尔·温加罗开始与库雷热合作。他于1965年离开，开了自己的时装店。

示着长筒女靴时代的到来。这样的现代主义时装还包括双排扣外套，内搭高领露肩连衣裙。库雷热标志性的双贴边缝增加了面料的牢靠质量，对比色的镶缀物则勾勒出大胆的几何图案式腰身。法国女装设计师伊曼纽尔·温加罗在1964年到1965年的两个时装季中曾与库雷热一起工作，后来与织物艺术家索尼亚·卡耐普建立了自己的时装店。温加罗的第一批作品沿袭了未来主义风格以及库雷热的短裙款式（见380页），但色彩更强烈艳丽。为了反抗巴黎的晚礼服时装体系，温加罗的第一批作品专注于日装，并拒绝设计作为时装主要产品的晚礼服。更有甚者，他还讽刺地设计了一套用乒乓球装饰的晚礼服长裙。

卡丹尝试将时装与科技结合起来，他的第一批太空时代，或称宇宙军团作品带动了中性服饰思想的兴起。他用白色连身紧身衣外搭粗呢大衣和圆筒裙。整个20世纪60年代，他设计出更多商业时装，包括连胸迷你裙，色彩艳丽带有风格化拼贴设计的长袍，搭配超长筒乙烯基高跟靴（图1）。后来，设计师又将乙烯基和金属面料结合起来，制成中性风格的拉链夹克，还设计出欧普艺术风格的格子华达呢大衣，内搭紧身金属面料裤袜。

西班牙出生的帕科·拉巴纳热心于新材料和技术，将工业设计方面的经验带至1966年的第一批"身体珠宝"作品中，用人造琥珀——一种醋酸纤维素塑料——方片和圆块贴在里层服饰上制作成紧身成衣（图2）。拉巴纳放弃了传统时装技巧，给他的第一批作品贴上"12件使用当代面料制作的不合身连衣裙"的标签，从而建立起自己作为时装偶像破坏者的名声。他提倡将面料循环利用，并尝试运用铸打金属、针织毛皮、铝制平纹针织布、荧光革或玻璃丝，1967年甚至还制作了纸衣服。拉巴纳1968年为基弗制衣过程申请了专利，这种服饰所有的组成部分，包括扣子和口袋都铸造成一个整体。

库雷热、卡丹、温加罗和拉巴纳不仅在设计方法上很激进，为伦敦青年运动带来了更为高端的时装，还帮助去除了高级时装的神秘性，对其理念提出了挑战，因此也将其与新受众联系起来。澳大利亚裔美国设计师鲁迪·吉恩莱希就是巴黎太空时代三人组的美国翻版。他采用拼贴的方法尝试使用乙烯基、塑料等不同面料，也进一步设计出卡弗坦袍、长袍等中性风格服饰，同时还设计了标志性的上空泳装（见378页）。**MF**

1966年	1967年	1968年	1968年	1969年	1971年
威廉·克莱因讽刺时尚产业荒谬性的电影《你是谁？波利·马古吗？》向拉巴纳的紧身连衣裙表达了敬意。	安德烈·库雷热将自己的设计引入定制服装产业。	帕科·拉巴纳为简·方达参演罗杰·瓦迪姆的电影《巴尔巴雷拉》设计了服饰。	皮尔·卡丹发明了一种揉不皱的无纺纤维，上面保留了凸起的几何复杂花纹。	宇航员尼尔·阿姆斯特朗与巴兹·阿尔德林登陆月球并进行了月球漫步。	帕科·拉巴纳被同侪认定为女装设计师，并成了巴黎高级时装协会会员。

单比基尼泳衣 1964年

鲁迪·吉恩莱希（Rudi Gernreich，1922—1985）

吉恩莱希的缪斯佩吉·莫菲特为20世纪60年代先锋时装提供了典范。

时尚史上的重大时刻就是那些人类对身体不同部分的态度发生重大变化、社会禁忌被改变的时刻。当20世纪50年代的保守风格让位于60年代自由展现风格之时，活跃在加利福尼亚州的设计师鲁迪·吉恩莱希设计出了单比基尼泳衣——这个词也是设计师创造的。这件打破禁忌的无上装泳衣是其内衣设计实验的巅峰之作。吉恩莱希致力于推广中性服饰理念，想要打破社会上的性别差别。这件最早的单比基尼泳衣出现于1962年，男女皆可穿用，于1964年发售。

虽然泳衣裸露胸部的设计非常现代，但其裤腿裁剪以及高腰设计却显得相当老派。这种黑泳衣并不是出于游泳目的而专门设计的，它采用吃水针织羊绒面料制作，长度从上腹部延至大腿根部，前身中心有缝线。腰带头有缝边，翻折整洁。时尚媒体对单比基尼的看法褒贬不一，教会要人一般持斥责态度。尽管如此，购买这种服饰的消费者人数却打破了纪录。到夏季结束时，吉恩莱希卖掉了3000套，利润相当可观。**MF**

◆ 细节导航

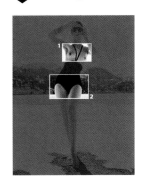

👁 细节解说

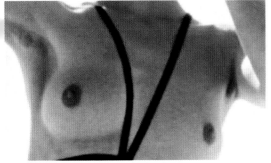

1 索带
这种上空泳衣前身中央系有一条细带，用以在后颈系紧。索带绕过乳房，保证单比基尼泳衣刚好在腰线上方，以展露出胸部。

2 裤脚线
泳衣裤脚有缝边，并翻折起来。裤脚的裁剪直接斜过大腿上部，款式与吉恩莱希在1952年设计的热门泳衣一样。他在设计中去掉了当时泳装复杂的内部结构。

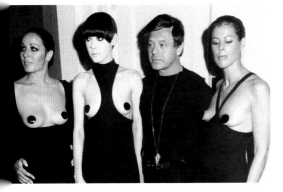

▲ 3位模特儿身着鲁迪·吉恩莱希设计的针织曳地上空晚礼服（约1970）。每件直筒裙上装的款式都不同，但将胸部完全展露在外。

🕐 设计师生平

1922—1964年
吉恩莱希出生于维也纳一个针织服饰生产商家庭。20世纪30年代末期，他为了逃避纳粹迫害而迁至洛杉矶。他在霍顿舞蹈团待了十年，以自己在现代舞蹈方面的经验为灵感，试图将身体从服饰的限制中解放出来。1964年，吉恩莱希与内衣公司"精致款式"合作，设计出"无胸罩"式胸罩，采用中性色调的平纹针织面料制作，不加垫料和衬骨。

1965—1985年
吉恩莱希随后也开发了平纹针织直筒裙和运动服分店，并于20世纪60年代在纽约第七大道开办了一间成品陈列室。1967年，他的名字进入科迪美国时装评论家名人堂，1975年荣获针织面料协会大奖。

A形裙 1967年
安德烈·库雷热（André Courrèges，1923—2016）

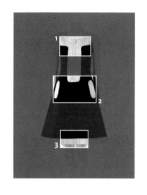

安德烈·库雷热设计的这件连衣裙具有建筑雕塑般的质感，服饰中每一处细节都符合其时装设计中的未来主义风格。这款A型裙采用绒毛密集的羊绒双面布制作，面料边缘裂口有包边，然后用压线缝合以制造出独具特色的圆角款式。

白色抵肩延伸出门襟，并牢牢置于连衣裙身前位置。这层面料也是采用压线缝合在黑色底料上的。门襟从肩部至袖孔中间位置开始，切过胸前，之后以窄带样式向下延伸至髋线位置。连衣裙上所有的角度，从前襟至浅领口的宽边全都呈现出模特儿的曲线。其中的两个竖口袋，其角度与及膝的裙子稍稍外展的角度平行，口袋上还装饰有两颗光滑的白扣。服饰上的黑白色调的比例也经过了仔细校准：两个口袋的宽度与塑料短拉链两边的带宽、裙角缝边的宽度都一致。白色面料上的装饰性平针缝采用白棉线，与整件服饰保持一致。**MF**

👁 细节解说

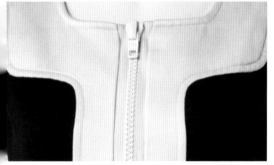

1 塑料拉链
这件连衣裙前襟中央插入了一条工业尺寸的白色塑料拉链，从领口一直到髋部位置。两端呈方形，与门襟翻边形状相映衬。库雷热设计中的整洁审美风格被大众市场生产商大量复制。

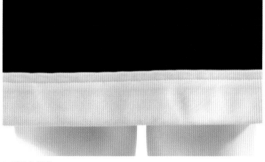

3 对比色裙角
裙角采用与裙子不同颜色的面料缝边，从而突出了裙子的简洁风格。单行的压线法缝合线将焦点聚集至翻边以下，营造出一种裙子被拉长的独特风格。

隐藏式口袋
裙子上嵌入式口袋隐藏在卵形贴片面料之下，采用压线法缝合在裙子表面。两端各有一个装饰性的素色柄状扣。

🕐 设计师生平

1923—1963年
安德烈·库雷热出生于美国，曾学习过土木工程师课程，后来于25岁时到巴黎让娜·拉福里拉时装店工作。1950年起，他在克里斯托巴尔·巴伦西亚加名下工作，1961年离开，与妻子康奎林一起开办了自己的时装店。

1964—2016年
库雷热于1964年推出了影响巨大的太空时代作品系列，其中使用的是诸如塑料和金属等现代面料。设计作品遭遇大众市场盗版之后，他退出了很短一段时间，后来重新开业，并引入了未来、原型和夸张三层时装体系。库雷热为1972年奥运会设计了服饰，1973年推出了男款运动装单件。1996年退休后，他的生意由妻子接手。

新式成衣

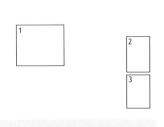

1 这张照片是伊夫·圣·洛朗1969年和模特儿在自己的左岸精品店门前拍摄的。

2 受到非洲岁月的强烈影响，伊夫·圣·洛朗1968年推出了标志性的狩猎套装。

3 沃尔特·阿尔比尼为艾特罗设计的解放服饰登上了1971年意大利版《时尚》杂志。

1944年，当高级时装产业首次组织架构之时，法国还没有成衣产业。新成衣业出现于20世纪60年代末70年代初，此时是引入引领时装的成衣产业的最佳时机，因为这个在美国已经日趋精良的制造体系这时也被欧洲所接纳。此外，在20世纪60年代动乱的政局以及年轻人领导的叛逆潮流中，高级定制时装向来被认为是与现代消费者无关，因为生活节奏越来越快，留给冗长试改过程的时间很少，社会和工作生活中也不需要设计师们所提供的正式礼服。随着潮流的不断发展，当代年轻设计师发起了精品店运动，时尚第一次改由街头大众引领，而这种新型理念也为伊夫·圣·洛朗等设计师所接受。

1958年成为克里斯汀·迪奥直接继承人的伊夫·圣·洛朗曾在巴黎高级时装协会受训，并于1962年在巴黎开办了自己的时装店。1966年，他推出的连锁精品店左岸（图1）成为成衣业先驱，店中主要是巴黎左岸波希米亚风格的廉价服饰。这些都是与皮尔·卡丹和迪迪埃·戈巴克（1937—　　）共同创办的。1966年，圣·洛朗在高级定制时装展台上首次展示了自己标志性作品之一"吸烟装"无尾

重要事件

1964年	1965年	1966年	1968年	1968年	1968年
沃尔特·阿尔比尼在米兰开了同名时装店，并开始为莱恩罗西、巴西莱和其他一些意大利公司自由设计。	沃尔特·阿尔比尼开始为克里琪亚和卡尔·拉格斐的品牌设计。	伊夫·圣·洛朗在巴黎推出左岸成衣生产线。第一位光顾的顾客是女演员凯瑟琳·德纳芙。	整个5月，巴黎学生持续抗议，导致了国家大罢工。游行中，大量人群聚集在左岸地区。	巴黎女装设计师克里斯托巴尔·巴伦西亚加退休，然后迅速关闭了在马德里、巴塞罗那和巴黎的时装店。	伊夫·圣·洛朗先后开创性地推出了女裤套装和狩猎套装，因此引发了"得体"的街头女装的革命。

礼服。随着左岸成衣品牌的推出，他又设计了一款价钱更实惠的吸烟装。为女性设计的女衫裤套装（见384页）几乎成了他的同义词。1968年，他又于春夏作品系列中推出了著名的狩猎套装（图2）。事实上，圣·洛朗直至2002年退休为止，所有的作品系列中都设计过不同款式的吸烟套装。1971年，戈巴克和法国著名室内和产品设计师安德烈·普特曼（1925—2013）创建了成衣集团"设计师和工业"，旨在消除设计师和工业之间的隔阂。于是1973年巴黎举办了第一届成衣时装周，参加的主要设计师有摩洛哥出生的让-查尔斯·德卡斯泰尔巴雅克（1949—　　），他被称作"卡通之王"，因为他将卡通形象用在了自己的无礼针织衫作品中。影响力深远的法国设计师伊曼纽尔·卡恩也是成衣先锋集团的成员，此外还有索尼亚·里基尔（1930—　　）、米歇尔·罗西耶（1930—2017）和多萝西·比斯时装店。

在意大利，罗马是高级时装的中心，佛罗伦萨则是配饰和精品店时装中心。意大利老派的高级时装在这个时代陷入挣扎境地，沃尔特·阿尔比尼（1941—1983）期待着成衣产业取得繁荣发展。他最早进行了一系列创新改革，想赶上法国成衣业的水平。在他的带领下，设计师们不再默默无名地与生产商合作各种无牌产品，而是和不同领域的专业公司合作推出系列作品。1971年与生产商FTM（费兰特、托西提、蒙蒂）签署协议后，"沃尔特·阿尔比尼为（后接生产商名）"问世。每一个作品系列都整体售卖给零售商，这就带来了今天所知的意大利成衣体系。

阿尔比尼曾以自由设计师的身份为克里琪亚、巴西莱以及艾特罗（图3）等多家公司工作过。阿尔比尼设计的低调优雅款式借鉴了保罗·波烈的解放设计作品和20世纪20至30年代的时装风格，从而为当时流行的反传统风格时装提供了迷人的替换之选。他尤其着迷于印花设计，喜爱芭蕾舞、星座十二宫和装饰艺术风格的图案。1972年，他推出了自己的品牌生产线"狐狸先生"。随着意大利北部生产商的崛起，1972年，阿尔比尼、米索尼和克里琪亚带领着时装设计师们来到米兰花园俱乐部的天桥上展示自己的系列作品，米兰由此成为时尚之都。尽管年42岁英年早逝，但他对意大利时尚和服饰生产的影响却极其深远，记者们将他的作品与美国的侯司顿、法国的伊夫·圣·洛朗相提并论。阿尔比尼所发起的意大利时装风格在乔治·阿玛尼和詹尼·范思哲的作品中得以永存。**DS**

1971年	1971年	1972年	1973年	1975年	1975年
伊夫·圣·洛朗推出第一款男用香水鸦片号，因为媒体出镜照上鲁普·西夫拍摄的宣传照招致丑闻。	时尚界转向可可·香奈儿的逝世致哀。梅因·罗素·波烈退休搬至欧洲。	受香奈儿影响，阿尔比尼与商人卢西亚诺·帕皮尼合作推出了自己的生产线狐狸先生。	阿尔比尼终止了与FTM的协议，并与卢西亚诺·帕皮尼合作建立了阿尔比尼有限公司。公司生产和销售的是WA品牌产品。	内衣设计师尚塔尔·托马斯推出了自己的同名品牌，由布鲁斯·托马斯担任审查人和销售总监。	阿尔比尼首次推出了男装秋季作品系列。

细条纹套装 1967年
伊夫·圣·洛朗（Yves Saint Laurent，1936—2008）

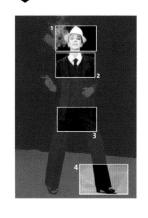
这款三件式细条纹套装受20世纪30年代风格的影响，裁剪沿袭男装形式，翻领的角度凸显出坚挺的肩形，裤子前身有裤褶，还带有腰带。模特儿的摆拍姿态令人想起20世纪30年代影星玛琳·黛德丽的中性风格（见268页），呈现出典型的男性化特点，一只手勾在马甲口袋上，另一只则举着烟。套装的款式虽缺乏活力，但上衣腰部的缝褶以及里层马甲的贴身款式却衬托出女性的身形。

套装的晚礼服则采用无尾礼服的设计，1966年，伊夫·圣·洛朗在秋冬高级时装展中首次推出该设计。1975年，法国版《时尚》杂志刊发了由德裔澳大利亚时装摄影师赫尔穆特·纽顿拍摄的一系列黑白照片，吸烟套装由此进入更多人的视野，并与可可·香奈儿首创的"黑色小礼服"（见224页）一同成为20世纪最具影响力也是最重要的服饰。此后的30年里，设计师所有的系列作品中都推出了各种款式的吸烟套装。圣·洛朗形容这种服饰"会一直流行，因为它是一个款式，而非时尚。时尚起起落落，但款式是永恒的"。**MF**

👁 细节解说

⌐ 男款帽子
20世纪二三十年代的好莱坞男影星都喜欢戴可翻帽檐的白色软毡帽。这种帽子戴在脑后，从而遮盖住整齐的短发。

3 高腰裤
裤子采用细条纹面料——这种平行细条纹面料更常用于传统商务套装——制作，腰线很高，款式沿袭传统男裤形制，使用暗门襟和单裤褶。

垫肩线
上衣的方肩款式采用传统男装裁剪技术制作，在袖头使用垫料加以强调，塑造出角度。高袖孔设计进一步拉长了躯干。

4 裤脚
微喇裤大腿部分设计很窄，向裤脚逐渐加宽。裤长延展至能盖住低跟鞋上部，从而使腿形看起来更长。

嬉皮士奢华风格

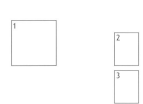

1 摄影师帕特里克·里奇菲尔德1969年拍摄的这张照片中，英国女演员兼模特儿简·伯金身着奥西·克拉克克套装，上面的印花是由西莉亚·波特维尔设计的。

2 美国设计师玛丽·麦克法登展示自己手工印染的丝绸服饰，上面的图案设计灵感来源于非洲和东方织物（1973）。

3 这款羽毛飘带的雪纺裙由桑德拉·罗德斯设计，上面的民族风图案很有特色（1970）。

20世纪60年代末期，年轻人所引领的太空时代风格未来主义面料时装遭到淘汰，手工制作的服饰开始流行，自然纤维受到拥戴。嬉皮士这一年轻人亚文化现象起源于美国垮掉派运动，他们偏爱穿着从环球旅行中挑选的服饰，而非西方时装系统零售的批量机械生产出的服饰。嬉皮士们倡导"回归自然"的生活方式，厌恶工业制造以及合成产品。在1968年社会与政治环境的动荡中，"权力归花儿"的精神标志着自然力量与权威统治的对抗。他们坚持传统社会之外的别种生活方式，想要在时尚、艺术、音乐及媒体所有的文化领域都获得自由表达的权力。反传统文化运动者们借用所有这些文化工具，潜移默化地影响了主流思想。

在时装方面，嬉皮士们反对物质主义，因此折中选择采用各种面料以最简洁的方式制作的本土服饰。外国服饰则可追寻至印度及远东地区，比如印度饰有铃铛的祷告衫，尼赫鲁夹克，装饰着镜子碎片、长齐脚踝的百褶裙，裹身裤，绣花马甲，以及各种款式的T形卡弗垃袍——这种袍子曾出现在艾米里奥·璞琪（见389页）、桑德拉·罗德斯和比尔·吉布等欧洲和美国著名设计师的作品中。

重要事件

1964年	1966年	1967年	1968年	1968年	1969年
自伦敦皇家艺术学院毕业后，英国设计师桑德拉·罗德斯与同学艾利克斯·麦金泰尔一起成立了自己的第一家印染工作室。	希亚·波特在伦敦苏豪区开了一间室内设计店，出售地板坐垫以及法国、意大利和土耳其面料。	1967年被称作"爱之夏"，中产阶级郊区白人居民从感知束缚中解放出来。	巴黎许多大学发生了系列学生抗议运动，1100万工人参与其中，国家几近陷入停顿状态。	桑德拉·罗德斯和西尔维娅·艾颋在富勒姆街时装店，出售的服饰由艾颋设计，罗德斯印染。	8月，伍德斯托克音乐节在美国举行。它成为音乐史上一个决定性时刻。

美国的嬉皮士们主要分布于洛杉矶海特–黑什伯里区，尤其喜欢美洲原住民的服装和配饰，比如流苏和珠饰。这种风格也被意大利出生的美国设计师希奥尔希奥·迪·桑特盎格鲁（1933—1989）运用在商品设计中。桑德拉·罗德斯也从美洲原住民的珠饰和羽毛装饰，以及他国艺术和艺术品中汲取灵感，进行印花布设计。罗德斯主要是靠晚礼服设计而闻名，她最大限度发挥出印花面料（图3）的效果，依靠层叠、褶皱、缩褶和束褶法来营造出腰身效果。服饰要按照印花的位置来设计，而非保持面料的连续与重复。英国设计二人组西莉亚·波特维尔和奥西·克拉克设计出更为精良的嬉皮士高级时装，避开简单的T形腰身，而采取流畅复杂的斜裁，其色彩和图案都是从俄国芭蕾舞服饰和装饰艺术运动中汲取了灵感（图1，并见390页）。

这时的设计师已经可以通过制作少量作品售卖给一家商店的方式而打响知名度。玛丽·麦克法登（1938—　　）在最初取得成功之后，于1973年开办了自己的时装店。她之前曾在非洲工作过，1965年，她在那里加入了非洲版《时尚》杂志团队。在她的影响之下，纽约和巴黎时装在1966年和1967年都开始向非洲大陆致敬，推出动物风格的图案、首饰及狩猎夹克。麦克法登最初只为自己设计服饰（图2），用她在旅行中找到的面料按照自己的身形来制作，因此设计的风格将设计师时装与民族元素融为一体。她还采用褶皱处理的丝绸设计晚礼服，其中独创的"玛丽"技术令人想起马瑞阿诺·佛坦尼（1871—1949）的作品。麦克法登于1975年申请了此种技术的专利。她将这种技术与手绘、缝饰、珠饰、刺绣与遴选方法结合起来，从各种古代文化和民族风格中汲取灵感。她设计出的奢华嬉皮士服装对那些游历多方的富有客户来说堪称完美，因为采用缎子底的涤纶面料，所以也不会起皱。

设计师比尔·吉布出生于苏格兰，他所处的年代复兴的历史元素与他国文化的瞬息流行交汇在一起。吉布的设计（见392页）风格浪漫，又与当时的时尚潮流紧紧相连。他的晚会礼服充满梦幻色彩，采用时装的图案和品质，将街头挑选的嬉皮士风格推举至嬉皮士高级时装的地位。吉布对文艺复兴时期的结构技术和装饰技巧很感兴趣，同时也喜欢其他文化的视觉意象，肆意地将花卉图案与地理图形以及各种面料拼贴在一起。这些童话般的服饰中装饰着飘带和丝带、辐射式褶裥、贴布绣、扇形边和珠缀流苏。吉布的审美品位也应用于日装之中。1969年，他与美国针织服饰设计师凯菲·法瑟特合作，设计出一系列具有预示性意义的作品，其中将彩色格子与粗花呢、格子呢与费尔岛鲜艳针织物和利伯蒂花卉图案融合在了一起。**MF**

1969年	1970年	1971年	1973年	1975年	1976年
罗德斯制作出第一批个人作品系列并登上美国版《时尚》杂志。其中有许多采用奢华面料制作的浪漫主义风格服饰。	比尔·吉布在以自由设计师身份为伦敦巴卡拉特时装店工作时获得了《时尚》杂志年度设计师奖。	西莉亚·波特维尔与奥西·克拉克在伦敦皇家法院的狂野时装展引起了媒体的众怒。	艾米里奥·璞琪推出萨尔斯堡系列作品，其中的丝绸针织晚礼服色彩鲜亮，裙子的印花很有特色。	比尔·吉布成为伦敦艺术家和设计师工会成员，同年他在伦敦的邦德街开了自己的商店。	玛丽·麦克法登以纽约的家为基地开始经营生意，后来名气渐长，建立了玛丽·麦克法登公司。

迷幻图案的卡弗坦袍 1967年
艾米里奥·璞琪（Emilio Pucci，1914—1992）

法国模特儿西蒙尼·德艾伦卡特身着璞琪设计的卡弗坦袍，拍摄地点是印度乌代浦尔的湖宫酒店（1967）。

艾米里奥·璞琪是20世纪最知名的印花布设计师之一，被当时的时尚媒体誉为"印花布王子"，专为"上流社会的时髦阶层"和潮流引领者进行设计。他从各种不同的资源，诸如受异国风情影响的本土图案、锡耶纳派力奥（Palio）无鞍赛马会的徽章中汲取灵感，设计出有迷幻旋涡图案的抽象风格印花布，邻近的区域通常采用对比的颜色和图案。他吸收了20世纪60年代末期迅速发展的嬉皮士运动的新折中主义，将这种反传统文化的复合色风格转变为高端时尚。他还运用色彩绚丽的印花布来设计轻型、免皱服饰，比如T形卡弗坦袍和宽大的风帽外衣，由此深受欧美高级嬉皮士的喜爱。所有的服饰都是"艾米里奥"标签。

这张照片拍摄于印度乌代浦尔的湖宫酒店，这里是富裕人士寻求开悟的热门目的地。模特儿西蒙尼·德艾伦卡特身着的这件雪纺印花通透卡弗坦袍上带有紫红色、红色、淡草绿、浅绿和黄色的涡状花纹，配套的宽松裤子采用单色面料，宽大的裤腿上镶有一道窄边。卡弗坦袍的卷边是手工制作的。**MF**

细节解说

1 简单的结构
服饰的袖子与躯干部分整体裁剪。卡弗坦袍的结构非常简单，但却具有迷惑性，再搭配上裂口般的领线，从而营造出一种将矩形布片从头上盖下来的效果。

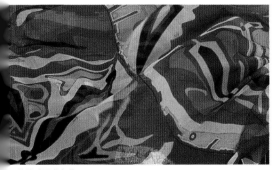

2 按特殊要求印花
印花布中的每一种颜色都要求采用不会重叠和套印的独立丝绸网印花法完成，这样就保证了图案的造型清晰。这种看上去迷幻般扭曲效果的图案影响了当时的设计。

▲ 这张生动的照片拍摄于璞琪宫的屋顶上，背景是佛罗伦萨主教堂的圆屋顶，作品很好地捕捉到了璞琪的卡弗坦袍的透明质地（1969）。

漫步雏菊连衣裙 1971年

西莉亚·波特维尔（1941—　　）、奥西·克拉克（1942—1996）

西莉亚·波特维尔（Celia Birtwell）的印花布都是根据时装设计师奥西·克拉克（Ossie Clark）流畅复杂的图案剪裁手法设计的。克拉克对女性身体的认识非常敏感，剪裁设计精致。这款连衣裙的设计令人回想起20世纪30年代女设计师麦德琳·维奥内（Madeleine Vionnet，1876—1975）线条流畅和斜裁手法的作品，其设计效果也通过波特维尔分层复杂的精致印花得到了强调。

　　外衣和配套连衣裙上的"漫步雏菊"的图案是在伦敦艾沃印染厂手工染制的。其中的两色印花——奶油色底料配红黑印花——被运用在连衣裙、胸衣和袖子下部。另外一种风格化的大朵连续花朵图案则以半格重复法清晰印制。袖孔设计很高，以拉长躯干，翻领尺寸横跨整个胸衣的宽度。服饰的羊腿袖中插入了单一花朵图案的雪纺绸面料，袖子下部狭窄部分采用印花绉绸面料，袖口安有拉链。V形领下有一道不起眼的横带，颈后则设计成圆形高领。连衣裙从腰线之下扩展，前身采用一块缝褶面料，裙后则采用4块外展面料。外衣也设计成外展款式，前身两块面料，后身3块。**MF**

👁 细节解说

1 袖子
服饰的袖子上明显有两种不同图案，一种清晰的单个花朵图案，一种较小的满花图案。袖子由两部分组成，蓬松的袖头收拢在下部窄身袖子中，长度齐手腕。

3 装饰艺术效果
图案中的小朵风格化花丛采用装饰艺术风格的曲折锯齿联系在一起。其余的半格重复法花朵图案则运用在外衣下摆和袖子上部。

2 流线型结饰
外衣的胸衣上设计有两条长结带，在腰线之上打结，长度至膝盖位置，采用的流线型人造绉绸面料强化了垂坠效果。结带边缘用压线法翻折缝合。

🕐 设计师生平

1941—1966年
西莉亚出生在英格兰兰开夏郡的索尔福德，在索尔福德艺术学院就读期间遇见了时装设计师同窗"奥西"·雷蒙德·克拉克。两人第一次合作是1966年为伦敦的法定人数精品店设计作品。这家店由爱丽丝·波洛克经营，顾客为滚石、披头士、贝蒂·博伊德、维苏卡和塔莉莎·盖蒂等国际名流。

1967年至今
1967年，克拉克在拉德利时装店店主阿尔弗雷德·拉德利的赞助下举办了第一场时装展，展台设在切尔西区市政厅百代公司新闻处，模特儿都由他的名流友人担任，具有标志性意义。波特维尔和克拉克1969年成婚，1974年离婚。波特维尔于2006年复出时尚业，为高街拓普肖普连锁店设计了系列作品。

世界服饰 20世纪70年代
比尔·吉布（Bill Gibb，1943—1988）

克里夫·阿罗史密斯为《时尚》杂志（1971年10月号）拍摄的比尔·吉布设计的世界服饰。

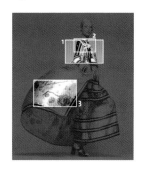

设计师比尔·吉布主要活跃在伦敦，他的这组香槟色绸缎上衣、裙子和配套外衣是为巴卡拉品牌设计的，其中将自由流畅的独特图案与嬉皮士年代的款型结合在一起，装饰和细节处理与时装相似。这套服饰带有文艺复兴时期风格——这也是设计师最常借鉴的资源之———的影响，比如外衣中利用硬挺的抵肩塑造的盖袖、胸衣和袖子中的绗缝部分。

　　服饰的外衣和裙子都采用全印花的条带面料和金银色调的世界地图印花面料制作。外衣长度及膝，前襟面料轻柔缩拢进短小而贴合身体的抵肩中。不同宽度的黑色与赤土色的条纹带横纵皆有运用。横向印花条带采用缩褶法缝制在腰带上，将宽大的裙子水平分开，其中膝盖位置插入的全印花地图面料宽度更宽一些。条带也纵向运用在外衣袖子上，同时也强调了衣边和前身中央的襟边。胸衣开领很高，形状类似无袖外罩，包括又长又细的袖子在内，整体都稍稍加絮了填料。袖子上的车缝则与水平条带以及印花布裙子和外衣上的网格地图部分完全垂直。**MF**

👁 细节解说

1 文艺复兴时期风格的袖子
服饰外衣上硬挺的抵肩沿着稍稍盖住齐肘长袖子的丝绸面料设计，由此在袖头上塑造出弧度，令人想起文艺复兴时期军装短上衣袖子的设计。

3 古董印花
这里的精致全印花布由萨利·麦克拉克伦设计，皮埃罗·波波利印染，呈现出古董风格，其中还包括少量黑色和赤土色的格子花纹。这种面料能够鼓胀着飘起来，从而将图案效果发挥到最大。

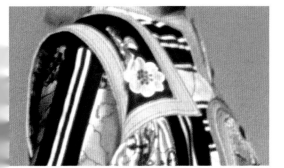

2 刺绣抵肩
外衣抵肩边缘采用斜接法，其中有一朵花瓣扁平的玫瑰图案，是设计师莉莲·德利瓦利亚斯在黑色底料上以白色贴布绣制的。著名艺术家德利瓦利亚斯在20世纪70年代以贴布绣而闻名。

🕐 设计师生平

1943—1972年
吉布出生于苏格兰的弗雷泽堡，1962年搬至伦敦。他曾在圣马丁中央艺术和设计大学以及皇家艺术学院就读，随后开了爱丽丝·保尔精品店。1969年至1972年，他以自由设计师身份为巴卡特精品店设计，并于1970年荣获《时尚》杂志年度设计师奖。20世纪70年代，他的设计风格受到嬉皮士运动的影响，1972年成立了比尔·吉布有限公司。

1973—1988年
吉布于1975年在伦敦开了第一家独立店铺。他受自己苏格兰故乡的启发而设计了手织图案的多色复杂针织服饰，以及优雅浪漫的晚礼服，但都没取得商业上的成功。20世纪80年代，他只有少量的作品，也为一些长期客户制作一次性服饰。

时髦缝纫

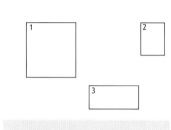

1 这件里基尔标志特色的条纹毛衫外搭了一件长款安哥拉山羊毛针织开衫，开衫的腰带扭结配上围巾构成了头饰（1975）。

2 米索尼的奢华针织衫常被比作艺术品，其丰富生动的色彩组合很容易辨认（1981）。

3 克里琪亚的这件紫色和金色格子毛衫外套为V领，搭配的橙色羊绒针织裙也出自同一品牌（1979）。

针织服饰在20世纪70年代登上了流行顶峰，成了越来越重要的成衣市场中必不可少的产品。针织服饰设计师们开始制作从头到脚的全套服装，而不仅局限于毛衫、开衫、手套和围巾等单件配饰。法国设计师索尼亚·里基尔是第一位将针织服饰从先前不上台面的手工艺作品推举至引人注目的当代时装地位的设计师（图1）。她于1968年在巴黎左岸开了第一家精品店，这里是波希米亚风格和创造性的代名词，伊夫·圣·洛朗同名的奢华成衣精品店也位于这里。这款针织套装的款型带有里基尔的标志性风格，袖孔设计很高且贴合身体，窄袖款式拉长了躯干，以黑色为底色的条纹衫设色独特，从而呈现出年轻化的审美品位。里基尔同时也走在解构主义时装（见500页）的最前沿，作品中会采用不锁边设计、反车线和连锁缝边等创新

重要事件

20世纪60年代	1965—1972年	1966年	1967年	1968年	1970年
索尼亚·里基尔被誉为"针织衫女王"，她设计的产品在纽约亨利·班德尔和布鲁明戴尔百货公司都有出售。	劳拉·比亚吉奥蒂在罗马以自由设计师身份为舒伯特、巴罗科、海因茨·丽娃、里希特罗和其他一些公司进行设计。	巴黎出生的设计师伊曼纽尔·卡恩（见383页）为米索尼设计的第一批系列作品在米兰展出。	马里于卡·曼代利开始设计针织服饰，后来推出了成衣生产线。	弗朗辛·克雷桑成为法国版《时尚》杂志总编，后来任命盖·伯丁和赫尔穆特·纽顿为摄影师。	伊曼纽尔·卡恩开了自己的时装店，但仍继续为米索尼、克里琪亚和马科斯·马拉品牌进行设计。

细节。此外，她还最先在针织服饰中使用文字装饰，在晚礼服中设计水钻组成的口号。

意大利的米索尼是最早利用技术革新来探索花纹面料（图2）的一家公司，也是唯一一家成功让各国消费者只用针织面料就能备齐全套行头的品牌（见396页）。这时罗马仍然只展出时装品牌，米索尼以及其他重要设计者，比如克里琪亚（图3）旗下的马里于卡·曼代利，则开始在米兰展出作品。米兰正在成为欧洲发展最迅速的时尚之都，以及繁荣的成衣制品中心。曼代利设计的针织服饰采用手织机嵌花技术，经常采用绵羊、猫、熊、狐狸、豹子和老虎等动物图案，其品牌的标志仍是风格化的猎豹图案。1964年，克里琪亚获得了时尚评论家奖。1967年，曼德利推出了克里琪亚·玛利亚品牌。手工制作服饰对她来说很快变得不切实际，于是改由米兰郊区的一家工厂生产。

多罗泰精品店最早于1958年在巴黎开创，之后推出了多罗泰·比斯成衣品牌，在20世纪70年代末期推出了多层针织服饰混搭的作品。这些设计将多种织物与图案搭配在一起穿着，用巨大的外衣与里层修身针织服饰形成对比。主要活跃在罗马的设计师劳拉·比亚吉欧蒂（1943—　　）将意大利的修身款型推广给国际消费者，据称她还将之前仅限于毛衣套装等经典针织服中使用的奢华纱线用于高级时装领域，《纽约时报》授予她"羊绒女王"的称号；她于1972年创办了自己的品牌。1974年，比亚吉欧蒂接管麦克弗森针织服品牌，开始制造运动风格时装。**MF**

1970年	1972年	1972年	1972年	1973—1974年	1977年
米索尼在美国纽约的布鲁明戴尔百货店开了第一家精品店。	劳拉·比亚吉欧蒂以自己的名字推出了第一批系列作品。	多罗泰·比斯品牌的同款产品推出小、中、大号，长款窄身裁剪的针织服饰内搭迷你连衣裙和短裙。	佛罗伦萨举办了第一届国际男装和配饰展，旨在推动意大利时装产业发展。	意大利生产制造业因为政治动乱而重组。	意大利第一届国际纱线展举办，这个重要的纱线贸易展览会成为全世界针织服饰生产商和设计师的重要参考。

拉歇尔经编针织连衣裙和帽子 1975年
米索尼（Missoni，品牌）

从20世纪70年代早期至中期市场饱和的这段时间里，从头到脚的花纹是米索尼织物品牌的独特风格。这个意大利品牌将精湛技艺与独具特色的图案和夸张色彩结合起来，使得针织服饰跃居奢华成衣市场最前沿。

这件长款束腰针织衫采用简洁的纬编条纹面料制作，用色大胆，抵肩位置和装袖颜色一致。面料采用人造丝而非丝绸，因为前者更光滑，垂坠效果也更好。束腰针织衫款型贴合身体，采用环形针织面料，使得宽松裙子之上的上衣款型非常修身。裙子流畅的垂坠感源自其采用的经编技巧，使得曲折图案的面料呈经向条纹，但穿着时却成为横向。米索尼在20世纪70年代将经编面料运用到了极致，生产了多色蜻蜓条纹面料和闪电般生动色彩的多色线织面料。

设计师们对贾科莫·巴拉和翁贝托·博乔尼等意大利未来主义者的现代艺术运动很感兴趣，他们所设计的服饰中复杂的几何图案也受到影响，比如标志性的火焰花纹。**MF**

👁 细节解说

1 套穿的帽子
服饰中的针织帽贴合头形，使得这个年代典型的修长款型显得更加突出，帽子也成为20世纪70年代的流行配饰。这种无檐小便帽最早是一种工作装备，工人们佩戴来束起头发。

3 宽大的裙子
服饰的裙子很轻，采用经编的弹性面料制作。这种织物编织方法介于编织和纺织之间。经纱纵行结圈连成织物。

2 条纹束腰上装
束腰上衣采用一种名为纬编的技巧制作。编织时运用多行水平缝针，由一根纱线横穿过整排缝针，接下来另一种颜色的数行则使用另一根线编织。

🕐 品牌历史

1953—1968年
米索尼公司于1953年由奥塔维奥（塔伊）·米索尼（1921—2013）和妻子罗西塔·杰尔米尼（1931—　　　）创建，当时只是在他们意大利伦巴第的加拉拉特家中地下室里3座针织机组成的小工作室。1958年，他们以米索尼为品牌在米兰展出了自己的第一批系列作品。

1969年至今
1969年，米索尼在意大利伦巴第的苏米拉格开办了工厂。20世纪70年代中期，公司在针织衫、配饰和珠宝之外还增添了家具用面料和家用亚麻布产品。1976年，米索尼在米兰开了第一间精品店，随后又在巴黎、德国、日本、远东地区和纽约开了零售店。1997年，公司的管理权移交给米索尼女儿安杰拉，罗西塔则专注于室内装饰品牌。

一站式购衣

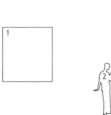

1 美国女演员劳伦·赫顿为卡尔文·克莱恩的易搭的单件时装担任展示模特儿，体现出20世纪70年代着装的生活化风格。她穿着的服饰包括一件质地柔和的带领结衬衫、一件丝绸面料的夹克和定制的裤子（1974）。

2 这三件真丝汗布晚礼服出自侯司顿品牌，一件是黑色套索领的皱边裙，一件单肩设计、在髋线位置缩紧，一件是斜裁飘边绿色长裙（约1976）。

20世纪70年代，美国时装复杂性降低，现代主义风格产生，罗伊·侯司顿·弗罗威克和卡尔文·克莱恩的作品就是其缩影。这两位设计师的作品都可作为正式礼服或前卫派难于穿着的实验风格作品的替代选择。随着人们对女权主义兴趣的加大，个人自主性的要求提高，新兴的职业女性需要精简的百搭单件行头（图1），比如奢华面料制作的衬衫、定制的裤子和及膝长裙等方便替换的单品。这些都可以从一位设计师那里购买，最好是在一间店里就能买齐。对高端成衣的需求导致纽约波道夫·古德曼和萨克斯第五大道等百货公司关闭了旗下的时装店，转而在内部引进精品店出售新设计师的作品。

随着一站式购衣精品店越来越流行，某些特定的服饰就成了衣橱的主要配备，比如只有一颗纽扣的单排扣短上衣，既可搭配裙子也可衬裤子，再搭上男式衬衫。许多顾客拒绝设计师们推出的中长裙，支持裤装，虽然某些工作场合的着装规定中仍然禁止裤装服饰。这时的裤装已不是之前年代的短衬裤或卡布里七分裤，而是根据男装款式

重要事件

1968年	1969年	1973年	1973年	1973年	1976年
罗伊·侯司顿·弗罗威克在其纽约的新样品间推出了首批系列作品，并由此得名。	9月，卡尔文·克莱恩设计的外衣登上美国版《时尚》杂志封面。	侯司顿将"侯司顿"商标、成衣和时装生产线卖给了诺顿·西蒙公司。	卡尔文·克莱恩首次赢得科迪美国时装评论奖，他一共连续获得了3次。	黛安娜·冯·弗斯滕伯格设计了裹身裙成衣（见400页）。这种服饰又出现在随后许多系列作品中。	侯司顿成功地推出了侯司顿香水。泪滴形的瓶子由艾尔莎·柏瑞蒂设计。

裁剪，有前裤褶，侧缝带竖口袋。晚间服饰明显也呈现出简洁的新风格，因为半正式礼服晚宴和慈善舞会已经被夜总会所取代，比如比安卡·贾格尔和安杰丽卡·休斯顿等名人经常光顾的纽约54号工房，这时他们穿着的都是侯司顿设计的服饰。侯司顿支持奢华的简约主义和简洁裁剪，他借鉴了20世纪50年代的克莱尔·麦卡德尔和邦妮·卡辛等创新设计师的风格，因设计的丝绸卡弗坦袍、富有光泽的针织流畅晚礼服（图2）和套索系领连衣裤而闻名。接下来，他又设计了许多采用羊绒和真丝汗布等柔韧面料制作的低调易穿的服饰单品。他设计的一站式购衣服饰中还包括标志特色的及膝长的羊绒运动衫裤，其中最畅销的是采用一种日本新型人造的可机洗超麂皮面料制作的衬衫式裙装。

20世纪70年代中期，美国出生的设计师卡尔文·克莱恩专注于外衣设计，后来成功地判断出都市职业女性对职业制服的需求，设计出一种更为舒适的男装款式的制服。他也将设计领域扩展到外套连衣裙、奢华双排扣大衣、丝绸T恤和连衣裤。克莱恩热销的小西装只限定使用白色、灰色、奶油色、深蓝色或黑色，款型贴合身体，袖孔窄而高。为了适应当时越来越休闲的风格，他避开了"大场合"时装，而设计出内敛紧身裁剪的特色吊带裙和简洁的黑色针织筒状裙以供晚间穿着。要想成功地售出风格柔和、季与季之间款式变化很小的"不会过时"的定制服饰单品，需要有灵活的营销技巧。克莱恩首创生活化服饰的理念，使用曼哈顿都市人或海滩上慵懒快乐生活的引人注目的图像来促销作品。1976年，他在设计时装展上首次推出牛仔裤设计，并将名字绣在后袋上。

虽然成衣单品成了职业女性衣橱中的重要组成部分，但1973年出现的及膝裙——比如前身系扣的衬衫式裙子，腰部束带的平纹针织紧身套装或黛安娜·冯·弗斯滕伯格设计的具有其标志特色的裹身裙（见400页）却迅速流行开来。这种裙子代表了一种时髦的职业风格，解决了日装与晚装不能兼容的难题，工作时可以外搭短上衣，也可以搭配上首饰和高跟鞋作为晚礼服。**MF**

1977年	1978年	1980年	1982年	1982年	1984年
拉夫·劳伦为黛安·基顿参演伍迪·艾伦的电影《安妮·霍尔》设计了男装风格的戏服。	卡尔文·克莱恩首次推出男装作品，其授权生产商为法国的莫里斯·彼得赫曼。	卡尔文·克莱恩推出了牛仔裤生产线，波姬·小丝拍摄的商业广告（见426页）使其成功战胜了其他品牌竞争者。	摄影师布鲁斯韦伯拍摄了许多赞美这个年代健身房中健美躯体的作品，画面中的男性只穿着卡尔文·克莱恩内衣。	侯司顿与J.C.彭尼连锁百货商店签署了数百万美元的订单，其品牌的声誉因此受损。	侯司顿因与诺顿·西蒙公司产生冲突因而离开。

裹身裙 1973年

黛安娜·冯·弗斯滕伯格（Diane von Furstenberg，1946—　　　）

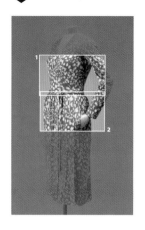

20世纪70年代初期，黛安娜·冯·弗斯滕伯格受到朱莉·尼克松·艾森豪威尔在电视上穿着的一席裹身上衣和裙子套装的启发，决定将这两件套装组合成一件服饰，即裹身裙。正是这个决定使得一个全球时装帝国由此建立，而其基础只是一件时装。设计师在其自传《签名人生》（1998）中写道："我所有的只是一种直觉，女性们想要一种与嬉皮士风格不同的时装，是喇叭裤脚的长裤套装，能将自己的女性气质隐藏起来。"

这种多功用的裹身裙迅速在职业女性和名流之中畅销开来。服饰的V形领是由宽大的裹身式衣襟在腰部系结塑造而成，胸衣部分的裁剪紧贴身体，装袖长且窄。这种服饰在晚间可以搭配高跟鞋和首饰，工作时则可以外搭短上衣。因为不采用拉链、钩眼扣或纽扣，所以成了女性获得性解放的标志。这种裙子很容易易穿，同样也很方便脱下。1970年至1977年，黛安娜·冯·弗斯滕伯格工作室生产的易穿型棉线和人造丝混纺针织服饰中多采用设计师标志性的木纹和小几何图案，1974年引入了蛇和豹纹图案。**MF**

👁 细节解说

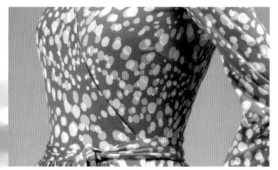

1 贴身的胸衣
平纹针织面料的紧身胸衣贴合身体。窄腰带既休闲又突显了腰线，系结使得穿者可以调整领口的深度。

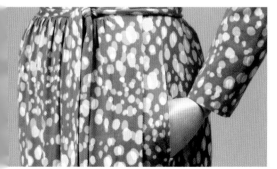

2 行动的自由
服帖的裙子在臀部非常贴身，往下展开来，长度至膝盖下，使得穿者可以大步行走而不受限制。侧缝中设计有竖口袋，也增添了服饰的实用性。

▲ 黛安娜·冯·弗斯滕伯格身穿自己设计的服饰（1973）。每一件裙子的标签上都印有"想要有女人味，就穿上裙子！"这句话也成了她公司的注册商标。

现代日本设计

1 高田贤三的这款成衣作品有独特的中国花卉图案，采用的是秘鲁风格的织物和针织面料（1984）。

2 山本耀司的这套服饰融合了花卉和几何图案（1985）。

从20世纪70年代以来，新一代的日本时装设计师开始成为国际时尚界的重要角色。最早的一位是高田贤三（以贤三商标而著称），他于1970年在自己位于薇薇安拱廊的精品店日本丛林展出了第一批系列作品。他的标志性特色在于融合运用大胆的彩色印花布和花卉嵌花织物或提花织物（图1），这些是受他早年在巴黎求学时只买得起跳蚤市场上的面料影响。

贤三是第一位受到西方时尚行业认可的日本设计师，他的品牌直至今日仍是全球最具影响力的成衣品牌之一。他的设计作品为西方时尚引入了一种新的审美品位，比如采用浴衣（夏季单和服）制作的长袍式衬衫、和服腰带制作的裙子。他所运用的花纹与面料搭配、绗缝技巧和方形的款式均出自日本和服。贤三摒弃了缝褶，采用大胆的直线线条，从而将当时日本已过时的东西介绍到西方。1970年第一次展出后不久，他的"刺し子"——一种日本传统缝纫技巧——作品登上

重要事件

1970年	1971年	1972年	1973年	1975年	1975年
高田贤三在巴黎开了第一家商店，并向法国记者和编辑们展出了自己的作品。	时装商约瑟夫·艾特奎将贤三品牌引入伦敦。	山本耀司在东京成立了自己的公司，之前他曾以自由设计师的身份工作了4年。	三宅一生与欧洲设计师索尼亚·里基尔和蒂埃里·穆勒一同举办了个人首秀以推进成衣业发展。	森英惠在巴黎推出第一批作品，两年后她在蒙田大街开了高级时装店。	大型时尚综合商城拉法叶原宿商城在东京揭幕。

了法国影响很大的时装杂志*ELLE*。

20世纪80年代初，在"像男孩一样"旗下工作的川久保玲（见404页）和山本耀司开始同当时已成名的三宅一生一道在巴黎推出系列作品。这三位设计师共同形成了一个新的时尚派别——日本前卫派，并为后现代时尚解读的开端打下了基础。这种后现代时尚消除了西方与东方、时尚与反时尚、现代与反现代的界限。这些设计师和贤三一样，非常重视从过去传承下来的服饰款式，比如日本农民迫于需要所制作和穿着的衣物。他们吸收了古代日本的染色和绗缝技巧，然后将其作为高级时装呈现给西方时尚体系（图2）。

川久保玲的巴黎首展是在1981年。其强硬的审美风格颠覆了惯常的服饰结构理念，专注于质地和材料。服饰的裁剪出于掩饰体型的目的，而非展露，此品牌也使得黑色成为20世纪80年代前卫时装的标志性色彩。川久保玲的极简主义和朴素风格是后现代时尚的缩影。在这里，任何既有分类、意识形态和定义都受到质疑。到80年代末，川久保玲的地位已经在全球时装品牌中得到巩固，其300家零售店中有四分之一开在日本以外的地区。

山本耀司于1970年开始设计女装。两年后，他在东京建立起自己的生产线，其清心寡欲的风格取代了西方沉迷的迅速变动的潮流。1977年在东京举办首场女装——"山本耀司女装"展台秀之后，该品牌又于1979年扩展到男装领域，并于1981年建立了衍生生产线"山本耀司男装"。同年，山本耀司也在巴黎举办了首场展秀。在其后设计师品牌繁荣的热潮中，川久保玲和三宅一生等品牌引入了价格更低廉的生产线。山本耀司是唯一一位受封法国文学及艺术骑士勋章的日本时尚设计师。在高级时装领域，森英惠（1926—　　）是唯一一位被巴黎高级时装协会这一久负盛名的组织所接受的日本女设计师，她于1977年被选定入会。她将西方缝纫裁剪技巧与日本风格的图案结合起来，从而设计出许多富有影响力的高级时装作品、戏服以及为贵族顾客设计的礼服。

日本设计师的影响力从一定程度上消除了西方的人体理念与传统服饰设计之间的界限。此外，也使得西方时尚界将欧洲以外的风格、传统和形式融入主流作品中，比如2002年山本耀司与阿迪达斯合作的Y-3系列（见540页）所取得的卓著成功就是例证。**YK**

不对称套装 1983年
川久保玲（Comme des Garçons，品牌）

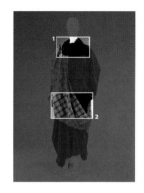
到20世纪80年代中期，新闻业中所使用的标签"广岛时髦"——用于指代川久保玲设计作品的冥想朴素风格——已被废弃。川久保玲服饰的非对称美成为精致设计的象征，她雕塑般的审美品位通过与人体的肉体性相对比从而获得了抽象诱惑力。川久保玲在20世纪80年代中期的作品中多次运用黑色、深灰色和白色这些中性色，更加凸显出雕塑感。其作品中设计与理念的融合取决于设计师与长期技术合作者之间的深层次对话；川久保玲设计的服饰结构突破惯例，她要求团队发明新方法，以便实现抽象设计的神韵。

这款套装中采用方形上衣设计，带有兜帽，垂落的袖孔塑造出宽深的袖子，令人想起僧袍。宽松的胸衣覆盖在抽褶腰线上，笔直的面料留在身前中央，更加强调出这种感觉。宽大的裙子长齐脚踝，臀部位置裁剪更加宽松，并向外展开形成两个折叠口袋。**MF**

👁 细节解说

1 风帽领
服饰中宽大的翻领形成很深的风帽领，并与服饰的躯干部分连在一起。当拉起来盖在头上时，这种领子就围绕着脸庞形成一个很大的兜帽。

2 披盖面料
服饰从肩头到臀部横披着一片很长的格子布，更增添了其宽松层次感。这片梭织面料的花纹类似于苏格兰的格子呢，缝线处采用斜接。

🕐 设计师生平

1942—1975年
川久保玲出生于东京，毕业于庆应义塾大学美术学院，这是日本最负盛名的私立大学。她曾在一家纱线公司广告部工作，也曾做过自由时装设计师，于1969年在东京创办了自己的品牌Comme des Garçons（名字来自弗朗索瓦丝·哈迪的歌词，在中国为川久保玲）。她的设计从一开始就被同侪们形容为非常新颖，挑战了行业惯例。

1976—1983年
1976年，川久保玲在东京开办自己的商店，店面由艺术家川崎高雄设计。第一条川久保玲男装生产线于1978年推出。在同辈设计师山本耀司的建议下，两人于1981年的巴黎官方成衣季中在洲际酒店举办了首展，以便造成强势冲击。次年，川久保玲在巴黎开了第一间精品店。1983年，她开始设计家具产品。

1984—1993年
20世纪八九十年代，川久保玲开始试验解构技术，采用不良面料设计服饰；1992年，她设计了一系列看上去像纸一样的服饰，令时尚媒体大为惊喜。同年，川久保玲为门生渡边淳弥（1961—　）提供机会在川久保玲品牌旗下推出自己的生产线。1986年，渡边的作品作为时尚与摄影展的一部分在巴黎蓬皮杜艺术中心展出。

1993年至今
1993年，川久保玲的设计作品在京都服饰文化研究财团展出。其品牌开始涉足香水领域，2000年在巴黎开了商店。2004年，川久保玲在全世界许多不同寻常的场址开了一系列临时店铺。2008年，川久保玲与服饰零售商H&M合作。

华丽摇滚和迪斯科时装

20世纪70年代，英美两国都产生了文化运动来作为阴郁的经济形势的解药。英国应对经济危机的办法是华丽摇滚——该运动始于20世纪70年代早期，特点是夸张怪异的服饰；美国则于1976年开始了迪斯科运动。

虽然两国运动都偏爱亮片装饰以及各种款式的紧身衣，但华丽摇滚风格更加浮夸，从埃尔顿·约翰和马克·博兰（图1）等英国音乐家的舞台服饰中就能看出。华丽摇滚运动偏爱刺激的雌雄同体风格，比如大卫·鲍伊在海报上穿着的日本设计师山本宽斋设计的服饰（见408页）。这种无节制的服饰全套包括厚底靴、印有图案的紧身衣、染色的前短后长的发型以及脸部和身体彩绘。1972年，英国鞋设计师特里·德哈维兰开了自己的商店"世界补鞋匠"，此后许多华丽摇滚歌手的脚上都穿上了他设计的卡通风格的厚底靴。这些绚丽的厚底靴通常采用染色蛇皮革面料，搭配花朵和彩虹条纹的贴布绣，男女都可穿着。埃尔顿·约翰定做的这双鞋上装饰有自己名字的首字母

重要事件

1971年	1972年	1972年	1973年	1976年	1976年
华丽摇滚乐团T.雷克斯的《火热之爱》撼动了英国音乐榜。马克·博兰身着闪光的缎子外衣在电视节目《流行之巅》中表演了这首热门单曲。	威利·沃尔特斯、梅兰妮·赫伯菲尔德、朱迪·迪尤斯伯里和爱斯米·杨在伦敦的卡姆镇创办了时尚品牌"时髦款式"。	在音乐纪录片《基吉星团和火星蜘蛛》中，大卫·鲍伊将自己个性中雌雄同体的一面表达在了华丽摇滚场景中。	大卫·鲍伊具有开创意义的专辑《阿拉丁神灯》发行。日本设计师山本宽斋为其随后举行的巡演设计了舞台服装。	来自火星的彩色照片停获了一代人的想象。包括大卫·鲍伊在内的艺术家们都从太空旅行的想法中获取了灵感。	国际著名的瑞典流行乐团ABBA发行迪斯科经典专辑《舞会皇后》。

（图3）。伦敦其他一些精品店，比如国王大道上的阿卡斯拉、芭芭拉·胡兰尼奇的彼芭则最早引入了华丽摇滚风格服饰，诸如女用皮革长围巾、亮片夹克、精致马甲和艳丽的披肩。汤米·罗伯茨于1973年在科文特花园中开办的自由先生精品店则出售卡通图案的T恤、缎子面料的热裤、基本色的缎子短夹克和衬衫。高腰款的裤子在大腿位置剪裁紧身，然后外展至靴子位置，穿着时搭配太空图案的紧身毛衣。

在美国，推崇自然享乐主义的嬉皮士运动让位于都市色彩的诱人迪斯科现象。唐娜·沙曼的《我感觉到爱》等激动人心的乐曲就是这一时期光鲜闪亮时装的背景，正如纽约夜总会54号工房中所见的一样。夜总会从1977年至1979年蓬勃发展，成为这个享乐颓废年代密不可分的一部分，见证了城市风流社会的奢侈荒淫。好莱坞新老明星约见卡尔文·克莱恩和侯司顿等时装设计师，音乐人与安迪·沃霍尔和让–米彻尔·巴斯奎特等艺术家混在一起。严厉的入场措施限制让只有比安卡·贾格尔和丽莎·明奈利等著名美女才能进入。

迪斯科开始与文化和时尚结合起来，在20世纪70年代达到流行巅峰。音乐人从拉丁音乐、乡土爵士和灵魂乐中汲取灵感。当舞者们在舞池的闪光灯和反射球光线下旋转时，他们所穿着的衬托体型的紧身衣也反映出从这些音乐类型中继承而来的性感意味。勒克斯牌织物面料的绕颈上衣、亮片无肩带上衣和贴身的斯潘德克斯弹性纤维面料裤子上，反射着迪斯科灯光。时髦人士都偏爱纽约的氤夜总会，那里因上演更加刺激的迪斯科而闻名。舞者们只穿着斯潘德克斯弹性紧身衣，涂着闪粉在笼子里舞动。1977年，迪斯科因为电影《周末夜狂热》大热而进入主流文化，达到流行顶峰。在那部电影中，约翰·特拉沃尔塔穿着一身白色三件式套装（图2），从而将迪斯科时装传播开来。这种服饰不贵，也很容易为主流时装复制。人造松紧织物制作的各种紧身衣和注重身形的服饰都要依靠斯潘德克斯弹性面料来塑形，穿着时搭配细高跟鞋和短袜，这些款式也流行开来。

英国品牌"时髦款式"旗下的四名年轻设计师团队采用弹性莱卡面料制作出带有不修边幅的挖空设计的紧身服饰，将迪斯科时装推广开来。20世纪70年代，这种性感的审美品位因法国摄影师盖·伯丁的照片（见410页）而闻名。后来，迪斯科和华丽摇滚的风潮随着新的年轻人运动的兴起而告终。迪斯科也被审美更收敛的朋克摇滚取代。此外，虽然迪斯科本身并没有危险，但80年代初期，随着艾滋病的出现，与其联系在一起的性解放和享乐主义似乎不合时宜了。**EA**

1 T.雷克斯乐团主唱马克·博兰这套服饰中融入了缎子和天鹅绒面料，是20世纪70年代华丽摇滚的典型特色。

2 约翰·特拉沃尔塔身穿的这套白色套装和尖领黑衬衫由帕特里西亚·冯·布兰登斯坦于1977年设计，是迪斯科时代的象征。

3 埃尔顿·约翰这双铁锈红和银色厚底靴上有歌星名字首字母贴布绣饰（20世纪70年代）。

1977年	1977年	1977年	1978年	1979年	1981年
史蒂夫·鲁贝尔以及伊恩·施拉格在纽约后来的迪斯科夜总会聚集地开办了54号工房。	被称作"迪斯科女王"的唐娜·沙曼在卡萨布兰卡唱片公司发行了其标志性的迪斯科主题作品《我感觉到爱》。	约翰·特拉沃尔塔在电影《周末夜狂欢》中演一个愤愤不平的年轻人，他的世界一直围绕着迪斯科转。比吉斯乐队创作的电影原声带全球流行。	佩普·瓦尼尼和霍华德·斯坦开办了氤夜总会，后来成为54号工房唯一有实力的竞争者。	盖·伯丁为制鞋公司查尔斯·卓丹拍摄的性感广告登上了《时尚》杂志（见410页）。	迪斯科时代自由性爱和放纵享乐的思潮随着艾滋病的爆发而终止。

大卫·鲍伊的基吉星团服饰 1973年

山本宽斋（1944—2020）

1 前短后长的发型

前短后长的发型是基吉星团装扮的关键部分。发型由苏西·费塞设计，他后来成为鲍伊的个人发型师。发型前发呈短穗状，后面变长，形成长发尾——并且全部染成施瓦茨科夫红。

2 针织技巧

在紧身衣上部和腿部环绕的青白斜条纹图案和色块部分之间点缀着横式黑色针织花边装饰。服饰采用的是裁剪成型法，而非一次成型。

鲍伊在伦敦的哈默史密斯剧场演
出（1973）。

大卫·鲍伊所穿的这套华丽摇滚装束是其"阿拉丁神灯/基吉星团英美巡演"（1972—1973）众多舞台服装之一。服饰由日本设计师山本宽斋根据歌舞伎戏服风格设计。设计师于1971年在伦敦举办了个人作品欧洲首展。这套紧身衣完全由针织纱制作，使用的是当时创新型的穿孔卡提花织机。

虽然采用的是具有伸展性的针织面料，但服饰还是在左臂下装有拉链以达到最紧身的效果。这套紧身衣非常贴身——尤其是腰围和胯部位置，因此突出了鲍伊瘦弱到几乎看不出性别的体型。服饰将胯部至右腿和左臂裸露在外，从而赋予其撩人的雌雄同体气质，很贴合鲍伊打造的"火星人"形象。服饰整体使用的都是卢勒克斯金银线，以便能反射舞台灯光。手腕和脚踝上还搭配有一些超大的环形镯饰，也是采用同样的金银线织物制作。

鲍伊的发型设计成前短后长式，还染成红色以配合服饰的红色面料。额发上饰有金环——即"基吉星团"的标志，脸颊涂着夸张的腮红，其风格也参考自歌舞伎舞台妆容。在"基吉星团"巡演中，伦敦化妆师皮埃尔·拉罗什在歌星头部装扮上水钻环，接着在其1973年英国排行榜夺冠专辑《阿拉丁神灯》的封面上，又为其脸上绘上了锯齿状闪电。这身夸张得令人吃惊的紧身衣装扮将鲍伊置于英美两国关注的中心，并引来众多模仿。因为太过流行，美国的《摇滚界》杂志在1973年10月号中发表了一篇名为"大卫·鲍伊装束，自己打造"的文章来示范读者如何装扮。**EA**

超大饰物
4个大镯饰——两个在左手腕上，两个在右脚踝上——为不对称服装提供了视觉平衡。镯饰都采用相同勒克斯纱红蓝材料制作，也象征着镽铐。

⊕ 设计师生平

1944—1970年
山本宽斋出生于日本横滨，其最著名的设计就是与大卫·鲍伊合作的服饰。鲍伊最早知道宽斋是1972年为其彩虹演唱会购买服饰时，在设计师伦敦的精品店里买到了"森林动物服饰"。宽斋之前是在日本大学学习土木工程和英语专业，后来进入东京的日本文化服装学院学习时装。

1971—2020年
在为小筱顺子（1939—　　）和细野久工作室工作一段时间之后，宽斋于1971年在东京推出自己的同名品牌并建立山本宽斋有限公司。同年，他的作品在伦敦首展。1975年，他在巴黎举办首展，随后于1977年开了宽斋精品店。

娇柔迪斯科 1979年
查尔斯·卓丹（Charles Jourdan，品牌）

盖·伯丁为《时尚》杂志拍摄的查尔斯·卓丹制鞋公司广告（1979）。

摄影师盖·伯丁拍摄过许多反映时代特色的作品，其中描绘的女性都具有浓烈的，有时甚至是乖张的性感色彩。这张照片中三个陷入半昏迷状态的女人都穿着同样的紧身衣、细高跟鞋，围着长围巾斜倚着。作品捕捉到了"娇柔迪斯科"的真髓。这三个女人看上去都服了药，呈现出一种性交过后的性感诱惑力，是伯丁作品中被动而迷人的女性形象的缩影。事实上，三个女人穿着的服饰、鞋子和发型几乎一模一样——除了颜色和肩带位置有细微的差别，暗示出这些女人实际是可交换的。

这幅作品是伯丁通过挑战禁忌来展现时尚的方法的典型。女人们身着的紧身衣带有多层含义，也提供了复杂的缝纫信息：20世纪70年代服饰的精髓就在于结构中不采用系带，穿着时只需拉起来盖住身体。这种连体衣一般采用莱卡混纺面料，款式非常紧身，仅仅能覆盖住躯干部分。因为大腿位置裁剪得很高，因此拉长了腿型，而不带内层衣物的设计也要求穿者拥有完美的体型。俭省的衣料表明周围很热，要么是在有异域风情的热带地区，要么是在闷热多汗的夜总会里。不过，最重要的是，这些服饰令人想起内衣，其中所传递的信息从本质来说就是性感。此外，模特儿们还披盖着彩色毛皮长围巾，这也是奢侈、魅力与性感的符号物。图中的凉鞋由法国制鞋公司查尔斯·卓丹设计，鞋上有亮片和细带装饰，鞋底造型优美，都采用细高跟。伯丁1967年至1981年为这家制鞋公司拍摄的宣传照以其打破时装广告审美惯性和非典型性而闻名，这幅作品就是其中之一。**EA**

⊕ 细节导航

1 细高跟鞋
这些查尔斯·卓丹凉鞋的细带上都采用亮片装饰。这里出现了3种不同的款式和颜色，因此每个女人也有了一定的个性。3双都是细高跟款式，脚形因此弯曲起来，带有性放纵的意味。

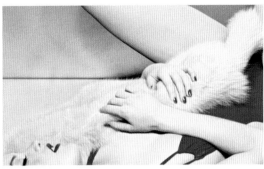

4 毛皮围巾
模特儿们都披盖着彩色毛皮围巾。这些长围巾采用柔软的轻型毛皮制作，与尖头细高跟鞋和光滑的紧身衣相配合。在这张照片中，这些围巾似乎并不受爱惜，虽然它们好似仍在呼吸的活物。

2 紧身衣
紧身衣最早是运动服饰，因为实用性强，不会妨碍自由活动。但随着时间发展，它开始用作夜总会穿着。因为它极类似泳衣，所以相对而言较为低调；然而，当在泳池外穿着时，它就变得非常性感了。

3 妆容
照片中的模特儿涂着鲜红的口红和指甲油，与最左边的紧身衣色调相互呼应，令人想起20世纪四五十年代的银幕魅力。眼部化妆很简单，上扬的眼线与这一时期对嘴唇的强调相互搭配。

🕐 **品牌历史**

1883—1944年
查尔斯·卓丹出生于1883年，学习过制鞋技艺。1919年，他在法国德龙地区伊赛尔河畔罗芒开了一家鞋店。随着战后裙角越抬越高，卓丹也因人们对鞋子的关注而受益。和同时代的可可·香奈儿一样，他只使用最好的面料制鞋，因此迅速在世界高级时装中取得了一席之地。

1945—1960年
第二次世界大战之后，查尔斯的三个儿子——勒内、查尔斯和罗兰德接过父亲的商业帝国。在三人的领导之下，卓丹成长为国际闻名的奢侈品牌。卓丹在欧洲主要首都城市开了精品店（1957年在巴黎开了第一家），同时也开到了美国，使得卓丹成为第一个登陆那里的法国鞋类品牌。1959年，卓丹父子在伦敦开了商店，同时也与克里斯汀·迪奥签约，获得在其品牌下进行鞋子设计的权利。

1961—1979年
20世纪六七十年代，卓丹公司雇用盖·伯丁为摄影师，通过杂志广告宣传提高其前卫品牌的地位。虽然在20世纪70年代末，其产品开始多元化发展，并增加了成衣服饰和时装配饰生产线，但其最为人知的仍是高跟鞋产品。1976年，查尔斯逝世，他最小的儿子成为首席设计师。

1980年至今
20世纪80年代，卓丹鞋子风格较为保守。这家家族企业于1981年结束营业。罗兰德退休之后，公司由瑞士的波特兰－西门特－沃克接管。1997年，该公司推出互联网网站开始进行电子商务交易。2003年，帕特里克·科克斯成为卓丹的设计总监；他是第一位升任此职位的外国人，但两年之后就离开，创办了自己的生产线。约瑟夫斯·提米斯特接替了此职位。今天这家公司拥有80家精品店，其90%的产品仍在罗芒生产。

营销一种
生活方式

1 罗伯特·雷德福身着拉夫·劳伦品牌的三件式套装在《了不起的盖茨比》中扮演杰伊·盖茨比（1974）。

2 这幅20世纪80年代的拉夫·劳伦马球男装广告中出现了适合各个年龄层穿着的各种奢华舒适的休闲成衣。

3 在这幅为卡尔文·克莱恩担任宣传模特儿的广告中，伊娃·沃伦身着一件绉绸印花衬衫，上衣束在酒红色裙子中（1980）。

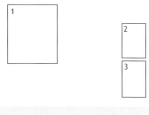

产品品牌从19世纪批量生产时期就已经存在，当时依靠品牌标识而获得普遍认识度的产品取代了无名的商品。20世纪80年代，品牌开始成为公司成功至关重要的有形资产。它被视作质量一致性的保证，尤其是在许可证只是一种选项的奢侈品市场。美国出生的设计师拉夫·劳伦就是品牌管理的一个范例，也是早期营销生活方式理念的领军人物（图2）。拉夫·劳伦旗下产品包括服饰和室内设计产品，还延展至化妆品、眼镜、手袋——比如大英帝国贵族精英的马球运动服饰、美国西部拓荒者服饰等，并将其转变为相当抢眼的配饰。高低不一的市场零售价和众人渴望的马球标识使得该品牌为全世界消费者所接受，也确保了拉夫·劳伦作为国际品牌的地位。

从1967年拉夫·劳伦设计的第一条领带开始，马球服饰品牌就出现了，那条领带的设计以美国常春藤学院风领带和运动兄弟会风格为

重要事件

1970年	1971年	1978年	1981年	1981年	1982年
拉夫·劳伦的男装获得科迪美国时装评论奖，并推出第一条女装套装生产线。	拉夫·劳伦第一家独立式商店在加利福尼亚比华利山罗迪欧大道开办。	卡尔文·克莱恩推出第一批男装作品，之后推出第一款香水。	里根总统的就职典礼标志着美国社会铺张消费的回归。	拉夫·劳伦马球男装在伦敦新邦德街开办了第一家国外分店。	卡尔文·克莱恩内衣推出，改革了男性内衣营销方式。次年，女性内衣推出。

基础。1971年，他仿照男式定制衬衫增加了女装生产线，服饰的袖口上绣有骑在马上打马球的骑手标识，其风格模仿自20世纪30年代的毛衫、短裤、长裤和防水短上衣，采用传统男式定制服的细节设计，比如衬衫使用双袖口、暗门襟设计，采用自然面料，如粗花呢、羊绒和棉料。传统奢侈运动，如马球、网球和高尔夫影响了他的成衣生产线。拉夫·劳伦最著名的设计之一就是珠地棉布短袖网球衫——其标志是左胸的刺绣小商标。1972年，这种款式为拉夫·劳伦马球男装品牌采纳后被称作"马球"衫。这种服饰直至今天仍在全世界售卖，早已成为重要的时装产品。

拉夫·劳伦取得国际声誉是因为他为罗伯特·雷德福在影片《了不起的盖茨比》中扮演的同名男主角所设计的爵士时代优雅风格的服饰（1974年，图1）。虽然瑟欧尼·艾奥尔德雷奇凭借本片的服饰设计而荣获奥斯卡金像奖，但是拉夫·劳伦为影片的造型设计却使得品牌被更广泛的观众所知晓，并引发了时尚潮流。此后，影响力强大的男性时尚杂志《智族》采用雷德福扮演的盖茨比形象作为封面进一步确认了这一点。美国常春藤校园传统服饰，诸如卡其布裤子、双排扣亚麻套装、拷边夹克、划船帽、高领衬衫、奶油色丝绸领带使其品牌代表了美国上流社会风格，推动了"学院风"时装的流行。80年代，草原系列作品（见414页）将一种更居家的乡村生活风格带入时尚界。拉夫·劳伦女装也满足了消费者对高级学院风的需求，采用其最爱的传统面料——亚麻、蕾丝和粗花呢设计成易穿的双排扣运动夹克和长齐小腿中部的松身裙子。拉夫·劳伦同时也将品牌扩展至晚礼服领域，比如其独具特色的及地修身羊绒衫。

渐渐地，服饰品牌必须创造出一种整体风格，建立起一种视觉上的品牌同一性风格。与劳伦相比，同代设计师卡尔文·克莱恩的设计同样具有美国特色，但却更具有现代性（图3）。克莱恩在全球市场上除了男女式及儿童时装外，同样也扩展至生活用品。CK的品牌标识很容易辨认。品牌管理不仅是高端成衣品牌所特有，例如美国Gap品牌就是一个更加大众化的生活品牌（价格较便宜）。该品牌于1969年由多丽丝·费舍尔在旧金山的海洋大道推出，在首席执行官米拉德·德莱克斯勒的运营下，公司由一个打折牛仔裤商场变成全球品牌。米拉德推出了一系列令人梦寐以求的广告，比如"谁穿卡其裤？"，将产品与安迪·沃霍尔、玛丽莲·梦露和巴勃罗·毕加索等名人联系起来，因此使得该品牌成为世界最知名的服装品牌之一。

MF/DS

1983年	1984年	1986年	1987年	1987年	1988年
戴安娜·弗里兰的伊夫·圣·洛朗作品回顾展在纽约大都会艺术博物馆开幕。	影响巨大的美国时装设计师奖举办。此奖被誉为"时尚奥斯卡奖"。	纽约麦迪逊大道上的莱茵兰德·沃尔多大厦改建为拉夫·劳伦马球男装旗舰店。	Gap在伦敦开办第一家商店。这也是其在国外开的第一家店铺。	美国股票市场遭遇历史上第二严重的崩盘（被称作黑色星期一），随后新一轮经济衰退爆发。	安娜·温特接替格蕾丝·米兰贝拉成为美国版《时尚》杂志总编辑。

草原系列作品 1988年
拉夫·劳伦（Ralph Lauren，1939—　　　）

在这幅宣传广告上，两名坐在草堆上的模特儿面容精致，充满了健康的户外气质，令人想起乡村生活。广告重建了一种朴实的农场感，以吸引那些渴望简单休闲生活方式的城市居民。这套草原作品系列融合了多层协调色彩，使用的面料也让人想起冬季结霜的午后漫步的图景。

裙子长至小腿中部，宽大的裙摆在腰部收紧，裙边带有宽大的褶边，面料选择的是红蓝为主色调搭配黑色的细羊绒格子呢。里层还穿着奶油色和蓝色条纹法兰绒衬裙，脚上搭配图案细密的奶油色羊绒袜。蓝黑色格纹丝绸衬衫衣领周围有派皮状的硬褶边和褶皱门襟翻边，领口系有深蓝色绸缎蝴蝶结。在衬衫和红黑羊绒格子呢短夹克衫之间还穿有一件蓝鲭鱼骨花呢夹克。厚实的手织手套、带流苏的格子围巾以及浅褐色的"野禽斑点"袜——如此称呼是因为和松鸡翅膀斑点很像——能提供额外的保护，抵抗寒冷的天气。模特儿的毡帽没有装饰，设计成圆顶和直平帽檐的样式，佩戴时拉下来可遮住耳朵。**MF/DS**

👁 细节解说

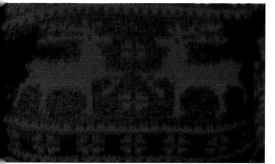

驯鹿图案
这件双色套头毛衣上装饰着典型挪威针织衫风格的图案。其中改良的塞尔比星形图案有时也被称作挪威星形或雪花形。其余就是花卉图案和字母，或者是动物图案，比如驯鹿。

3 鞋子
厚实的袜子之外穿着的是软底鞋，风格采用的是苏格兰乡村踢踏舞鞋。鞋子采用软皮革制作，鞋跟贴合脚型，鞋带穿在铆钉孔中在鞋面十字交叉系结。

短夹克衫
这件红黑双色两边拉绒的柔软法兰绒短夹克款型很大，最初是伐木工伐木时所穿着的，因此被叫作"伐木工"短夹克衫，上面有两个很实用的口袋。夹克衫前襟用拉链扣系。

🕐 设计师生平

1939—1974年
拉夫·劳伦本名拉夫·鲁宾·里夫希茨，1939年出生于纽约，他的零售职业生涯始于在布鲁克斯兄弟做领带销售员。1967年，他创办了自己的第一家领带商店，也出售自己的设计作品，由此拉夫·劳伦马球男装这个国际时装帝国开始建立。后来他转移至衬衫和定制服领域，并于1971年推出了第一批女装设计作品。他还是营销生活方式这一理念的先锋。

1975年至今
1974年，劳伦为电影《了不起的盖茨比》设计了服饰，由此巩固了自己在传统风格服饰中的地位。拉夫·劳伦马球男装品牌通过精品店、授权经营和广告宣传等方式成为全球最大的时装帝国，其创始者本人也因此于1992年获得终身成就奖，名列科迪名人堂中。

朋克革命

1 维维安·韦斯特伍德于1976年制作的恋物风格服饰。她的商店"性"打出的口号是"为办公室设计的橡胶服饰"。

2 这张照片是乔丹1976年在国王大道430号商店门前摆拍的。她是商店"性"朋克风格时装的活广告。

3 1977年，维维安·韦斯特伍德（右一）身着格子呢束缚套装和女朋克们在伦敦街头摆拍。

朋克狂潮于1976年在伦敦出现。虽然其音乐风格受到美国很大的影响，尤其是纽约原始朋克的影响，但是所有这些元素在伦敦才混合起来为其运动创造了蓝图。它将简单、喧嚣激进的音乐旋律混合在一起形成爆发式的乐曲，再搭配上令人吃惊的服饰和妆容。朋克音乐支持自己动手营造出的风格，人们借此获得机会通过音乐、服饰、态度甚至是变换名字来构建自己的个人身份。自我表达、实验，最重要的是愤怒，是其指导原则，通过这种拼凑来完成自我重造。如果说朋克思想中带有根深蒂固的反消费主义特点的话，那么讽刺的是，正是西伦敦国王大道上的一家时装店带动了朋克的创作冲动。

这家商店名为"性"，其店主为维维安·韦斯特伍德（Vivienne Westwood）和马尔科姆·麦克拉伦（Malcolm McLaren）；1976年，店名更改为"煽动分子"。麦克拉伦和韦斯特伍德的这家商店之前

重要事件

1971年	1972年	1973年	1974年	1975年	1976年
马尔科姆·麦克拉伦和维维安·韦斯特伍德在国王大道430号开了他们在伦敦的第一家商店"让它摇滚"。	麦克拉伦到纽约进行服饰贸易展秀，他在那里遇见了臭名昭著的乐队"纽约玩偶"，开始考虑转行成为摇滚经理人。	麦克拉伦和韦斯特伍德将店名"让它摇滚"先后改为"太快而没法生活"和"太年轻了不能死"。次年又更名为"性"。	麦克拉伦和韦斯特伍德设计出重要作品"你就要醒了"T恤衫，其风格直接借鉴自环境主义政治。	麦克拉伦和韦斯特伍德设计对于性手枪乐队的推出发挥了重要作用。维维安的恋物风格服饰在时装界获得了认可。	商店名由"性"改为"煽动分子"，反映出店主对无政府主义的兴趣。性手枪乐队在英国发行第一首歌曲《英国的无政府主义》。

曾多次改名，1974年才更名为"性"。店里耐穿的恋物风格服饰（图1）和别致时装吸引了大量浪荡叛逆的青少年。其顾客中最著名的是年轻的模特儿兼演员帕米拉·鲁克。她与朋克精神保持一致，将自己更名为乔丹（图2）。正是在"性"这个同类会聚的场所，麦克拉伦创建了后来成为朋克标志的性手枪乐队。麦克拉伦起初对于这支看上去毫无希望可言的乐队的兴趣在于，能通过他们的演出来带动国王大道这家店铺的销售，从乐队的名字中就可见一斑。在乐队成立至1978年解散的两年之间，性手枪占据了多次头条版面，制造了大量轰动的"新闻"故事。而随着他们恶名的远扬，他们所穿着的服饰也越来越受关注。"无政府主义衬衫"（见418页）、"束缚裤"、"撕裂的T恤衫"、"吊死鬼无袖连身装"，韦斯特伍德时不时接受麦克拉伦的建议，制作出一系列服饰，刷新时尚和品位的理念。

与这一时期时髦的专业化穿着相反，韦斯特伍德的设计开发出新的激进风格的服饰。她的设计全凭本能，而她所采用的非传统的方法也使得服饰在视觉上带有明显的古怪色彩。韦斯特伍德的创新包括，将面料在身体上进行立体裁剪，而非采用平面图设计。这样的方法非常适合平纹针织布垂坠的特质。1979年，这种技巧在撕裂T恤衫中首次开始大量采用。这种T恤以传统的形式为基础，但在手臂之下开口，这样就使得服饰贴合在身体上。这种裁剪成矩形的服饰因为袖子设计而拥有了立体效果，服饰比例也进行了改变，上衣的长度要比腰线位置短很多。有时候会利用现有服饰加以改造，故意使用粗糙的加工方式，以成为服饰结构的一种特色。手工涂鸦的口号会和一系列自然艺术品并用，全部以一种令人惊讶的方式独出心裁地用在一起。受到麦克拉伦的鼓励，韦斯特伍德还尝试在设计中融入环境主义政治激进分子的思想——这些为游击行动而设计的服饰旨在颠覆中产阶级的价值体系。在这种愤怒和对抗的背景之下，一些色情图像也被用在T恤衫的设计之中。

服饰中偏爱使用红、黑和白，以制造出惊人的效果。荧光桃红、幻彩荧光黄和铁蓝色则为其增添了激动人心的色彩。韦斯特伍德对于格子呢的运用也同样大胆。她制作了一系列束缚风格的服饰，其中有许多夹克和裤子就是用格子呢制作的（图3），她以此将凯尔特历史主题与现代都市风格联系起来。**WH**

1977年	1978年	1978年	1979年	1980年	1981年
伊丽莎白二世银婚纪念日当天，性手枪乐人的音乐以及韦斯特伍德为"煽动分子"设计的服装上采用的女王肖像成为关注焦点。	韦斯特伍德设计了一系列恶名昭彰的T恤衫，其中包括"竖起你的耳朵"，上面的同性恋朋克手狂欢的动画和文字是乔·奥顿的作品。	性手枪美国巡演未果，主唱约翰尼·罗顿的离开导致了乐队的解散。	性手枪贝斯手——也是麦克拉伦和韦斯特伍德的朋克缪斯——希德·威瑟斯死于吸毒过量。	英国导演朱利安·坦普尔拍摄的关于性手枪乐队的伪纪录片《伟大的摇滚骗局》上映。	韦斯特伍德和麦克拉伦有意识远离朋克风格，举办了海盗时装展。

无政府主义衬衫 1976年

维维安·韦斯特伍德（1941—   ）、马尔科姆·麦克拉伦（1946—2010）

西蒙·巴克尔身着无政府主义衬衫，由雷·史蒂文森为性手枪乐迷杂志《英国的无政府主义者》（1976）所拍摄。

照片中性手枪乐队早期粉丝西蒙·巴克尔穿着的这件"无政府主义衬衫"是"性/煽动分子"商店最重要的设计之一。服饰体现了马尔科姆·麦克拉伦和维维安时装设计大胆的风格。这件衬衫采用20世纪60年代韦布勒克斯的摩登衬衫所制;麦克拉伦储存了许多这样的衬衫,原本想要在当时还叫作"让它摇滚"的店里出售。麦克拉伦很喜欢穿着这些没有售出的衬衫,直至有一天维维安把其中一件涂上了条纹图案。麦克拉伦接着加上了政治图像和口号,将其完全转变为一件全新的服饰。他想要制作出适合"城市游击队员"的衬衫引起轰动。此时,性手枪乐队推出单曲《英国的无政府主义》,在"性/煽动分子"商店圈子里流传开来。麦克拉伦使用漂白剂在衬衫上装饰巴黎涂鸦墙上出现的无政府主义口号以及徽章,后来还用上了无政府主义运动,诸如西班牙黑手党运动主要人员的名字。每一件衬衫各不相同(后经常被仿造,连博物馆中都出现了赝品)。这件服饰有染红的部分,还有手绘的黑色、棕色条纹,袖子上带有臂环。这些衬衫具有很强的煽动性,将多种具有高度感情色彩的矛盾对立物拼贴在一起。服饰不只是一件服饰,而是穿在身上的宣言。**WH**

👁 细节解说

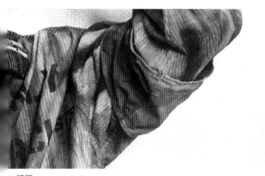

1 臂环
衬衫袖子上有红色臂环。

3 前襟
衬衫右前襟上缝有染色长方形丝绸和细棉布贴片。面料上还缝有印刷的卡尔·马克思头像;这些丝绸贴布是麦克拉伦从伦敦苏豪区一家中国商店里买的。

印染文字
衬衫左胸上有模板印刷的标语"只有无政府主义者才是美"。这句标语以及其他环境主义涂鸦口号是用小树枝蘸上漂白剂绘制的。袖子上的词语是使用韦斯特伍德和麦克拉伦儿子的印字器印制的。

🕐 设计师生平

1941—1970年
维维安·施怀雅出生于英格兰德比郡。她曾在伦敦哈罗艺术学院学习过很短一段时间,之后成为小学教师。1963年,她嫁给德里克·韦斯特伍德,两人有一个儿子。这段婚姻结束于维维安遇见麦克拉伦;1967年,她为麦克拉伦生了一个儿子。

1971年至今
维维安和麦克拉伦于1971年一起在伦敦国王大道创建了第一家商店,起名为"让它摇滚"。他们一起在这个地址开了一系列商店,包括最后的海盗主题的"世界尽头"。维维安1981年举行个人首次时装展——"海盗"。2004年,伦敦维多利亚与艾尔伯特亲王博物馆举办了一次重要的维维安作品展。2006年,她因在时尚界所做出的贡献而被授予大英帝国爵士勋位。麦克拉伦于2010年逝世。

时尚瓦尔基里

20世纪70年代和80年代初，法国设计师蒂埃里·穆勒、克劳德·蒙塔纳和英国设计师安东尼·普莱斯以融合风靡一时的激进和迷人风格的服饰设计而为公众所知。他们的设计夸张地赞美并探索了女性的性感魅力。瓦尔基里、女战神、冲锋队员和狂野派，作品以一种奇异的方式，将过去、现在和未来融合起来，跨入高端时尚领域。性感是时尚惯用的工具，能吸引注意力，引起纷争，帮助贩售产品设计。它可以很诱人，甚至表现得歧视女性。这里有一个有趣的矛盾，这一时期女权运动的声浪越来越强，女性的时尚形象却变得更加主观化，更加凸显性别特征。

克劳德·蒙塔纳2010年对法国时尚杂志《颂扬》说："在我开始以自己的名字进行服装设计时，所有的女人都穿着吉卜赛人般的服饰。商业大街上的时装都是些宽大的裙子，层层叠叠地从滑稽的裙撑

重要事件

1978年	1979年	1979年	1980年	1981年	1981年
蒂埃里·穆勒在巴黎胜利广场开了他在当地的第一家精品店，同年推出第一批男性时装系列作品。	安东尼·普莱斯推出自己的品牌，并在伦敦的南莫顿街和国王大道开了商店。	克劳德·蒙塔纳建立自己的时装品牌，并立刻获得成功，还赢得了评论家的赞誉。	安东尼·普莱斯在伦敦时装周举行作品首展。	激进的女权主义者安德烈亚·德沃金发表了文章《色情文学：男人占有女人》。文中分析了色情文学对社会所造成的毁坏性影响。	美国肥皂剧《王朝》开始在电视上播出，肩垫获得极大流行，开始大批量生产。

上流泻下来，还有些农民式的衬衫和其他从东方人那里借鉴来的东西。当时是1978年，我感觉那些东西永远也看不到结束的那天……因此我想要往其中增添一些主心骨，带来一种新型服饰。"蒙塔纳推动了肩垫及富于侵略性、男性化的军装风格款式（图2）的重新流行。蒙塔纳出生于巴黎，父亲是加泰罗尼亚人，母亲是德国人，他的职业生涯始于珠宝设计。他是最早因使用恋物癖皮革而闻名的设计师，长于利用这种类似第二层肌肤的面料，能将其塑造成具有其标志特色的款式，并采用强烈大胆的色彩。这些具有雕塑风格的服饰强调一种头重脚轻的形式，肩部夸张，衣领巨大，下身则包裹在铅笔般狭细的裙子或裤子中。蒙塔纳也喜欢军装装饰细节，用肩章、男性化的衣领和紧束的皮带搭配狂野风格的双头螺钉、链条、带扣和拉链。

穆勒的夸张未来色彩设计则受到20世纪四五十年代黑色电影的启发，制作出各种恋物癖套装，比如靴子和装有马刺的骑手款式、高跟鞋女性施虐狂款式。他以皮革的运用而闻名，设计出成套服饰，比如皮颈套之类的服饰。设计突出盈盈可握的腰肢，利用面料、缝线和装饰重新构造身体形状，创造出富于传奇色彩、融科幻与好莱坞性感魅力为一体的卡通超级英雄般的风格。穆勒汽车胸衣的照片（图1）非常具有标志性，画面就传达出这种二元性特点。模特儿仰靠在汽车阀盖上，姿势具有明显的暗示性。她所穿着的胸衣在突出性感的同时也发挥出盔甲般的保护作用。这种风格被20世纪80年代美国肥皂剧中的坏女人所借用，其典型就是《王朝》中的琼·柯林斯扮演的角色服饰。美国歌手碧昂斯就曾委任穆勒为其2009年的巡演"双面碧昂斯"设计时装胸衣。

大裁缝师安东尼·普莱斯自认为是时尚和摇滚乐联姻的功臣，不认为自己的做法有错。1994年，他在《时尚》杂志中解释道："我设计的服饰反映的是男性认为女性应该穿什么……男人们寻求的是弗里茨·郎的电影《大都会》中那样的性爱机器人，拥有完美的身材，能源源不断地提供如梦似幻的性爱。他们都迷恋性器的尺寸——他们自己的和女人的，我则是个幻想家。我的工作就是给予人们他们所想要的。"普莱斯毕业于伦敦皇家艺术学院，他帮洛克西音乐团设计了好几张专辑的时髦形象，包括《只为你快乐》（见422页），20世纪70年代初期，他从街头服饰转向了时装领域。设计师曾在丝绸和塔夫绸面料下采用骨撑和界面连接法以使连衫裙达到最膨大的效果，这在70年代的超模玛丽·海尔文和杰莉·霍尔身上得到了最好的展现。**JE**

1 蒂埃里·穆勒1989年设计的汽车紧身胸衣装借鉴了20世纪50年代底特律汽车设计风格。

2 夸张的臀部、窄紧的腰肢、外展的装饰短裙，这些是克劳德·蒙塔纳1981年秋冬系列作品激进女装设计的典型特征。

1982年	1983年	1989年	1991年	1992年	1992年
安东尼·普莱斯为英国乐队杜兰杜兰的《里约》录像带设计了丝绸套装，在新浪漫主义风格中开创出一种流行风格。	克劳德·蒙塔纳在巴黎开了第一家精品店。	安东尼·普莱斯被英国时尚奖评为年度魅力设计师。	蒙塔纳因为浪凡品牌设计的作品而获得金顶针奖，次年再次获得奖。	穆勒推出香水"天使"。他还应巴黎高级时装工会要求完成第一批系列作品。	克劳德·蒙塔纳推出名为"克劳德·蒙塔纳国度"的第二条生产线。

洛克西音乐团专辑封面上的皮裙 1973年
安东尼·普莱斯（Antony Price，1945—　　　）

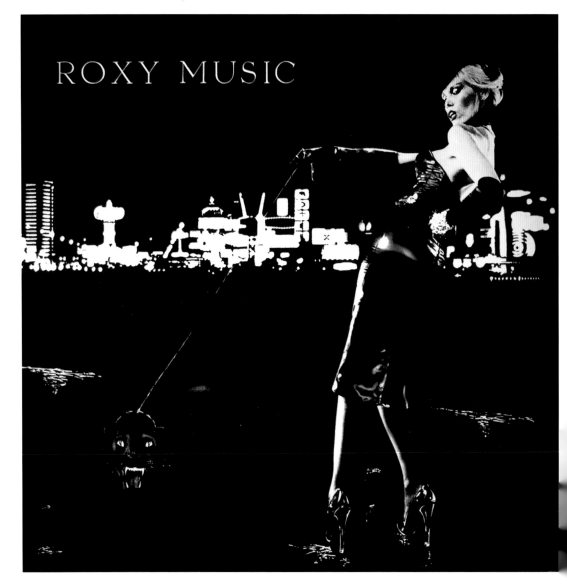

洛克西音乐团专辑《只为你快乐》的封面，出演人物为阿曼达·李尔。

洛克西音乐团1973年发行了第二张专辑《只为你快乐》，其全景式封面仍然由设计师安东尼·普莱斯担当造型师。封面的视觉主题是一片常见的霓虹灯闪耀的诱人都市夜景，前景站着一个身穿皮裙、盛气凌人的交际花，用皮带牵着一只咆哮的黑豹。封面上身穿细高跟的女主角是模特儿兼歌手阿曼达·李尔。造型将歌剧《吉尔达》（1946）中的富于肉感诱惑的手套——女演员丽塔·海华斯和服饰设计师让·路易丝·贝尔托（1907—1997）的银幕作品——和玛琳·黛德丽冷艳中所蕴含的日耳曼人的高傲气质融合在一起。普莱斯设计的背景黑色城市游戏场景映衬了键盘手布莱恩·伊诺创新风格的电子合成乐以及专辑忧郁却雄辩有力的歌词。在夜色中熠熠闪光的阿曼达·李尔当时是主唱布莱恩·费瑞的未婚妻。她玲珑有致的身材显得很紧绷，闪耀着光泽；健美的身体曲线被皮革服饰的光泽所凸显，从胸部至膝盖形成连绵的曲线，由此塑造出经典的沙漏形身材。通过将这些参照物混合，普莱斯创造出丰富的视觉信息，强化了专辑以及乐队本身的文学性、夸张风格和音乐特色。**JE/MF**

👁 细节解说

无肩带内衣款式的紧身胸衣
服饰中的紧身胸衣因为结构硬挺所以能不依附身体而独立移动，胸衣将胸口部分暴露出来，款式上也与上臂形成平行的水平线。裸露在外的白色肌肤与胸衣和齐肘长的手套形成强烈的对比。

3 令人眩晕的高跟鞋
搭配紧身黑皮衣穿着的是细高跟鞋，它将服饰的恋物癖时装风格发挥到极致。鞋子采用光滑漆皮制作，将李尔的腿形拉长至亚马逊女战士般的比例。

2 首饰
普莱斯从好莱坞获得的设计灵感并不局限于贝尔托为海华斯在《吉尔达》中所设计的服饰。阿曼达手套上的宽大的镶嵌珠宝的手镯也参考了威廉·特拉维拉为玛丽莲·梦露在影片《绅士爱美人》（1953）中所设计的首饰。

🕐 设计师生平

1945—1979年
普莱斯出生于英国，曾在布拉德福德艺术学院和伦敦皇家艺术学院就读，1972年进入斯特林·库珀和普拉萨制衣公司工作。1979年，他开始以自己的名字进行设计，并在伦敦的国王大道开了商店，之后又在南莫顿街开了旗舰店。

1980年至今
普莱斯与许多歌手有过合作：他曾为米克·贾格尔设计过裤装，担当了洛克西音乐团全部8张专辑的造型师，为杰莉·霍尔的《汽笛》设计过美人鱼装，为卢·里德的专辑《变压器》和杜兰杜兰的《里约》设计封底。他所设计的男装影响深远，据称是套装中的"摇滚"。普莱斯于1989年荣获英国时尚奖的华丽晚装奖。2008、2009和2010年，他与托普曼品牌合作推出了设计作品。

第二层肌肤般的服饰

1 阿瑟丁·阿拉亚在巴黎推出了色调柔和的紧身性感服系列服饰（1986）。

2 哈维·莱热的绷带裙已成为其作品中历久弥新的经典主打款式，这里的这套是1992年的作品。

虽然纵观服饰史，女性时装早已打破了端庄的界限，但女装的重点经常强调的仍是紧身。然而，在20世纪70年代末，新一代的第二层皮肤般的服饰却将女性解放了出来。这种服饰沉迷于青春，赞美活力与肉体美，方便自由活动，并能炫耀身材。"第二层肌肤般的服饰"这个词是由《女装日报》在1980年创造出来的，用来描述阿瑟丁·阿拉亚（1940—2017）展露迷人身段的服饰作品，标志着一个进步时代的开端。针织和编织面料中弹性材料的运用，健身革命的影响，以及运动服饰打入主流时装领域，这些因素联合起来创造出一款有着迷人身段的全新时装。

美国作家詹姆斯·菲克斯通常被认为是新的健身热潮的强大推手，其1977年出版的作品《跑步人生》将慢跑变成了一项风靡美国的运动。这股健身文化热潮得到了女影星简·方达的健身录像带以及《名誉》（1980）和《闪电舞》（1983）等影片的支持，鼓励男人女人们展露出自己通过强度锻炼打造的完美身材，反之也推动了第二层肌肤般的服饰流行。

重要事件

1978年	1978年	1979年	1980年	1980年	1980年
《时尚》杂志2月号将夏季运动服饰作为主打时装。	诺玛·卡玛丽在纽约开了第一家新店，并推出OMO（On My Own，属于我）生产线。	德比·穆尔在伦敦成立菠萝蕾舞蹈服饰工作室，并开发了自己的色彩明艳的舞蹈服、紧身衣和裤袜生产线。	卡尔文·克莱恩采用15岁的波姬·小丝为模特儿拍摄了牛仔裤广告（见426页）。	诺玛·卡玛丽在普莱斯卫衣作品系列中推出自己的品牌A时装。	阿瑟丁·阿拉亚推出第一批作品系列，《女装日报》称他为"紧身衣之王"。

自20世纪30年代以来，运动服饰和舞蹈服饰取得的进展很小，因为针织面料虽被用来打造弹性效果，但却容易松弛下垂变得难看。而唯一可提供弹性的材料橡胶又会受到洗涤的侵蚀。这种情况在1959年得到了改变，这一年美国化学品制造公司杜邦开发出氨纶纤维。杜邦公司将这种纤维命名为莱卡（见428页），并开始探索将其作为一种纱线运用，弹性能力达到600%然后恢复原状。杜邦公司一开始主要瞄准内衣市场发展，后来意识到这种纤维在泳装和其他领域的潜力，因为莱卡可与其他纤维一起纺织或编织，从而创造出一种适合健身一代穿着的全新的纤维面料。

卡尔文·克莱恩是第一位完全支持崇尚身体意识的设计师，虽然他的方法是裁剪而非拉伸。他1976年推出牛仔裤生产线，但收获甚小。几年后，他的牛仔裤剪裁将身材的更多部分前所未有地展示出来，注重胯部设计，抬高臀围并塑形，从而取得第二层肌肤般的贴身效果，因此取得了商业成功（见426页）。美国另一位创新型时装设计师诺玛·卡玛丽（1945—　）将变化体现在运动之中，采用的虽是普通面料，但却使用全新的设计方式。她1980年推出的作品完全采用灰色棉绒面料，出现了巨大的垫肩，露出腹部的长运动裤、啦啦队裙、帽衫和露肩上衣，从而提高了这种功能性面料的地位。她设计出的宽松的遮蔽服装既能展露出健身房打造的好身材，又能起到遮蔽作用。卡玛丽的作品将运动服饰引入了街头日常时装，虽然只为美国所接受，但却刺激了大众市场的批量生产。

在高端时装领域，健美的身材使得阿瑟丁·阿拉亚和哈维·莱热等设计师设计出能够勾勒出身体所有线条的紧身连衣裙。设计师阿拉亚出生于突尼斯，主要活动在巴黎，他于1980年推出第一批作品系列，完全采用黑色色调，借鉴了朋克服饰风格，并采用实用性的拉链和别针。1980年，他被《女装日报》誉为"紧身衣之王"，设计多采用各种斜裁和伸展性面料，但直到开始使用莱卡，他才真正展现出对塑造女性身材的热情。阿拉亚的设计多建立在复杂的裁剪技艺之上，作品就是多条缝线网。他的紧身服饰采用最精致的时装裁剪技巧，但由于利用了伸展性面料，因此非常舒适且没有束缚感（图1）。阿拉亚1985年设计出其标志性的侧身系带的连衣裙。哈维·莱热受到狂热追捧的绑带裙最早于1989年推出，采用弹性面料衣带紧紧缠绕身体从而塑造勾勒出体型（图2）。其剪裁也很合身，因此这种第二层肌肤般的绷带裙影响力巨大，成为名人的价值体现服饰，因为他们精心打造的完美身材就是高价畅销商品。**JE**

波姬·小丝牛仔裤广告 1980年
卡尔文·克莱恩（Calvin Klein，1942—　　）

1 性感的面料
广告中，小丝穿着经典款式裁剪的风格大方的丝绸或缎子衬衫，搭配这款展露身材的牛仔裤。这种典型美国风格的实用性斜纹粗棉布面料与奢侈光滑的丝绸面料之间的对比感突出了克莱恩设计的规范，那就是要将便于穿着的服饰与感觉舒适的面料结合起来。

2 合体裁剪
卡尔文·克莱恩牛仔裤雕塑般的款型通过高腰线得到了强调，波姬·小丝称腰线高过了肚脐以上。设计也调整了臀部之间穿过的缝线，从而强调了臀形。

1996 年，《时代》杂志将卡尔文·克莱恩列入最具影响力的25位美国人名录。这不仅仅是因为克莱恩的设计品质，还因为他的营销所带来的影响。他的牛仔裤生产线广告宣传攻势在1976年一开始反响平平，但采用理查德·阿维顿所导演、15岁的女影星波姬·小丝参演的具有开拓意义的商业广告之后，格局焕然一新。广告中的小丝穿着紧身牛仔裤，两腿弯曲，问道："你知道在卡尔文牛仔裤和我之间还穿着什么吗？什么也没穿。"

年轻的小丝当时已在路易丝·马勒的影片《漂亮宝贝》（1978）中扮演过雏妓。在广告中，她身着一系列休闲衬衫，如灰色和铁锈红丝绸面料的、金色绸缎面料的，全都为了搭配这条具有标志意义的紧身牛仔裤。她有时光着双脚，而在这幅广告中则穿着黑色牛仔靴。她所摆出的姿势很具煽动性，先是这样伸开，接着又换成另一种，以便突出牛仔裤私密部位的紧身性，以及由此所带来的诱惑感。在另一版广告中，她称："我的衣柜里有7条卡尔文牛仔裤，如果它们会说话，我就惨了。"

未成年的小丝在广告中表现出的性感意味激起的投诉声浪高涨，广告曾遭到3家主要电视广播公司的撤播。克莱恩本人并不为所动；广告中明显的性感意味收到了成效，卡尔文·克莱恩牛仔裤在一个月内销售量达到200万条，市场占有率达到1/5。1982年，克莱恩与波姬·小丝——再一次穿上那款声名狼藉的牛仔裤——一起登上《人物》杂志封面。"关于现代、复杂、性感、干净和简洁这些方面，"设计师于2000年6月接受《女装日报》采访称，"我的设计思想和观点一直很清晰。这些风格都很适用于我的设计审美品位。"到1999年，公司1/3的现金流要归功于卡尔文·克莱恩牛仔裤的销售额。**JE**

🕐 设计师生平

1942—1970年

卡尔文·克莱恩出生于纽约布朗克斯区，1962年毕业于时装技术学院。1968年，在童年好友巴里·施威茨的支持下，他的第一批女装外衣系列作品卖给了本维特·泰勒，后者向其下了价值5万美元的订单。

1971年至今

1971年，克莱恩增添了运动服饰生产线。1973年，他第一次荣获科迪美国时装评论奖。克莱恩的设计风格一直简洁而奢华，他接受授权许可，扩大了产品系列，如鞋、腰带、太阳镜、皮毛、牛仔裤、内衣和香水。男式内衣产品销售仅在第一年就赚得了7000万美元，其争议性的情色广告宣传也带来了大量收入。虽然取得了如此成功，但该品牌还是遭遇了财政困境。2002年，公司被卖给了PVH集团。

3 标名口袋

克莱恩引入标名牛仔裤的概念，在后口袋中加上带有自己签名的贴身名牌。他的这些性感的牛仔裤广告无可置辩地大打性感策略，并为其从内衣到香水的所有的产品宣传奠定了基调。

莱卡有氧健身操服装 20世纪80年代

运动装

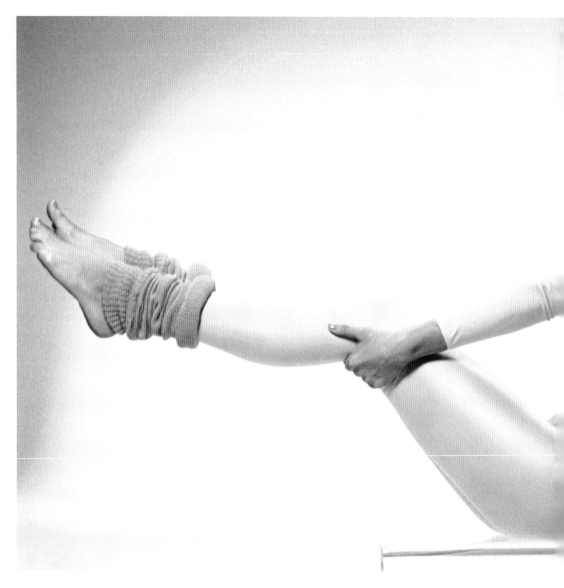

克里斯蒂·布林克利为弹力长袖全身紧身衣担任模特儿（1982）。

魅力超模克里斯蒂·布林克利身穿糖果粉色的斯潘德克斯氨纶紧身衣所拍摄的这张照片是早期第二层肌肤般服饰不成熟样貌的缩影。这种服饰与今天技术驱动型、提高竞技成绩的运动服饰相距甚远。20世纪80年代，时装设计师开始利用莱卡纤维制造能展露身材的性感服饰，运动服饰市场尚无经验，潮流也受到有氧健身操和舞蹈服饰的极大影响，都注重设计容易使用的产品，要贴合身形，采用糖果般可爱的颜色。1979年至1981年，布林克利3次登上久负盛名的《体育画报》泳装版封面，写作的健康与美容主题的插图本图书也登上《纽约时报》最畅销图书榜。新兴的运动服饰对20世纪70年代末80年代初时装的影响标志着服装设计从正式风格走向注重实用性的运动风格。**JE**

1 针织暖腿套

针织暖腿套最早是芭蕾舞演员用于肌肉保暖的。这类的健身房配饰加强了健身的意味，并渗入主流时尚，以图案或条纹针织款式出现在街头穿着中。

2 喷涂斯潘德克斯氨纶

这种紧身衣长袖子长齐手腕，长度直至脚踝，能提供从头到脚的束缚力。服饰糖果般的柔和色系还包括浅粉红色、淡紫色、粉末蓝和蓝绿色这些闪亮的色泽。

▲ 英国模特儿黛比·穆勒于1979年在伦敦创办菠萝舞蹈工作室。20世纪80年代初，她采用莱卡纤维设计了自己品牌的舞蹈服。

✪ 细节导航

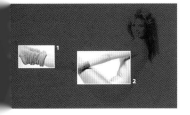

激进设计

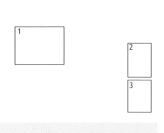

1 艳丽的新浪漫主义时装使得史班道芭蕾合唱团成为20世纪80年代最时尚的乐队之一。

2 约翰·加利亚诺1989年作品中的这套服饰受到法国大革命时期服饰风格的影响。

3 凯瑟琳·哈姆内特1984年去唐宁街与玛格丽特·撒切尔会面时穿着的T恤衫上带有"58%的人反对潘兴导弹"的口号。

20 世纪70年代朋克风格衰落之后，80年代见证了艳丽风格的突然流行。这种新浪漫主义运动亚文化颠覆了迷人风格的时装理念，转而过度展示纯粹的模仿款式。这种风格源自化妆盒，依赖于对其他文化以及服饰历史的异常欣赏。英国设计师维维安·韦斯特伍德1981年推出的首批自主品牌作品"海盗"就是这种审美风格的缩影。她从多种资源中汲取灵感，包括19世纪的裁缝技巧和好莱坞银幕中的公海海盗形象。这种文化综合的想法成了街头朋克风格的解药，并最终预示着"盗取"思想所引发的新浪漫主义运动的到来。在伦敦，新一代的艺术生和同伴们涌入比利兹、闪电战和地狱等夜总会，公然沉湎于自恋情绪之中。这些难伺候的小圈子中有许多创意设计人士，他们不仅是即将到来的时尚风潮的重要参与者，而且也推动了流行文化的演变，比如其中有流行乐队杜兰杜兰、史班道芭蕾合唱团（图1）和乔治男孩，有时尚编辑迪伦·琼斯和伊恩·韦伯，有时装设计师斯蒂芬·琼斯、斯蒂芬·林纳德和帕姆·霍格。

整座城市都涌动着激进思潮和新一代人才，其中有许多都出自伦敦各艺术学院，尤其是中央圣马丁艺术和设计学院以及皇家艺术学院。此外，生机勃勃的伦敦夜总会也为时尚、音乐和表演等不同

重要事件

1979年	1980年	1980年	1981年	1982年	1983年
斯蒂夫·斯特兰奇和拉斯提·伊根在伦敦创办了闪电战夜总会，只允许着装"怪异惊奇"人士入场。	特里·琼斯创办了时尚杂志i-D，这位《时尚》杂志的前美术编辑曾为孟菲斯设计团队设计徽标。	尼克·罗根推出这个年代最具影响力的设计杂志《面孔》，艺术总监为奈维尔·布罗迪。	英国设计师贝蒂·杰克森与出生在以色列的法国丈夫大卫·科恩一起创办了自己的设计公司。	由乔治男孩带领的新浪漫主义流行乐队文化俱乐部推出第一张专辑《接吻是聪明之选》。	马尔科姆·麦克拉伦推出专辑《鸭子摇滚》，其中的单曲《水牛女孩》非常有名。

别艺术互相滋养提供了平台。这样的景况吸引了让·保罗·高缇耶（1952—　　）和三宅一生等著名设计师前来寻找灵感。这种跨界时尚也为大卫·鲍伊所接受。他按照新浪漫主义风格重塑形象，在《灰飞烟灭》音乐录影带中聚集大批常去闪电战夜总会的新浪漫主义运动年轻人，让他们换上无性别的艳丽服饰。这样的后朋克摇滚夸张的风格打破了性别差异传统，但只是改换了一些传统被视为女性风格的服饰元素，比如化妆和染发。

激进的新贵设计最终于1984年大受追捧，当时约翰·加利亚诺的毕业设计作品"不可思议的年轻男子"整个被影响力巨大的零售商琼·伯恩斯坦的伦敦布朗斯百货买下。加利亚诺的设计别出心裁地从法国大革命时期的服饰中汲取了灵感（图2）。设计师二人组"身体地图"1984年也展出了作品"帽中打呼噜的猫咪和电子鱼"，收获极大赞誉。作品中包括一系列编织和针织面料单品服饰，其成功也与印花及织物设计师希尔德·史密斯的面料有关。印花面料也为设计师贝蒂·杰克森（1949—2019）所采用。1985年，他委托英国设计团体"布"为其英国玫瑰作品系列设计大型印花面料。款型极大的衬衫和及脚踝的裙子为这些夸张的印花布提供了完美的展示平台。

设计师凯瑟琳·哈姆内特于1979年设计出"撕裂"牛仔裤，预示着之后洗旧和染色款式潮流的开始。其灵感来源于军用品商店，比如北伦敦著名的劳伦斯角落。成衣单品采用撕裂的降落伞绸面料，并搭配饰钉、明线迹和外露的拉链装饰，这些成了她的风格标志。哈姆内特因投身激进政治运动而闻名，1983年也设计出标语T恤衫。次年，她在唐宁街晚宴上被引荐给时任首相的玛格丽特·撒切尔时的情景被全球媒体所拍摄下来。她身着的宽大的T恤衫上写着标语"58%的人反对潘兴导弹"，以此来表达对核军备的反对（图3）。

这些新运动的设计师发现，时尚产业组织都热衷于利用新兴的国际媒体的关注来推行各种营销计划。1982年，卡洛琳·柯茨集团建立联合人才公司，旨在将年轻的前卫街头时装设计师的作品推广到国际市场。1983年，英国时装协会成立，次年举办了首届伦敦时装周。这一时期英国时装设计的繁荣主要是因为外行媒体专业先锋青年靠直觉的拉动，这种因素至今仍是英国设计教育国际影响力的基础。此外，英国主要大学的创新型设计师仍继续向各地流散，其影响也扩展到接下来的几十年。**MF**

针织套装 1984年
身体地图（Bodymap，品牌）

英国设计品牌身体地图第一次举行重要时装展"帽中打呼噜的猫咪和电子鱼"是在1984年，此举奠定了其作为英国当代最重要时装品牌的地位。两位设计师邀请自己的朋友、音乐家、舞者和模特儿们一起穿上系列时装表演，以此毫不留情地回击那些正式时装秀。这一系列作品的特色在于融合了诸如平针织物、全棉天鹅绒等各种方便穿着的面料，还囊括了英国面料设计师希尔德·史密斯所设计的大网眼作品黑白印花面料。图中右侧两件及膝长超大尺寸毛衣袖孔都深且下垂，都采用多片平纹印花面料：袖子面料分为平纹和花纹两种，一件采用黑色，一件是白色。低开口的平翻领和螺纹袖口一样，都采用了与服饰主体不同的面料。

整个作品系列将宽窄不一的横向和纵向条纹并用，对于比例和尺寸的运用也很俏皮；服饰的肩线拉长至臀部，然后收细垂至膝盖，底边再次放宽。左边这件T形圆筒服饰采用水平的黑白细条纹设计，长度拉长至小腿中部并收紧，过长的袖子带有黑色袖口，与肩部位置插入的白色环带形成对比。品牌设计中还包括黑白横条纹袜子和配套帽子。1984年，这组服饰被《卫报》的布伦达·波兰选中收入巴斯服饰博物馆。**MF**

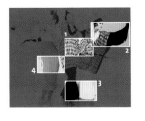

✪ 细节导航

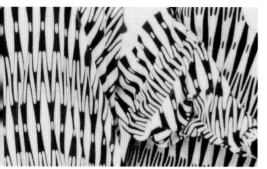

黑白花纹

由英国面料设计师希尔德·史密斯所设计的大网眼作品中犀利的花纹构成了这组服饰的主要花纹元素。这些花纹采用棉和莱卡混合面料印制，构成了这些超大尺寸毛衣的底色。

3 凹槽纹裙子

服饰中长齐脚踝的花瓣裙采用8幅布片制作，以营造出丰满的裙形。裙子的双面华夫格粘胶纤维和棉布面料是专门定制的，发明者为瑞典的菲克斯特里卡法布里卡。

超大尺寸的T形款式

肩缝的移位使得衣袖产生出一种蝙蝠袖般的款式，袖孔设计很深，手腕处收细。袖底采用水平缝线，上面有花纹，上部却是素色设计。

4 开孔

这件服饰臀部位置的圆形挖孔采用的不同面料包边，在系列作品中的裙子和裤袜其他位置也有出现，是该品牌的标志性特色，也被大众市场广泛采用。这些挖孔将注意力集中在身体很少暴露在外的位置。

⏱ 品牌历史

1982—1986年

身体地图成立于1982年，其创始人史蒂夫·斯图亚特（1958—　　）和大卫·霍拉（1958—　　）因同在米德尔塞克斯艺术大学学习时装而相识。1983年，身体地图荣获马丁尼奖年度最具创新精神设计师；1984年举办第一场重要时装展，同年，该品牌与凯瑟琳·哈姆内特和贝蒂·杰克森的作品一同被时尚记者布伦达·波兰评为年度服饰代表。1986年，身体地图被BBC提名为年度设计师，并作为英国最佳设计师应邀前往英国驻巴黎大使馆。

1987—1991年

1987年，身体地图因其为迈克尔·克拉克舞蹈团设计的服饰而荣获贝西奖，其合作贯穿了整个20世纪80年代。两人还接受委任为兰伯特芭蕾舞团和伦敦节日芭蕾舞团设计服饰。1989年，身体地图开了自己的零售店，但好景不长，1991年即停止营业。

▲ 迈克尔·克拉克舞蹈团1984年在河畔剧院演出。舞者身着的服饰即为身体地图所设计，其中带有该品牌标志性的圆形挖孔。

纺织品图案 1985年
布工作室（The Cloth）

布工作室设计的印花图案，科宾·欧格雷迪工作室摄影（1985）。

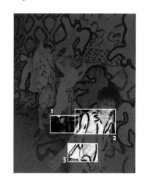
英国设计团队"布"以其所选用的色彩明艳且富于表现力的织物而闻名，而20世纪80年代中期所流行的超大尺寸服饰为其所设计的图案提供了完美的展示平台。1985年，该团队为伦敦百货公司利伯蒂设计橱窗陈列布景，这为他们的夏季西米茨作品系列提供了展示机会。图案受到多种风格影响，比如后印象派画家亨利·马蒂斯的活泼的剪纸以及美国街头艺术家凯斯·哈林平面图案样式，后者在20世纪80年代因三原色壁画和地铁涂鸦创作而蜚声国际。团队摒弃了除手绘和涂画之外的一切技巧形式，以人体、自然及城市风景、大英博物馆中收藏的古希腊–罗马、古埃及艺术作品，及都市里忧虑与腐化的特征为灵感来源，采用强烈的色彩创作出流畅的痕迹图案。团队在各种大小不一的面积上采用不同强度的笔触绘制图案，从微缩图案直至长达约2米的循环结构。为了制作成服饰，这些印花面料需要裁剪重组，图案因此变得更加具有重复性和抽象性。**MF**

👁 细节解说

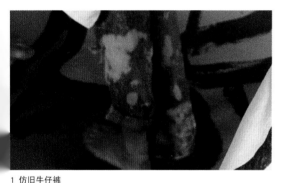

1 仿旧牛仔裤

这条自然褪色磨旧的牛仔裤加上撕裂处理，从而呈现出刻意做旧的感觉。这种技巧将日常穿着的功能性牛仔裤变成流行时装，这里模特儿穿着时卷起了裤脚。

3 粗轮廓

这件衬衫染色活泼，图案轮廓很粗，和商店布景图案一样，令人想起凯斯·哈林作品图案中的生动轮廓。一同运用的还有散漫的绘画性波流痕。

2 式样

这件衬衫采用的是传统款式剪裁，但图案掩盖了其式样。这种大尺寸的款式是20世纪80年代早期的典型特色，也为图案的生动色彩提供了展示平台。

🕐 工作室历史

1983—1985年

弗雷泽·泰勒（1960—　　）、海伦·曼宁、大卫·班德（1959—2011）和布莱恩·博尔格（1959—　　）毕业于伦敦皇家艺术学院印花纺织品系，他们于1983年成立了自己的设计工作室以推动艺术和设计项目潮流发展。其中包括为变形合唱团、史班道芭蕾合唱团和阿兹特克照相机等乐队设计唱片封套，同时也有自己设计的纺织品和时装系列作品。

1986—1987年

布工作室的客户包括贝蒂·杰克森、比尔·布拉斯（1922—2002）、伊夫·圣·洛朗、卡尔文·克莱恩和保尔·史密斯（1946—　　）。工作室于1987年解散。弗雷泽·泰勒现在是芝加哥艺术学院纤维和材料研究院访问艺术家，同时也是跨学科视觉艺术家。

成功人士着装

1 这件让-路易·雪莱（1935—　 ）1983年
设计的黑白套裙是20世纪80年代流行的三
角形款式的典型。

2 演员夏洛特·兰普林穿着的这套乔治·阿玛
尼条纹纹衬衫外搭细条纹双排扣套裙展示出强
人装温柔的一面。

3 演员唐·约翰逊和菲利普·迈克尔·托马
斯在大热侦探剧《迈阿密风云》中身着雨
果·波士品牌套装。

20世纪80年代预示着理想化女性新形象的出现。美女们顶着无懈可击的妆容，身穿完美着装，踩着细高跟鞋，迈着模特儿般的猫步，彰显出当代职业女性的权势和性感魅力。随着越来越多的女性进入董事会议室，之前低调的开襟毛衫和垂坠的长裙为尖头肩形剪裁所取代。约翰·莫雷在《女性成功着装指导》（1977）一书中教导女性们选择灰暗低调的服饰，但职场美女们却避开了这位商业专家的意见，更加青睐"看着我"风格的活泼色彩的套裙。这件上衣的方形垫肩通过臀部外展的装饰短裙，即缝在腰部的一片面料而得以平衡，从而营造出腰线收细的视觉效果，通常还用宽腰带束紧（图1）。搭配上衣的是配套的超短裙。与20世纪60年代借鉴的纯真风格不同，80年

重要事件

1979年	1979年	1981年	1984年	1984年	1985年
玛格丽特·撒切尔（被称作"铁娘子"，是强人着装方面的行家）被选举为英国第一位女性首相。	保尔·史密斯在伦敦科文特花园街开了第一家时装店。	美国电视剧《王朝》开始播放。该节目推动了宽肩款型的流行。	保尔·史密斯与日本贸易公司伊藤忠商事签署了许可协议。	美国电视节目《迈阿密风云》开播第一季。节目中展示了雨果·波士公司大受追捧的男装产品。	安娜·温特被任命为英国版《时尚》杂志主编。她将读者群锁定为20世纪80年代没有时间逛街的商务女性。

代的长裙完全是权势和自由的象征。再搭配上高跟鞋，就象征着主宰权。有着宽大垫肩的衬衫印有链条、饰幔、蝴蝶结和彩带等特色错视觉效果的花纹以及动物图案。配饰也都令人梦寐以求，比如爱马仕围巾、卡尔·拉格斐改制的"镀金拼缝"香奈儿背包式手提袋、黑色不透明连裤袜和莫罗·伯拉尼克（1942—   ）设计的杀手高跟鞋。

设计师唐纳·卡兰设计的职业套装则更加精致，她在一款广告中曾扮演了一位虚构的美国女总统。卡兰以都市职业女性为目标顾客。作为一名设计师，她设计出由"7件易穿单品"组成的黑色系精简百搭系列，以迎合经济宽裕却没有时间的高管人员。这些服饰采用弹性面料，既能展露身材，又宽松，其中还包括创新设计的紧身衣、裹身裙和直筒裙。意大利设计师乔治·阿玛尼也设计出一种休闲款的强人服饰，版型修身、配色中性、面料奢华（见438页）。采用羊绒绉纱制作的双排扣软垫肩长款上衣既方便活动，又带有董事会议室的优雅风格，男女皆可穿着（图2）。

这些"处于职业上升期的年轻职员"被称作雅皮士，在世界金融大都会居住生活。新兴的时尚刊物和广告业开始强调生活方式的重要性，不仅要注重服饰选择，还要搭配具有象征意义的配饰，比如古驰的乐福鞋（见440页）、劳力士手表及英国出生的设计师保尔·史密斯（1946—   ）带动流行的备忘记事本。史密斯于1970年在故乡诺丁汉开了一家精品店，之后于1979年在伦敦科文特花园开了第一家保尔·史密斯时装店。他所设计的男套装开始成为年轻男性高管及野心勃勃的传媒大亨们的标准着装。他继承了传统剪裁工艺，但对细节的处理却机智而颠覆，色彩和面料选择古怪，从而使得顾客兼顾时尚的同时又能遵循都市着装规范。

德国品牌雨果·波士在20世纪80年代生产了许多成衣套装。该公司由雨果·波士（1885—1948）创立于1923年，主要生产工作服和制服，1953年才扩张至男装领域。但是，直到80年代，其套装才获得极大流行。该品牌生产的套装款型来自商务人士，套装采用高品质面料制作，填补了萨维尔街拘谨的定制服和高街时装店售卖的批量生产套装之间的空白。这种套装一般是由双排扣上衣和前褶裤组成，上衣宽松，裤子舒适。该品牌还是植入式广告的早期范例，它参与了这一时期最具时尚影响力的美剧《迈阿密风云》（图3）的拍摄。**MF**

轮廓柔和的套装 1980年

乔治·阿玛尼（Giorgio Armani，1934—　　　）

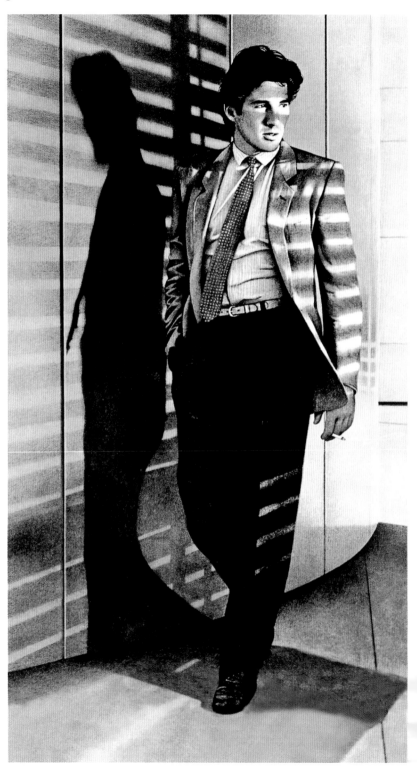

在影片《美国舞男》（1980）中扮
演朱利安·凯耶的李察·基尔。

乔治·阿玛尼引入流畅灵动的设计理念，从而取代了萨维尔街传统定制服饰的拘束风格，革新了男式正装的设计面貌。他去掉僵硬的夹衬和贴边，抛弃衬里，放低上衣纽扣以突出臀线，从而达到一种更为休闲的款型。阿玛尼的这种新颖的现代审美风格吸引了许多广告、传媒和建筑等创造性行业的职业男性。设计师还减轻了套装的重量，用柔软且垂感强的面料，比如羊绒绉纱取代了花呢和法兰绒，服饰因此而变得如同针织开衫般容易穿着。阿玛尼还摒弃了会议室海军蓝条纹，采用一系列中性色彩，比如褐色、灰色，其中以灰褐色（介于灰色和米黄色之间）最为典型。这个意大利品牌因为1980年美国演员李察·基尔在保尔·施拉德的黑色电影《美国舞男》中所扮演的男妓而蜚声国际。这部电影有效地展示了阿玛尼奢华、剪裁线条柔软、低调诱惑的审美风格。影片的大获成功也促进了设计师与电影的合作。阿玛尼为超过100部电影担任了服装设计，其中包括1987年的《铁面无私》。**MF**

👁 **细节解说**

1 躯干款型
服饰中修身缝褶衬衫与外衣的宽松垂坠形成对比。领尖很短的窄翻领和带有小花纹的窄领带系的小结更加突出了这种对比效果。

3 缝褶上衣
这件棕色山羊绒单排扣上衣下摆很长且没有开口，臀部位置设计有一道缝褶，有点像是20世纪40年代的佐特套装。上衣敞开，露出系有细皮带的中腰裤。

2 柔和的肩线
肩线柔和且型深是阿玛尼的标志，它将服饰的肩部缝线延长超过身体的自然线条，并且将袖孔加深。这样就使得服饰流动性更强、便于穿者活动。

🕐 **设计师生平**

1934—1974年
乔治·阿玛尼生于意大利北部城市皮亚琴察。他学过一段时间医科，服完兵役之后从事过零售业工作，20世纪60年代加入切瑞蒂公司成为服装设计师。阿玛尼1973年遇见了建筑绘图员塞尔吉奥·加莱奥蒂，之后便在米兰的威尼斯大道37号开办了事务所，这标志着一段很长时间的私人及职业关系的开端。

1975年至今
1975年，乔治·阿玛尼品牌成立。阿玛尼于1976年推出第一批成衣产品。20世纪80年代，该品牌进入美国市场销售。独立成衣品牌爱姆普里奥·阿玛尼于随后的1989年建立。阿玛尼家居产品于2000年推出，迪拜阿玛尼旗舰酒店于2010年开业。

乐福鞋 20世纪80年代
古驰（Gucci，品牌）

古驰的经典乐福鞋自20世纪60年代问世以来就一直是众人所渴望的社会地位的象征，穿着者多是乘坐喷气式客机到处旅行的富豪以及"上流社会的时髦阶层"，男女皆可穿用。但是，直到品牌受到狂热追捧的80年代，古驰的这种从软帮鞋中汲取灵感的乐福鞋才进入华尔街制服。这种鞋款式优雅，一看即知价格不菲，因此被视为休闲或商务套装的搭配。

这种无带浅口便鞋起源于北欧。20世纪30年代，挪威的一位生产商制作的软帮鞋款式在欧洲其余国家以及美国打开市场，他所生产的鞋被称作"威俊软帮休闲鞋"。50年代，随着各种不同款式，比如便士乐福鞋和流苏乐福鞋的出现，这种鞋子成了学院风周末固定搭配。意大利演变出威尼斯乐福鞋，款式更加简洁。乐福鞋的设计从50年代以来就没有发生太大变化，古驰最早为其加上了一条形似马术中所使用的马衔扣的金属条。

古驰正品乐福鞋被纽约大都会博物馆服饰部永久收藏。最早的女式乐福鞋被称作型号360，经过修改，加上了内嵌窄金链的皮革叠跟，前面也加上了配套的链条。古驰乐福鞋以手工缝制，采用佛罗伦萨城外品牌作坊里各种手工染色的奢华兽皮塑形，由技艺精湛的工匠加工。缝合完成之后，鞋面要经过捶打，后面的整理工序包括抛光鞋面、烘干及安装标志性的马衔扣。"古驰乐福鞋"现在成了金属镶饰便鞋的通用名称。前《时尚》杂志编辑戴安娜·弗里兰1984年将古驰乐福鞋选入她的"人与马"展览，此举彰显出其作为经济条件优渥人士参与马术活动时的奢侈行头历久弥新的魅力，以及其高端时尚的地位。

MF

⚽ 细节导航

◉ 细节解说

皮革手缝

鞍形缝线之下的上边缘脊采用了少量缝线褶皱，从而让柔软的鹿皮硬度增强。这是马术运动对古驰设计影响的又一处体现。这种皮革便鞋与一般的乐福鞋不同，因为加上了宽平的鞋跟和金属马衔扣。

▲ 20世纪70年代早期古驰生产的女式皮革无带浅口便鞋。其特色在于横贯鞋面以及阔跟中镶嵌的金链装饰。

马衔扣

镀金马衔扣在20世纪50年代进入古驰乐福鞋，当时古驰有许多意大利本土贵族客户都想参与马术运动。1953年，男式软便鞋开始采用马衔扣装饰鞋面，1968年也开始用于女鞋。

3 红绿条纹带

绿-红-绿纵向条纹带是古驰奢侈品品牌标志，它源自传统的马鞍腹带配色。这种红绿色组合也参考了意大利的三色国旗。

◷ 品牌历史

1921—1952年

古驰公司由古奇欧·古驰（1881—1953）于1921年创建于佛罗伦萨。古驰曾在巴黎和伦敦的酒店工作，他对那些地方，尤其是萨沃伊酒店客人的奢华行李箱印象深刻。1921年返回佛罗伦萨之后，他就开设了一家专营手工皮革马具的小作坊。经过与儿子们的共同努力，公司1938年在罗马、1951年在米兰开了商店，售卖奢侈皮革产品、丝绸以及针织服饰。1947年，古驰推出竹柄手袋，这是该品牌第一款具有标志性意义之产品，并且时至今日仍是公司主要产品。经过美国第一夫人杰奎琳·肯尼迪的使用，手袋被称为"杰奎琳"手袋。古驰标志性的红绿条纹带源自马鞍腹带，这一标签已成为其品牌国际地位的象征。

1953—1988年

创始人古驰1953年逝世之后，这一不断壮大的公司由他的儿子奥尔多、瓦斯科、乌戈和鲁道夫接管。20世纪60年代，该品牌尤其与名流风尚紧密相联。公司应摩纳哥葛丽丝王妃的私人请求设计制作了印花围巾。其经典款马衔扣乐福鞋为纽约大都会艺术博物馆服饰部永久收藏。20世纪60年代中期，古驰采用双G字母相锁的图案作为商标，并继续向国外扩张，在伦敦、巴黎和美国都开了商店。20世纪70年代，古驰因过度扩张及产品审批而陷入低迷。

1989年至今

1989年，美国零售商唐·梅洛接受任命重振这一境况不佳的品牌。1990年，她聘请美国设计师汤姆·福特统领女性成衣部。1994年，福特出任艺术总监，公司成功走出颓势。2004年，福特离开古驰。2006年，配饰设计师弗里达·贾娜妮接任了艺术总监之职。

设计师的十年

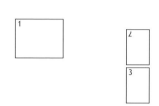

1 安迪·麦克道威尔身着比尔·布拉斯1983年设计的青灰色金属色泽天鹅绒晚礼服。单肩款式和奢华的面料体现出20世纪80年代的奢侈风格。

2 琼·柯林斯为这件礼服搭配了庄重的首饰，造型堪称完美。

3 卡洛琳娜·海莱娜身着的飘逸的翠绿色晚礼服和剪裁贴身的闪光上衣是她亲自设计的。

20世纪80年代，时尚潮流发生了剧烈变化。70年代社会经济衰退，女权主义运动蓬勃发展，"回归自然"的思潮认为时尚的本质即是无聊。经历此番打击之后，这一时期的社会渴望炫耀性消费。年轻人主导的嬉皮风（见386页）和朋克运动（见416页）为夸张的成熟魅力所取代。正如尼古拉斯·科尔里奇在《时尚阴谋》一书中所言："1978年之后的十年对于时尚来说至关重要……20世纪70年代中期，设计师拉夫·劳伦、卡尔文·克莱恩和乔治·阿玛尼白手起家创建起自己的时尚帝国，其规模和速度均令人难以置信……设计师经济这一新兴潮流令世界经济为之叹服。"1980年至1985年，美元走势强劲，由此引发人们对高级定制时装和奢侈品成衣的新需求。那些在20世纪五六十年代即已功成名就的设计师，比如比尔·布拉斯、詹姆斯·加拉诺斯、杰弗里·比尼、阿诺德·斯嘉锡、奥斯卡·德拉伦塔和阿道夫发现自己所设计的新款日礼服和引人瞩目的迷人晚礼服，比如布拉斯所设计的金属色泽天鹅绒晚礼服（图1）再一次流行起来。

1981年罗纳德·里根的总统就职仪式预示着潮流风格由卡特总统时代的不拘礼节和低调向正式的回归。里根总统恢复了正式慈善晚会的传统，包括重新穿戴男式全套晚礼服，国事访问时有护旗仪仗队，

重要事件

1980年	1980年	1981年	1981年	1981年	1982年
手袋设计师朱迪斯·雷伯因其在时尚领域内做出的杰出贡献而荣获内曼·马科斯奖。	玛利亚·卡洛琳娜·约瑟芬娜·帕卡宁斯·尼诺在纽约推出卡洛琳娜·海莱娜品牌，选用奢华面料制作优雅的服饰。	戴安娜·斯宾塞王妃在伦敦圣保罗大教堂与查尔斯王子举行婚礼仪式时身着的是丰满的塔夫绸撑裙礼服。	南希·里根在丈夫的总统就职舞会中身着的白色珠饰单肩绸缎花边紧身礼服由詹姆斯·加拉诺斯设计。	琼·柯林斯加入剧集《王朝》扮演艾利克斯·卡灵顿。她的加盟保证了剧集的热播。	美国设计师杰弗里·比尼第五次荣获科迪特别奖。

国宴之后举办舞会。这些活动为那些兴致勃勃的有钱人士提供了更多的机会，他们开始筹划展示自己喜爱的设计师为重大场合所设计的礼服精致的面料和层叠的饰品。

虚构描绘富人和名人生活的美剧《达拉斯》和《王朝》中就展现了美国设计师诺兰·米勒的作品。演员们身着的奢华戏服都有着夸张的袖子，搭配庄重的首饰（图2），奠定了过度虚饰的范式。20世纪80年代是消费与炫耀的年代。里根总统和玛格丽特·撒切尔首相都推行了税制改革，放宽对货币市场的管制，由此上层社会拥有了大量可支配收入。这些富裕阶层会选择布达佩斯出生的设计师朱迪斯·雷伯所设计的珠宝手袋作为配饰。这款高端时尚手袋奢华靡费，体现了80年代对炫耀性消费的崇拜，配饰也成了富有人士的藏品。

小说家汤姆·沃尔夫在《虚荣的篝火》（1987）一书中讽刺了纽约的"闪耀之辈"——美国权力掮客的富贵娇妻们。他描述"这些'固定年龄'的女人全都瘦得只剩皮包骨（挨饿以达到完美体形）。她们肋骨嶙峋，臀部萎缩。为了弥补缺失的美色，她们求助于服饰设计师。这一款式不要泡裥、荷叶边、褶裥、褶边、围裙、蝴蝶结、蝙蝠袖、扇形边、蕾丝、斜裁的缝褶或抽褶，无所不用其极。她们就是社会的X光透视镜"。其中最受瞩目的"社会X光透视镜"就是南希·里根。这位总统夫人日装喜欢穿着阿道夫受香奈儿风格影响所设计的结子呢针织套装，内里搭配配套色系丝绸衬衫。其他美国设计师纷纷投身运动装领域，阿道夫却继续为顾客设计可供日间正式场合穿着的丝绸印花服饰。他为南希免费设计了许多服饰，总统夫人的宣传也提高了其销售份额，确保了他和其他受欢迎设计师在国宴和舞会中的地位。活跃于纽约时尚圈的设计师卡洛琳娜·海莱娜（图3）为"参加午宴的女士们"提供优雅的服饰，而阿诺德·斯嘉锡则为她们提供奢华的晚礼服（见444页）。

设计师们在社交圈有史以来第一次与顾客们打成一片。奥斯卡·德拉伦塔设计的女装充满活力，风格受其多米尼加共和国血统的影响，设计师本人也曾与其服务过的社会地位显赫的客人们共同赴宴。作为美国时装设计师协会会长，他将协会的终身成就奖颁奖晚会放在纽约大都会艺术博物馆举行，此举提高了时尚业的地位。据南希·里根传记作者凯蒂·凯利记录，为了欢迎正式晚宴传统的回归，奥斯卡曾在白宫表示："里根家族将把这种风尚重新带回来，因为它是白宫本该就有的。"**MF**

1983年	1987年	1987年	1987年	1987年	1989年
香奈儿时装公司在艺术总监卡尔·拉格斐的领导下开始转型，他想要吸引年轻新客。	克里斯汀·拉克鲁瓦接受让-雅克·皮卡特与伯纳德·阿尔诺的委任成为巴黎24家高级定制时装屋的负责人。	电影《华尔街》上映。主角戈登·盖克信奉"贪婪是个好东西"。	汤姆·沃尔夫出版《虚荣的篝火》，小说描绘了当代纽约存在的野心、种族歧视、阶级差异、政治与贪婪的风貌。	世界最大奢侈品集团建立，酪悦·轩尼诗与路易·威登合并组建成LVMH集团。	美国零售商唐·梅洛接受委任振兴古驰品牌。她聘请汤姆·福特担任成衣总设计师。

晚礼服 1987年
阿诺德·斯嘉锡（Arnold Scaasi，1930—2015）

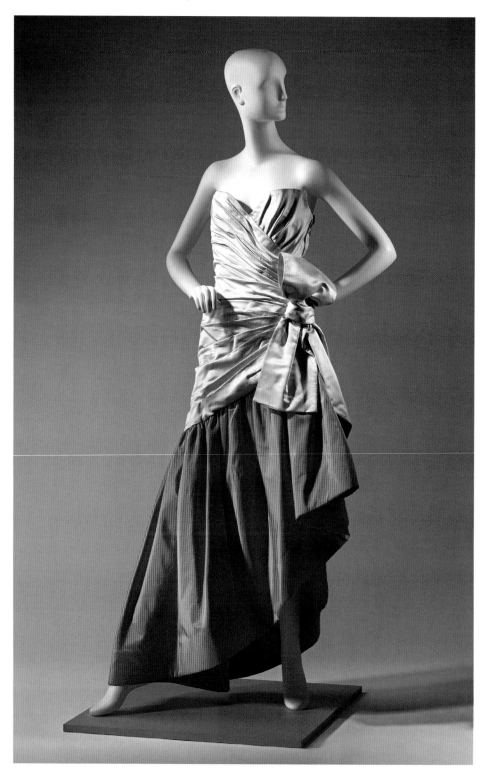

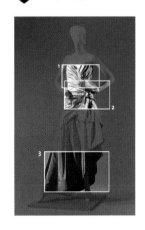
20 世纪80年代，阿诺德·斯嘉锡设计的那些丰满的正式礼服受到纽约"闪耀之辈"的追捧，设计师因此而重获殊荣。他的作品满足了人们对招摇铺张晚礼服的渴望，双方的地位都得到了展现。斯嘉锡以明亮的色彩搭配而闻名。这些色彩的组合虽然令人讶异却经过了悉心的选择，符合色彩学的实用表达。在这件礼服中，胸衣的金色与裙子的梅红色通过松绿色的腰带统一起来，腰带将两种组合色彩都覆盖住，打成超大尺寸的硬挺的结，从而构成款式的视觉焦点，也成了服饰的重点。

礼服的款型参考了美国设计师查尔斯·詹姆斯的作品。斯嘉锡曾在其门下培训。服饰的重点放在其生动的结构，而非附加装饰或点缀之上。两位设计师的典型风格都是喜欢用平织丝绸包裹塑造出纤细的腰身。这里的金色胸衣采用褶皱处理缠裹出对角线，以塑造出无肩带鸡心领形状，并且浮在胸部之上——这是斯嘉锡的典型标志风格，俗称"屑器"领。斯嘉锡通常会设计塔夫绸或绸缎对襟长款外衣，内搭不同面料的晚礼服。**MF**

👁 细节解说

1 浓烈色彩

斯嘉锡在这件礼服中运用金色搭配松绿色和梅红色。这3种颜色在色轮上间距相同，并且浓度一致。它们与印染输出代码中的黄色、蓝绿色与洋红色的分布值相符。

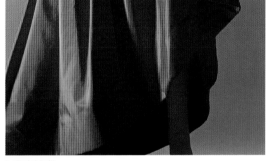

3 非对称裙摆

服饰中梅红色非对称裙角的长度一直延伸至脚踝位置，裙角从膝盖之上斜向收短至臀髋高度。这种风格应该借鉴了里约热内卢狂欢节和桑巴舞歌者卡门·米兰达的异国元素。

2 蝴蝶结装饰

礼服中松绿色的中间嵌条为非对称形，它从胸部之下拉拢在腰侧系成超大的蝴蝶结。这就类似于礼物上系饰的华丽缎带。

🕐 设计师生平

1930—1963年

阿诺德·斯嘉锡出生于加拿大，原名阿诺德·伊萨克。他曾就读于考特诺尔–开普尼设计学校，之后在巴黎的高级定制时装学院完成学业。之后他在帕昆时装店做学徒，后来师从查尔斯·詹姆斯门下，1955年推出成衣生产线。1958年，他荣获科迪奖。

1964—2015年

斯嘉锡1964年开办高级定制时装沙龙，专门设计晚礼服与鸡尾酒会礼服，多采用羽毛、皮草、亮片和绣花装饰。1968年，芭芭拉·史翠珊因影片《妙女郎》荣获奥斯卡金像奖。颁奖典礼上，她穿着斯嘉锡的紧身衬衫和裤装作品，设计师因此而走红国际。1984年，他再度推出斯嘉锡精品店成衣品牌。1996年，他荣获了美国设计师协会奖。

嘻哈文化和街头时尚

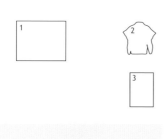

1 东海岸说唱乐队EPMD专辑《未尽事务》封面体现了20世纪80年代末期嘻哈时尚风格。

2 这件上衣出自维维安·韦斯特伍德1983—1984年的女巫系列作品，其特色印花的灵感来源于凯斯·哈林的涂鸦艺术。

3 美国说唱乐队Run-DMC喜欢将阿迪达斯的田径运动服搭配上极其沉重的金链穿着。

嘻哈音乐一直是非裔美国人生活经验的主要表达方式，它总是和这些城市社群所面临的社会问题以及他们的渴望有关。它是一个强烈的信号，既吸引了其产生的社会族群，又笼络了广泛的年轻文化，还引起时尚公司的兴趣。嘻哈音乐出现于20世纪70年代末80年代初，该运动尤其涉及黑人民族主义及其赋权。表演者们多穿着肯特面料（见134页）——一种加纳传统纺织物——所制作的服饰，颜色多选用象征黑人民族主义的绿色、红色、黑色和黄色。嘻哈发源于美国城市之中，与帮派文化相关。其先驱代表包括NWA和武当派乐队。这些艺术家团体身着统一风格的服饰，象征其帮派从属身份。1989年，卡尔·卡耐建立同名服饰品牌，第一家专营嘻哈服饰的公司由此成立。1995年，武当派乐队也推出了自己的品牌"武服饰"。

因为嘻哈文化的起源带有政治色彩，因此早期的艺术家们，比如埃勒·酷·J、公敌乐队和Run-DMC（图3）都拒绝高端时装和传统上让人梦寐以求的品牌，转而支持运动装和街头服饰。典型的全副行头包括坎戈尔渔夫帽（图1）、阿迪达斯田径服、阿迪达斯或查克泰勒全明星系列运动鞋。坎戈尔渔夫帽几乎已经成为必备搭配。它看上去很稀奇，其设计者为一家始建于1938年的英国公司，主要因军用女帽

重要事件

1980年	1982年	1983年	1983年	1984年	1985年
金发女郎乐团发行单曲《狂喜》，女主唱黛比·哈里在说唱中提及嘻哈音乐大师弗莱什，单曲将嘻哈音乐带入主流文化。	阿弗里卡·蓬巴塔和灵魂音波力制作出《星球摇滚》专辑，这是嘻哈音乐史上最出名的乐曲集。	弗莱什大师发行唱片《信息》。托尼·西尔弗拍摄的有关涂鸦和嘻哈文化的电视纪录片《风格之战》播出。	电影《狂野风格》上映。其中记录了各种嘻哈文化元素，包括涂鸦、霹雳舞和舞曲行业的竞争。	美国制作人里克·鲁宾和贸易巨头拉塞尔·西蒙斯创建了德弗·詹姆唱片公司，这是说唱类最具影响力的厂牌。	美国篮球明星迈克尔·乔丹开始为耐克品牌代言，此举引发嘻哈音乐人纷纷从阿迪达斯转而支持耐克。

而闻名。受阿莉娅、TLC和Salt-N-Pepa等艺术家影响，女性也选择和男性类似的装扮，或是宽松法兰绒衬衫和牛仔裤外搭紧身白色马甲，再搭配大大的"门环"式耳环。

除了音乐家之外，嘻哈文化还包括一些其他的创意团体，其中最重要的是街舞族和涂鸦画家，他们将街头作为表达自我的舞台。街舞一族（霹雳舞者）需要穿着宽大的牛仔裤和T恤衫，这样才能不受阻碍地舞动，由此建立起嘻哈街头审美风格。除了这一实际原因之外，选择宽松服饰还出于其他一些因素的考虑。低腰牛仔裤不系腰带穿着是为了模仿监狱囚服，这种说法只是都市传说而已。涂鸦和嘻哈文化之间关系也很密切。街头艺术和时尚在设计师斯蒂芬·斯普劳斯的设计作品中相交汇。在20世纪80年代，设计师沉浸在纽约的艺术氛围之中，其设计的印花图案（见448页）因受涂鸦的影响而闻名。其他设计师，包括维维安·韦斯特伍德（图2）也创作过带有独特涂鸦图案的服饰。

随着一些嘻哈艺术家持续对社会问题发表观点，嘻哈文化开始更加渴求"闪亮"的高档服饰，奢华风格开始形成。嘻哈艺术家们想要呈现出成功人士的形象，于是穿戴起皮草外套、新潮套装、鳄鱼皮鞋和铂金首饰，还大量装饰"晶莹"饰物（钻石）以体现脱离了贫民窟穷困生活的成功。然而，纵观整个20世纪80年代，佩戴金链首饰一直是嘻哈风格的重要元素。它被视为非洲战士传统的体现，因为最有权势的武士都是满载黄金的。这些金链用沉重的绳索编结而成。上面还要加上装饰性的纹章和其他稀奇古怪的饰物，如话筒、车牌和美元图标，用以进一步体现自己的帮派身份。另一项重要元素是佩戴金牙套，以突出说唱歌手的口齿伶俐。这种风潮起源于20世纪80年代，当时许多艺术家会用金属片覆盖牙齿，有些还加上宝石或其他装饰物。

宽大的白色T恤衫是嘻哈风格的重要组成部分。只要T恤衫如同刚从"盒子里取出来那般崭新"，品牌无关紧要。这种喜新成癖的审美也被运用在鞋子和内衣中。穿一次即丢弃的炫耀性消费观增添了成功人士和富裕的感觉。另一重要的自我表达部位是头部：20世纪80年代中期，高平头（头侧头发剃光，头顶头发非常长，并打理成竖直形状；头侧还可以剃出花纹）成了最流行的发型。20世纪80年代末期，一种尼龙头巾广泛流行，这种头巾紧紧环绕头部，固定辫发，末端在脑后系结或任其散开。**EA**

1985年	1985年	1988年	1988年	1989年	1995年
埃勒·酷·J发行第一张专辑《收音机》，它标志着老派嘻哈音乐进入主流，成为一种新音乐流派。	美国设计师斯蒂芬·斯普劳斯将街头文化和流行艺术融合在自己的涂鸦外套设计中。	公敌乐队发行其重要作品《百万人才能阻止我们》，专辑获得了广泛赞誉。	斯蒂芬·斯普劳斯与街头艺术家凯斯·哈林合作，推出了自己的署名系列作品。	卡尔·威廉斯是第一个推出同名品牌嘻哈时装生产线的黑人。	武当派乐团推出武服饰。该品牌服饰由乐团执行制作人奥力·"保维"·格兰特设计。

涂鸦系列作品 1984年
斯蒂芬·斯普劳斯（Stephen Sprouse，1953—2004）

涂鸦女装，出自斯蒂芬·斯普劳斯1984年春夏作品系列，摄影为保罗·帕尔梅罗。

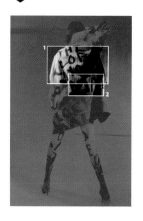

这位模特儿所穿着的茧状涂鸦外衣和全黑的细高跟鞋是20世纪80年代的典型风格，但斯蒂劳·斯普劳斯为其添加了标志性的涂鸦花纹，并选用桃红色面料，使得服饰更显活泼。斯普劳斯以其融合街头文化的技巧而闻名，他的作品融合了都市街头涂鸦和波普艺术的风格。他与安迪·沃霍尔和纽约艺术圈关系密切，作品因此而受到影响。他和歌手兼演员的黛比·哈里居住在鲍厄里同一幢公寓楼中。哈里是时尚圈的一员，因此自然而然地成为斯普劳斯的合作者。她在照片中经常穿着斯普劳斯的设计。

外衣结构简单，几乎不辨款式，采用尼赫鲁式立领，纽扣也十分隐蔽。这些设计成为活泼扎眼的涂鸦花纹的有趣映衬。黑色字母随着服饰褶皱的自然运动而变得抽象难辨，外衣的下端因为在桃红中加入了黑色仿线而逐渐变暗，由此创造出一种浸染的效果，看起来仿佛是外套的边缘因为日久年深而脏污。这样就创造出一种都市嘻哈文化与高级时装工艺相交融的审美风格。**EA**

👁 细节解说

面料

斯普劳斯因为频繁使用异常昂贵的手工编织和印染的织物而闻名。这件外衣应该是在意大利采用最优质的羊驼毛和羊绒编织面料制作而成，其纱线是按照设计师的要求精准染色处理的。

2 涂鸦

手绘涂鸦文字是斯普劳斯的标志性图案之一，这种元素后来在马克·雅各布手中复兴。涂鸦这种大胆的自我表达方式因为高级时装的运用而显得愈加具有煽动性。这里的外衣搭配裤袜穿着，效果醒目。

2001年，斯普劳斯与马克·雅各布合作推出了大受欢迎的路易·威登"快速"包，其特色就是叠加在经典"LV"商标印花上的涂鸦纹。

🕐 设计师生平

1953—1987年

斯蒂芬·斯普劳斯出生于俄亥俄州，20世纪70年代因为侯司顿工作而展开职业生涯，后来他在1983年推出自己的系列作品并扩大规模。他生产的服装都是最高等级，但因为生产成本远远超出利润收入，品牌于1985年关闭。

1988—2004年

斯普劳斯1988年在与街头艺术家凯斯·哈林合作的基础上推出新的作品系列。虽然获得极高赞誉，但品牌仍然无法取得利润，只得再次停业。整个20世纪90年代，斯普劳斯一直从事设计工作，但并没有取得太大商业成功。直至2001年，他的长期粉丝、设计师马克·雅各布（1963—　　）邀请他用标志性的涂鸦印花革新路易·威登的旅行包产品。

定制时装的再生

1 伊曼纽尔·温加罗1987年秋冬作品中的这件带有褶皱装饰和饰边的平行绗缝式夸张晚礼服引起巨大轰动，并且被大量模仿。

2 卡尔·拉格斐设计的香奈儿套装中包括一个菱格纹金属链手提包、人造山茶花领饰和金链腰带（1985）。

20世纪80年代，时尚精英们又一次开始在欧洲高级定制时装上投资，于是经历了之前时代成衣的普及之后，该产业又重新繁荣起来。这一时期，人们见证了戴安娜由一个看起来很羞怯的谦逊的幼儿园老师跃升至英国王室成员，成为威尔士王妃的过程。戴安娜展现出一种全新的魅力，她最早宣传英国的设计师，包括为伦敦时髦人士设计服饰的布鲁斯·奥德菲尔德、出生于法国活跃于英国的设计师凯瑟琳·沃克。然而，巩固了戴安娜全球时尚偶像新地位的，却是她1985年访问白宫、被影星约翰·特拉沃尔塔邀请至舞池中翩然起舞时身着的维克多·埃德尔斯坦设计的深蓝色天鹅绒拖地长裙。她因此而获得了"王朝戴妃"的美称。

在巴黎，20世纪60年代最具先锋精神的时装设计师伊曼纽尔·温加罗凭借一系列性感诱惑的重大场合礼服而重获流行。作品中有许多紧身缠裹式晚礼服，裙子设计成斜裁的垂褶样式，还带有荷叶边和褶皱装饰细节（图1），之后他高调进入美国市场。这些服饰中还带有

重要事件

1981年	1981年	1983年	1984年	1985年	1986年
伊曼纽尔夫妇大卫和伊丽莎白为戴安娜·斯宾塞王妃所设计的结婚礼服开创了塔夫绸宽大撑裙的流行潮流。	威尔士王妃戴安娜的私人设计师凯瑟琳·沃克推出了自己的品牌。	拥有悠久历史的香奈儿公司在艺术总监卡尔·拉格斐的指导下完成了转型；拉格斐的目的是吸引年轻人的新市场。	英国设计师布鲁斯·奥德菲尔德开办了第一家自己的商店，向国际顾客出售成衣和高级定制时装。	罗马的国家现代美术馆举办了芬迪60周年庆祝展览。	杰奎斯·博加将·S成为巴黎世家的品持有公司。次年，歇尔·戈马被委任设计总监。

许多独具特色的生动花纹。其惊人的色彩组合是这个时代风靡一时的典型时尚特色，比如松绿色搭配梅红色、淡黄色搭配深绿色、深红色搭配紫色、淡紫色搭配赭色。

1983年，德国出生的设计师卡尔·拉格斐被任命为濒临停业的香奈儿公司的艺术总监，此举也为高级定制时装的复兴增添了动力。当香奈儿董事会主席阿兰·韦特海默提出职位邀请时，设计师一开始持拒绝态度，但当他明白并不是作为内部设计师被雇用时就接受了邀请。拉格斐一开始只负责高级定制时装部门，成衣部由荷芙·妮格管理，但很快他就实际上控制了公司的所有产品，由此成为时尚界最具知名度且产量最丰富的设计师。拉格斐解构了香奈儿的标志风格，尤其是两件式羊绒结子花式开襟套装（见454页）。这种套装由一件盒形对襟上衣和一件A字形及膝长裙子组成，无领款上衣的领口和前襟周围一般带有饰带镶缀。拉格斐通过引入"低调"面料，如弹力牛仔布和毛圈织物进行制作，再对其结构比例进行大刀阔斧的改革，从而吸引了许多具有时尚意识的年轻客户。

拉格斐进行的不留情面的改革还包括对2.55菱格纹金属链手提包原始款的夸大处理，这款手提包最早由可可·香奈儿于1929年设计，1955年进行了进一步改进。拉格斐夸大了其特色标志，他放大了双C扣商标，并将其重置于包面前身之上。这样，他就创造出这个年代最令人梦寐以求的地位标志品，也成为最容易辨识、伪造最多的产品。拉格斐以其标志性的白发马尾辫、墨镜和苛刻的时尚要求而闻名。他严格坚持自己的个人风格，穿着高领白衬衫和黑色套装，重视单色的运用，并将其转化进自己的设计作品之中。拉格斐延续了香奈儿公司的经典作品，如两件式套装（图2）和黑色小礼服，并讽刺性地在自己设计的后者作品中采用黑色人造皮和涤纶针织面料。他将成衣生产的即时性与高级定制时装的奢华风格相融合，敏锐地意识到需要继承传统高级定制时装的精良制作工艺和独特性。在他的指导下，香奈儿高级定制时装获得了复兴，代表了最高质量，充分发挥出工作室及工匠们的技艺。拉格斐对高级定制服的革新还包括对街头风格和夜店风服饰，比如黑色网眼紧身连衣裤、自行车手风格的外衣、聚氯乙烯牛仔裤、花呢胸罩式上衣和短裤的借鉴。他受到许多模特儿和缪斯，其中包括伊娜丝·德·拉·弗拉桑热的激励，选用了许多高知名度名人来代言产品，尤其是在全球闻名的香奈儿香水的广告宣传和营销中。

1983年，设计师弗兰科·莫斯基诺推出了明显是戏仿香奈儿新审美风格的自己的品牌。他在高端时尚杂志上刊登了一系列煽动性的广

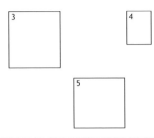

3 克里斯蒂安·拉克鲁瓦1989年秋冬奢华作品中的这件装饰华丽的长裙包括一件红色天鹅绒刺绣胸衣、透明纱袖和一条丰满的灰色和粉红色裙子。

4 在这幅1990年的广告宣传画中，被媒体誉为"时尚坏小子"的莫斯基诺运用机智且犀利的双关语颠覆性地利用了20世纪80年代的时尚消费主义。

5 这套服装在莫斯基诺1991年春夏折中派作品中独具特色。在剪裁讲究的两件式套装和复杂的珍珠项链之下搭配的是一件印有口号的T恤衫，上衣的衣襟还饰有骰子。

告宣传（图4），用以攻击高级定制时装行业，敦促消费者们无视那些季节潮流和定制服饰。他有时会推出完全戏仿自香奈儿风格的作品，可参见1987年作品中的充气海滩玩具和塑料花朵（见458页）。莫斯基诺继承了艾尔莎·夏帕瑞丽设计中所采用的超现实主义元素，再运用移位手段，在1989年制作出一件兜帽和衣领由泰迪熊组成的外衣，以及一件裙子完全用黑色胸罩做成的人造丝和斯潘德克斯弹性纤维服饰。他对技术革新和结构无甚兴趣，只运用基本服饰款式，机智并热情地传达出自己的理念。设计师满足于采用视觉双关语和口号来装饰服装表面。1991年，他展出一套腰部绣有"金钱的腰围"文字的红色衫裤套装，一件印有"何处，何时，为何？"字样的口号T恤衫（图5）。这些好玩的系列作品中著名的还有绣着超大闪光标点符号的上衣、彩虹色彩的牛仔衬衫。

拉格斐成功地让香奈儿重新焕发生机的案例激励了许多其他重要品牌，它们纷纷重新研读自己的作品档案，抓住人们渴望穿着立即就能辨别出自己身份的服饰的心理。根据时尚出版物的说法，这是一个"品牌狂热"的年代，一旦某个品牌的商品型号被用来代表该公司，它就会变得越来越重要，吸引来更多的消费者。芬迪、克里斯汀·迪奥和路易·威登等公司都推出了外表上多次运用商标的产品和服饰，它们的商标多是由品牌名称首字母缩写组成。

20世纪80年代，奢侈被定义为要选择合适的品牌来穿着。随着时间向前推进，那些带有明显的商标标识的奢侈品开始进行品牌化营销。消费者们渴望按照"生活方式营销"的理念来购物。这个术语用来描述商品令人梦寐以求的本性，商品设计开始被视为一项服务业，而不再是创作。虽然高级定制时装蓬勃发展，但仍然只是为吸引顾客而低价出售的商品。不过，高端时尚界的这种景况却为广告业提供了许多利润高昂的时尚衍生品，比如香水、化妆品、标志款手袋，其中最令人渴望的就是古驰公司营销的、带有双G文字商标的产品。

1987年，酩悦·轩尼诗和路易·威登合并成立了LVMH品牌，世界最大奢侈品集团由此建立。与他们争夺奢侈品市场霸权的是古驰集团，竞争结果就是时尚和配饰行业由两大巨头所控制。1906年建立于米兰的古驰原本是一家马具工房，该公司在第二次世界大战之后开始兴盛，其双G图案的商标变得国际闻名。20世纪80年代，随着过度扩张的许可协议，古驰也囊括了时装和家居产品，由此引发了暂时性的衰败，这也与其作为家族公司的内部斗争有关。不过，1988年任命了美国零售商唐·梅洛之后，许多许可协议被取消，这个设计师品牌的威望因此而得以巩固。

1987年，对于经济持续繁荣的错误乐观情绪高涨。在全球金融即将崩溃的风口浪尖，克里斯蒂安·拉克鲁瓦成立了一个新的高级定制时装公司。1987年，还在巴杜高级定制时装店工作时，他就设计出一种泡芙裙，或称泡泡裙，用以挑战当时流行的带有垫肩的董事会议室强人着装。还是在1987年，当拉克鲁瓦首次推出其具有里程碑意义的高级定制时装作品时，80年代的时尚潮流几乎在一夜之间为之改变。款型宽大的服饰，比如撑裙状的裙子和能塑造出沙漏形身材的带有天鹅绒紧身胸衣的服饰（见456页）取代了强人服饰。在随后的系列作品中，拉克鲁瓦继续采用各种受到西班牙风格影响的奢华面料和大量装饰，款型也继续借鉴18世纪风格（图3）。但这种铺张华丽的风格非常短暂，紧随其后的是90年代推崇的冷静简约主义。**MF**

两件式套装 20世纪80年代

卡尔·拉格斐（Karl Lagerfeld，1938—2019）

伊娜丝·德·拉·弗拉桑热为香奈儿担任模特儿。

作为模特儿和缪斯，伊娜丝·德·拉·弗拉桑热体现了重生的高级定制时装品牌香奈儿在艺术总监卡尔·拉格斐的指导下所呈现的典型文雅淡漠风格。德·拉·弗拉桑热确实体现了香奈儿本人所具有的优雅、漠不关心的气质。拉格斐参考了香奈儿的典型风格，对设计师标志性的两件式结子花式套装原型进行模仿和颠覆，保留这种手织机编织对襟外衣的同时又融入了20世纪80年代流行的花呢面料。两条袖口都装饰有镀金纽扣，采用单色穗带紧绕固定。两边前胸的横式胸袋上也采用了同样大胆的细节装饰，用一对纽扣加固。

这款定做外衣由女裁缝师手工制作，她们先将每一片面料裁剪组合好，然后缝合成型。拉格斐还给套装上衣悬饰了几条金属链，以搭配超大的珍珠链，以此来暗示香奈儿喜好在上衣和裙边上装饰金属链以增添服饰重量的风俗，这样服饰才能塑造出正确的垂坠感。上衣之内搭配了一件全白的带有高翻领的硬挺衬衫。服饰对于本品牌风格进行了大量重复模仿，其中还包括两个华丽的镀金胸花，上面分别是拉格斐和弗拉桑热的肖像。**MF**

◉ 细节解说

1 圆盒帽
模特儿上掠式蓬松发髻一侧戴着一个圆盒帽，采用的是和上衣一样的花呢质地。帽子的特色在于扁平的黑色蝴蝶结中间固定着一朵纯洁的白色人造山茶花——这是香奈儿的另一个标志。

3 饰有商标的配件
拉格斐还为套装搭配一条缀满了珠母徽章的迷人手镯，每一颗徽章上都带有品牌商标，这也更加体现了香奈儿长久以来对人造珠宝饰物的偏爱。

2 大尺寸配件
除了口袋和袖口的镀金纽扣之外，拉格斐还给这件经典款对襟无领上衣装饰了大量夸张的珍珠项链。每一颗纽扣上都装饰有标志性的香奈儿双C商标。

🕐 设计师生平

1938—1982年
卡尔·拉格斐出生于德国汉堡。1952年，他移居巴黎，并受雇成为皮埃尔·巴尔曼时装店设计助手。1958年至1962年，他在巴杜时装店担任艺术总监，后来成为自由设计师。之后的20年间，他主要为新兴成衣品牌蔻侬设计女性服饰，但同时也为意大利品牌克里琪亚和华伦天奴工作，为芬迪设计皮革产品并担任艺术总监。

1983—2019年
拉格斐签约了许多品牌产品，其中包括以他自己的名字命名的生产线，同时也参与更广泛的市场品牌的工作。1983年，他成为香奈儿艺术总监，这被视为他在全球时尚产业重要意义的体现。

首批作品 1987年
克里斯蒂安·拉克鲁瓦（Christian Lacroix，1951— ）

⚙ 细节导航

克里斯蒂安·拉克鲁瓦以自己之名推出的登台作品引发了全球的关注和媒体热情洋溢的报道。这种景象自1947年克里斯汀·迪奥推出具有标志意义的新风貌作品以来前所未有。系列作品在巴黎圣奥诺雷街的洲际大酒店向翘首以待的摄影师和时尚媒体展出，采用拉克鲁瓦标志性色彩——深红色、紫色、橙色和黑色装饰，舞台上饰有芦苇。时尚作家尼古拉斯·科尔里奇见证了首批作品的60多套服饰，并在其著作《时尚阴谋》中写道："喘息声，世界为你而惊讶。天桥上走着猫步的模特儿们穿着的服饰比例是如此的怪异，是那样的颠倒无章，颠覆了传统逻辑。其中有用镀金的小树枝和芦苇别住的巨大的钟形帽，有马驹皮、银狐皮和波斯黑羔羊皮制作的裙子。有的上衣上绣着卡马尔格风格的图案，有的外衣采用红色丝硬缎制成。"

拉克鲁瓦从家乡服饰的细节，法国西南部和西班牙服饰的装饰中汲取灵感，再融入18世纪及19世纪早期风格的影响，采用装饰富丽的面料覆盖在裙箍和裙撑之上，以塑造出波兰连衫裙般摇曳的罩裙。这些作品采用了工作室中的所有精湛工艺，如缘饰、珠饰、刺绣和皮革加工工艺等，制作出各种兼收并蓄的服饰。**MF**

👁 细节解说

1 绸缎和无光绒裸肩连身裙

这件富丽的红色丝硬缎连身裙上的褶饰紧紧环绕着模特儿身体，裙角延伸成硬挺的波浪形状，露出里层层叠的黑色纱质撑裙，裙形令人想起弗朗明哥舞者的舞步。上部呈花萼形的独立袖子从肘部向手腕逐渐收细。

2 撑裙款式

这款服饰中生动夸张而富丽的色彩——紫色、橙色、粉红色和翠绿色源自拉克鲁瓦的故乡，钟形裙前身中间的印象派风格印花独具特色。蝙蝠袖与宽松的裹身胸衣是连体裁剪。

🕐 设计师生平

1951—1986年

克里斯蒂安·拉克鲁瓦出生于法国阿尔勒，1986年成为他所崇敬的巴杜时装店的总设计师。他在那里工作期间发明的泡芙裙，或称泡泡裙，迅速将20世纪80年代流行的紧身宽肩款式转变为更能体现女性身材特征的款式。拉克鲁瓦的成功使得时尚企业家让-雅克·皮亚和商人伯纳德·阿诺特在巴黎开了第24家高级定制时装店，并交由其掌管。虽然影响力巨大，但该公司一直未能盈利。

1987年至今

克里斯蒂安·拉克鲁瓦纽约时装店的开业时间正值1987年股市崩盘时期，奢侈华丽服饰遭到公众的强烈抵抗。拉克鲁瓦推出的第一款香水（这就是人生！）、设计师牛仔裤和成衣生产线的失败预示着该品牌的衰落。2005年，伯纳德·阿诺特将时装店出售给免税零售商费力克集团。2002年至2005年，拉克鲁瓦担任意大利时装品牌璞琪艺术总监，之后离开去从事其他时尚项目。

3 文化元素的混合

这款及膝长的马驹皮A字裙搭配的花呢上衣是按照18世纪的款式裁剪制作的，其强调重点在于腰部和延伸至肩部的宽大衣领。巨大的平檐帽令人想起西班牙宽边帽。

套裙 1987年

弗兰科·莫斯基诺（Franco Moschino，1950—1994）

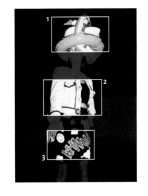

1983 年推出莫斯基诺高级定制时装品牌之后，弗兰科·莫斯基诺极力想要打破精英时尚的价值体系和中产阶级的矫揉造作风格。他选用达达主义和波普艺术标准作为武器。作为20世纪60年代的美术专业学生，莫斯基诺全身心反对马塞尔·杜尚和罗伊·里奇登斯坦不受正统文化重视的现状，为讽刺性异议表达提供了现成的案例。

卡尔·拉格斐设计的1986年香奈儿秋冬时装流传广泛。模特儿弗拉桑热所穿戴的带有大量品牌标识的华丽饰物——商标、蝴蝶结、山茶花、链饰、珍珠，以及标志特色的带黑色镶边装饰的白色开襟上衣都带有优雅的贵族气质。莫斯基诺1987年推出的作品却对香奈儿品牌进行了不留情面的戏仿，其中的每一个标志物都被赋予了完全不同的含义：白色山茶花被转变为一排俗艳的玫瑰形塑料大纽扣；优雅的两件式套装变成了带有波普艺术图案纹章的错配服装；香奈儿精致的头饰则被重现为一堆沙滩玩具。莫斯基诺1988年推出普及作品"物美价廉"在国际上所取得的商业成功完成了讽刺的整个循环。**MF**

👁 细节解说

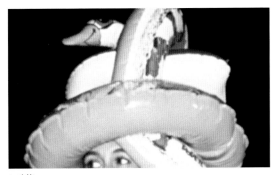

1 头饰
在莫斯基诺的作品中，香奈儿原本的草帽、蝴蝶结、山茶花所组成的精致头饰变成了海滩玩耍装备。各种塑料充气玩具在模特儿头上堆得很高，几乎难以保持平衡。

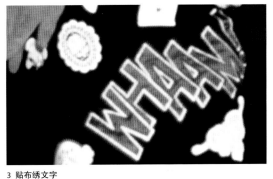

3 贴布绣文字
莫斯基诺采用机智犀利的双关语颠覆了裙子的传统款式。这款裙子上装饰有波普艺术家罗伊·里奇登斯坦风格的贴布字母"WHAAM!"，对应的是香奈儿带有连串字母装饰的镀金手镯。

2 精良的裁剪
莫斯基诺的做派虽然轻浮，但这件奶油色羊绒结子呢面料的对襟上衣剪裁制作却相当传统，前襟、贴布口袋和袖口手腕处均装饰有整齐的黑色穗带。

🕐 设计师生平

1950—1983年
弗兰科·莫斯基诺出生于米兰以北的一个小村庄，1967年进入佛罗伦萨美术学院就读。1971年毕业后，他曾与詹尼·范思哲合作，担任时装展示会宣传画家。1977年，他被任命为意大利卡德特公司设计师。1983年，他离开后推出自己的品牌，并在米兰进行展出。

1984—1994年
1986年，设计师推出首批男装作品，随后在1988年讽刺般地推出了名为物美价廉的品牌，产品比其在高端市场零售的主要产品要便宜。1985年开始，他的朋友兼长期合作者罗赛拉·嘉蒂妮（1952— ）加入了该品牌。在嘉蒂妮的支持下，该品牌在1994年设计师逝世之后仍继续存在。

外衣形式的内衣

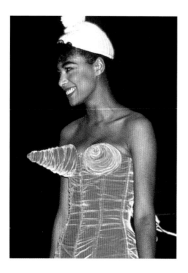

现代胸罩最早出现于1913年，是美国社交名流玛丽·菲尔普斯·雅各布以假名凯丽斯·克洛斯比发明的。与用来体现特定的社会地位、突出性别特征的紧身胸衣（之前用来支持胸部的唯一方法）不同，胸罩具有现代性，将女性的身体从束缚中解放了出来。然而，一直到20世纪末，胸罩和紧身胸衣才成为时装中可以看见的一部分。维维安·韦斯特伍德、让·保罗·高缇耶和亚历山大·麦昆等设计师纷纷开始对古老的紧身衣进行重新阐释和复兴，将这种用于束缚、表露性征的物件转变为一种展示女性权势和潜能的投射物。

英国设计师韦斯特伍德在1982年秋冬布法罗女孩系列作品中提出了外穿内衣的概念。作品从秘鲁服饰中汲取灵感，其中棕色长带绸缎胸罩颇有特色，其后背设计很深，带有圆形罩杯，穿在缩绒羊毛的不对称上衣外部。这款胸罩不具有功能性，也不再考虑传统意义上的支持或抬举胸部的作用，而是成为一种装饰性服饰，打破了被视作合宜的穿衣规则。在历史上，紧身衣紧紧地束缚住女性的身体，以塑造出特定的体型：突出腰肢、帮助塑造出胸部和臀部之间的区别，这一点

重要事件

1982年	1982年	1983年	1983年	1984年	1985年
维维安·韦斯特伍德在伦敦开了第二家时装店"泥沼的怀旧"。	维维安·韦斯特伍德的布法罗女孩系列作品中推出棕色绸缎胸罩，由此推出内衣外穿的理念，打入朋克和束缚服饰以外的市场。	让·保罗·高缇耶推出达达主义系列作品，其特色的款型中有着夸张的胸部，借鉴了非洲的生育象征。	高缇耶推出男装生产线。作品中包括男式紧身胸衣和裙装。	麦当娜发行专辑《宛若处女》，她在公众意识中成为挑衅女歌手。	维维安·韦斯特伍德在迷你裙撑系列作品中设计了一款小型的裙撑服饰。

至关重要，由此创造出的沙漏形身材在传统上被认为能够体现女性的柔弱气质。1990年，韦斯特伍德借用了紧身胸衣的撩人特性，在她设计的史上最简短紧身胸衣上印上了18世纪"春宫画家"弗朗索瓦·布歇的作品《牧羊人观望熟睡的牧羊女》（图1）。虽然带有沉重的骨衬，但背后采用拉链系紧，而且具有讽刺意味的是，两侧的奶油色侧片采用的是弹性莱卡面料以保证穿着舒适。

法国设计师高缇耶将紧身胸衣革新为一种体现权势的战略配备，使得穿着者能够对自己的性别有了自主权。他的标志性作品是1990年为麦当娜"金发雄心"巡回演唱会设计的服饰。他让歌星穿上带有圆锥形罩杯的紧身胸衣（图2），以此强调出她张扬的性感魅力，从而颠覆了许多人对女性特质的既有观念。这款"子弹胸罩"的躯干部分缝纫严密紧贴，身前用拉链扣紧，这些与服饰粉红色丝缎面料的柔软质地对比强烈。纤细的腰肢曾经要用隐藏的束腹来塑造，但在麦当娜这里是采用一般用作外衣配件的军装腰带加以强调。吊袜带也露出在外，其装饰的作用远大于实际功能。在这场巡演中，高缇耶还将女性闺房与办公室并置，设计了一款无尾燕尾服。这款新型强人服饰被竖直撕裂，并被麦当娜身穿的圆锥形胸罩所刺穿。

高缇耶因6岁时为泰迪熊玩具设计的圆锥形胸罩而闻名，随后这就成了他的一件标志性设计作品。金字塔状的胸型和后背系带的紧身胸衣服饰最早在天桥上露面是在高缇耶1985年秋冬教士系列中（图3）。这款服饰采用橙色天鹅绒制作，柔软的触感与硬挺的圆锥形胸罩形成了强烈的反差。胸部的圆锥呈钝角角度从身体斜向外伸展，而非像传统的性感内衣和古老的紧身胸衣一样，将胸部挤向内部和上方以塑造出乳沟。胸罩被制作成挑衅般的圆锥状，紧身胸衣塑造性感的理念遭到挑战，并使得所有人都无法靠近穿着者的身旁。麦当娜的这款胸衣显然借鉴了20世纪50年代的胸罩风格，而橙色的这款却是深思熟虑之选，它代表了某种虽稍稍褪色但仍然值得尊敬的事物。

韦斯特伍德和高缇耶让紧身胸衣起死复生后，将内衣融入时装的设计就无所不在了。法国设计师克里斯蒂安·拉克鲁瓦1987年推出的作品展现出一种18世纪古老的浪漫主义风格。出生于比利时的奥利维尔·泰斯金斯和亚历山大·麦昆则发布了一些风格阴郁的作品。麦昆的服饰剪裁犀利，他的但丁系列作品（1996）中出现了女性紧身胸衣，1999年推出的13号系列作品中出现了游击队员紧身胸衣。这些作品将胸衣带入了主流时尚。**PW**

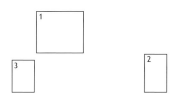

1 维维安·韦斯特伍德1990年推出的肖像系列作品印有布歇画作局部，让紧身胸衣复生。

2 流行明星麦当娜在1990年的"金发雄心"巡回演唱会中身着的圆锥形胸罩上衣是由让·保罗·高缇耶所设计的。

3 让·保罗·高缇耶的这件褪色的橙色绉缝天鹅绒服饰于1984年推出，其灵感来自其祖母衣柜里找到的一件紧身胸衣。

1987年	1990年	1992年	1994年	1996年	1998年
黑色星期一，股市崩溃，英国经济大萧条开始。	韦斯特伍德从18世纪法国绘画中汲取灵感，创作出印有布歇画作的紧身胸衣和肖像画系列作品。	超级男模塔内尔·贝德罗斯安特担任让·保罗·高缇耶设计的天鹅绒紧身胸衣服饰的模特儿。	神奇胸罩推出了伊娃·赫兹高娃担任模特儿的广告，该品牌得以重新上市，这款胸罩也重新成为性感的象征。	亚历山大·麦昆的但丁系列作品避开了内衣外穿的玩闹特质，推出了更加阴郁的审美风格。	麦当娜穿着奥利维尔·泰斯金斯设计的服饰出席奥斯卡金像奖典礼，引发了公众对这位年轻设计师作品的关注。

游击队员紧身胸衣 1999年
亚历山大·麦昆（Alexander McQueen，1969—2010）

13号套装包括棕色的皮革紧身胸衣、奶油色丝绸蕾丝裙子和榆木雕刻的义肢。摄影为索威·桑德波。

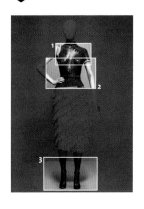
亚历山大·麦昆1999年春夏作品中探究了高贵野蛮人这一理念，其中包括这款采用蕾丝绣花的破损席纹呢面料制作、拉菲亚树叶纤维穗饰的裙子，饰有锁缝线迹的小山羊皮面料制作、褶皱雪纺绸束紧的紧身胸衣。这件公主战士般的胸甲从传说中吓人的亚马逊女弓箭手形象中汲取了灵感。

这件胸衣长度刚刚平齐臀部，颠覆了这种服饰传统上的功用。它不但没有起到束缚胸部的目的，反而凸显出了胸部的形状，甚至包括乳头的轮廓以及肋骨下面凹陷的线条。这里光滑的皮革使得胸衣呈现出一种伪装的、有利于防护的、盔甲般的硬度，锁缝针迹以外科手术缝针般的精准度斜穿过身体，令人想起游击队员佩带的子弹带。细腰带也可能被用作手枪套。高领设计限制了穿着者的活动，其灵感来源于中世纪穿在盔甲之上，用于保护咽喉的颈甲。服饰并用了两种不同的面料，模铸胸衣搭配的A字形及膝长裙是用多层不对称图案的蕾丝面料制成，裙子上的缝线图案方向与胸衣装饰针迹相反，由此将焦点集中到臀部位置。**PW**

👁 细节解说

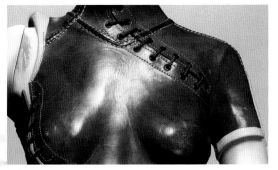

1 包边袖
胸衣的袖子参考了亚马逊传说，不对称的袖口裁剪是为了方便从箭袋中抽取箭矢，便于射击。袖口采用不同面料的硬挺白色织物包边，类似于简洁的古希腊服饰风格。

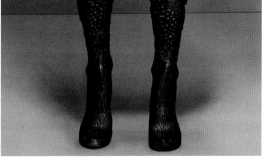

3 木雕义肢
13号套装最早的模特儿是一位残奥会运动员艾米·穆林斯，套装中还包括一对榆木雕的义肢。其逼真的外表，再加上模铸的胸衣，观者不禁会疑惑到底什么才是真实的，透露出什么样的身体特征。

2 模铸胸衣
模铸风格的胸衣将女性变成了商店里的裸体假人模特儿。这种假模特儿本身也经常用来象征女性仿佛是不会说话的性感物件。在这款服饰中，宽大的缝线针迹仿佛是在讲述这个穿着防护衣的受伤女人的故事。

🕐 设计师生平

1969—1995年
李·亚历山大·麦昆出生于伦敦。毕业后曾先后在萨维尔高档制衣街的安德森与谢泼德商店、吉凡克斯商店担任学徒，之后又为安琪儿和伯曼商店担任了一段时间的供货商。申请成为中央圣马丁艺术设计学院剪裁师之后，他得到了该大学硕士生学习的机会，并于1994年毕业。他的毕业设计作品被设计师伊莎贝拉·布罗全部买下。

1996—2010年
麦昆于1996年至2001年担任纪梵希的总设计师一职。2000年，古驰集团取得了麦昆个人品牌的绝对控股权，但保留了设计师作为时尚总监的职位。麦昆的成就受到诸多奖项的肯定，如1996年、1997年、2001年和2003年分别获得英国年度设计师大奖。

第六章
1990年至今

颓废与过度

20世纪90年代，意大利时尚设计师詹尼·范思哲、罗伯特·卡沃利和杜嘉班纳（杜梅尼克·多尔齐及斯蒂芬诺·嘉班纳）都开始庆祝热烈风格时尚的回归。他们的作品扎根于20世纪50年代意大利甜蜜人生的时尚风格，渴望直接地展露性感。范思哲艳丽的印花布（图1），卡沃利为之痴迷的动物皮，杜嘉班纳固有的西西里岛风格，以及芬迪品牌奢华的皮草和配饰（见472页）都给人一种颓废的感官印象。20世纪90年代，范思哲将超级名模克里斯蒂·特林顿、琳达·伊万格丽斯塔、娜奥米·坎贝尔和辛迪·克劳馥一起笼络到天桥上，成为这个时代炫耀性消费与核心魅力相互融合的缩影，也将这些模特儿推至全球闻名的地位。

范思哲的首批女装作品展于1978年在米兰举办。到这时为止，米兰已经取代罗马和佛罗伦萨，成为意大利时尚的中心。范思哲的审美风格融合高端艺术和当代文化于一体，采用蛇妖美杜莎的头像作为品

重要事件

1988年	1989年	1989年	1990年	1990年	1992年
杜嘉班纳在米兰多尔齐家庭工作室的基础上建立了成衣生产线。	范思哲开了个人高级定制时装店，制作手工时尚服饰。	杜嘉班纳推出内衣和泳衣作品。	杜嘉班纳建立男装生产线。	罗伯特·卡沃利开始认真地迎合美国市场，产品在纽约高端时装店，比如波道夫·古德曼零售。	范思哲推出的束缚系列作品因为太过直白性感而引发争议。

牌图案标志，也代表了范思哲品牌的颓废魅惑以及挑逗迷人的内在气质。1989年，范思哲开了高级定制时装店。接下来的十年里，他一直作为先驱，为超级富豪们设计了许多融合各种炫目色彩的奢华晚礼服。20世纪90年代早期，范思哲专心于晚礼服设计，将一层层珠饰、金属线、绣花和贴布绣装饰在色彩斑斓的优雅印花布上，服饰领口一直开至腰部或半边腰侧，还经常采用一些流行文化图像，比如卡通形象、从安迪·沃霍尔作品中获得灵感的玛丽莲·梦露和詹姆斯·迪恩的画像（见470页）。他的作品还因为品牌标志性的金色服饰而显得华丽非常，比如金色防水短上衣、金银锦缎套装、带有金色流苏的金线刺绣卷轴图案、克里斯蒂·特林顿担任模特儿展示的金色蕾丝芭蕾舞短裙（图2）。

性是范思哲的重要审美主题，1992年秋冬束缚系列作品就是设计师越来越多的直白恋物癖风格服饰的一部分，其中出现了皮带和细高跟这样的女性服饰。黑色皮革一直是设计师创作"第二层肌肤般的服饰"的重要特色材质。他对其进行雕刻处理，缝制出花纹，压线缝合，打上装饰钉，将其变为带有夸张的骑手服饰细节的合身连衣裙和上衣。1994年，范思哲重新借鉴伦敦朋克的反文化风格。当英国女演员伊丽莎白·赫利穿着他所设计的"别针裙"随休·格兰特一同出席影片《四个婚礼和一个葬礼》（1994）首映式时，设计师赢得了全球媒体铺天盖地的报道，其程度空前绝后。这款黑色深V形领口的露肩连衣裙是侧开衩紧身款式，采用镀金和银质苏格兰短裙徽章别针固定，别针上装饰有钻石美杜莎头像图标。配套的男装上衣采用白色羊绒面料制作，袖子外部开有裂口，同样也采用珠宝装饰的短裙徽章加固。虽然范思哲早在1979年就推出了男装产品，但直到十年之后，他那精致生动的设计才吸引了摇滚明星和流行歌手的兴趣，比如斯汀1992年与托蒂·斯特拉结婚时穿着的就是范思哲设计的服饰。

纵观范思哲的整个职业生涯，色彩活泼、大面积的巴洛克式花纹、古希腊回纹图案的印花和金色的大量运用一直是其男女装品牌的标志。设计师一直喜欢使用金属网状面料，并于1982年首次取得该面料的专利权，不断地探究这种性感精致面料贴身和立体裁剪的特性。在其1997年秋冬最后一次作品展上，他精选了一款此种面料的双层结婚小礼服由超模娜奥米·坎贝尔展示。1997年范思哲逝世之后，从1990年起执掌公司年轻品牌范瑟丝的范思哲的妹妹兼缪斯多娜泰拉，

1 詹尼·范思哲被超模们包围在天桥中间庆祝作品展大获成功（1993）。

2 克里斯蒂·特林顿身着范思哲设计的装饰华丽的格子呢上衣和精致的蕾丝芭蕾舞短裙（1992）。

1993年	1994年	1994年	1997年	1998年	2000年
卡尔·拉格斐因为雇脱衣舞娘担任芬迪黑白系列作品模特儿而引发米兰时装周的哗然。	伊丽莎白·赫利穿着"别针裙"出席《四个婚礼和一个葬礼》电影首映式，引发媒体大量关注。	杜嘉班纳推出价格相对便宜的二线品牌生产线，因为流行明星麦当娜的成功宣传而销量大增。	范思哲在迈阿密遭遇谋杀身亡，他的妹妹多娜泰拉接过总设计师的职位。	罗伯特·卡沃利推出更加年轻化的加斯特·卡沃利生产线。	罗伯特·卡沃利让模特儿从头到脚身着斑马纹印花服饰登上天桥，以此揭幕春夏作品展。

接过了品牌设计总监之职。

1982年，出生于西西里岛波利齐的杜梅尼克·多尔齐和出生于米兰的斯蒂芬诺·嘉班纳在米兰成立了他们的时装公司，并于1985年推出首批女装展。杜嘉班纳的裁剪因融合严肃与性感于一身而闻名，严肃与性感一直是意大利时尚必不可少的组成元素。从紧身胸衣和内衣中汲取灵感的服饰具有强烈的性感表现力，体现了对意大利南部风光的怀旧乡愁。意大利新现实主义电影的女主角就是其缩影。蕾丝纱巾的运用，或是深V领、贴身长裙和黑白主色调通常会搭配宗教图像装饰。这些特征体现了品牌的二元对立风格，也反映了设计师二人组的天主教徒出身。杜嘉班纳性感迷人的特质受到意大利女偶像，比如女演员伊莎贝拉·罗西里尼和莫妮卡·贝鲁奇的影响，两人都曾出现在由史蒂文·梅塞拍摄的大获成功的广告宣传片之中，并都曾穿着该品牌踏上红地毯。杜嘉班纳还曾委托德国出生的摄影师兼导演艾伦·冯·恩沃斯为其作品注入情色意味。女摄影师利用其直白性感的图像特质和模特儿慵懒的姿势（图3），突出了服饰内在的诱惑力。流行偶像明星麦当娜委托两位设计师为其1990年的纪录电影"真话还是冒险：与麦当娜同床"发布会设计了一套紧身胸衣和外衣，随后又为其1993年的"少女秀世界巡回演唱会"设计了1500套服饰。合作之后，杜嘉班纳的国际知名度更加高涨。直截了当的性感融合精良的裁剪制作，也是1990年1月首次推出的杜嘉班纳男装作品的重要元素。多尔齐的父亲是西西里的一名工作室匠人。在他的指导下，这两位设计师以意大利盗贼服饰中纽扣很高的上衣和紧身窄腿裤或裤袜为基础，制作出款式松散的套装。

动物纹样，如老虎、豹子、猎豹和斑马等长久以来一直是时尚设计师们的灵感来源。无论是变成抽象图案，还是精确复制，罗伯特·卡沃利的审美风格总是难以逃脱对斑点或条纹等动物纹章的借

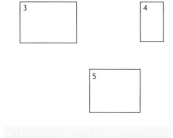

3 在意大利版《时尚》（1991）的这张照片中，摄影师艾伦·冯·恩沃斯采用了许多具有强烈性感意味的元素，比如尖头裸跟鞋、杜嘉班纳的黑色绸缎紧身胸衣和耀眼的红唇。

4 在罗伯特·卡沃利2000年春夏时装展中，伊娃·赫兹高娃为其动物花纹的奢华服饰担任展示模特儿。

5 卡尔·拉格斐为芬迪2000年秋冬作品展设计的服饰显然全都是高端奢侈品。

用。早期的岩洞壁画曾描绘过人类穿着动物皮毛的场景，其目的不仅只是伪装欺骗捕食的动物，同时也是想要具有猎物的神秘性。在当代时尚界，穿着兽皮纹样的服饰也被解读为想要传达出和那些大型猫科动物一样具有危险的狩猎天性。带有母豹子豹纹——母豹子是最凶猛的猎手——的外衣被视为美女的标志。

卡沃利最早进入时尚界是凭借他发明的在皮革上印花的创新型技术，20世纪70年代初期获得专利权，并为他赢得了爱马仕和皮尔·卡丹的青睐。20世纪80年代，他设计的印花、刺绣和拼布牛仔布及皮革高端休闲装被广为模仿，但直到90年代他专心投入巴洛克式图案和精美印花图案设计之后，品牌才受到众多名人支持，成为国际名牌。与范思哲活跃于米兰不同，卡沃利一直在佛罗伦萨展出季节新作直至1994年，这反映出他更加偏爱低调奢华的风格。这一时期，他的第二任妻子伊娃被誉为自品牌复兴以来的灵感来源，由此设计出的标志性动物纹样礼服吸引了新一代摇滚名人和流行明星的追捧。在2000年春夏作品展中，卡沃利让模特儿从头到脚穿着按比例缩小的斑马纹服饰（图4）；模特儿们聚集在满是斑马纹的房间里，被装饰着闪光装饰品的衣领和绳带拴在其中。

除了动物花纹之外，真正的兽皮也是意大利颓废过度风格时装的组成部分，它不仅代表了物质上的富裕，还体现出一定的情色意味。意大利的设计师们无视国内外立法，如美国1973年颁布的《濒危物种法案》和1973年签署的《濒危野生动植物种国际贸易公约》引发的全球政治化运动，仍毫无愧意地大量运用皮草。时尚界需要找到代替兽皮的方法，既要保留其原本的魅力，又不会触犯伦理关怀。卡尔·拉格斐开发探究出一些新型毛皮加工方法，以便解放材料制作技艺，使得这些面料能够印花和染色（图5）。这样的处理掩盖了面料的来源，使得人造皮毛或"杂色皮毛"和真皮几乎毫无差别。**MF**

沃霍尔印花服饰 1991年

詹尼·范思哲（Gianni Versace，1946—1997）

娜奥米·坎贝尔为范思哲的一款沃霍尔印花图案的晚礼服担任展示模特儿（1991）。

在这件超级名模娜奥米·坎贝尔展示的晚礼服中，詹尼·范思哲将富于美感的款型与流行文化统和起来，以突出炫耀性消费和装饰灿烂的诱惑风格在全球范围的爆发。为了向美国波普艺术家安迪·沃霍尔创作的色彩充满活力的丝网印刷名人肖像画致敬，范思哲制作的这款修身晚礼服长裙全身印满好莱坞经久不衰的性感女神玛丽莲·梦露和银幕偶像詹姆斯·迪恩的肖像。服饰的套索系领勾勒出紧身抹胸上衣中圆形针迹缝制的罩杯形状，胸衣采用配套肩带加固。贴布部分是通过在罩杯的支撑导线上增加补充材料做成，由此也增加了装饰的立体效果。

拼贴画般的图像通过翠绿色、红色、天蓝色、紫色和金色区域组合在一起，每一种颜色都稍稍经过褪色处理，使得这些故意配错的色彩相互交叠。因为印染图案都朝向一个方向，所以需要大量使用丝网印花法。设计还要求图像的尺寸要与缝线相搭配，这就意味着需要耗费大量的面料来重复制作，但服饰其实是用制作T恤衫般漫不经心的方式裁剪的。**MF**

◈ 细节导航

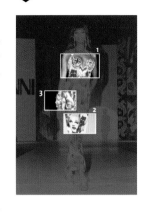

👁 细节解说

1 紧身抹胸上衣
模特儿的胸部被一种秀场女孩风格的紧身抹胸上衣抬起分开，其上还装饰着一圈圈水钻和贴布绣图案。这些装饰围着胸部构成了曲线图案，然后在前身中央形成V形开领。

3 高亮配饰
作为范思哲偏爱生气勃勃的过度风格的证明，这套装饰丰富的服饰还搭配了一套色彩丰富的配套首饰，主要成分为金。这款配饰将服饰的闪耀灿烂风格延伸到手腕和耳垂部位。

2 全身印花
服饰采用约96厘米×140厘米大尺寸印花绸缎面料制作，有一块副本。担任图案印花的是意大利最著名的丝网印刷公司拉蒂印染公司。

🕐 设计师生平

1946—1988年
詹尼·范思哲出生于意大利的雷焦卡拉布里亚。他的职业生涯始于1972年为康普利斯、珍妮、卡拉汉设计公司担任设计师。他在1978年创建了自己的品牌。范思哲1978年在米兰的史皮卡大街开了第一家精品店，同年推出自己的品牌。

1989—1997年
1989年，范思哲开了高级定制店。在随后的十年里，设计师以超级富豪为目标顾客，设计出许多采用他标志性矫饰主义印花面料制作的大胆烘托体型的晚礼服，极富魅力。1990年，他推出了一个风格年轻化的品牌范瑟丝，由他妹妹兼缪斯多娜泰拉管理。1997年，范思哲突然逝世之后，多娜泰拉继续出任品牌艺术总监。

法棍包 1997年
芬迪（Fendi，品牌）

拉菲亚树叶纤维制作的法棍包。手提包的基本设计一直延续原样，这款法棍包是2010年的设计。

⚙ 细节导航

芬迪的法棍包由芬迪集团创始人的孙女西尔维娅·文图里尼·芬迪发明，1997年推出后立即成为经典。在经历了20世纪80年代奢侈消费浪潮之后，这款手包成为回归放浪不羁价值观的缩影，其民族风味的细节设计掩饰了巨额的价格标签。手包令追捧高级时装的嬉皮士和波希米亚族们梦寐以求，其奢侈与古怪的风格与这个时代耐用型手提包和极简主义设计对比强烈。

　　法棍包是第一款随季节更替而推出新款的手提包，而这些变化再加上每个系列只限量发售，保证了产品的持续畅销。法棍包采用各种充满活力的色彩，有各种不同面料生产的1000多种款式。其中包括异国风情的昂贵面料，比如貂皮、蛇皮、马驹皮、丝绒，也有普通一些的，如花呢、拉菲亚树叶纤维和牛仔布。各种面料经常还会采用拼布和贴布工艺，再加以贵金属丝线、亮片、水晶、宝石的装饰。考虑到手包中贯彻的工匠制作理念以及一丝不苟的制作工艺，其价格并不夸张。以利肖法棍包为例，这些手包由以佛罗伦萨为基地的圣利肖艺术基金会手工坊制作。织物采用提花织机以传统手工纺织技术制作，光是生产准备工作就需要一个月，一天的产量只限定约5厘米。**MF**

👁 细节解说

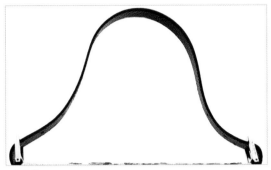

1 短包带

每款芬迪法棍包都配有肩带，因为很短，所以这款袖珍手包只能像法国长棍面包一样夹在臂下携带，其名称也就来源于此。法棍包小到不实用，只能收纳一管口红和一部手机，携带者只能再多准备一个包用来装其余的物品。

2 装饰

这款拉菲亚树叶纤维面料的法棍包上有黑色和粉彩罗缎丝带装饰，丝带用贴布绣法组成花卉形状，使得设计简洁的包面拥有了夏日的气息，显得活泼娇美。花卉图案一直延伸至包的背面。

3 商标形皮带扣

与包的尺寸相比，系带上的皮带扣显得相当大。带扣做成芬迪商标的形状，即两个F字母反锁形成一个长方形。这款商标发布于1965年，也就是卡尔·拉格斐进入公司工作的同一年。

▲ 这是芬迪法棍包在20世纪90年代推出的一款"一定要拥有的"包。在这幅杂志广告中搭配品牌标志性皮毛服饰展示，皮带扣上的芬迪商标一定要展示出来。

🕐 品牌历史

1918—1964年

出生于罗马的阿黛拉·卡萨格兰德（1897—1978）于1918年成立了一家小型皮毛公司。与爱德华多·芬迪结婚后，夫妇二人于1925年在罗马的普雷比席特街开办了一家皮毛工坊。芬迪逝世之后，公司由五个女儿保拉、安娜、弗兰卡、卡拉和阿达共同管理，随后作为时尚品牌推出。

1965—1999年

1965年，卡尔·拉格斐被聘请作为艺术顾问指导公司的皮毛产品生产。1977年，芬迪推出成衣产品，扩张至男装、配饰和家纺领域。西尔维娅·文图里尼·芬迪1966年成为公司皮革产品总设计师。一年后，她设计了具有标志意义的法棍包。1999年，芬迪与LVMH确定了合作关系。

2000年至今

法棍包在名人中大获流行，并参与美国电视剧《欲望都市》（1998—2004）的拍摄。2008年，法棍包推出10周年特别版。

低调奢华风格

1 古驰1999年的这款广告呈现出一种时髦高雅的图像风格，其中展示了一款简洁的白色外衣和一条系成蝴蝶结的细腰带。

2 海尔姆特·朗的这款连体衣出自1999年秋冬作品，因采用透明硬纱覆盖白色棉质和丝绸面料、带有未来主义风格的圆领而闻名。

在出任意大利奢侈品牌古驰艺术总监的任期中，出生在美国的设计师汤姆·福特和总裁多米尼克·德·索尔一同影响和塑造了20世纪90年代的奢侈品时尚文化。该品牌也进入顶级时尚界，成为那个年代最令人梦寐以求的品牌（见478页）。福特的设计追求连贯性和裁剪的简洁性。他在营销和广告宣传方面也富于远见，这为其他渴望起死回生、打开新销路的品牌提供了一种范式。古驰的策略中包括搭配品牌报道的广告战（图1），以及采用与众不同且易于辨识的双G字母商标。

20世纪90年代以及之后的十年中，两大奢侈品集团相互竞争，大打并购战。古驰在顶级奢侈品市场的最大竞争对手是LVMH。这个全球最大的奢侈品帝国建立于1987年，由路易·威登和酩悦·轩尼诗合并而成。20世纪90年代以来，时装和配饰行业仍然为这两大集团所控

重要事件

1989年	1989年	1991年	1992年	1993年	1994年
普拉达在米兰的马努莎迪举办首次秋冬成衣作品展。	吉尔·桑达公司在法兰克福证券交易所发行股票，成为第一家上市的时尚公司。	乔治·阿玛尼推出价格相对较低的全新副线品牌阿玛尼A/X，力图打入美国大众市场。	普拉达推出副线品牌缪缪，为品牌注入新活力。	吉尔·桑达在巴黎一处原为设计师麦德琳·维奥内所有的地段开办了一家4层楼商店，同时作为工作室和展示厅。	汤姆·福特被委任为古驰艺术总监，开始承担重振品牌的使命。

制：伯纳德·阿诺特率领的LVMH旗下的时尚品牌有洛艾维、思琳、纪梵希、芬迪和唐纳·卡兰；古驰集团全部或部分控股的品牌包括意大利的宝缇嘉、伊夫·圣·洛朗、亚历山大·麦昆、巴黎世家和斯特拉·麦卡特尼。1997年，路易·威登扩张到女装成衣领域，任命美国设计师马克·雅各布进行品牌指导，为其注入活力。他于1988年推出首批作品，其中超大尺寸的低调全白衬衫和及膝长的裙子代表了这个年代极简主义风格，还在单肩包上限制性地使用了白底衬白花的LV文字商标。

奢侈品市场另一位竞争者是来自意大利的普拉达（见480页）。它在20世纪90年代末也采取了一系列复杂的商业策略，购销古驰、芬迪、鞋品牌教堂、吉尔·桑达、海尔姆特·朗等品牌的股份。与普拉达产品易于辨识的风格不同的是，1988年，公司创始人的孙女缪西娅·普拉达设计了一款小而轻便的背包"维拉"，尽显低调奢华。其精心设计的三角形商标和实用性强的运动面料与当时流行的炫耀性消费形成极大的反差，背包的成功也使公司额外增加了成衣服饰生产。首批作品展示是1989年在米兰普拉达总部马努莎迪举办的秋冬时装展。缪西娅·普拉达独特而聪明的设计避开了张扬和过度的风格，倡导一种几乎类似戏仿淑女式娴静的精致，重视对奇异印花图案的搭配和实用性面料的使用，色彩组合微妙。

这种极简主义审美在拥有清教徒般简洁风格、极其注重品质和细节的吉尔·桑达（见476页）和海尔姆特·朗的设计中找到了对应。普拉达在20世纪90年代末对这两个品牌进行了并购。奥地利出生的设计师海尔姆特·朗从维也纳的一间定制服工作室起家，设计的男女式服装都采用现代主义方法，以单色奢侈面料搭配棱角分明的人工合成纤维，通过雕刻般的裁剪制作出瘦削的款型（图2）。他设计的都会风格服饰实质上就是采用多层不同面料，比如通透的搭配不透明的、哑光的搭配闪耀的，制作成紧贴身形的瘦腿套装，面料上也是男女服通用。20世纪90年代，该品牌建立起眼镜、内衣、牛仔服和香水分线，因此开展起全球零售业务。

目前，古驰的设计方向由2015年重振品牌的意大利时尚设计师亚历桑德罗·米歇尔主导。**MF**

1995年	1997年	1999年	2005年	2017年	2017年
海尔姆特·朗增加了内衣生产线，次年又增设了牛仔服产品线。	路易·威登新任艺术总监马克·雅各布推出第一条女装成衣生产线。	LVMH和普拉达收购了意大利毛皮公司芬迪51%的股份。	海尔姆特·朗退出品牌。他在任期间创作的天桥作品从此价格高涨。	设计师夫妻卢克·迈尔和露西·迈尔掌舵吉尔·桑达品牌。	LVMH集团获得克里斯汀·迪奥高级定制、男女成衣、皮革制品和鞋履生产线所有权。

大平原，《时尚》杂志 1993年
吉尔·桑达（Jil Sander，1943—　　　）

艾伦·冯·恩沃斯为《时尚》杂志（1993年8月号）所拍摄的克里斯蒂·特林顿和男模特儿。

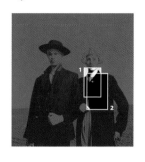
设计师吉尔·桑达是一位永不妥协的完美主义者，她是时尚界最简朴的纯粹主义者。20世纪90年代，吉尔·桑达品牌就是奢华的贵族面料和中性化极简主义的象征，正如这幅时尚大片《大平原》中所表现的一样。大片由美国版《时尚》杂志号称偶像破坏者的艺术总监格蕾丝·柯丁顿担任造型，德国摄影师艾伦·冯·恩沃斯摄影。美国模特儿克里斯蒂·特林顿在其中扮演一个宾夕法尼亚州的荷兰裔阿米什女孩，顶着阳光晒褪色的金色波波头假发，脸上不事修饰。人物的姿态和拍摄理念参考了格兰特·伍德的油画《美国哥特式》（1930），作品描绘的是一对农民夫妇仪态庄重地站在自家哥特式房屋前。在大萧条时代，这幅画成为美国先锋精神的象征。

摄影中所隐含的理念明显受油画朴素的设计和简洁的构图的影响，摒弃修饰以展现阿米什教派的道德面貌。特林顿健美的身材和平肩使得单排扣外衣庄严肃穆，脚上穿着的黑色系带粗革皮鞋在图中看不见。男模特儿头上端端正正戴着一顶阿米什宽檐呢帽，身穿的是法国成衣品牌APC的单排扣上衣，因极简设计和不加商标而著名，内搭一件蓝色牛仔布无领工作衬衫。**MF**

👁 细节解说

1 小领
这件宽松款的外衣长度及膝，其整洁的长线条通过高高的小立领得到强调，衣领与服饰采用连体裁剪，向后翻折可形成近似圆形的彼得·潘领。领口裁剪得紧贴后颈。服饰设计中不加面线和其他细节，与平滑极简的轮廓保持风格一致。无柄的大扣子从领子之下位置开始，在前襟中央交叠的小块区域上扣子。

2 外衣
这件单排扣黑色外衣从双肩开始直接垂往膝盖位置。植入式袖子稍稍超出肩线，营造出宽松的胸围。这件外衣结构简洁，内搭一件家庭纺织的撒克逊蓝色密织平纹衬衫裙，选用的是市售《时尚》杂志款式。整洁的圆线和背部的扣子很有特色。

▲ 格兰特·伍德创作的油画《美国哥特式》（1930）是经久不衰的20世纪美国艺术品，也是最常被模仿的。画中人物原型据说是画家的妹妹和他家的牙医，画作体现了乡村小城镇的传统生活价值观。

带开孔的白色连衣裙 1996年

汤姆·福特（Tom Ford，1961—　　）为古驰设计

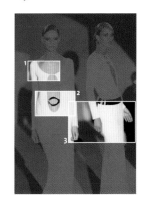
美国设计师汤姆·福特设计的圆柱状白色哑光针织晚礼服系列作品将直白性感与高端时尚融合在一起，定义了20世纪90年代的时尚重点。这些线条婀娜的晚礼服是为了向美国运动装设计师侯司顿以及54号工房里的迪斯科一族所穿着的飘逸针织晚礼服致敬。福特避开了低领或高开衩裙子所表现出来的显而易见的性感，转而强调新的性感带，比如肚脐和臀部下方。这些部位因为不采用外部装饰而显得更加突出，腰部或胸部周围都没有设计缩缩，内部也没有采用衬托结构维持或凸显身材。服饰的款型要依靠完美的体型才能展现。

与20世纪30年代好莱坞的斜裁服饰——福特的设计也对其有所借鉴——相同，这些服饰的线条要求内部不能穿着任何内衣。此外，这些服饰也看不出结构的痕迹，就连袖口和袖边上也全然没有缝线。其中一件宽大的领口微微下凹，身前的开孔一直连至后背下部，在领口后都用一根细带系结。另一款白色连衣裙除了那块看似功能性物件的金属配件之外，其不加装饰的纯粹性也使得穿者既无法为人所触碰，又充满诱惑力。**MF**

◉ 细节解说

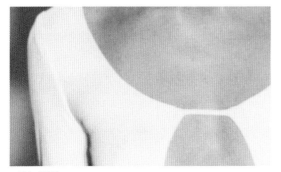

1 植入式袖子
服饰的植入性袖子裁剪很细，使得袖孔很高，由此营造出一种躯体拉长变瘦的观感。袖子裁剪贴身，长齐手腕，这样的设计更进一步强调出款型的优美。

3 圆柱状裙子
哑光针织面料不会变形。这些拖地长裙轮廓紧贴身体，只有在移动时线条才会打破，正如图中这位模特儿将身体重心放在一侧臀部所造成的一样。

2 镀金配件
这个模仿身体线条的简洁镀金配件是左边这件白色晚礼服的焦点。配件用细绳固定在肚脐位置，服饰的曲线并没有为那条细绳所扭曲。

🕐 设计师生平

1961—1993年
托马斯·卡莱尔·福特出生于得克萨斯州，后来搬至纽约进入帕森新设计学院学习建筑，最后一年转学时装。他曾为美国设计师凯西·哈德威克的中档运动服公司工作，1988年为派瑞·艾力斯工作，1990年任古驰首席女装成衣设计师。

1994年至今
福特1994年被提升为艺术总监，其1995年的突破性作品彻底改造了古驰的风格，使得双G图案重新成为商标——现在古驰所有的商品中都会出现。公司收购伊夫·圣·洛朗品牌后，福特也被任命为艺术总监。2004年，福特推出了为古驰设计的最后一批作品。2006年，他在纽约开了第一家汤姆·福特商店。

黑色背心裙 2019年

缪西娅·普拉达（Miuccia Prada，1949—　　　）

缪西娅·普拉达一直致力于用反常对抗时髦，她异于常规的标志性美学风格毫无疑问是审美革命的先锋。一旦人们开始模仿，这位设计师就转而提供其他惊人的基准。她的2019年春夏成衣系列选择在一个全新的巨大多功能表演空间展出，该空间位于普拉达2015年创建的米兰艺术基金会。这个系列直接瞄准年轻人，设计师创作了迷你背心裙、公爵夫人缎面A字形束腰短上衣、及膝长的袜子、搭配庄重白色衣领的山羊绒毛衫，让人想起20世纪60年代的年轻女孩风格。普拉达的印花布尽显品牌审美的所有印记，设计师依旧选择了超越常规的配色方案，诸如深黄色配棕色和紫色，再叠加复古的几何花纹图案。这款黑色背心短裙却一反常态，依靠简洁的黑白色彩来实现效果。**MF**

👁 细节解说

1 领结
整个系列作品中都能看见缎面的细条领结，或是附加在臀部，或是装点在束腰短上衣的衣缘上。在这套服饰中，领结系在一只圆环上，构成了一条项链，也为白衬衫和灰色套头毛衫的领口增添了色彩。

3 光环状发带
系列中的发带，或称发箍，以素面公爵夫人缎制作，或加以装饰，或辅以印花，搭配各套服饰，最后再装填垫料，营造出一种光环的效果。事实证明，这些发带既取得了商业上的成功，也产生了巨大的时尚效应。

🕐 品牌历史

1913—1994年
马里奥·普拉达于1913年在米兰开了一家专营豪华皮箱的小商店，后来他的孙女缪西娅将公司打造成最重要的时尚品牌之一。缪西娅拥有政治学博士学位，曾学习过哑剧表演，1988年她接管继承这个皮箱品牌时并不情愿，但1993年她在米兰推出了第一个成衣系列作品。

1995年至今
1995年，继普拉达红标运动品牌之后，公司又以缪西娅童年时代小名"缪缪"为名，推出了"小姐妹"副线品牌，以红色带条为商标。2011年，公司在香港股市股价上浮20%，反映出亚太地区目前已成为该品牌的最大市场。

2 喇叭裙
免除胸省，展开裙身，创造出喇叭状的裙角，由此得到这款背心裙的A字形线条。两边缝合线的位置进一步塑形。细肩带与裙身一体裁剪。

反时尚

1 马克·雅各布1992年的垃圾摇滚系列作品避开时尚风格，转而从西雅图音乐圈中汲取灵感。

2 科斯蒂·休姆1994年为安娜·苏的后朋克式波希米亚风格设计担任模特儿。

20世纪90年代早期，一种新的反时尚潮流渗透了时尚产业的方方面面。一些设计师厌倦了炫耀性消费品铮亮的风格，以及超级名模们女王般的要求，于是开始寻求新生代模特儿，试图颠覆文化的各个层面。瘦小的英国模特儿凯特·摩斯不仅风格与天桥明星完全对立，还代表了更加年轻化的无政府主义潮流。他们的心声都融入在垃圾摇滚唱片独立厂牌地下流行和西雅图的珍珠果酱、涅槃乐队的音乐之中。这种音乐的简单、无政府主义和生涩感都反映在垃圾摇滚派时装中：追随者们身穿在旧货店淘来的服饰、仿旧的衬衫裙搭配男朋友的开襟毛衫、娃娃装晚礼服、裂口褪色牛仔裤、格子法兰绒衬衫内搭T恤衫、无檐小便帽和工装裤。这种随意的穿衣方式为勇敢的时尚大片所捕捉，出镜模特儿斯蒂娜·坦纳特、克里斯汀·麦克梅纳米和凯

重要事件

1989年	1990年	1990年	1991年	1991年	1992年
马克·雅各布加入派瑞·艾力斯品牌，成为女装副总设计师。他还赢得了年度女装设计师大奖。	美国摇滚乐队珍珠果酱在华盛顿西雅图成立。	科琳娜·戴为英国模特儿凯特·摩斯拍摄的照片登上时装杂志《面孔》7月号。	涅槃乐队发行第二张专辑《没关系》，这是第一张多白金销量的垃圾摇滚唱片。	安娜·苏举办第一场时装秀，此时距离她在纽约苏豪区第一家店铺开业后不久。	英国《茫然》（Dazed & Confused）杂志创刊，偶尔会出版黑白折页海报。

伦·埃尔森都因为诡异气质，而非作为过度装饰打磨而成的成熟性感模特儿而闻名。她们代表着有理想抱负的生活，而不是被称为"X世代"的阴暗无政府主义人生观。

在英国，《i-D》、《面孔》及后继《茫然》将这些文化暗流的主角奉为圭臬，尝试采用新的影像风格，使用模糊的图片、扭曲的文字和手写标题以期颠覆亮光纸印刷时尚杂志的理念。《i-D》杂志创始人特里·琼斯将这类真实人物穿着现实生活中的衣物出镜的摄影称为真实出镜，其本身就是有关一代人着装风格的社会记录。1990年，科琳娜·戴拍摄、凯特·摩斯出镜的摄影作品《爱的第三个夏天》登上《面孔》杂志封面。两年之后，这些边缘文化成为主流，美国设计师卡尔文·克莱恩选用摩斯和影星马克·沃尔伯格进行品牌营销推广，接受了她"流浪者"般的形象，从而引领了被称作"海洛因时尚"的潮流。1993年，科琳娜·戴为摩斯拍摄的照片还登上了英国版《时尚》杂志封面（见484页）。同年，她为卡尔文·克莱恩品牌重塑后推出的"香水迷惑"拍摄的广告颇具争议性，引发公众哗然。

1992年，纽约出生的马克·雅各布为美国运动服饰公司派瑞·艾力斯设计了一系列具有开创意义的作品（图1），被媒体大肆宣传，垃圾摇滚风格渗透进主流时尚界。派瑞·艾力斯生产的服饰扎根于学院风运动服，以雅致的审美闻名，而垃圾摇滚作品却令消费者大惊失色，商业上宛如一场灾难。这些遍布花朵图案、用纽扣扣系到底的复古风格服饰内搭短裤穿着，再配以军靴和看似法兰绒面料的丝绸印花衬衫，极富感染力，但消费者还没准备好购买这种人造的褴褛风格。然而，这系列作品却证明了雅各布的设计远见。1997年，他接受路易·威登集团总裁圣·卡斯利邀请，设计首批成衣作品，接着又于1995年与约翰·加利亚诺一起，大胆接受了纪梵希的委任。美国出生的设计师安娜·苏也接受了垃圾摇滚风格的潮流（图2）。从纽约帕森斯设计学院毕业后，她遇见了时尚摄影师史蒂文·梅塞，她曾为许多青少年运动服饰公司工作过。她也设计服饰在纽约布鲁明戴尔和梅西等百货公司零售。1992年，她因为设计的垃圾摇滚时装而闻名。

反时尚潮流持续时间很短。到1997年，美国总统比尔·克林顿宣称"不要为了卖衣服而美化毒瘾"，控诉时尚产业"在广告中把海洛因塑造得迷人、性感而又冷酷"。这个已经相当碎片化的时尚市场开始转移方向，要么支持范思哲锋芒毕露的魅力产品，要么转向美国当代设计师们极简主义风格的成衣，或者追捧英国设计师约翰·加利亚诺和亚历山大·麦昆的夸张风格。**MF**

1992年	1992年	1993年	1993年	1997年	1997年
马克·雅各布为派瑞·艾力斯设计了春夏垃圾摇滚系列作品。	《女装日报》在8月17日第一次提及垃圾摇滚时装："3款大热服饰——锐舞、嘻哈和垃圾摇滚席卷了大街小巷的每一家商店。"	马克·雅各布和罗伯特·达菲推出自己的品牌和设计公司：马克·雅各布有限合伙契约国际公司。	科琳娜·戴为凯特·摩斯拍摄的照片登上英国版《时尚》杂志6月号封面（见484页）。	美国总统比尔·克林顿谴责时尚广告中隐喻的"海洛因时尚"。	奢侈品帝国LVMH任命马克·雅各布为公司第一条成衣生产线艺术总监。

"曝光不足" 1993年
女用贴身内衣裤

科琳娜·戴为《时尚》杂志（1993年6月号）拍摄的凯特·摩斯的照片。

在这幅为英国版《时尚》杂志拍摄的时装作品中，科琳娜·戴摒弃了当下时装摄影中常见的技巧，拍摄地点位于19岁的凯特·摩斯与当时的男朋友即时装摄影师马里奥·索伦蒂在西伦敦合租的公寓中。这是戴第一次接受该杂志的拍摄委托，她将摩斯描绘成成千上万"伦敦女孩"中的一员，造型由《时尚》杂志的时尚总监凯特·费伦设计。这种摄影风格是摄影师送给其喜爱的模特儿们的一件礼物。她提出一个新的理念，即模特儿也是有缺陷的实实在在的人。英国版《时尚》杂志的编辑亚历桑德拉·舒曼1993年委任戴拍摄了这一引起轩然大波的《曝光不足》作品。作品想要拍摄成一组内衣时尚大片，搭配文章题为"随性服装里面该穿什么？自然是只穿内衣"。作品风格由凯西·凯特琳设计，画中的凯特·摩斯摆着姿势站在随意拉着小彩灯的背景板前。这组照片引发媒体公愤，戴被指控为推动海洛因潮流和厌食症。

戴的时装摄影偏爱复古甚至是没有品牌的服饰。她的作品因运用自然光源和普通场地从而具有了记录式摄影的特质；拍摄地点也同样非常自然，比如简陋的卧室兼起居室、凌乱的床上、肮脏的地板上。**MF**

👁 细节解说

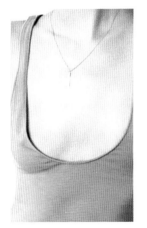

1 背心和项链
这件粉红色紧身双面针织布背心由美国出生的时装设计师丽莎·布鲁斯设计，狭窄的肩带往下设计成很深的圆挖领形状，穿在瘦小的凯特·摩斯身上彰显出一种隐秘的性感。这款简单的金十字架项链是从一家高街连锁珠宝店买来，虽然不太显眼，但却位于构图的中心位置。这是模特儿身上唯一的装饰物，她只略施粉黛，头发也未经修饰，只在脑后松松缩成马尾辫。

2 大量生产的内衣裤
凯特·摩斯身着的这条内裤出自高街流行的连锁店亨尼斯（现在名为H&M），穿着位置刚好位于髋骨之下。这款三角内裤由透明雪纺绸支撑，上面有动物图案，用一条黑色蕾丝切口系紧。内衣裤原本才是这组时尚大片的中心，但在这里却只是构图的一项元素，因为模特儿语焉不详的表情以及勾勒出她姿势轮廓的小彩灯而相形失色。

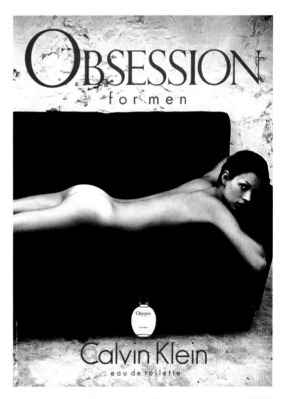

▲ 这幅凯特·摩斯出镜的卡尔文·克莱恩香水广告由马里奥·索伦蒂拍摄（20世纪90年代）。索伦蒂隶属于一个摄影团体，其他成员包括尤尔根·泰勒和兰金。他喜欢用与众不同的方式来拍摄时装摄影，经常让模特儿不加修饰，刻意摆成俯卧或仰躺姿势入镜。

可持续发展及道德时装

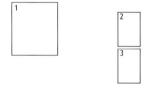

1 伊顿2012年秋冬时装展中推出的这件披盖式丝绸裙子印有一棵充满生气的树和斑马花纹。

2 女演员卡梅隆·迪亚兹身着的这件晚礼服由斯特拉·麦卡特尼制作，采用的是拥有GOTS（全球有机纺织品标准）认证的丝绸面料。

3 克里斯托弗·雷伯恩2013年春夏作品展中的这件降落伞大衣很有特色。他的所有服饰上都带有"在英国重塑"的标牌。

————个时尚品牌是否成功，其典型衡量标准就是看其新品的销售数量。对消费品的痴迷带来了"快速时尚"的迅速膨胀，但是服饰的这种持续购买、穿着然后处理掉的循环过程却产生了重大的影响。可持续性设计指服饰产品要对环境伤害程度达到最小，其功能作用得到最大化提高。这一理念正变得越来越重要。有些设计师一直试着寻找方法，希望通过对服饰循环利用以减小对环境的破坏和对伦理道德的冲击。20世纪90年代初，时尚产业开始兴起环保潮流。有机棉面料出现在大众市场，但没能成功吸引注重节约成本的消费者。他们的行为替这种海外大批量生产的服饰产业添油加火，对于劳动力的剥削越来越严重。与此同时，消费者偏爱的带有健康环保认证的品牌，比如重复使用葡萄酒业的软木瓶塞制作的勃肯鞋，其市场则持续扩

重要事件

1962年	1979年	1987年	1993年	1995年	1997年
蕾切尔·卡森的著作《寂静的春天》揭露了棉花种植和纺织业对环境造成的破坏。	英国时尚设计师和积极分子凯瑟琳·哈姆内特创建个人第一个品牌，在2004年又推出一个注重环保和道德的全新时尚品牌。	联合国世界环境与发展委员会召开会议，影响了国际环境立法的进程。	户外服装公司巴塔哥尼亚（美国）采用塑料水瓶等废弃物生产出抓绒服饰。	国际环保纺织标准100计划推出，重点聚焦在减少纺织品中会影响消费者健康的毒素含量。	为应对气候变化，《京都议定书》签订。这个减少排放物的协议得到191个国家的认定。

大。今天，越来越多注重品牌的消费者开始关心服饰的生产过程。

　　大众市场公司，诸如马克与斯宾塞、巴塔哥尼亚和耐克都响应了这些关切，开始实施环保和伦理战略。马克与斯宾塞公司改变了其制造过程，也一直重复教育消费者要掌握"看标签后的故事"的主动权，将道德交易产品的详细信息都展示出来。巴塔哥尼亚一直遵循"简化、修补、再循环"的口号，开发出一个将浪费减少到最小的闭合体系，站在潮流的最前沿。从1993年起，该公司一直利用消费后的废料制作成抓毛布服饰，2005年还发起化纤再生项目，回收利用不需要的涤纶服饰。

　　时装产业使用的面料多种多样，不过占据支配性地位的是其中的两种，一种是自然面料棉，另一种是人造面料涤纶。面料虽然各不相同，但每种都会对环境造成影响，例如，棉花栽培过程从传统来说就需要使用农药和肥料，人造纤维都是化学品。除此以外，无论使用哪种纤维制作服装，都需要经过多道处理工序，比如在成衣的制造和完成过程中涉及的染色和漂白，它们都对环境以及产业工人的健康产生严重的负面影响。

　　时装产业及其消费者都已努力地全情投入到可持续发展事业之中。博柏利很早就采用了"现看现买"的模式——直接从天桥现场出售，而非之后再完成订单。后一种模式会导致品牌被迫增加库存，由此也就导致了额外的浪费。2018年，博柏利以保护知识产权和品牌价值为由，销毁了价值2.8亿英镑的剩余产品，此举遭到谴责。而在低端市场，商店也不再只是出售当季产品，还要每周减少新款廉价高街产品的库存。

　　拥有古驰、巴黎世家、H&M品牌的开云集团也发起了一个名为"再次穿着"的可持续发展倡议，决定将原材料转化为纱线，以制作面料和服饰。斯特拉·麦卡特尼从不使用皮革和皮毛，她的作品都尽可能地使用有机面料和染色工序。爱尔兰设计师理查德·马龙也主张"清洁"时尚，从意大利传统制造商塔洛尼公司采购丝绸面料。利维亚·费斯（见488页）发起的绿地毯挑战旨在吸引大品牌更注重可持续发展。

　　尽管时尚产业目前已有许多典范做法的案例研究，制定的法律政策也在不断增加，但尚未迎来广泛变化的时刻。如果时尚产业想拥抱可持续发展的新范式，那么设计师和生产商就需要寻找其他更好的方法和战略。**AG**

2004年	2007年	2009年	2012年	2018年	2018年
巴黎推出道德时装秀，2006年伦敦推出绿色时装展。两者都旨在推动新的环境和道德时尚品牌的发展。	玛莎百货宣布启动"A计划"，决定用超过五年的时间来详细阐述公司的环境和道德意愿。	利维亚·费斯用绿地毯挑战将环保时装引入名人红毯活动。	哥本哈根时尚峰会汇聚国际产业领军人物，探讨可持续发展。	记者史黛西·杜利主持的纪录片《时尚的肮脏秘密》登陆英国广播公司一台。	包括H&M和Zara在内的品牌加大了店内回收的力度，在高街商店投放时尚"回收箱"。

升级回收面料晚礼服 2011年
加里·哈维（Gary Harvey）

利维亚·费斯身着升级回收面料制作的晚礼服与丈夫柯林·费斯一起出席奥斯卡金像奖颁奖典礼（2011）。

利维亚·费斯是一名电影制片人，同时也是零售店"环保时代"的所有人。她将环保时装带到了诸多庆典活动，比如奥斯卡金像奖颁奖典礼、威尼斯电影节和英国影视艺术学院奖颁奖典礼。2009年起，费斯自己也会定期穿着环保时装，以响应她和英国记者露西·斯格尔共同发起的绿色地毯挑战活动。该活动旨在提升环保时装的形象，已经获得许多名人的支持，包括梅丽尔·斯特里普和卡梅隆·迪亚兹。费斯除了支持新的设计才俊之外，还一直积极推动名牌时尚公司设计"绿色"时装，比如古驰和华伦天奴都各自采用再生或环保认证的面料设计了一套服饰，以响应绿色地毯挑战活动的号召。

加里·哈维的设计因广泛运用各种非同一般的废弃面料而闻名，运用精心的设计和装饰细节以提升回收面料的价值。他为利维亚·费斯参加第83届奥斯卡金像奖盛事设计了这套升级回收面料礼服。那一次，费斯的丈夫柯林·费斯凭借《国王的演讲》获最佳男演员奖。礼服的面料、拉链和细节装饰分别从11件复古服饰中提取，出处遍及西南伦敦的慈善商店和古董店。缝线是礼服中唯一的新材料。虽然完全由再生面料制作，但礼服仍然异常贴合红毯盛事。**AG**

👁 细节解说

1 胸衣

礼服采用内置式胸衣，这种设计在哈维的许多作品中都可见到。长裙采用古董和二手服饰再生面料制作，营造出一种浪漫的吸引力，这一点从其柔和色调的中性色彩中得到突出。选用柔和色彩是从费斯已过世祖母的一件服饰中获得的启发。哈维用这件废弃的古老服饰来营造出20世纪30年代的感觉。

2 首饰

礼服搭配的道德首饰由英国设计师安娜·卢卡与珠宝公司CRED联手打造。费斯佩戴的戒指和耳环采用公平贸易购买来的公平黄金制作，拥有公平贸易基金会和采矿责任同盟的认证，戒指上的蓝宝石可追溯到产自赞比亚一处矿区。奥利弗德黄金产自哥伦比亚，钻石产自莱索托利克邦女矿工合作社。

▲ 设计师加里·哈维2008年秋冬作品风格更加绚丽，这件新闻报纸裙由30份《金融时报》制成。

可持续性高级时装 2019年
理查德·马龙（Richard Malone，1990—　　　）

时尚活动家理查德·马龙在他的2019年春夏成衣作品系列中运用无生态毁坏性的材料，以致敬可持续性发展的概念。他的私人客户都是艺术世界的先锋。作品雕塑般的轮廓由全丝硬缎塑造而成，面料采购自意大利历史悠久的生产商塔洛尼——这家高级面料供货商创建于1880年，客户包括巴黎世家和伊夫·圣·洛朗。2018年，这家公司在绿地毯时尚大奖中荣获"最具可持续性发展精神生产者"的称号。这家公司的生产过程使用不含致癌成分的染料，而且致力于减少水浪费。系列作品中的运动和功能性服饰，例如滑雪衫、防风夹克，采用了一种名为环保尼龙的面料。这是一种用回收来的尼龙制造的面料，能永远循环利用，制作新的服饰。系列作品中以拉带、褶饰和抽褶来制造轮廓感。设计师称，宝石色调的灵感来源于"批量购买的超细纤维织物"。这款天蓝色夹克和窄短裤套装便是可持续性奢侈时装的例证。**MF**

✥ 细节导航

◉ 细节解说

1 缩褶袖
这件剪裁讲究的外套采用的是宽大、丰满的羊腿袖，以硬挺的全丝硬缎缩褶塑形。袖子在颈部和袖口位置收拢，长度刚好落在手肘之上，拉绳末端系成蝴蝶结。

3 不对称剪裁的外衣
外衣前身不对称形状的开襟长度落在大腿中部，方形下摆的折边很深。

2 及膝长的裤装
裤装是窄腿，紧贴大腿，前身中央有一条压缝突出线条。长度齐平膝盖，深裤口翻卷上来，搭配及膝的敞口长靴。

🕐 设计师生平

1990年至今

理查德·马龙出生于爱尔兰东南部的韦克斯福德，最早通过为都柏林的布朗·托马斯百货公司的私人客户定制服饰而创建了自己名字的品牌。马龙毕业于中央圣马丁艺术设计学院，毕业系列作品得到了LVMH集团著名的大奖赛奖学金资助。之后他又获得了德意志银行的时尚大奖，由此得以在2015年开办了自己的品牌。2017年，他接受特别委任创作的作品《时尚是现代吗？》在纽约现代艺术博物馆展出，这是该博物馆70年来首次展出时尚作品。马龙注重时尚的可持续性，作品所采用的纱线都购买于喜马拉雅地区。他曾在印度南部的泰米尔纳德邦，与一群女性手艺人一同工作。目前他仍在继续为许多私人客户提供设计。

工艺的复兴

1 莎拉·伯顿的这款紧身胸衣就像一只金色猫头鹰的头部，令人联想起帕拉斯·雅典娜女神。胸衣看上去就像镀金的稻草人，但实际是采用金属丝线、穗带和喇叭珠以复杂的技艺制作而成（2010）。

2 霍利·富尔顿通过实色与装饰着水晶的棋盘状图案印花对比，创作出这件海滩主题的作品（2012）。

3 奥利维尔·劳斯提因在这件巴尔曼品牌的白色紧身服饰上采用了珍珠和水晶装饰（2012）。复杂的图案令人想起法贝热蛋雕上的装饰。

20世纪90年代，受古老手工艺技术和纺织生产领域数字革命所带来的新的可能性的共同影响，各种手工艺生产开始在全球范围内复兴。这种技术过程有时被称作"高级技术"。巴黎长期以来一直是手工艺专业技术的中心，在那里，各种工作坊的运行受到高级定制服协会的保护。该协会体现了那些不受控制的奢侈品牌的承诺，其成员都是经过100多年历史检验的最好的高级定制时装品牌。高级定制时装供应链可以延伸至任何一家制造业翘楚，只要它能提供独家技术和奢侈品生产理念，而其精湛的制作和装饰方法传统已为全世界炫耀性消费的习惯服务了多年。

今天，先进的技术支持使得混合技术的数量极其丰富，而其中强大的数字系统，比如由智能化针织机行业领军生产商岛精公司开发的绘图和针织设计系统，就被用来生产复合基底，以供手工技术的进一

重要事件

1991年	1995年	2000年	2002年	2005年	2006年
丹麦纺织品制造商斯托克公司开发出第一台能直接在面料上印染样品花纹的数码印花机。	日本生产商田岛公司开发出带有激光切割工具的绣花机。	针织机领域领军生产商岛精公司推出第一万台电脑绘画和针织设计机。	香奈儿集团成立了子公司"为了爱"，其中包括勒萨日刺绣、马萨罗制鞋和迈克尔女帽公司。	埃德姆推出了自己的品牌。他从一家小工作室起家，在那里，他创作出需要一系列辛劳程序才能制作出的标志性图案印花。	克里斯托弗·凯恩在英国高街商店拓荒普的新一代品牌的授权支持下，建立了以自己名字命名的品牌。

步利用。要将精致产品提升到更完美的水平，这样的原则使得各种珍贵的手工艺技术再度复兴。对手工艺技术的崇拜也扩展至各种设计师成衣品牌，比如2005年创立的罗达特（见494页），其超现实风格的服饰很少有不采用手工装饰的。

到了21世纪，许多设计师采用数码系统来生产之前根本不可能实现的面料，他们设计作品的复杂程度也达到了前所未有的程度。数码设计的繁复的印花布，以及埃德姆（见498页）、霍利·富尔顿和玛丽·卡特兰佐等设计师的刺绣设计作品所采用的复杂技术在其他领域都能获得称赞。富尔顿设计的这件作品先是根据服饰的形状印上欢快、简单的图案，然后经过设计师之手进一步修饰，实色的叠印更为其增添了额外的趣味性（图2）。在莎拉·伯顿为亚历山大·麦昆设计的这件作品中，面料制作成多层装饰，并转化为服装的款式，自然元素的加入使其显得更为复杂。伯顿的这件作品——稻草人一般的金属观感的紧身胸衣搭配富于异国情调的羽毛裙（图1）——结构和外表均很华丽，其中所呈现的超现实主义风格受到寓言故事的影响，很适合詹姆斯一世时期的化装舞会。

法国设计师奥利维尔·劳斯提的设计风格丝毫不顾忌过度复杂，但看起来并不会太过引人注意。2012年，他在巴尔曼时装公司设计的秋季作品中肆无忌惮地将服饰表面装饰得有如遍布珠宝的天堂（图3）。他的这件珍珠刺绣而成的巴洛克式风格外衣虽然从法贝热珠宝中汲取了灵感，但几乎超越了原作，他将这些传家宝服饰塑造成随意的服饰单品，而非作为整套斗牛士套装，从而解除了服饰原本的拘谨印象。服饰的手工刺绣技术达到了宫廷庆典服饰和军队徽章上的金线绣水平，但在身前的中央采用激光切割技术制作出一片皮革穿孔掐丝装饰，并以缝纫或联系方式固定在截然不同的皮革纫缝面料上。这些珍珠刺绣手工艺的魅力和精致程度堪比银器匠人的作品，并且生动精准地设计成服饰的形状，骑手上衣式的裸露在外的拉链使得服饰整体显得既现代又随意。

同样，苏格兰设计师克里斯托弗·凯恩（见496页）的作品中也曾运用过这些新型极端主义面料，如将彩色液体密封在塑料凝胶之内、黏合在织物和边缘之上，或是完全用激光切割成的皮革蕾丝面料。这种对于能丰富面料类型的数字和人工系统的渴求是市场化带来的结果。它是对于视觉疲劳的一种自然表达，因为当代文化和互联网商务均受到图像的影响，未经装饰的朴素事物已变得令人厌倦。**JA**

2007年	2007年	2008年	2009年	2010年	2017-2018年
罗达特制作了一批受墨西哥户外工作者服饰启发的作品。其品牌的关注重点仍然在手工织物上。	霍利·富尔顿设计出研究生学业作品，其特色在于采用激光切割面料搭配珠宝形式的布片作为装饰。	埃德姆推出一系列奢华作品，其数字印染的花卉图案面料上采用了手编蕾丝和施华洛世奇的水晶作为装饰。	在罗伯特·卡沃利公司工作了5年之后，奥利维尔·劳斯提加入了巴尔曼公司。	玛丽·卡特兰佐与巴黎的勒萨日刺绣工坊合作，创作了一系列视错觉图案的作品。	埃德姆·莫拉里奥格姆于2017/2018演出季在英国皇家芭蕾舞团举行了作品首秀，他为克里斯托弗·威尔顿的新作设计了服饰。

绢网连衣裙 2008年
罗达特（Rodarte，品牌）

罗达特品牌的创始人凯特和劳拉·穆尔李维运用高级定制时装般的工艺和独特的视角制作了这批梦幻般超凡脱俗的成衣作品。他们在人文学科的学习经历以及两人各自在艺术和文学方面的专长丰富了其设计。在罗达特2008年秋季作品展中，他们运用强有力的视觉想象，借鉴了多种元素风格，包括日本的歌舞伎传统艺术和恐怖电影。这些作品也从德国出生的艺术家伊娃·黑塞的绳雕作品和印象派画家埃德加·德加描绘的传统芭蕾舞服饰中获取了灵感。

其中灰色的绢网连衣裙用多色雪纺绸拧成的绳索固定在身体之上。娇弱的面料与其原始性的穿着方法形成对比，从而赋予服饰一种撕裂的填料布偶的样貌。不对称的轻盈胸衣通过几乎看不见的背面加重织物固定，看起来仿佛是独立的单件服饰。设计师们非常注重细节处理，贯穿胸部的褶皱上缀有小小的珍珠粒。带有朦胧花纹的芭蕾舞短裙采用多层绢网制作，在腰线位置用细绳系结，塑造出一道窄窄的散口褶边。芭蕾舞元素还包括模特儿的发型。**MF**

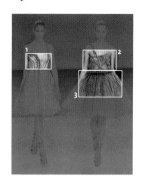

👁 细节解说

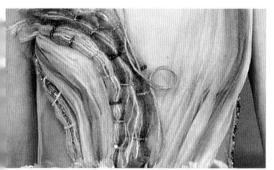

1 锁缝针迹塑形的胸衣
左边的这条连衣裙采用淡茶色、杏色和奶油色的雪纺绸面料简略地折叠、打褶，从腋下开始形成弧线，沿着胸衣的线条从胸部覆盖至腰线。这些装饰用简略的锁缝针迹固定。

3 德加风格的芭蕾舞裙
右边服饰裙子的多层纤维状花纹面料因为运用了银线而变得很亮，裙子在腰部收缩束紧营造出下部蓬松的裙形，上部形成直立的褶边。裙子边缘没有包边。

2 有细带的胸衣
右边这条连衣裙有一条简略拧绞而成的不对称细带，上面缀有闪光的小珠粒，看起来就像是从胸前正中把胸衣固定住，之后绕着身体形成看似随意的图案。

🕐 品牌历史

2005—2007年
凯特和劳拉·穆尔李维姐妹在加利福尼亚长大。两人很早就开始素描设计服饰，她们于2005年在洛杉矶创办了自己的品牌。姐妹俩没有接受过正式培训，自己学习时装制作技艺。她们的首批作品包括10套手工缝制的服饰，登上了2005年2月号的《女装日报》封面。

2008年至今
2008年，姐妹二人获得瑞士纺织大奖，她们是该奖的首次非欧洲女性获得者。她们为女演员娜塔莉·波特曼主演的奥斯卡奖电影《黑天鹅》（2010）设计了几套芭蕾舞裙。2012年，在洛杉矶交响乐团的《唐璜》演奏会上，罗达特品牌与建筑师弗兰克·格里进行了合作。

绣花裙和针织毛衫 2012年

克里斯托弗·凯恩（Christopher Kane，1982—　　　）

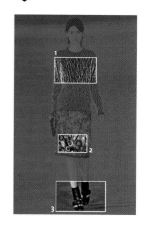
克里斯托弗·凯恩2012年秋季作品就是各种不和谐元素的混合：刺绣和印花的皮革，大量的塑料花朵，搅动不安的直条纹和几何图案，横向分割的圆形皮条带。这件黑色羊绒衫上遍布弯曲的塑料管装饰成的细条纹图案，排列成连绵的队伍，整件服饰宛如"男朋友"的衣服一般宽大。凯恩利用塑料面料的短命特质与经典时装设计理念与面料的奢华性形成微妙的对抗，从而挑战了时尚产业反常的价值体系。因为表面有了精致的刺绣装饰，铅笔裙和宽松的毛衫走动起来都显得异常笨重。

这些手工制作面料的复杂性要求服饰只能采用基本的造型线条和简单的装饰。裙子的增塑绣花帆布面料令人想起镶有涂漆方框的十字绣布，也为饱和色调的铁线莲图案创造了一个暗色背景，再配上光泽网格面料上松散装饰的珠饰，很容易让人误以为是穿孔皮革材质。裙角的圆形包边呼应了模特儿手拿的无带皮夹子，皮夹子上装饰有和裙子一样的花纹片段。因为裙边限制而变得内敛的步态，还有鞋子的捆绑样式和鞋跟都稍稍借鉴了日本江户文化。**JA**

👁 细节解说

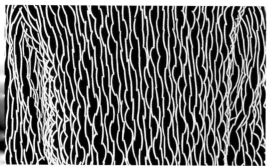

1 苏格兰针织面料
凯恩的这件针织衫是在苏格兰鲍德斯行政区制作的。该地区传统上就与一次成型的奢侈纱线针织服饰联系在一起。其采用的羊绒纱本身也是由1797年成立的苏格兰约翰斯顿·埃尔金公司生产。

3 高跟靴子
这款高跟靴采用黑色垫料小山羊皮制作，一半是罗马角斗士凉鞋款式，一半是拳击鞋款式，从脚踝到胫骨的部位都被包裹起来。其平滑的几何结构令人想起用圆胖的竹子涂上漆制作而成的日本家具。

2 宾卡刺绣
刺绣帆布有时也被称为宾卡，它上面的排孔网格能确保传统刺绣工艺，比如柏林绒线绣针脚的精确。凯恩摒弃了精准性，制造出一种随意的花朵图案。这些刺绣图案由各种喇叭珠组成，凸出面料之外。

🕐 设计师生平

1982—2006年
克里斯托弗·凯恩出生于苏格兰格拉斯哥附近，他有四个兄弟姐妹，其中的两个后来成为他的生意搭档。凯恩曾在伦敦中央圣马丁艺术设计学院学习时装设计。2006年，他在哈罗兹百货公司获得了一个橱窗展出其硕士学位作品，并与范思哲签订合同，参加其工作室高级定制时装作品的设计。

2007年至今
2007年，凯恩创建了自己的品牌，之后推出的采用荧光绉带制作的讲究形体意识的服饰为其在苏格兰时尚大奖中赢得了年度新设计师奖，他因此跃升为具有国际影响力的设计师，并和拓普肖普公司合作推出了二线品牌。同年，他还在英国时装大奖中荣获年度新设计师奖。2011年，他获得了《时尚》杂志时装基金奖。

缀饰礼服 2019年
埃德姆·莫拉里奥格姆（Erdem Moralioglu，1977—　　　）

这款礼服的缀饰沿袭埃德姆·莫拉里奥格姆的标志性风格，采用了印象派色彩的花卉图案。设计师的2019年秋冬系列作品讲述了美国耀眼的歌舞剧童星阿黛尔·埃斯泰尔的人生经历，埃斯泰尔与弟弟弗雷德是20世纪10年代和20年代著名的舞蹈二人组，她后来嫁给了德文郡公爵之子。埃德姆为她的一生创作了一个想象中的衣橱，其中能看到华丽的提花面料制作的曳地礼服，超大尺寸的开襟毛衫，20世纪20年代风格的德沃雷丝绒低腰款吊带裙，亮片服饰（激发了塞西尔·比顿为阿黛尔拍摄冷光肖像的灵感），松鸡沼泽庄园花呢套裙和披肩。这款深绿色贴身款长裙选用的是20世纪30年代末期流行的褶边袖和鸡心领，缝在紧身胸衣上的褶边装饰短裙起到了进一步的强调作用。**MB**

👁 细节解说

1 鸡心领
两侧前襟的褶皱营造出敞口的V字形鸡心领，以同色玫瑰花结系结。

3 刺绣装饰
配套的装饰短裙缝成柔软的碎褶，落在髋部位置，在前襟位置形成向上方腰带伸展的弧线。圆形的边缘上装饰有金银丝刺绣，裙角也能看见。

2 垂褶袖
袖头部位被缩拢在狭窄的肩部，往高度伸展，宽度维持不变。袖子还分裂成两片，袖头位置重叠，形成郁金香花瓣形状的褶裥，呈现出倒V字形。

🕐 品牌历史

2004—2008年
埃德姆公司创建于2004年。设计师埃德姆·莫拉里奥格姆之前曾与维维安·韦斯特伍德合作，为黛安·冯·弗斯滕伯格工作，也曾在伦敦皇家艺术学院学习。2005年他在时尚边缘大赛中获奖，由此保证了哈罗兹百货公司等时尚零售巨头的订单，并获得了名流的认可。2006年，埃德姆与英国雨衣生产商麦金托什合作。

2009年至今
2009年，埃德姆荣获瑞士纺织大奖。同年，他与卡特尔和格罗斯品牌合作，推出了一系列太阳镜，又与斯迈森合作推出了奢侈文具。2010年，埃德姆荣获英国时装协会与英国《时尚》杂志联合举办的设计师基金奖第一届大奖。

解构主义时装

1 在这件1995年设计的"未完成"透明女衬衫中，马丁·马吉拉故意让服饰露出结构和针迹。为了让关注重点落在实际的服装上，马吉拉经常让模特儿们蒙住脸走上展台。

2 三宅一生1994年春夏成衣作品中的这款服饰完全用褶皱面料制成。此外服饰还被制成一系列"六角风琴"的样式，更加突出了褶皱效果。

从20世纪80年代起，解构主义时装变得越来越普遍。解构一词原本是指与20世纪法裔阿尔及利亚哲学家雅克·德里达相关的一种极其复杂的批评哲学。时尚界的解构主义思想源自一系列对原本哲学思想的简化和误解。许多时装物品、技巧和实践，包括被称作"解构主义时装"、"垃圾摇滚时装"和"毁灭派时装"的风潮都被认定为对解构主义有所借鉴。

解构主义时装最重要的元素就是将注意力集中到服饰结构上。传统和主流时装可以被理解为制作和消费完整、已完工的传统服装。然而，解构主义时装却强调服饰未完成的自然样貌、完整服饰的组成部件以及对这些传统理念的"毁灭"或玩笑性试验。解构主义时装旨在

重要事件

1993年	1994年	1995年	1995年	1996年	1996年
三宅一生推出首批"我要褶皱"系列作品。服饰都采用一片面料缝制，放进热转印机制造褶皱效果。	亚当·索普和乔·亨特在伦敦创建了"烦恼一代"品牌，采用印有"隐藏实用"字样的美观标牌。	"烦恼大衣"在"烦恼一代"的首展中展出。服饰采用坚韧的尼龙面料，还装填有垫料以保护穿者。	侯赛因·卡拉扬荣获绝对时装设计大奖。歌手比约克第三张专辑《邮差》的封面上穿的就是他设计的外衣。	亚历山大·麦昆第一次被提名为年度设计师。后来他于1997年、2001年和2003年又再次荣获此称号。	比利时设计师安·迪穆拉米斯特推出第一条男装生产线。

展露传统时装中隐藏起来的部分，例如缝褶、固定缝线、衬里及其他使服装成型但一般不会展露出来的内部结构。比利时设计师安·迪穆拉米斯特在20世纪90年代设计的吊带衫和T恤衫就是解构主义时装的例证——将关注焦点放在缝线上；服饰经过拧绞几乎完全变形，衣料表面都被损坏。结果制作出的服装看上去就像经过损坏、修补得不恰当或是很蹩脚一样，这样就强调出服饰本来的制作过程。

亚历山大·麦昆对解构主义时装的这些特点表现出一定的热情，他在报道中表示自己曾花费了许多时间来学习服饰结构，因为只有这样才能展现出结构过程。马丁·马吉拉因解构主义时装而闻名，他的设计经常将缝线和里衬展示在外（图1）。服饰的拆解组合过程在土耳其出生、活跃于伦敦的设计师侯赛因·卡拉扬的作品中也能见到，比如他2000年推出的后记系列作品（见506页）。三宅一生在设计中经常使用新型面料技术搭配解构主义元素，他还一直热衷于尝试褶皱技巧（图2）。

德里达的著作可能对时装中采用的拼凑技巧产生过影响。这个术语通常用于视觉艺术之中，指利用各种不同的可用材料创作的作品。在一篇论述人类学家克洛德·列维-斯特劳斯的文章中，德里达宣称，就连科学家、工程师也都是用手头现成工具摆弄修理的人。他将这些人形容为手巧的人或是做零活的人，他们会利用自己所有的任何工具、技术或材料，而非利用惯常认定为"正确"的那些。这种思想也与再循环利用联系在一起，因为这类人也会利用老旧或现有的物件。使用物品来达到并非原本可以实现的结果，这就可以被形容为再循环利用或换置。马吉拉的作品有时会被描述为利用手头材料制作或再循环利用的作品。他会用袜子裁剪制作袖子，或者将皮手套改做成套索系领的马甲，这实际就是在用手头可找到的材料，而非不辞劳苦地购得专门材料和预想的元素。

分解和蜕变主题也一直被认定为是解构主义时装的特色。这些主题起源于德里达哲学思想的字面解读，设计师们运用相关方法对服饰支离破碎或分解的面貌加以利用。德里达表示，解构主义并不是一种可以控制或利用的思想，而是某种偶然发生于理念、争论或身份认同领域的东西。在时尚界，这种思想就发展成一种能展示变化过程的风格，比如会导致服装分解或化成碎片的老化或腐化过程。1933年，侯赛因·卡拉扬在伦敦中央圣马丁艺术设计学院求学时将大量服饰埋在

1997年	1999年	1999年	1999年	2002年	2015年
马丁·马吉拉被任命为爱马仕女装成衣艺术总监。	三宅一生和藤原大推出采用单块织物制作的一块布系列（见504页）预制服饰。	山本耀司推出具有开拓性意义的婚礼系列作品。	安·迪穆拉米斯特在比利时安特卫普推出同名商店。	概念店科摩大道10号东京分店开业。这是出版商卡拉·索珊尼和川久保玲合作的结果。	约翰·加利亚诺在万众期待下重回时尚界，成为梅森·马吉拉公司的创意总监。

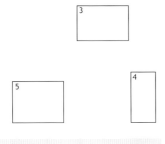

3 布公司1997年生产的这款表面波纹稍有些磨损的编织面料是解构主义时装的典型特色。这种效果是用日本一架传统织布机上的钢扣"梳"出来的。

4 川久保玲1998年设计的这件服饰将不同重量和色彩的面料叠放，从而突出了不同部位的结构。各种面料连系在一起，并采用不同颜色点饰。

5 Xuly Bët成衣1999年秋冬作品中的这件服饰将再生面料和手工缝制的斑块相组合，从而制造出复杂的外观效果。

铁粉中；为了毕业作品展重新取出来时，这些服饰将整个腐化过程都展现了出来。英国设计师谢莉·福克斯运用工业化时代以前的劳动密集型技术，比如制毡来创造出磨损的外形。将羊羔皮置于高温中或加以摩擦，从而制作出缩水和实线花纹，这样的过程会偶然发生。设计师还喜欢挑战人们对优雅品牌的认识，曾用蜡、漆或漂白剂来损毁经典运动套装的表面。同样，马里出生的拉明·贝蒂安·库亚特喜欢在他的Xuly Bët再生面料制作的毛衫上运用补丁、锁边和刺绣装饰（图5）。库亚特的作品之所以被认为是解构主义时装，是因为在一件现有的服饰上加缀补丁和刺绣就类似于德里达所形容的"重写"——即一段文字被擦去，然后在上面重写。库亚特对再生面料毛衫的运用也类似于利用手头条件工作的过程。这种冲动被称作解构主义，是因为时装设计经常并不被认为是改造出某种事物或创造一种之前就存在的事物。

在川久保玲1983年设计的"蕾丝"毛衫中，机器制作服饰所利用的完善又重复的方法逐渐被放弃，服饰的分解过程第一次展示出来。服饰虽然不是手工制作，但据川久保玲所言，将纺织机拧松一两个螺钉即能达到手工制作的面貌或效果。这就模糊了机械制造的千篇一律的完美服饰和一次只能生产一件、无法避免带有个体差异的手工服饰之间的差别。1998年系列作品中的这件多层服饰（图4）将焦点集中在服饰的制作过程中。

川久保玲还因为其boro boro的审美风格而闻名。这个从日语中翻译过来的词意为"破破烂烂"。她制作的服饰看上去就像已经上过身，甚至已经穿烂了，有些面料上用熨斗熨烫出了永久性的褶皱，还使得其他层面料也提前磨损。她和布公司——一家实验时装和家纺面料全球领军公司，由新井淳一（1932——   ）和须津玲子（1953——   ）于1984年创立——合作推出了许多高技术机织面料，比如织有裂口和破洞的毛毡，或者将两根纱线纺织的面料用酸烧掉其

中一根纱线营造出损毁式样（图3）。新井淳一是纺织业最重要的创新染织大师。过去的50多年来，他一直致力于融合传统技艺与先进织造技术，凭借其心灵手巧为日本所有重要时尚设计师，比如三宅一生和川久保玲设计面料。日本设计师山本耀司则经常运用不同纱线的不同特性故意制作出扭曲的缝线和非对称的形状。

玩弄和颠覆时装生产和消费中的习俗是解构主义时装的另一种流行现象。德里达一再重申，运用一种语言的概念和语法来对该语言进行解构或批评。这种情况是不可避免的。这种观点也影响了解构主义时装，设计师们别无选择，只能利用现有的元素和时尚传统来对其进行颠覆。比如，有些习俗和文化规则规定了何时何处能露出内衣，也有些习俗是关于服饰的审美标准。大众市场时装要求衬衫都要有同样尺寸的衣领，甚至均匀分布的纽扣，因为这才是"正确"的穿衣准则。川久保玲却颠覆了这种观念，她在1988年推出的衬衫系列作品中设计了一款带有两个衣领的衬衫，纽扣采取不均匀分布，就连大小也不一样。

德里达哲学中的鬼怪或幽灵方面的思想相对来说却被解构主义时装忽视了。德里达坚称，无论我们是什么身份、拥有何种容貌、经历了怎样的人生，只有联系到彻底的离场——或者说死亡，一切才有了意义。约翰·加利亚诺加入梅森·马吉拉公司后，从之前时代的服饰中汲取灵感，创作的设计作品提供了新的时装轮廓。他将一些传统元素，比如礼服裁剪方法运用在一些令人意想不到的地方，从而创作出全新的外形。新作品中萦绕着战壕式风衣、内衣式紧身胸衣、吊带裙的鬼影。从这个角度来说，"活人"服饰的境况是由"已死"服饰所定义的。**MB**

一块布 1997年
三宅一生（1938—　　　）

一块布作品在伦敦巴比肯艺术中心举办的"未来之美：日本时尚30年"展览中展出（2011）。

⚙ 细节导航

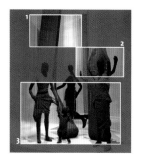

A-POC

理念——"A Piece of Cloth"（一块布）的首字母缩写——是1997年由三宅一生和纺织工程师藤原大共同提出的，不过1976年最早是以针织面料和亚麻条带的形式出现的。一块布是由单片织物制作出的一个穿衣系统，不存在浪费，将裁剪过程压缩到最小，非常类似和服制作过程。随着后期系统的发展，布匹变成了拉歇尔经编织物制成的管状模式：这种像长筒袜一样的布管采用双面针织物制作，其纱线用链式缝法连接成网格形式。如果面料被裁开，底层弹性面料就会收缩，从而拉紧链式缝法细网格，防止面料被拆散。布匹被刻成模块部件，裁下之后不需要缝纫，并且能根据穿者的不同进行调整。每套一块布服饰系统从编织的那一刻起，调整指导就被附在了布匹之上，就像是一把小剪刀。该系统先后也经历了多次改进和发展：1999年，一块布爱斯基摩系列中包含了花纹和填料，而2000年的法棍面包设计则去除了图案，可以从织物的任何位置开始裁剪。这种形式的服饰生产过程将制作工艺元素再次引入当代时装生产和消费之中。让消费者参与到自己服饰的制作过程中来，这体现了传统与非传统实践的独特的结合。**MB**

细节解说

1 织物
　　一块布服饰采用一长卷管状布裁制。织物使用一种复杂的电脑操纵的工业织机生产，整套服饰的形状和花纹都纺织在其中。顾客只需要裁剪"面料"以符合自己的尺寸，这样就能制成他们最终穿着的服饰。

2 布管
　　服饰用布管结构而成，不需要缝纫过程。其过程十分复杂，麻烦的诸如左右手不同的手套、相对简单的如袖子、所有的物件都从布管中裁制而出，然后成功制作成服饰。

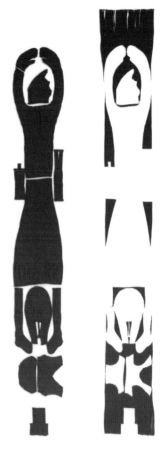

▲ 女王纺织公司生产的一块布服饰（1997）可裁出的服装轮廓，其中包括裙子、短袜、内衣和兜帽。这种经济型服饰系统浪费的面料很少。

3 通用服饰
　　不同尺寸的人体模特儿表明布卷的通用性，服饰都可以从中制成。可选款式包括中长款长袖或短袖连衣裙、裤袜和束口袋，或者是童装罩裙配帽子、手套和袜子。

设计师生平

1938—1980年
　　三宅一生出生于日本广岛，从1945年原子弹轰炸中幸免于难。他曾在东京学习图案设计，1964年毕业之后曾在纽约和巴黎工作。1970年，他返回东京，在那里建立了三宅设计工作室，一边设计女性时装，一边收集新型面料，如涤纶针织布和丙烯酸针织腈丝。1980年，受裁缝师使用的人体模型启发，三宅发明了一个丙烯酸浇筑成的胸像。

1981年至今
　　20世纪80年代，三宅开始试验褶皱技术，从而发明了一种新技术（三宅褶皱）；他还曾为法兰克福芭蕾舞团设计服饰。三宅于1997年退休，在公司内只保留了研究席位。2010年，明仁天皇为他颁发了日本文化勋章。

后记系列作品 2000年
侯赛因·卡拉扬（Hussein Chalayan，1970—　　　）

在伦敦赛德勒·维尔斯剧院举办的后记秋冬成衣作品展（2000）。

侯赛因·卡拉扬因为极其理智的设计理念而受人尊敬。他的作品融合了各种解构主义和混合文化元素以达到不同的效果，比如审美意义和说教性。后记系列作品从难民的困境中汲取灵感，他们不得不逃离家园，仅有的只是身上穿着的服饰和能带走的物品。1974年，塞浦路斯分裂，250万土耳其族人和希腊人被迫迁移，卡拉扬自己的家庭也因此流离失所。该系列作品就是一次本能的视觉探索，希望为无家可归的人们残余的身份特征创造一个安置地。这些信息通常蕴含在他们逃亡时所保留下来的服饰和家具中，这些物件就成了他们错位叙述的遗物箱。

　　卡拉扬2000年将作品放在伦敦赛德勒·维尔斯剧院光秃秃的室内展出。模特儿们穿着的服饰都具有进化的复杂性。沙发套变形成为风格恬静的罩裙，椅子框架颠倒过来变成行李箱。在剧情突变的最终场景，一名模特儿身穿简洁的衬裙和褶皱领衬衫走了进来。她收起桌子中间圆形的面板走了进去，找到两个隐藏的把手，把这条带有套管式伸缩面板的阶梯式木质A形裙拎起来。**MB**

👁 细节解说

1 电视屏幕
光秃秃的舞台背景因为大型等离子电视屏幕的出现而变亮，屏幕上可以看见一群身着传统科索沃服饰、不用乐器伴奏的歌手正在演唱。1999年爆发的科索沃战争导致成千上万的难民无家可归。

3 桌子裙
从模特儿的髋部降低到地面上之后，裙子就变成了桌子。为了不赤身露体，这名模特儿还穿了一条打底衬裙，有人会认为这是典型的解构主义时装，因为它首先就否定了裙子的功能性。

2 椅子行李箱
这件看似椅子的物品折叠起来却像一个行李箱。但是，折叠之后的箱子除了自身什么也装不了。这或许隐喻了一些所谓解构主义时装的利己主义和空虚的本质。

🕐 设计师生平

1970—1997年
侯赛因·卡拉扬出生于塞浦路斯，就读于尼科西亚的土耳其教育学院。1974年塞浦路斯冲突发生后，他们家于1978年搬到英国，1982年定居伦敦。卡拉扬在中央圣马丁艺术设计学院学习时装设计，1993年毕业。1995年，他为比约克的第三张专辑《邮差》的封面及其随后的巡回演唱会设计了服饰。

1998年至今
1998年至2001年，卡拉扬面临纽约羊绒针织品牌TSE的挑战。1999年和2000年，他两次获得英国时装协会颁发的年度设计师奖。2001年，他被任命为英国奢侈品珠宝品牌阿斯普雷的时尚总监。2008年，他与施华洛世奇合作，制作了一款装饰满其标志性水晶产品和LED（发光二极管）灯的服饰。

无形式结构的多层服饰 2018年

约翰·加利亚诺（John Galliano，1960—　　）为梅森·马吉拉设计

约 翰·加利亚诺2018年春夏的梅森·马吉拉手工艺系列作品展从社交媒体现象和拍照手机中汲取灵感，呈现出现代生活中内在的速度和技术。作品出现在天桥上时，观众被要求将相机调至闪光灯模式，并随着模特的步伐按下快门，从而在中国风提花织物和圆点图案外覆盖的氨纶面料上创造出一幅五彩斑斓的全息图。系列中的其他服饰承载着过去服饰的记忆，人们熟悉的加利亚诺元素——外穿的撑裙，吊带裙，紧身胸衣——也再度出现。色彩缤纷的外套上覆盖有波普艺术家利希滕斯坦印染的圆点，填絮派克大衣则被改造成多层的褶边礼服。服装的传统功能被颠覆，比如这件吊带裙就被穿在黑色的聚氯乙烯短上衣外，里面还搭配有一件度身剪裁的透明塑料双排扣战壕式风衣，鬼影般若隐若现。未完工的红色蕾丝胸罩增添了一种破碎、混乱的感觉。**MF**

⚙ 细节导航

👁 细节解说

1 有领上衣
这件黑色上衣选用的是伊顿式宽立领，搭配沉肩袖，与吊带裙流动的分层线条形成鲜明对比。上衣穿在贴身内衣内，只在未完工的胸罩下方露出一边衣襟。

3 内衣的造型
加利亚诺被誉为宽松连衣裙，或称吊带裙的首创者，在这里他将这种衣柜中的常见服饰融入了一套功能颠倒的服装之中，将内衣作为外衣穿着。裙子选用的是简单的内衣风格的条带肩带，领口装饰有蕾丝花边。

🕐 设计师生平

1960—1995年
加利亚诺毕业于中央圣马丁艺术设计学院，毕业系列作品"奇装异服"在1984年被伦敦著名的布朗斯百货公司全部收购。设计师本人的品牌尽管在艺术上取得了成功，但在商业领域却只能挣扎求存。1995年，他接受伯纳德·阿诺特的任命，入主纪梵希工作室，成为第一位统领法国高级时装的英国设计师。

1996年至今
1996年，LVMH集团任命加利亚诺为迪奥品牌的创意总监。2011年他在巴黎被指控公开发表种族歧视言论，随后被判有罪，因此被迪奥以及本人同名品牌解雇。之后他曾为奥斯卡·德拉伦塔工作，后来开始掌舵梅森·马吉拉。

2 聚氯乙烯覆盖层
照相机的闪光灯照在透明的聚氯乙烯面料上时，双排扣的解构式外套和吊带裙被点亮，绽放出鲜艳的色彩。这件外衣完全覆盖了全套服饰，从吊带裙提高的腰线位置，一直到小腿中部。

日本街头文化

1 两名晒成棕褐色皮肤的日本女孩化着必不可少的白色眼妆，脸上贴着胶纸，戴着霓虹灯色配饰，在东京街头为一位摄影师摆拍。

2 这套哥特式洛丽塔服饰虽甜美却充满挑衅色彩，顽皮地吸收了维多利亚时代人偶审美风格；其中包括一件黑色小撑裙、端庄的衬衫、闹钟式手提包，以及戴在卡通风格假发上的头饰。

日本街头文化最初是由对时尚潮流极具影响力的高中女生引导的。日本青少年亚文化通常也是由女性占据主导地位，总是带有地理性目的，比如强化地域对青少年身份的影响，加强赋权感。这些少女就像时尚变化的间谍，参与到从社会网络和亚文化中发源的街头文化和时装的生产与传播过程中。在20世纪90年代中期，这种现象以东京标志性建筑、8层楼高的涩谷109大厦购物中心及周边为基地。最早被定义为kogyaru风，即高中女生风格，其特色是将学校制服格子短裙或无袖无领连衣裙搭配上白色短袜和带有彼得·潘式小圆领的端庄衬衫。涩谷风已经演进成多种亚文化风格，但其情色可爱和恐怖可爱的主要理念仍延续了下来。

最早走出涩谷的亚文化时尚是"黑妹风"，特点是脸庞通过太阳灯浴或化妆变成深棕色，涂上重重的白色眼妆，再配上漂染的头发（图1）。这种风格是对日本人所推崇的传统的苍白肌肤和黑发的一

重要事件

20世纪90年代初	20世纪90年代初	1995年	1995年	1998年	20世纪90年代晚期
黑妹成为日本年轻女性的一种新风格。	日本女子组合"公主公主"影响了街头时尚，组合成员均服饰精致。	增田塞巴斯蒂安创办时尚品牌"6%扑通扑通"，标志着运用色彩和多件饰物的时尚风格的开端。	东京涩谷109大厦将所有的租客更换成了零售商，只出售涩谷风格的时装。黑妹风开始在涩谷区出现。	涩谷区出现了妆容更浓厚和夸张的山姥风，黑妹风被取代。	涩谷区原宿站附近的一座桥上开始出现哥特亚文化风格的洛丽塔及系列流派。

次反叛，模仿了"加利福尼亚女孩"的风格。这些少女披着霓虹色彩，穿上短裙和松糕鞋，以便看上去令人惊恐，这是她们时尚风格的重要元素。黑妹风的极端实践者将脸涂成卡通风格的暗色，搭配上白唇，再在脸上粘上亮片，大量接发。这种风格近来多被称作山姥风（Yamamba，简称Mamba或Bamba），其名称来源于民间故事中的白发老太婆。这些团体根据选择的时装品牌又细分为小的流派，比如，涩谷的自我主义者精品派以山姥风而闻名，但它还推动了"竞技女牛仔"和"性感与孩子气"等小流派的流行。

如果觉得黑妹风太刺激性感，还有以东京原宿区为基地的洛丽塔亚文化群。这种与涩谷风相反的亚文化出现于20世纪90年代，是在海外最经久不衰、最流行的日本风格。"洛丽塔"一词起源于弗拉基米尔·纳博科夫的同名小说，虽然该词在西方带有性的暗示，但在日本该亚文化的成员却宣称并不尽然。她们的妆容如同维多利亚时代人偶般纯真和娇柔，穿着带有褶皱和蕾丝花边的服饰、软帽，有时还要戴上金色假发，搭配上五颜六色的可爱手袋和雨伞。这种可爱的形象中还要增加玛丽珍鞋和饰有缎带的乳白色发饰。洛丽塔风也要细分为不同的小流派，每个流派都有各自的特色。甜美洛丽塔只选用柔和的颜色（见512页）。朋克洛丽塔会加上朋克元素，如链条和安全别针（维维安·韦斯特伍德为格温·史蒂芬妮2004年的"原宿女孩"巡回演唱会设计的服饰就是该风格的西方版本）。和式洛丽塔会搭配日本传统及和服元素。哥特洛丽塔（图2）融合了洛丽塔和哥特元素，它直接传承自20世纪80年代英国的哥特风，将维多利亚时代别致的葬礼服饰和带有支撑框架的短款钟形撑裙囊括为一体。

秋叶原和池袋是东京汇聚了许多动漫粉丝的地区，因此也造就了另一种不同的亚文化群落。秋叶原过去曾是著名的电子和电脑游戏购物区，但在2000年，动漫卡通潮流从游戏产品中脱颖而出，该地区也开始吸引了大批宅人和角色扮演的粉丝。这种风格不仅包括绘有动漫角色的T恤衫，粉丝们自己也会打扮成角色的模样，服装借鉴动画角色的服饰形状、款型和裁剪比例，穿着的面料也模仿卡通人物服饰的塑料感。角色扮演的服饰可能是定做的，也可能是从高端品牌店，比如伍特·柏林、詹尼·法克斯和铃木淳也购买的，它们的产品都在东京时装周展出。也有品牌会吸收动漫服饰的审美风格，参考其夸张的形状和配色，但不会真的将整套服饰搭配在一起。**EA/YK**

1999年	2000年	2001年	2002年	2004年	2010年
音乐家兼设计师马纳创办哥特式洛丽塔时装品牌"另一个自我"。	电脑游戏中出现动漫潮流，东京秋叶原区汇聚了大量宅人。	青木正一拍摄原宿地区日本青少年的摄影作品《水果：东京街头时尚》在英国出版。	摄影展《水果》在澳大利亚悉尼的动力博物馆展出。	美国歌手格温·史蒂芬妮的"原宿女孩"巡演出现了朋克洛丽塔元素。	"6%扑通扑通"为庆祝创立15周年举办了一次名为"原宿潮人时尚行"的街头时尚盛事。

甜美洛丽塔 20世纪90年代
街头时尚

1 遮阳伞
维多利亚时代的淑女都会携带遮阳伞保护精致妆容免受日晒。和黑妹风格不一样的是，洛丽塔风格支持日本传统文化的苍白肤色。遮阳伞也加强了修饰。

2 头饰
洛丽塔风格一个基本的组成部分就是头饰，图中4个女孩都戴有黑色或白色头饰。带有硬挺蝴蝶结的头饰装饰在富有特色的刘海假发发型上，强化了人偶风格。

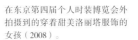
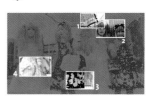

在东京第四届个人时装博览会外拍摄到的穿着甜美洛丽塔服饰的女孩（2008）。

在日本流行时装活动——第四届个人时装博览会外拍摄到的这4个女孩均身着各种款式的甜美洛丽塔服饰，这是日本最早的街头时尚风格之一。这种风格追随日本艺伎的传统娴静风格，多受维多利亚时代少女服饰的影响，再混以日本式的"可爱媚俗"。柔和的色彩、整洁的衣领和杯形蛋糕式的审美让甜美洛丽塔成为日本最容易辨别的街头时尚类别。这种风格最主要的部分就是其款型：服饰中总会有一件玩偶般的短裙，设计有多层衬裙让其变得更丰满，或是用线框仿制成维多利亚时代的钟形撑裙。裙子的短度一般会用长齐大腿的袜子或长筒袜搭配高跟鞋加以强调，虽然鞋子一般是玛丽珍或维多利亚式的靴子而非细高跟鞋。色彩的运用是整体形象不可分割的一部分，粉红色是其柔和色调中最重要的颜色，可能还会包括淡紫色和薄荷绿色。粉红色的运用甚至扩展到发色上，女孩们一般会佩戴上带有明显刘海的彩色假发。白底有条带花纹的连裤袜、装饰娇美的遮阳伞和大尺寸的蝴蝶结头饰都帮助塑造了这种真人大小的维多利亚人偶风格。配饰一般会参考刘易斯·卡罗尔写于维多利亚时代的童书《爱丽丝梦游仙境》（1865）。这里拍摄的女孩们刻意两两选用相同的服饰，以便强调她们的流派特征，营造出一种统一的审美。**EA**

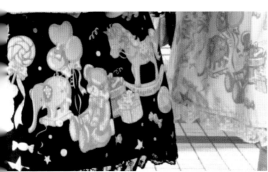

3 色彩
清淡优美的色彩是洛丽塔风格的特色。选择这样的色彩是因为它们看上去甜美，符合孩童的纯真，这里加上黑白色彩的组合使得服饰更富感染力。这样的色调搭配也扩展到头发和配饰上。

4 手袋
手袋的颜色与服饰相协调。有些装饰有娇柔的蝴蝶结，与服饰和头饰上的相呼应；还有一些是小马形状的，很像玩具，突出这种风格俏皮天真烂漫的特质。

现代高级定制时装

1995年，影响力强大的LVMH集团的伯纳德·阿诺特邀请英国设计师约翰·加利亚诺统领高级时装品牌纪梵希，1996年又邀请他入主著名的迪奥品牌。在20世纪末，大众对高级时装的接受方式发生了彻底的转变。高级定制时装再度流行起来，成为各种理念的孕育温床，领军的则是一大群富于创新精神的年轻设计师，他们热衷于运用工坊的技巧，同时也尊重品牌的传统。这些设计师也想方设法地在品牌的标志风格中打下了自己的烙印。新世纪伊始，高级定制时装吸引了更年轻和前卫顾客的关注，再次成为现代卓越的缩影。2007年迪奥新风貌设计问世60周年纪念活动，以及2008年卡尔·拉格斐入主香奈儿25周年纪念活动，也起到了巩固作用。

其他设计公司也渴望参与到地位重新得到提升的高级时装领域，于是"设计师流动"的现象变得越来越普遍。设计师在职业生涯中，一般会接到多个不同公司和品牌的委任。出生于摩洛哥的阿尔伯·艾尔巴茨曾与美国设计师杰弗里·比尼（1924—2004）合作过一段时间，之后才迁居巴黎，入主纪·拉罗什（1921—1989）的高级时装公司姬龙雪，1998年他曾短暂领导过伊夫·圣·洛朗公司的成衣部门。2001年，艾尔巴茨成为浪凡公司的艺术总监，此后该公司成为21世纪最炙手可热的品牌之一。艾尔巴茨著名的设计包括女神风格的长裙、标志性的轻便战壕式短风衣和面料奢华的娇柔褶边礼服（图1），工艺精湛。2015年，艾尔巴茨离职后，该品牌委任法国出生的女性设计师布什哈·加拉为艺术总监，领导女装部门。

在克里斯托夫·迪卡宁的支持下，法国时尚品牌巴尔曼步入了新的发展时代。迪卡宁打造出一种高端摇滚时尚风格（图2），将该品牌推举为时尚界最昂贵和最具影响力的品牌之一——2009年，该品牌的一条破洞牛仔裤高涨到2165美元——备受尊崇，之后他于2011年离职。尼古拉斯·盖斯奇埃尔也拥有同样的影响力，他是作品最常遭到抄袭的设计师之一，就任巴黎世家总监期间，他坚定选用高科技面料和结构化的款型，从而让品牌迅速蜚声国际。2012年，盖斯奇埃尔离开巴黎世家，2013年，他加入路易·威登，成为女装部门的艺术总监。

在宛如抢椅游戏一般激烈的时尚产业竞争中，创意设计师的流动性很高。因为各种因素的变化——销售量下降，全球经济市场的变动，创意枯竭，遭遇恶评，或者仅仅只是想要追逐更高的"价码"——设计师总在流动。英国设计师莎拉·伯顿曾担任亚历山大·麦昆助手多年，目前她的作品依然在延续导师的审美风格（见522页）。2017年，意大利设计师玛利亚·加西亚·基乌里取代比利时设计师拉夫·西蒙斯，成为迪奥的创意总监。

2016年，格鲁吉亚出生的时尚颠覆者德姆拉·格拉萨利亚成为巴黎世家创意总监，这一选择出乎业界意料。格拉萨利亚毕业于安特卫普的皇家美术学院，他所设计的街头服饰很受欢迎，能化平常为神奇，曾是维特萌品牌的首席设计师和代言人。同样出人意料的任命还有，2018年，克莱尔·怀特·凯勒取代里卡多·提西，成为纪梵希高级定制时装和男女成衣系列的艺术总监。这位英国设计师不同于前任的哥特浪漫风格，喜欢在现代女装中采用简洁、大胆的款型。**MF**

1 阿尔伯·艾尔巴茨2012年为浪凡设计的作品系列，其特色在于标志性褶皱和飘逸面料的运用。

2 2009年，克里斯托夫·迪卡宁在巴尔曼品牌的摇滚女孩风格外衣中加入了水晶纺锤形纽扣，凉鞋用上了钻石装饰。

2002年	2004年	2004年	2011年	2017年	2018年
伊夫·圣·洛朗退休。公司关闭但品牌保留了下来。	汤姆·福特与古驰集团所有者春天百货发生纷争，他在伊夫·圣·洛朗的地位被斯特凡诺·皮拉蒂取代。	英国设计师朱利安·麦克唐纳德成为纪梵希公司首席设计师；2005年起，他被意大利出生的里卡多·提西取代。	克里斯托夫·迪卡宁离开巴尔曼。法国出生的奥利维尔·劳斯提因被任命接替他成为艺术总监。	意大利设计师安东尼·瓦卡莱洛取代艾迪·斯理曼，成为伊夫·圣·洛朗的创意设计师。	高级时装公司纪梵希的创始人贝尔·德·纪梵希去世，享年91岁。他的美学风格总离不开他的灵感缪斯奥黛丽·赫本。

红裙子 2008年

华伦天奴（Valentino，1932—　　）

1 标志性的红色

这种获得专利权的红色（配比为100份洋红、100份黄、10份黑）最早见于设计师1959年首批系列作品中的一件鸡尾酒会礼服。这种色彩至今仍是华伦天奴的标志元素。

2 刻纹装饰的胸衣

服饰的剪裁工艺可从生动的肩器领胸衣体现出来，这样命名是因为领口采用撑压工艺超出了胸部领线。里面会采用华伦天奴标志性特色之一的蝴蝶结填满。这款服饰中的蝴蝶结尺寸很大，选用的是黑色。

细节导航

为马特·泰尔劳执导的纪录片《华伦天奴：最后的君王》（2008）拍摄的电影海报。

这幅图片截取自纪录片《华伦天奴：最后的君王》（2008），影片是对国际著名的意大利设计师华伦天奴45年来人生与事业的纪念。这幅图画引发了人们对这份以经典设计和意大利时装柔美特质为基础的永恒魅力的共鸣。模特儿们身着各式红裙，摆好姿势站在壮丽的罗马遗迹背景前。在2007年巴黎的时装站台上，华伦天奴的告别作品的特色就在于30名模特儿身着的各种款式的华伦天奴红色服饰，这是公司从一开始就引以为标志的颜色。华伦天奴是最后一批完全手工缝制时装的设计师之一——据报道他从来不碰缝纫机。他所设计的晚礼服重视奢侈华丽面料的细节，体现了高级定制时装的特色。

　　这里看到的设计代表了半个世纪的潮流变化，汇聚了华伦天奴从20世纪中期开始直至现在的作品。所有标志性设计都有展示，比如腰部饰有装饰短裙和扁平蝴蝶结的无肩带礼服，模特儿呈现出"迪奥般的慵懒姿态"；还有当代圆柱形无肩带拖地紧身长裙（最左边）。裙角有两层很长的荷叶边、配有披风的梯形宽松式短裙代表了20世纪60年代审美风格的青春气息；而那款由带有水平褶饰的胸衣和长齐脚踝的两层式裙子组成、贴合身形、领口和髋部装饰有扁平蝴蝶结的晚礼服则体现了20世纪80年代流行的强化肩部线条的风格。完美的裁剪，重视比例和尺度，这些一直都是华伦天奴采用装饰的基础。**MF**

3 非对称魅力
最右边的这款服饰代表了华伦天奴红磨坊式裙摆沙沙作响的时装风格。多层裙边上采用扇形褶皱装饰，单肩式紧身胸衣以缠裹的形式在腰部以蝴蝶结装饰收紧。华伦天奴也是单肩款服饰的领军品牌。

▲ 皮耶尔保罗·皮乔利和玛丽亚·格拉齐亚·基乌里之前曾担任华伦天奴的配饰设计师。两人的2012年春夏作品极富娇柔特色，延续了该品牌的传统。

两件式套装 2008年

卢卡斯·奥森德瑞弗（Lucas Ossendrijver，1970—　　　）为浪凡设计

作为浪凡男装部的总设计师，卢卡斯·奥森德瑞弗在这款当代版的单色两件式套装中创造出一种奢侈的层次与比例相互影响的效果。设计师改变了这种熟悉的标准男装作为阳刚气质经典搭配的地位，其风格也受到当时男学生不拘礼节的蓬乱服饰的挑战。这款两件式套装所采用的严肃的色调和重新调整过的款式令人回忆起默片电影中的戏剧主人公形象，比如查理·卓别林穿着的标志性紧身上衣和杰基·库根在《寻子遇仙记》（1921）中穿着的宽大毛衣。

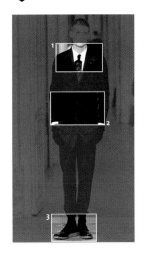

这件长宽均刻意做小的上衣采用柔软的无垫料圆肩和窄袖，突出了套装的纯真色彩。领口可以瞥见针织衫细长的边角，从上衣领口神圣的闭合结构中凸现出来。套装的裤子采用醒目的黑色，借鉴健身房运动裤，裤脚用螺纹带收口，吊裆设计进一步拉长了躯干，增添了蓄意而为的怪异印象。套装整体以晨礼服原汁原味的浮华雅致配饰而告结束。在黑色鲨鱼皮背领之下别有一朵华丽的酒红色铁线莲襟花。**MF**

👁 细节解说

1 衣领和领口
服饰中朴素的白衬衫采用一字领设计，底领很小，之上的花纹领带前片宽大，材质柔软，领带夹别得很高，采用简单的四手男生结。清新的衣领与延伸出上衣的袖口相呼应。

3 松糕鞋
这款晚装鞋的黑色漆皮鞋面和前面的鞋带设计在不同材质的橡胶鞋底上，借鉴了训练员的鞋底和功能性服饰，摒弃了套装配套鞋子的传统理念。

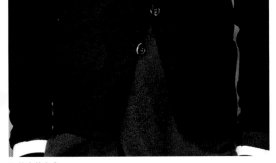

2 缩小款上衣
这件缩小裁剪的上衣为了覆盖身体而拉得很紧，三颗扣中只扣了两颗。里层法兰绒灰色的大开襟毛衫从上衣提高的衣边下露出了一大部分。

🕐 设计师生平

1970—1995年
卢卡斯·奥森德瑞弗出生于阿姆斯特丹附近的小城阿默斯福特，曾在阿纳姆时尚学院就读。他联合同学维克托·霍斯廷和罗尔夫·斯诺伦——之后成立维果罗夫品牌——组建了团体荷兰人的呼声，想要创造全新的时装范式。

1996年至今
1996年移居巴黎后不久，奥森德瑞弗在女装品牌"正南方"工作了很短一段时间，之后又在高田贤三公司工作，之后搬到慕尼黑接任科斯塔斯·库迪斯品牌男装设计总监。不到一年工夫，他返回巴黎在迪奥公司担任艾迪·斯理曼的助手。2005年，浪凡的艺术总监阿尔伯·艾尔巴茨聘请奥森德瑞弗为品牌男装设计师。

冰雪皇后礼服 2011年
莎拉·伯顿（Sarah Burton，1974—　　）为亚历山大·麦昆设计

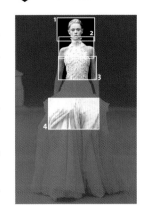
这件晚礼服出自莎拉·伯顿为亚历山大·麦昆设计的秋冬作品，是英国巴斯时尚博物馆归档收藏的49件时代代表作品之一，并被美国版《时尚》杂志特约编辑哈米什·鲍尔斯评为年度服饰。礼服第一次展出是在巴黎曾关押过玛丽·安托瓦内特王后的古监狱中举办的一次纪念秀上，展台上布置有活狼。

这款精心制作的礼服将麦昆工坊的手艺技巧发挥到了极致，将童话中不可靠近的冰雪皇后的冷漠庄严特质与品牌标志性的系带胸衣的性感融合在一起。礼服从腰部向上采用蕾丝交叉系结，象牙色的胸衣沿着躯干的线条伸展至臀髋部，肩胛骨之下裁剪成水平的款式。服饰的端庄从金属银色的无檐便帽中得到进一步强调，小巧整洁的头部与蓬松的裙子以及炫目的纯色形成对比。礼服的整体效果被裙子的散口褶皱薄纱和表面的装饰所柔化。冰雪皇后及其宫廷系列作品是伯顿在导师亚历山大·麦昆2010年英年早逝之后推出的第二批作品。

MF

👁 细节解说

1 金属银色的无檐便帽

冰雪皇后主题的缥缈特质从遮掩了头发的金属银色无檐便帽中得到强调。帽子看上去就像是用老式的金属冷烫卷按照脑袋的形状铸造而成。

3 薄纱胸衣

服饰的薄纱胸衣上装饰有手工刺绣的立体真丝薄纱羽毛。透明的薄纱一般用于制作婚礼面纱，其网眼结构上的六角形小孔为珠绣和刺绣提供了绝佳底料。

2 领线

胸衣裁剪成带有高立领的套索系领款式，上面还采用羽毛进一步贴饰以模仿鸟类脖颈的样子。这种领形令人回想起爱德华时代的高高的骨领，同时也带有束缚的内涵。

4 丝绸裙

裙子采用独立的真丝薄纱深折起来，绕着髋部缝线缝合成形，褶皱边缘保留柔软的散口形态，与裙面上点状重复的手工刺绣的老鹰图案形成对比。

不对称剪裁的长裙 2018年

克莱尔·怀特·凯勒（Clare Waight Keller，1970—　　　）

于 贝尔·德·纪梵希曾为奥黛丽·赫本参演的大量电影设计过家喻户晓的戏服，包括她在《龙凤配》和《蒂凡尼早餐》中的角色。为了纪念这位设计师所留下的遗产，克莱尔·怀特·凯勒在2018年秋冬作品展中呈现了一系列简洁的服饰。观展的每一个席位上都放有一本书，其中呈现的是赫本的档案照片，以及20世纪50年代到70年代身着连衫裙的模特的影像；映照在天桥上的影像则包括著名小黑裙的多款更新版。系列作品中重复出现的元素包括盖袖，以及用以凸显不对称剪裁的黑白配色。这条长裙白色的裙身非常修长，外面搭配一件材质光滑的纯黑上衣，采用的是简洁的高领口，另外拼缝的袖子长齐肘部。外衣在腰部高处裁切成前短后长的半圆形，后摆垂落至地面，营造出斗篷的样式。黑色手套长度超过手肘，上端完全被袖子掩盖，更突出了长裙的两件式款型。**MF**

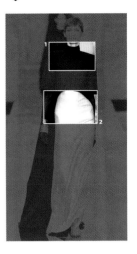

👁 细节解说

1 雕塑般的衣领

这款简洁的服饰凭借堪称典范的精细剪裁技巧，以及高质量的面料，达到一种极简的奢华效果。优雅的立领紧贴脖颈，为服饰营造出一种干净的雕塑般的色彩。

🕐 设计师生平

1970—2011年

克莱尔·怀特·凯勒出生于英国，毕业于伦敦的瑞文斯博艺术学院，拥有时装专业学士学位，之后她取得了皇家艺术学院的时尚针织品行业的硕士学位。搬到纽约后，凯勒开始为卡尔文·克莱恩公司设计女装，之后进入拉夫·劳伦公司，成为紫标男装部门的高级设计师。2000年，她被汤姆·福特雇用进入古驰，与弗朗西斯科·科斯塔和克里斯托弗·贝利一同成为高级设计师。2007年，她在苏格兰时尚大奖赛上荣获年度最佳苏格兰山羊绒设计师称号。凯勒在创建普林格尔1815公司的同年，还推出了一个同名的副线服装品牌。她于2011年辞职。

2011年至今

2011年，克莱尔·怀特·凯勒搬到巴黎，成为蔻依品牌的创意总监。2017年，她被任命为纪梵希高级定制时装和男女成衣产品的艺术总监。2018年5月，凯勒为现任萨塞克斯公爵夫人梅根·马克尔设计了大婚时穿着的纪梵希高级定制礼服和手绣面纱。

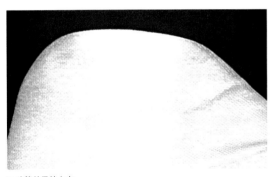

2 斗篷效果的上衣

上衣前身长度裁剪到腰部位置，完全与宽松的拼缝袖子齐平，加强了斗篷式的效果。上衣后部留出一条不对称伸展的长拖摆，里面则是一条圆柱形的白色缎面紧身长裙。

时尚印花设计

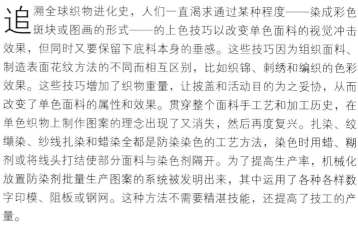

追溯全球织物进化史，人们一直渴求通过某种程度——染成彩色斑块或图画的形式——的上色技巧以改变单色面料的视觉冲击效果，但同时又要保留下底料本身的垂感。这些技巧因为组织面料、制造表面花纹方法的不同而相互区别，比如织锦、刺绣和编织的色彩效果。这些技巧增加了织物重量，让披盖和活动目为之妥协，从而改变了单色面料的属性和效果。贯穿整个面料手工艺和加工历史，在单色织物上制作图案的理念出现了又消失，然后再度复兴。扎染、绞缬染、纱线扎染和蜡染全都是防染染色的工艺方法，染色时用蜡、糊剂或将线头扎结使部分面料与染色剂隔开。为了提高生产率，机械化放置防染剂批量生产图案的系统被发明出来，其中运用了各种各样数字印模、阻板或钢网。这种方法不需要精湛技能，还提高了技工的产量。

自从防染染色工艺在欧洲以外的中国、印度和日本发明以来，织物印花染色技术就一直在不断创新，这些工艺持续使用了几个世纪。"图案（pattern）"这个词起源于拉丁语pater，原意是指"母型"，

重要事件

1999年	2002年	2004年	2005年	2005年	2006年
以伦敦为基地、出生于丹麦的彼得·詹森推出首批男装作品系列，之后于2000年推出女装。	乔纳森·桑德斯在中央圣马丁艺术设计学院修完硕士学位，次年推出自己的品牌。	作为古驰集团的配饰艺术总监——一个特别设立的职位，弗里达·吉安妮再次推出植物印花。	英国设计师马修·威廉森邀请女演员西耶娜·米勒穿着孔雀花纹服饰，从而推动了"波希米亚"式着装潮流。	巴索与布鲁克品牌在伦敦时装周推出全数字印花作品系列。	马修·威廉森为意大利品牌璞琪推出首批作品系列。

其最重要的特征就是重复利用机械辅助手段。当代印花技术从早期简单的版本开始，现已贯穿了整个工业生产史。几乎所有的设计师，不仅是那些接受过印染知识的，都能立即得到设计结果，并且不仅限于重复性图案。

彼得·詹森、彼得·皮洛托（见532页）、埃德姆、乔纳森·桑德斯和玛丽·卡特兰佐（见530页）等时尚设计师致力于探索印花和高级时装之间的潜在联系，效果显著。对于这些整合服装款式与印染花纹的先锋者来说，创新型技术是达到目的的重要手段。当代的设计师们依循装饰和美化身材的隐含愿望，摒弃了印染只是修饰手段的理念。他们将形式复杂的印花融入服饰构成图中，完全将其当作造型方法，用来模拟或重新定义面料之下的身材。桑德斯的印花主题一开始受各种艺术家，如M.C.埃舍尔、维克托·瓦萨雷里、理查德·汉密尔顿和杰克逊·波洛克等人的启发，一方面明显保留了抽象性（图2），一方面也对许多图像做出更加温和的解读，比如新艺术派风格的花纹、改造过的涡纹、大胆的水洗做旧处理的相片合成图案。加入路易·威登后，尼古拉斯·盖斯奇埃尔创作的2019年春夏系列作品，灵感来源于意大利的印花布设计和埃托·索特萨斯在1980年创办的孟菲斯建筑集团。这个系列中还出现了金属质感的花纹提花织物（见534页）。

虽然有些设计师渴望利用便捷的新技术，但也有人偏爱使用在艺术学院工作室学会的丝网印刷技术，绝大多数试验都在那些工作室进行。还有些设计师更喜欢手工印染的纯粹性，比如21世纪致力于复兴图案的马可·艾雷和岸本和歌子，他们创建了设计品牌艾雷岸本（图1和图3）。两位设计师创作的标志性的"闪光"图案代表了在服饰上印满多方向印花这一最难的技巧，图案像经典印花一样经久不衰，同时也带来了额外的利润。除了用在时装面料上之外，它还可以运用在各种物体表面。

丝网印染技术的发明使得市场上有了第一款批量生产的时装面料。塞缪尔·西蒙于1907年首先拿到丝网印染技术的专利权。这种印染技术相对便宜且劳力消耗较小，加快了响应时装潮流变化的速度，将设计师们从昂贵的木版印刷技术和刻花辊子机器中解放了出来。之后又出现了新的发明和专利技术，到20世纪30年代，丝网印花工厂已经遍布整个欧洲和美国。这些创新技术让印花设计开始大众化传播，

1 活跃于伦敦的品牌艾雷岸本将花纹作为2010年春夏作品的关注重点。

2 2011年，乔纳森·桑德斯设计出一款将埃舍尔风格的全身线条花纹与鸟类、植物设计花纹并置的服饰。

3 艾雷岸本品牌从1992年启动以来一直坚持使用传统技术工艺来实现所有的印花。

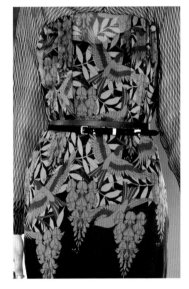

2007年	2008年	2009年	2009年	2009年	2012年
爱丁堡出生的霍利·富尔顿从伦敦皇家艺术学院毕业。她于2009年推出首批作品系列。	雅典出生的玛丽·卡特兰佐在伦敦时装周推出首批系列作品。	克里斯托弗·德·沃斯与彼得·皮洛托推出品牌彼得·皮洛托。	德赖斯·范·诺顿获得法国文化部颁发的艺术及文学骑士勋位。	挪威出生的彼得·邓达斯在建于18世纪的米兰赛尔贝罗尼宫华丽的布拉科沙龙举办了为璞琪设计的首批作品。	米兰尼斯·西韦毛皮公司1994年创办的分支品牌玛尼与瑞典服饰公司H&M开始合作。

革新了织物印花产业，尤其是时装面料印花业。现代印染技术使得设计师从一开始就能将花纹与服饰完全融合，而不用拿生产好的重复花纹来适应服饰部件并随意裁剪成零碎片段。数字印染让从数码相机或电脑屏幕上直接选取图像到面料上成为可能，只需要一项数字工作流程、运用有限的颜色即可，而无须经过传统耗时的丝网印染方法，且每一种颜色处理都需要有单独的版或回转筛。丝网印染时单独处理色彩，相应地也就需要每张丝网、每种颜色都要完美印染到位，这样才能保证构图精准，每次印染都包括上墨、干燥、刷洗工序。时装设计师在系列作品的创作阶段通常需要在短期内生产出定制的丝网印染面料。由于上述工序原因，其价格就昂贵得离谱了。

数字印染时，图案在几秒钟内就可以改变，不管是调节缩放比例、重新配色还是重新配置图像。生产速度也很快，每小时印染的织物面积可达约550平方米，高容量、批量生产的回转丝网印染速度可能会更高。数字印染能适用于大量织物，从透明丝织品到厚重的棉织物和天鹅绒，包括雪纺绸、电力纺、乔其纱、府绸、帆布、棉织上等细布、细羊毛、莱卡和其他一些伸缩性织物。不同面料要求使用不同的染料和不同的上墨方法以获得最佳效果，包括酸性、活性、分散纯化和色素染料。

酸性染料更适合丝绸和羊毛面料。活性染料也称普施安染料，对纤维面料（棉、亚麻和粘胶纤维）和蛋白质纤维（羊毛和丝绸）都适用。分散性染料对涤纶面料很具亲和力，并能采取两种数字印染方法。近来，生产者还经常将分散性染墨先印在之上，然后加热升华将染料压印在准备好的面料上。不过，有些数字印染机现在省却了这道工序，直接在涤纶布上印，接着传入内嵌干燥机和旋转加热压印结构以完成染料在织物上的化学胶和过程。与丝网印染法相比，纯色印染花费很小，短耗时让其成为小众市场和独立设计师理想之选。此外，设计师和生产者之间的所有设计交流过程，包括将图案从工作室转交至印染厂，都能通过电子设备迅速执行，色保真度确保了产品与设计一致。

随着人们重新对印花设计产生兴趣，国际上大多数著名设计师都在作品中融入了印花，以期在这个色饱和度和素养不断加速推进的时代取得独特的视觉辨识度。玛尼公司的康秀露·卡斯蒂利奥尼、英国设计师马修·威廉森、意大利设计公司埃特罗（见528页）和比利时设计师德赖斯·范·诺顿都以其设计服饰与印花的共生关系而闻名。玛尼品牌支持不拘一格的特殊印染方法，它用各种图案的混合重新解读了中世纪风格的图案主题（图4）。德赖斯·范·诺顿的构图感很强，他肆意地运用色彩，对利用多种印染技巧得到的图案具有强烈的热情，将所有这些融合在一件多层服饰中。受全球不同文化和服饰档案启发设计的图案与刺绣、珠饰等装饰工艺相结合，创造出服饰表面图案断裂的效果（图6）。

抽象图案摆脱了表现功能，很少尝试描绘现实主义形状，因此更考验眼力。断裂的抽象图案与服饰的剪裁相结合，营造出一个复杂的视觉谜题。其张力在于，身体的移动赋予服饰一种画面般的效果，

4 意大利设计品牌玛尼在2012年的一件款式简单的服饰中运用了借鉴中世纪风格的现代花纹色彩，并与图形图案和服饰纹理相结合。

5 霍利·富尔顿的未来主义风格图案设计从古埃及和装饰派艺术图案中汲取灵感，同时也借鉴了马赛克图案和20世纪30年代好莱坞风格。

6 活跃在安特卫普的德赖斯·范·诺顿为了2012年秋冬作品遍寻各种时装档案，以便获得印花面料的设计灵感，然后再转化为线条精确的时装款式。

可能是纯粹的几何图形，但绝对不含具象效果。抽象图案就其本质来说是与人体形状相对抗的，由此就营造出一种暧昧性，要么起到伪装作用，要么改善身体比例，设计出的时装也就成了一种全新的视觉语言，既不具有关联性，也没有先例。这样就出现了一些在自然界没有对应实体的图案形状和式样，比如在苏格兰出生的当代时尚设计师霍利·富尔顿（图5）作品中的那些。装饰派艺术的图案和古埃及的符号被用在款型简单的未来主义服饰中，数字印花与激光切割、嵌花、珠绣和有机玻璃装饰结合起来创造出错视画和立体般的效果。

与独立的小设计工作室和从业者不同，设计品牌和高级定制时装公司会买进印花设计，而非自己制作，购买对象有时是知名的纺织品设计师，有时是在贸易展会，比如第一视觉和靛蓝展会中参展的工作室。这些商贸营销机构致力于推动纺织工业发展，会从全世界召集多达800家时装面料生产商前来参展交易。印花设计通过纺品样本或设计图的方式售卖。无论是丝网印染还是数字印染，都能保证原始样品的效果，除非设计中大量的色调都排斥丝网印染方法。只有像爱马仕这样的公司才会动用大量丝网来生产一款印花设计，它的纪录是在一款丝巾中动用了43种分色。

随着印染业的进步，现在出现了"智能型"染料，比如热敏和光敏油墨。它们能根据环境条件而变色，染制出的素色织物沾湿后会出现花纹。有些颜料甚至蕴含微缩太阳能电池，能够储存日光。这样，时装印花设计就能让身体与外界产生独特的互动。**MF**

涡纹服饰 2006年
埃特罗（Etro，品牌）

意大利奢侈时装公司埃特罗的创始人"吉墨"·埃特罗在一次印度之旅中获得灵感，于是在其1981年的家居装饰织物中引入了涡纹印花，随后运用到旗下男女配饰产品中。1994年，公司首次推出成衣作品，这种旋涡状的印度图案第一次出现在埃特罗服饰之中。

这款长齐脚踝的长裙采用飘逸的雪纺绸制作，其凹槽纹理的表面遍布品牌标志性的涡纹图案。这款服饰中的多色花纹设计十分巧妙，看上去就像是在涡纹面料下还穿了一件素色T形胸衣，并将紫红色的底料露出在外。裙子上的花纹设计成竖直模样，越往下，卷曲的手掌状花纹尺寸越大。花纹色彩借鉴了民间传统涡纹图案富丽的深色，并用一块块苹果绿色加亮。这款图案优雅的雪纺绸服饰在脚踝处和衣袖部分设计成宽大式样，令人想起20世纪70年代英国设计师比尔·吉布（见393页）和桑德拉·罗德斯设计的奢华嬉皮士审美风格。服饰腰间运用了一条宽皮带，上面装饰有多排平行饰钉，以金属带扣系紧，长裙因此具有了一丝强硬色彩。**MF**

👁 细节解说

1 贴身的胸衣
服饰的贴身胸衣上的涡纹图案设计成横向，突出了胸围线。深V形领口两边花纹设计成镜面对称模式，V领的尖角处插有一小块印花面料。

3 假裙边
裙子上印制的几何线条营造出一种似手帕角一般的错视画效果。印花部分局限在裙子主体部分，然后以暗色区域结束，最后加上不同色彩的条带边。

2 和服式袖子
紫红色透明雪纺绸袖子方方正正缝在笔直的肩线中，然后松松地垂下，结束于肘部。深袖隆设计让人想起和服和民族服饰舒适的裁剪风格。

🕐 品牌历史

1968—1982年
埃特罗公司由杰罗拉莫·"吉墨"·埃特罗创办于1968年，一开始只为米兰的设计师和女装裁缝师提供带有大量装饰的华美羊绒、丝绸、亚麻和棉布织物，后来扩展到皮革制品和家居配饰领域。

1983年至今
1983年，埃特罗开了第一家专营店，品牌变得更加著名。1991年，艾波利多·埃特罗在纽约大学攻读经济学期间，成立了公司在美国的分支机构。埃特罗1994年首次推出成衣作品展。服装采用意大利经典王朝风格，设计管理权仍然掌握在埃特罗儿女手中：女儿维罗妮卡曾在伦敦中央圣马丁艺术设计学院就读，为品牌设计女装作品。

错视画服饰 2012年
玛丽·卡特兰佐（Mary Katrantzou，1983—　　　）

细节导航

为了构建良好的结构款型，玛丽·卡特兰佐设计了许多包含珍贵精致错视画风格物品，比如乌木屏风、法贝热彩蛋、清朝瓷器和迈森陶瓷的复杂的超真实裁片定位印花图案。相比之下，2012年秋冬作品中这件服饰的特色却是使用日常生活中的平凡物品，如蜡笔和铅笔等普通办公室里一切有用之物，制造出了离奇的效果。服饰以明亮的铬黄色为基本色，真实、超现实与迷惑性的超真实风格令人眼花缭乱地混搭在一起。

服饰的裙子由旋涡状阻塞在一起的带橡皮头塑料HB铅笔组成，从而实现了铅笔裙这一诱人的视觉双关。将真实物品转变为立体服饰的过程是在巴黎的勒萨日刺绣工作坊实现的。该工坊于2002年起归香奈儿集团所有。这次合作是勒萨日首次用如此非正统的材料作业，也是其首次与伦敦设计师合作。20世纪30年代，勒萨日曾与超现实主义设计师艾尔莎·夏帕瑞丽有过密切的商业往来，这也为实现卡特兰佐的特殊视觉创意提供了先例。**MF**

1 方形领

服饰的衣领与夸张的袖头连体裁剪，形成上胸衣，硬挺的结构和对奢华装饰的偏爱令人想起伊丽莎白时代的轮状皱领。双色马赛克图案印花上采用复杂的珠饰进一步装饰。

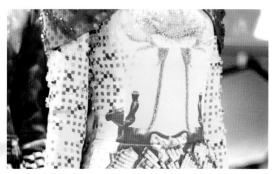

2 紧身胸衣躯干部分

服饰紧贴的胸衣上印有一朵有两根茎的珠饰大玫瑰图案，两匹镜像对称的亮粉红色旋转木马从中央慢跑开去。木马面朝的两条平行缝线从腰部一直延伸到抵肩。

3 折纸效果的裙边

在卡特兰佐这件具有严格的标志性意义的服饰中，折纸效果的时髦折叠裙角打破了铅笔裙的线条，形成一系列生动的圆形窄边，从身前中央向外扩展，在两边成团卷起。

▲ 日常生活用品是卡特兰佐2012年秋冬作品系列中一再重复的主题。这件带有洛可可风格印花的红色天鹅绒服饰的特色在于抵肩部位的错视画打字机和腰部周围装饰的键盘状短裙。

🕐 设计师生平

1983—2007年

玛丽·卡特兰佐出生于雅典，后离开希腊前往美国罗德岛州学习建筑。之后她更换专业改学纺织，2005年从伦敦中央圣马丁艺术设计学院毕业。2006年起，她与希腊设计师索菲亚·可可萨拉齐一起工作了两季。

2008年至今

卡特兰佐的研究生毕业作品主题围绕错视画展开，她从俄罗斯构成主义（见232页）和20世纪70年代早期的电影海报中汲取灵感，设计出许多带有大型珠宝的新型数字印花图案。2008年秋冬作品系列是设计师首次推出成衣作品，其中包括9款服饰。2012年，她与珑骧合作，为其折叠包和手袋设计了两款专属印花图案，同时也为高街零售商拓普肖普集团设计了10款胶囊系列作品。

瀑布服饰 2013年
彼得·皮洛托（Peter Pilotto，品牌）

彼得·皮洛托品牌的两位设计师搭档具有丰富的文化背景——彼得·皮洛托是奥地利和意大利混血，克里斯托弗·德·沃斯是比利时和秘鲁混血，两人一直热衷于从各种文化中汲取灵感。2013年春夏系列作品中的这款服饰将图案与装饰并置，视觉效果华丽、不拘一格，体现出两位设计师意大利锡耶纳圣玛利亚阿斯塔教堂之旅和到访印度、尼泊尔收获的成果。

服饰设计的全身印花图案带有一丝20世纪六七十年代画家布里吉特·莱利欧普艺术风格画作的影响，并抽象出带有铁蓝色光炫效果的部分。黑白色彩的宽条纹被用来创造圆肩线窄抵肩部位和不对称铅笔裙中弯曲的结构造型，其中还精心布局着装饰派艺术风格的钻石形图案，再通过立体珠饰加以强调。服饰的领口带有运动风格，胸衣前身和后部在袖头交叠形成背心般的开领。搭配几何图案的是精致的钢笔画般的墨蓝色和浅绿色巴洛克式花朵印花，丝缎面料设计成很宽的褶边，从腰部开始逐渐变细直到裙边。同样的蓝色还被用在袖口的错视画中。**MF**

✦ 细节导航

👁 细节解说

1 连体式抵肩
服饰的高抵肩部位采用白色绲边勾勒出肩线，通体设计的花纹显示垂直形状，之后变成水平样式，向下延伸直至错视画的袖口。袖子上也采用了同样的白色绲边。

3 瀑布褶皱
服饰中瀑布般的双层丝缎褶边形成宽荷叶边，在铅笔裙边缘形成缩褶。褶边在裙边一处突然结束，在前身留下一段不对称的缺口。

2 半装饰短裙
胸衣和裙子之间用一条相同面料的细腰带分开，它起到固定双层巴洛克印花丝缎面料的半装饰短裙的作用。短裙装点在腰部直至前中心点位置，从那里开始横过身体垂落至裙边。

🕐 品牌历史

2000—2007年
彼得·皮洛托和克里斯托弗·德·沃斯是在比利时安特卫普皇家美术学院就读时认识的。皮洛托于2003年毕业，德·沃斯于2004年毕业。

2008年至今
2009年，在英国时装协会的支持和拓普肖普集团发起的新一代活动中，皮洛托和德·沃斯首次联合推出彼得·皮洛托作品。2008年，他们入围第二届埃尔·伯顿芒果时尚奖，2009年在英国时装大奖中荣获施华洛世奇最佳新人奖，同时入围久负盛名的瑞士纺织大奖。2011年，彼得·皮洛托获得由顾资银行支持的时尚前沿奖，并与凯普林合作推出了背包系列作品。

花纹棒球衫和裤装 2019年

尼古拉斯·盖斯奇埃尔（Nicolas Ghesquiere，1971—　　　）在路易·威登的设计

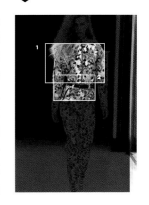
尼古拉斯·盖斯奇埃尔在为路易·威登创作的2019年春夏成衣系列作品中，重新回到早期主持巴黎世家时代的未来主义风格，用高科技面料创造出夸张的服装造型。系列作品将太空时代的意象同20世纪80年代权力渴求的影响并置在一起，从意大利的孟菲斯建筑设计集团中汲取灵感，展出的迷你裙、棒球衫、束腰上衣上都有散漫的亮色简单几何印花。灵巧的剪裁创造出轨道般的球形形状，像贝壳一样包裹住身体。与之形成对比的是，在这套前襟以拉链开合的上衣和花纹并不匹配的长裤构成的套装中，也采用了其他的印花面料，包括一种触感柔软的印花棉布。拼缝的太空时代风格的环形衣袖创造出一种倒V字形轮廓，和梨形的长裤一起，强化了80年代的色彩。服饰以一种金属质感的蓝白花纹提花织物制作。高腰长裤采用的也是同样的印花，只不过颜色是淡紫色和白色。一条黑色的腰带将上下装分隔开来。**MF**

👁 细节解说

1 圆盘袖
上衣的袖子从肩线上垂落，植入的圆盘保证了活动的灵活性，同时也极大地改变了"太空服"的轮廓。

2 高腰裤
宽松长裤上遍布的玫瑰印花虽然颜色与上衣并不搭配，但至少色调是和谐的，高腰款式抬高了腰线。髋部前身的斜口袋缝在腰线和边缝上，镶的是黑边。

🕐 设计师生平

1971—2000年
尼古拉斯·盖斯奇埃尔出生于法国，1991年曾为让·保罗·高缇耶做过一段时间的助手，此外也接受过一些实习和自由职业的工作，但除去这些经历，1995年他开始为巴黎世家工作时默默无闻。1997年他被任命为创意总监，并被VH1和《时尚》杂志主办的时尚大奖赛提名为先锋设计师。三季之中，他为三家不同公司设计了作品，包括总部设在意大利的卡拉汉公司。

2001年至今
2001年10月，盖斯奇埃尔荣获美国时装设计师协会的国际设计师奖。2006年，他被《时代》杂志推举为世界最具影响力的百位人物之一。2007年，他荣获法国政府颁发的艺术与文学骑士勋章。1998年，巴黎世家被古驰集团收购，盖斯奇埃尔于2012年离开该品牌。2013年，他加入路易·威登，成为女装部门的艺术总监。2014年11月，他被《华尔街日报》评为年度时尚创新人物，紧接着的12月，他被英国时尚奖评为最佳国际设计师。

运动服与时尚

机能性运动服饰许诺，能让我们的体能在各种环境下得到最大程度的发挥，甚至能减轻极端的身体伤害。该产业也向普罗大众营销运动主题的服饰。机能性运动服影响了日常服饰，让后者拥抱新功能和新材料，如作战服的先进科技和从太空探测和革命性的生产技术中取得的新型面料。机能性运动服饰和高级户外服饰进入大众市场，已经成为时尚界的一个长期潮流趋势。许多设计师急切地肢解和解构运动服过去的标志性形象，以期得到一种象征年轻与活力的视觉冲击力。时装与运动装逐渐结合起来，这种现象已经发展多年，年轻一代因为新千年自我形象的焦虑、全球动荡以及对社交媒体的过度执迷，对这种潮流的共鸣愈发强烈。个体心中预判的运动能力会巩固自信，让人对战与逃都能有预估的选择；与此相对，"运动休闲"则让人简单、自由地摆脱了战斗和职责。

在20世纪五六十年代冷战时期，国际关系中占支配地位的是代理人战争。自此以后，品牌经理人开始利用未来主义竞争的内涵，踊跃吸收科学词汇作为产品名称，例如维克特纶和大力马线都是纤维名称。2017年，耐克还与美国国家航空航天局联名发布了以阿波罗14号登月任务为主题的PG3运动鞋。现在，技术工艺成为运动性能服饰设计中必须考虑的要素，由此也激励了多种层面的创新，比如大力马

重要事件

2000年	2002年	2004年	2004年	2005年	2006年
速比涛推出第一款仿生泳衣，产品被用于澳大利亚悉尼奥运会比赛中。	山本耀司与运动服巨头阿迪达斯公司合作推出Y-3品牌，将运动服饰提升到新层次（见540页）。	鲨鱼皮泳装因为在雅典奥运会大肆取胜而招致禁令。2011年改进后的三合一鲨鱼装被允许参加2012年奥运会。	英国设计师斯特拉·麦卡特尼开始与运动服巨头阿迪达斯合作。	阿迪达斯公司推出首创的带电子部件的1号运动鞋，但该款式次年即遭撤回。	阿迪达斯并购英国运动服饰品牌锐步，该公司于1895年由J.W.福斯特和儿子们一同创办。

线——"世界最强韧的纤维"——与定制的皮革层压处理技术相结合，就为石岛公司的"冰衣"创造出一种可以热变色的外壳——温度下降时，该面料会瞬间由白变黑，温度激增时会恢复原色。一些革新的运动鞋，比如阿迪达斯Y-3的跑步者4D，现在都采用增材制造（3D聚合物打印）方法制作，同时结合特制纤维和整体成型的技术。激光切割和焊缝已经成为运动服装中司空见惯的实用、合理工艺。

品牌运动服成为时装的潮流在20世纪80年代中期达到顶峰，至今也没有退潮的迹象。音乐和运动服很早就结合起来，1986年说唱乐队Run-DMC就在单曲《我的阿迪达斯》（1986）中赞美阿迪达斯的"巨星"运动鞋。这个运动服饰巨头于是投入百万美元的赞助费，全面登上时尚舞台。从那段蜜月期后，音乐和运动服饰及街头时尚就一直紧密联系，缔造了许多神话——例如坎耶·韦斯特，他创造了阿迪达斯荧光高帮潮流板鞋，Off-White品牌创始人维吉尔·阿布洛就是他一手提携出道——现在更开始利用多种渠道曝光，以及全球交叉营销中无所不在的灵活的社交商务模式。作为时装运用的运动服饰，占据了运动和高端时尚之间的中间领域，不再注重是否能将体能发挥到极限。时装曾经是人们表达"生活方式"的一种工具，这句话现在虽然已经过时，但从某种程度来说，穿着运动服饰却是那种潮流在当代的重现——在20世纪80年代，穿着时装象征着拥有剩余的可支配收入，现在穿着运动装代表拥有可支配的私人时间。

有趣的是，根据观测，处于巅峰期的精英运动员，如果感觉自己装扮迷人，那么他们在心理上也会受到激励，从而在竞赛中拥有无法估量的优势。因此，全球运动服饰品牌都会定期雇用著名设计师，作为创意总监，为品牌打造形象标识，供精英运动员竞技和私下穿着。相应的，全球时尚设计师为了占据大众市场，要么自建运动品牌，要么发布联名款时装运动服，而且还频繁地在他们的高端系列时装中参照运动服的元素。在营销时，各品牌都会使用最高级词汇，诸如最轻、最强、最智能，来暗指产品的最优性能。在广告宣传中，机能性运动服饰和运动面料往往让位于夸张的语句，从而强化工艺性能的科学验证，以至于在线门户网站的"完整描述"和"技术细节"内容获得了巨大的点击量。

高档运动服饰竞争品牌，诸如耐克、阿迪达斯和速比涛，从创建伊始就同精英运动员建立了直接关系，在

1 澳大利亚游泳运动员苏西·奥尼尔身着速比涛公司的鲨鱼皮泳装（2000）。速比涛从20世纪30年代起就与优秀游泳运动员密切合作。

2 7项全能金牌获得者杰西卡·恩尼斯身穿斯特拉·麦卡特尼为英国队设计的奥林匹克训练服（2012）。

3 2011年，速比涛公司的三合一鲨鱼装为了遵从规定，长度从之前的脚踝处缩短到膝盖处。

2008年	2011年	2012年	2015年	2018年	2018年
王大仁获得美国时装设计师协会大奖和《时尚》杂志基金，继续设计"奢侈运动"服饰。	阿迪达斯推出带有无线设备的阿迪零式"智能"运动鞋，之后耐克公司推出了超级灌篮系列篮球鞋。	斯特拉·麦卡特尼为伦敦奥运会英国队设计了官方装备。	搭载健康类应用程序和运动传感器的第一款苹果手表发货。2018年该产品推出革命性的第4代。	慕尼黑国际体育用品及运动时尚贸易博览会参展商的数量超过了巴黎第一视觉全国时装面料博览会。	耐克位列全球最具价值的服饰品牌，年营业额达到280亿美元。

新技术运用方面也一直争先恐后，激烈程度与合作的运动员不相上下。说到著名设计师和高技术化运动服饰制造商之间的成功合作关系，有一个典型案例，即2012年阿迪达斯和斯特拉·麦卡特尼合作，为英国运动员制作了奥运会和残奥会服装（图2）。斯特拉·麦卡特尼于2001年推出个人时装品牌，2004年开始与阿迪达斯合作，为包括跑步、网球、游泳、冬季运动、自行车等多个运动项目设计了广受好评的运动服饰（图4）。她将创新技术与自己独具创意的设计相结合，为奥运会及残奥会运动员提供了大量服饰，包括训练装备、竞赛服装和礼服。阿迪达斯提供的面料保证了最佳性能，兼顾湿度和温度控制，而麦卡特尼就在这种严苛的科学框架之内工作，为服装加入风格统一性和时尚品牌价值。斯特拉·麦卡特尼为阿迪达斯设计的女装经久不衰，同阿迪达斯与山本耀司合作推出的男女装系列一起，共同占据着高端运动服市场。

速比涛公司于2000年推出鲨鱼皮，这是一种由轻型面料外覆防水材质制成的泳装（图1）。这场泳装界的革命引发了诸多争议，由此也清晰证明了品牌运动服与经济能力之间的关系。所有的运动品牌都在想方设法地赶超竞争者，模仿水栖动物流线型的皮肤线条、消除阻力、无线缝纫是该产业创新领域的标准做法。速比涛鲨鱼皮模拟鲨鱼皮的形态，以期减小水中行进的阻力。2008年北京奥运会举办时，鲨鱼皮泳衣已经发展到第四代，穿着者揽获了游泳项目97枚奥运奖牌中的83枚，并在随后的两年里缔造了超过100项新的世界纪录。最后，鲨鱼皮发展到更短的快皮3型（图3）。速比涛的竞争对手也纷纷响应，引入更新的技术，用薄聚氨酯面料制作出压缩泳装，穿着者在

2010年世界游泳锦标赛中刷新了29项世界纪录。此时，国际游泳联合会介入，禁止使用能提供"浮性帮助"的不透水、高压缩泳衣，并对个别变体设计的效果进行了预先验证，以消除对游泳运动声誉可能产生的进一步担忧。

未来主义风格的新潮设计也逐渐渗入主流运动服饰，仿生面料的使用、生物监测的运动配件都是证明。更改空气动力学形态，防止跟腱损伤，这样的概念越来越受到重视；而在编织类服饰，比如无缝或整体编织的产品中，设计师会通过省略缝线的形式，来强化服饰的活动功能。热焊接或超声波焊缝技术已从极限运动服饰领域，进入基本功能款式。其他领域使用的高科技面料，例如土工薄膜、隔音面料，也被纳入时尚产品，包括运动鞋的生产领域。

也有一些举措致力于将"物联网"的概念引入运动服饰和相关配件，比如跑步鞋。2005年，阿迪达斯1号运动鞋嵌入电子器件——但因为性能不稳定，2006年又撤回。2011年，Nike+和Adizero零重力跑鞋（图6）再度提出这个概念，并提供可下载的性能数据，但这一次它们的声音再度被背景音淹没。2012年出现的Fitbit运动手环和2014年问世的AppleWatch智能手表，提供的是腕带式的健康数据配件；这项技术现已逐步成熟，能接收特定运动鞋上附加的夹式追踪器所传输的数据。2018年，耐克推出FitAdapt动力系带系统，在篮球鞋底部夹层加入一台小型发动机，用以调整整体性设计的鞋带和鞋帮的松紧程度，触碰按钮即可激活——也能随着脚的伸入而作出回应。

在创新科学概念的帮助下，随着"智能"材料的运用，运动巨星和迷人的品牌大使都开始穿着运动服饰。作为回应，时尚设计师也在自己的设计中融入了运动元素。随着21世纪城市人群健身意识的觉醒，为满足运动需求而生产的面料和服饰已经改变了时尚的面貌，相应的，专业运动服也经常被设计师重塑，加入各种装饰性元素。王大仁的系列作品就是证明，他对运动服饰进行了时髦的城市风格重塑，设计出有排孔的背心、防风夹克和实用的田径裤等单品。王大仁大力打破运动装备的界限，为其注入活力和态度，创造让人意想不到的搭配，从而表达出一种另类的女装和运动装的观点。出于类似的设计构想，巴黎设计师斯特凡·阿什普尔在2008年建立了皮加勒品牌。他的作品总会夸大篮球服饰的华丽特质，采用大量具有颠覆色彩的闪光织物和不拘一格的图案，大胆扭曲服饰的比例。皮加勒扎根于运动服领域，将注重身体需求的团队运动服饰抬升到戏服般盛大、外向型时装的层面。阿什普尔个人品牌的发展取得了耐克品牌的常年合作支持，也取得了法国更广泛产业的认可，在安达姆时尚大奖中获得头等奖。从某些方面来看，皮加勒篮球服饰生产线地位的抬升，就像是从对单一运动的迷恋转变为一场时尚运动的直线型升级过程，而这正是当代运动服饰潮流的核心发展历程。**JA**

4 斯特拉·麦卡特尼2009年为阿迪达斯春夏作品设计了多款运动服。这些服饰体现了设计师标志性的阴柔风格，也带有内衣服饰的影响。

5 王薇薇2012年春夏作品的这款服饰中，梦幻风格的洁白刺绣面料与腰部的多层轻薄服饰形成纵横交错的几何结构。

6 Nike+系列的Hyperdunk篮球运动鞋中内含复杂的无线传感器设备。

Y-3平衡套装 2019年

山本耀司（1943—　　　）为阿迪达斯设计

山本耀司被普遍认为是一位充满智慧的设计师。他与运动服饰巨头阿迪达斯公司合作，成功推出的Y-3品牌（Y是他的姓氏读音的首字母，3代表阿迪达斯受版权保护的品牌标志中的三道杠）注重凸显人体的独特性。在山本耀司的"分析解剖"中，标志性的运动服饰部件被机智地重新排列和混合，变成一系列设计元素，虽然大部分都无法被归入特定的运动类别，但却暗指着运动能力和身体意识。在超过15年的合作历程中，山本耀司利用阿迪达斯运动服的片段，创造出全新的优雅作品。他的作品展示了日本俳句的所有规则，这种诗歌一般只有三行文字。

2019年春季作品中的这套服饰姿态安详，几乎类似书法，靠体积和颜色制造出一种移动的平衡感。Y-3品牌致力于在运动服饰领域进行有趣的实验，同时也会采用新的纤维、面料和结构方法，例如超音波焊缝和热转移印花等，为时髦的合成纤维赋予新奇色彩。**JA**

◉ 细节解说

1 嵌入式品牌标志
弹性针织网上用不透明的平纹针织面料，创造出一种平行丝带般同一色彩的涡旋图形——致敬阿迪达斯的三道杠商标。高科技合成纤维的使用和结实的制作结构，赋予了运动服饰细微的差别。

3 Y-3标志性运动鞋
得益于阿迪达斯研发预算的强大力量，Y-3跑步者4D运动鞋每季都能更新，备受追捧——因为限量生产、采用尖端技术、"最后降价"和不让受众满足的营销策略，产品经久不衰。

2 精心设计的改造
肩膀位置的整体式连接是采用"公主和服"的衣袖结构实现的。衣身部分额外留出一块侧幅布料，延续到腋下，从而使得上衣在没有缝线的情况下，肩部也能自由活动。

◔ 设计师生平

1969年至今
经验丰富的设计师山本耀司于1969年毕业于文化学院时尚设计专业，在此之前他还取得了一个法律学位。山本耀司的第一个作品系列于1977年在东京展出，随后他于1981年在巴黎展出第一个成衣作品系列，之后的十多年时间里，他取得了全球知名度。山本耀司吸引了大量的合作机会，收获无数好评，曾荣获法国艺术与文学骑士勋章、紫丝带荣誉勋章、国家典范勋章、皇家工业设计师和国际时尚集团颁发的设计大师奖。他与阿迪达斯长期合作的Y-3品牌自2003年推出以来就一直很受欢迎，作品在保留他独具特色的精致结构和剪裁之外，也参考了阿迪达斯的风格。

奢侈品成衣

BURBERRY
PRORSUM

1 博柏利2010年的这款广告体现了这个传统品牌的复兴，同时又保留了现代相关性。

2 2012年秋冬作品简洁的设计、超大的款型和奢华的面料是菲比·菲洛为思琳品牌设计作品的标志性风格。

3 维多利亚·贝克汉姆2012年秋冬展出的"运动服"风格系列作品中出现了马球衫式的衣领和啦啦队长风格的裙子。

当代高端成衣的地位介于高级定制时装和大众市场产品之间。占据这个日渐增长市场的品牌提供以奢侈面料制作的时装，高产品价值和高昂的价格都与高级定制时装相当。奢侈品成衣也称半定制服饰，容易为大众所接受和获得，经常通过电子商务交易，减少了定制服装试衣过程耗费的时间。尽管高端成衣在价格上难以亲近无产阶级，但其中存在着一份暗藏的附加价值，不仅仅在于设计师独一无二的品牌，还在于工作室制作过程中所采用的手工技艺和道德方法，这些原因让四到五位数的价格标签拥有了合理性。半定制产品涵盖时尚产业的全部方面，比如伊莎贝尔·玛兰（见545页）设计的嬉皮士风格豪华节日服饰，维多利亚·贝克汉姆设计的现代日常服饰。奢华成衣品牌已变得和高级定制时装同样重要——或许还有过之而无不及。

博柏利通过3D流媒体直播的手段，让顾客能即时接触到品牌的高端成衣动态（图1），这一过程被称为"从天桥到现实"。时任首席创意总监克里斯托弗·贝利于2010年推出这种方式，到2012年，就已经部署到超过三十家国际重要零售网站。这种"边看边买"的模式延续几季后，博柏利2019年重返传统时尚日历。

重要事件

2000年	2001年	2001年	2001年	2004年	2004年
法国设计师伊莎贝尔·玛兰推出包含内衣产品的副线品牌埃图瓦勒。	英国设计师克里斯托弗·贝利接受博柏利总裁萝丝·玛丽·布拉沃的任命，成为品牌艺术总监。	菲比·菲洛接受任命成为蔻依的艺术总监，在该品牌工作5年之后于2006年辞职。	蔻依推出年轻化副线品牌See by Chloé，价格也相对便宜。	克里斯托弗·贝利获颁伦敦皇家艺术学院荣誉学位。	维多利亚·贝克汉姆与摇滚和平品牌合作推出限量款品牌"VB摇滚"，之后在2006年推出太阳镜和牛仔裤品牌Dvb。

贝利负责公司的整体形象，包括广告、艺术方向、店铺设计、视觉效果，以及博柏利所有系列和产品线的设计。2014年安吉拉·阿伦茨离开后，他接任成为博柏利的首席执行官。除了这个职位，贝利还成为品牌创意总监。然而，奢侈品市场增速减缓导致销售量下降，博柏利新任首席执行官马可·戈贝蒂决定重新定义品牌形象，吸引更多年轻顾客。贝利于2018年离开总裁和首席创意官职位，接替他的是曾在高级时装品牌纪梵希供职的里卡多·提西。这位设计师浪漫哥特风格的设计作品常见于红毯场合，虽然他的奢华街头服饰在商业上取得了巨大成功，但选择他来带领以沉静优雅风格著称的英国最大服饰品牌，却显得很不寻常。提西支持跨性别模特，是最早尝试流动性别服饰的当代设计师之一。不过，他入主博柏利后推出的2019年春夏系列作品首秀，呈现的却是商务干练风格的现代日常服饰，风格简洁，色彩上囊括了各个色度的米黄色，具体作品包括皮革材质的铅笔裙、领口系蝴蝶结的女衬衫。提西的设计采用经典印花、品牌标准色、标志性的战壕式风衣和托马斯·博柏利姓名首字母图案，建立博柏利的品牌规范，同时也为品牌形象引入了新的主题。

从2008年开始担任思琳公司创意总监以来，菲比·菲洛成功地对这个法国品牌进行了重新定位，她所设计的服饰（图2）优雅、实用、简洁，因此掀起了女性友好型服饰的潮流运动，大受追捧。菲洛专注于设计能作为长期时尚投资的服饰，简洁中暗含力量，她喜欢超大尺寸的宽松剪裁，推出了中长裙、阔腿裤、毛绒发夹等单品。尽管销售量上涨到品牌历史最高，菲洛还是于2018年离开。

斯特拉·麦卡特尼于20世纪90年代中期从中央圣马丁艺术设计学院毕业，之后开始领导法国成衣品牌蔻依，套装和外穿内衣是她的标志性风格。她致力于可持续性发展，拒绝使用动物制品，是唯一只采用非皮革面料制作手袋和鞋履的高端设计师，这是她对当今时尚的最大贡献。

维多利亚·贝克汉姆是将设计师作为品牌营销理念的主要支持者，她认为机场就是她的天桥。从出色的流行明星转变为成功的设计师后，她于2008年9月在纽约推出自己的第一个系列作品，贴身款的礼服最能代表她的审美风格，装饰极少（图3）。不过她的审美也在随时间而逐步成形。一开始红毯服饰般的结构现在已被抛弃，换成了优雅的经典款、舒适别致的基本款和各种流畅的款型。**MF**

2004年	2008年	2008年	2009年	2018年	2018年
斯特拉·麦卡特尼与阿迪达斯公司合作生产高端功能性运动服。	英国设计师汉娜·麦克吉本接替菲比·菲洛任蔻依。	蔻依前设计师菲比·菲洛接受LVMH集团委任，成为旗下法国成衣品牌思琳的艺术总监。	贝利被英国时装大奖评为年度设计师，并获得大英帝国员佐勋章（MBE）。	斯特拉·麦卡特尼从母公司开云回购了50%的股份，使设计师同名品牌成为一个新的独立品牌。	曾任圣罗兰负责人的艾迪·斯理曼取代菲比·菲洛，进入思琳，打造出一种超瘦的摇滚时尚美学。

节日着装 2010年
伊莎贝尔·玛兰（Isabel Marant，1967—　　　　）

作为巴黎伊莎贝尔·玛兰成衣品牌总监，法国设计师伊莎贝尔·玛兰的作品是当代针对时髦富有人士而设计的嬉皮士风格奢侈节日穿着的代表。在这幅由伊内兹·凡·兰姆斯韦德和维努德·玛达丁掌镜、达莉亚·沃波依出镜的照片中，桃红色大款棉布罩衫从肩膀松松垂至大腿中间位置，宽松的服饰用硬挺的皮革金属腰带在低腰位置束紧，面料上构成对比。袖头设计成坠肩式，袖窿很深；袖子在手腕之上用相同面料的窄褶皱袖口收拢，其宽松度仍可供自由活动。

　　服饰在前身中央开领，并采用与肩线相同的白色窄带镶饰。同样的窄带也用在髋部的斜口袋上，口袋两端分别有金属圆片点缀。同样的金属圆片也为袖头增添了趣味性，前身中央也装饰有4颗，其中较大的那颗正好位于胸部之下，将服饰的开领收拢在一起。服饰的下摆只简单翻折向内侧，压线缝合。凌乱的头发、黄铜和银质手镯、羽毛耳环，这些配饰都是玛兰作品中常见的潇洒嬉皮士风格，这样的装扮让品牌的青春冷酷风格更加生动。**MF**

◉ 细节解说

1 圆挖领
服饰前身中央的圆挖领有简单的缝边，采用的是与衣料不同的白色镶边，从两边镶饰到中间并延伸至髋部。领口设计成敞开样式，只在胸部之下用一个金属圆片收拢。

3 夏装靴子
这款影响力巨大的山羊皮海盗靴非常畅销，设计有宽大的翻口、多层流苏装饰和结实的鞋跟。脚踝处环绕有几条链带，以搭配腰带上的金属元素。

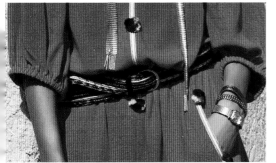

2 束得很低的腰带
皮革腰带为轻盈的棉布罩衫增添了一定的刚硬色彩，腰带上设计有双排金属链甲和配套带扣。皮带尾端没有系紧，而是随意地缠在一起，加强了休闲色彩。

🕐 设计师生平

1967—1994年
设计师伊莎贝尔·玛兰出生于巴黎，一开始她将自己的设计放在巴黎的雷阿勒商场出售。1987年，她进入高等服装设计学院学习，并跟从米歇尔·克莱恩学艺，之后推出配饰生产线。1994年，玛兰推出同名品牌，并在巴黎一家老艺术工坊开了精品店。

1995年至今
2011年，玛兰在纽约苏豪区开办商店，于是她所设计的轻松时尚的服饰从故乡法国红遍欧洲并传到了美国。今天，玛兰公司在全世界10个城市开设了商店，包括巴黎、东京、香港、北京、马德里和贝鲁特，并在35个国家开设了零售店。副线品牌埃图瓦勒保持了品牌风格，但价格更易让人接受。

花纹服饰 2012年
斯特拉·麦卡特尼（Stella McCartney，1971— ）

格温妮丝·帕特洛身穿斯特拉·麦卡特尼的服饰在北京出席活动（2011）。

在成功担任了2012年奥运会英国队官方总设计师之后，斯特拉·麦卡特尼在2012年夏季奢侈品成衣作品中的长齐大腿的服饰中也融入了运动风格，有些设计中还加入了受埃尔特克斯网眼织物启发所创作的排汗网眼运动面料。不过，其最基本的灵感却源自后巴洛克式弦乐器卷曲结构的非对称解剖图。细腰中提琴和大提琴——以及琴肚、段、饰缘、琴枕、涡卷形琴头、琴颈、系弦板复杂的剖面——唤起人们对物体卷曲美的感知。

格温妮丝·帕特洛穿着的这款修身服饰的款型由腰部的省线塑造出，服饰的整体线条，主要由纤维胶构成，上弯式线条和一侧胸部之上的曲线构成特大的逗号形状的图案，这在系列作品中别的服饰中也有所运用。印花编织面料的纤维结构足以支持服饰中沉重的刺绣部分。上衣中挖出的套索系领也体现出服饰的运动风格起源，圆形领线设计得很高，系结部位并不明显。背后的隐藏式拉链有助于突出身体的自然线条。**MF**

👁 细节解说

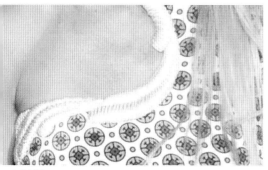

1 立体刺绣
服饰重复印花的软薄绸面料周围镶有一道采用填料意大利棱纹织物制作的立体洛可可涡旋纹花边，上面有白色纹缎刺绣针迹绣花。其形状令人想起佩斯利涡旋纹或是巴洛克弦乐器的轮廓。

3 不对称裙边
服饰在大腿中部的裙边位置，采用沉重的超大黑色缎刺绣花边进一步塑造出曲线美。线条在前中心线位置上弯形成倒V形。

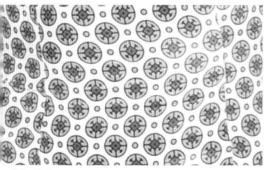

2 奖章形印花
麦卡特尼在服饰主体的白色底料上设计了硬币大小的群青色奖章花纹。在系列作品的其他服饰中，这些点状重复花纹与网眼织物和小型佩斯利涡旋纹印花并用。

🕐 设计师生平

1971—2000年

斯特拉·麦卡特尼出生于伦敦，她的设计以犀利但充满女性娇柔色彩的风格而闻名，再搭配上低调的性感，经常令人想起20世纪70年代的风情。设计师是严格的素食主义者，因此所有的作品中从来不用毛皮和皮革。麦卡特尼曾先后在克里斯蒂安·拉克鲁瓦和一位萨维尔街裁缝师手下实习和工作，之后进入中央圣马丁艺术设计学院就读，毕业作品展请到朋友娜奥米·坎贝尔和凯特·摩斯展示。1997年，她被任命为蔻依公司艺术总监。

2001年至今

麦卡特尼于2001年推出了自己的品牌。之后推出配饰和香水产品，2007年引入有机护肤品。2004年，她与运动服公司阿迪达斯合作，2012年为英国队设计了奥运会比赛服装。

改造版的战壕式风衣 2012年

里卡多·提西（Riccardo Tisci，1974—　　　）为博柏利设计

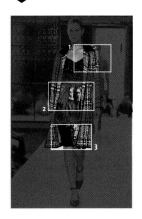

2019年春夏系列是里卡多·提西加入博柏利后呈现的第一个作品系列，在色彩上采用了各种色度的米黄色、奶油色、焦糖色和巧克力棕色，款型则出现了经典战壕式风衣的变体版本，让人回想起之前时代的品牌标准形象。提西重新推出了领口带蝴蝶结的优雅女衬衫、马球衫、粉色滚边运动夹克，搭配及膝长褶边裙、短款山羊绒开襟毛衫和头巾，这些都是20世纪70年代英国上流社会衣着时髦的传统女性喜爱的服饰——不过他也加入了当代风格的演绎。这款战壕式风衣在腰间有一条带弹性的宽腰带，铅笔裙采用重新制作的复古风格面料制作，TB字母的标志性印花是提西委托彼得萨维设计的，头巾缝在雨衣的侧缝之中。这个系列的目标受众跨越多个年龄层，为了年轻的顾客群，提西也设计了前身带拉链的牛皮超短裙、带扣斗篷，以及一款向维维安·韦斯特伍德致敬的男式绑带裤。作为一款日间穿着的外套，这里选用的是质地粗重的花呢，图案是品牌标志性的格纹，全部衣边和袖口都包着黑边，以搭配丝绒翻领。**MF**

👁 细节解说

1 格纹花呢
风衣质地粗重的花呢上重现了干草市场格纹，或博柏利经典格纹，这是一种由黑色、棕褐色和红色组成的图案。虽然格子的比例有所改变，色彩的占比也进行了调整，但维持了原本的配色。

3 不对称剪裁的衣角线
内搭的背心式上装是一件黑白两色的圆点缎面紧身胸衣，上面缝着一件黑色列韦斯蕾丝胸罩，营造出一种非常柔媚的迷人魅力，与粗重的花呢风衣和紧身裙子形成鲜明对比。

2 深褐色乌贼墨颜料印花
这款及膝长的裙子采用刀形褶的设计，从而得到一块前幅，上面用古老的深褐色乌贼墨印出一幅维多利亚时代室内图景，其中能看到叶兰和两位优雅的维多利亚时代淑女。

🕐 设计师生平

1974—2004年
里卡多·提西出生于意大利的塔兰托，是家里八个孩子中最小的一个。从意大利的坎图艺术学院毕业后，他搬去伦敦，在那里申请了伦敦时尚学院的课程。之后他拿到奖学金，再加上政府提供的收入补贴，他去了中央圣马丁艺术设计学院。1999年毕业后，他曾为彪马和意大利时尚品牌卡卡帕尼工作。2004年，他创办了自己的品牌。

2005年至今
2005年，提西出人意料地被任命为LVMH集团旗下的法国纪梵希品牌的创意总监，放弃了自己的品牌。随后博柏利的首席执行官马可·戈贝蒂邀请他成为品牌艺术设计师，他于2019年推出第一个系列作品。

低调的美国风格

1 塔库恩2012年秋冬作品中的这款半贴身式上衣套装中米黄和象牙黄的色调被一抹豹纹印花所点亮。套装中舒适的短外衣设计成宽松的落肩袖款式，在腰部收紧。

2 菲利普·林3.1品牌2012年春夏作品中出现了这款色彩柔和的轻盈宽松上衣。

3 托里·伯奇2012年作品中的这款服饰将标志性的黄色、橙色用多层印花布和针织面料组合起来。服饰款型舒适，其中包括一件长度刚好到膝盖之下的裙子。

营销术语"平价奢华（masstige）"一词起源于批量生产（mass production）和名望（prestige），用来指那些物美价廉的产品，这些产品被视为奢侈品，但价格仍在可承受范围内。在时尚界，这就意味着不用花高端成衣的价格就能穿到设计师品牌产品——这一理念尤其受到新一代美国设计师的支持。菲利普·林3.1、王大仁和泰斯金斯的"理论"等品牌的服饰具有时尚指向性，价格也能被接受。它们所推出的奢侈运动单品体现了都市低调冷酷风格的同时又具有现代气息。设计师二人组托里·伯奇和塔库恩·帕尼克歌尔通过柔和的裁剪、融入学院风格、运用图案和印花的方式，为普罗恩萨·施罗品牌增添了独特的美国特色。该品牌重塑了学院风经典款式，比如双排扣大衣和棒球外套（见552页），为其加入额外的装饰和民族风刺

重要事件

2000年	2004年	2004年	2005年	2005年	2007年
美国设计师菲利普·林与人联手创办了第一个品牌"发展"，该品牌存续至2004年。	出生于费城的托里·伯奇在位于上城曼哈顿的公寓中推出了自己的时装品牌。	泰裔美国设计师塔库恩·帕尼克歌尔制作出首批成衣作品。	菲利普·林3.1品牌推出，两年后扩张到男装领域。	托里·伯奇在纽约的旗舰店因为提出零售新理念而荣获国际时装组织新星奖。	经过在帕森斯设计的学习和在《青少年时尚》杂志的实习，一年之后，王大仁就推出了以自己名字命名的品牌。

绣，从而让其呈现出一种悠闲的嬉皮士气质。王大仁品牌对基本款T恤衫做出改造，比如带有圆挖领和落肩袖的超大款或球衣般的背心款，设计出的多层慵懒风格的服饰改变了休闲装的面貌，代表了一种名为"模特儿下班后着装"的新风格。王大仁第一次推出全线成衣作品是在2007年，之后不久就在2009年推出副线品牌"T by Alexander Wang"。2012年，他被任命为巴黎世家艺术总监。

菲利普·林3.1品牌自然、流线型的简洁风格早在菲利普·林和商业伙伴兼前面料供应商周绚文2005年创办品牌时就确定了。其设计简洁却不严肃，作品包括采用肌肤一般轻薄的皮革面料制作的七分裤、奢华的上衣（图2）、纱质衬衫外搭细长的无袖外衣；季与季之间的风格变化很小。该品牌于2007年扩展到男装领域，设计出许多剪裁精良的基本款服饰，比如经典的双排扣大衣。

塔库恩·帕尼克歌尔借鉴经典款式，比如运动上衣、羽绒服、缠裹式日装和舒适的夹克（图1），再加以创新的改变，制作出的都市时装低调而又前卫。他经常运用大胆的色彩组合和撞色印花。这种引人注目的风格已经吸引了米歇尔·奥巴马成为其顾客。塔库恩的首批成衣作品推出于2004年，因为对比例和结构的恰当处理而迅速出名。他擅长融合多种文化元素，能将许多看似冲突的元素，比如印度绸和牛仔风格结合在一起。

2011年，奥利维尔·泰斯金斯被任命为奢侈运动服品牌"理论"的艺术总监。他一改之前典型的恐怖剧院风格，为麦当娜的音乐录影带《冰冻》（1998）设计了黑色皮革服饰，之后其风格又继续往高雅化发展，还曾为法国著名高级定制时装公司莲娜丽姿和罗莎工作。他采用日本高科技面料，比如水洗皮革来制作定制夹克，密纺棉布制作款式慵懒的T恤衫，作品包括标志性的拖地粗腿裤和丝绸衬衫。

在将一种生活方式转变为一个成功品牌的过程中，托里·伯奇展现出沉稳的风格。她的风格建立在自己的生活方式以及了解女性的服饰需求的基础之上。伯奇在拉夫·劳伦、王薇薇和罗意威品牌工作期间积累了大量的经验，2012年第一次着手准备时装展，品牌立刻获得了辨识度，其标志性的黄橙色（图3）和橄榄绿经常用在衬衫印花和裹身及膝裙上。冬装的贴身款珠宝色针织系腰带外衣、夏装的低腰A形服饰和饰带外衣令人想起香奈儿女装的舒适风格。**MF**

2007年	2007年	2008年	2008年	2009年	2011年
菲利普·林获得美国时尚设计师协会（CFDA）颁布的施华洛世奇新人奖。	菲利普·林3.1品牌的第一家专营店在纽约开业。	王大仁荣获CFDA颁布的《时尚》杂志时装基金。	托里·伯奇获得CFDA颁布的年度设计师奖。她设计的带有自己名字首字母缩写的奖章的列娃芭蕾舞平底鞋非常畅销。	塔库恩推出副线品牌Thakoon Addition，其耐穿的基本款服饰价格相对低廉。	出生于布鲁塞尔的奥利维尔·泰斯金斯被任命为"理论"品牌的艺术总监。

绗缝棉衣和皮裙 2012年
普罗恩萨·施罗（Proenza Schouler，品牌）

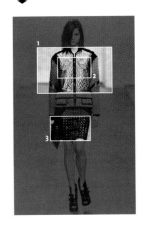
在 这款由喜马拉雅山区的尼泊尔和不丹民族服饰转化而来的都市摇滚女装中，普罗恩萨·施罗恢复了服饰的保护功能。服饰面料通过分层和衍缝，精心改造成当代雅痞经典的棒球衫款式。抵肩和袖头采用不同的颜色，勾勒出胸前两块金色绸缎面料，让其呈现出胸甲的效果，前襟衍缝成互锁的波浪花纹，并与腰线以下带有水平花纹、镶有黑缎边的独立部分相连。这种大花纹还被横向用在底层鲜橙色衣料上，以及黑色镶边的两个方形横口袋上。袖子上也采用了绗缝花纹，令人想起藤条编织品。

普罗恩萨·施罗是一个曾得过奖的配饰设计品牌，其非凡的皮革工艺也以编织、浮饰和冲孔皮的形式在服饰上复现。服饰中光亮的皮裙明显经过了精细的抛光处理，同样复杂的结构也可见于昂贵的鞋子和手袋上。裙子由经过褶皱处理的垂直波纹皮索制成，金色和墨黑的皮条带从孔眼透出来就像是镶嵌的珠宝。**MF**

👁 细节解说

1 民族风设计和当代经典款式
这款经典的棒球衫采用服帖的螺纹领口，胸前正中设计有拉链，其中也融入了特哥（toego）服饰的拼布面料和形状。特哥是一种宽大的长袖短上衣，主要是不丹民族服饰。

3 铅笔裙
裙子长度刚好到膝盖之上，真漆红皮革上穿有一系列连续网眼，其中嵌有经纬编织的皮索。

2 亚洲风格刺绣
棒球衫胸前面料的几何线条上用缎纹刺绣法绣有两个纹章图案般的东方雄鸡图案。鸭蛋青色的羽毛绣在金色间棉底料上。

🕐 品牌历史

1998—2002年
普罗恩萨·施罗品牌背后的两位设计师乐扎罗·赫南德斯和杰克·麦考卢结识于1998年就读于帕森斯设计学院期间。分别在迈克·柯尔以及马克·雅各布公司实习期间，两人与工厂和供应商建立起了紧密联系。之后他们曾从事咨询工作，直至2002年创立自己的公司。品牌名称由两人外公的姓氏组成。

2003年至今
2007年，华伦天奴时尚集团购得品牌45%的股份，公司业务开始扩张。同年，普罗恩萨·施罗荣获CFDA颁发的女装设计师奖，之后在2009年又获得配饰设计师奖。

电子商务的兴起

电子商务正在改变人们的消费形式。消费者们从互联网上交易，通过手机和社交媒体追逐时尚潮流。这让购买者无论在家中还是在路上都有机会从全球范围内选择，针对产品的个人要求或评论也可以得到及时反馈。电子商务早期因为交流技术不可靠，金融和物流支持难以取信而发展不顺。消费者们不乐意将信用卡信息登记到网上，电子零售商的配送系统也没准备好应付退货状况。如今这一切都因为有了更快速的宽带网络、智能手机和其他设备而得到改善。

这些发展带来了在线购物的爆炸式发展。今天的人们可以从诸如颇特女士网（Net-a-Porter，图1）等网站上购买设计师作品，也可以根据支付能力定做时装。其他一些交流技术，如虚拟现实、3D人体扫描、个性化协同设计和大批量定制生产也得到研发。网络购物让零售商能够更有效地追踪个人消费习惯，然后进行个性化营销。宣传资料可以通过电子邮件或文档只发送给可能感兴趣的顾客，营销和广告宣

重要事件

2000年	2000年	2000年	2002年	2003年	2004年
前时尚记者娜塔莉·马斯奈建立了颇特女士网站，以在线网络杂志的形式销售设计师女装。	互联网泡沫经济崩溃。网络交易量被过高估计，实际却受到不方便用户使用、缺乏配送和退货设施的制约。	尼克·罗伯特森推出ASOS网站——名称为"和你在屏幕上看到的一样"首字母缩写，成为时装"单纯卖家"（即只在互联网交易）。	美国个人对个人互联网销售公司易趣网以15亿美元购得贝宝支付系统。	创办于1995年，最早以网络书店起家的亚马逊公司首次公布年度盈利额。它是世界最大的在线零售商。	计算机程序员马克·扎克伯格在哈佛大学开办了社交网络脸书。

传可以专心关注于如何更加节约成本。包含有"快速回应"代码的广告可以通过手机扫描提供更多的网络信息，或是连接至有直接折扣优惠的网址。

2017年，纯网络销售额以15.9%的速度快速增长，而与之相对的，店铺销售额与上年相比只增长了2.3%，有51%的顾客表示更喜欢网上购物。因此大批顾客离开商业街，使得大量商铺关门，2017年的店铺损失总量达到1772家。

互联网也催生了一些没有实体店铺的公司，也就是所谓的只有一个网络销售渠道的"纯玩家"。在互联网环境中，它们可以同传统的重量级选手公平竞争，同时又能免除店铺昂贵的日常开支。ASOS就是一个出色的例子，这家总部设在英国的公司震荡了市场潮流，已迅速成为国际性时尚零售商（见556页）。

没有更衣室是一个障碍，因为网上购物显然无法提供"试穿"服务。最常见的退货理由就是"不合身"。网络时装和服饰零售商的退货率往往在20%到40%之间。不过虚拟试穿系统正变得越来越精细。用户可自定义腰围和身高等基本数据，从而对标准模特数据（或称3D"电子模型"）进行修改。电子商务的范围也可扩大到风格定制和量身定做领域。三维人体扫描仪，比如TC2和Human Solutions公司的产品，几秒钟内就能捕捉到顾客体形，获取150项数据。在智能卡片上植入个人形体3D扫描数据已成为可能。

电子商务的终极目标是风格化定制，或者"DIY设计"，以及量身定做，像耐克（图2）等零售商都允许顾客在线设计鞋子。顾客可自己挑选鞋子的颜色、图案和材质，并加入名字或数字等个性化细节。电子商务的模式现已变得越来越复杂，网上时装公司中最成功的那些都能提供个性化服务，一般包括编辑当地主要潮流趋势，为特定顾客群策划收集产品，提高多个品牌网络精品店的市场占有率。此外，像吉吉·哈迪德和凯莉·詹娜等热门时尚影响力人物，还能让品牌直接面对顾客。时尚销售商可通过分析对话或账户数据的方式，追踪用户的习惯，从而为网上购物体验注入个性化色彩。**AK**

1 女服和配饰在线销售商颇特女士网为消费者提供的季节产品来自全球350多位领军设计师。

2 1999年NikeiD网站的推出让消费者可以自主设计鞋子。该服务在网站和全球NikeiD工作室都可以享受。

2006年	2007年	2008年	2010年	2011年	2012年
ASOS推出模特儿们身着网站产品的在线走秀视频。	苹果公司推出第一款智能手机。	全球每年个人电脑销售数量超过3亿台。	几乎所有重要的零售商都开发了电子销售系统，能够连接至手机和社交媒体。	全球在线男装零售网站颇特先生推出。	根据国际棉花协会的一项调查，英国有将近一半的服饰购买者至少每个月网购一次。

ASOS 2000年
时装零售网站

ASOS网站截屏（2012）。

电子零售网站ASOS是电子商务改变时装交易形式的最佳范例之一。该公司没有实体店，也未采用传统的邮件订购业务，只单纯通过互联网交易。网站于2000年由尼克·罗伯特及三名同事创办和运营。到2012年，其营业额已经增长到将近5亿英镑（7.45亿美元）。网站在全球160个国家拥有超过400万消费者，主要客户集中在20岁左右的年轻人。

公司最早取名为"和你在屏幕上看到的一样（As Seen On Screen）"，目的在于提供所谓的"快速时尚"——即以消费者能承受得起的价格出售名人同款服饰。这种时尚需求早已存在，因为许多走在时尚前沿的20岁左右的年轻人都喜欢从影视作品中汲取时尚灵感。时装流行文化经常将焦点汇聚在音乐、运动和娱乐界明星身上。ASOS将总部设在伦敦，以英国为物流中心，保留了只在互联网交易的模式。然而，其产品却在不断增加；网站不仅出售自己品牌的时装，同时也出售其他知名品牌产品。这里甚至还有一个"市场"，在那里，消费者可以利用脸书之类的社交网站转手自己的服饰。**AK**

👁 细节解说

1 杂志般的形式
网站采用杂志形式的界面外观，按照文件夹和页面模式架构。编辑每天都会推荐流行趋势，每周上传2000多款新品。2007年，ASOS每月还会推出自己的杂志。

3 高品质视觉效果
产品以高质量照片展示，提供多款缩略图，展示多角度外观和细节特写。网站还有各种服饰走秀视频。

2 国际化
在2010年单一财政年度内，网站的国际销售额增长率达到142%。ASOS为应对迅速增长的国际需求量，在美国、法国（上图）、德国、西班牙、意大利和澳大利亚推出了国际"商店"。

4 用户体验
ASOS通过下拉菜单可提供简单的全球导航。搜索结果可根据款型、尺码、价格、颜色和品牌进行筛选。客户立即就能在每页屏幕上看到多达200款产品。与其他在线零售网站不同的是，ASOS提供包邮。

当代非洲时尚

1 "丽莎的珠宝"2010年春夏品牌作品中采用大量珠饰、亮片装饰和珠宝镶饰以突出服饰的非洲印花布。

2 奥斯华·宝顿2011年春夏作品将风格艳丽、优雅的剪裁和活泼的色彩融合在一起。

21世纪，新一代的非洲设计师们赢得了国际社会的关注。这不仅是凭借其作品本身，也是辽阔的大陆文化和经济增长影响的结果。这一不断壮大的创意新贵团体利用非洲完善的基础设施、教育和良好的治理条件，更新自己丰富的文化和传统，制作出的商品令人梦寐以求，销往全球各地。他们的作品对本土面料和装饰加以灵活重塑，同时又平衡了季节主流时尚需求，因此创作出的时装感觉新颖又富于正宗的民族特色。设计师们还得到关注非洲的时装周、媒体宣传、书籍和零售业环境，以及社交媒体和电子商务的支持。

尼日利亚首都拉各斯已经成为非洲最大的时尚之都。主要设计师品牌包括丽莎·弗拉维亚的"丽莎的珠宝"，以将手工装饰的蜡染棉布重塑为奢侈面料而闻名；阿玛卡·奥萨科韦的玛奇·欧，她运用传统的上等编织面料和印有意味深长的象征符号花纹的靛蓝面料创作出

重要事件

2004年	2005年	2005年	2008年	2008年	2009年
多罗·奥罗武以2004年春夏多罗服饰系列推出自己的品牌，由此成为尼日利亚最著名的设计师。	让·保罗·高缇耶展出的高级定制时装中带有盾形玳瑁壳纹章。一款新娘礼服中设计有白皮革制的非洲风格面具。	虽然没有进行走秀展示，但首批作品还是为多罗赢得了英国时装大奖颁发的新生代设计师奖。	加纳设计师咪咪·普兰奇推出了受非洲时装和维多利亚时代风格启发的同名奢侈品牌。	亚历山大·麦昆、津森千里、路易·威登、渡边淳弥和黛安娜·冯·弗斯滕伯格等大品牌都推出了非洲风格作品。	受介绍非洲生活方式的杂志《升起》的邀请，非洲时装到纽约时装周参展。格蕾丝·琼斯为集合秀把任展示模特儿。

令人感官愉悦的女装（图1）。在约翰内斯堡则有设计师玛丽安·法斯勒，其标志性作品是豹纹连衣裙；加文·拉杰擅长复古浪漫女装设计；KLÙK CGDT宽大的礼服上装饰着层层叠叠的羽毛、薄绢和丝带。在品牌男装中，设计师斯蒂安·鲁夫创作的中性作品探索了男性的性感和社会部落属性。在非洲以外，流散到巴黎的科特迪瓦设计师劳伦斯·肖万·巴特哈德的男装品牌劳伦斯航线，致力于帮助女性了解阿比让的生产技术。她设计的衬衫、短裤、睡衣套装和派克大衣全都带有大胆的西非风格，采用定做的印花布制作。在伦敦，加纳裔英国设计师奥斯华·宝顿设计的彩色套装（图2）沸腾了萨维尔街；父子二人组乔和查理·凯斯利–海福德为自己设计的游牧民风格创造出"爆炸头朋克"这一新词。

在最辉煌的时期，北非出生的设计师们给时尚界带来了巨大的冲击：阿尔伯·艾尔巴茨到2012年已入驻浪凡10周年；阿瑟丁·阿拉亚于1980年在巴黎建立了自己的工作室，他因为设计注重身体意识的服饰，仍被尊为"紧身衣之王"；麦克斯·阿兹利亚仍统治着自己的雅皮士麦克斯阿兹利亚这一全球时尚帝国。多罗·奥罗武出生于尼日利亚的拉各斯，现在主要活跃于伦敦，他被誉为撞色花纹（见560页）的先驱。这种花纹在传统文化中是穿者威望、权势和财富的象征。自从伊夫·圣·洛朗于1967年推出标志性的非洲系列作品之后，这里的艺术史和文化为无数高端国际品牌设计师提供了灵感。保罗·史密斯2010年春夏作品就以刚果的萨普尔一族所穿着的彩色短款套装为基础，在2012年为博柏利·珀松设计的作品中他又将西非风格的蜡染花纹用在裹身服饰、铅笔裙以及饰有珠饰和拉菲亚树叶纤维、带有装饰短裙的上衣之中。

然而，随着公众敏感度的提高，挪用他国艺术和工艺文化的做法，现在已经被视作不合时宜。主流时尚产业依然将"非洲时尚"矮化为一个庞大、单一的实体。但是非洲大陆上生活着超过十亿人口，非洲有许多城市，每一个都能提供各种各样的风格和灵感启示。将"民族"和"部落"这一类的简化符号用在非洲时尚中，这不啻于一种创意上的偷懒。设计师基乌里和皮齐奥利就任华伦天奴期间，曾于2016年推出了一个从"非洲"获得灵感的春季作品系列，但展示模特却大多是白人，结果遭遇责骂也就不难理解。鉴于几百年来，非洲大陆以及海外非洲族裔的创造，现在我们必须承认，非洲设计师正在引领一场既多元又富于当代色彩的文艺复兴运动。**HJ**

多罗服饰 2004年
多罗·奥罗武（Duro Olowu，1966—　　　）

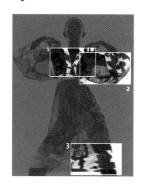

通过在西伦敦波多贝罗路开设专营店，并将道路两旁栏杆挂满首批作品即2004年春夏系列作品，尼日利亚设计师多罗·奥罗武宣告自己女装品牌的成立。这一压缩系列作品几乎全部都是高腰线设计，包括5种不同款式。这种设计来自约鲁巴族的博博袍，即一种宽长的西非传统女性服饰，上面经常带有精致的装饰和刺绣花纹。这种服饰有时也被称作长衫或长袍，一般用作正式礼仪性场合，采用色彩绚丽的奢华面料制作，以体现穿着者的社会地位之高。

多罗的设计比较简洁，相比其灵感原型要更加轻盈和性感。设计师表示："这是一种非常方便舒适的服饰，行走之间非常飘逸，很适合外出。如果你是在巴黎、伦敦或拉各斯，你可能不分昼夜都会穿着它。"《时尚》杂志美国版和英国版都将其评为年度服饰，激起消费者巨大的购买欲，引得消息灵通的人士疯狂斥资购买。奥罗武于是迅速走红，争取到世界各地零售商的合作，包括纽约的巴尼和巴黎的玛丽亚·路易萨在内。奥罗武的品牌自此一直不断壮大，而这款标志性的多罗服饰也引来诸多模仿，但从未有出其右者。**HJ**

👁 **细节解说**

1 衣领
服饰衣领设计成极具诱惑力的深V形，带有丝绸包边。上面的花纹则有扎染风情，又令人想起老虎斑纹，高腰线周围带有耀眼的火红色和渐进色彩。

3 丝绸裙边
服饰的丝绸裙边长度齐平膝盖位置，几乎所有的女性都非常喜欢。虽然从博博袍中吸取了灵感，但服饰也令人想起日本和服和20世纪70年代的日礼服，渗透出一种放荡不羁和生气勃勃的生活趣味。

2 乔其纱袖子
这款多罗服饰的躯干和宽大翻腾的衣袖采用造型性能强的纤维胶乔其纱面料制作。上面印有棕色多年生植物形状的佩斯利涡旋纹图案，既经典又时尚。其他面料上印有花卉和斑块图案。

🕐 **设计师生平**

1966—2003年
多罗·奥罗武以色彩绚丽的高级定制时装而闻名，他擅长将定制和复古的面料、讨人喜欢的设计以及从艺术作品、个人经历和旅途中汲取灵感设计的花纹相融合。奥罗武在拉各斯出生长大，曾在伦敦学习法律，之后在巴黎生活过一年，然后返回伦敦。在那里，他遇见了第一任妻子、鞋品设计师伊莱恩·戈尔丁。两人于20世纪80年代中期推出了大获成功的奥罗武·戈尔丁品牌。

2004年至今
婚姻结束以后，奥罗武于2004年创办了同名品牌，并成为伦敦时装周大受欢迎的多季常客。之后他改为参加2011年纽约秋冬时装周。现在奥罗武在伦敦圣詹姆斯宫有一家精品店，著名客户包括米歇尔·奥巴马、伊曼和艾瑞斯·阿普菲尔。

当代萨普尔 2009年
刚果男性服饰风格

这幅照片出自《巴刚果绅士：优雅的重要意义》一书，由达尼埃尔·塔马基尼拍摄（2009）。

这幅照片拍摄的是著名的萨普尔人士威利·寇瓦里，他居住在刚果共和国首都布拉柴维尔的巴刚果区。据称1922年刚果政治知识分子安德烈·格里纳德·马特索阿以一副贵族绅士的派头从巴黎返回，萨普尔运动就是从这里发源的。这种装扮流行开来，萨普尔一族成为社会重要组成部分。

寇瓦里白天是一名电工，夜晚和周末则成为萨普尔一族，他会和同辈一起穿上最好的服装到街头漫步。这身显眼的粉红色套装让他从家乡巴刚果破败街道上的人群中脱颖而出。与服装配套的是他趾高气扬的做派，手部配合动作炫耀出里层的白衬衫和用必不可少的领带夹固定的红宝石色领带。时尚和优雅人士团体的成员们坚持在生活中保持良好的仪态、个性的手势和完美的时尚感，这让他们成为特立独行的时装主角。他们是一群榜样，虽然贫穷，但仍自视为贵族，这种时尚的外表在他们看来具有重要意义，能增添一种欢乐的魅力。一套经典的萨普尔装扮包括丝绸领带、装饰方巾和牛津皮鞋，这些物品被萨普尔人士穿着之后就丧失了其殖民色彩。**HJ**

◉ 细节解说

1 圆顶硬礼帽

照片中，威利·寇瓦里头戴一顶纯朴的绯红色圆顶硬礼帽，套装中闪现出的红色还包括领带、装饰方巾和闪耀的皮鞋。许多萨普尔一族都会叼一根雪茄，不管点燃或是不点，这只是众多配饰中的一样。

2 红鞋

寇瓦里的系带皮鞋和领带配套，擦得铮亮，泛出玫瑰色的光泽。虽然他所穿着套装的确切品牌未知，但可以确信是设计师设计品牌，价格不菲。萨普尔一族自尊心很强，不会穿着非名牌服饰。

▲ 保罗·史密斯在2010年春夏非洲系列作品中重新演绎了寇瓦里的这身套装。服饰的女装版是其在伦敦时装周的揭幕作品。

高级时装的极繁主义

极繁主义是极简主义的时尚对立面，也是面对极简主义的回应。
菲比·菲洛成为奢侈品牌思琳的创意总监，拉夫·西蒙入主迪
奥后，推动了极简主义风尚的回潮，但不可避免地遭到强烈抵制。罗
马出生的设计师亚历桑德罗·米歇尔（图1）用他一反常规的无节制
设计，一夜之间影响了全球时尚潮流，于是引发了后极简主义的冒犯
行为。2015年，当时相对而言尚无知名度的米歇尔被意大利时尚品牌
古驰任命为创意总监，在经历了几季的销售不佳后，这个领军奢侈品
牌希望他能实现品牌复兴的重担。米歇尔让古驰摆脱了汤姆·福特年
代极简高端的迷人风格，来了一次毫无保留的世纪大跳跃——回溯伊
丽莎白一世时代的英国、中世纪的法国、文艺复兴时期的意大利——
选用的都是天马行空、极尽粉饰的色彩和面料。与此同时，他还抛弃
了性别、身份、种族和国籍的古老界限。米歇尔成了古驰品牌审美情

重要事件

1921年	1947年	1954年	1979年	1994年	1999年
古驰欧·古驰看到萨沃伊酒店来往宾客产生灵感，于是在佛罗伦萨开了一家售卖行李箱的商店。	竹柄手提包问世，成为古驰公司重要产品。后来这款提包被杰奎琳·肯尼迪用过后，被称为"杰奎琳包"。	古驰品牌发展达到鼎盛，成为注册商标，在纽约、伦敦和巴黎都开办了店铺。	蓝红蓝和绿红绿配色的条纹成为古驰的注册商标。	汤姆·福特成为古驰创意总监，为品牌注入高端性感魅力。	法国奢侈品跨国集团开云取得古驰集团的控股权。

趣的缩影。作为一名热心的收藏家，他对自己在环球旅行中收集的珠宝——他每根手指上都戴着许多只装饰华丽的戒指，总会同时佩戴许多条项链——古董织物、复古服饰和文物都有着浓烈的热情。到了天桥上，这些元素则同流行图像融合在一起，比如装饰精美的带垫肩的夹克内搭有兔八哥图案的运动衫，由此将高端和大众时尚融为一体。米歇尔还继续行动，巧妙地修改了古驰品牌具有图腾意义的马衔扣硬件、标志性的双G商标、独一无二的红绿罗纹带。这些变动让品牌依然保留了原本的视觉形象。

无论打出的标签是非二元化、中性还是性别流动，极繁主义都为性别模糊风格打开了大门。传统主流时装剪裁是为了贴合男性或女性的体形，但非二元化却是一种包容的时尚风格，没有任何限制。古驰是最早推出男女通用系列作品的品牌之一，展示男女装穿在不同性别模特儿身上的样貌。活跃于约克郡的设计师马蒂·博万（图2）沿袭了这一潮流，他的多层次审美设计需要通过密集性手工工艺才能实现，还必须经过多种数码处理工序来加固。作为一名时尚破坏分子，他的作品遵循了桀骜不驯的英国风格传统，承袭了维维安·韦斯特伍德等前辈设计师，以及朋克运动的精神。2017年，他入围了时尚大奖的英国新兴女装天才设计师短名单。这项大奖最后的获得者是超级造型师凯蒂·格兰德，她为自己的服装秀担任造型顾问，曾为马克·雅各布和缪缪工作，目前是《爱》杂志的高级特约时尚编辑。2018年，她与美国品牌蔻驰的创意总监斯图亚特·维弗斯合作，推出了一系列有蔻驰标志印花、博万画作装饰的包袋。

英国年轻设计师莫莉·戈达德也是极繁主义审美风格的支持者，她会将彩虹般色彩斑斓的薄纱做成罩衣，用抽褶的方式制造出多层装饰。莫莉·戈达德出生于伦敦，从中央圣马丁艺术设计学院毕业后，于2014年建立了同名品牌。不过她创办的并不是时装商店，她的标志性设计都是由一个六人小团队在伦敦东区一座改造的仓库中完成的。值得关注的是，戈达德设计的粉红色纱裙成了2018年英国广播公司播出的戏剧《杀死伊芙》中薇拉内尔一角的标志性装扮，她的品牌由此在美国获得了知名度。2018年，戈达德推出了自己的第一本书，由蒂姆·沃克掌镜拍摄，她的长期合作者爱丽丝·戈达德担任造型设计。

MF

1 在2017年春夏品牌作品中，米歇尔将美好年代条纹和褶边与灵感来自埃尔顿·约翰的20世纪80年代镶钻眼镜结合在了一起。

2 马蒂·博万为2019年春夏作品设计的多层荷叶边撑裙，与女帽设计师斯黛芬·琼斯合作设计的帽子搭配。

2005—2014年	2015年	2016年	2018年	2018年	2018年
弗里达·加尼尼入主古驰，为品牌注入实用别致魅力。	马蒂·博万从中央圣马丁艺术设计学院毕业后回到约克郡老家。	亚历桑德罗·米歇尔荣获CFDA（美国时尚设计师委员会）国际奖。	莫莉·戈达德荣获BFC（英国时尚协会）和《时尚》杂志赞助的设计师时尚基金。	埃尔顿·约翰成为古驰男女系列的创作灵感。	古驰从2018年春季系列作品开始避免使用毛皮制品。

全球折中主义 2018年
亚历桑德罗·米歇尔（Alessandro Michele，1972—　　　）为古驰设计

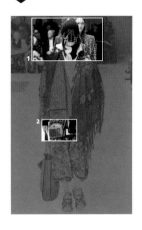
亚历桑德罗·米歇尔2018年秋冬系列作品中所展示出来的极繁主义、系统超载的风格，灵感来源是女权主义哲学家堂娜·哈拉维在1984年发表的文章《生化人宣言：20世纪末的科学、技术和社会主义女权主义》（生化人是一种虚构假想的人类，因为体内植入了机械组件，所以体能超出一般人类极限）。米歇尔呈现了大量的跨文化含义，主要主题包括俄罗斯风情的民间刺绣，被装饰在端庄的长款外衣上，搭配俄罗斯老奶奶样式的头巾。天桥上能看见法国艺术家埃尔特笔下的20世纪20年代的秀场女孩所佩戴的珠帘垂饰，蒂埃里·穆勒风格的80年代的尖肩晚礼服。英国花呢、苏格兰格子花呢、费尔岛针织面料满足了对国产织物的需求。在这套服饰中，一条装饰精美的"钢琴"披肩盖在模特一边肩头，遮盖了下方蓬松的绗缝外套，下身搭配的是一条长齐小腿中部的印花裙子。**MF**

👁 细节解说

1 带有商标的帽子

这款针织布拉克拉法帽连着一条红黄蓝三条竖条纹图案的围脖。下拉式面纱上有翻转的双G标志（沿袭的是品牌创始人古驰欧·古驰的设计）。

2 绗缝手提包

这个意大利奢侈品牌以标志性的手提袋而闻名，因为配饰销售而获得了零售业务的成功。这款斜挎在身前的绗缝手提包垂落在臀部，模块化的简洁包身被蓝绿色和褐红色这两种经典的古驰标志色一分为二。

🕐 设计师生平

1972—2001年

米歇尔毕业于罗马的服装与时尚学院。曾为维斯孔蒂、帕索里尼和费里尼设计过戏服的传奇设计师皮耶罗·托西造访学院后，他受到激励，想要成为一名服装设计师。22岁那年，米歇尔离开罗马，前往博洛尼亚为莱·卡门品牌设计针织服饰，后来返回罗马，与西尔维娅·文图里尼·芬迪合作，担任品牌高级配饰设计师。

2002年至今

米歇尔加入古驰是在汤姆·福特掌舵期间，他在品牌伦敦总部的设计办公室工作。2006年，他被任命为皮革制品设计总监，2011年5月被提升为联合设计总监，与弗里达·加尼尼合作。2014年9月，他开始兼任2013年被古驰收购的佛罗伦萨细瓷品牌理查德·基诺里的创意总监。2015年，他被英国时尚大奖评为最佳国际设计师。

引文来源

引言

p.9 "所有漂亮的衣服都是在法国女裁缝的屋子里缝制的，女人们无一不想得到。" *Fashion is Spinach*, Elizabeth Hawes, Nabu Press, 2010

p.14 "时尚是一个危险的领域……它包含了人类如此之多的信息。" Miuccia Prada, cited in *The Sunday Times Magazine*, 21 April 2012

p.14 "为什么杰出的时装设计师们……这也绝对是一个关键问题。" *The Age of Extremes,* Eric Hobsbawm, Abacus, 1995

1 | 17世纪前

p.19 "奢华生活品位的绝对权威人物" *The Annals of Tacitus*, Cambridge University Press, 2005

p.31 "靓妆露面，无复障蔽。"《旧唐书》，刘昫

p.34 "真若烟雾"《老学庵笔记》，陆游

p.35 "没有一个女人敢老实发誓，自己不是光着身子的。" *The China Dream: The Quest for the Last Great Untapped Market on Earth*, Joe Studwell, Grove Press, 2003

pp.36–37 "那一天所有的女官……实在令人提不起兴致而已。" *The Diary of Lady Murasaki*, Shikibu Murasaki (trans. Richard Bowring), Penguin, 1996

p.38 "月亮如此明亮，我羞愧得不知该往何处躲。" *The Diary of Lady Murasaki*, Shikibu Murasaki (trans. Richard Bowring), Penguin, 1996

pp.38–39 "到走散的时候……真是无可比方的艳美。" *The Pillow Book*, Sei Shonagon (trans. Meredeth McKinney), Penguin, 2006

p.47 "要用凿子敲那么多下……也拖在女人的脚上。" 'The Parson's Tale', *The Canterbury Tales*, Geoffrey Chaucer, Penguin, 1982

p.49 "除公爵夫人……之外的人穿着金布、薄纱和黑貂皮。" Statutes of Apparel (no.16), Queen Elizabeth I, 1574

p.50 "填料塞得太满，连蹲下来都很难。" *Anatomie of Abuses*, Philip Stubbes, 1583

p.59 "现在随我来吧……紫色服饰和绸缎的光辉。" *The Turkish Letters of Ogier Ghiselin de Busbecq*, O. Ghiselin de Busbecq, Oxford University Press, 1927

p.61 "你缝出的……有鲜红色和白色的缎纹面料吗？" *Ipek, Imperial Ottoman Silks and Textiles*, Nurhan Atasoy, Walter B. Denny, Louise W. Mackie, Hulya Tezcan, Azimuth Editions, 2001

2 | 17和18世纪

p.80 "这并不……更添光辉。" *Winter*, Wenceslaus Hollar, 1643

p.81 "淑女们……面具去戏院。" *The Diary of Samuel Pepys*, H.B.W. Brampton (ed.), Hayes Barton Press, 2007

p.89 "要想人前美艳，必得人后受罪。" (il faut souffrir quand on est reine), 'À Versailles, l'habit fait le roi et la cour', Berenice Geoffroy Schneiter, *L'Oeil* (612), 2009

pp.90 "这一天国王开始……就像鸽子腿。" *The Diary of Samuel Pepys*, H.B.W. Brampton (ed.), Hayes Barton Press, 2007

p.91 "采用了波斯风格" *The Diary of John Evelyn*, Guy de la Bédoyère (ed.), The Boydell Press, 1995

p.107 "他们在绘画学院……真实的比例。" *The Gentleman's Magazine, and Historical Chronicle*, Vol. 19, E. Cave, 1749

3 | 19世纪

p.139 "人民性格和道德环境的体现" *La Mariposa, Couture and Consensus: Fashion and Politics in Postcolonial Argentina*, cited by Regina Root, University of Minnesota Press, 2010

p.139 "我们的时装……通过艺术手段来执行。" *La Moda, Couture and Consensus: Fashion and Politics in Postcolonial Argentina*, cited by Regina Root, University of Minnesota Press, 2010

p.139 "我们的时代……新奇事物和进步。" *El Iniciador*, Miguel Cané, cited in *Fashioning the Body Politic: Dress, Gender, Citizenship*, Wendy Parkins, Berg, 2002

p.140 "质量上乘的英国式帽子" "黑色和浅黄色的童装手套" *The British Packet* newspaper, 6 April 1830, No. 346, vol. 7

p.154 "在那个绅士着装毫无疑问最优雅的国度，他是着装最优雅的绅士。" *Sharp Suits*, Eric Musgrave, Anova Books, 2010

p.156–157 "（威尔士亲王）对待着装态度一丝不苟……多批评他的穿着。" *The Duke of Windsor: A Family Album*, cited by Edward VIII, Cassell & Co., 1960

p.159 "二流餐厅中的服务生" *Sharp Suits*, Eric Musgrave, Anova Books, 2010

p.173 "这个出身林肯郡的男孩让法国人在自己的领土上甘愿称臣。" *The Times*, 12 March 1895

p.199 "穿上某件服饰，会使他们对异性来说更具吸引力。" Beatrice Behlen, cited in 'Lady Duff Gordon: Fashion's Forgotten Grande Dame', *The Telegraph*, 21 Feb 2011

p.199 "诱惑女性超支购买" *Discretions and Indiscretions*, Lady Duff Gordon, Stokes, 1932

4 | 1900至1945年

p.225 "香奈儿设计的'福特'轿车,全世界都穿这种连衣裙" US *Vogue*, October 1926

p.234 "自由、非具象、至上主义或立体派未来主义的元素" 'Iskusstvo v tkani, Iskusstvo odevatsia, D. Aranovich, Leningrad, No.1, 1928, cited in 'Constructivist Fabrics and Dress Design', N. Adaskina, *The Journal of Decorative and Propaganda Arts*, Vol. 5, Russian/Soviet Theme Issue (Summer 1987)

p.234 "没有单独存在的服装款式,所谓专门服饰都是出于特定目的而生产的。" Varvara Stepanova cited in *Iz istorii sovetskogo kostiuma (A History of Soviet Costume Design)*, T. Strizhenova, Sovetskii khudozhnik, 1972

p.234 "在服饰行业……应该适合我们工作生活的新结构" Nadezhda Lamanova, cited in *Bolshevik Culture: Experiment and Order in the Russian Revolution*, Richard Stites, Abbott Gleason

p.235 "无产阶级大众风格" 'Constructivist Fabrics and Dress Design', Natalia Adaskina, *The Journal of Decorative and Propaganda Arts*, Vol. 5, Russian/Soviet Theme Issue (Summer 1987)

p.264 "引起了轩然大波……很快,所有的女人都想要。" *Shocking Life*, Elsa Schiaparelli, Dutton, 1954

p.267 "如果没有几条定做的1939年款的优质便裤,你的衣柜就不齐全。" *Vogue*, November 1939

p.267 "直接换下我们美丽的刺绣礼服,穿上便裤照了相。" *It Isn't All Mink*, Ginette Spanier, Random House, 1960

p.277 "我感觉巴黎……他们也能制作。" Clare Potter cited in *Fashion Is Our Business*, Beryl Williams, Lippincott, 1945

p.277 "把它们变得……多一点美国风格" Claire McCardell cited in *Fashion Is Our Business*, Beryl Williams, Lippincott, 1945

p.281 "(卡内基)喜欢套装……乐曲一样完美协调。" *Fashion Is Our Business*, Beryl Williams, Lippincott, 1945

p.289 "坦白讲……看上去太沉闷了。" *Always in Vogue*, Edna Woolman Chase and Ilka Chase, Doubleday, 1954

5 | 1946至1989年

p.299 "我为花朵般的女性设计服装……只有精湛的技艺才能设计出优雅的风貌。" *Dior by Dior: The Autobiography of Christian Dior*, Christian Dior, V&A, 2007

p.303 "浪费面料太愚蠢" Mabel Ridealgh, cited in *Austerity Britain 1945-51*, David Kynaston, Bloomsbury, 2008

p.321 "如果一个女孩……连临时演员都当不了。" *Edith Head: the Life and Times of Hollywood's Celebrated Costume Designer*,

David Chierichetti, HarperCollins, 2004

p.327 "得体穿着的三个基本条件" *The Little Dictionary of Fashion: A Guide to Dress Sense for Every Woman*, Christian Dior, V&A, 2008

p.356 "这个春天……不同的激情。" *Time* magazine, 5 April 1966

p.357 "仓促培养英国新设计师", *Time* magazine, Clair Maxwell 1963, cited in *Boutique, a 60s Cultural Phenomenon*, Marnie Fogg, Mitchell Beazley, 2003

p.372 "原始天才的幻想——贝壳和丛林宝石串起来遮盖住胸部和臀部,制成网格裸露出腹部" *Harper's Bazaar*, March 1967

p.385 "会一直流行,因为它是一个款式,而非时尚。时尚起起落落,但款式是永恒的。" *Fifty Fashion Looks that Changed the 1960s*, Yves Saint Laurent, cited by Paula Reed, Hachette, 2012

p.401 "我所有的只是一种直觉……女性气质隐藏起来。" *A Signature Life*, Diane von Furstenberg, Simon & Schuster, 1998

p.419 "城市游击队员" *Vivienne Westwood*, Claire Wilcox, V&A, 2004

pp.420-421 "在我开始以自己的名字……带来一种新型服饰。" Interview with Claude Montana, *Encens* magazine no. 25, 2010

p.421 "我设计的服饰反映的是男性认为女性应该穿什么……我的工作就是给予人们他们所想要的。" Antony Price, cited in *Vogue*, July 1994

p.442 "1978年之后……这一新兴潮流令世界经济为之叹服。" *The Fashion Conspiracy*, Nicholas Coleridge, Harper & Row, 1988

p.443 "这些'固定年龄'……她们就是社会的X光透视镜。" *The Bonfire of the Vanities*, Tom Wolfe, Farrar Straus & Giroux, 1987

p.443 "里根家族将把这种风尚重新带回来,因为它是白宫本该有的。" *1980s Fashion Print: A Sourcebook*, Oscar de la Renta cited by Marnie Fogg, Batsford, 2009

p. 456 "喘息声……有的外衣采用红色丝硬缎制成。" *The Fashion Conspiracy*, Nicholas Coleridge, Harper & Row, 1988

6 | 1990年至今

p.483 "不要为了卖衣服而美化毒瘾" Bill Clinton cited by Joseph Rosa in *Glamour: Fashion, Industrial Design, Architecture*, San Francisco Museum of Modern Art, 2004

p.561 "这是一种非常方便舒适的服饰……你可能不分昼夜都会穿着它。" Duro Olowu cited in *New African Fashion*, Helen Jennings, Prestel, 2011

术语解释

阿尔卑斯紧身连衫裙（dirndl）
最早是奥地利女性的一种传统服饰，裙子被缩褶缝缀在紧身抵肩上。在20世纪40年代也很流行，特点是髋部有水平结构线。

巴黎高级定制时装联合会（Chambre Syndicale de la Haute Couture）
法国的一个监管机构，每年会分发一张清单，列出有权自称高级定制时装的公司名单。

半开式紧身胸衣（gourmandine bodice）
一种部分敞开以露出里层服饰的胸衣。

半温莎结（Half-Windsor）
一种打领带的方法，织物只绕一圈，打出的结较小且整洁。

薄麻布（toile）
在最终选定更昂贵的制作面料之前，先用来制作服饰样品的粗糙麻布。这个词可以指服饰样品，也可指这种面料本身。

薄纱（tulle）
一种非常精美的轻型细纱布，经常用来制作芭蕾舞裙或结婚礼服。

薄丝纱（mousseline de soie）
一种采用丝绸或人造丝制作的精细硬挺面料，外观光滑。

背心（vest）
这个词在美国一般指马甲，在英国却表示穿着在衬衫之下防止汗渍污染的内衣。

本身面料（self-fabric）
一种缝纫术语，指采用与服饰其余部位相同的面料制作的装饰。

绷带裙（bandage dress）
一种用弹性面料的布带严实缝合而成的紧身服饰。

彼得·潘领（Peter Pan collar）
一种圆边平翻领，多为女性穿着。

蝙蝠袖（dolman sleeve）
一种袖窿设计很低、手腕处收紧的袖子，流行于19世纪晚期，创造出一种倾斜的款型。

波兰连衫裙（robe à la polonaise）
波兰连衫裙也称飞裙角连衫裙，穿用于18世纪，特色是将裙子的三或四角提升固定形成荷叶边。

长外衣（justacorps）
一种用纽扣扣系到底的男性长外衣，穿用于17世纪末18世纪初。上部贴合体型，下摆外展开去。

撑裙（crinoline）
一种硬挺的宽大的钟形裙，其蓬松度由裙撑或多层衬裙营造。

垂领（falling collar）
一种从硬挺的轮状皱领发展而来的领形，垂领平铺在脖子和胸部，17世纪初期男女皆可穿用。

带风帽的外衣（djellaba）
一种采用轻型棉布制作的有袖飘逸长袍，有时带有风帽。为北非国家所穿用。

帝国高腰线（Empire line）
一种流行于19世纪的腰身款式，服饰的胸衣在胸下缩褶取代腰线。其名称来源于拿破仑帝国。

定制服（tailormade）
最早指爱德华七世时代女性的两件式套裙。

斗篷（mantle）
一种不带风帽的全身长披风，为女性穿着。

督政府风格（Directoire / Directory）
一种新古典主义风格，大革命之后至19世纪初流行于法国。

度假服（resort wear）
指为冬季到温暖地区度假的富裕人士设计的服饰，也称休闲服。

法国罗布（robe à la française）
一种由华托服发展而来的服饰，领口垂有小褶裥装饰，胸衣更紧贴。

翻边（revers）
服饰上所有翻折过来露出反面的部分，比如套装翻领。

防染（resist-dye）
用于抵挡或防止染料染遍服饰全身，从而创造出图案的各种技巧。

纺锤形纽扣（frogging）
一种用绳索做成的编结物，缝在服饰表面起到装饰作用。

仿男式女衬衫（shirtwaist）
一种模仿男衬衫裁剪的女衬衫或服饰。

飞女郎（flapper）
用来形容20世纪20年代年轻女孩的一个术语。这些女孩以穿着引发争议的无腰身宽松短裙、留着波波头而闻名。

高级成衣（prêt-à-porter）
或称"现成服饰"，指那些原样购买而非为客户量身定做的服饰。

公主线（princess line）
用弯曲的垂直长缝线贯穿整件服饰所创造出的一种A形服饰款式，由女装男裁缝师查理·沃斯发明。

工作室（atelier）
法语中指技艺娴熟的手工艺人的设计室，多隶属于高级定制时装公司。

古巴式女鞋跟（Cuban heel）
一种宽大的中跟，通常见于男鞋，鞋跟后部逐渐变尖。

裹身服（wrapper）
一种舒适的便袍或家居服，也指西非裹身裙套装。

过膝裤（pedal pushers）
20世纪50年代流行的一种长齐小腿的紧身女裤。

海滩装（playsuit）
一种短腿连体服饰，最初是儿童服饰，后来为成人所用。

和服腰带（obi）
一种腰间装饰性宽衣带或饰带，起源于日本传统服饰。

黑色领带（rabat）
神职人员穿着的一种露背马甲。

胡普兰袍（houppelande）
一种带有宽大袖子的长袍，在14、15世纪用作外衣穿着。

花边领饰（jabot）
17和18世纪男性戴在脖子上的一种装饰花边或褶皱领。

花边褶袖（engageantes）
一种装饰性褶袖，特点是带有褶边和缩褶蕾丝花边，为18、19世纪女性所穿用。

华达呢（gaberdine）
一种密织重型面料，表面有明显的斜线螺纹。

华托服（robe volante）
18世纪初期的一种宽松服饰，特点是用宽大的面料在背后缩褶形成箱形褶，然后直垂而下。

尖包头（points）
用于丝带或蕾丝末端防止开线的锥形装饰性金属部件。

尖包头系物（aglet）
一种用在衣带、鞋带或拉绳末端的金属头，设计目的是防止衣物散开。尖包头系物在今天主要是一种功能性物件，在15、16世纪却是一种奢侈的装饰物。

裥幅（gores）
一种缝纫技巧，使用楔形布片以便让面料在外展之前更加贴合身体。

襟花（boutonnière）
男性套装纽扣孔上的装饰花朵或花束。

紧身对襟长袍（cote-hardie）
14和15世纪女性穿着的一种长袍，是最早通过裁剪塑形的服饰之一。男性穿着时长度至臀部。

紧身上衣（doublet）
一种紧身的带料填充上衣，15至17世纪的男性几乎人人都会穿着。

紧身衣（sheath dress）
一种在胸部或腰部缝褶，以塑造贴身效果的简洁服饰。

鲸骨裙（farthingale）
一种夸张的环状内裙，用来支撑外裙的形状，15世纪末16世纪初流行于欧洲宫廷。

经线（warp）
指面料中的纵向纱线，通过织机绷紧。

卡布里裤（Capri pants）
一种长齐小腿中部的宽松女裤。

卡弗坦袍（kaftan）
一种长齐脚踝的宽松长袖袍服，领口和袖口通常饰有镶边，起源于波斯。

科尔内利钩花装饰（Cornelli work）
一种装饰技巧，用棉穗组成抽象的波浪纹缝饰在织物上。

宽长袍（banyan）
18世纪男性穿着的一种T形宽松便袍，也指男式背心或贴身内衣。

宽松套装（sack suit）
也称普通套装，这种宽松的套装是男性标准服饰，从19世纪中期一直穿到21世纪。

宽圆白花边领（bertha collar）
一种披肩式的宽平衣领，多搭配低领服饰，大到足以扩展到肩膀上。

拉花机（drawloom）
一种小架织机，通常用于家庭编织面料。

拉歇尔经编针织物（raschel knit）
一种能创造出松软蕾丝般网状织物的经编技术。

莲藕袖（virago sleeve）
17世纪初期流行的一种袖子，即在蓬松的袖子上每隔一段距离系上一些窄带创造出一系列的泡褶。

领巾（cravat）
脖子上环系的一种长饰巾，有时带褶饰，是现代领带的前身。

露肩领（décolletage）
将女性脖子和胸部之间的身体裸露出来的低领。

路易鞋跟（Louis heel）
一种据说是法国国王路易十五最早穿着的鞋跟。它的特点是中间细两边宽，呈凹形弧线。

罗缎（faille）
一种带有棱纹和微弱光泽的上等编织面料。

罗缎带（grosgrain）
一种密织面料，通常制作成带有明显罗纹的丝带。

轮状皱领（ruff）
一种用浆硬的蕾丝褶皱制成的可拆卸式夸张饰领，为16世纪欧洲贵族所穿用。

马鞍鞋（saddle shoe）
一种低跟便鞋，鞋面前后呈素色，中间的马鞍状部分采用不同颜色。

玛丽袖（Marie sleeve）
羊腿袖的一种，流行于19世纪初，宽大的袖子沿着手臂固定成层层递进的蓬松状。

玛丽珍鞋（Mary Janes）
一种圆头高跟鞋，将搭扣带绕过鞋面用带扣系结。

曼托瓦女外衣（mantua）
最早是一种女式宽松袍服，后来演变成一种规整的外衣，穿着在胸衣、三角胸衣和衬裙之外。

门襟翻边（placket）
一种用于马球衫或裤子开口处的双层织物结构，可保证纽扣牢靠缝纫。

女长袍（kirtle）
14至16世纪女性穿在上衣之外的一种连身长款服饰。

披肩（tippet）
缠裹在肩部的裘皮小斗篷或围巾式外衣，两端长垂在胸前。

拼凑（bricolage）
一种利用手头现有的各种材料结构或设计物件或服饰的方法。

欺骗视觉（trompe l'oeil）
指通过视错觉手段将一样事物制作得好像另一种事物。

骑装式女外衣（redingote）
一种原用于骑马的功能性外衣，19世纪演化成一种时髦的定做服饰。

嵌花（intarsia）
一种编织技巧，用于编织看上去像内嵌物一般的多颜色图案。

青果领（shawl collar）
一种套装领形，其弧线连续不断，常见于无尾礼服或套头衫。

球胸鸽式（pouter-pigeon / monobosom）
得名于一种胸部肥大的鸽子，指20世纪初流行的一种腰身款式，上半身采用紧身衣垫衬，以与身后的沉重裙撑相平衡。

全套首饰（parure）
17世纪流行的一种配套首饰套装。

裙撑（pannier）
一种穿在腰上的环形框架，用于扩展裙子除前后以外的两侧宽度。

裙裤（petticoat breeches）
17世纪晚期流行的一种看上去像裙子的粗腿裤。

软薄绸领带（foulard tie）
一种采用轻型丝绸或丝绸与棉混纺面料制作的领带。

萨普尔（sapeur）
指男性为追随优雅时装一掷千金的潮流，发源于刚果，包括色彩引人注目的套装和配饰。

三角形布片（godet）
一种插入服装缝线之中以构造出外展形状，增加丰满度的三角形布片。

三角形披肩（fichu）
18世纪女性穿着的一种大围巾，用来遮盖露肩领以保持端庄形象。

三角胸衣（stomacher）
一种硬挺的装饰布幅，穿在服饰前身开口处遮盖束腹。

奢华骑装（grand habit）
一种精致的法国宫廷服饰，带有沉重的骨制胸衣和丰满的箍裙，流行于18世纪。

时尚连衣裙（robe de style）
20世纪20年代简洁款无腰身宽松女服的变体，这种服饰特色在于丰满的裙子从简洁的直身胸衣垂坠而下。

饰边小环（picot）
一种用来装饰蕾丝、丝带和钩织、编织面料边缘的线圈。

术语解释（续）

手提袋（reticule）
一种带拉绳的网状小提包，手袋的前身。

束发带（bandeau）
一种织物头绳带，最早用于装饰，后来用于运动服饰。

斯潘德克斯弹性纤维（Spandex）
一种合成纤维，也称弹性纤维，伸缩性极强，经常用于制作运动服。

斯潘塞针织短上衣（spencer）
一种起源于18世纪晚期的齐腰长短上衣，以二代斯潘塞伯爵乔治·约翰·斯潘塞之名命名。这种紧身上衣是摄政时期流行的女性着装。

丝硬缎（duchesse satin）
一种表面带有富丽光泽的密织厚重缎纹布。

套袖（raglan sleeve）
一种与服装领子通裁的袖子。

梯形线（trapeze line）
一种呈夸张A形腰身的肥大服饰。

贴布绣（appliqué）
一种将裁切面料花样缝在底料上起到装饰作用的手法。

透明丝织物（silk gazar）
一种采用合股纱织的挺括丝绸或棉织物。

凸纹布（piqué）
一种棉布纺织技巧，制作出的面料挺括且带有织纹，类似于全棉斜纹布，也称凹凸纹细布。

外科医生制式袖口（surgeon's cuff）
指套装上衣袖口的几颗功能性纽扣扣孔，因为外科医生需要翻卷袖口而产生。

外衣（surcoat）
中世纪男女皆可穿着的一种外套式服饰，也可为骑士穿来保护盔甲，外衣手臂上经常会有纹章装饰。

玩偶装（baby-doll）
一种梯形宽松式腰身的非常短的连衣裙或晚礼服。

威斯克领（whisk collar）
17世纪的一种装饰领，即将半圈浆硬的衣领以锐角角度竖直在领口。

纬线（weft）
指面料中插入经线之下的纱线。

温莎结（Windsor knot）
名称源自温莎公爵或其父乔治五世，这种领结大且丰满，又称双活结。

无边帽（toque）
一种带窄边或无边的紧身帽子，也称厨师帽。

无尾礼服（tuxedo）
一种半正式晚礼服，通常是黑色，翻领和裤子边缝上会使用罗缎、绸缎或丝绸饰带。

无腰身宽松女服（chemise）
一种棉质或亚麻衬衫或长袍，贴身穿着以保护外层服装不被汗渍污染；也指一种柱状宽松服饰。

希顿古装（chiton）
古典时期一种男女皆可穿着的垂褶服饰，采用单片面料制成。

镶边（selvedge）
将织物边缘用编织或针织技艺锁住以免面料开丝。

箱形褶礼服（sack-back gown）
意同"法国罗布"。

斜裁（bias cut）
一种与面料经纬线呈45度角斜向穿过横纹的裁剪方法，能带来更大的灵活性和伸展性。

鞋罩（spats）
一种穿在鞋子之上遮挡脚背和脚踝的防护或装饰性配饰。

屑器领（crumb-catcher）
一种突出于服饰胸衣之外的硬挺衣带。

性感（déshabillé）
裸露部分身体的状态。这种风格流行于17世纪中期的斯图亚特宫廷。

胸甲式胸衣（cuirass bodice）
一种长齐臀部的合身骨制紧身胸衣，流行于19世纪晚期。

胸饰（plastron）
一种用于胸衣身前的硬挺装饰布，流行于14世纪法国宫廷服饰。

袖窿（arm scye）
服装用于接袖的边缘部分。

羊腿袖
（leg o' mutton sleeve / gigot sleeve）
一种夸张的蓬松袖子，在手腕处变细。流行于19世纪30年代，因形状类似一大块羊腿肉而得名。

腰布（dhoti）
将一块面料缠裹打结创造出的一种类似于裙子的服饰，为印度次大陆男性服饰。

腰部周围的装饰裙摆（peplum）
裙子、连衣裙和上衣中的一种装饰技巧，形似缩褶短裙或夸张的衣边，用以突出腰线。

腰衣（breechcloth）
一种包裹在两腿之间的缠腰布，用布带固定。

衣裙边饰（furbelow）
一种装饰性褶边、荷叶边或褶皱，通常采用与服装同样的面料制作。

英国罗布（robe à l'anglaise）
英国18世纪流行的一种正式礼服，同时期的法国则偏爱更为休闲的华托服。服饰由紧身胸衣和身后不带箱形褶饰的宽大裙子组成。

友禅染（yuzen）
一种丝绸染色工艺，采用防染浆模仿织锦的花纹，发明于15世纪的日本。

羽毛工（plumassier）
用羽毛和羽状物来制作装饰品的技艺精湛的手工艺人。

扎脚管宽松女长裤（harem pants）
一种在脚踝处扎紧的宽松长裤，起源于土耳其。

扎染（tie-dye）
一种染色工艺，染色前将面料用绳绑扎起来，服饰染色结束后解开绳索，就制作出抽象的花纹。

窄边乳罩（bandeau）
用来遮盖女性胸部的单片面料。

窄身裙（hobble skirt）
一种修身长裙，流行于20世纪早期，脚踝处开口极其窄小，行动因此变得艰难。

褶饰边（dagging）
一种用于袖子或衣缘上的装饰技巧，衣料边缘被剪切成波浪、扇形或树叶形的花纹。

中国风（chinoiserie）
一种受中国艺术设计图案和技术影响的装饰风格。

钟形帽（cloche hat）
一种宽松的钟形女帽，流行于20世纪二三十年代。

珠缀（passementerie）
运用包括镶缀、流苏和镶边在内的多种技巧的装饰服饰。

综片（heddle）
织机上用于分离纺线的部件，纬线可从中穿过。

撰稿人简介

AG：艾莉森·格维尔特博士

大学时尚设计学者，时装与面料设计可持续战略研究员。编著《打造可持续发展的时装》（地球瞭望出版社，2011）、《时装设计基本要素：可持续发展时装》（AVA出版社，2013）和《生活时装设计》（劳特里奇出版社，2014）。她是谢菲尔德·哈莱姆大学艺术与设计研究中心有关时尚与可持续发展研究的成员。

AGr：亚历山德拉·格林博士

伦敦大学亚洲与非洲学院博士。研究主攻东南亚艺术，尤其是缅甸艺术。出版著作《缅甸：艺术与考古学》（艺术媒体资源出版社，2002）、《兼收并蓄的收藏：丹尼森博物馆里的缅甸艺术藏品》（夏威夷大学出版社，2008）和《亚洲视觉叙述再思考：跨文化与比较观点》（香港大学出版社，2012）。

AK：阿里斯泰尔·诺克斯博士

在时尚和面料行业工作两年多之后，1995年起开始在诺丁汉特伦特大学任教，研究领域涵盖与时尚产业相关的多种管理与先进技术问题，比如SizeUK网的3D人体扫描测量、欧盟发起的电子裁缝和服务等项目。

AmG：艾米莉亚·格鲁姆

艺术作家、教师。目前正在写作悉尼大学艺术史博士学位论文，编辑一部将由白教堂美术馆和麻省理工学院出版社出版的当代艺术记录年选。

BF：布兰达·菲米尼亚斯博士

文化人类学博士，美国天主教大学讲师。拉丁美洲性别、民族与种族划分专家，曾在安第斯山脉进行调研工作。出版著作有《当代秘鲁服饰性别与界限》（得克萨斯州大学出版社，2005）、《世界服饰与时尚伯格百科全书（卷2）——拉丁美洲和加勒比海地区》（与马戈·谢维尔联合主编，伯格出版社，2011）。

DS：道恩·斯塔布斯

从事时尚与服饰产业已超过20年之久，专注设计与品牌创意方向。曾为包括约翰·斯梅德利、漂亮的波利和巴伯尔在内的个性老品牌工作。

EA：艾米丽·安格斯

设计与面料文化历史硕士，时尚与美术设计理论讲师。同时也是耶鲁大学出版社编辑和设计师。

EM：埃里克·马斯格雷夫

从1980年起写作了大量有关时尚产业的著作。1985年，他成为第一本男性时尚杂志《为他杂志》（现在的FHM）的发起编辑。他也是英国时尚贸易领军杂志《布商》的编辑，出版有男装裁剪历史的图文著作《前卫套装》（帕维里恩出版社，2009）。

HJ：海伦·詹宁斯

曾就读于伦敦国王学院，大奖作家和设计师。她是介绍非洲时尚、音乐、文化和社会的杂志《升起》的主编，出版有论述当代非洲时尚和摄影的著作《非洲新时尚》（普利斯特尔出版社，2011）。曾为包括《i-D》《面孔》《消费导刊》《踪迹》《卫报》《红秀》在内的大量出版物撰稿。

IC：伊斯拉·坎贝尔

曾在伯明翰大学学习中世纪与现代历史，之后进入约克大学攻读中世纪考古学硕士学位，并在伦敦国王学院进行历史研究深造。她的职业生涯始于在古建筑保护协会的工作，之后从事社会研究，包括作为遗产彩票基金会调研经理。

IP：伊利亚·帕金斯博士

英国哥伦比亚大学（欧肯那根）性别与女性研究专业助理教授。专业横跨时尚理论、20世纪初期文化形成与女权主义思想学科。著作有《波烈、迪奥与夏帕瑞丽：时尚、女性气质与现代性》（伯格出版社，2012）、《现代时尚中的女性主义文化》（联合编撰；UPNE出版社，2011）。曾在多种刊物上发表女权主义和文化理论的论述。

JA：约翰·安格斯

德比大学首席讲师，专攻时装、面料、建筑应用设计和创意技术。指导过本科学位课程，还曾参与利物浦约翰·摩尔斯大学、皇家艺术学院和中央圣马丁艺术设计学院的联合研究，同时也是设计和创新顾问。

JE：简·伊斯托

记者、作家，供职于时尚贸易出版社。已出版《难以置信的连衫裙》（与莎拉·格里斯伍德合著，帕维里恩出版社，2008）和《伊丽莎白：时尚统治者》（帕维里恩出版社，2012）等著作。她还曾制作过与BBC（英国广播公司）电视连续剧相关的书籍，参与过大量荣登国民信任图书书单的书籍编辑工作。

JS：詹妮弗·思凯斯博士

邓迪大学约翰斯通邓肯艺术设计学院中东文化荣誉讲师，苏格兰国家博物馆中东展品区前高级馆员。她曾广泛游历中东地区，策划了许多展览，写作了该地区建筑、服饰和面料的论著。出版有关于伊朗和土耳其服饰、摩洛哥城市服饰历史的著作。她还曾为维多利亚与阿尔伯特博物馆19世纪伊朗的砖瓦藏品编目。

LW：劳里·韦布斯特博士

人类学家、美国东南部织物专家、亚利桑那州大学人类学专业访问学者、美国国家历史博物馆副研究员。著作包括《面料和绳索之外：美洲织物考古研究》（犹他州大学出版社，2000）、《织工艺术收藏：威廉·克拉夫林收藏的西南部织物》（皮博迪博物馆藏品丛书，哈佛大学出版社，2003）。

MB：马尔科姆·巴纳德博士

拉夫堡大学视觉文化高级讲师，教授艺术与设计历史和理论，有哲学和社会学背景。著作有《流行沟通》（劳特里奇出版社，1996）、《艺术、设计与视觉文化》（麦克米伦出版社，1998）、《视觉文化理解之道》（帕尔格雷夫出版社，2001）和《美术设计沟通》（劳特里奇出版社，2005）。主编有《时尚理论》（劳特里奇出版社，2007）。

MF：玛尼·弗格

时尚专家、时尚媒体顾问、纺织业资深讲师，获得艺术设计理论与实践硕士学位。她著有大量时尚类图书，包括《时装店：60年代的文化现象》（米切尔·比兹利利出版社，2003）、《时装印花设计》（巴茨福德出版社，2006）、《时装店内部设计》（劳伦斯·金出版社，2007）、《古董手包》（卡尔通出版社，2009）、《古着针织衫》（卡尔通出版社，2010）、《古董婚纱》（卡梅隆出版社，2011）、《国际时装设计品牌录》（泰晤士与哈得孙出版社，2011）、《如何欣赏经典时装》（泰晤士与哈得孙出版社，2012）、《时尚通史》（泰晤士与哈得孙出版社，2013，2019）和《如何欣赏现代时装》（泰晤士与哈得孙出版社，2014）等。

MK：玛丽卡·克莱默博士

全球时尚和非洲织物研究员。伦敦大学亚洲与非洲学院博士。作为莱斯特艺术与博物馆服务机构的馆长，她领导的"奥林匹克文化计划"联合英国、东非和南亚时尚界举办了"套装与纱丽展"。她曾在《非洲艺术、面料中的宗教信仰》和《非洲：考古与艺术》等大量刊物上发表了许多有关西非海岸服饰与面料的论述。

MW：明·威尔逊

伦敦大学亚洲和非洲学院硕士，维多利亚与阿尔伯特博物馆亚洲部高级馆员。她组织了"来自紫禁城的中国宫廷服饰展"（2010），并编撰了配套编目。

PH：帕姆·海明斯

结构面料专业学士和硕士，布莱顿大学、德比大学和威尔士大学结构面料讲师。同时也在尼泊尔、中国和印度等国担任设计顾问。

PW：菲利帕·伍德科克博士

专攻现代早期历史，主要是16世纪法国和米兰历史。她的跨学科研究领域包括文艺复兴时期的面料（苏塞克斯大学）、文艺复兴时期的药剂学（伦敦大学玛丽女王学院）、教区教堂与风景（牛津布鲁克斯大学）。

RA：里奥·阿里

时尚作家和时尚历史学家。她于中央圣马丁艺术设计学院取得学士学位后，进入皇家艺术学院攻读艺术与设计批评硕士学位。她同时也是英国老品牌博柏利以及博柏利·珀松的档案管理人员。

RC：罗斯玛丽·科利尔博士

维多利亚与阿尔伯特博物馆亚洲部高级馆员，专攻印度面料和印花专业。出版著作有《印度伊卡织物》（V&A出版社，1998）、《玛瓦尔王朝绘画：焦特布尔时尚历史》（印度图书出版社，2001）、《印花棉布：印度为西方生产的织物》（V&A出版社，2008）和《印度肖像画1560—1860》（与卡皮尔·加里瓦拉等合著，国家肖像画美术馆出版社，2010）。她还曾为许多其他目录和期刊撰稿，目前正在筹备举办印度织物展。

RR：雷吉纳·鲁特博士

威廉与玛丽学院（美国弗吉尼亚州）现代语言和文学专业副教授。曾编撰多本有关时尚和文化生产的著作，包括《拉丁美洲时尚读者》（伯格出版社，2005）和《时装店与舆论：殖民地时期之后的阿根廷时尚与政治》（明尼苏达大学出版社，2010）。她定期与隶属于跨国设计发起机构——树根设计的拉丁美洲设计师和知识分子开展合作。

TS：托比·斯莱德博士

东京大学副教授，研究亚洲现代化、历史与时尚理论课题。他从日用品中观察亚洲对现代化的回应，专研时尚系统中的博弈论。著有《日本时尚》（伯格出版社，2009），探究日本从古至今的时尚与服饰。

WH：威尔·胡恩

北安普顿大学设计史高级讲师，设计课程教师，曾为季刊《观点：美术设计的国际评论》撰稿。

YK：河村由仁夜博士

哥伦比亚大学博士，纽约州立大学时装技术学院社会学副教授。教授有关时尚，尤其是日本街头时尚和亚文化的课程。

图片来源

出版方向所有授权本书使用图片的美术馆、画廊、图片库等机构与个人表示感谢。出版方已尽一切努力标注出本书所引用图片的版权持有人，对于任何无心的遗漏或者错误我们诚挚致歉，并且十分愿意在此书的再版版本中修正。**标记含义：** a = 上图；b = 下图；l = 左图；r = 右图

The publishers would like to thank the museums, galleries, collectors, archives and photographers for their kind permission to reproduce the works featured in this book. Where no dimensions are given, none are available. Every effort has been made to trace all copyright owners but if any have been inadvertently overlooked, the publishers would be pleased to make the necessary arrangements at the first opportunity. (Key: **above** = **a**; **below** = **b**; **left** = **l**; **right** = **r**)

1 Condé Nast Archive / Corbis **2** Pierre Vauthey/Sygma/Corbis **8** © The Trustees of the British Museum **9** Musée National du Moyen Age et des Thermes de Cluny, Paris/The Bridgeman Art Library **10–11** Getty Images **12** Condé Nast Archive/Corbis **13** Condé Nast Archive/Corbis **15** Fairchild Photo Service/Condé Nast/Corbis **16–17** Victoria and Albert Museum, London **18** De Agostini/Getty Images **19** Araldo de Luca/Corbis **20–21** De Agostini/Getty Images **22** Smith, Watson, *Kiva Mural Decorations at Awatovi and Kawaika-a: With a Survey of Other Wall Paintings in the Pueblo.* Papers of the Peabody Museum of Archaeology and Ethnology, Harvard University, Volume 37. Copyright 1952 by the President and Fellows of Harvard College. Reprinted courtesy of the Peabody Museum of Archaeology and Ethnology, Harvard University **23** Arizona State Museum, University of Arizona **24–25** Courtesy of the Penn Museum, image # 29-43-183 **25 br** Smith, Watson, *Kiva Mural Decorations at Awatovi and Kawaika-a: With a Survey of Other Wall Paintings in the Pueblo.* Papers of the Peabody Museum of Archaeology and Ethnology, Harvard University, Volume 37. Copyright 1952 by the President and Fellows of Harvard College. Reprinted courtesy of the Peabody Museum of Archaeology and Ethnology, Harvard University **26** © 2013. Image copyright The Metropolitan Museum of Art/Art Resource/Scala, Florence **27** © The Trustees of the British Museum **28–29** © Dumbarton Oaks, Pre-Columbian Collection, Washington, DC **30** Liaoning Province Museum, China **31** Court lady in ceremonial dress, late 7th century earthenware with traces of colour over a white slip, 36.8 cm. Art Gallery of New South Wales, Gift of Mr Sydney Cooper 1962, [Accn # EC27.1962] **32**, **33 a** UIG via Getty Images **33 b** Victoria and Albert Museum, London **34–35** Liaoning Province Museum, China **35 b** Indianapolis Museum of Art, USA/Gift of Mr and Mrs William R. Spurlock Fund and Gift of the/Alliance of the Indianapolis Museum of Art/The Bridgeman Art Library **36** Detroit Institute of Arts, USA/The Bridgeman Art Library **37** Private Collection Paris/Gianni Dagli Orti/The Art Archive **38** De Agostini Picture Library/akg-images **39** Tokugawa Reimeikai Foundation, Tokyo, Japan/The Bridgeman Art Library **40–41** The Art Archive/Alamy **41 br** Gamma-Keystone via Getty Images **42** The Gallery Collection/Corbis **43 a** Private Collection/The Bridgeman Art Library **43 b** Gianni Dagli Orti/Corbis **44** The J. Paul Getty Museum, Los Angeles, 91.MS.11.2.verso Coëtivy Master (Henri de Vulcop?), *Philosophy Presenting the Seven Liberal Arts to Boethius*, about 1460–1470. Tempera colours, gold leaf and gold paint on parchment, Leaf: 6 x 17 cm (2 3/8 x 6 11/16 in.) **45 a** De Agostini/Getty Images **45 b** Historical Picture Archive/Corbis **46–47** National Gallery, London/The Bridgeman Art Library **48** Popperfoto/Getty Images **49** Kunsthistorisches Museum, Vienna, Austria/The Bridgeman Art Library **50 a** Giovanni Battista Moroni/Getty Images **51** Corbis **52–53** Staatliche Kunstsammlungen Dresden/The Bridgeman Art Library **54–55** Prado, Madrid, Spain/Giraudon/The Bridgeman Art Library **55 br** Getty Images **56–57** Prado, Madrid, Spain/The Bridgeman Art Library **57 b** Victoria and Albert Museum, London **58** British Library Board. All Rights Reserved/The Bridgeman Art Libra **59** Victoria and Albert Museum, London **60** Topkapi Palace Museum, Istanbul, Turkey/Giraudon/The Bridgeman Art Library **61** Topkapi Saray Museum **62–63** © National Museums Scotland **64** Arthur M. Sackler Gallery, Smithsonian Institution, Washington, D.C.: Purchase - Smithsonian Unrestricted Trust Funds, Smithsonian Collections Acquisition Program, and Dr. Arthur M Sackler, S1986.400 **65**, **66**, **67 a** Victoria and Albert Museum, London **67 b** © 2013. Museum of Fine Arts, Boston. All rights reserved/Scala, Florence **70–71** Victoria and Albert Museum, London **72–73** © Wallace Collection, London/The Bridgeman Art Library **74** Erich Lessing/akg-images **75** Victoria and Albert Museum, London **76–77** Brooklyn Museum/Corbis **77 br** Victoria and Albert Museum, London **78** The Royal Collection © 2011 Her Majesty Queen Elizabeth II/The Bridgeman Art Library **79 a** His Grace The Duke of Norfolk, Arundel Castle/The Bridgeman Art Library **79 b** Private Collection/The Bridgeman Art Library **80–81** Private Collection/The Bridgeman Art Library **81 br** Thomas Fisher Rare Book Library/University of Toronto Wenceslaus Hollar Digital Collection **82** The Palace Museum, Beijing. Photograph by WangJin **83 a** The Palace Museum, Beijing. Photograph by SunZhiyuan **83 b** The Palace Museum, Beijing. Photograph by HuChui **84–85** The Palace Museum, Beijing. Photograph by FengHui **85 br** The Palace Museum, Beijing. Photograph by HuChui **86** Chateau de Versailles, France/Giraudon/The Bridgeman Art Library **87** © 2013. Image copyright The Metropolitan Museum of Art/Art Resource/Scala, Florence **88–89** Prado, Madrid, Spain/Giraudon/The Bridgeman Art Library **90** Ham House, Surrey/The Stapleton Collection/The Bridgeman Art Library **91** Royal Armouries, Leeds/The Bridgeman Art Library **92–93** The J. Paul Getty Museum, Los Angeles/Peter Lely, *Portrait of Louise de Kerouaille, Duchess of Portsmouth*, c. 1671–1674, oil on canvas. Size: Unframed: 125.1 x 101.6 cm (49 1/4 x 40 in.) Framed [outer dim]: 160 x 124.8 x 5.7 cm (63 x 49 1/8 x 2 1/4 in.) **94 a** Wallace Collection, London/The Bridgeman Art Library **94 b** © 2013. Image copyright The Metropolitan Museum of Art/Art Resource/Scala, Florence **95** akg-images **96–97** Photo Les Arts décoratifs, Paris/Jean Tholance. All Rights Reserved **98–99** © 2013. Digital Image Museum Associates/LACMA/Art Resource NY/Scala, Florence **100–101** © 2013. Image copyright The Metropolitan Museum of Art/Art Resource/Scala, Florence **102** City of Edinburgh Museums and Art Galleries, Scotland/The Bridgeman Art Library **103** The Drambuie Collection, Edinburgh, Scotland/The Bridgeman Art Library **104–105** City of Edinburgh Museums and Art Galleries, Scotland/The Bridgeman Art Library **106** Alte Pinakothek, Munich, Germany/The Bridgeman Art Library **107** Victoria and Albert Museum, London/The Bridgeman Art Library **108** Czartoryski Museum, Cracow, Poland/The Bridgeman Art Library **109 a** Historical Picture Archive/Corbis **109 b** Private Collection/Giraudon/The Bridgeman Art Library **110–111** Getty Images **112–113** British Library Board. All Rights Reserved/The Bridgeman Art Library **114–115** The Royal Pavilion and Museums, Brighton & Hove **115 br** Edinburgh University Library, Scotland/With kind permission of the University of Edinburgh/The Bridgeman Art Library **116** Private Collection/Photo © Christie's Images/The Bridgeman Art Library **117** Victoria and Albert Museum, London **118–119** Collection of The Kyoto Costume Institute, photo by Masayuki Hayashi **119 br** Private Collection/The Bridgeman Art Library **120** The Gallery Collection/Corbis **121**, **122–123** Victoria and Albert Museum, London **124–125** Roger-Viollet/Topfoto **125 br** Getty Images **126–127** Private Collection/The Bridgeman Art Library **127 br** Musée de la Mode et du Costume, Paris, France/Archives Charmet/The Bridgeman Art Library **128–129** Heritage Images/Corbis **130** Getty Images **131** Collection of The Kyoto Costume Institute, photo by Masayuki Hayashi **132–133** © 2013. Digital Image Museum Associates/LACMA/Art Resource NY/Scala, Florence **134** Basel Mission Archives/Basel Mission Holdings/QD-30_006_0012 **135 a** © The Trustees of the British Museum **135 b** III 23336, Photo: Peter Horner © Museum der Kulturen Basel. Switzerland **136–137** © The National Museum of Denmark, Ethnographic Collection **137 br** © The Trustees of the British Museum **138** Museo Nacional de Bellas Artes, Buenos Aires **139** Library of Congress, LC-DIG-ppmsca-13219 **140** Museo Histórico de Buenos Aires "Cornelio de Saavedra", Buenos Aires **141 a** The Library of Nineteenth-Century Photography **141 b** Royal Geographical Society, London/The Bridgeman Art Library **142–143** Bill Manns/The Art Archive **143 br** Underwood & Underwood/Corbis **144–145** Getty Images **145 br** © 2013. Image copyright The Metropolitan Museum of Art/Art Resource/Scala, Florence **146** Getty Images **147** Fashion Museum, Bath and North East Somerset Council/Gift of Miss Ingleby/The Bridgeman Art Library **148** Getty Images **149** Heritage Images/Corbis **150–151** Private Collection/Photo © The Maas Gallery, London/The Bridgeman Art Library **151 br** Victoria and Albert Museum, London **152–153** © 2013. Image copyright The Metropolitan Museum of Art/Art Resource/Scala, Florence **155** Victoria and Albert Museum, London **156** Mary Evans Picture Library/Alamy **157 a** Interfoto/Alamy **157 b** Mary Evans Picture Library/Alamy **158–159** Time & Life Pictures/Getty Images **159 br** Mary Evans Picture Library **160** Basel Mission Archives/Basel Mission Holdings/QD-30.019.0005 **161**, **162–163** © The Trustees of the British Museum **164 a** The Palace Museum, Beijing. Photograph by FengHui **164 b** The Palace Museum, Beijing. Photograph by LiFan **165** The Palace Museum, Beijing. Photograph by LiFan **166–167** The Palace Museum, Beijing. Photograph by LiFan **167 b** The Palace Museum, Beijing. Photograph by FengHui **168–169**, **170–171** Victoria and Albert Museum, London **172** Chateau de Compiegne, Oise, France/Giraudon/The Bridgeman Art Library **173** © 2013. Image copyright The Metropolitan Museum of Art/Art Resource/Scala, Florence **174** Getty Images **175** Collection of The Kyoto Costume Institute, photo by Takashi Hatakeyama **176–177** Bundesmobiliensammlung, Vienna, Austria/The Bridgeman Art Library **178–179** © 2013. Image copyright The Metropolitan Museum of Art/Art Resource/Scala, Florence **180** © 2013. Photo Scala, Florence/BPK, Bildagentur für Kunst, Kultur und Geschichte, Berlin **181** Kjeld Duits Collection/MeijiShowa.com **182–183** Arthur M. Sackler Gallery, Smithsonian Institution, USA/Gift of Ambassador and Mrs. William Leonhart/The Bridgeman Art Library **183 br** Alinari via Getty Images **184** Laing Art Gallery, Newcastle-upon-Tyne/© Tyne & Wear Archives & Museums/The Bridgeman Art Library **185 a** Victoria and Albert Museum, London **185 b** Freer Gallery of Art, Smithsonian Institution, USA/Gift of Charles Lang Freer/The Bridgeman Art Library **186–187** Victoria and Albert Museum, London/The Stapleton Collection/The Bridgeman Art Library **187 br** Victoria and Albert Museum, London/The Bridgeman Art Library **188–189** Victoria and Albert Museum, London **190 l** © 2013. Image copyright The Metropolitan Museum of Art/Art Resource/Scala, Florence **190 r**, **191**, **192–193** Getty Images **194–195** American Illustrators Gallery, NYC/www.asapworldwide.com/The Bridgeman Art Library **195 br** ZUMA Wire Service/Alamy **196** Musée des Beaux-Arts, Tourcoing, France/Giraudon/The Bridgeman Art Library **197 a** Bettmann/Corbis **197 b** Getty Images **198 l** Mary Evans Picture Library/Alamy **198 r** Victoria and Albert Museum, London **199**, **200–201** © 2013. Image copyright The Metropolitan Museum of Art/Art Resource/Scala, Florence **202–203** Condé Nast Archive/Corbis **204** Bettmann/Corbis **205** amanaimages/Corbis **206–207** © 2013. Image copyright The Metropolitan Museum of Art/Art Resource/Scala, Florence **208** Christel Gerstenberg/Corbis **209** Corbis **210** Advertising Archives **211 a** akg-images **211 b** Erickson/Vogue © Condé

Nast 212–213 © Sevenarts Ltd/DACS 2013 214 ullstein bild/akg-images 215 a akg-images 215 b De Agostini Picture Library/The Bridgeman Art Library 216 l Roger-Viollett/Topfoto 216 r © Sevenarts Ltd/DACS 2013 217 Collection of The Kyoto Costume Institute, photo by Takashi Hatakeyama 218–219 © 2013. Image copyright The Metropolitan Museum of Art/Art Resource/Scala, Florence 219 b Condé Nast Archive/Corbis 220–221 © 2013. Image copyright The Metropolitan Museum of Art/Art Resource/Scala, Florence 221 br, 222 Getty Images 223 a Verdura 223 b Bibliotheque des Arts Decoratifs, Paris, France/Archives Charmet/The Bridgeman Art Library 224–225 Condé Nast Archive/Corbis 226–227 John Springer Collection/Corbis 227 br Private Collection/Archives Charmet/The Bridgeman Art Library 228 Shanghai Museum of Sun Yat-sen's Former Residence 229 Victoria and Albert Museum, London 230–231 Shanghai Museum of Sun Yat-sen's Former Residence 231 br Getty Images 232 Fine Art Images/Heritage-Images/Topfoto/© Rodchenko & Stepanova Archive, DACS, RAO, 2013 233, 234, 235 a © 2013. Photo Scala, Florence 235 b Fine Art Images/Heritage-Images/Topfoto/© Rodchenko & Stepanova Archive, DACS, RAO, 2013 236–237 MuseumStock/© Rodchenko & Stepanova Archive, DACS, RAO, 2013 237 b © Rodchenko & Stepanova Archive, DACS, RAO, 2013 238 Getty Images 239 Stapleton Collection/Corbis 240 amanaimages/Corbis 241 a Getty Images 241 b Museum of London/The Bridgeman Art Library 242–243 Popperfoto/Getty Images 243 br Getty Images 244–245 Indianapolis Museum of Art, Gift of Amy Curtiss Davidoff 246 Condé Nast Archive/Corbis 247 © 2013. Image copyright The Metropolitan Museum of Art/Art Resource/Scala, Florence 248–249, 250–251 © 2013. Image copyright The Metropolitan Museum of Art/Art Resource/Scala, Florence 251 br Gamma-Rapho via Getty Images 252 Corbis 253 Condé Nast Archive/Corbis 254–255 Getty Images 255 br Lacoste L.12.12 polo shirt, courtesy Lacoste 256–257 William G Vanderson/Getty images 257 br Private Collection/Archives Charmet/The Bridgeman Art Library 258 Condé Nast Archive/Corbis 259 a Getty Images 259 b, 260–261 Advertising Archives 263 © Vogue Paris 263 Courtesy Leslie Hindman Auctioneers 264–265 Philadelphia Museum of Art, Pennsylvania, PA, USA/Gift of Mme Elsa Schiaparelli, 1969/The Bridgeman Art Library 265 r Philadelphia Museum of Art, Pennsylvania, PA, USA/Gift of Mr. and Mrs. Edward L Jones, Jr., 1996/The Bridgeman Art Library 266 Getty Images 267 Bettmann/Corbis 268–269 SNAP/Rex Features 270 MGM/Harvey White /The Kobal Collection 271 a Bettmann/Corbis 271 b Getty Images 272–273 MGM/George Hurrell/ The Kobal Collection 274–275 Sunset Boulevard/Corbis 276 Condé Nast Archive/Corbis 277 © 2013. Image copyright. The Metropolitan Museum of Art/Art Resource/Scala, Florence 279 © 2013. Image copyright The Metropolitan Museum of Art/Art Resource/Scala, Florence 280–281 Condé Nast Archive/Corbis 282 Popperfoto/Getty Images 283 a Getty Images 283 b Time & Life Pictures/Getty Images 284–285 Cecil Beaton/Vogue © The Condé Nast Publications Ltd 286 Condé Nast Archive/Corbis 287 © 2013. Image copyright The Metropolitan Museum of Art/Art Resource/Scala, Florence 288–289 Popperfoto/Getty Images 290–291 © 2013. Image copyright The Metropolitan Museum of Art/Art Resource/Scala, Florence 292 Bettmann/Corbis 293 Carnegie Museum of Art, Pittsburgh; Heinz Family Fund. © 2004 Carnegie Museum of Art, Charles "Teenie" Harris Archive 294–295 Bettmann/Corbis 296–297 Condé Nast Archive/Corbis 298 Time & Life Pictures/Getty Images 299 a Rex Features 299 b Condé Nast Archive/Corbis 300 l © Les Editions Jalou, L'Officiel, 1957 300 r © Norman Parkinson Ltd/ Courtesy Norman Parkinson Archive 301 Getty Images 302–303 Renée, "The New Look of Dior," Place de la Concorde, Paris, August, 1947, photograph by Richard Avedon © The Richard Avedon Foundation 304–305 Hulton-Deutsch Collection/Corbis 306–307, 308 Time & Life Pictures/Getty Images 309 a Getty Images 309 b ClassicStock/Topfoto 310–311 Superstock 312–313 Teruyoshi Hayashida, originally published in Japanese in 1965 by Hearst Fujingaho, Tokyo, Japan, and now in Japanese, English, Dutch and Korean 313 br © The Museum at FIT 314 Paramount/The Kobal Collection 315 Sunset Boulevard/Corbis 316–317 ClassicStock.com/SuperStock 317 br Retrofile/Getty Images 318–319 Courtesy Leslie Hindman Auctioneers 319 br Time & Life Pictures/Getty Images 320 Photos 12/Alamy 321 a Sunset Boulevard/Corbis 321 b Getty Images 322–323 Advertising Archives 323 br Time & Life Pictures/Getty Images 324–325 Mary Evans Picture Library/Alamy 325 br Bettmann/Corbis 326 Condé Nast Archive/Corbis 327 a Warner Bros/The Kobal Collection 327 b Advertising Archives 328–329 Condé Nast Archive/Corbis 329 br Time & Life Pictures/Getty Images 330–331 Condé Nast Archive/Corbis 331 br Bettmann/Corbis 323–333 Genevieve Naylor/Corbis 334 Fotolocchi Archive 335 David Lees/Corbis 336–337 Topfoto 338–339 Sunset Boulevard/Corbis 339 r Getty Images 340 Everett Collection/Rex Features 341 a Advertising Archives 341 b MGM/The Kobal Collection 342–343 Bettmann/Corbis 343 br Advertising Archives 345 Time & Life Pictures/Getty Images 346–347 © Norman Parkinson Ltd/courtesy Norman Parkinson Archive 348–349 Collection of The Kyoto Costume Institute, photo by Masayuki Hayashi 349 l Condé Nast Archive/Corbis 350–353 Pam Hemmings 354 Mirrorpix 355, 256 l Courtesy of the London College of Fashion and The Woolmark Company 356 r Topfoto 357 Dalmas/Sipa/Rex Features 358–359 Brian Duffy/ Vogue © The Condé Nast Publications Ltd 360–361 Interfoto/Alamy 362–363 Condé Nast Archive/Corbis 363 br Bettmann/Corbis 364 Time & Life Pictures/Getty Images 365 a Rex Features 365 b, 366–367 Colin Jones/Topfoto 367 br Redferns/Getty Images 368–369 Advertising Archives 370 © Malick Sidibé, Courtesy André Magnin, Paris 371 Getty Images 372 l James Barnor, Drum cover girl Erlin Ibreck, London, 1966. Courtesy Autograph ABP. © James Barnor/Autograph ABP 372 r WWD/Condé Nast/Corbis 373 Time & Life Pictures/Getty Images 374–375 Photography by Mr Ajidagba, courtesy of Shade Fahm 376 Time & Life Pictures/Getty Images 377 Condé Nast Archive/Corbis 378–379 Interfoto/Mary Evans Picture Library 379 Bettmann/Corbis 380–381 Collection of The Kyoto Costume Institute, photo by Takashi Hatakeyama 382 Getty Images 383 a AFP/Getty Images 383 b Courtesy Archivio Alfa Castaldi 384–385 Getty Images 386 Photograph by Lichfield/Vogue © Condé Nast 387 a Condé Nast Archive/Corbis 387 b Ernestine Carter Collection, Fashion Museum, Bath and North East Somerset Council/The Bridgeman Art Library 388–389 Condé Nast Archive/Corbis 389 br Ted Spiegel/Corbis 390–391 Victoria and Albert Museum, London 392–393 Clive Arrowsmith/Vogue © The Condé Nast Publications Ltd 394 Topfoto 394 Vittoriano Rastelli/Corbis 395 b Condé Nast Archive/Corbis 396–397 Getty Images 398 Condé Nast Archive/Corbis 399 Getty Images 400–401 © 2013. Image copyright The Metropolitan Museum of Art/Art Resource/Scala, Florence 401 br ADC/Rex Features 402 Bettmann/Corbis 403 Pierre Vauthey/Sygma/Corbis 404–405 Victoria and Albert Museum, London 406 l © 2013 Bata Shoe Museum, Toronto, Canada 406 r Dezo Hoffmann/Rex Features 407 Paramount/Holly Bower/The Kobal Collection 408–409 Ilpo Musto/Rex Features 410–411 © Estate of Guy Bourdin. Reproduced by permission of Art + Commerce 412 Steve Schapiro/Corbis 413 a Advertising Archives 413 b Condé Nast Archive/Corbis 414–415 Advertising Archives 416 David Dagley/Rex Features 417 a Sheila Rock/Rex Features 417 b Condé Nast Archive/Corbis 418–419 Ray Stevenson/Rex Features 420 Julio Donoso/Sygma/Corbis 421 Roger Viollet/Getty Images 422–423 Redferns/Getty Images 424 Sipa Press/Rex Features 425 Neville Marriner/Associated Newspapers/Rex Features 426–427 Advertising Archives 428–429 Bettmann/Corbis 429 br Ros Drinkwater/Rex Features 430 Fabio Nosotti/Corbis 431 a AP/Topfoto 431 b PA Photos/Topfoto 432–433 Andy Lane 433 br Brendan Beirne/Rex Features 434–435 The Cloth Summer Simmit 1985 by Corbin O'Grady Studio 436 Getty Images 437 a Condé Nast Archive/Corbis 437 b Moviestore Collection/Rex Features 438–439 Paramount/Everett Collection/Rex Features 440–441 © 2013 Bata Shoe Museum, Toronto, Canada 442 Condé Nast Archive/Corbis 443 a Spelling/ABC/The Kobal Collection 443 br Christopher Little/Corbis 444–445 © 2013. Museum of Fine Arts, Boston. All rights reserved/Scala, Florence 446 Getty Images 447 a © Museum of London 447 b Getty Images 448–449 Photograph by Paul Palmero. Courtesy of The Stephen Sprouse Book by Roger and Mauricio Padilha 449 b Courtesy Leslie Hindman Auctioneers 450 Pierre Vauthey/Sygma/Corbis 451 Getty Images 452 AFP/Getty Images 453 a Advertising Archives 453 b Neville Marriner/Associated Newspapers/Rex Features 456–457 Pierre Vauthey/Sygma/Corbis 458–459 Sipa Press/Rex Features 460 a Catwalking 460 b Sipa Press/Rex Features 461 AP/PA Photos 462–463 Sølve Sundsbø/Art + Commerce 464–465 Daria Werbowy photographed by Inez van Lamsweerde and Vinoodh Matadin for Isabel Marant SS10 466 Sipa Press/ Rex Features 467 Michel Arnaud/Corbis 468 Ellen von Unwerth/Art + Commerce 469 a Wood/Rex Features 469 b FirstView 470–471 Getty Images 472–473 Courtesy Leslie Hindman Auctioneers 473 ar, 474 Advertising Archives 475 FirstView 476–477 Ellen von Unwerth/Art + Commerce 477 br Art Institute of Chicago, Illinois, USA/Bridgeman Art Library 478–479 Ken Towner/Associated Newspapers/Rex Features 480 Victor VIRGILE/Gamma-Rapho via Getty Images 482 Catwalking 483 Michel Arnaud/Corbis 484–485 Corinne Day/Vogue © The Condé Nast Publications Ltd. 485 br Advertising Archives 486 WWD/Condé Nast/Corbis 487 Getty Images 488–489 FilmMagic/Getty Images 489 br Andrew Gombert/epa/Corbis 490 John Phillips/BFC via Getty Images 491 br Andrew Gombert/epa/Corbis 492 Advertising Archives 493 Wireimage/Getty Images 494–495 Getty Images for IMG 496–497 Gamma-Rapho via Getty Images 498 Victor VIRGILE/Gamma-Rapho via Getty Images 500 Associated Newspapers/Rex Features 501 Gamma-Rapho via Getty Images 502 Thierry Orban/Sygma/Corbis 503 a Victoria and Albert Museum, London 503 b Ken Towner/Evening Standard/Rex Features 504–505 View Pictures/Rex Features 505 r © 2013. Digital image, The Museum of Modern Art, New York/Scala, Florence 506–507 Catwalking 508 WWD/Shutterstock 510 Eriko Sugita/Reuters/Corbis 511 Adrian Britton/Alamy 512–513 Yuriko Nakao/Reuters/Corbis 515 WWD/Condé Nast/Corbis Catwalking 516–517 Courtesy of Lorenzo Agius/ Orchard Represents 517 br Getty Images 518–519 FirstView 520–521 Gamma-Rapho via Getty Images 522–523 Victor VIRGILE/Gamma-Rapho 524 a AFP/Getty Images 524 bl Courtesy Eley Kishimoto 525 Gamma-Rapho via Getty Images 526 AFP/Getty Images 527 a Catwalking 527 b WWD/Condé Nast/Corbis 528–529 FirstView 530–531 Morgan O'Donovan 531 ar Catwalking 532–533 FirstView 534 Victor VIRGILE/Gamma-Rapho via Getty Images 536 a Paul Miller/Pap/Corbis 536 b Getty Images 537 adidas via Getty Images 538 a Wirelmage/Getty images 538 b Nike 539 Getty Images 540 Victor VIRGILE/Gamma-Rapho via Getty Images 542 Advertising Archives 543 a WWD/Condé Nast/Corbis 543 b Catwalking 544–545 Daria Werbowy photographed by Inez van Lamsweerde and Vinoodh Matadin for Isabel Marant SS10 546–547 Getty Images 548 Victor VIRGILE/Gamma-Rapho via Getty Images 550 WWD/Condé Nast/Corbis 551 a Rex Features 551 b Catwalking 552–553 Gamma-Rapho via Getty Images 554 Net-a-Porter 555 Nike 556–557 ASOS 558 WWD/Condé Nast/Corbis 559 Getty Images 560–561 Peter Farago 562–563 Daniele Tamagni 563 br FirstView Victor 564 VIRGILE/Gamma-Rapho via Getty Images 565 Vittorio Zunino Celotto/ Getty Images 566 Estrop/Gucci Images Europe via Getty Images

致谢：出版方感谢里奥·阿里（Rio Ali）和保罗·高曼（Paul Gorman）为本书选文所提供的帮助！